中国科研信息化蓝皮书
2020

中国科学院
国家互联网信息办公室
中华人民共和国教育部
中华人民共和国科学技术部　编
中国科学技术协会
中国社会科学院
国家自然科学基金委员会
中国农业科学院

电子工业出版社
Publishing House of Electronics Industry
北京·BEIJING

内 容 简 介

本书由中国科学院联合国家互联网信息办公室、中华人民共和国教育部、中华人民共和国科学技术部、中国科学技术协会、中国社会科学院、国家自然科学基金委员会、中国农业科学院共同编撰而成，旨在系统展示中国科研信息化的整体发展情况，有力推动中国科研信息化的发展进程。本书邀请了国内科研信息化领域的权威专家、学者撰稿，围绕科研信息化主题，以面向世界科技前沿、面向国家重大需求、面向国民经济主战场为线索，重点阐述过去两年间我国科研信息化的重大成果、成功经验和典型案例，力求推动科技创新与模式创新的转变，为中国未来科技创新提供全局性、战略性参考，向国内外读者展示中国科研信息化的全貌和前沿成果。

本书既可作为政府部门、科研机构、高等院校和相关企业进行科技战略决策的参考书，也可为国内外专家、学者研究提供参考。

未经许可，不得以任何方式复制或抄袭本书之部分或全部内容。
版权所有，侵权必究。

图书在版编目（CIP）数据

中国科研信息化蓝皮书. 2020/中国科学院等编. —北京：电子工业出版社，2020.9
ISBN 978-7-121-39587-1

Ⅰ. ①中… Ⅱ. ①中… Ⅲ. ①信息技术－应用－科学研究工作－研究报告－中国－2020 Ⅳ. ①G322-39

中国版本图书馆CIP数据核字（2020）第175902号

责任编辑：徐蔷薇　　文字编辑：赵　娜
印　　刷：北京天宇星印刷厂
装　　订：北京天宇星印刷厂
出版发行：电子工业出版社
　　　　　北京市海淀区万寿路173信箱　邮编：100036
开　　本：787×1092　1/16　印张：26.75　字数：685千字
版　　次：2020年9月第1版
印　　次：2020年9月第1次印刷
定　　价：298.00元

凡所购买电子工业出版社图书有缺损问题，请向购买书店调换。若书店售缺，请与本社发行部联系，联系及邮购电话：（010）88254888，88258888。
质量投诉请发邮件至zlts@phei.com.cn，盗版侵权举报请发邮件至dbqq@phei.com.cn。
本书咨询联系方式：xuqw@phei.com.cn。

《中国科研信息化蓝皮书 2020》

编写委员会名单

主　任：李树深

副主任：（以联合编纂单位为序）

　　　　乔均录　王树志　秦　海

　　　　雷朝滋　叶玉江　高　勘

　　　　林新海　刘　克　孙　坦

　　　　廖方宇

成　员：（以姓氏笔画为序）

　　　　王熙博　刘　阳　许海燕

　　　　李　东　李　华　陈明奇

　　　　陈　源　张立静　汪　洋

　　　　郑晓欢　周清波　班　艳

　　　　顾蓓蓓　廖毅敏

序　言

当今世界，信息技术正加速向各领域广泛渗透，开启了具有全局性、战略性和革命性意义的经济社会数字化转型，带动了生产模式的变革、经济结构的重塑和生活方式的巨变，极大地提升了人类认识和改造世界的能力。以习近平同志为核心的党中央审时度势，从建设网络强国和科技强国、维护国家安全的战略高度，就网络安全和信息化工作做出一系列重大决策部署，推动我国信息技术和信息产业发展取得举世瞩目的新成就。

科研信息化是国家信息化战略的重要组成部分。科学数据日益成为科技创新发展的基础性战略资源，推动科技创新迈向数据驱动的新范式。以 5G 网络、数据中心、重大科技基础设施、科教基础设施等为代表的新型基础设施，为科学研究的全面数字化转型提供了重要支撑。特别是以移动互联网、大数据、云计算、物联网、人工智能、区块链等为代表的新兴技术与科学研究的结合，为各领域科技创新的快速发展注入了新的强大动力，在转变科研方式、提升科研效率、促进科研产出中发挥了日益重要的作用。

中国科学院作为国家战略科技力量，积极推动科研信息化基础设施建设、科技资源共享和科研信息化应用创新，取得了一系列重要成果。2019 年"中国科技云 2.0"建成发布，为全国科技工作者提供科技资源及服务的发现、访问、使用、交易与交付一体化云服务；牵头承建了 11 个国家科学数据中心，发挥了示范带动作用；在嫦娥探月、东方超环（EAST）、郭守敬望远镜、虚拟核电站等重大科学工程以及空间天文、泛第三极、地球大数据、海洋、材料等科学研究中，科研信息化也发挥了"加速器"作用。新冠肺炎疫情暴发后，中国科学院新型冠状病毒相关科学数据资源免费向全社会开放，为世界各国开展病毒研究和疫情防控提供了重要的数据支撑。

2020 年是"十三五"规划收官之年，也是制定新一轮中长期规划和"十四五"规划的关键之年。中国科学院将深入实施网络强国战略，围绕网信领域"卡脖子"问题，强化自主创新，构建更加安全、可靠的信息科技创新生态环境，充分发挥先进信息技术对科技创新活动的支撑和驱动作用，助力产出更多顶尖成果，在科研信息化模式变革和范式转换中发挥更大的作用。

《中国科研信息化蓝皮书 2020》是由中国科学院联合国家相关部门出版的系列丛书，每两年发布一次。本书以科研信息化为主题，以面向世界科技前沿、面向国家重大需求、面向国民经济主战场为主线，收录了 29 篇来自科研一线专家的文章，全面展示了近两年来我国科研信息化的新态势、新进展和新成果。全书内容丰富、案例翔实，既具有一定的理论性，又对实际工作具有较好的参考价值，可供科研信息化领域的广大工作者阅读和参考，也可作为广大科研人员了解科研信息化动态的一个窗口。

中国科学院院长、党组书记

中国科学院学部主席团执行主席

2020 年 7 月

目 录

中国科研信息化发展重点综述 ···（1）

第一篇 面向世界科技前沿 ···（9）

生物医学大数据的态势与展望 ···赵国屏 等（11）

我国高性能计算进展及国际高性能计算发展趋势 ·······························陈左宁（31）

暗物质粒子探测卫星在轨数据处理的信息化应用 ·························常 进 等（44）

基于虚拟核电站 Virtual4DS 的核应急智慧指挥决策 ·····················吴宜灿 等（63）

基于信息技术的原子尺度水科学研究 ··江 颖 等（75）

生物特征识别——机遇与挑战 ···孙哲南 等（89）

第二篇 面向国家重大需求 ···（109）

大数据系统助力青藏高原和泛第三极地球系统科学研究 ···············李 新 等（111）

东方超环协同实验平台的信息化建设与展望 ································王 枫 等（127）

中国 VLBI 网和 e-VLBI 技术在探月与深空探测工程中的

  应用与展望 ··陈 中 等（142）

重大微生物数据资源国际合作计划——全球微生物菌种

  保藏目录 GCM ···马俊才 等（160）

冷冻电镜数据库/冷冻电镜公共图像数据库中国站点（EMDB/EMPIAR-China）

  现状与展望 ··牛彤欣 等（167）

高性能计算之生态 ···迟学斌（180）

融合 5G 技术的先进科研环境演进和云服务架构设计 ···················周 旭 等（194）

多源干扰系统复合自主抗干扰控制技术 ··郭 雷 等（210）

计量量子化变革历程与信息化行动议程 ···方 向（221）

国家科技文献资源发现基础平台的建设与服务 ·····························彭以祺 等（231）

基于语言表示的社会学知识空间建构 ······ 陈华珊（246）

中国科学院重点实验室管理服务平台的建设与应用 ······ 侯宏飞 等（258）

第三篇 面向国民经济主战场 ······（267）

中国教育和科研计算机网发展现状与展望 ······ 刘 莹（269）

"一带一路"中蒙俄经济走廊荒漠化风险防控信息化应用场景实现

　　——以中蒙铁路沿线（蒙古段）为例 ······ 王卷乐 等（275）

国家空气质量预测预警装置的建立及其业务应用 ······ 王自发 等（293）

干细胞领域知识发现大数据平台建设与应用 ······ 张志强 等（306）

"人工辅助验证智慧安保系统"带动民航智能安检模式的变革 ······ 石 宇 等（320）

城市资源－环境－生态（UREE）大数据平台的构建与应用 ······ 陈伟强 等（340）

数字果园技术发展现状及前景展望 ······ 周国民 等（352）

蜂业生产智能管控技术研究 ······ 刘升平 等（364）

基于机器视觉的动植物表型识别技术研究 ······ 柴秀娟 等（376）

共享出行平台预测与派单的关键技术研究与应用 ······ 张 博 等（388）

跨平台多学科组织形态下科研一体化综合管理信息服务

　　平台建设 ······ 羌滨健 等（400）

后记 ······（417）

中国科研信息化发展重点综述

《中国科研信息化蓝皮书2020》编写委员会

摘　要

"十三五"期间，中共中央办公厅、国务院办公厅印发了《国家信息化发展战略纲要》，强调了要围绕"五位一体"总体布局和"四个全面"战略布局，以信息化驱动现代化为主线，着力提高信息化应用水平。国内各领域专家、学者充分利用先进信息技术开展科学研究工作，取得了一系列重大科技成果，体现了我国科研信息化应用水平。本文主要从面向世界科技前沿、面向国家重大需求及面向国民经济主战场三个方面，系统地概述了中国科研信息化近两年来的重要进展，以期使广大科研信息化工作者在阅读本书内容时有一个整体、全面的了解和参考。

关键词

科研信息化；信息化；世界科技前沿；国家重大需求；国民经济主战场

Abstract

During the "13th Five-Year Plan" period, the "Outline of the National Informatization Development Strategy" issued by the General Office of the CPC Central Committee and the General Office of the State Council emphasized that efforts should be made to improve the level of informatization application while centering on the "Five-in-One Overall Layout" and the "Four-Pronged Comprehensive Strategy" and focusing on informatization to drive modernization. The domestic experts and scholars make full use of advanced information technology to carry out scientific research work, and have achieved a series of major scientific and technological achievements. It reflects the application level of scientific research informatization in China. This article systematically summarized the e-Science research from three aspects of the frontiers science and technology over the world, the major needs of the country and the main battlefield of national economy during the past two years, so as to provide a reference for the workers in this field for the further e-Science research.

Keywords

e-Science; Informatization; The Frontiers of Science and Technology over the World; National Major Needs; Main Battlefield of National Economy

1　引言

科研信息化的实质就是科技创新活动的信息化，是现代科学研究的必然投入要素之一[1]，是提高创新能力和国际竞争能力的关键所在，是提升国家科技竞争力的重要手段，是促使科研方式转变、提高科研效率和产出的有力抓手。

"十三五"期间，党中央、国务院对科研信息化高度重视，中共中央办公厅、国务院办公厅印发的《国家信息化发展战略纲要》[2]提出要加快科研信息化发展，科研信息化工作首次被纳入国家战略。《"十三五"国家信息化规划》[3]指出目前我国正处在信息化引领全面创新、构筑国家竞争新优势的重要战略机遇期，是我国从网络大国迈向网络强国、成长为全球互联网引领者的关键窗口期。2018年4月，习近平总书记在全国网络安全和信息化工作会议上发表的重要讲话[4]指出，信息化为中华民族带来了千载难逢的机遇。我们必须敏锐抓住信息化发展的历史机遇。

近年来，国内科研界认真贯彻落实党中央、国务院决策部署，坚持"三个面向"[5]，加快各领域科技创新，积极推动科研信息化相关工作，取得了一系列新进展、新成效、新突破，为科技创新发展提供了有力支撑。为了更好地介绍和总结近两年来我国科研信息化发展态势及成果，中国科学院继续联合国家有关部门出版发行《中国科研信息化蓝皮书2020》，本书首次在全球范围实现中英文版同步发布，以期更好地向全世界展现和分享我国科研信息化发展的重大成果、成功经验和典型案例。

2　概述

《中国科研信息化蓝皮书2020》汇集收录了过去两年间国内科研信息化应用相关工作的研究成果，共计29篇文章，从面向世界科技前沿、面向国家重大需求及面向国民经济主战场三个方面，全面介绍我国科研信息化发展态势、主要进展及重大科技成果。为了使广大读者在阅读本书内容时有一个整体、全面的了解和参考，本文介绍了若干篇文章撰写的背景，同时摘选文章重点内容进行了介绍。

2.1　面向世界科技前沿

科技创新的基本任务乃至首要任务，就是面向世界科技前沿。我国已成为具有重要影响力的科技大国，正在从科技大国向科技强国的目标不断迈进，科技水平正在从以跟踪学习为主向以并行和领跑为主不断转变。在近两年中，我国不断产生世界一流科技成果，信息化在其中也发挥了重要的支撑作用。

在本书"第一篇　面向世界科技前沿"中，共收录文章6篇，内容涉及生物医学、高性能计算科学、暗物质科学、核能科学、水科学、人工智能等。文章展示了多项面向世界科技前沿的重大研究成果，对上述领域未来科技发展趋势进行了研判，对科研信息化在科研工作中发挥的重要作用进行了详细阐述。

本文从中摘选4篇文章进行介绍。

1. 生物医学大数据助力新冠肺炎疫情研究

2020年，一场突如其来的疫情打破了我们以往的正常生活，全国乃至全世界人民为打赢这场"战役"都付出了巨大的努力和牺牲，国内外科研专家也迅速组织科研力量，开展疫情科技攻关工作，积极发挥智库作用，为抗击疫情做出了重要的贡献。中国科学院院士、中国科学院上海营养与健康研究所生物医学大数据中心首席科学家赵国屏等撰写的《生物医学大数据的态势与展望》一文，追溯了生物医学大数据研发与转化应用的发展历程，综合阐述了生物医学大数据复杂的内涵，力图展示生物医学大数据在生命科学研究、医疗健康机构、生物技术与生物医药行业中的影响及其对经济和社会发展带来的机遇。通过生物医学大数据在应对新冠肺炎疫情中发挥的作用及反映的问题这个实例，总结了相关实践的经验教训，并进一步立足我国国情，提出了相应的政策建议和解决方案，为我国生物医学大数据的管理部门、研究与应用单位提供了有益的参考。

2. "神威·太湖之光"引领高性能计算迈入十亿亿次时代

高性能计算发展水平体现了一个国家的科技综合实力，是国家创新体系的重要组成部分，也是世界主要发达国家激烈竞争的战略制高点。中国工程院院士、中国工程院副院长陈左宁撰写的《我国高性能计算进展及国际高性能计算发展趋势》一文，通过展示近两年国际高性能计算500强排行来分析我国高性能计算最新进展，审视我国高性能计算研发存在的不足之处，阐释"神威·太湖之光"高性能计算机系统的技术突破与应用，探讨国际百亿亿次（E级）计算机研发热潮，最后还预测了国际高性能计算技术未来的发展趋势。

3. 暗物质粒子探测卫星在电子、质子宇宙线测量方面取得突破性进展

暗物质粒子探测卫星"悟空号"是我国首颗天文观测卫星，目前已在轨运行3年多，采集并处理了超过60亿个高能宇宙线粒子，获取了数百TB的科学数据，为高能宇宙线电子、质子及伽马射线的研究提供了可靠的数据保障。我国卫星科学数据的处理在国内尚无先例可循，如此海量的天文观测数据对数据的存储和处理技术提出了更大的挑战。中国科学院院士、中国科学院紫金山天文台台长常进等在《暗物质粒子探测卫星在轨数据处理的信息化应用》一文中，以"悟空号"卫星为例，介绍了其科学数据处理软件DAMPESW的架构及特点，从数据处理的性能需求出发，说明了目前已经完成的硬件基础设施建设情况，阐述了此类科学卫星在数据处理过程中的信息化应用，为后续同类卫星项目提供了参考依据。

4. 先进核安全研究引领国际前沿

当今世界，核能已被广泛应用于国防与工业各个领域，在其发挥重要作用的同时，也面临着放射性安全问题，历史的惨痛教训告诉我们核能的发展必须以安全为前提，核安全是我国核能与核技术利用事业发展的生命线，核应急是核安全的最后一道屏障。中国科学院院士、中国科学院合肥物质科学研究院核能安全技术研究所所长吴宜灿长期从事核科学与技术及相关交叉领域的研究，在其撰写的《基于虚拟核电站Virtual4DS的核应急智慧指挥决策》一文中，介绍了中国科学院核能安全技术研究所凤麟团队基于自主研发的虚拟核电站Virtual4DS，开展了核应急指挥决策关键技术研究，为核设施安全运行与应急决策提供了有力支撑，推动了我国核应急能力的建设。

2.2 面向国家重大需求

科技兴则民族兴，科技强则国家强。当前，国家对战略科技支撑的需求比以往任何时期都更加迫切。在追赶世界科技强国的过程中，我们需要聚焦国家战略问题，坚持有所为有所不为，加强事关国计民生的重大科技攻关，着力突破"卡脖子"问题，使科技创新成果更多走进生产生活。近年来，以大数据、云计算、人工智能等为代表的

新一代信息技术蓬勃发展，多项信息技术综合运用于国家重大需求方面，并取得了卓越的成就。

在本书"第二篇 面向国家重大需求"中，共收录文章 12 篇，重点关注信息化发展趋势及关键核心技术在科研领域的应用，收录了包括在青藏高原科考、核聚变科学研究、探月工程、面向科学研究的云计算机等内容的科研信息化应用。

本文从中摘选 5 篇文章进行介绍。

1. 大数据系统助力青藏高原和泛第三极地球系统科学研究

泛第三极地区主要包括青藏高原及其北侧的亚洲内陆干旱区，西至高加索等山脉，东至黄土高原西部，面积约 2000 万平方公里，和 30 多亿人的生存环境有关。大数据时代的来临，给青藏高原和泛第三极地区环境问题的机制认识和正确应对带来了新的机遇和挑战。由中国科学院青藏高原研究所研究员李新等撰写的《大数据系统助力青藏高原和泛第三极地球系统科学研究》一文，详细介绍了泛第三极大数据系统的体系架构、数据资源整合和大数据分析方法等，展现了学科领域的大数据处理能力，探索了大数据驱动的地学研究新范式及服务于青藏高原和泛第三极地球系统的科学研究。

2. "人造太阳"——东方超环首次实现了 1 亿度等离子体放电

东方超环（EAST）是目前为止国际上唯一具备与国际热核聚变实验堆（ITER）类似条件且最有能力在粒子平衡时间尺度上实现长脉冲、高性能运行的实验装置，该装置产生的海量实验数据给信息化环境的建设带来了新的需求和挑战。由中国科学院合肥物质科学研究院等离子体物理研究所高级工程师王枫等撰写的《东方超环协同实验平台的信息化建设与展望》一文，详细介绍了 EAST 协同实验平台信息化建设全过程以及对该平台未来规划的展望，该平台不仅促进了科研资源的建设积累，提高了科研人员的工作效率，还提供了开放共享的科研交流途径，促进了国内外合作创新研究。

3. 中国 VLBI 网和 e-VLBI 技术助力探月与深空探测

人类向太空迈出探索的第一个地外行星就是月球。从 21 世纪初开始，我国开始论证实施月球探测工程，提出了"绕、落、回"三步走的方案，也称嫦娥工程。在我国探月与行星探测工程中，中国 VLBI 网（CVN）作为测控系统的一部分在历次任务中均圆满完成了任务，为嫦娥探测器的奔月、绕月、落月、返回提供了快速、精确的测定轨定位服务，做出了重要的贡献。中国科学院上海天文台高级工程师陈中等撰写的《中国 VLBI 网和 e-VLBI 技术在探月与深空探测工程中的应用与展望》一文，详细介绍了中国 VLBI 网针对航天工程应用的系统建设和 e-VLBI 技术在探月工程中的应用，还对中国 VLBI 网服务中国后续深空探测任务做出了展望。

4. 新一代信息通信技术 5G 构建智慧科研网络

我国"十三五"规划纲要中，明确提出要加快信息网络新技术开发应用，积极推进第五代移动通信和超宽带关键技术研究。随着 5G 网络技术的发展及云计算技术的进步，结合当前"数据密集型科研"对于海量数据处理的需求与日俱增，相对于传统科研教育机构的网络资源构建，5G 科研云凭借其卓越的网络性能、安全性保障及高效的弹性计算资源分配能力等特性，能够实现面对不同需求时的计算资源快速智能且弹性的构建，实现本地特色化服务及云网协同优化和流量统付等功能，充分满足科研人员和学生稳定且高速的网络使用需求。由中国科学院计算机网络信息中心研究员、先进网络与技术发展部主任周旭等撰写的《融合 5G 技术的先进科研环境演进和云服务架构设计》一文，详细介绍了 5G 网络及其关键技术和科研云的建设需求，并提出了一种 5G 科研云架构，通过对研究所、大科学装置、野外台站、大学校园等典型应用场景的分析，阐述了 5G 科研云所构建的智慧科研网的实用性和必要性。

5. 科技文献资源保障体系建设支撑科技创新研究

科技文献平台作为国家的重要战略资源，是科技工作的重要基础条件，是科技创新发展的重要支撑系统。我国科技信息资源保障水平和服务能力，直接关系到国家科技创新和可持续发展。国家科技图书文献中心主任彭以祺等撰写的《国家科技文献资源发现基础平台的建设与服务》一文，介绍了国家科技文献信息保障体系的建设历程，分析了文献信息保障工作面临的形势挑战，阐述了国家科技文献资源发现基础平台的建设方案，以及加强深化和推广文献资源发现服务的方法。

2.3 面向国民经济主战场

科学研究既要"顶天立地"，追求知识和真理，同时也要"惠民"，服务于经济社会发展和广大人民群众。科技水平已经成为影响世界经济周期最主要的变量之一，也是决定经济总量提升的最主要因素。进入 21 世纪以来，全球科技创新进入空前密集活跃时期，新一轮科技革命和产业变革正在重构全球创新版图、重塑全球经济结构。科学技术从来没有像今天这样深刻影响着国家前途命运，从来没有像今天这样深刻影响着人民生活福祉[6]。

在本书"第三篇 面向国民经济主战场"中，共收录文章 11 篇，主要从科技创新推动国民经济发展及产业化的工业、农业、医疗、教育、资源、环境等各方面进行了详细阐述，涉及"一带一路"中蒙俄经济走廊、干细胞科学研究、公众出行、城市治理、果园、蜂业等领域的信息化应用。

本文从中摘选 4 篇文章进行介绍。

1. 中蒙俄经济走廊荒漠化分析为"一带一路"提供信息化支撑和决策支持

2013 年，习近平总书记提出了共建丝绸之路经济带和 21 世纪海上丝绸之路的倡议[7]，经过从理念到规划、从原则到方案形成了共建"一带一路"的基本框架。"一带一路"倡议提出 6 年多来，贸易合作成果丰硕，显著推动了"一带一路"沿线国家和地区乃至全球经济的增长。在中国科学院地理科学与资源研究所地球数据科学与共享研究室副主任王卷乐等撰写的《"一带一路"中蒙俄经济走廊荒漠化风险防控信息化应用场景实现——以中蒙铁路沿线（蒙古段）为例》一文中，分析了"一带一路"中蒙俄经济走廊区域自然地理复杂多样、生态环境脆弱敏感和荒漠化的问题，介绍了基于信息化手段和 GIS 技术，开展的荒漠化遥感反演算法、大数据应用平台、多源数据融合和集成研究工作，建立了荒漠化风险防控的应用场景。综合大数据批处理和实时处理两种处理模式，实现对中蒙俄经济走廊铁路干线交流沿线的荒漠化信息的提取分析和动态监测；完成了 1990—2015 年中蒙铁路（蒙古段）两侧 200km 范围内荒漠化格局与变化诊断测试。相关研究为"一带一路"关键区域荒漠化风险防控提供了信息化支撑和决策支持。

2. "人工辅助验证智慧安保系统"带动民航智能安检模式的变革

近年来，随着民航机场客流量激增，原有安检模式面临极大的压力，已对我国民航"由大到强"的发展目标构成阻碍。由中国科学院重庆绿色智能技术研究院智能安全技术研究中心主任石宇等撰写的《"人工辅助验证智慧安保系统"带动民航智能安检模式的变革》一文，详细介绍了中国科学院重庆绿色智能技术研究院在民航安保智能化发展方面的创新成果——"人工辅助验证智慧安保系统"。该系统融合了多种先进技术及理念，已在呼和浩特白塔国际机场应用示范，并取得了显著成效，其系统及流程已获得官方批复，授权以人工辅助验证岗代替原有人工验证岗，带动了中国民航新一轮的智能安检模式变革。

3. 城市资源-环境-生态（UREE）大数据平台为实现城市可持续发展提供决策支持

截至 2018 年年底，中国城镇化率已达 59.58%。快速的城市化进程带来了一系列社会与环境困境：城市热岛、交通拥堵、固体废物围城、空气污染、基本服务和设施缺乏等。城市可持续发展已成为全球最重要的城市发展议题。在中国科学院城市环境研究所研究员陈伟强等撰写的《城市资源-环境-生态（UREE）大数据平台的构建与应用》一文中，介绍了基于多源异构城市大数据研究构建的城市资源-环境-生态（UREE）大数据平台的核心资源与功能，提出七层关键技术架构与整体解决方案。该平台为监测和研究城市资源、环境与生态的动态变化及驱动机制提供了强大的技术支撑，也为解决城市化进程中凸显的资源结构性短缺与环境持续恶化等"城市病"，以及如何建设可持续发展的城市提供了决策支持，是一个以大数据促进城市环境与城市生态发展及研究创新的典型案例。

4. 数字果园技术推动智慧农业发展

我国"十三五"规划纲要明确提出要加强农业与信息技术融合，近几年的中央一号文件中多次强调要加快突破农业关键核心技术，进一步推动数字农业和智慧农业发展。水果产业是我国种植业中位列粮食、蔬菜之后的第三大产业，在我国农村经济发展中占有重要地位。在中国农业科学院科技管理局副局长周国民等撰写的《数字果园技术发展现状及前景展望》一文中，介绍了数字果园的概念与内涵，梳理和总结了数字果园技术的研究及应用现状，展望了数字果园的未来发展趋势和重点发展方向，旨在为促进国内智能化果园发展提供参考。

3 总结与展望

2020 年是全面建成小康社会和"十三五"规划收官之年。在"十三五"期间，我国科技创新始终坚持"三个面向"的发展方向，不仅力争在重要科技领域实现跨越式发展，跟上甚至引领世界科技发展新方向，支撑国家战略需求，同时也着力推动科技和经济社会发展的深度融合，努力打通从科技强到产业强、经济强、国家强的通道。在过去的几年中，我国科技力量飞速发展，取得了显著的成就，收获了多项重大科技成果和前沿突破，范围涉及航空航天技术、深海探测技术、制造技术、生物技术、新能源技术、新材料技术等各个领域。与此同时，大数据、云计算、移动互联网、人工智能等新一代信息技术发展突飞猛进，新型科研信息化技术的应用为科学研究的创新驱动发展及所取得的成就提供了强有力的支撑和引领。

面向世界，面向未来，面向"十四五"，我们深刻认识到我国创新能力仍然不强，科技发展水平总体不高，科技对经济社会发展的支撑能力不足。新一轮科技革命带来的是更加激烈的科技竞争，我们需要把握好世界科技发展大势，围绕建设世界科技强国，为推动科学技术新一轮跨越式发展，进一步面向信息技术发展前沿，大力发展大数据、云计算、人工智能、物联网等信息技术，推动量子计算、碳基信息通信技术、区块链等颠覆性技术在科学研究中的应用，并与科技创新深度融合，发挥信息化在我国科技创新发展中的重要作用，为国家科技创新做出更大的贡献。

参 考 文 献

[1] 廖方宇, 洪学海, 汪洋, 等. 数据与计算平台是驱动当代科学研究发展的重要基础设施 [J]. 数据与计算发展前沿, 2019, 1(1): 2-10.

[2] 新华社. 中共中央办公厅、国务院办公厅印发《国家信息化发展战略纲要》[EB/OL]. [2016-07-27]. http://www.gov.cn/xinwen/2016-07/27/content_5095297.htm.

[3] 国务院.《"十三五"国家信息化规划》[EB/OL]. [2016-12-27]. http://www.gov.cn/zhengce/content/2016-12/27/content_5153411.htm.

[4] 新华网. 习近平：自主创新推进网络强国建设 [EB/OL]. [2018-04-21]. http://www.xinhuanet.com/politics/2018-04-21/c_1122719810.htm.

[5] 人民网. 习近平在全国科技创新大会、中国科学院第十八次院士大会和中国工程院第十三次院士大会、中国科学技术协会第九次全国代表大会的重要讲话《科技创新的三大方向》[EB/OL]. [2016-05-30].http://politics.people.com.cn/n1/2016/0602/c1001-28406379.html.

[6] 新华社. 习近平在中国科学院第十九次院士大会、中国工程院第十四次院士大会开幕会上发表重要讲话 [EB/OL]. [2018-05-28].http://www.cas.cn/zt/hyzt/ysdh19th/yw/201805/t20180528_4647518.shtml.

[7] 新华网. 授权发布：推动共建丝绸之路经济带和 21 世纪海上丝绸之路的愿景与行动 [EB/OL]. [2015-03-28]. http://www.xinhuanet.com/world/2015-03/28/c_1114793986.htm.

第一篇
面向世界科技前沿

生物医学大数据的态势与展望

赵国屏[*]　李亦学　陈大明　熊　燕

（中国科学院上海营养与健康研究所）

摘　要

　　本文追溯了生物医学大数据研发与转化应用的发展历程。首先尝试从学科发展的角度，综合阐述生物医学大数据的复杂内涵。在此基础上，力图展示生物医学大数据在生命科学研究、医疗健康机构、生物技术与生物医药行业中的影响及其对经济和社会发展带来的机遇。通过以生物医学大数据在应对新冠肺炎疫情中发挥的作用及反映的问题为实例，总结了相关实践的经验教训，并进一步立足我国国情，结合上述分析，提出了相关的政策建议和解决方案。期待这一在总结历史实践基础上的理性思考和心得总结，能为我国生物医学大数据的管理部门、研究与应用单位，以及广大的参与者与应用者提供有益的参考，亦欢迎读者提出各种意见和建议。

关键词

　　生物医学大数据；学科内涵；大数据服务平台；大数据管理体系；大数据转化应用；多学科交叉人才

Abstract

　　With the focus on the evolving trajectory and applications of Biomedicine Big Data (BMBD), this forward-looking review portrays broad impacts of BMBD upon areas such as engineering system for data management, scientific and technological research and development, and social and economic transformation. The review starts with an elaboration on the complex connotations of BMDB from the inter-disciplinary point of view. It then explores the implications of BMDB, in the connection with the challenges and opportunities faced by social and economic development, in sectors of life science research, medical and health institutions, and biotechnology and bio-medicine industries. The recent COVID-19 outbreak is used as an illustrative case study. The review ends with an analysis of a decade of BMBD practice, both domestically and abroad, with suggestions for policy-making and solutions for tackling major challenges from China's perspective. It is hoped that any BMBD-related institutions, practitioners and users will benefit from this insightful summary of BMBD. Critical comments and constructive suggestions are sincerely welcomed by the authors.

Keywords

　　Biomedicine Big Data (BMBD); Knowledge Connotation; Service Platform; Management System; Transformation and Application; Interdisciplinary Talents

　　20世纪90年代以来，基因组学革命不仅让"数据"成为生命科学研究的重要基础，而且使人成为生命科学研究的重要对象。系统生物医学研究、转化医学研究和精准医学实践，产生了既具有体量大（Volume）、增速快（Velocity）、类别多样性（Variety

---

[*] 为本文通讯作者。

和真实性（Veracity）的"4V"特征[1]，又具有高维度（High Dimension）、高度复杂性（High Complexity）和高度不确定性（High Uncertainty）的"3H"特点[2]的"生物医学大数据"。

生物医学大数据兼具生物学（生命科学和生物技术）、医学（包括药学）和数据科学（信息科学与计算科学）的内涵，亦可按数据来源归纳为生物医学数据与环境数据两大类。其中，生物医学数据大致涵盖基础生命科学、组学和系统生物学、生理心理学、认知行为学、临床医学、公共卫生、医药研发等领域的数据；环境数据大致涵盖社会人口学、环境暴露数据等。生物医学大数据的核心是研究型数据，它来自针对群体的系统生物医学和转化医学研究，亦来自针对个体的精准医学研究。

目前，生物医学大数据正在成为促进现代生物医学向数据密集型研究范式演进转化的最重要的基础支撑。生物医学大数据领域方兴未艾，但由于其兼具科学与社会学双重性，涉及从原创到应用的转化、管理与共享的协同，发展中也面临诸多交叉性、系统性的问题。解决这些问题，极为复杂，极具挑战，必须从科技工程与社会工程两方面双管齐下；亟须从国家层面，建设权威、整合与布点结合的"生物医学大数据基础性科技服务平台"，长期稳定地为全社会提供"标准化质控整合、智能化交互共享、高效率计算分析和场景化深度挖掘"四个层次的公益性、工程化的第三方基础性科学服务。

1 生物医学大数据的发展历程和内涵

物理学和天文学的研究一开始就离不开"数"。20世纪以来，两个学科积累的数据已经超过EB级，且两个学科率先跨过"实验验证""理论分析""计算模拟"阶段，进入"大数据"时代。化学与"数"的关系，在最初的元素发现阶段并不明显。门捷列夫元素周期表突破性地发现了原子序数与元素化学性质之间的周期性规律，把化学从纯粹的实验科学提升到计算与理论科学的高度。在此基础上形成的化学工程科学，理性、规模化地改造自然物质，有效服务人类经济社会的发展。

生物学（Biology）是与"数学"关系最为微妙的一门自然科学。早期（17—18世纪）的生物学是一种以描述人为"分类"为主的"博物学"。19世纪末至20世纪初，随着细胞学、生物化学和遗传发育学的建立，生物学发展成为通过实验验证，探索生物体共同结构及其功能的生命科学（Life Science）。20世纪中叶，随着以DNA双螺旋模型到中心法则和转录调控解析为代表的分子生物学（Molecular Biology）的发展，以及以蛋白质高级结构解析为代表的结构生物学（Structure Biology）的兴起，数学与数据在生物学研究中开始发挥重要作用。由于主要的研究对象集中于单个或数个生物分子，生物数据的积累极为有限，数据之间的关系（信息）亦较为简单。因此，那个时代催生的"定量生物学"（Quantitative Biology）[3]和"计算生物学"（Computational Biology）[4]，在很大程度上是作为生物研究的辅助性"工具"，并没有成为生物学主流的研究范式。

1.1 生物医学大数据的生物学内涵

20世纪90年代开展的"人类基因组计划"，第一次实现了对代表人类主要族群的5个个体的全基因组测序[5]。这一生命科学领域"大科学"研究的特点，在于所测定的化学分子不仅仅是 ACGT 4 种碱基，而由成千上万个碱基所排成的一维数字序列，就组成了复杂的"生命密码"的携带者，也就是一个物种的基因组。正是由于基因组测序的本质就是确定 ACGT 的一维排列顺序，高通量并行化的计算机科学理念被有效地应用到了测序策略的制定上，形成了从高通量短序列检测到利用数学和计算科学方法实现大片段乃至染色体拼接的基本程序，再加上对基因组序列结构与功能的注释，生物信息学（Bioinformatics）应运而生。快速积累的基因组序列与注释信息可高效指导系统的实验研究，成为生命科学研究必不可少的基础；二者的紧密结合，就形成了包含"计算科学"与"理论科学"研究范式的系统生物学研究体系。

新一代核酸测序、质谱和生物芯片等高通量、并行化检测技术的飞速进步，推动了基因组、转录组、表观遗传组、蛋白质组、代谢组和表型组等"生命组学"的快速发展，为发起以生命科学与医学为目的的大科学研究计划创造了条件，生物学数据也因此在"质"的高维度提升的基础上，形成了"量"的急剧增长[6]，其积累迅速推进到与天文学和物理学并列，达到 PB 级（10^{15}），真正进入大数据学科行列。对生命科学数据的系统收集、质控、注释、分析、整合、应用，以及在此基础上进行生物系统模型的建立与模拟，进而实现定量描述和预测生物体功能、表型和行为，就是生物医学大数据的生物学内涵。

1.2 生物医学大数据的医学内涵

医学既是通过科学技术及心理和人文关怀等一系列手段来诊断、治疗和预防人体的各种疾病的实践，又是在总结临床实践经验中不断发展的应用科学。现代医学在充分利用生物学实证和生命科学实验带来的科学知识的基础上，建立了包括基础医学、临床医学和预防医学等分支学科的科研体系，自然也积累了相当的医学科研数据。

20 世纪中叶，医学与药学充分利用现代生命科学的理论和生物技术及其他相关科学技术，发展了现代药学、医学影像学、免疫与分子诊治技术等一系列科学技术领域，由此形成了现代"生物医学"（Biomedicine）学科和研究方向。与以生物为研究对象的生物学，以及以生物体共同的结构功能、普遍运动规律为研究对象的生命科学不同，生物医学是以人的健康和疾病为研究对象的；也就是说，以人为研究对象，是生物医学区别于生物学和生命科学的核心特点。

以基因组数据为基础的系统生物学与医学结合而形成的系统生物医学（Systems Biomedicine），就是现代生物医学的核心内涵，促成了生物医学的革命性发展；在此后普遍推行的转化医学（Translational Medicine）实践，也成为现代生物医学最重要的研究平台。正是系统生物医学和转化医学研究，造就了生物医学大数据。当然，生物医学大数据中的生物医学数据，必然超越这两个方面。

美国国家研究理事会（NRC）2011 年在其报告中提出"精准医学"（Precision Medicine Initiative）的理念。虽然"精准医学"的概念，是在转化医学"4P"特征（预防性/Preventive、预测性/Predictive、个体化/Personalized 和参与性/Participatory）的医学模式基础上发展形成的，但其更核心的内涵是：树立以个人基因组为基础，结合转录组、蛋白组、代谢组等相关内环境信息，为病人量身设计治疗方案，以期达到治疗效果最大化和副作用最小化的"定制"医疗理念；它强调在人类基因组数据与患者的生活环境、生活方式及临床数据结合的基础上，实现考虑到每个人的基因、环境和生活方式等个体化差异的用于疾病的预防和治疗的新兴医疗方式。这种以个体（$n=1$）及个体集（$\sum n$）"小样本"为对象的，将多组学研究技术与临床数据结合产生的研究型"大数据"，将成为生物医学大数据的重要资源。

可见，当代医学/药学与现代生物学结合形成的系统生物医学研究体系和转化医学研究平台，产生了海量复杂的群体层面的"生物医学大数据"；把这些数据转化为信息和知识，通过"精准医学"的保健与医疗方式服务于个人，并以此"真实世界数据"为基础产生更多个体层面的研究数据，就是生物医学大数据的医学（健康科学）内涵。生物医学大数据的来源与学科内涵、各部分之间的相互关系以及与现代医学研究实践的关系如图1所示。

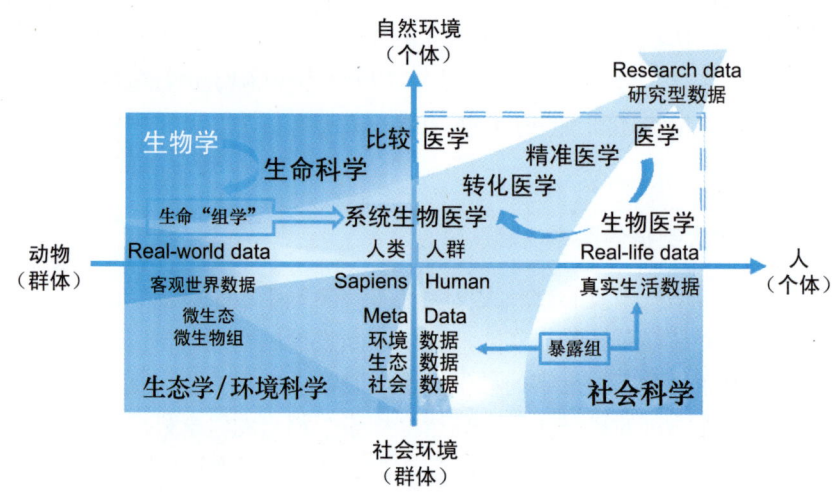

图1 生物医学大数据的来源与学科内涵、各部分之间的相互关系以及与现代生物医学研究实践的关系

生物医学大数据的来源主要包括生物学与医学两部分；贯穿其中而且最为核心的，是生命科学与生物医学的研究型数据。这些数据具有学科高度交叉的特征。生命科学中极其重要、极为基本的生命"组学"数据，构成了系统生物医学数据的最主要基础。正在迅速发展的微生态与微生物组数据，综合了生物学及其相关的生态学和环境科学数据（其中亦含有与社会相关的数据，特别如流行病学数据）。生物医学研究型数据的核心，涵盖了系统生物医学、转化医学和精准医学研究所产生的数据。这些数据也反映了生物医学这个研究领域的相关情况，涵盖了其研究对象从作为生物学的"人类"群体到作为社会学的"人"的个体的一个非常特殊又非常重要的事实，它也自然联系到人在其生活的社会与自然环境中与健康相关的数据，即从单纯的"环境数据"到人在环境中的"暴露组"数据。随着大数据技术的不断发展以及生物医学研究场景日益从实验室向现实世界扩展，研究型的生物医学大数据必须与人类群体相关的"客观世界数据"和与人个体相关的"真实世界数据"紧密结合，以有利于为人类社会（个体和群体）的健康做出实际的贡献。

1.3 生物医学大数据的数据科学内涵

从"生物学到生命科学、医学到生物医学"这两个发展脉络基础上厘清了"生物医学大数据"的生物学与医学内涵，也可以进一步厘清两个层面的"数据性质"。第一，生物学和医学的客观世界数据，即动植物、微生物的生物学数据以及人类自身的临床"医学"和体检"健康"等数据。该层次的数据本质上是海量的"真实世界数据"（Real World Data），具有重要的研究及应用潜能，但其量大质杂，需要长期的系统性积累和标准化管理，并与研究型数据进行交互整合的综合分析，才能实现其研究价值。第二，与人类及医学和药学相关的"研究型数据"，即为研究目的而采集的数据。首先是以人为对象的系统生物学研究，包括基于"组学"技术的生物医学大科学研究计划产生的数据。其次是转化医学研究数据，包括人群队列研究数据和循证医学研究数据，以及以人类疾病模型和药物研发为目的实验动物数据，即比较医学（Comparative Medicine）数据。此外，在药物研发过程中，在吸收、分布、代谢、排泄和毒性（ADME/T）评价以及药物计量学和药代计量学分析等新技术的基础上发展起来的定量与系统药理学（Quantitative and Systems Pharmacology）研究，产生的药物-靶标关联等多靶标药物发现研究数据，也是宝贵的资源。相对第一层次，第二层次的数据虽然"样本有限"，但具有"高维度、结构化，有设计、有质控"的优良特征，直接涉及人类健康与疾病以及相关的医学与药学研究，对国家安全和社会经济发展具有重要的现实与长远意义，因此，在当下就更凸显其重要性和敏感性。

半个多世纪以来，通过分子生物学革命和基因组学革命，生物医学数据迅速出现了具有"大数据"特征的多重转变。一是从"小数据"到"大数据"的转变。高通量实验技术的突破、医学信息化的应用、真实世界数据的生成，把生物医学数据从以基因组为代表的 PB 量级时代，推升到多组学与健康医学数据融合的 EB 量级时代，乃至全面融合的 ZB 量级时代。二是从"低维度"向"高维度"的转变。各类组学数据和影像数据、体外诊断数据、连续监测数据、临床试验数据、临床记录数据等汇交，进而实现系统性的分析，为生物医学大数据带来更丰富、更深入、更复杂的内涵，生物医学数据的维度也不断丰富。三是从"单一尺度"到"多尺度"的转变。生物医学大数据的发展，将生命科学研究产生的分子、细胞、组织、器官、个体等多层面、多维度数据，与基于医学观察而进行的人群队列、分子流行病学、真实世界研究（Real World Study）等长时间、广空间的数据相结合，使得"分子—细胞—器官—个体—群体"的生物医学数据汇聚，人类得以从更多层面重新认识生命和疾病的本质。这些转变所赋予的"4V"与"3H"特征，对生物医学大数据的充分利用提出了一系列全新的数据挑战[7]，由此产生的"用数据的方法研究科学"和"用科学的方法研究数据"的科学发现的模式转化[8]，就是生物医学大数据的数据科学内涵。

生物医学大数据与上述生物学、医学与数据科学内涵的汇聚，决定了它对于生命科学和医学从研究到实践的重要作用，也决定了其事关国家社会安全与全民福祉的战略资源特征。因此，生物医学大数据的研究与应用受到世界各国的高度重视，近年来发展迅速。

2　生物医学大数据的发展现状与态势

当前，生物医学大数据的价值已成为各界乃至全社会的共识，生物医学的发展已经进入"数据密集型科学发现"（Data-Intensive Scientific Discovery）的"第四范式"[9]时代。为此，国内外对生物医学大数据整合管理与研发应用的布局诸多，既有相当的积累和经验，也有不少教训需要反思。大致来说，数据转化为信息，推动科研进步和知识增长，进而通过"精准"的保健与医疗方式服务于个人和社会，需要四个层面的协同。一是数据层面的协同，通过数据科学技术，实现各个层面数据的安全收集、存储、整合和管理。其中，标准化的质量管理依然是一个挑战（对于非英语国家尤为不易）。在保证数据安全基础上的高效利用方面，区块链数字身份或可成为新的底层基础技术之一，促成数据"管理"向数据"治理"的转变。二是信息层面的协同，利用各类信息工具和软件解析数据的相互关系，进而从有效性、代表性和完整性等方面提升数据质量，保障高效有序的数据交互共享。这其中，统一的接口规范或许是稳定的数据报送、分析和反馈的基础。三是知识层面的协同，通过因果关系等机制解析，将生物医学信息转化为精准医学知识图谱。其中，统一的生物医学术语、分类和编码标准的作用是促进更有效地实现生物医学层面的互操作，而技术参考模型的作用是更有效地实现信息框架层面的互操作，其最终的作用是将疾病知识图谱更好地用于临床决策支持。四是应用层面的协同，通过"深度患者"（Deep Patient）研究等为科学研究、健康医疗产品开发、临床实践和医疗管理、公共卫生和健康管理提供支撑。唯有多个层面的协同联动，才能建立起整合生物医学大数据的统一平台，实现对患者个体数据的可追溯，进而真正发挥生物医学大数据的价值。

2.1　生物医学大数据的研究开发现状与态势

1. 欧美和日本等国家（地区）的生物医学大数据研究开发现状与态势

美国、欧洲和日本的科学研究机构自20世纪80年代、90年代启动生命科学数据库建设并坚持至今，积累了大量生命科学数据，为全球生命科学数据共享做出了贡献，也极大地推动了本国的生命科学研究。其中，日本国家遗传学研究所（NIG）负责管理的日本DNA数据库（DDBJ）始建于1986年；管理Genbank的美国国家生物信息中心（NCBI）始建于1988年；欧洲生物信息学研究所（EBI）于1980年为欧洲分子生物实验室（EMBL）建立的数据库，即核酸序列数据库（ENA），自1992年起，隶属EBIUK。1988年始建的国际核酸序列数据库合作联盟（INSDC）在推动核酸数据库之间数据的标准化收集、汇交与共享等方面发挥了作用[10]。

目前，NCBI与EBI已成为全球公认的两大数据中心，不仅涵盖生命科学基础数据，而且开始接收包含个体表型信息的基因型-表型数据，为转化医学和精准医学研究提供更直接的数据支撑。例如，NCBI已经从Refseq（参考序列、基因与蛋白质）、Pubmed（摘要文献）、PMC（全文文献）、NCBIGene（参考基因）、GEO（转录组）、Pubchem（小分子）等基础研究数据扩展至dbGap（疾病和表型）等数据。EBI的数据库不仅涵盖UniProt（蛋白质序列）、InterPro（蛋白质二级结构）、ExpressionAtlas（转录组）、

PRIDE（蛋白质组）、Ensembl（基因组）和 ChEMBL（小分子化合物）等基础数据，还包括 EGA 等疾病数据。

在医疗数据平台方面，EBI 通过在 EMBL 参与国建立当地节点，建设了数据与信息共享的基础设施 ELIXIR。英国医学研究委员会（MRC）发起的医疗信息化平台（eMedlab），集成和共享来自个人的医疗记录、影像、药物信息学和基因组学的异构数据，同时还与英国国家医疗服务体系（NHS）的医疗保健信息相对接，以全面了解健康和疾病进展情况。2017 年，英国成立与 eMedlab 密切相关的国家健康数据科学研究所[11]（HDR UK），通过大规模健康数据的分析与应用，进一步促进科研与医疗的紧密结合。

欧美等国家（地区）通过从生物学到临床医学的大数据，推动开展有特色的临床与基础研究相结合的转化医学研究并指导临床实践，取得了令人瞩目的科研成果，推动了医疗水平的提升，也为新的生物医学知识体系的形成奠定了基础。

2. 我国生物医学大数据的研究开发现状与态势

20 世纪 90 年代，我国科技界就认识到科技数据汇交共享的重要性。1994 年，徐冠华、孙枢、孙鸿烈三位院士提出地学数据共享的呼吁。1999 年，郝柏林院士在写给国务院的建议书中，提出建立"国家生物医学信息中心"的建议[12]。2002 年，为实现对科学数据资源的规范化管理和高效利用，我国开始全面筹划科学数据共享，并于 2003—2005 年实施了"国家科学数据共享工程"。该工程是国家科技基础条件平台的重要组成部分，由"主体数据库、科学数据中心或科学数据网、门户网站"构成三级结构的数据管理与共享服务体系。《国家中长期科学和技术发展规划纲要（2006—2020 年）》也指出，要"加强科技基础条件平台建设，建设重点包括国家研究实验基地、大型科学工程和设施、科学数据与信息平台、自然科技资源服务平台，以及国家标准、计量和检测技术体系等"[13]。

"十一五"至"十三五"期间，国家各部委、科研院所、医疗机构等相继开始生物及医学健康相关的数据中心建设。

"十一五"期间，国家有关部门开展了国家科技基础条件平台的建设工作，科学数据是其六大领域之一。其中，中国医学科学院负责建设中国医学科学数据共享网，中国科学院负责建设生命科学数据共享网。科技部发布的《国家"十二五"科学和技术发展规划》也提出，"进一步完善不同领域和行业的科学数据库建设，扩大数据汇交试点，促进科学数据共享"[14]。"十三五"以来，"国家科学数据中心"的建设加速，包括中国科学院基因组研究所的"国家基因组数据中心"、中国科学院微生物研究所的"国家微生物科学数据中心"和中国医学科学院的"国家人口健康科学数据中心"等。

2015 年，三十多名生物信息领域的相关院士和专家，总结我国二十多年的经验教训，提出了"我国亟待建设国家生物信息中心的建议"。2016 年，中国科学院上海生命科学研究院和上海市共同提出的"国家生物医学大数据基础设施"的建议方案，被国家发改委正式列为《国家重大科技基础设施建设"十三五"规划》的五个后备项目之一[15]。同年，中国科学院上海生命科学研究院生物医学大数据中心成立，与"张江实验室"合作开展预研工作，并于 2018 年获上海市支持启动二期预研。2019 年年底，中国科学院启动"国家生物信息中心"建设工作。

2016 年以来，在原国家卫生计生委牵头下，开始逐步实施"1+7+X"健康医疗大数据应用发展总体规划，建设一个国家数据中心，七个区域中心：福建（福州、厦门）、江苏（南京、常州）、山东、安徽和贵州，并结合各地实际情况，建设若干个应用中心。目前，济南中心规划投资规模最大；南京中心和福州中心正在建设，其中南京中心以基因数据库建设为先导，福州中心以医院医疗数据的汇集存储为主。其余各试点省份也先后出台支持政策和实施方案，加快推进医疗大数据中心的建设。

与此同时，大学、医院、企业、科技协会及国家科研机构开始积极建设生物医学大数据研究机构，主要包括万达信息与中国人民解放军总医院、中南大学共同承建的"医疗大数据应用技术国家工程实验室"；中国科学院大学、中国疾病预防控制中心、中国卫生信息与健康医疗大数据学会三方共建的"中国科学院大学健康医疗大数据国家研究院"；北京大学设立的"北京大学健康医疗大数据国家研究院"等。

尽管我国在生物医学大数据中心的建设上取得了长足进步，但整体上看数据仍处于分散管理的状态，对生物学与医学二元内涵的复杂性、数据科学内涵统一性认知有所不足，这也导致数据的开发、标准化体系建设、专业化服务等方面有所欠缺，还需要在机制上进一步完善，在能力建设、团队建设上进一步提升。

2.2 医疗卫生机构的生物医学大数据开发利用现状与态势

1. 美国、英国和德国医疗卫生机构的生物医学大数据开发利用现状与态势

医疗大数据涵盖了患者诊疗、健康档案、电子病历、医学影像、医药医保等海量、真实、连续的医疗健康数据，其中电子病历是医疗卫生机构推动大数据应用的基础。2007 年，卫生信息交换标准组织（HL7）委员会发布《电子病历系统功能模型（EHR-SFM）》，该标准获得了美国国家标准局的批准。2009 年，美国出台《卫生信息技术促进经济和临床健康法案》（HITECH），鼓励临床医生和医院积极使用电子病历系统。此后，诸多医院或机构加速推动临床数据的集成和应用。例如，贝斯以色列女执事医疗中心等医疗机构于 2010 年参与"医生病历记录共享"（OpenNotes）项目[16]。梅奥诊所等于 2011 年起大规模投入大数据的采集、相关标准的制定等基础性工作。

英国于 2013 年启动医疗大数据平台 care.data 的建设，采集医院、家庭医生对患者的医疗记录，以实现数据的集成和利用。由于与各相关方的沟通不畅、规则方面未理顺等原因，英国国家医疗服务体系（NHS）于 2016 年停止了该计划。在吸取 care.data 的教训之后，NHS 进一步推进在全英国实现电子病历的进程，以期在医疗大数据时代更好的发展。

德国近年来一直努力推进医疗数字化进程。2015 年，德国通过《电子医疗法案》，加速电子病历等的推广。2019 年，《数字供应法》通过，允许医生对患者进行在线视频问诊、在手机应用程序上记录处方，同时推广电子处方、电子病历、电子病假条，这将为医学数据的采集、集成和管理提供极大的便利[17]。

以电子病历为代表的医疗数据的采集、存储、整合和管理仅仅是基础，要将其转化为有价值的信息和知识，还需进一步的分析和计算。总体上看，目前医疗数据的价值尚

未充分挖掘，医疗、生物、环境和行为等多方面数据的系统整合和分析还未实现。

2. 我国医疗卫生机构的生物医学大数据开发利用现状与态势

2006年开始，我国不少省份便开始区域卫生信息平台的建设，整合区域内医院、基层卫生机构、公共卫生的各类数据，形成以个人为中心的电子健康档案库。2009年开始的新一轮医药卫生体制改革，进一步推动了全国医疗信息化工程的建设步伐。

2006年，上海申康医院发展中心在沪启动医联工程，实现了为就诊患者建立统一电子病史资料、跨医院诊疗信息实时交换共享等功能。目前，医联工程已覆盖上海市级公立医院38家，可与16个区域级基层医疗机构进行联通。在此基础上，上海申康医院发展中心推进医联工程二期建设，全面推进市级医院结构化电子病历建设，建成符合临床一线需求且达到国家较高应用标准的电子病历系统，并基于物联网、边缘计算等新技术，打造覆盖上海市市级医院的重点设备及医疗资源的信息化管理体系，建立了覆盖整个医疗管理体系的互联网大数据平台。

北京天坛医院参考美国国立卫生研究院（NIH）/国立神经疾病和卒中研究所（NINDS）的通用数据元，建立统一的脑血管病数据标准和基于登记的临床研究队列——中国国家卒中登记研究。目前，北京天坛医院已经建立起由社区队列、临床队列、多中心临床试验和临床影像数据库等组成的高质量临床研究大数据。其中，最具代表的国家卒中登记研究Ⅲ，建立了超过1.5万人的脑血管病精准队列，基线收集了超过5000个临床表型、高分辨影像和组学数据。

宁波市鄞州区卫生健康委作为国家疾控中心信息化试点单位之一，2006年启动建设区域全民健康信息平台和电子健康档案，建档率达到96%以上。截至2016年，宁波市鄞州区升级完成了覆盖全区的健康大数据平台。鄞州区疾控中心还与国家疾控中心合作建立了基于大数据平台的智能化居民健康指标评估系统，实现了主要健康指标的实时自动收集、处理、汇总和展现。

2.3 信息技术企业的生物医学大数据开发利用现状与态势

1. 国外信息技术企业的探索：布局和丰富生物医学大数据的应用场景

国外信息技术企业在生物医学大数据的探索，可分为医疗信息化、消费级健康产品和服务、数据应用、标准开发、服务器设施及服务等方面。

在医疗信息化方面，Epic System、Cerner在美国的电子病历开发等方面占据领先的市场优势，近年来它们在患者数据和医疗数据整合的基础上，向云服务、人工智能等方面进军，以期将数据转化为更有价值的信息和知识。

在消费级健康产品和服务方面，亚马逊基于人工智能开发了健康产品Alexa，其智能语音服务可提醒老年人服药和进行血压管理等，还能为住院患者提供医疗信息服务，帮助用户理解医疗术语和与医疗相关的关键信息，获取药物剂量信息和常见疾病信息等[18]。谷歌公司Alphabet旗下的生命健康公司Verily注重基于人工智能的医疗解决方案的开发，其开发的智能手表已获得美国食品和药品管理局（美国FDA）的认证许可。

在数据应用方面，为将大数据应用于医学科研场景，谷歌不仅与诺华、大冢、辉瑞和赛诺菲等医药企业建立合作，还与杜克大学、斯坦福大学等开展项目合作。

在标准开发方面，苹果是"快速医疗保健互操作性资源"（FHIR）技术的主要推动者。FHIR 为不同的数据元素创建标准，以便开发人员构建应用程序编程接口（API），用于访问来自不同系统的数据集，解决数据的互操作性难题。

在服务器设施及服务方面，国际商用机器公司（IBM）一直是医疗数据服务的供应商；亚马逊和谷歌不仅为科学家提供基因组数据存储服务、数据分析服务，还加速布局与健康相关的数据采集业务。

2. 国内信息技术企业加紧生物医学大数据的开发与应用

在生物医学大数据的应用需求、分析技术和工具的进步以及相关政策的驱动下，我国信息技术领域的企业纷纷布局生物医学大数据，生物医药企业积极与信息技术企业合作，拓展生物医学大数据的应用。

万达信息深耕"三医联动"领域多年，卫生业务覆盖全国 20 个省份，其中上海市健康信息网工程实现了近 600 家公立医疗机构之间信息的互联互通互认。万达信息基于上海阳光医药采购平台，承接了国家级"4+7 药品招采平台项目"的信息支撑工作。健康云是省市级"互联网＋医疗健康"总入口，为百万慢性病患者提供闭环管理服务。

神州数据医疗主要服务于各类医疗机构，在健康医疗大数据、医疗云服务、医疗卫生信息化及精准医疗四大核心领域深度布局，提供包括健康医疗大数据平台、云影像平台、医院信息集成平台及精准医疗平台等下一代医疗信息化整体解决方案。

华为通过数字医院、区域卫生信息化、分级诊疗等医疗解决方案的提供，以及可穿戴设备的开发，正为"全联接医疗"的生态体系构建开展体系化的技术研发[19]。

平安医疗科技和中国医学科学院医学信息所共同构建中文医疗知识图谱，通过核心医学概念的全面覆盖、医疗生态圈内全方位知识数据的聚合，打造一体化平台。

腾讯不仅在医疗领域投资了杏仁企鹅、微医、好大夫等企业，还通过与复旦大学附属肿瘤医院合作成立国内首个基于大数据和人工智能的肿瘤专科联合实验室[20]。

阿里云的服务支撑了健康大数据的"基础设施"，与阿里健康共建 ET 医疗大脑 2.0，在临床、科研、培训教学、医院管理、未来城市医疗大脑五大场景上集中发力。

2.4 生物医学大数据政策管理现状与态势

当前，生物医学大数据的意义已成为全球共识，与之相关的网络安全、互操作性、数据信息可靠性、云设施、综合分析和预测建模、信息管理工具、公众参与和隐私等主题也得到广泛关注和讨论。

1. 美国和欧洲的生物医学大数据政策管理现状与态势

近年来，美国和欧洲等国家（地区）在医疗数据管理方面相继出台诸多政策，以逐步完善其管理体系。美国 2016 年通过的《21 世纪治愈法案》（*21st Century Cures Act*），在《联邦食品、药品、化妆品法案》中增加了一节，根据这一节的要求，美国 FDA 需要创建"真实世界证据"（Real-World Evidence，RWE）的评估框架，帮助已上市药物扩大适应症。2018 年，美国 FDA 又发布《真实世界证据方案框架》，建议使用 RWE，并充分发挥 RWE 在审批监管决策中的作用[21]。同年，美国 FDA 发布《临床研究中使用电子健康记录数据的行业指南》，鼓励医疗保健提供者、组织和机构在临床研究中与临床研究人员合作，将电子病历用作临床研究的数据来源，提高数据准确性和临床试验效率。美国国立卫生研究院（NIH）2003年就制定了《数据共享政策和实施指南》（*Data Sharing Policy and Implementation Guidance*），要求每年申请经费在50万美元以上的NIH的科研人员提交最终研究数据的共享计划或说明[22]。2019年，NIH开始更新2003年的政策，要求首次获得NIH资助的所有科研人员都要提交包含保护研究对象隐私的详细的数据共享计划[23]。为推进精准医疗计划的实施并保障信息安全，由白宫科技政策办公室、卫生和公众服务部，以及NIH共同领导的跨部门小组制定了精准医疗的《隐私与信任原则》，以此对医疗数据的使用进行管理[24]。

2018年5月，《通用数据保护条例》（*General Data Protection Regulation*，GDPR）在欧盟正式生效。该条例为个人提供了访问权、修订权、删除权、限制处理权、数据移植权、反对权，以及与自动化决策和分析等有关的权利，将个人数据保护法的门槛提升至更高的管理层级，使个人资料更安全、患者档案更详细、患者掌控程度更高、数据源更新、预防更有力。同时，数据主体有权要求清除其个人数据，有权要求更正不准确的个人数据，有权得到结构化和机器可读格式的数据复制，有权针对其个人数据的处理或要求停止处理个人数据[25]。

2. 我国的生物医学大数据政策管理现状与态势

我国在生物医学大数据的管理方面，也出台了一系列的政策措施。2016年，国务院办公厅印发《关于促进和规范健康医疗大数据应用发展的指导意见》，提出到2020年建成国家医疗卫生信息分级开放应用平台，实现与人口、法人、空间地理等基础数据资源跨部门、跨区域共享，使医疗、医药、医保和健康各相关领域数据融合应用取得明显成效。国家卫生健康委员会2018年发布的《关于进一步推进以电子病历为核心的医疗机构信息化建设工作的通知》，强调了大数据的作用，对数据互联互通提出了要求，同时还要求严格执行信息安全和健康医疗数据保密规定。同年，国家卫生健康委员会又印发《国家健康医疗大数据标准、安全和服务管理办法（试行）》，旨在在保障公民知情权、使用权和个人隐私的基础上，促进健康医疗大数据的规范管理和开发利用。全国人大2018年9月将《数据安全法》《个人信息保护法》等列入十三届人大常委会五年立法规划。这两部立法未来将为数字经济发展提供更有力的法律保障，我国个人信息保护将进入全新阶段。2018年，国家卫生健康委员会发布的《关于印发电子病历系统应用水平分级评价管理办法（试行）及评价标准（试行）的通知》，提出"到2020年，所有三级医院要达到分级评价4级以上，二级医院要达到分级评价3级以上"的要求。2019年，国家卫生健康委员会、国家中医药管理局发布的《全国基层医疗卫生机构信息化建设标准与规范（试行）》，明确了基层医疗卫生机构信息化建设的基本内容和要求。同年，国家卫生健康委员会办公厅发布的《医院智慧服务分级评估标准体系（试行）》，为科学、规范开展智慧医院建设提供了分类标准。

2.5 生物医学大数据在新冠肺炎防控中的应用：展现潜力，启迪发展

2003年，非典性肺炎（SARS）导致全球8000多人感染。基于基因组研究的积累，人类以最快的速度认识了疾病，并控制了它的发展。此后，"会聚"研究、"精准医学"

得到了广泛重视，基于"大数据"的个体健康与社会安全成为共同的追求。然而，新型冠状病毒感染的肺炎（COVID-19）疫情突然暴发，至2020年4月初已蔓延至200多个国家，全球累计确诊病例超百万例，再次给全球带来历史性的重大挑战。此次抗疫中，基因组技术最先提供了病毒的全基因组序列[26,27]，为病毒的诊断[28]与流行病学分析[29]提供了保障；而来自蝙蝠[30]与穿山甲[31]的类似病毒的基因组测序，又为病毒的动物源性的研究提供了基础的参比数据。当然，在今天这个时代背景下，基因组及其他生物医学技术在抗疫过程中作用的发挥，包括疫情发现、传染规律研判与防控决策，以及检测、诊断、治疗等措施落实诸方面，都得到了"大数据"特别是生物医学大数据体系强有力的支撑，而生物医学大数据体系，也在实战中展现了潜力，发现了问题，更启迪了今后的发展。

抗疫伊始，大数据便在疫情监测、密接者筛查、流行病学调查等方面及时提供数据和信息，并发挥了重要作用。中国疾病预防控制中心通过其维护的新型冠状病毒肺炎专栏，发布技术方案、文献报道等信息，动态更新国内疫情变化以及世界卫生组织的最新举措[32]。复旦大学公共卫生学院的流行病学与生物统计学团队组成突击攻关小组，收集流行病学相关的实时数据，并在公安和通信管理部门提供的人口流动信息等大数据的支持下，建立疫情预测预警模型，动态分析疫情发展趋势及区域间疫情扩散风险，为政府提供咨询意见。中国科学技术大学附属第一医院联合科大讯飞医疗信息技术公司用大数据和智能语音相关技术，从500多万份社区/基层病例记录中筛选出可疑的感染人群；再利用智能语音外呼系统对重点人群进行新冠肺炎相关知识的宣教和语音随访，完成部分人群的传播链重构[33]。数据企业还积极开发相应的产品，例如，阿里巴巴智能社区疫情防控小程序等10多个产品入选民政部的新冠肺炎疫情社区防控信息化产品（服务）清单。

随着疫情的发展，病毒朔源与病毒进化、疾病传染途径与疾病流行规律、疾病防控措施的可靠性等问题被提上议事日程，这与基因组等病毒生物学的数据密切相关。中国科学院北京基因组研究所（国家生物信息中心）建立的2019新型冠状病毒信息库，涵盖了病毒基因组序列发布动态、病毒基因组变异数据分析、相关文献等[34]；中国科学院上海营养与健康研究所生物医学大数据中心联合上海巴斯德研究所共同开发的病毒基因组自动化鉴定云平台，由华为云提供技术支撑，直接对接人体样本的RNA二代测序原始数据，具有对数据进行全自动质量控制、拼接和病毒组成分析等功能，并可在线分析其相对载量[35]。该大数据中心还同步开发利用机器学习的方法，开展千条基因组拓扑学实时分析，努力把病毒基因组序列从测定到分析形成完整的大数据体系。

生物医学大数据与临床结合，在智能医学影像、远程医疗、在线诊疗等方面发挥了积极作用。在国家全民健康保障信息平台项目中，华为与合作伙伴共同打造基础设施云平台及应用支撑平台，全面支撑公共卫生、医疗服务、医疗保障、药品保障等核心业务，以及电子健康档案、电子病历和全员人口等基础数据库。与临床诊治相关的患者数据的采集、管理和分析研究，是生物医学大数据中最关键、最艰难的瓶颈。中国科学技术大学附属第一医院与牛津大学联系，获得标准化临床流行病学研究方案及相应病例登记表（CRF）的授权[36]，引进临床研究试验数据库系统REDcap[37]，形成临床研究执行标准化流程（eSOP），并从 8 家合作单位收集整理了 881 例新冠肺炎患者的临床数据。

大数据的应用还加速了"老药新用"的筛选进程。例如，天津中医药大学利用中药组分数据库等进行组分筛选，发现了两种药材"对症"。再如，上海科技大学等联合其他团队利用人工智能药物虚拟筛选平台，对已上市的 2900 多个药物分子和上万个中药成分进行了筛选。

同时，政府与高校和科研机构专门开设了科研信息交流平台。清华大学联合中国工程科技知识中心等建立新冠肺炎开放数据源 AMiner[38]，整合了疫情、科研、知识、媒体和政策等方面的数据。科技部、国家卫生健康委员会、中国科协、中华医学会联合共建新型冠状病毒肺炎科研成果学术交流平台，不断更新汇总学术资源，推介优秀科研成果。

国家积极出台利用生物医学大数据支持抗击疫情的措施。国家卫生健康委员会医政医管局及时发布《关于印发新型冠状病毒感染相关 ICD 代码的通知》[39]，为准确、有效地采集患者临床数据，以及高效汇集和分析临床诊疗数据提供了保障。

尽管生物医学大数据与基因组学技术相结合，在疫情防控中充分展现了巨大的科技潜力与社会影响力，然而其价值尚未充分发挥。只有正视存在的短板，才能更好地启迪今后的发展。在早期确诊、早期传播规律研判与防控决策、从临床检测到诊疗和防控措施的落实、研究工作的开展过程中，核心的挑战在于，如何对新发突发传染病的病情和疫情及时做出科学的判断或假说，而后才能较顺畅地结合研究样本开展"实践研究"，以验证或修正假说。对新发突发传染病这类新事物或新事件的认识主要有两个依据，一是目前显现的实际情况（信息），二是对过去的经验教训的总结（知识）。这些"信息"是"数据"之间的联系，而"知识"则是对大量"信息"的规律性或机制性"互作"关系的提炼。如果公共卫生、临床医学、科学研究数据总是以分散形态存储于不同的社会主体中，且存在数据接口标准难统一、数据管理规范难对接、数据多头采集难归集、数据管理部门权属职责难划分等管理难题，那么高效的互联互通体系就无法健全，最终会在相当大程度上限制社会、医疗和科研机构以及政府部门的全面分析及有效决策能力。

目前，疫情尚未结束，病毒致病机理、临床诊治预后、疫苗设计测试、新药研发创制等方面还存在众多未知的问题，有待基础、临床与防控三方的协同，在深入研究中给出科学的诠释与合理的解决方案。作为支撑所有工作的基础，数据（原始数据）和信息（各层次信息）的实时、快速、准确、全面、持续采集、分析及研判体系的建设，不仅对科学研究和临床实践，而且对于政府及时的科学决策，都至关重要，应尽早采取措施在正确的方向上迈出决定性的步伐。

3　对我国生物医学大数据发展的政策建议

生物医学大数据的发展，将促进生命科学研究进入数据密集型科学的新范式（包括合成生物学与会聚研究），将促进健康医学事业（转化医学与精准医学）、健康产业（营养学、药学和健康管理、干预）的发展，为全体人民的大健康，全社会的和谐，做出巨大贡献。面对生物医学大数据的挑战，建议从以下四方面入手，促进我国生物医学大数据的发展。

3.1 建设整合与布点结合的生物医学大数据基础性科技服务平台

从国家层面建设整合的"生物信息中心"的必要性，已经为国际上30年的实践所证明，其发展态势可谓日新月异。在从科研到应用都迅速进入生物医学大数据的时代背景下，在我国已经处于"广泛迫切需求"与"从头急起直追"并存的客观形势下，适应我国已有的建设"国家重大科学基础设施"和正在积极筹划建设"国家实验室"的有利条件，将建设"国家生物信息中心""国家数据中心""生物医学大数据基础设施"等各方资源凝聚到建设"整合与布点结合的生物医学大数据基础性科技服务平台"（以下简称"基础平台"或"服务性平台"）的方向上去，还需要更为深刻的认识和更高层次的谋划与规划。

（1）"整合与布点结合"是适应生物医学大数据兼具生物学与医学二元内涵的复杂性以及数据科学内涵统一性这种学科两重性的必然要求。同时，由于生物医学大数据具有复杂非结构化的"客观世界"以及系统有结构的"研究型"两个层次，因此，在研究转化层次上的整合与在开发应用层次上的布点的结合，也是由这个基础平台架构的科技与工程两重性所决定的必然要求。

（2）生物学或生命科学大数据最核心的价值及最具挑战的问题，基本体现在与医学和药学数据的结合上；而今天医药产业与健康产业的发展，又绝对离不开与生物医学科研数据的结合及有效利用。过去30年，生物医学大数据量的积累及其在研究与应用领域的拓展，已经将两者紧密地结合在一起，人为分割不是一种明智的选择。而在解决生物医学大数据问题的过程中，其他与生物相关的数据，如农业、生态、环境等方面的数据问题，也就不难解决了，因为这些数据的学科复杂性及社会复杂性都远不如以人为对象的生物医学数据。反思我国多年来在建立各级各类"数据中心"或"生物信息中心"的努力中，虽然采用"由易及难"的策略，始终局限于生物学或医学的单独领域，至今未能突破"名义统一，实质分散"的瓶颈，也成为效果有限的主要症结所在。因此，今天完全有必要也有可能将以往未能形成"各自"完整体系的"弱点"转化为"整合布点"的"优势"，以服务性平台的建设为契机，在更高的信息层次上，为今后的长远发展，奠定优质、高效的数据基础。

（3）生物医学大数据基础平台对特色数据库的支撑，是"整合与布点结合"的凝聚力所在。从"数据孤岛"到"数据烟囱"，既反映了在生物医学大数据方面"各自为战"不能统一的老问题，也体现了若干专业/地域在这个方向上积极进取，实现特色性发展甚至突破的新起色，有其自身存在的科学与社会的规律性。回顾国际发展历程，即便是生物数据共享最为成功的INSDC，各参与单位也是在采用一致的数据规范的基础之上，一方面各自发展独立的数据库，另一方面坚持数据库之间稳定、持久的实时数据交换。NCBI的物种分类数据库、基因数据库及其他众多数据库，已经广泛地为生命科学领域的各类特色数据库提供基准性的支撑，其中EBI在人类基因组结构与功能注释和微生物组特色数据库和知识图谱方面的建树，就是杰出的范例。因此，基础平台在坚持统一的数据标准规范的前提下，应鼓励各分布节点数据库在特色性发展的基础上的交叉与互补。基础平台不仅要为生物医学的终端用户提供服务，还要为特色数据库提供灵活的数据接口和数据交换服务，从而保证数据节点能够与基础数据平台形成共存共生的合作关系，这就是"整合与布点结合"的政策制度与规划特征。另外，正因为考虑到生物医学大数据面对的是多尺度、高维度、异质性复杂体系，其服务所针对的研究与应用场景又极为多样，各具特殊的时空特征；这种区域分布且爆炸性高速增长的特点与快速数据处理需求的时效性之间的矛盾也日益突出，基于云计算的网格式国家生物医学大数据基础支撑架构无疑是一个自然的选择。当然，这样新型的技术工程架构也必然具有"整合与布点结合"的工程技术规划特征。

（4）"服务性"是生物医学大数据平台最基本、最重要的使命（当然，不是唯一的使命）。大数据之所以受到普遍的高度重视，主要是因为其拥有的高价值；然而，由于生物医学大数据内在的复杂性以及数据产生的非标准性和保存取用的碎片化与孤岛化，价值密度是相对较低的。因此，需要国家建设统一的平台，秉承"安全管理，信息共享，技术创新，标准增值，尊重产权，高效利用"的宗旨，发挥"公益性"高科技基础设施的特色，全心全意做好服务工作。当然，平台，特别是平台的整合核心，自身不是也不应该是利用生物医学大数据的主体。唯有如此，才能够真正通过优质服务，赢得信任，树立权威。

（5）生物医学大数据有效应用的核心科学基础，是实现其标准化整合，交互性共享和智能型分析挖掘。这是平台为做好服务工作所必须具有的基础性科技能力，包括建立在标准化安全整合基础上的大数据仓库，利用快速专业计算设施支撑的交互共享网络体系，以及在高质量大数据与知识图谱结合基础上为整合分析提供智能化的应用场景。这一套由整合核心设施所建立的体系，还必须与各专业与地域节点互通，形成高效的生物医学大数据基础性科技服务平台（见图2）。

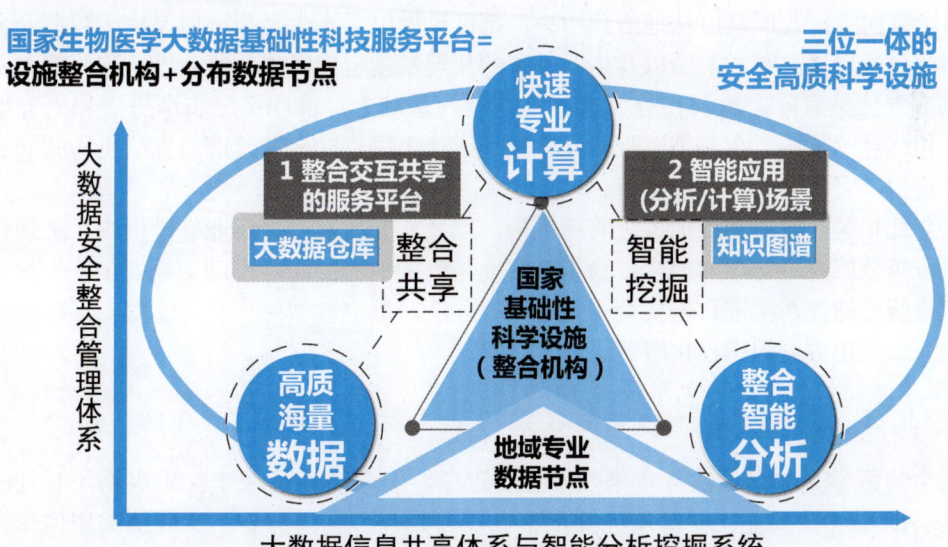

图2 生物医学大数据基础性科技服务平台：整合设施与地域专业数据中心布点

3.2 优化安全整合与交互共享结合的生物医学大数据管理体系

中国拥有世界第二大经济体量，同时作为一个负责任的人口大国，中国生物医学大数据的管理体系对世界有重要影响。近年来，我国在生物医学的各个主要层次，以及若干关键节点上，形成了一定的管理规范；但是，由于形势发展很快，又缺乏技术工程平台的支撑，需要在今后几年内，抓紧体系的优化。

首先，要认识生物医学大数据管理的目的是利用，特别是在生物医学研究与应用领域实现高效利用。然而，利用与安全的矛盾是形影相随、不可分割的；而生物医学大数据与人民群众日常生活、社会经济稳定发展及国家安全的关系极为密切，从个人到国家各层次上的安全与安保问题既复杂又重要，的确马虎不得。从理论上说，绝对的不用才有绝对的安全，那显然是不可取的。因此，如何让管理保障安全利用，支撑高效利用，是一个长远而艰巨的任务。

只有做到标准整合生物医学核心研究数据与基础临床数据，才能保证实现数据的安全管理；而只有长久实现数据的安全管理，才能取信于民，促进数据的标准整合。在此基础上，安全、高效地利用数据也就有了从技术到管理的依托。

上述目标的实现，需要提供完备的技术体系，同时需要工程平台资源的支撑。而依靠上述生物医学大数据服务平台及其衍生或联系的各级各类数据服务，在统一领导下坚持不懈的努力，是可以实现的。应当强调，没有这样的在统一领导下采用统一标准的数据服务平台的实践，政府的种种数据安全政策与规范，或者难以落实，或者有可能在非技术性落实的过程中阻碍数据的利用。

当然，国家相应法律规范或政策条例的制定，对于数据的安全管理至关重要。它不仅可以对生物医学大数据的安全整合给出一系列重要的标准，提供生物医学大数据安全共享的政策规范，解决数据共享与隐私保护之间的矛盾，而且还可以消除生物医学大数据汇交整合过程中的非安全性阻力，从而鼓励实现大数据的安全整合与高效交互共享。在这个方向上，我国政府从地方到中央，都已经做出了不少努力，但是由于数据安全问题与社会各层次的密切关系以及由此带来的从规范制定到实施的复杂性，这些努力所产生的成效依然有限。建议在分析这些复杂性的基础上，采取"分步渐进"和"分地试行"相结合的方法，在开拓中吸取经验教训，让人民、社会和政府与立法机构共同在改革前进中，完善相应的法律体系。

与此相关，政府的各地各级管理机构，以及相关的部门、行业管理机构，必须长期坚持分级分层统一管理的理念，稳步踏实地与数据平台协同，推动生物安全、生物安保审查机制的建立，推进数据安全相关的立规立法，奠定数据标准整合基础，保障平台在数据管理利用方面的工程化服务。

3.3 改善科技创新与开发应用结合的生物医学大数据科研转化机制

生物医学大数据虽然近年来发展势头迅猛，但它终究是一个新生事物，而且由于其内在的 4V/3H 特征，使得从标准化整合到高效分析利用都有一系列的与影像学、检验科学、数据科学、计算科学、信息科学相关交叉的理论与技术问题，需要依靠创新研究与技术整合加以解决。即便是在数据服务层面上，相关的工程科学问题也是极具挑战的。在这个方面，客观现实是理论方法突破不多，而众多临床医疗机构、健康体检产业与信息领域的中小创业公司或者行业巨头，投入各种各样的资源，利用极强的计算能力，解决一些实际问题的研究开发较多。在两者之间，药物研发机构与行业，虽然有应用大数据促进药物研发的强烈需求，但实际操作中对于数据共享都存在相当大的理念与政策上的阻力。

因此，无论是国家的生物医学大数据的基础性科技平台，还是国家的生物医学大数据安全管理体系，都要面向研究开发和应用需求的广阔场景，做好服务工作；以工程技术服务为支撑，以生物安全与生物产业政策法规为导向，努力构建将研究、开发、产业应用紧密联系起来的生物医学大数据科研转化机制。在这个方面，除利用云界面分割数据的保存与数据利用，利用区块链技术协调数据共享与知识产权保护的矛盾外，还可以充分发挥医学系统命名法——临床术语（SNOMED CT）、统一医学语言系统（UMLS）或医学语言、百科全书和术语命名的通用架构（GALEN）等标准的作用，构建与临床业务契合度高的医学术语体系，促进关键医学术语、分类和编码的整理和统一，有序可控地实现并逐步扩大数据共享的范围与层次，鼓励社会各方协同开发、挖掘数据，提升数据利用的层次。

同时，还要建立基于生物医学大数据的产品开发应用监管流程，逐步完善有效性和安全性的验证标准，促进协同创新的发展。

3.4 培育交叉会聚与专业工程结合的生物医学大数据人才队伍

鉴于生物医学大数据极强的数据科学内涵以及近年来不断发展的机器学习和人工智能提供的发展机遇，该领域对人才的需求远远超越现有的计算生物学和生物信息学的人才储备。同时，从数据整理到数据服务需要大批相关工程技术人员的投入，但这方面队伍的建设，却非常艰难。除此之外，生物医学大数据还要求医学、公共卫生背景的专业人员掌握大数据的认知方法，进而从生物、医学、数据三个角度向这一交叉学科汇聚，实现融会贯通，共同推进学科发展。

核心问题是人才培养与队伍建设的供需矛盾。从研究院所、高等学校到中级学校，要有特色、有针对性地培养不同层次的数据管理、信息转化计算、医学数据解译的科技人才和工程技术人才，在数量和质量上保证适应需求的人才培养。人才成长、队伍发展的核心问题是政策，要针对各种人员的特点建立相适应的责权与评估激励机制。

要形成不同领域的人才队伍协同工作、交流经验、共享成果的机制。对于各个机构而言，要以出成果为鼓励合作的主要目的，淡化"排名"等干扰因素。提供不同背景研究队伍的交流、合作平台，加强信息互通，形成共通的认知方法论和研究体系。要以利用先进的数据分析处理技术来解决具有临床意义的问题为方向，从引导提升医疗效率、推动医学研究的广度和深度等方面，培养所需的人才团队和建设创新创业体系，鼓励人才队伍以严谨求实的理性态度，科学地挖掘生物医学大数据的内在价值。

4 结束语

上述政策建议是作者在总结生物医学大数据从"学科"到"领域"，从"国家政府布局"到"社会机构活动"等各个方面的国内外历史实践基础上理性思考和心得总结的产物。但是，面对如此迅速发展的领域，受我们信息知识面的客观局限以及所处实践地位的主观局限，这些建议的"全局性""客观性""可行性"难免有不少值得商榷和修正的方面。因此，我们衷心希望，读者们——我国生物医学大数据的管理部门、研究与应用单位，以及广大的参与者与应用者，在利用这篇文章作为参考材料的同时，能及时提出各种批评意见和新的建议。我们相信，只有这种真正站在国家社会整体利益基础上的科学坦率的讨论，才能最终让我国生物医学大数据的事业突破瓶颈、健康发展，为人类共同体的生命科学研究与医学健康事业，做出踏踏实实的优秀贡献。

5 致谢

本文得到了鲍一明、陈润生、何纳、何萍、戢博阳、姜勇、金霞、靖瑞锋、林旭、李光亚、李烨、刘晓、王泽峰、翁建平、杨红飞、张国庆、张敬谊、张路霞、周豪魁、周凯欣、朱伟民等多位长期从事生物医学大数据研发和管理的专家的大力支持，他们或为本文的撰写和修改提供信息资料，或提出了宝贵的意见和建议，在此一并感谢！

参考文献

[1] Sagiroglu S, Sinanc D. Big data: A review[C].IEEE International conference on collaboration technologies and systems (CTS), 2013: 42-47.

[2] 宁康，陈挺. 生物医学大数据的现状与展望 [J]. 科学通报，2015, 60(5):534-546.

[3] Hastings A, Arzberger P, Bolker B, et al. Quantitative Bioscience for the 21st Century[J].BioScience, 2005, 55: 511-517.

[4] Vinson V, Purnell BA, Zahn LM, et al. Does It Compute?[J]. Science, 2012, 336(6078): 171.

[5] Lander ES1, Linton LM, Birren B, et al. Initial sequencing and analysis of the human genome[J]. Nature, 2001, 409(6822): 860-921.

[6] Bourne P E, Lorsch J R, Green E D. Perspective: Sustaining the big-data ecosystem[J]. Nature, 2015, 527(7576): S16-S17.

[7] 张国庆，李亦学，王泽峰，赵国屏. 生物医学大数据发展的新挑战与趋势 [J]. 中国科学院院刊，2018, 33(8): 852-860.

[8] 欧高炎，朱占星，董彬，鄂维南. 数据科学导引 [M]. 北京：高等教育出版社，2017.

[9] Tansley S, Tolle K. The fourth paradigm: data-intensive scientific discovery[R]. Redmond, WA: Microsoft research, 2009.

[10] Stevens H. Globalizing Genomics: The Origins of the International Nucleotide Sequence Database Collaboration[J]. Journal of the History of Biology, 2018, 51(4): 657-691.

[11] Health Data ResearchUK. About Health Data Research UK [EB/OL]. [2020-01-12]. https://www.hdruk.ac.uk/.

[12] 郝柏林. 建议尽快组建国家级生物医学信息中心 [J]. 中国科学院院刊，2000, 15(2): 133-134.

[13] 中华人民共和国国务院. 国家中长期科学和技术发展规划纲要（2006—2020 年）[EB/OL]. [2019-

12-31]. http://www.gov.cn/jrzg/2006-02/09/content_183787.htm.

[14] 中华人民共和国科学技术部，等. 国家"十二五"科学和技术发展规划 [EB/OL]. [2011-07-13]. http://www.gov.cn/gzdt/2011-07/13/content_1905915.htm.

[15] 中华人民共和国国家发展和改革委员会，等. 国家重大科技基础设施建设"十三五"规划 [EB/OL].[2017-01-11]. https://www.ndrc.gov.cn/xxgk/zcfb/ghwb/201701/t20170111_962219.html.

[16] Walker J, Darer J D, Elmore J G, et al. The road toward fully transparent medical records[J]. N Engl J Med, 2014, 370(1): 6-8.

[17] German Digital Care Act: Industry Experts Examine The New Law's Impact In 13th MedTech Radar [EB/OL]. [2019-12-30]. https://www.htgf.de/en/german-digital-care-act-industry-experts-examine-the-new-laws-impact-in-13th-medtech-radar/.

[18] Alexa [EB/OL]. [2019-12-31]. http://www.alexa.com.

[19] 华为. 华为以全联接医疗方案服务大健康 [EB/OL]. [2015-09-22]. https://www.huawei.com/cn/press-events/news/2015/09/huaweiyiquanlianjieyiliaofuwu.

[20] 王春. 国内首个肿瘤 AI 大数据实验室秀"内功" [EB/OL]. [2019-02-28]. http://www.xinhuanet.com/tech/2019-02/28/c_1124172577.htm.

[21] U.S. Food and Drug Administration. Framework for Fda's Real-World Evidence Program [EB/OL]. [2018-12-07]. https://www.fda.gov/media/120060/download.

[22] National Institutes of Health (NIH). NIH Data Sharing Policy and Implementation Guidance[EB/OL]. [2019-12-31]. https://grants.nih.gov/grants/policy/data_sharing/data_sharing_guidance.htm.

[23] Kaiser J. Why NIH is beefing up its data sharing rules after 16 years NIH Data Management and Sharing Activities Related to Public Access and Open Science[EB/OL]. [2019-11-11]. https://www.sciencemag.org/news/2019/11/why-nih-beefing-its-data-sharing-rules-after-16-years.

[24] Precision Medicine Initiative: Privacy and Trust Principles [EB/OL]. [2019-12-31].https://allofus.nih.gov/protecting-data-and-privacy/precision-medicine-initiative-privacy-and-trust-principles.

[25] European Union (EU). General Data Protection Regulation (GDPR) [EB/OL]. [2020-7-31]. https://gdpr.eu/tag/chapter-3/.

[26] Wu F, Zhao S, Yu B. et al. A new coronavirus associated with human respiratory disease in China[J]. Nature, 2020, 579(7798): 265-269.

[27] Xu X, Chen P, Wang J, et al. Evolution of the novel coronavirus from the ongoing Wuhan outbreak and modeling of its spike protein for risk of human transmission [J]. Science China Life Sciences, 2020, 63(3): 457-460.

[28] World Health Organization. Instructions for Submission Requirements:In vitro diagnostics (IVDs) Detecting SARS-CoV-2 Nucleic Acid [R]. 2020-03-23.

[29] Tang XL, Wu CC, Li X, et al. On the origin and continuing evolution of SARS-CoV-2[J]. National Science Review, 2020, nwaa036. 2020, 7(6): 1012-1023.

[30] Zhou P, Yang XL, Wang XG, et al. A pneumonia outbreak associated with a new coronavirus of probable bat origin [J]. Nature, 2020, 579(7798): 265-269.

[31] Lam T T, Shum M H, Zhu H, et al. Identifying SARS-CoV-2 related coronaviruses in Malayan pangolins.

Nature, 2020 (online).

[32] 中国疾病预防控制中心. 新型冠状病毒肺炎专栏 [EB/OL]. [2020-03-01]. http://www.chinacdc.cn/jkzt/crb/zl/szkb_11803/.

[33] 科大讯飞. 讯飞医疗——用人工智能服务健康中国 [EB/OL]. [2020-03-01]. https://www.iflytek.com/health.

[34] 国家生物信息中心 (CNCB) / 中国科学院北京基因组研究所 (BIG). 2019 新型冠状病毒信息库 (2019nCoVR)[EB/OL]. [2020-03-01]. https://bigd.big.ac.cn/ncov/.

[35] 中科院网信工作网, 病毒基因组自动化鉴定云平台上线 [EB/OL]. [2020-02-17].http://www.ecas.cas.cn/xxkw/kbcd/201115_128157/ml/xxhcxyyyal/202003/t20200306_4554740.html.

[36] International severe acute respiratory and emerging infection consortium. COVID-19 Clinical Research Resources[EB/OL]. [2020-03-30]. https://isaric.tghn.org/protocols/clinical-characterization-protocol/.

[37] Harris PA, Taylor R, Minor BL, et al. The REDCap consortium: Building an international community of software platform partners [J]. Journal of biomedical informatics, 2019, 95: 103208.

[38] AMiner. 知识疫图 [EB/OL]. [2020-03-30]. https://www.aminer.cn/.

[39] 中华人民共和国国家卫生健康委员会. 关于印发新型冠状病毒感染相关 ICD 代码的通知 [EB/OL]. [2020-03-30]. http://www.nhc.gov.cn/yzygj/s7659/202002/dcf3333b740f4fabad5f9f908d1fc5b4.shtml.

作 者 简 介

赵国屏，分子微生物学家，中国科学院院士。现任中国科学院上海营养与健康研究所生物医学大数据中心首席科学家，中国科学院上海植物生理生态研究所合成生物学重点实验室专家委员会主任，复旦大学生命科学学院微生物学和微生物工程系主任，中国生物工程学会合成生物学专业委员会主任，上海生物工程学会名誉理事长。主要研究领域为微生物基因组学和生物信息学，微生物生理病理及代谢分子调控机制，微生物系统与合成生物学。曾参与启动中国基因组学及相关生命"组学"研究，克隆若干遗传病致病基因；主持若干重要微生物的基因组、功能基因组、比较和进化基因组研究，解析 SARS 冠状病毒分子进化机制。曾在细菌蛋白质乙酰化组和肠道微生物组等领域做出若干开创性工作。曾组建并领导中国科学院合成生物学重点实验室，在人工染色体重构、代谢组与代谢流量组平台建设、天然化合物细胞工厂制造、基因编辑技术研发等方向上，实现重要突破。2016 年，参与组建并领导中国科学院上海生命科学研究院（现营养与健康研究所）生物医学大数据中心，为申报建设国家生物医学大数据基础设施开展预研工作。

我国高性能计算进展及国际高性能计算发展趋势

陈左宁

（中国工程院）

摘 要

高性能计算发展水平体现了一个国家的科技综合实力，是国家创新体系的重要组成部分。我国通过部署多种国家级科技项目和资助计划来推动高性能计算发展，逐步形成了具有一定规模的国家级高性能计算服务环境。本文基于近两年国际 TOP500 来分析我国高性能计算最新进展；审视我国高性能计算研发的主要不足；阐释"神威·太湖之光"高性能计算机系统的技术突破与应用；探讨国际百亿亿次（E 级）计算机研发热潮；最后，预测高性能计算技术未来发展趋势。

关键词

高性能计算；"神威·太湖之光"计算机；"戈登·贝尔奖"；百亿亿次计算

Abstract

The development of high-performance computing reflects the comprehensive strength of science and technology in a country, and is an important part of the national innovation system. China has promoted the development of high-performance computing by deploying a variety of national science and technology projects and funding plans, and gradually formed a national high-performance computing service environment with a certain scale. Based on the international TOP500 in the past two years, this paper analyzes the latest progress of high performance computing in China; reviews the main shortcomings of HPC R&D in China; explains the technological breakthrough and application of Sunway TaihuLight supercomputer; and discusses the R&D upsurge of exascale computers in the world. Finally, it predicts the future development trend of high-performance computing technologies.

Keywords

High-Performance Computing; Sunway TaihuLight Computer; Gordon Bell Prize; Exascale Computing

1 引言

高性能计算机（High Performance Computer，HPC）位于计算系统的金字塔顶端，是国家战略高科技技术，是解决国家安全、经济建设、社会发展等一系列重大挑战性问题的重要手段，被誉为引领科技创新发展的"国之重器"，已成为信息时代世界高科技竞争和大国博弈的技术主战场。

多年来，我国通过部署多种国家级科技项目和资助计划来推动高性能计算发展，成功研制出多台尖端高性能计算机，逐步形成了具有一定规模的国家级高性能计算服务环境。例如，国家"863 计划"支持的"神威""天河""曙光"等系列高性能计算机迈入了世界领先行列[1]。

伴随着大数据与人工智能（Artificial Intelligence，AI）时代的到来，各行业、各领域对计算能力提出了新的需求，牵引高性能计算技术持续向前发展。美国、日本、欧洲等发达国家和地区都已制定了在 2021 年左右实现百亿亿次（Exascale，E 级）计算能力的发展计划，相关研发工作也已启动，国际高性能计算机正在进入新的发展阶段。

2 我国高性能计算最新发展

我国在高性能计算机研制上坚持走中国特色自主创新之路，经过长期努力，在体系结构、系统软件、核心芯片及应用软件等方面取得了长足进步。近年来，我国先后研制部署了具有世界领先水平的"天河二号"和"神威·太湖之光"高性能计算机，标志着我国高性能计算事业进入了快速发展时期。

2.1 从近期 TOP500 看我国 HPC 成就

每年发布两次的国际高性能计算机 500 强排行榜（TOP500）从多个方面反映了全球高性能计算机的最高水平和总体发展态势[2]。通过分析近两年的 TOP500，可以看出我国高性能计算最新发展状况。

1. 中国顶尖系统跨入世界领先行列

中国国家并行计算机工程技术研究中心研制的"神威·太湖之光"高性能计算机自 2016 年投入运行后，以 93.01Pflops 的 Linpack 测试性能连续四次排名 TOP500 第一，并引领全球高性能计算迈入十亿亿次时代。直到 2018 年 6 月，美国 IBM 公司研制的"顶点"（Summit）以 122.3Pflops 的测试性能获得 TOP500 冠军。表1列出了 2017 年 6 月、2018 年 6 月和 2019 年 6 月三次 TOP500 的前五台最快高性能计算机。由此可见，我国研制的顶尖高性能计算机系统已跨入世界领先行列。

表 1 2017 年 6 月、2018 年 6 月和 2019 年 6 月三次 TOP500 的前五台最快高性能计算机（性能：峰值/实测）

排名	2017 年 6 月	2018 年 6 月	2019 年 6 月
1	神威·太湖之光，国家并行计算机工程技术研究中心，125.44/93.01Pflops	顶点（Summit），IBM 公司，187.65/122.3Pflops	顶点（Summit），IBM 公司，200.79/148.6Pflops
2	天河二号，国防科技大学，54.90/33.86Pflops	神威·太湖之光，国家并行计算机工程技术研究中心，125.44/93.01Pflops	山脊（Sierra），IBM 公司，125.71/94.64Pflops
3	代恩特峰（Piz Daint），Cray 公司，25.33/19.59Pflops	山脊（Sierra），IBM 公司，119.19/71.61Pflops	神威·太湖之光，国家并行计算机工程技术研究中心，125.44/93.01Pflops
4	泰坦（Titan），Cray 公司，27.11/17.59Pflops	天河二号，国防科技大学，100.68/61.44Pflops	天河二号，国防科技大学，100.68/61.44Pflops
5	红杉（Sequoia），IBM 公司，20.13/17.17Pflops	ABCI，富士通公司，32.58/19.88Pflops	Frontera，Dell 公司，38.75/23.52Pflops

2. 中国高性能计算机保有量世界第一

TOP500机器保有量（装机台数）可反映一个国家高性能计算机系统的使用广度。长期以来，美国的TOP500计算机安装使用量一直稳居世界第一。2017年6月，中国高性能计算机保有量以160台逼近美国的169台，随后就大幅度攀升并超越了美国，居世界各国之首。这表明我国在创新战略驱动下各行业对高性能计算能力的需求旺盛，投入加大。表2列出了2017年6月、2018年6月和2019年6月三次TOP500高性能计算机保有量排名前五的国家。

表2　2017年6月、2018年6月和2019年6月三次TOP500高性能计算机保有量排名前五的国家

排名	2017年6月		2018年6月		2019年6月	
	国家	台数	国家	台数	国家	台数
1	美国	169	中国	206	中国	219
2	中国	160	美国	124	美国	116
3	日本	33	日本	36	日本	29
4	德国	28	英国	22	法国	19
5	法国/英国	17	德国	21	英国	18

3. 中国高性能计算机研制厂商实力强劲

长期以来，美国IBM、Cray、HP等公司在高性能计算机生产制造领域一直处于垄断地位，但是近年来我国除在顶尖系统上不断取得突破外，联想、浪潮、曙光等制造的高性能计算机数量迅猛增加。2018年6月，联想首次超越HP成为TOP500中研制机器台数最多的公司；2019年6月，联想、浪潮和曙光位列国际高性能计算机制造商前三名。在最新的TOP500中，中国公司制造的高性能计算机总数达320台，占比为64%。表3显示了2017年6月、2018年6月和2019年6月三次TOP500研制机器台数排名前五的厂商。

表3　2017年6月、2018年6月和2019年6月三次TOP500研制机器台数排名前五的厂商

排名	2017年6月		2018年6月		2019年6月	
	厂商	台数	厂商	台数	厂商	台数
1	HP	143	联想	119	联想	173
2	联想	85	HP	79	浪潮	71
3	Cray	57	浪潮	68	曙光	63
4	曙光	46	曙光	55	HP	40
5	IBM	27	Cray	53	Cray	39

2.2 我国高性能计算发展存在的主要不足

尽管我国高性能计算机近年来发展很快、进步很大，但是从更深层次考虑，我国高性能计算机研发与应用仍存在一些短板和不足之处。

第一，我国高端芯片制造的工业基础较薄弱，部分核心工艺、器件和设备仍然受制于人。目前，我国研制的绝大多数高性能计算机都采用国外进口芯片制造，因此美国禁运高端芯片会对我国未来高性能计算机研制造成一定影响，特别是在研制周期和研发成本上影响较大。另外，我国自主设计的高端处理器芯片，在国内尚无法制造，还不掌握相关的先进工艺技术。

第二，在关键核心技术方面集成创新多、原始创新少。主要原因是我国在高性能计算机的基础研究与教育上落后于美国、日本等发达国家，体系结构、并行算法、高性能计算等相关专业教学水平不高，缺乏创新型人才，从而导致我国在高性能计算核心技术方面原始创新能力不强。虽然中国高性能计算机在 TOP500 中数量遥遥领先，但进入 TOP100、TOP50 的机器并不多，尚未形成质量上的优势。

第三，在引领高性能计算机发展的计算科学方面仍然滞后。计算科学涉及众多应用领域，针对应用模型和物理模型，研究建立数学模型和算法模型以形成相应的算法，之后才能利用高性能计算机来解决现实复杂问题。尽管我国 TOP500 计算机保有量已超越美国，依托"神威·太湖之光"也已获得两次"戈登·贝尔奖"，但在更广泛的应用建模、算法等方面，我国与美国、日本、欧洲还存在较大差距，影响了我国高性能计算机整体应用深度。

第四，高性能计算软件和生态发展相对落后。与美国、日本等国软、硬件几十年相对平衡的发展和积累不同，我国高性能计算软件的发展落后于硬件发展，尚未建立较为成熟的软件生态环境。作为连接硬件和拥护的桥梁，高性能计算软件和生态发展的滞后，成为限制我国高性能计算机应用的重要因素，也是亟待解决的重要问题，需要加大面向自主研发芯片体系结构特点的并行中间件软件的研发力度，建立完善的国产高性能计算机软件生态。

3 "神威·太湖之光"的技术突破与应用

"神威·太湖之光"高性能计算机由国家"863 计划"支持，国家并行计算机工程技术研究中心承研，部署于国家超级计算无锡中心。"神威·太湖之光"是世界上首台峰值速度超过十亿亿次的高性能计算机，是我国第一台全部采用国产处理器构建且排名世界第一的高性能计算机[3]。

3.1 系统概述

"神威·太湖之光"是一台超大规模并行处理计算机，采用基于高密度弹性超节点和高流量复合网络架构、面向多目标优化的高效能体系结构。该机器由高速计算系统、辅助计算系统、高速计算互连网络、辅助计算互连网络、高速计算存储系统、辅助计算存储系统和相应的软件系统等组成（见图 1）。高速计算系统和辅助计算系统通过云管理环境进行统一管理，为用户提供统一的系统视图。

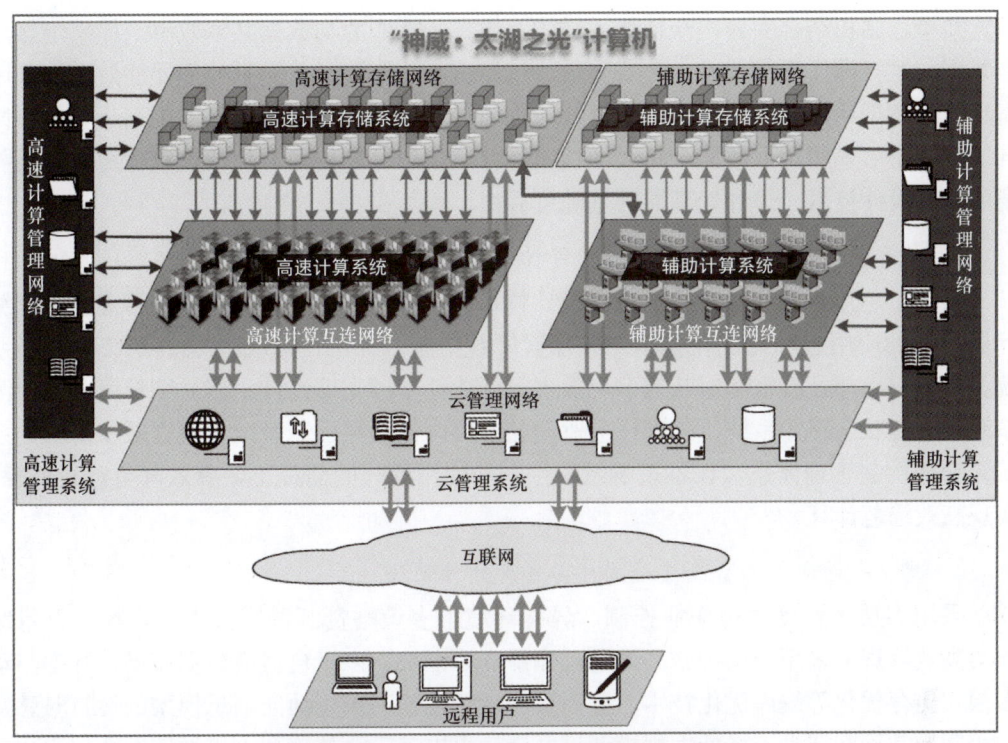

图 1 "神威·太湖之光"计算机总体架构图

"神威·太湖之光"采用的"申威26010"异构众核处理器由上海高性能集成电路设计中心通过自主技术研制,采用64位自主申威指令集,全芯片260个核心,芯片标准工作频率为1.5GHz,峰值运算速度为3.168Tflops。

"神威·太湖之光"的高速计算系统峰值速度为125.44Pflops,内存总容量为1024TB,访存总带宽为4473.16TB/s,高速互连网络对分带宽为70TB/s,I/O聚合带宽为341GB/s,Linpack测试速度为93.015Pflops,系统总功耗为15.37MW,性能功耗比为6.05Gflops/W;辅助计算系统峰值运算速度为1.09Pflops,内存总容量为154.5TB;磁盘总容量为20PB。

3.2 主要技术突破

1. 首次全部采用国产处理器构建世界顶尖高性能计算机

基于国产处理器采用自主研发的高效可扩展体系结构,设计并实现了高密度运算紧耦合弹性超节点结构,超节点内实现256个CPU无电缆全交叉互连,超节点间通过资源池热备份技术实现了全系统规模下的超节点弹性可扩展,支持大规模运算核心的高效并行运行,可适应计算密集、通信密集和I/O密集型课题需求。提出了一种由超节点网络、共享资源网络和中央交换网络组成的高流量可扩展复合网络结构,实现了全机40960个运算节点和240个I/O节点的高带宽低延迟通信。

2. 首次自主设计实现世界领先的众核处理器

自主设计实现1.5GHz申威众核处理器,创新点包括:提出片上计算阵列集群、分布式共享存储相结合的异构众核体系结构，提高运算能力与数据共享效率；提出定点浮点复用、逻辑操作重构技术，实现高效、精简核心结构设计，提升处理器能效比；采用寄存器级数据通信、多模式异步数据流传输和运算阵列快速同步等技术提高运算核心协同执行效率；采用片上数据全路径纠检错、存储接口保护技术、片上热点噪声抑制与隔离的物理设计技术，提升处理器的基础可靠性。

3. 实现了世界先进水平的低功耗设计与控制体系

采用了芯片级和部件级的低功耗设计技术、软硬件结合的系统级功耗管理技术和编译器指导的应用层功耗优化技术等多层次降耗措施。在国产CPU、运算系统、网络系统、供电与冷却、高密度组装等多层次进行低功耗基础支撑设计；建立细粒度功耗检测系统、系统状态感知系统、外部任务驱动的多层次低功耗控制系统；建立层次协同的系统级功耗控制管理体系，在不影响系统性能和使用模式的前提下，有效降低运行能耗，实现高效绿色计算。

4. 建立了面向千万量级核心的高并发度软件系统

采用多层多粒度并行作业控制、异构环境下多策略资源调度技术，支撑千万量级核心高效管理；采用异构融合高效基础编译支撑框架、多级自适应数据布局、数据驱动多模式访存优化等编译优化技术，提高程序运行性能；采用面向消息模型的运行时感知与程序异常诊断技术，降低大规模调试开销；提出基于众核阵列直接通信的数据重用方法，提升访存和通信密集型课题适应性；提出非规则类矩形静态负载平衡算法、多粒度动态任务评估映射算法，解决一批重大应用难题。

5. 首次入围并获得国际高性能计算应用最高奖

"戈登·贝尔奖"旨在表彰国际并行计算重大应用成就，被誉为"高性能计算诺贝尔奖"。"神威·太湖之光"投入使用当年，就有大气、海洋和材料领域的三个应用入围2016年度"戈登·贝尔奖"，这是中国团队近30年来首次入围该奖项；最终，"千万核可扩展全球大气动力学全隐式模拟"应用获奖，实现了我国在此奖项上零的突破，打破了西方发达国家的垄断。2017年，"非线性地震模拟"应用再次获得"戈登·贝尔奖"。这些成果标志着"神威·太湖之光"的速度优势已转化为应用优势。

3.3 系统应用情况

"神威·太湖之光"自投入使用以来，已完成数百家用户单位应用课题的计算，涉及天气气候、航空航天、海洋环境、生物医药、船舶工程等20个应用领域，实现了数百万核超大规模并行计算，其中整机应用22个（千万核），半机以上规模应用12个，百万核以上应用40余个[4]。

根据国际上对科学与工程计算应用的通行分类标准，我们对各应用进行归类：①稠密线性代数问题，如LINPACK、大规模流固耦合和流声耦合计算、潜艇收发分置全向声散射特性等；②稀疏线性代数问题，如高超声速飞行器数值模拟、C919大型客机失速特性模拟等；③谱方法，如基于FFT的湍流直接数值模拟、BNU_ESM地球系统模式等；④多体问题，如分子动力学GROMACS、微孔道扩散过程MD模拟等；⑤结构网格，如飞行器数值模拟、可压缩边界层湍流直接数值模拟、地球系统模式、地震模拟等；⑥非结构网格，如高超声速飞行器数值模拟、污染排放模拟等；⑦MapReduce，如蒙特卡罗模拟期权定价、BLAST基因序列比对、托卡马克装置逃逸电子行为模拟等；⑧组合逻辑，如AES、MD5等；⑨图的遍历，如社交网络分析等；⑩动态规划，如精确基因序列比对分析等；⑪回溯和分支限界，如SAT代数攻击等；⑫图的模型，如深度神经网络、隐马尔可夫模型等；⑬有限状态机，如网络协议分析等。以上13类应用全部在"神威•太湖之光"上完成大规模并行计算，并且都取得了良好的应用效益。

我们通过与国内各领域国家级研究机构建立联合实验室，为科学与工程计算领域人才提供协同工作的开放环境与平台，鼓励不同学科、不同单位和不同人员交叉合作的积极性，提高我国高性能计算应用的深度和广度；通过优质计算服务和价格优惠政策鼓励国内企业使用国产高性能计算机，为企业创新发展和转型升级提供技术支撑，促进"中国制造"向"中国创造"转变；建设完善的国产高性能计算机软件生态，研发高效的并行行业应用软件、智能制造云服务平台和行业应用计算服务App，充分发挥国产高性能计算机的超高计算能力；通过加强对人工智能、量子计算、类脑计算等前沿技术领域的支持，实现了部分前沿计算方法的"颠覆式创新"。可以看出，高性能计算机正在中国科研信息化方面发挥着决定性作用。

4 国际上掀起E级计算机研发热潮

E级计算机是国际高性能计算发展的下一个里程碑节点。目前，美国、日本、欧洲都已制定E级计算机计划并加速推进研发工作。E级计算机研发之所以如此火热，主要受以下应用需求变化的驱动：

一是传统科学计算应用。当前的实际复杂应用系统向着多时空尺度、强非线性耦合和三维真实构型的方向发展，包含着大量多尺度、多模型的计算问题，存在多粒度、多维度、多层次的并行性，面临着全系统、全物理过程、真三维、自然尺度的计算模拟，迫切需要E级以上计算性能的支持。

二是大数据应用。大数据研究的突飞猛进，扩展了高性能计算机的应用领域，出现了"大计算"与"大数据"融合的趋势。传统的科学计算在大数据条件下有了新的切入点，部分应用正经历着从计算密集型到数据密集型或混合密集型的变化，这离不开更强大高性能计算能力的支持。

三是人工智能应用。新一代人工智能技术的兴起，为高性能计算机发展带来了新的契机。以张量运算为主的深度学习应用仍属计算密集型，但是在算法原理上并不追求高精度计算，其对高性能计算机的单处理器性能、访存性能及网络性能都提出了更高的要求，因而需要超强的计算能力支撑。

4.1 美国E级计算机

目前，美国明确研制的E级计算机有3台："极光"（Aurora）、"前线"（Frontier）和"酋长岩"（El Captain）。

1. "极光"(Aurora)

"极光"将由 Intel 和 Cray 联合研发,投资超过 5 亿美元,目标性能超过 1Eflops,定于 2021 年交付,部署于美国能源部阿贡国家实验室,它将是美国第一台 E 量级高性能计算机。"极光"拟使用 Intel 下一代至强可扩展处理器、Xe GPU、Optane DC 存储器及 One API 软件,采用 Cray 面向 E 级计算的"沙斯塔"(Shasta)体系架构和"弹弓"(Slingshot)互连系统。"极光"将传统 HPC 与 AI 深度结合,应用领域包括宇宙模拟、新药研发、气候建模、医疗健康等[5]。图 2 显示了"极光"系统的研制进程与预期应用。

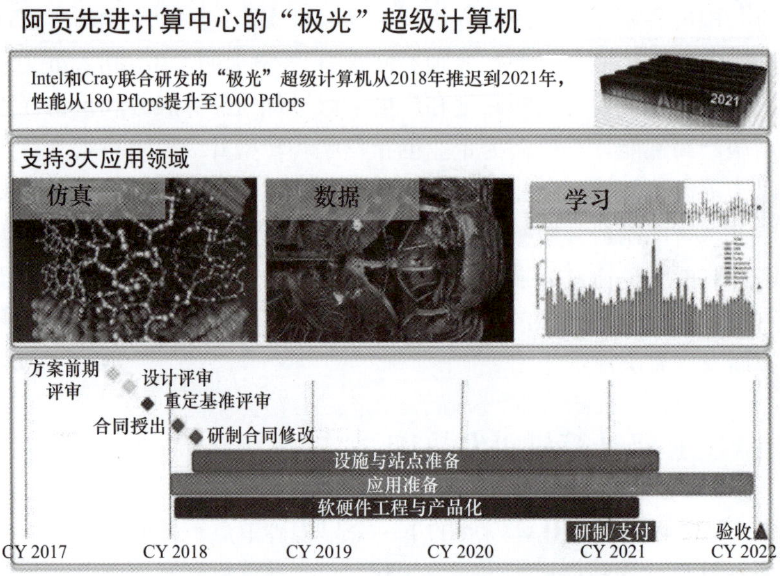

图 2 "极光"系统的研制进程与预期应用

2. "前线"(Frontier)

"前线"将由 Cray 与 AMD 联合研发,投资超过 6 亿美元,目标性能 1.5 Eflops 以上,计划 2021 年年底完成研制,部署于美国能源部橡树岭国家实验室。该系统将基于 Cray "沙斯塔"架构和"弹弓"互连,采用 AMD 下一代 EPYC CPU 和 Radeon GPU,CPU 和 GPU 之间通过高带宽、低延迟的 Coherent Infinity Fabric 连接,系统功耗低于 40MW。"前线"将用于核能系统、聚变反应堆和精密药物的应用模拟等。表 4 列出了"前线"E 级计算机的系统规格[6]。

表 4 "前线"E 级计算机的系统规格

峰值性能	> 1.5Eflops
系统规模	> 100 机柜
节点构成	1 AMD EPYC CPU + 4 AMD Radeon Instinct GPU
CPU-GPU 间互连	AMD Infinity Fabric,节点间一致性存储
系统互连	弹弓(Slingshot),100GB/s 网络带宽
存储	类似于 Summit 的节点存储,是 Summit I/O 子系统性能的 2~4 倍

3. "酋长岩"(El Captain)

"酋长岩"也将由 Cray 与 AMD 联合研制,投资 6 亿美元以上,峰值性能约为 2 Eflops,计划于 2023 年投入运行,部署于美国能源部劳伦斯利弗莫尔国家实验室,主要任务是核武模拟。该系统也将基于 Cray "沙斯塔"架构和"弹弓"互连技术,功耗预计在 30~40MW。"酋长岩"将使用含有 4 个节点的"沙斯塔"计算刀片,每个节点配备 4 个 AMD Radeon GPU 和 1 个 EPYC CPU。Cray 公司正在探索把光学技术集成到互连上,以更高效地传输数据,并提高系统能效和可靠性。

4.2 日本 E 级计算机

日本正在研发中的 E 级计算机是"富岳"(Fugaku)系统,由富士通公司负责研制,受日本文部省"旗舰 2020"计划支持,投资约 10 亿美元,目标性能 1Eflops,将部署于日本理化研究所[7]。"富岳"将采用富士通自主研发的 ARMv8 SVE(代号 A64FX)处理器,集成 48 个专用计算核心+4 个辅助核心,使用 7nm 工艺生产,包含 87.86 亿个晶体管,配备高性能 HBM2 内存,含有 16 条 PCIe 3.0 通道;采用 6D Mesh/Torus 互连网络;系统功耗预期为 30~40MW。"富岳"原计划 2020 年完成(见图 3),但由于工艺制造问题,将延期至 2021 年部署应用。

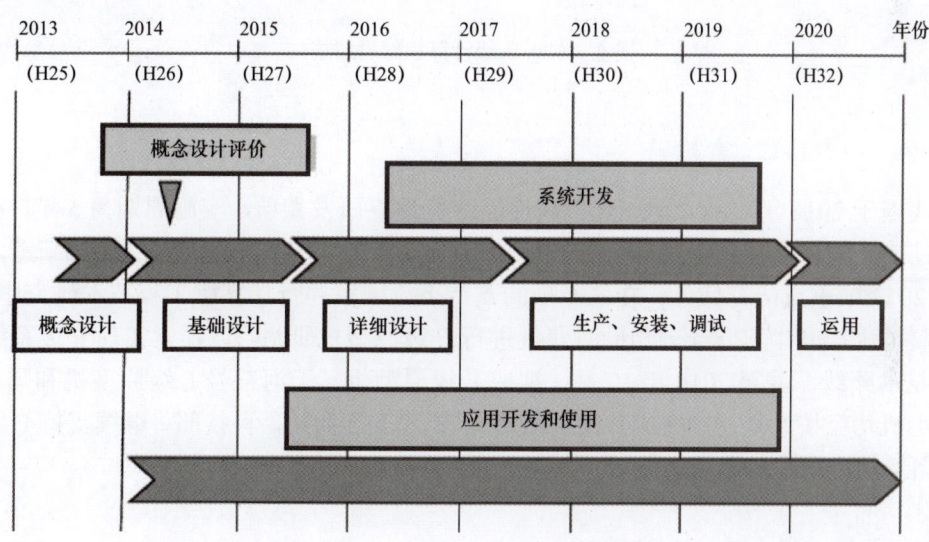

图 3 日本"富岳"E 级计算机研发进度

4.3 欧洲 E 级计算机

2017 年,欧洲先后共有 20 个国家联合签署了"EuroHPC 宣言",共同推进欧洲 HPC 研制与应用[8]。依据"EuroHPC 宣言",欧洲计划研制 2 台预 E 级计算机和 2 台 E 级计算机。每台 E 级计算机的总成本预计为 5 亿欧元。2017 年 9 月,欧盟正式启动了面向 E 级计算的 EuroEXA 项目。按计划,EuroEXA 项目将开发高性能 ARM 和 Xilinx FPGA 芯片,2020 年研制完成具有全新存储器和冷却系统的原型机,2023 年左右部署 E 级计算机。德国于立希研究中心 2018 年 4 月已安装完成了由 BULL 公司制造的 JUWELS 高性能计算机首个模块，为未来的 E 级计算机研制奠定了基础。图 4 显示了欧洲 E 级计算机部署路线。

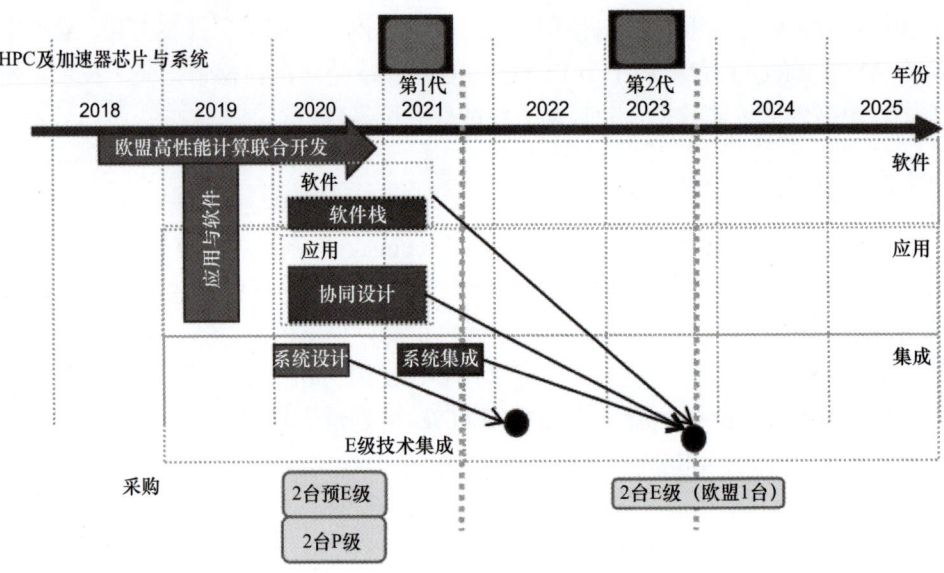

图 4　欧洲 E 级计算机部署路线

4.4　中国 E 级计算机

我国于 2016 年启动 "十三五" 高性能计算重点研发专项，实施周期为 5 年，按 E 级高性能计算机研制、高性能计算应用软件研发、高性能计算环境研发 3 个创新链，共部署 20 余项重点研究任务。在该专项的支持下，国家并行计算机工程技术研究中心、国防科技大学和中科曙光公司同时获批进行 E 级原型机研制，以探索实现 E 级系统可能的技术路线。截至 2018 年 10 月，神威 E 级原型机、天河三号 E 级原型机和曙光 E 级原型机均已按计划研制完成并投入使用。"十四五" 期间，科技部将继续支持 E 级高性能计算机的研发与应用。

5　国际高性能计算发展趋势

随着摩尔定律逐步减缓，工艺进步不能达到预期，当前高性能计算发展不断遇到 "能耗墙""编程墙""可靠性墙" 等阻碍，传统的高性能计算技术已面临 "天花板" 问题。近期，需要通过创新计算形态和计算模式，继续提升高性能计算机解决问题的能力；远期，需要探索颠覆性替代计算技术，推动后摩尔时代高性能计算机的发展。

xPU+ 高性能计算机是指将大量定制化芯片和 CPU、GPU 等较为通用的芯片融合在一个异构计算系统中，以满足不同领域的应用需求。这种定制化的特殊规格集成电路包括 NPU（神经网络处理器）、DPU（深度学习处理器）等。例如，TPU（张量处理器）是谷歌专门为加速深度神经网络运算能力而研发的一款 NPU 芯片，采用 8bit 或者 16bit 的低精度运算，在芯片上放置了巨大的内存，紧密适配深度学习算法，在效能与功耗上相比于通用芯片有重大提升。

大数据＋高性能计算机是指高性能计算机从单纯追求计算速度变成同时还注重系统吞吐率，促使设计理念从传统的单纯"以计算为中心"转向兼顾"以数据为中心"，提高"计算密集型＋数据密集型"类问题的大规模计算效率。高性能计算与大数据在产业生态链上的紧密衔接可以更好地推进信息资源组织模式的变革与发展[9]。美国"国家战略计算计划"已提出"高性能计算与大数据融合"思想，认为其将影响未来科学发明、国家安全和经济竞争力[10]。Cray 公司宣布了"统一平台战略"，将高性能计算机看成大数据基础设施，确立了"分析／大数据／高性能计算"三位一体的技术路线。

AI＋高性能计算机是指高性能计算与人工智能深度融合发展。一方面，高性能计算机可为人工智能应用提供强大的算力支持，以深度学习为标志的第三次人工智能浪潮需要极强的计算能力，高性能计算机系统已大量用于深度学习领域研究和工程实践，国际 TOP500 中深度学习高性能计算机的比例快速增长；另一方面，人工智能技术也有助于解决高性能计算机发展面临的诸多挑战，在系统故障处理、调度资源使用、在线优化决策等方面具有良好的应用前景。未来人工智能应用将向更高维度和更复杂模型方向发展，需要设计开发新型体系结构和核心芯片，探索应对大规模复杂人工智能应用的新途径。此外，业界正在研发 Deep500 测试基准，以衡量高性能计算机的深度学习性能[11]。

类脑计算是基于神经形态学原理，借鉴人脑信息处理方式，打破冯·诺依曼架构束缚，能够实时处理非结构化信息并具有学习能力的超低功耗新型计算技术。IBM 和 Intel 已分别开发出具有完整功能的 TrueNorth 和 Loihi 类脑芯片，并分别研制了基于 64 个 TrueNorth 和 64 个 Loihi 芯片的高性能计算原型系统。Intel 表示将在 2020 年推出一个更大的类脑计算系统，其拥有超过 1 亿个神经元、1 万亿个突触，包含 768 个芯片、1.5 万亿个晶体管，可提供前所未有的能效。类脑计算技术未来十年将可能取得突破，进入快速发展期。

模拟计算可以突破物理系统信息与二进制信息形式之间的转换瓶颈，具有很大的优势和应用潜力。美国国防部很早就对以概率计算为代表的模拟计算机开展了理论研究和实践，探索从算法设计、运算结构到专用芯片的超高速、超低功耗、高精度、低复杂度计算技术。在相同工艺条件下，概率计算处理器与 X86 处理器相比，可实现 1000 倍的能效提升。美国国防部高级研究计划局已宣布了一项"高效科学仿真加速计算"（ACCESS）计划[12]，目标是开发新的数模混合计算架构，通过可扩展方式来模拟极端复杂系统。

着眼长远，随着传统计算技术的物理极限将至，发达国家都试图在超越硅基 CMOS 方向上寻找超常态计算方法，包括量子计算、生物计算、超导计算、光计算等。目前，国际上在这些非传统计算领域不断取得重要进展和突破，尤其是量子计算研究发展很快，甚至部分技术已走出实验室向工程领域转移，如 IBM 已推出 53 量子比特的 IBM Q System One 量子计算系统，支持云端在线访问；Google 公司利用其 53 量子比特的量子计算机在随机线路采样问题上实现了"量子霸权"。但是，总体而言，距离开发出全尺寸、全功能的实用量子计算机还有很长的路要走。将新概念技术与传统架构有效结合，形成混合计算模型，发挥各自优势，实现解决复杂问题的整体性能超线性增长，是未来十年高性能计算机的重要发展趋势。

6　结束语

通过长期努力，我国在高性能计算的研究和工程方面都取得了很大进步，已经具备了世界一流水平，但是也应当看到这个高科技领域的竞争非常激烈，我们还存在许多短板和不足之处，需要持续不断的长期投入和研究。在即将到来的 E 级计算时代，除要研制开发先进高性能计算机系统之外，还应努力构建一个涵盖系统硬件（尤其是高端 CPU）、系统软件、开发工具、应用软件甚至包括人才队伍的高性能计算生态链，使各方面研究成果及时得以过渡转化和集成利用，确保我国高性能计算事业可持续发展。

参 考 文 献

[1]　谢向辉，胡苏太. 中国 "863 计划" 高性能计算的发展 [J]. 科研信息化技术与应用, 2015, 6(4): 3-10.

[2]　TOP500 Organization. TOP500 Lists[EB/OL]. [2019-08-18]. http://www.top500.org/.

[3]　漆锋滨. "神威·太湖之光" 超级计算机 [J]. 中国计算机学会通讯, 2017, 13(10): 16-22.

[4]　刘鑫，郭恒，孙茹君，陈左宁. "神威·太湖之光" 计算机系统大规模应用特征分析与 E 级可扩展性研究 [J]. 计算机学报, 2018, 41(10): 2209-2220.

[5]　US Department of Energy. US Department of Energy and Intel to Build First Exascale Supercomputer[EB/OL]. [2019-08-20]. http://www.energy.gov/articles/us-department- energy-and-intel-build-first-exascale-supercomputer.

[6]　Oak Ridge Leadership Computing Facility. Frontier Spec Sheet[EB/OL]. [2019-08-20]. http://www.olcf.ornl.gov/wp-content/uploads/2019/05/frontier_specsheet_pdf.

[7]　RIKEN Center for Computational Science. About the Project[EB/OL]. [2019-08-22]. http://www.r-ccs.riken.jp/en/postk/project.

[8]　EuroHPC Web Site. EuroHPC Declaration Sgned[EB/OL]. [2019-08-22]. http://eurohpc.eu/ declaration.

[9]　陈国良，毛睿，蔡晔. 高性能计算及其相关新兴技术 [J]. 深圳大学学报, 2015, 32(1): 25-31.

[10]　The White House. National Strategic Computing Initiative Strategic Plan[EB/OL]. [2019-08-22].https://www.whitehouse.gov/sites/whitehouse.gov/files/images/NSCI%20Strategic%20Plan.pdf.

[11]　Deep500. Deep500：An HPC Deep Learning Benchmark and Competition[EB/OL]. [2019-08-22]. http://www.deep500.org/.

[12]　DARPA. Accelerated Computation for Efficient Scientific Simulation（ACCESS）[EB/OL]. [2019-08-22]. https://www.darpa.mil/program/accelerated-computation-for-efficient-scientific-simulation.

作者简介

陈左宁，女，1957年生，浙江大学计算机应用技术专业硕士研究生毕业，现为中国工程院副院长，2001年当选中国工程院院士。我国信息领域系统软件和体系结构方向学科带头人，主持或参与主持了多项国家和军队重大科技专项工程，为国产计算机系统研制赶超世界先进水平及核心软硬件国产化做出了重大贡献。目前是国家重点研发计划"云计算和大数据"重点专项的负责人，带领团队构建自主云应用生态体系，引领我国云计算应用与产业走向国际前列。先后两次获国家科技进步特等奖，两次获国家科技进步一等奖，曾获中国科协"求是奖"和"中国青年科学家奖"。

暗物质粒子探测卫星在轨数据处理的信息化应用

常 进 藏京京 刘 梁

（中国科学院紫金山天文台）

摘 要

暗物质粒子探测卫星"悟空号"是我国首颗天文观测卫星。目前已在轨运行3年多，采集并处理了超过60亿个高能宇宙线粒子，获取了几百TB的各类科学数据。如此海量的天文观测数据，为高能宇宙线电子、质子及伽马射线的研究提供了可靠的数据保障。本文以"悟空号"卫星为例，首先介绍其科学数据处理软件DAMPESW的架构及特点，进而从数据处理的性能需求出发，说明目前已经完成的硬件基础设施建设情况，最后综述此类科学卫星在数据处理过程中的信息化应用，以期为后续同类卫星项目提供参考依据。

关键词

暗物质粒子探测卫星；在轨运行；宇宙射线；DAMPESW

Abstract

DAMPE is the first satellite-based observatory of China targeting on astronomical objects. During its on-orbit observation, over 6 billion of high energy cosmic rays (CRs) have been detected and analyzed, providing several hundred of terabyte (TB) of date for various scientific purposes. Such rich observations have largely benefited the research of electrons (positrons), protons and gammas within the high energy CRs. In this paper, we would take a deep insight into DAMPE. Firstly, the structure and features of its data processing software DAMPESW is introduced. Then constructions of DAMPE infrastructures is explained that are built on the demand of high data processing performance. Finally, in hope of providing reference for other similar projects in the future, we summarize the informationized application of data processing on DAMPE.

Keywords

DAMPE; On Orbit Operation; Cosmic Rays; DAMPESW

1 概述

1.1 卫星总体概述

暗物质粒子探测卫星（Dark Matter Particle Explorer，DAMPE）是一颗空间天基的高能宇宙线粒子探测卫星，总的来说，暗物质粒子探测卫星的科学目标如下。

（1）寻找暗物质粒子是本卫星项目的首要科学目标：通过在空间高分辨、宽能段观测高能电子和伽马射线寻找和研究暗物质粒子，间接测定或高精度限制其质量、湮灭截面或衰变寿命等重要物理参量,并限定暗物质粒子的空间分布,在暗物质研究这一前沿科学领域取得重大突破。

(2)通过观测 TeV 以上的高能电子及原子核在宇宙射线起源方面取得突破。

(3)通过观测高能伽马射线在伽马天文方面取得重要成果。

1.2 卫星有效载荷概述

为了实现以上科学目标,暗物质粒子探测卫星的有效载荷由 4 个探测器组成,如图 1 所示,上部是塑料闪烁体阵列探测器(以下简称塑闪阵列探测器)和硅阵列探测器,中部是 BGO 量能器,下部是以塑料闪烁体板为主要探测元件的中子探测器。

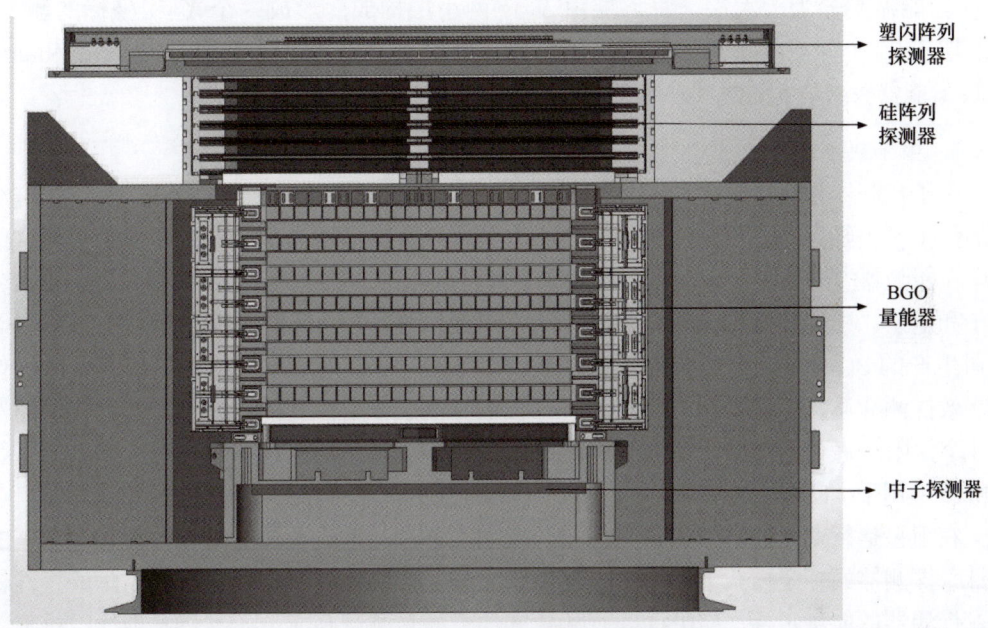

图 1 暗物质粒子探测卫星塔状分布

1. 塑闪阵列探测器

塑闪阵列探测器的主要科学任务是:确定入射粒子方向并区分伽马射线和电子鉴别入射高能重离子($Z=1\sim20$)的种类。塑闪阵列探测器分系统有效探测面积为 820mm×820mm,整个分系统由两层共 82 个 X、Y 方向相互垂直放置的塑闪单元模块组成,其中 78 个塑闪单元模块的尺寸为 884mm×28mm×10mm,另外 4 个塑闪单元模块的尺寸为 884mm×25mm×10mm。塑闪阵列探测器探测单元的两端采用光电倍增管将光信号转换为电信号再进一步处理。

2. 硅阵列探测器

硅阵列探测器采用了高位置分辨的硅微条探测器,其主要科学任务是:测量入射粒子的方向,区分电子(带电粒子)和伽马(非带电粒子),同时也用于测量高能核素($Z=1\sim26$)。硅阵列探测器由六大层硅微条探测器构成,每大层由 X、Y 两小层组成,

每层实现空间上 X、Y 的定位。硅阵列探测器面积为 80cm×80cm。硅阵列探测器配置要求放置三层钨板作为伽马光子的转换介质。为实现粒子电荷的区分，特别是区分伽马和电子，第一大层硅微条探测器顶部不布置钨板，而在第 1/2 层之间、第 2/3 层之间、第 3/4 层之间放置钨板。硅微条探测器输出的信号为电荷信号。

3．BGO 量能器

BGO 量能器为全吸收型电磁量能器，其主要科学任务是：测量宇宙线粒子，尤其是高能电子和伽马射线的能量（5GeV~10TeV），同时暗物质粒子探测器根据强子簇射和电磁簇射在量能器中的横向展开和纵向发展的不同，进行粒子鉴别，以剔除高能强子（主要是质子）本底。BGO 量能器主要由 308 根 BGO 晶体构成，其探测面积约为 60 cm×60 cm。BGO 量能器共分为七大层，每大层由 X、Y 两小层构成，形成一个 X、Y 坐标的测量。每小层有 22 个探测器单元，每个探测单元（BGO 晶体）大小为 2.5 cm×2.5 cm×60 cm。BGO 量能器探测单元的两端采用光电倍增管将光信号转换为电信号。

4．中子探测器

中子探测器是集中子慢化与探测于一体的探测器，其主要科学任务是：测量宇宙线中的强子（主要为质子）与中子探测器上方的物质发生作用产生的次级中子，根据这些中子在探测器内的能量沉积，可以判断入射粒子的类型，配合 BGO 量能器来进一步区分质子和电子。中子探测器采用厚度为 1cm 的掺硼（B）的塑闪阵列探测器（Saint Gobain 公司生产的 BC454）。中子探测器采用 693cm×693cm×1cm 的掺硼（B）塑料闪烁体板作为有效探测介质。探测器中，塑料闪烁体板被分割成 4 个独立的正方形，装配在探测器的 4 个象限。每个象限中，切除塑料闪烁体板的一个角，并在角上耦合一个光电倍增管（PMT），用于读出闪烁光信号。

在卫星运行期间，有效载荷有标定与观测两种运行模式。按照暗物质粒子探测器的设计，探测器的标定模式主要分为 3 种工作设置：探测器基线的标定、电子学的线性标定、探测器的能量定标（MIPs）。观测模式的目的是测试高能电子、伽马射线、核素等宇宙线粒子。观测模式需要利用不同的触发设置来选择所需测量的宇宙线粒子，尽可能地排除本底事例（主要是质子）。探测器在整个飞行过程中一直重复着以下过程：标定→优化参数（高压、触发延迟、触发阈值等）→飞行观测→标定。

1.3 卫星在轨运行概述

目前，卫星的在轨运行任务由中国科学院国家空间科学中心的地面支撑系统和中国科学院紫金山天文台的科学应用系统及卫星测控的相关单位共同完成。自 2015 年 12 月 20 日接收到第一帧科学数据至 2019 年 8 月 5 日，DAMPE 累计接收数据 20208 轨，在轨飞行 1324 天，完成了全天区的第 7 遍扫描，共探测并处理了约 66.7 亿个高能粒子，处理生成了 1B 级数据 19.92TB，1F 级数据 12.53TB，2A 级数据 112.43TB。DAMPE 数据获取累计如图 2 所示，DAMPE 数据获取每天事例率分布如图 3 所示。在 4 年多的在轨运行中，卫星出现过载荷数管复位、数管的 Flash 存储坏块（簇）、高压供电机箱单粒子效应等问题，均得到了妥善处置。与刚发射时相比，载荷共 7 万多路电子学通道中未出现新坏道,探测器整体仍保持在100分的状态,充分体现出卫星平台及有效载荷在设计上具有十分优秀的可靠性。

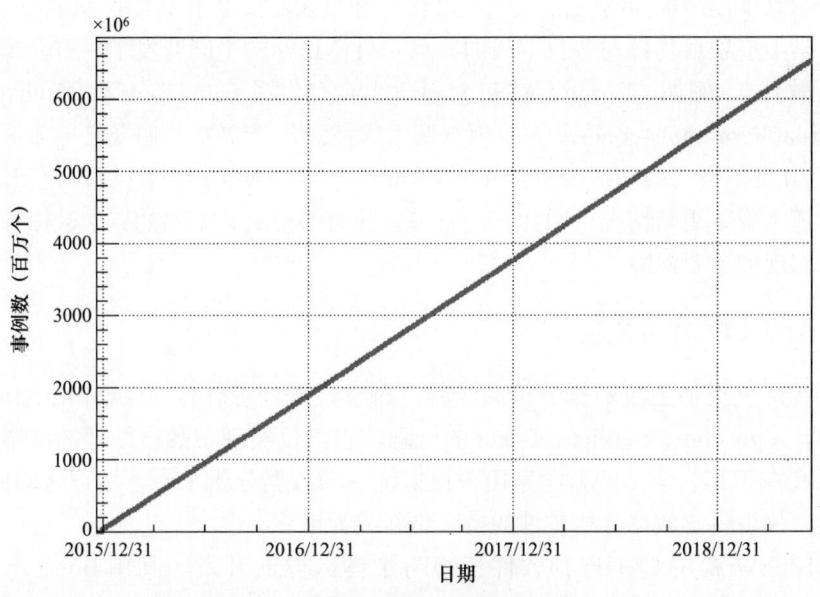

图 2　DAMPE 数据获取累计

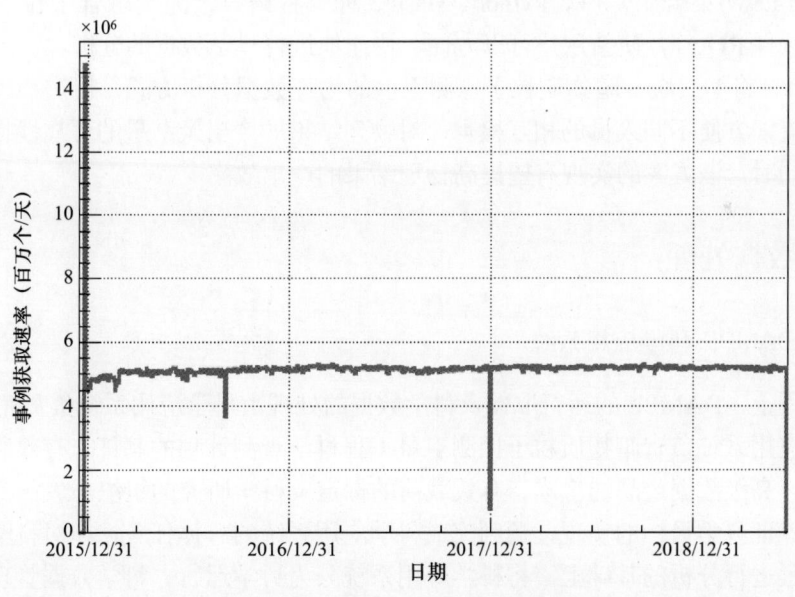

图 3　DAMPE 数据获取每天事例率分布

当前,卫星最重要的任务是持续积累大统计量的原始数据并提供给科学团队研究,以取得更重大的科学成果。

1.4 国内外研究现状

国际上，在轨运行的宇宙线粒子探测卫星主要有费米伽马射线太空望远镜（Fermi-LAT）、国际空间站的阿尔法磁谱仪（AMS02）和量能器型电子望远镜（CALET）等，所有此类科学卫星项目均针对各自卫星的特点与科学目标的不同开发了一整套复杂的科学数据分析软件[1]。例如，Ferimi-LAT 针对科学数据开发了 FermiTools 软件（https://github.com/fermi-lat/Fermitools-conda/），并根据新需求持续保持更新，如今已更新至 v11r5p3。AMS02 也开发了自己的离线分析软件 AMSsoft，由于 AMS 实验软件没有公开发布，目前尚不知道其版本更新情况。因此，开发一套针对 DAMPE 卫星的科学数据处理软件是科学目标实现的重要保障。

1.5 DAMPESW 先进性

根据国际上类似卫星数据分析的经验，科学数据处理软件（DAMPE Software）引入 Kernel、Algorithm、Service、Event 的概念，它不仅实现了数据处理的基本功能，更重要的意义在于其为众多的科学家用户提供统一的数据分析平台，用户之间协同开发，互不干扰，使得科学数据分析软件的持续更新成为可能。

DAMPESW 利用 C++ 进行软件核心与主体部分的开发，利用 Boost.Python 链接 C++ 和 Python，使得两种不同的编程语言可以相互识别，利用 Python 语言对用户算法进行自由配置使其协同运行，利用 Bash 脚本语言实现软件运行环境的配置。

DAMPESW 集合了 C++、Python、Bash 3 种编程语言，完美融合了粒子物理数据分析常用软件 ROOT，使新用户可以方便、快速地进行科学数据的分析。

DAMPE 将彻底统一暗物质粒子探测卫星的物理数据分析方式，促进物理分析技术的相互交流，方便不同人员的相互检查，对物理结果的产出及结果的可靠性提供最原初的保障。同时，该方案的实现有望提高物理结果的产出效率。

2 科学数据处理

2.1 DAMPE 科学应用系统

在工程上，DAMPE 的运行取数及科学数据的处理由科学应用系统负责完成。

科学应用系统负责暗物质粒子探测卫星工程科学观测计划的制订、有效载荷运行情况的检测、高级数据产品的生成、有效载荷的标定及科学研究的组织。

为了保证科学目标的实现，顺利完成科学应用系统的总体任务，在对科学应用系统功能和流程进行分析的基础上，将科学应用系统分为科学运行、科学数据管理与用户和高级数据产品处理 3 个分系统。其中，科学运行分系统主要负责建立有效的卫星运行管理机制，制订有效载荷的短期和中长期探测计划，监视载荷运行状态；确定卫星上行参数。科学数据管理与用户分系统负责确保数据接收完整、数据转换、数据分类，海量数据存储、调用和长期保存，完成科学数据时间统一、数据存档、备份和发布，组织进行

---

[1] http://fermi.gsfc.nasa.gov/ssc/data/analysis/software/。

科学研究等工作。高级数据产品处理分系统负责完成高级数据产品生成、本底分析、粒子鉴别、建立数据库等工作。

3个分系统的内部接口关系以及与地面支撑系统的接口关系如图4所示。

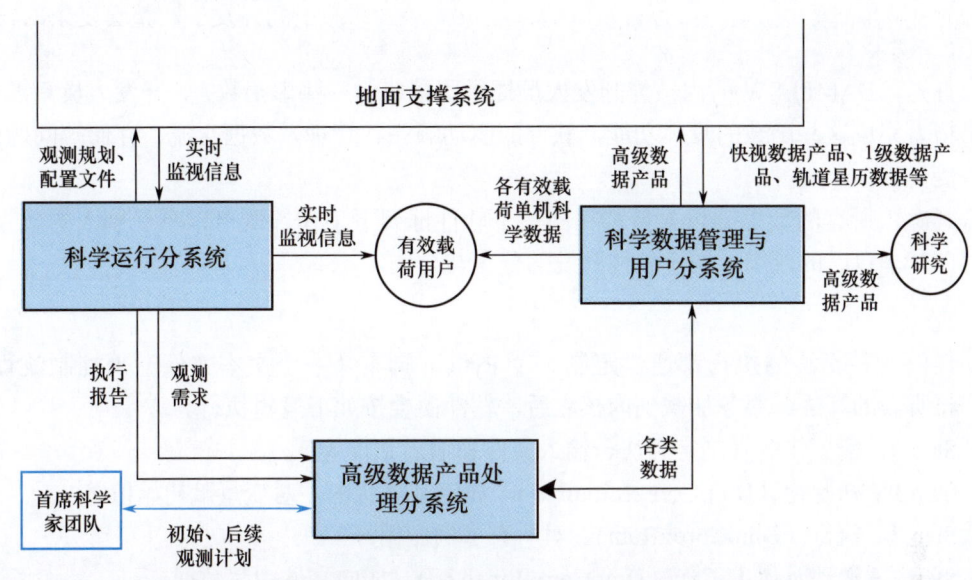

图4　3个分系统的内部接口关系以及与地面支撑系统的接口关系

2.2　科学数据处理软件 DAMPESW

2.2.1　DAMPE 科学数据面临的挑战

暗物质粒子探测卫星是一个多功能、多组件的高能粒子探测器,由4个子探测器组成,每个子探测器系统均包括大量的探测灵敏单元。每个探测单元都记录了同一个入射粒子在探测器中各种相互作用的信息,科学数据中一个入射粒子在所有探测单元中读出信息的集合组成了数据层面上的一个事例(Event)。用户数据分析的过程就是结合这些读出信息,利用合理的计算方法逐个挑选出用户感兴趣的事例的过程。这种循环所有事例,依次对粒子信息进行同一操作的方法称为算法(Algorithm)。入射粒子某一物理属性的获得通常需要多个算法来实现,在数据处理的不同阶段同样需要根据分析的深入和细化而创建不同的算法。这样为了实现同一个目标,需要将不同算法按照特定的顺序串接,算法与算法之间往往需要数据的交互。例如,粒子的径迹主要由硅微条探测器中的 Cluster 经过卡尔曼滤波获得,而卡尔曼滤波需要 BGO 重建的簇射轴作为径迹的种子,要计算簇射轴需要首先得到每层 BGO 晶体中的簇射重心,簇射重心的计算又需要首先计算每根晶体的能量。如此,各种不同的算法串接才可以重建粒子的径迹。

物理算法负责对事例的处理,其由大量科学家团队的成员按不同需求开发。在数据处理分析过程中,通常需要各种功能来辅助算法的运行,这类功能可能需要被同算法所公用。这种辅助算法运行的功能模块称为服务(Service),如每种算法都需要读入数据和输出保存数据的功能,这一功能只负责程序对文件的输入/输出操作(I/O 服务)。服务与算法唯一的区别在于,服务不分析、处理事例数据的具体值。服务为算法提供支持,减小算法开发的压力。

DAMPESW 就是为了适应这个要求而设计研发的,其具有如下功能。

1. 提供了统一的开发平台

首先,DAMPESW 的内核为开发人员提供了接口(一些虚函数)。开发人员只需要集中精力完成这些函数的具体功能,软件的驱动顺序、管理及数据交流、存储等问题由内核负责。

其次,所有的数据分析人员都在同一个软件框架下工作,既可以享受别人的成果,也可以分享自己的成果,便于软件开发的分工与合作。

2. 提供了统一的运行机制

任何一种算法的执行都通过定制一个 Python 脚本(一个文本文件)来控制流程。用户将所需的算法、服务加载到内核之后,软件便会按如下逻辑执行。

Step 0:配置作业(制定算法、输入文件和输出文件等)。
Step 1:初始化(DmpCore::Initialize(),如定制柱状图,对变量赋初始值等)。
Step 2:执行(DmpCore::Run(),对所有事例做循环)。
Step 3:清理及退出工作(DmpCore::Finalize(),如向文件中写数据)。

3. 有灵活的可扩展性

用户可以根据具体的需要创建自己的算法(Algorithm)、数据类(Event Class)和服务(Service)。

2.2.2 DAMPESW 组成

DAMPESW 由 5 个主功能模块和 5 个驱动辅助模块组成。5 个主功能模块为:原始数据格式转化(RawDataConversion)、物理事例重建(Reconstruction)、刻度(Calibration)、物理模拟(Simulation)和物理事例显示(Visualization)。5 个驱动辅助模块为:内核(Kernel)、用户分析(Analysis)、事例类(Event)、轨道模拟(EventOrbitSimulation 与 OrbitSimulation)、探测器几何(Geometry),如图 5 所示。

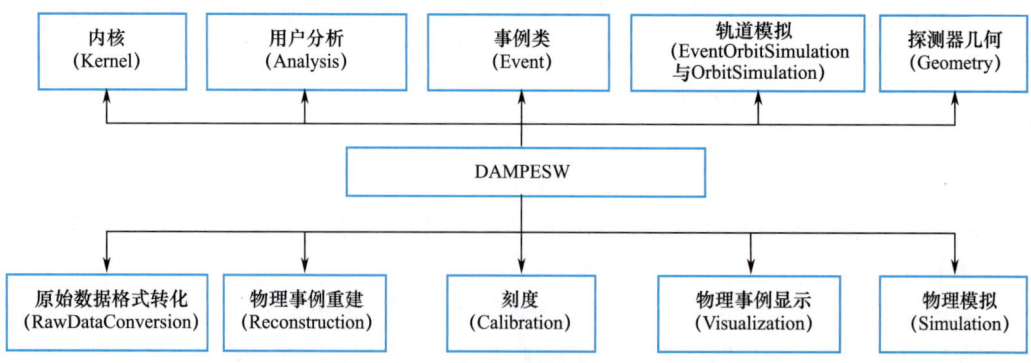

图 5　DAMPSW 软件系统架构

DAMPESW 主功能模块的功能如下：

原始数据格式转化模块——负责将二级制的原始数据转化为可以被 ROOT 识别的 TTree 格式数据，即将 1A/1B 级科学数据产品转化为 1E/1F 级数据产品。

物理事例重建模块——通过复杂的标定算法，将 1E/1F 级数据产品中电子学读出通道数值转化为具有物理意义的物理对象（能量、方向、粒子种类等），即将 1E/1F 级数据产品转化为 2Q/2A 级数据产品。

刻度模块——负责分析 1E/1F 级数据产品中的刻度数据，生成标定系数。

物理模拟模块——主要用于模拟在太空辐射环境下粒子进入探测器后，探测器各个探测灵敏单元的响应。

物理事例显示模块——读入 2Q/2A 级科学数据产品，将探测器各单元能量直观地显示在探测器 3D 几何模型中，以颜色表征能量大小。

DAMPESW 驱动辅助模块的功能如下：

内核模块——为 DAMPESW 的核心，负责所有软件模块的运行驱动，为所有软件模块提供统一 I/O 格式以及模块与模块之间的数据交互机制，为服务和算法的拓展提供基类。

用户分析模块——为科学家用户个人算法集成模块。

事例类模块——为物理事例数据格式定义模块。

轨道模拟模块——为卫星轨道环境模拟模块。

探测器几何模块——为探测器几何尺寸参数数据存储模块。

2.2.3 DAMPESW 控制流程

软件控制流程如图 6 所示。运行软件首先需要对程序进行服务和算法等的设置，之后程序内核初始化，并先后引发服务和算法的初始化。在服务和算法初始化完毕后，程序内核启动事例处理过程。首先启动算法分析处理一个事例，完毕后做判断，如果处理成功，则将这个事例保存，再向下执行；如果不成功，则直接向下执行而不保存这个事例。接下来再做一次判断，如果发现已经处理完毕全部事例或者达到了手动终止条件，则事例处理过程终止，进入下一阶段，否则程序返回算法处理事例之前的阶段，让算法准备处理下一个事例，进入循环。如果事例处理过程结束，则程序内核将终止，并先后让算法和服务终止，并且在服务终止的时候会将数据写到硬盘之中。当全部算法和服务都成功终止后，程序内核释放内存，软件运行结束，退出软件。

2.2.4 DAMPESW 版本控制

DAMPESW 采用自主研发的形式。作为对科学数据进行分析的软件，参与开发人员多，软件版本更新多，从实际需要上分析不适合采用工程化管理模式，但为了保证软件开发质量及进度，我们也采取了一系列措施。首先，软件开发采用国际合作组的形式，每周召开视频讨论会，分配开发任务，讨论开发进展，安排开发进度；其次，在系统建设依托单位紫金山天文台的计算机平台上搭建了 DAMPESW 的 SVN 版本控制库，如图 7 所示，合作组中国内外所有软件开发人员的开发代码都提交到这个版本控制库中，SVN 会自动管理其中所有代码的版本更新信息，解决软件版本控制问题，保障软件开发质量。

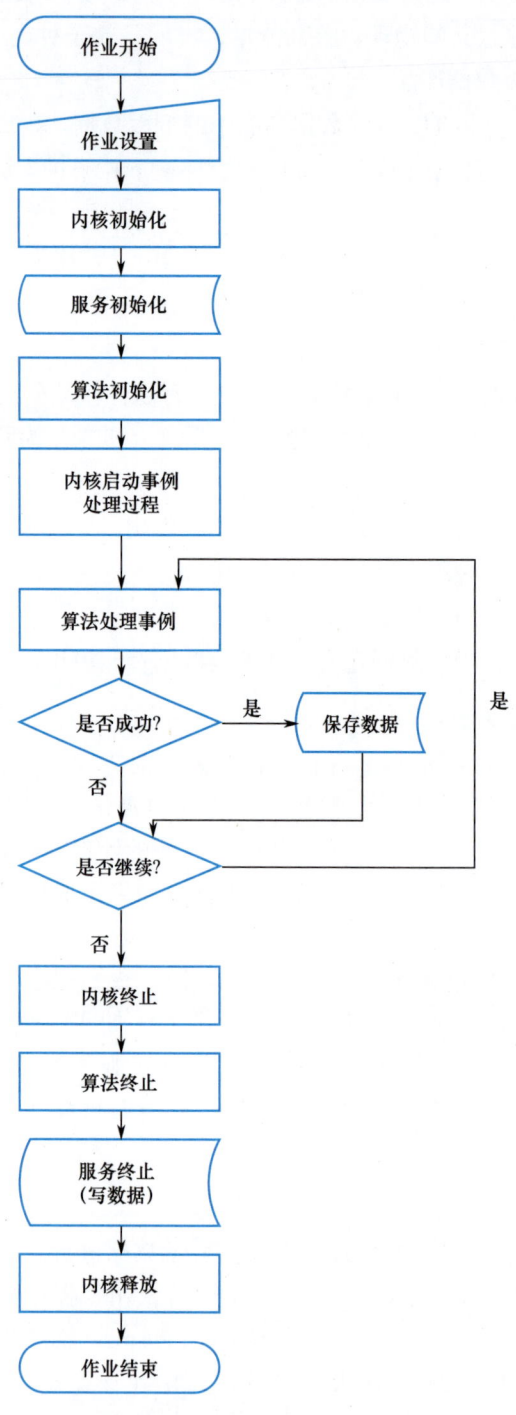

图 6　软件控制流程

Name	Size	Rev	Age	Author	Last Change
../					
DmpSoftware-1-0-0		417	6 years	andrii	
DmpSoftware-1-1-0		684	6 years	andrii	Last release of non-GDML non-EventClass? DAMPE software.
DmpSoftware-2-0-0		945	5 years	andrii	First stable release of GDML & EventClass? based DAMPE offline software
DmpSoftware-2-1-0		999	5 years	andrii	Last release of old-framework DAMPE offline software. Next releases will ...
DmpSoftware-3-0-0		1107	5 years	andrii	First release of the new framework
DmpSoftware-3-0-1		1134	5 years	andrii	STK raw data conversion based on trbread2.c script
DmpSoftware-3-1-0		1261	5 years	andrii	Last stable release before introducing the combined stable kernel (by Chi ...
DmpSoftware-3-2-0		1264	5 years	andrii	Combined stable Kernel from Chi and Andrii.
DmpSoftware-3-2-1		1271	5 years	andrii	First stable version of global Raw Data Converion (provided by JingJing? ...
DmpSoftware-3-2-2		1302	5 years	andrii	RDC for shanghai cosmics from JingJing?, only STK part is modified by ...
DmpSoftware-3-2-3		1400	5 years	andrii	Frozen release between moving to combined RDC for the beam test
DmpSoftware-4-0-0		1471	5 years	andrii	Frozen release of software for v1 beam-test data production
DmpSoftware-4-0-1		1488	5 years	andrii	bug fixes for the v1 production. This is the last release before moving to ...
DmpSoftware-4-1-0		1508	5 years	andrii	v2 beam test data production
DmpSoftware-4-1-1		1564	5 years	andrii	v2 beam test data production (bugfix for the STK raw data converion)
DmpSoftware-4-1-2		1689	4 years	andrii	Last release before getting to 2015 MArch beam test processing
DmpSoftware-4-2-0		1803	4 years	andrii	v0 reprocessing of March 2015 beam-test data
DmpSoftware-4-3-0		1856	4 years	andrii	stk-calib, stk-recon, stk-compare — tools for quick STK monitoring, aimed ...
DmpSoftware-4-3-1		1859	4 years	andrii	Fully functional stk-compare, stk-calib and stk-recon tools
DmpSoftware-4-3-2		1868	4 years	andrii	First reprocessing of April 2015 cosmics
DmpSoftware-4-3-3		1865	4 years	andrii	v0 reprocessing of March 2015 beam-test data (STK RDC bug fixed): request ...
DmpSoftware-4-3-4		1882	4 years	andrii	stk-* commands tested by Valentina
DmpSoftware-4-4-0		1989	4 years	andrii	v0 reprocessing of May 2015 Shanghai cosmics data of DAMPE
DmpSoftware-4-4-1		2004	4 years	andrii	v0 reporcessing of June 2015 beam-test data
DmpSoftware-4-4-2		2016	4 years	andrii	V1 reprocessing of March 2015 beam-test data: fixed PSD reconstruction ...
DmpSoftware-4-4-3		2022	4 years	vgallo	REC3 reprocessing of cosmics April 2015 clusterseed 4
DmpSoftware-4-4-4		2042	4 years	andrii	v0 reprocessing of June 2015 beam-test data with DAMPE+AMS merging
DmpSoftware-4-4-5		2048	4 years	andrii	reprocessing of DAMPE intergration-test data, June 25, 2015
DmpSoftware-4-4-6		2152	4 years	andrii	Calibration of magnet for beam test, June 2015
DmpSoftware-4-4-7		2154	4 years	andrii	Production: satellite inflight simulation data, August 25-28, 2015
DmpSoftware-4-4-8		2206	4 years	andrii	bug fix in the STK raw mode decoding reported by Xin
DmpSoftware-4-4-9		2231	4 years	andrii	Last release before moving to the Kernel update: enable multiple input ...
DmpSoftware-4-5-0		2251	4 years	andrii	bux fix in STK DLD package unpacking (problem of duplication in .txt ...
DmpSoftware-4-5-1		2254	4 years	andrii	STK package (frame) size information added to STK metadata
DmpSoftware-4-5-2		2299	4 years	andrii	processing1 of aging test data in Geneva, November 2015
DmpSoftware-4-5-3		2316	4 years	andrii	processing1 of aging test data in Geneva, November 2015 (bug fixes: ...
DmpSoftware-4-5-4		2383	4 years	andrii	v0 processing, beam test November 2015
DmpSoftware-4-5-5		2712	4 years	andrii	Last stable release before merging rep1 and rep in a single Orbit ...
DmpSoftware-4-5-6		2788	4 years	andrii	Last release before moving to the new STK calo-seeded tracking: 1D+1D ...
DmpSoftware-5-0-0		2870	4 years	pmo	svn r2869, DMPSW v5.0.0
DmpSoftware-5-1-0		3111	3 years	pmo	release r3110 as gamma version 5.1.0
DmpSoftware-5-1-1		3152	3 years	pmo	Tag: put software version number to 5.1.1
DmpSoftware-5-1-2		3220	3 years	pmo	Tag: 5.1.2
DmpSoftware-5-1-3		3419	3 years	pmo	Tag: version 5.1.3
DmpSoftware-5-1-4		3448	3 years	pmo	Tag: v5.1.4
DmpSoftware-5-1-5		3537	3 years	pmo	tag: v5.1.5
DmpSoftware-5-2-0		3835	3 years	pmo	Tag: 5.2.0
DmpSoftware-5-3-0		4425	3 years	pmo	Tag: 5.3.0
DmpSoftware-5-3-1		4543	3 years	pmo	Tag: 5.3.1
DmpSoftware-5-3-2		4735	3 years	pmo	Tag: 5.3.2
DmpSoftware-5-3-3		5084	3 years	pmo	Tag: 5.3.3
DmpSoftware-5-4-0		5141	3 years	pmo	Tag: 5.4.0
DmpSoftware-5-4-1		5884	2 years	pmo	Tag: 5.4.1
DmpSoftware-5-4-2		6047	2 years	pmo	Cherry-pick : DmpSoftware?-BugFix?/5-4@c6046 : Modify minor bug in ...
DmpSoftware-6-0-0		6417	2 years	pmo	Tag: 6.0.0
DmpSoftware-6-0-1		7674	16 months	pmo	Tag: 6.0.1
DmpSoftware-6-0-2		7866	14 months	pmo	Tag: 6.0.2
DmpSoftware-6-0-3		7957	13 months	pmo	Tag: 6.0.3
DmpSoftware-6-0-4		8214	10 months	pmo	Tag: 6.0.4
DmpSoftware-6-0-10		8517	3 months	pmo	Tag : 6.0.10
ReleaseNote		8519	3 months	pmo	Add : Release note 6.0.10

图 7　DAMPESW 发布软件的 SVN 版本控制库

2.3　卫星数据处理流程

卫星数据处理流程如图 8 所示。

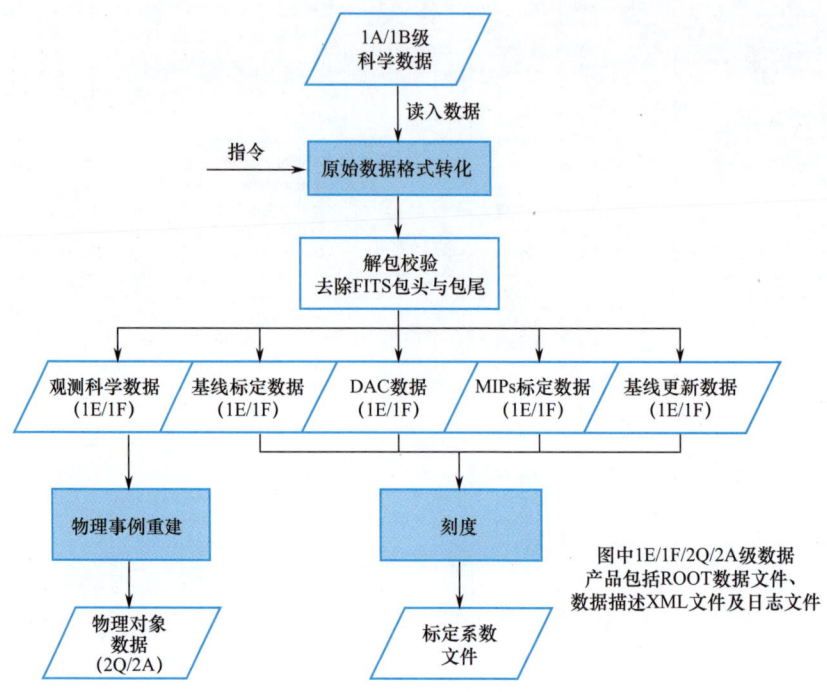

图 8 卫星数据处理流程

DAMPESW 接收到数据处理指令之后，在原始数据格式转化模块读入指令参数中 1A/1B 级科学数据产品文件，对数据进行解包校验，去除 FITS 包头与包尾，分离出数据包中观测科学数据、基线标定数据、电子学线性刻度（DAC）数据、MIPs 标定数据与基线更新数据，并将全部数据转化为 ROOT 软件可以识别的 TTree 格式数据（1E/1F 级科学数据）。对于观测科学数据包则调用物理事例重建模块，将 TTree 格式的科学数据重建为物理对象；对于其他数据则调用刻度模块，经过一系列复杂的刻度运算转化为标定系数文件。

2.3.1 原始数据格式转化流程

原始数据格式转化流程如图 9 所示，首先读入 1A/1B 级科学数据，剔除 FITs 格式的包头和包尾，进行数据的分割，将一个事例的数据包分别读出 BGO、PSD、STK、NUD、TRG 的数据缓存，判读 STK 的事例是否完整，如果事例完整则将事例填入 TTree 中，如果事例不完整则继续读入下一个事例。在事例填入 TTree 后，判读文件是否结束，不结束则继续读入下一个事例，结束则保存文件退出。

2.3.2 物理事例重建流程

重建过程的输入是以 ROOT 格式存储的 1E/1F 级数据。重建过程利用标定参数，将观测信号转化为物理信号。其具体流程如图 10 所示。

首先进行电子学线性刻度修正，然后扣除电子学基线，继而选择合适的打拿极读出级次，通过打拿极比率的转换，单个探测单元的测量值被转化成对应第八打拿极的 ADC 道数，最后通过 MIP 峰值的归一化得到能量值。在单个探测单元能量重建完成的基础上，进行高级能量、角度、电荷重建。

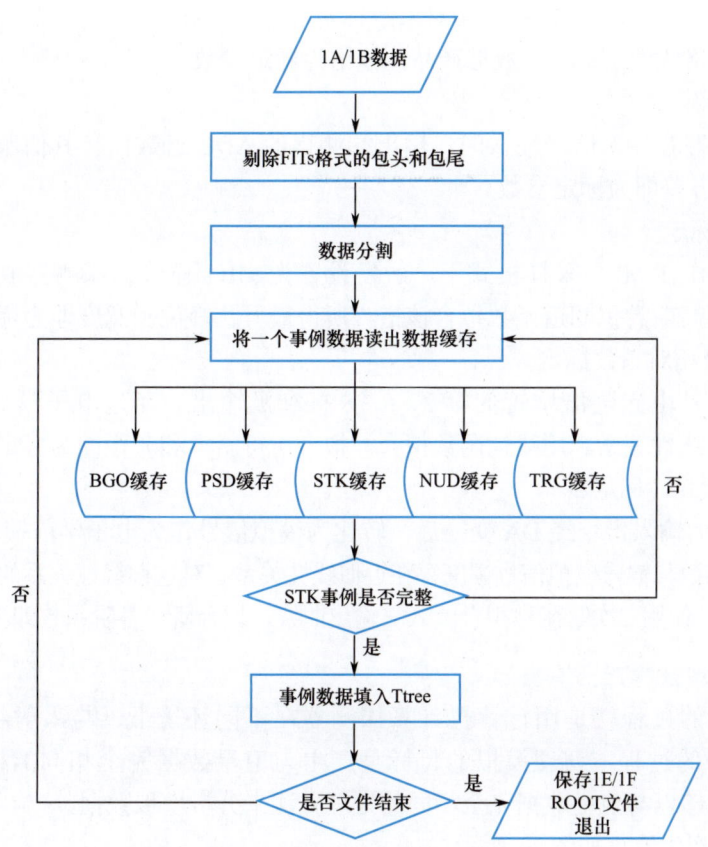

图 9　原始数据格式转化流程

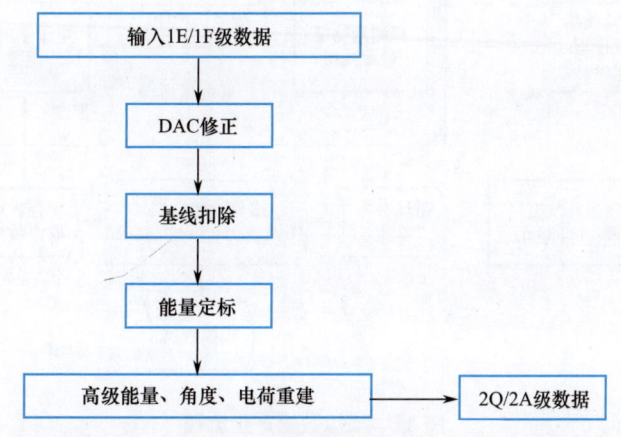

图 10　物理事例重建流程

2.3.3　刻度流程

量能器是一种使入射粒子在其中发生相互作用，吸收其能量的装置。入射粒子的部分能量以可记录的信号的方式释放。观测到的信号与入射粒子能量之间的转换因子是理解量能器性能的极其重要的一个方面。取得相关转换因子的过程即是标定。标定主要分为基线标定、MIPs 标定、打拿极相对系数标定和电子学线性标定。以上 4 种标定的输入均为 ROOT 格式的 1E/1F 级数据产品，输出为标定参数。

1）基线标定

电子学前端芯片无信号输入时，输出端测得的 ADC 道数值。其值服从正态分布，分布的均值和方差即为标定参数。

2）MIPs 标定

探测器工作在 MIPs 采样模式下，触发设置为 MIPs 模式。探测器取得 MIPs 响应 ADC 谱，使用高斯卷积朗道函数拟合该谱，所得最可几峰位和宽度即为标定参数。

3）打拿极相对系数标定

探测器信号由光电倍增管的第 2、5、8 打拿极输出，经过电子学处理后得到的 ADC 道值满足线性关系。用线性函数拟合，拟合所得斜率和截距即为标定参数。

4）电子学线性标定

地面发出的输入指令经 DA 变换后，转化为模拟信号作为电子学前端输入。输出端测得的 ADC 道数与输入模拟信号幅度存在近似线性关系。对这种线性关系的偏离反映了电子学的非线性。使用二次幂函数拟合输入–输出曲线，拟合所得各阶系数即为标定参数。

2.3.4 模拟数据产生流程

物理模拟的过程就是用计算机计算探测器在不同环境下，与入射粒子发生相互作用产生信号的过程。物理模拟的目标是产生与卫星数据完全相同的模拟数据，使 DAMPESW 能够以与卫星数据完全相同的处理方法来分析模拟数据。

模拟数据产生流程如图 11 所示。

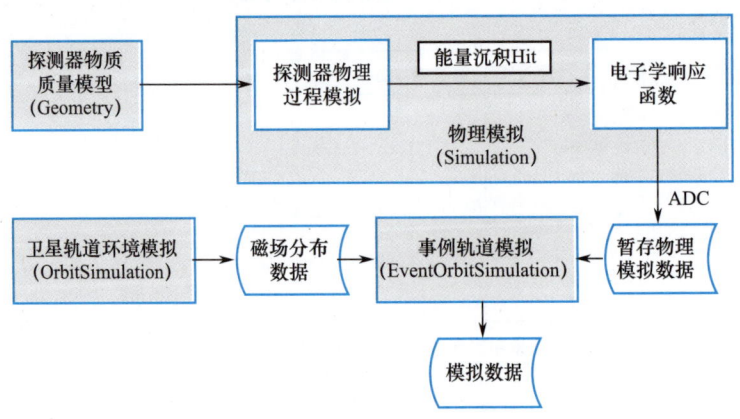

图 11 模拟数据产生流程

DAMPESW 中 Geometry、Simulation、OrbitSimulation、EventOrbitSimulation 模块负责模拟数据的产生。

Simulation 模块集成了物理模拟和电子学模拟。对于 BGO、PSD 和 NUD 3 个子探测器（STK 子探测器的电子学模拟将在下面单独介绍），物理模拟和电子学模拟是同步进行的，即在模拟粒子与物质相互作用产生能量沉积的同时，根据电子学响应函数把能量沉积转化为电子学的 ADC 道数。Simulation 模块产生的 ROOT 数据（以下称为 DmpSimu）与 2 级数据格式完全相同。

卫星轨道环境模拟分两个步骤来实现：① OrbitSimulation 部分根据卫星的星历表计算卫星的轨道；② 读取卫星所在位置的磁场分布，产生 ROOT 数据文件（OrbitSimu）。

图 12 是卫星高度（500km）处地磁场的绝对值和横向地磁截断的分布。图 13 是卫星 1 天内的轨道和所经历的地磁场强度。

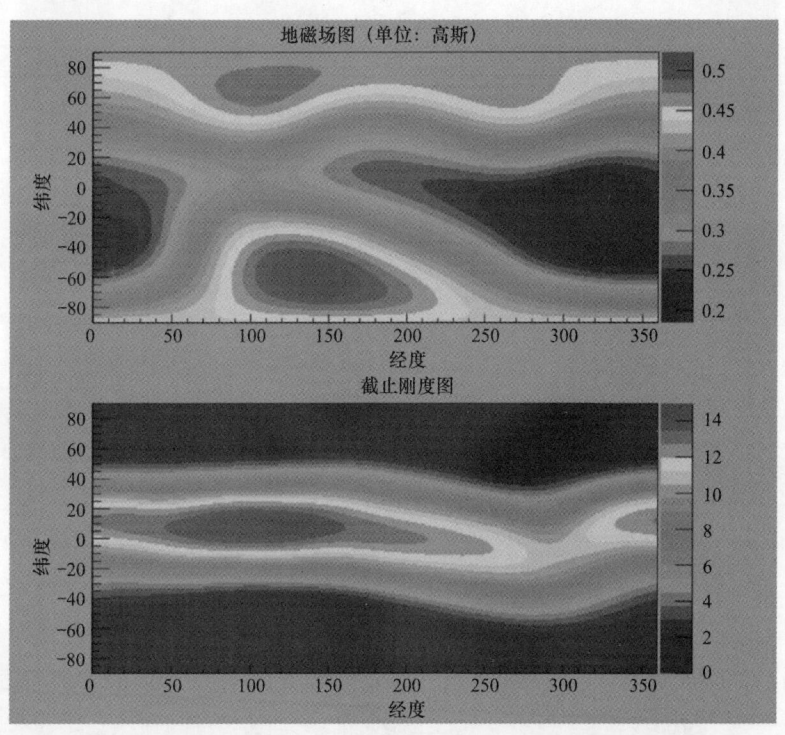

图 12　卫星高度（500km）处地磁场的绝对值和横向地磁截断的分布

EventOrbitSimulation 模块以 DmpSimu 和 OrbitSimu 为输入文件，使用"向后追踪法"判断入射粒子是否来自外太空，并且赋予每个来自外太空的粒子一个时间，产生新的 ROOT 文件（EventOrbitSimu）。该文件可用于估计卫星在任意一个位置的事例率和各种观测模式的触发率。所谓"向后追踪法"就是把入射粒子的电荷极性取反，并把粒子运动的方向反转，此时粒子在地磁场中将沿着入射的路径反向运行，数值求解粒子在磁场中的运动方程，判断粒子在太空中的位置。来自外太空的粒子是实际需要的粒子，在统计事例率时要考虑，来自地球的粒子不参与统计。

下面介绍 STK 子探测器的电子学模拟。由于 STK 子探测器的工作方式与 BGO、PSD 和 NUD 不同，STK 的电子学模拟需要单独考虑。首先，通过物理模拟把每个事例在硅微条上的能量沉积记录下来。一个事例结束后首先根据有能量沉积的硅微条的编号判断它是读出条还是悬浮条。其次，按照一定的比例把能量重新分配给周围相邻的读出条，计算出该能量所能产生的电子-空穴对的数目。最后，根据监测硅微条的 VA 芯片的响应曲线（见图 14）把能量转化为 ADC 读数。

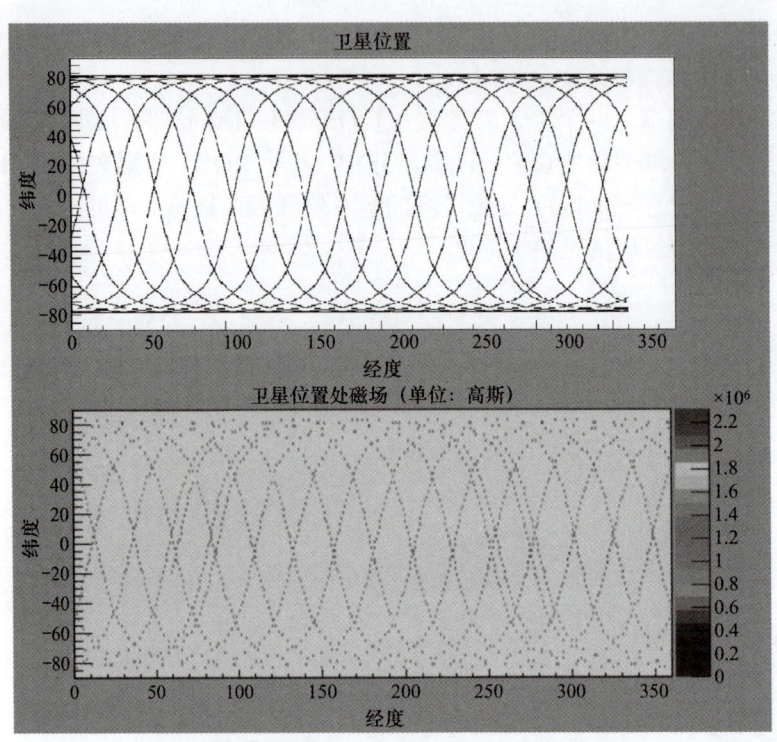

图 13　卫星 1 天内的轨道和所经历的地磁场强度

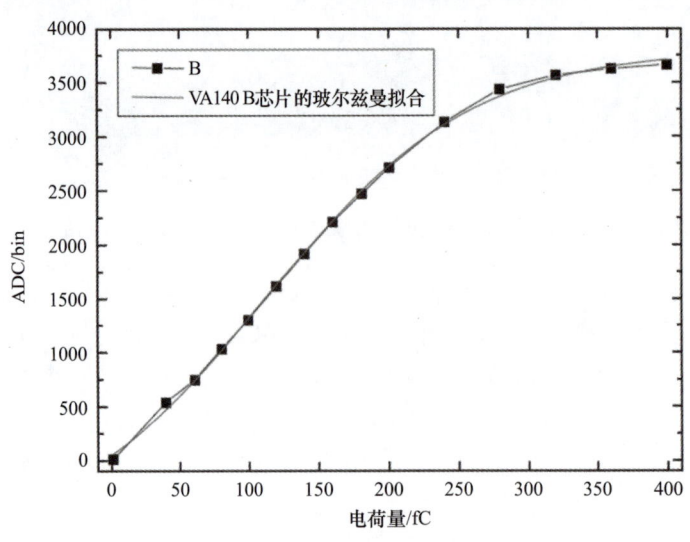

图 14　VA 芯片的响应曲线

2.4　DAMPESW 工作流程

高级数据产品处理分系统处理 1A/1B 数据，生成 1E/1F 和 2A/2Q 高级科学数据产品的整个工作流程都是在数据处理服务器上完成的。具体的数据处理算法通过一系列

Python 脚本来驱动运行，所以整个数据处理的工作流程就是连续调用相应的 Python 脚本，其工作流程如图 15 所示。

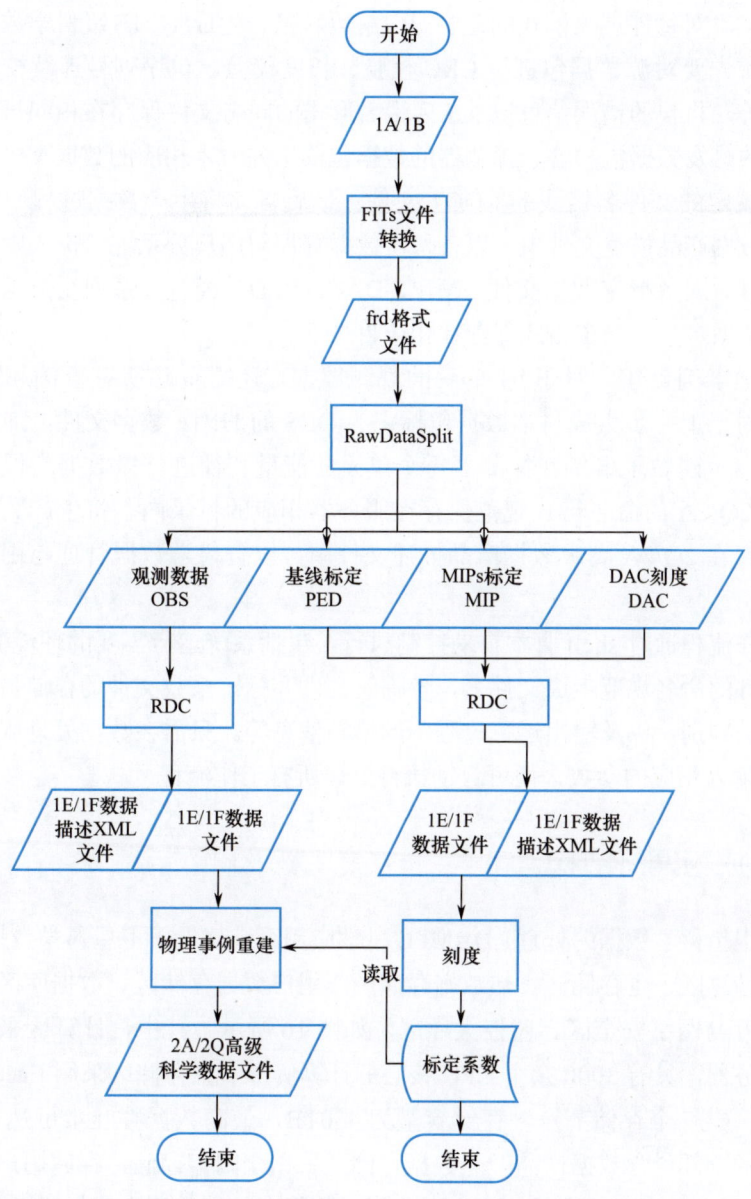

图 15　高级数据产品处理分系统工作流程

（1）FITS 文件转换。将需要处理的 1A/1B 数据文件名作为运行参数，运行 JobOpt_Fits2Frd.py 脚本，读取数据的 FITs 头信息，并将数据转换为 frd 格式的数据文件保存在临时目录中。

（2）RawDataSplit。由于一个遥测源包的数据文件包含了多种观测模式的数据，不同观测模式下的数据需要不同的数据处理过程，根据触发逻辑和采样频率将上一步转换好的 frd 文件拆分成各个时间段内单一观测模式的文件，并以相应的科学数据包标识（OBS：观测科学数据包；PED：基线标定科学数据包；DAC：电子学线性标定科学数据包；MIP：MIPs 标定科学数据包）命名文件。

（3）RDC。对每种观测模式的遥测源包解码转换，生成 1E/1F 级科学数据文件。运行过程中，首先要对源数据包进行 CRC 校验、长度校验、包序列号连续校验、包触发号连续校验等，将包的错误信息以 .err 后缀名形式的同名文件保存在相同目录下。其次将每个事例的触发数据包和各子探测器的数据包读出并写入相应的数据类中，保存为按照命名规范规定的文件名格式的 ROOT 文件。最后自动将生产数据过程中的关键信息保存在高级数据产品描述文件中，以备科学数据管理与用户分系统解析入库。

（4）刻度。对各标定数据文件（MIP、DAC、PED）经过一系列复杂运算，得出此次标定的标定系数并以指定格式保存在相应目录下。

（5）物理事例重建。对于 RDC 后的观测数据，还需重建所有事例和进行后续的科学分析，对于上一步生成科学数据包标识为 OBS 的 1E/1F 数据文件，加载最近一次的标定系数，重建粒子事例在探测器每个单元的能量和径迹。以数据类保存为 ROOT 文件，并按 2Q/2A 的命名格式规范保存在服务器相应的目录内。将生产数据过程中的关键信息保存在 2Q/2A 高级数据产品描述文件中，以备科学数据管理与用户分系统解析入库。

以上工作流程通过 shell 脚本自动控制执行，包括系统运行需要的环境变量的加载，按照各级文件的命名规范生成文件名，各临时文件和标定系数文件的存储目录，数据观测模式的自动判别，以及输出运行过程中的错误信息等。只需在数据处理服务器上运行 shell 脚本，输入相应的参数，便可自动执行上述所有工作流程。

3　硬件组成与网络结构

为满足卫星科学数据的处理，DAMPE 科学应用系统建设了卫星科学数据处理平台。该平台分为计算区、主存储区、热数据存储区、用户数据存储区、数据库区、数据备份区、数据交互与网络安全区、监控大厅区，如图 16 所示。其中，计算区采用 128 台高密度刀片服务器，具有 3000 余个 CPU 核心的计算资源；主存储区采用 EMC X410 高性能并行存储，共 7 个存储节点，存储容量为 450TB，最高数据吞吐量可达 40Gbps，存储卫星相关的全部科学数据产品；热数据存储区采用全闪存存储，存储用户访问频繁的 2A 级科学数据产品，存储容量为 175TB；用户数据存储区采用大容量磁盘阵列存储器，存储用户在数据分析过程中产生的个人中间数据，存储容量为 130TB；数据备份区与用户数据存储区类似，采用大容量磁盘阵列存储，用于原始数据、高级数据、模拟仿真数据的备份，存储容量为 200TB。数据交互与网络安全区通过 100Mbps 的 VPN 专网与怀柔空间中心连接，同时通过 100Mbps 的科技网带宽与欧洲合作单位连接。同时，有防火墙、WAF、网闸等网络安全设备，保证网络安全与内外网隔离。监控大厅由一系列运控终端组成，负责科学数据处理业务的运行与监控。

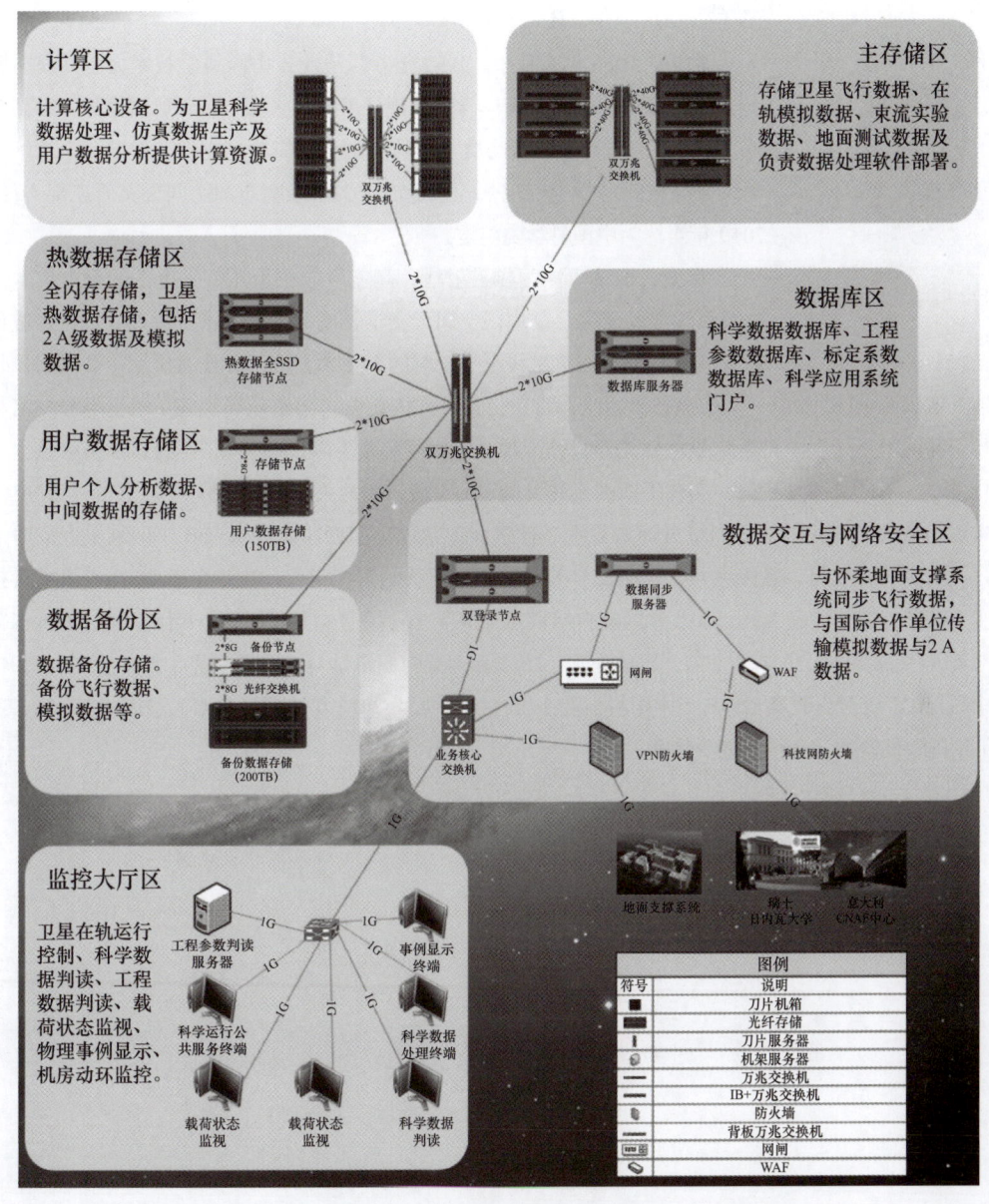

图 16 暗物质卫星科学数据处理平台业务分布

4 总结与展望

暗物质粒子探测卫星是我国首颗天文观测卫星。卫星科学数据的处理在国内尚无先例可循。国际上，同类科学卫星底层原始科学数据的处理方案均未公开，同时由于科学任务及探测器结构的不同，其他卫星的科学数据软件也很难直接应用于暗物质粒子探测卫星科学数据的处理。因此，本文从软件需求出发，详细介绍了暗物质粒子探测卫星科学数据处理流程、方法、软件设计、硬件组成等，以期为我国后续同类科学卫星提供技术参考。

作者简介

常进，1966年7月生，1992年6月毕业于中国科学技术大学并获得硕士学位，2006年7月获博士学位。现任紫金山天文台台长、国家天文台副台长（兼）、中国科学院暗物质与空间天文重点实验室主任、中国科学技术大学天文与空间科学学院院长、紫金山天文台暗物质和空间天文研究部主任。2019年当选为中国科学院院士。

常进长期从事空间伽马射线、高能带电粒子尤其是电子的探测技术方法及科学实验研究，是中国空间天文学领域的主要学术带头人之一。常进创新发展了一种高能宇宙线电子探测的新技术方法，并成功应用于美国南极长周期气球探测 ATIC 实验。基于该技术方法，常进提出并作为首席科学家领导实施了"悟空号"暗物质粒子探测卫星（中国科学院战略性先导科技专项——空间科学专项的首发星）项目。"悟空号"于2015年12月17日成功发射，实现了中国天文卫星零的突破，一些关键性能指标世界领先，已在电子宇宙线与质子宇宙线的能谱测量方面取得突破性进展。常进还率领团队积极服务于国家重大战略需求，先后为神舟二号、嫦娥一号、嫦娥二号等成功研制了伽马射线谱仪，先后荣获2004年国家科技进步二等奖（第4完成人）、2012年国家自然科学二等奖（独立完成人）、2012年国家科技进步特等奖（第40完成人）、2017年全国创新争先奖、2018年何梁何利科学与技术进步奖（天文学奖）、2018年中国天文学会张钰哲奖、2018年中国科学院杰出科技成就奖、2018年中国科学十大进展、2019年（首届）中国空间科学学会科技奖等奖励。

基于虚拟核电站 Virtual4DS 的核应急智慧指挥决策

吴宜灿　胡丽琴　龙鹏程　王　芳　汪　进　何　桃　宋　婧　蒋洁琼　汪建业
李亚洲　郝丽娟　尚雷明　郑晓磊　吴　斌　俞盛朋　孙光耀　何　鹏　陈春花
杨子辉　凤麟团队

（中国科学院核能安全技术研究所，中子输运理论与辐射安全重点实验室）

摘　要

核安全是我国核能与核技术利用事业发展的生命线，核应急是核安全的最后一道屏障。中国科学院核能安全技术研究所凤麟团队在数字社会环境下的虚拟核电站 Virtual4DS "凤麟云"的基础上，开展了核设施事故演化模拟与诊断、环境影响评价与核素扩散预测、社会风险评价与舆情监控、智能应急决策与大数据、核应急预案推演与虚拟仿真演练等核应急关键技术研究，并结合我国实际环境特征与公众认知特点，进行"核电站－环境－社会"大时空综合仿真研究。研究成果在商用核电站、先进核能系统、乏燃料运输、国家级和省级核应急指挥决策与演练中进行了应用，为核设施安全运行与应急决策提供了有力支撑。

关键词

虚拟核电站；核应急；核安全；智慧指挥决策

Abstract

Nuclear safety is the lifeline of nuclear technology and its applications, and nuclear emergency is the last line of nuclear security defense. Based on Virtual Nuclear Power Plant in Digital Society Environment "Virtual4DS", the key technology of nuclear emergency has been studied by FDS team, including nuclear facility accident evolution simulation and diagnosis, environmental impact assessment and nuclide diffusion prediction, social risk assessment and public opinion monitoring, intelligent emergency decision-making and big data, and nuclear emergency plan deduction and virtual exercises. Combined with China's actual environment and public characteristics, FDS team has been developing comprehensive simulation of "nuclear power plant-environment-social" in large space-time. The research have been applied in commercial nuclear power plants, advanced nuclear energy systems, spent fuel transportation, and provincial and national nuclear emergency decision and drills, providing support for the safe operation and emergency decision-making of nuclear facilities.

Keywords

Virtual Nuclear Power Plant; Nuclear Emergency, Nuclear Safety; Intelligent Command and Decision-making

---

项目资助：中国科学院信息化专项项目（XXH13506-104）、国家科技部国家科技基础条件平台项目"国家基础科学数据共享服务平台"（DKA2017-12-02-17）、中国科学院合肥物质科学研究院项目（KP-2017-19、KP-2019-13）等。

1 引言

核能已被广泛应用于国防与工业各个领域，在其发挥重要作用的同时，也存在发生核事故的可能，会给人类与环境带来危害。核事故不仅包括核电厂运行及退役期间可能发生的辐射泄露等事故，还包括乏燃料存放与运输、核设施库存与运输、铀矿开采及退役等过程中意外发生的放射性核素泄漏事故，以上事故都可能对人类与环境产生辐射危害。根据国际原子能机构 1990 年制定的国际核能事件分级表，目前国际上发生的 4 级以上的核事故有 14 起，其中 4 级事故 6 起，5 级事故 5 起，6 级事故 1 起，7 级事故 2 起。

核应急是指为了控制或者缓解核事故、减轻核事故后果而采取的不同于正常秩序和正常工作程序的紧急行动[1]，是核安全纵深防御的最后一道屏障，也是保障核能事业可持续健康发展的重要环节。我国高度重视核安全与核应急工作，相继颁布了《中国的核应急》白皮书、《中华人民共和国核安全法》、《中国的核安全》白皮书等相关政策和法规，以加强我国核应急能力建设。

核应急指挥决策是整个核应急系统工程的"神经中枢"，直接关乎核应急响应行动的有效性。中国科学院核能安全技术研究所凤麟团队在虚拟核电站 Virtual4DS[2-5] 的基础上，开展了核应急指挥决策关键技术研究，主要包括核设施事故演化模拟与诊断、环境影响评价与核素扩散预测、社会风险评价与舆情监控、智能应急决策与大数据、核应急预案推演与虚拟仿真演练等。

2 核应急指挥决策现状及面临挑战

国际上非常重视核应急指挥决策研究，在事故工况诊断、后果评价、决策支持等方面开展了广泛研究。但依然面临一系列挑战，如快速准确的事故工况诊断、全环境范围核应急后果评价、结合数字环境社会的核应急智慧决策、有效的核应急演练手段等。

2.1 难以实现快速准确的事故工况诊断

事故工况诊断是核设施应急准备与响应的依据，为核应急智能决策提供源头支撑。目前，国际上已经研发的事故诊断软件主要包括美国的严重事故分析程序 MELCOR 与 MAAP[6]、法国反应堆状态诊断和预测系统 SESAME[7]，可实现反应堆严重事故进程模拟与源项分析。我国在事故工况诊断方面也开展了一些探索性研究[8,9]，如中广核工程有限公司设计的核电厂严重事故氢气监测系统，可在核电厂严重事故后特定的时间内评估和诊断安全壳的完整性[10]。然而，事故条件下的核设施状态评估仍面临诸多困难[11]。首先，严重事故演化过程涉及堆芯状态变化与核系统热工水力异常等多个相互交错影响的物理过程，难以确定核设施严重事故进程及精准事故源项。其次，事故条件下核设施系统状态急剧变化，监测仪器难以量化异常情况。最后，传统事故诊断方式难以及时、有效地分析应急监测数据，甚至可能误判[12]。事故工况诊断与分析典型软件列表如表 1 所示。

表 1 事故工况诊断与分析典型软件列表

软件系统	功能描述	堆芯状态评估	事故进程计算	事故源项评估 正演	事故源项评估 反演	事故后果计算
MAAP	反应堆冷却系统和安全壳一体化严重事故计算,计算裂变产物源项等	有	有	有	无	无
MELCOR	模拟反应堆事故进程及源项计算等	有	有	有	无	有
SESAME	分析核电厂事故情况下源项释放等	有	有	有	无	无

2.2 全环境范围核应急后果评价能力不足

核应急后果评价是指基于事故工况诊断及损伤信息,预测核事故发生后放射性核素的迁移扩散,评价核事故对环境与社会的危害,为核应急决策提供依据。目前国际上研发的核应急后果评价系统主要有美国的大气释放决策支持系统(NARAC)[13]、日本的环境剂量预测系统(WSPEEDI)[14]和欧洲的实时在线决策支持系统(JRODOS)[15],旨在实现事故工况下放射性核素大气弥散模拟与应急干预决策。我国核事故后果评价系统目前主要从国外引进,也有部分单位面向我国实际需求进行了技术探索与研发,如清华大学研发的 GNARD 和 QS_NUCAS[16],中国辐射防护研究院研发的 TW-NAOCAS 及 C-RODOS[17]。针对核事故演化速度快、影响范围广等特点,为提升应急能力,亟须开展多尺度一体化的全环境后果评价能力建设。同时需要考虑公众认知、社会效益、经济效益等社会影响[18-20],开展全范围后果评价研究。核事故后果评价典型软件列表如表 2 所示。

表 2 核事故后果评价典型软件列表

系统名称	辐射剂量计算	应急干预措施决策分析	中小尺度弥散模式	中大尺度弥散模式	社会影响
NARAC	有	无	粒子弥散模式等	欧拉模式	无
JRODOS	有	有	分段高斯烟羽模式、高斯烟团模式、拉格朗日烟团模式等	欧拉模式	有
WSPEEDI	有	无	粒子弥散模式等	欧拉模式	无

2.3 结合数字社会环境的核应急智慧决策方法研究不够深入

核事故应急决策技术是提高应对核事故能力的重要手段,为核事故应急响应提供重要信息、指挥技术支持及应急响应行动方案。目前,国际上应用较广的核应急决策支持系统是 JRODOS,它的决策模块包括辐射态势分析、应急干预措施的后果分析与决策分析[21],但结合社会数字环境的决策支持与评价能力仍有待提高。随着大数据和信息化技术的发展,核事故应急过程中能够获取大量多源异构数据,包括事故状态、辐射环境、救援装备、地理气象、人口分布、交通状况、公众心理等,随着核事故进程发展大部分数据在不断变化且变化过程复杂。如何挖掘和利用这些交错耦合的海量数据,实现核应急智慧决策且提升决策有效性,已获得国内外研究学者的广泛关注,然而研究深度还有待加强。

2.4 面向实战的核应急演练缺乏有效手段

核应急演练是核应急能力保持的主要手段，确保战时能够有效开展应急行动。核电厂运营单位、核电厂所在的省、市需按规定[22]定期开展单项演习、综合演习和联合演习。截至 2019 年，田湾核电站已经开展了 20 余次核事故、突发事故应急预案演习。我国 2009 年、2015 年分别开展了"神盾"系列国家级核应急联合演习。2017 年，国际原子能机构与 82 个国家、11 个国际组织举行了一次跨国核应急联合演习，我国有 9 家单位参加。

但目前的核应急演练缺乏面向实战的有效演练手段。正如《"十三五"国家核应急工作规划》中指出的"演习演练实战性亟待提高，演习过于注重形式，过多依赖脚本，实战性不够"，以及《中国的核应急》白皮书中指出的我国的"核应急演练缺乏合理手段"，存在"缺失场景设计手段""缺少评估评判手段""预案构想不充分"等问题。主要表现在以下几个方面：首先，目前核应急演习过程"脚本化"，应对核应急瞬息万变形势的能力不足；其次，难以构建高保真事故场景，包括复杂的几何场景、实时变化的辐射场和事故现象；最后，现有的演练评估主要是专家通过一些表征要素，如响应时间、累积剂量、完成效果等指标来定性判断，缺乏一套科学、有效的评价指标体系。

3 虚拟核电站 Virtual4DS 简介

凤麟团队从 20 世纪 90 年代开始探索虚拟核电站的内涵，启动了数字社会环境下的虚拟核电站 Virtual4DS "凤麟云"研发计划，旨在融合数字社会环境与核电站行为，发展体系化的核能系统设计与安全评价平台[2-5]。该计划按"三步走"发展战略开展，早期以理论创新为基础发展了以中子输运计算、热工水力计算、可靠性与概率安全分析为代表的系列物理与工程计算软件系统；随后，基于自主化核能软件的研发与整合，开展多物理耦合计算、风险监控与故障诊断、智能核设计与安全评价等数字反应堆平台研发工作；此后，将数字反应堆与数字环境和数字社会充分融合，开展核电站运行与事故综合仿真、环境影响评价与核素扩散预测、社会风险评价与舆情监控、核应急智慧决策与大数据等"核电站－环境－社会"的大时空综合仿真研究，并基于该平台开展核科学、生态学、社会科学等多学科交叉研究（见图 3）。

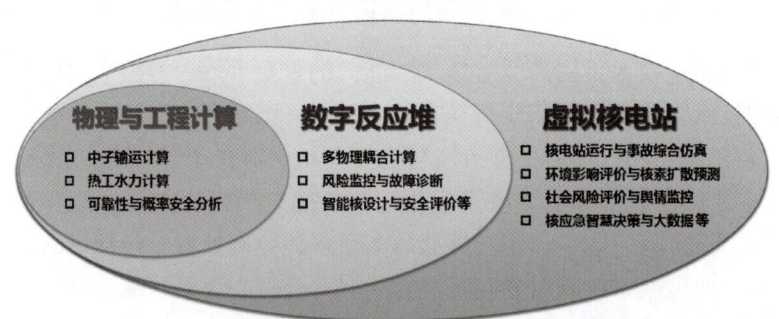

图 1　虚拟核电站 Virtual4DS "三步走"发展战略

Virtual4DS[2, 5]以数字反应堆为核心，充分利用云计算、大数据、人工智能等先进信息技术，针对智能核设计、多尺度核素扩散、实时风险监控、核应急智慧决策等系列核心关键技术进行深入研究，并在此基础上开展"核电站 - 环境 - 社会"大时空综合仿真，为核反应堆安全、辐射安全与环境影响、核应急与公共安全等研究提供新的研究手段和工具平台。虚拟核电站 Virtual4DS 系统架构如图 2 所示。

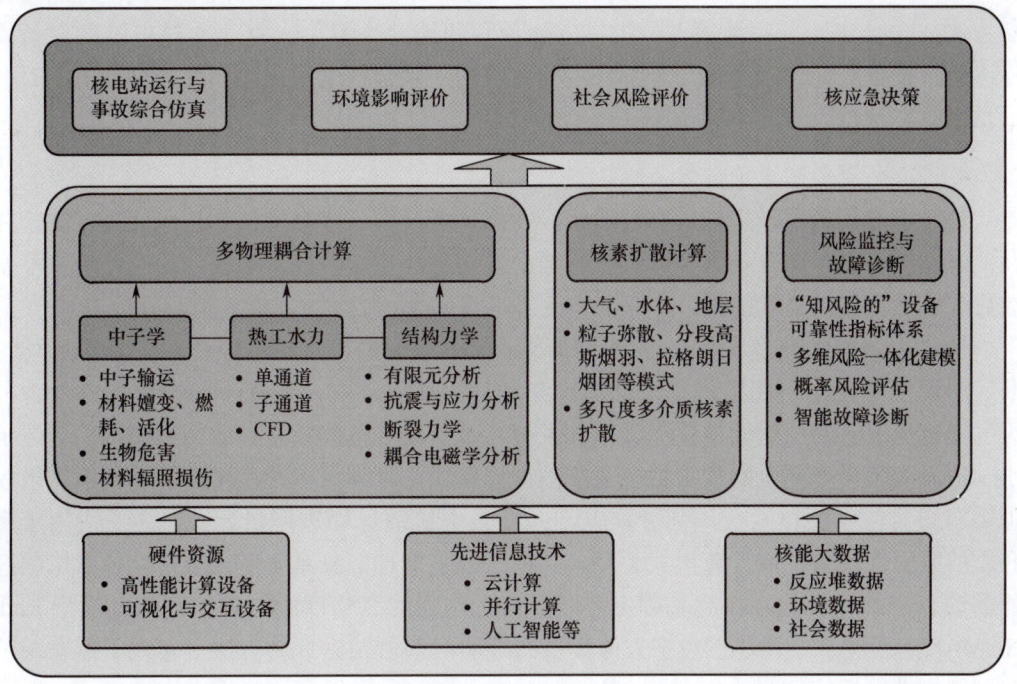

图 2　虚拟核电站 Virtual4DS 系统架构 [2, 5]

4　Virtual4DS 在核应急指挥决策中的应用

虚拟核电站 Virtual4DS 作为"核电站 - 环境 - 社会"的大时空综合仿真平台，核应急与公共安全是其重要应用方向。该平台旨在为核应急提供事故前预测、事故中快速诊断及事故后智能决策的全时间维度分析，为核应急演练提供高保真虚拟环境，同时充分考虑我国地理、气象、公众心理、管理体制等特征。

4.1　关键技术

4.1.1　核设施事故演化模拟与诊断技术

核设施事故原因错综复杂，难以通过事故现象准确定位系统故障、评估损伤状态及快速给出风险控制有效措施。本团队针对上述问题开展了事故演化模拟与诊断方法研究，并对基于云计算的核设施多物理耦合高保真事故分析、基于卷积神经网络的智能故障诊断与事故预测等核心技术进行深入研究。

发展了以辐射输运为核心的核设施多物理耦合分析方法，支持包含燃耗、辐射源项 / 剂量 / 生物危害、材料活化与嬗变等的中子学全过程计算 [23-25]。为满足高保真模拟需求，开展了基于云计算的多物理耦合计算模式研究，支持欧拉模型和结构传热传质流体动力学模型的反应堆瞬态模拟[26]，实现基于一体化非规则自动精准建模的核设施热工水力学、结构力学等多物理耦合高保真模拟。

核设施中传感器众多，难以从海量数据中快速分析发现实际运行中不易察觉的或潜在的故障。针对此问题，本团队提出并发展了基于小批次卷积神经网络的核设施故障诊断方法，为操作人员和管理人员提供故障预警和辅助决策[27]。基于对核电站的设备故障诊断、设备配置状态变化与外部环境变化监测，耦合核电站风险模型进行分析，对核电站事故类型及风险大小的预警进行了研究[28,29]。

4.1.2 环境影响评价与核素扩散预测

针对事故环境多种多样的客观事实，发展了多尺度、多介质核素扩散计算方法，并在此基础上研发了结合我国实际环境特征的核应急环境影响评价系统，为应急响应及事故后环境治理提供科学依据。

结合中国实际地形特征，建立了耦合不同下垫面的核素扩散模型，并基于风场诊断、干湿沉降技术，在核素扩散计算中考虑气象变化影响，实现不同地形条件及各种天气变化情况下的放射性核素扩散精细模拟。基于场区范围核素扩散精细模拟，构建了小、中、大多尺度耦合的放射性核素扩散计算模式，可满足多种尺度放射性核素扩散模拟需求。对放射性核素在不同介质、不同场景中扩散过程进行研究，建立了适用于多介质的放射性核素扩散计算模式[30-33]，并耦合数字地理信息系统实现放射性核素扩散过程的动态三维可视化。在此基础上，结合自主构建的高精度中国辐射虚拟人模型Rad-HUMAN，发展了一种基于数字人体模型的外照射剂量精确评估方法，实现了器官级的辐射剂量精确评估[34,35]。

4.1.3 社会风险评价与舆情监控

现阶段公众对核能风险的认知往往是定性的，不同群体对核能风险不同组成要素的量化评价不足。针对不同群体公众对核能的风险认知存在差异的问题，开展了社会风险评价体系研究[36,37]，将核能风险粗放的定性判断逐渐转入更为细致的定量的评价，并开展了核应急舆情监控系统研发，借助信息时代的新媒体手段，为核应急决策提供社会风险信息。

基于中国文化情境背景以及中国特色民情和社情，将心理测量范式和文化理论范式相结合，通过对风险认知过程、"公信力"度量及影响因素的研究，提出了公众风险认知水平的量化评价方法体系，获取中国社会不同文化群体的风险认知特征[38]。基于风险认知特征对人员进行分类，给出核应急响应各阶段公众沟通方案、不同类型人员撤离优先级等应急干预措施。

随着自媒体等新兴媒体的迅猛发展，涉及核电安全及核事故的网络舆情可能在很短的时间内快速扩散、演变。为了把握涉核舆情动向，基于网络舆情采集、智能分析与预警等大数据挖掘技术，开展了核应急舆情监控系统研发，对涉核海量信息进行检索和分析，及时掌握群众恐慌心理及思想动态，为做好正面的舆论引导及应急干预措施提供支撑[39]。

4.1.4 基于核应急大数据融合分析的智慧应急决策

当前核应急决策中存在考虑数据范围不够全面、现场数据实时变化难以准确描述或获取、对海量数据的融合分析不够充分、指标评价体系不够完备等问题。针对上述问题，本团队开展了基于应急过程概率风险分析模型的核应急行动有效性指标体系研究，结合现场监测数据进行应急行动有效性实时评价与失效预警，开展了面向多用户协同分析的核应急"一张图"系统研发。

针对核应急救援方案，本团队梳理了影响核应急行动有效性的关键因素，构建了核应急过程概率风险分析模型，并对影响核应急行动的因素进行分级。将总体目标分解至各影响因素，并构建了核应急行动有效性指标体系。结合现场监测数据实时更新风险分析模型，进行应急行动有效性实时评价与失效预警。结合反应堆运行状态参数、系统与设备可靠性参数、应急救援涉及的事故信息、地理气象信息、应急救援信息等核应急大数据，面向决策人员、救援人员、专家、公众等不同对象进行多源数据智能筛选展示以及分布式信息收集，开展基于人工智能的方案推演与数据融合分析，并对核应急行动有效性进行评价，基于地理信息系统构建核应急"一张图"[33]，为核应急智慧指挥决策及行动效果评价提供科学支撑。

4.1.5 核应急预案推演与虚拟仿真演练

当前核应急演练大多是"脚本式"，事故场景难以真实构建，救援效果评价缺乏科学性。针对上述问题，本团队发展了动态随机数字化演练方案生成技术、基于高保真事故场景的虚拟演练方法及演练效果科学量化评价体系，正在开展核应急虚拟仿真演练系统研发，可为国家核应急能力建设的常态化训练与战时救援提供技术与平台支撑。

为突破脚本式演练模式，提高应急实战能力，预先建立核设施事故大数据库，包括演练人员组成数据库、装备数据库、救援任务数据库、事故环境数据库和应急处置行动流程数据库、任务分工模型库及预案库等，并基于大数据深度学习进行事故现象和诱因分析，筛选可能发生的次生事故序列，研究数字化演练剧本生成系统关键技术，实现动态随机演练方案的在线生成。

为了满足高保真演练的需要，基于实际事故诱因和现象构建真实事故场景，包括三维地理空间模型、核设施三维模型、事故现象、事故后果预测与监测结果。在虚拟环境中救援人员结合粒子特效及触感特效能实时感知辐射场的动态变化，进行高保真事故场景中沉浸式虚拟仿真演练的关键技术研究。为了实现科学、智能的演练效果评价，基于不同的救援职责和救援措施对救援动作进行分解，并根据其对救援效果的重要程度，搭建定量化的评价指标体系；将演练过程中采集到的救援时间、救援位置、救援动作效果、累计剂量等各类数据用于救援效果综合评价，生成综合评价结果、智能分析薄弱环节并制订针对性训练改进计划。

4.2 典型案例

本团队研究成果已在商用核电站、先进核能系统、乏燃料运输、国家级和省级核应急指挥决策与演练中取得了良好应用，为核设施安全运行与应急决策提供了有力支撑。

4.2.1 铅基堆事故演化仿真

基于 Virtual4DS 开展了铅基堆的瞬态工况与严重事故的模拟及安全分析,模拟了冷却剂(水)与冷却剂(液态铅铋)相互作用过程中的蒸汽爆炸以及汽化和凝结等多相流传热传质问题;严重事故下熔融燃料与冷却剂相互作用以及燃料颗粒在冷却剂中的迁移行为等中子学与热工水力学耦合反馈等复杂问题[25]。铅基堆蒸汽发生器传热管破裂事故下水蒸气在铅铋冷却剂中的迁移过程如图 3 所示。

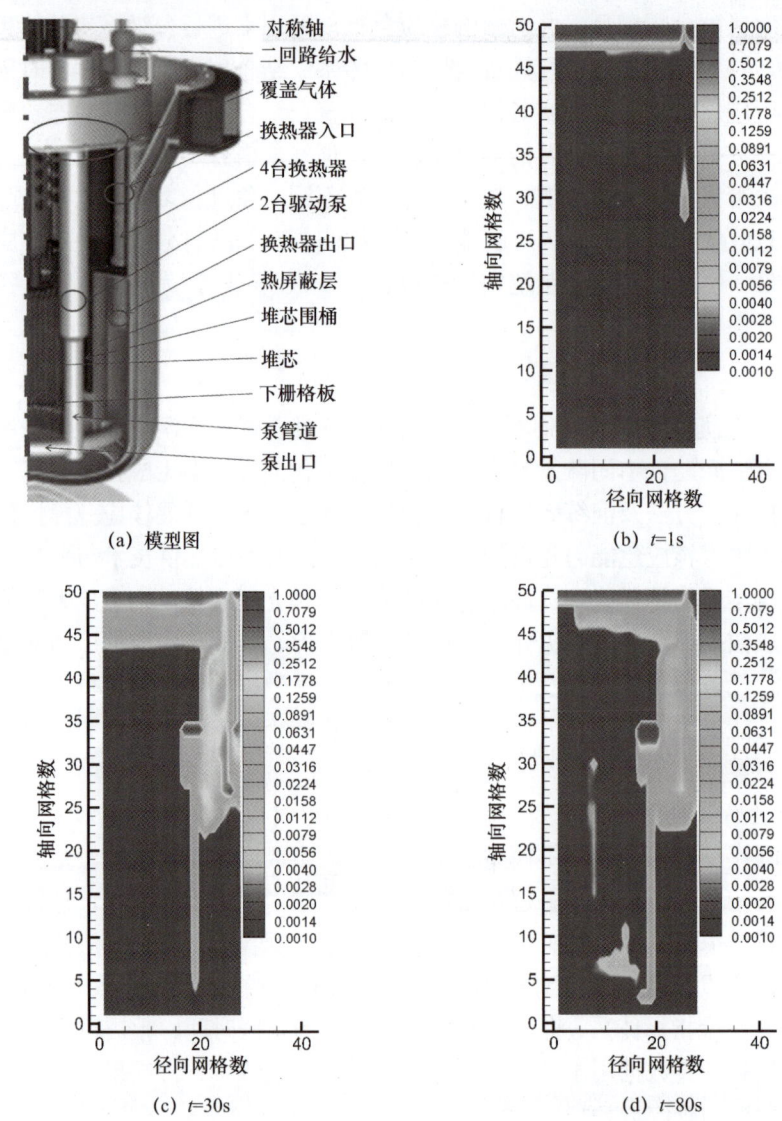

图 3　铅基堆蒸汽发生器传热管破裂事故下水蒸气在铅铋冷却剂中的迁移过程[25]

4.2.2 支持安徽省核应急指挥决策能力建设

基于虚拟核电站 Virtual4DS,面向安徽省核应急体系与能力建设,成立了安徽省核应急专业技术支持中心,先后开展了核应急辅助决策、放射性核素大气扩散快速仿真、新型反应堆场外应急关键技术研究,并研发了省级核应急指挥决策平台(见图4),包括辐射监测、辅助决策、辐射后果评价、核应急救援数据库等分系统,为安徽省核应急工作中的辐射监测、辐射防护、源项估算与后果评价等方面提供技术支持与服务。

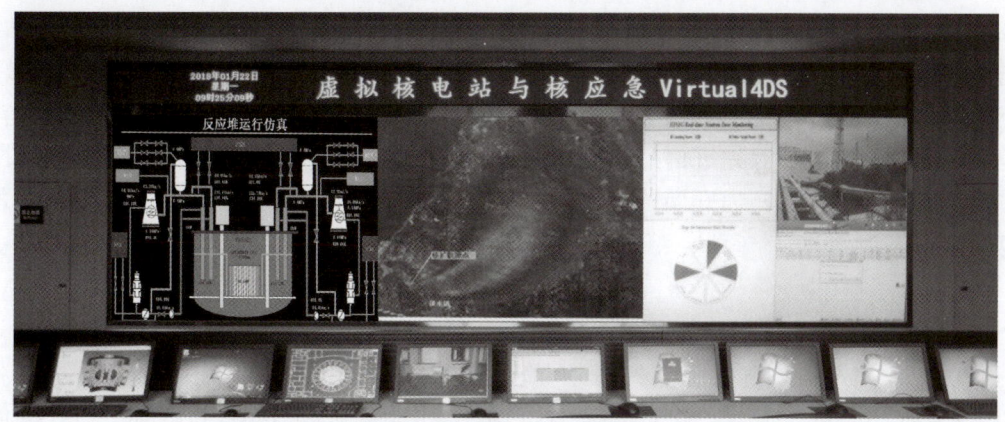

图4　面向安徽省的核应急指挥决策平台

4.2.3　支持国家核应急救援能力建设

在国家核应急救援能力建设方面,以核事故仿真为基础,结合推演仿真、行为决策仿真、演练效果评估等关键技术以及应急行动、指挥控制、装备效能、事故场景、危害程度等数据模型,开展救援指挥、态势融合分析、综合演练、方案预案推演与评估等功能开发,实现了动态随机演练剧本的在线生成、高保真事故场景下的沉浸式训练及演练效果的科学智能评估,为常态化开展核应急实战化训练方法研究、行动方案预案推演提供了支撑。核应急指挥导调与虚拟训练如图5所示。

图5　核应急指挥导调与虚拟训练

5　总结

针对核应急指挥决策过程中快速准确诊断事故工况、全环境范围后果评价、结合数字环境社会的核应急智慧决策、有效的核应急演练手段等挑战，凤麟团队基于自主研发的数字社会环境下的虚拟核电站 Virtual4DS"凤麟云"，开展了核设施事故演化模拟与诊断、环境影响评价与核素扩散预测、社会风险评价与舆情监控、智能应急决策与大数据、核应急预案推演与虚拟仿真演练等核应急关键技术研究，研发了核应急智慧指挥决策系统，旨在实现"核电站－环境－社会"大时空综合仿真。研究成果在商用核电站、先进核能系统、乏燃料运输、国家级和省级核应急指挥决策与演练等方面取得了良好应用，为核设施安全运行与应急决策提供了有力支撑。未来将进一步结合人工智能、虚拟现实、移动通信等先进信息技术，深入开展多类型严重事故下高保真核应急仿真演练技术研发及应用，为开展核事故应急常态化训练提供平台，推动我国核应急能力建设。

参 考 文 献

[1] 中华人民共和国国务院新闻办公室.《中国的核应急》白皮书, 2016.

[2] 吴宜灿, 胡丽琴, 龙鹏程, 等. 先进核能软件发展与核信息学实践 // 中国科学院, 等. 中国科研信息化蓝皮书 2013[M]. 北京：科学出版社, 2013.

[3] 吴宜灿, 胡丽琴, 龙鹏程, 等. 核能信息化与虚拟核电站应用实践 // 中国科学院, 等. 中国科研信息化蓝皮书 2015[M]. 北京：科学出版社, 2015.

[4] 吴宜灿, 李静惊, 李莹, 等. 大型集成多功能中子学计算与分析系统 VisualBUS 的研究与发展 [J]. 核科学与工程, 2007, 27(4): 365-373.

[5] Wu Y C. Development and application of virtual nuclear power plant in digital society environment [J]. International Journal of Energy Research, 2019, 43(4): 1521-1533.

[6] Luxat D L, Kalanich D A, Hanophy J T, et al. MAAP-MELCOR crosswalk phase 1 study[J]. Nuclear Technology, 2016, 196(3):684-697.

[7] 冯君懿, 童节娟, 曲静原. SESAME 源项分析程序的应用与研究 [J]. 科技导报, 2006, 24(7): 61-64.

[8] 胡海平, 刘全友, 王盟, 等. 基于 MAAP5 程序的秦山核电站严重事故分析 [J]. 原子能科学技术, 2018, 52(4): 641-645.

[9] 石兴伟, 兰兵, 靖剑平, 等. 大功率非能动压水堆严重事故工况堆芯熔毁进程研究 [J]. 核科学与工程, 2017, 37(2): 250-256.

[10] 陈杰, 张瑜, 陈冬雷. 核电厂严重事故氢气监测系统的设计与研究 [J]. 自动化仪表, 2015, 36(11): 74-76.

[11] Yang J, Kim J. An Accident diagnosis algorithm using long short-term memory[J]. Nuclear Engineering and Technology, 2018, 50(4): 582-588.

[12] Marnuo O, Jose A, Silas A ,et al. HSI for monitoring the critical safety functions status tree of a NPP[C]. International Nuclear Atlantic Conference, Recife, PE, Brazil, November 24-29, 2013.

[13] Bradley M M. NARAC: an emergency response resource for predicting the atmospheric dispersion and assessing the consequence of airborne radionuclides[J]. Journal of environmental radioactivity, 2007, 96(1-3): 116-121.

[14] Katata G, Chino M, Kobayashi T, et al. Detailed source term estimation of the atmospheric release for

the Fukushima Daiichi nuclear power station accident by coupling simulations of atmospheric dispersion model with improved deposition scheme and oceanic dispersion model[J]. Atmospheric Chemistry and Physics Discussions, 2015, 15: 1029-1070.

[15] Raskob W, Trybushnyi D, Ievdin I, et al. JRODOS: Platform for improved long term countermeasures modelling and management[J]. Radioprotection, 2011, 46: S731-S736.

[16] 王醒宇, 施仲齐. 我国核应急决策支持系统研究现状及其与 RODOS 的比较 [J]. 核科学与工程, 2003, 23(2): 184-187.

[17] 胡二邦, 姚仁太, 张建岗, 等. 田湾核电厂核事故场外后果评价系统简介 [J]. 辐射防护, 2006, 26(5): 32-44.

[18] Goodwin R, Takahashi M, Sun S, et al. Modelling Psychological Response to the Greet East Japan Earthquake and nuclear Incident[J]. PloS One, 2012,7(5):37690 .

[19] 张谨. 日本福岛核事故的社会心理影响及启示 [J]. 理论观察, 2017, 3: 86-89.

[20] 李秀芹, 华敏, 赵进沛. 核与辐射事故的公众社会心理效应与应对措施探讨 [J]. 灾害医学与救援, 2015, 4(3): 161-164.

[21] 王川, 周昌, 郑谦. 核事故后果评价与应急决策支持系统研究 [J]. 核电子学与探测技术, 2013, 33(5): 647-651.

[22] 国家核安全局. HAF 002/01—1998 核电厂核事故应急管理条例实施细则之一: 核电厂营运单位的应急准备和应急响应 [Z]. 1998.

[23] Wu Y C. Multifunctional neutronics calculation methodology and program for nuclear design and radiation safety evaluation[J]. Fusion Science and Technology, 2018, 74(4): 321-329.

[24] Wu Y C, Song J, Zheng H Q, et al. CAD-based Monte Carlo program for integrated simulation of nuclear system SuperMC[J]. Annals of Nuclear Energy, 2015, 82: 161-168.

[25] Wu Y C, FDS Team. CAD-based interface programs for fusion neutron transport simulation[J]. Fusion Engineering and Design, 2009, 84: 1987-1992.

[26] Zhang C D, Sa R Y, Zhou D N, et al. Effects of failure location and pressure on the core voiding under SGTR accident in a LBE-cooled fast reactor[J]. International Journal of Heat and Mass Transfer, 2019, 141: 940-948.

[27] Yao Y T, Wang J Y, Zhang J J, et al. Stability analysis on flow parameters in coolant temperature control system of lead-cooled fast reactor [J]. Annals of Nuclear Energy, 2019, 126: 367-375.

[28] Wu Y C, FDS Team. Development of reliability and probabilistic safety assessment program RiskA [J]. Annals of Nuclear Energy, 2015, 83: 316-321.

[29] Wang F, Wang J Q, Wang J, et al. Risk monitor RiskAngel for risk-informed applications in nuclear power plants [J]. Annals of Nuclear Energy, 2016, 91: 142-147.

[30] 刘盼, 党同强, 何鹏, 等. 核事故下放射性核素多介质耦合弥散模型 [J]. 辐射研究与辐射工艺学报, 2016, 34(2): 020801(7).

[31] 林韩清, 陈春花, 郑晓磊, 等. 基于计算流体力学的近岸海域放射性核素弥散模型研究 [J]. 辐射研究与辐射工艺学报, 2018, 36(3): 030702(7).

[32] Chen L W, Chen C H, Zheng X L, et al. Simulation of radionuclide diffusion in an dry storage of spent

fuel under accident condition[J]. Progress in Nuclear Energy, 2018, 108: 152-159.

[33] 贾亚宁，郑晓磊，陈春花，等．大规模核素扩散数据可视化方法研究与应用 [J]. 辐射研究与辐射工艺学报，2018, 36 (5): 54-60.

[34] 王磊，刘红冬，陈志，等．核电站操作与辐射剂量的虚拟现实仿真研究 [J]. 计算机工程与应用，2016, 52(20): 263-270.

[35] Wu Y C, Cheng M Y, Wang W, et al. Development of the Chinese female computational phantom Rad-Human from its application in radiation dosimetry assessment[J]. Nuclear Technology, 2018, 201(2): 155-164.

[36] Wu Y C. Public acceptance of constructing coastal/inland nuclear power plants in post-Fukushima China [J]. Energy Policy, 2017, 101: 484-491.

[37] Xia D Q, Li Y Z, He Y L, et al. Exploring the role of cultural individualism and collectivism on public acceptance of nuclear energy [J]. Energy Policy, 2019, 132: 208-215.

[38] He Y L, Li Y Z, Xia D Q, et al. Moderating Effect of Regulatory Focus on Public Acceptance of Nuclear Energy [J]. Nuclear Engineering and Technology, 2019, 51(8)：2034-2041.

[39] 张婷婷，夏冬琴，李桃生，等．公众认知对核电接受度的影响 [J]. 核安全，2019, 18(2): 63-70.

作 者 简 介

吴宜灿，中国科学院院士、国际核能院院士。现任中国科学院核能安全技术研究所所长，兼任国际小型铅基堆联盟主席、国际能源署聚变核技术执委会主席。长期从事核科学与技术及相关交叉领域研究，主持国际和国内重大科研项目 30 余项，出版中英文专著 4 部，发表论文 400 余篇。科研成果已在国内外获得广泛应用，获国家自然科学二等奖、国家科技进步一等奖、安徽省重大科技成就奖，以及美国核学会杰出成就奖、欧洲聚变核能创新奖等重要科技奖励 10 余项。

基于信息技术的原子尺度水科学研究

江颖[1,2*]　马润泽[1]　彭金波[1]

（1. 北京大学物理学院量子材料科学中心；2. 量子物质协同创新中心）

摘　要

　　水－固界面在很多科学领域和技术过程中扮演着重要的角色，在原子/分子水平上理解固体表面水的氢键结构和相关动力学过程是水科学领域的关键科学问题之一。在表面科学表征的技术中，扫描探针技术由于具有原子级的空间分辨能力，成为研究水－固界面研究的强有力工具。近些年本课题组利用扫描探针技术的原子级别空间分辨能力，结合自动化控制和信息化成像技术，成功对水－固界面上的水分子体系进行了原子级分辨的成像和谱学表征研究，并结合以信息技术、超级计算机技术为基础的模拟计算，在包括氢键网络构型的高分辨表征、质子转移动力学、核量子效应及水合离子等在内的多个研究领域取得了重要进展。

关键词

　　水－固界面；扫描隧道显微镜；原子力显微镜；信息化成像；氢键网络

Abstract

　　Water-solid interfaces play important roles in a wide range of scientific fields and technique process and it is a crucial scientific issue to understand the hydrogen-bonding network and relevant dynamics of interfacial water at molecular or sub-molecular level. Of the many surface science techniques, scanning probe microscopy has become one of the most powerful tools to study the water-solid interfaces due to its capability of imaging with atomic resolution. In recent years, our research group has achieved atomic-scale imaging and spectroscopic characterization of water-solid interfaces utilizing the atomic resolution capability of scanning probe microscopy and the imaging techniques of e-Science. Further combined with simulation and calculations based on supercomputer techniques and e-Science, our group has achieved important progress in the microscopic structure of the hydrogen-bonding network of water, the dynamics of proton transfer, nuclear quantum effect on the strength of hydrogen bond and water-ion interaction.

Keywords

　　Water-solid Interfaces; Scanning Tunneling Microscope; Atomic Force Microscope; Informationized Imaging; Hydrogen-bonding Network

1　引言

　　水是地球上最常见和最重要的物质之一，在生命体中的物理化学过程及日常生产生活中都扮演着重要的角色。例如，生命体中的新陈代谢、体温调节、物质输送等过程；

---
*为本文通讯作者。

日常生活中的降雨、结霜、下雪等天气和气候变化；工业生产中的洗涤、润滑、腐蚀、催化等用途。作为最简单的化合物分子之一，看似分子结构简单的水却具有很多独特的物理和化学性质，如很强的溶解能力、结冰时热缩冷胀。这些奇特性质与水体系中的氢键网络等微观结构密切相关。正由于氢键及氢键网络结构的复杂性，至今水仍然是自然界最神秘的物质之一。在庆祝《科学》创刊 125 周年之际，该刊公布了 125 个最具挑战性的科学问题，其中就包括："水的结构如何？"因此，在原子尺度上对水体系进行研究，能够进一步拓展对于水分子体系中的氢键和氢键网络结构的认知，对更好地理解和应用水的特殊性质具有极为重要的意义。

从原子尺度上对水进行研究，最常用到的体系就是水－固界面。水－固界面是很多物理和化学过程发生的重要场所，如溶解、润滑、腐蚀、电化学和异质催化等[1-4]。这些复杂的物理化学过程不仅涉及界面水与水相互作用，还与界面水和固体表面之间相互作用密切相关，这两种相互作用的竞争结果，决定了水－固界面的很多独特性质，如质子转移动力学、界面水的氢键网络构型、受限水的反常输运、水分子分解等。

界面水的常规研究方法主要是谱学表征手段，包括核磁共振[5]、氦原子散射[6, 7]、X 射线衍射[8]、低能电子衍射[9]、红外吸收谱[10] 等。这些技术具有空间分辨率较低（通常几百纳米到微米的量级）的局限性，得到的是很多界面水分子的平均效应。然而，表面结构通常具有纳米甚至原子尺度的不均匀性，因此常规谱学表征手段对界面水结构的分析往往很困难，一般需要结合复杂的理论计算和模拟。扫描隧道显微镜和原子力显微镜由于具有原子级的空间分辨率，被广泛应用于表／界面上水体系氢键构型的实空间探测，已取得了许多重要的进展，大大加深了人们对界面水的认识。然而，由于氢原子质量小、尺寸小，人们对水分子的成像研究长期局限在单分子尺度，一直无法对水分子进行亚分子级的空间成像，获取水分子内部的信息。

近几年，本课题组利用扫描隧道显微镜（Scanning Tunneling Microscope，STM）和原子力显微镜（Atomic Force Microscope，AFM），结合自动化控制和信息化成像技术首次获得了水分子体系的亚分子级分辨成像，成功实现了对界面水中氢原子的实空间定位。同时，结合以信息化技术和超级计算机技术为基础的第一性原理计算，从实验和理论两个角度对水分子体系的性质进行了细致的研究，在包括氢键网络构型的高分辨表征、质子转移动力学、核量子效应对氢键强度的影响以及原子尺度上水与离子相互作用等在内的多项研究领域取得了重要的进展。本文将以本课题组近年来在界面水研究中的相关工作为例，总结信息化技术在原子尺度上水科学研究中起到的支持作用，以期引起更多研究者对信息化技术的重视，为信息化技术在表面科学、高分辨成像和识别、大尺度体系模拟计算等领域的进一步应用和发展做铺垫。

2 界面水的亚分子级成像技术

2.1 可视化成像和自动化控制

利用 STM 和 AFM 技术对界面水进行研究，需要对大量的数据点进行可视化成像处理，从而产生可供科研者分析研究的图像数据。这些传统的可视化成像技术可以认为是信息化在界面体系研究中的最早应用,也早已经在成熟的商业化控制软件中实现。然而,随着科学研究日新月异的变化,商业化控制软件的基本功能已经无法完全满足科研工作的需求,以 LabVIEW 语言为代表的编程语言对接商业化软件,成为商业化软件的重要补充,实现了定制化的信息化成像和自动控制,为界面水体系的研究提供了便利。

本课题组以 nanonis 控制软件为基础,使用 LabVIEW 语言编写了许多如图 1 所示的程序,成功实现了将 dI/dV、dI/dZ、LCPD 等诸多信号与原有的 STM 电流信号、AFM 频率移动信号共同处理成像的功能,为界面水的研究提供了直观、有效的图像数据;也实现了一定的自动化数据采集功能,如图 1 所示的变高度力谱采集,降低了重复操作中人为错误的可能,极大地提高了科研效率。

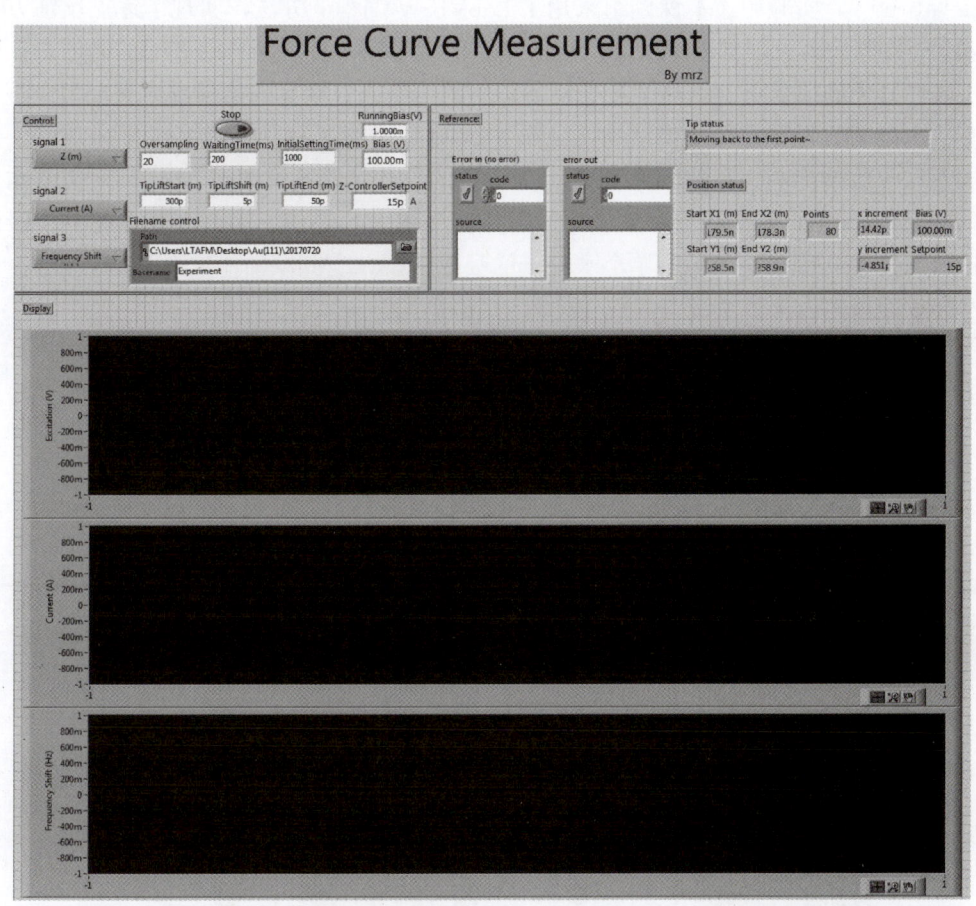

图 1　以 LabVIEW 语言编写的信息化自动控制程序,用于变高度力谱采集

2.2　亚分子级的轨道成像

对水分子体系进行亚分子成像,首先实现的是利用 STM 技术对水分子的轨道成像。根据 STM 的成像原理,STM 探测的电流信号与针尖和样品的局域电子态密度直接相关,因此 STM 可以对分子的轨道进行选择性成像[11]。然而,经过很长时间的努力,人们仍然很难实现对水分子进行亚分子级轨道成像[12-14]。所得到的单个水分子的 STM 图像只

是一个亮的突起，没有内部分辨。实验上长期无法对水分子的轨道进行成像，主要有以下两个原因：第一，之前大部分 STM 实验都使用了金属衬底，金属表面具有很强的电子态密度分布，而且金属和水分子之间耦合作用很强，STM 探测中水分子的轨道信息会被金属的电子态密度信息淹没；第二，水分子属于良好的绝缘体，最高占据轨道（HOMO）和最低未占轨道（LUMO）距离费米面都很远，因此需要在较大偏压下通过共振隧穿成像，这很容易激发水分子运动甚至分解而无法成像。

为了解决上述问题，本课题组[15]利用双层 NaCl 绝缘薄膜使水分子和金属衬底之间电子态去耦合，同时利用针尖和水分子之间的耦合，使水分子的前沿轨道移动到费米能附近，从而实现了在小偏压下对水分子的 HOMO 和 LUMO 的亚分子级高分辨成像 [见图 2（a, b）]。实验中，本课题组采用了 LabVIEW 编程的方法，实现了逐点反馈方式的 dI/dV 数据采集，根据图像中每个点的电流值大小调节针尖与样品之间的高度，在保证不破坏分子的前提下，提高了分子轨道信息的信噪比。测量的结果具体表现为：正偏压下，水分子呈现等大的双瓣结构 [见图 2（c）]，对应于直立吸附结构的 HOMO；负偏压下，双瓣结构消失，STM 中呈现上尖下宽的单瓣结构 [见图 2（d）]，对应于水分子的 LUMO。由于水分子轨道与水分子的几何结构一一对应，因此，基于亚分子级的轨道成像技术，可以直接识别单个水分子的吸附构型、空间取向 [见图 2（e, f）]，以及水分子四聚体内部的氢键方向性 [见图 2（g~j）]。

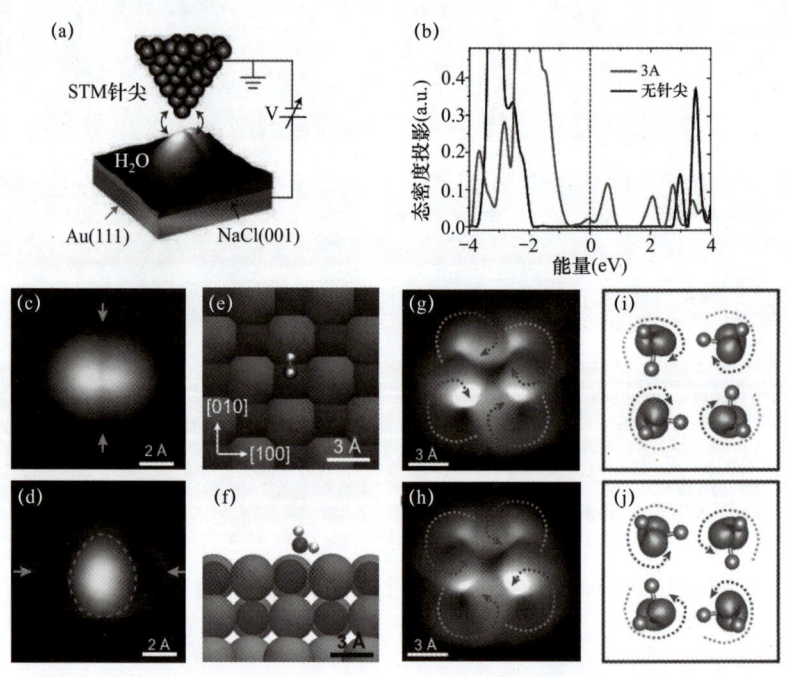

图 2　NaCl（001）表面上单个水分子及水分子四聚体的 STM 亚分子级的轨道成像

2.3 亚分子级的原子力成像

对水分子体系进行亚分子级成像，除 STM 技术外，还可以使用 AFM 技术。根据前文所述，STM 的轨道成像由于电子轨道的复杂性，必须通过理论计算已知水分子轨道和水分子几何结构的对应关系，才能对氢原子的位置进行准确定位；而相比之下，AFM 技术的成像原理更为简单和直接。考虑到水分子具有很强的极性，氧原子和氢原子分别带有显著的负电荷和正电荷。利用带电的 AFM 针尖，可以通过探测针尖与水分子之间的静电相互作用，将不同电性的氧原子和氢原子在实空间区分开来，从而达到探测氢核自由度的目的。但这种方法最大的问题是，静电作用力一般是长程作用力，对针尖高度不敏感，很难得到很高的空间分辨率。解决这一问题的一个途径是探测高阶的静电作用力，越高阶的静电力对针尖高度的依赖越灵敏，但是作用力强度也越小。

本课题组[16]利用基于 qPlus 力传感器的非接触型 AFM，通过在针尖上吸附一氧化碳（CO），对针尖进行化学修饰，成功实现了对氢核的空间成像（见图3）。当用 CO 修饰的针尖对水分子四聚体进行远距离 AFM 成像时，出现了明显的内部特征［见图3 (c, e)］，这些特征与水分子四聚体的静电势［见图3（b, d）］分布非常相似。通过与理论模拟的对比，可以发现这种远距离的高分辨成像起源于类似电四极子的 CO 针尖［见图3（a）］和强极性水分子之间的短程的高阶静电力。基于这种高阶静电力成像，可以清晰地分辨水分子中氧原子和氢原子的位置［见图3（f）］。同时，本课题组还使用了如图1所示的变高度力谱采集程序，对成像高度的原子力进行定量表征，进一步证实了 CO 针尖和水分子之间的相互作用力非常微弱。由于 CO 针尖和水分子之间的高阶静电力相当弱，可以在没有任何扰动的情况下对很多弱键合的水分子团簇及其亚稳态进行成像，这为界面水体系的研究提供了一个强有力的表征手段。

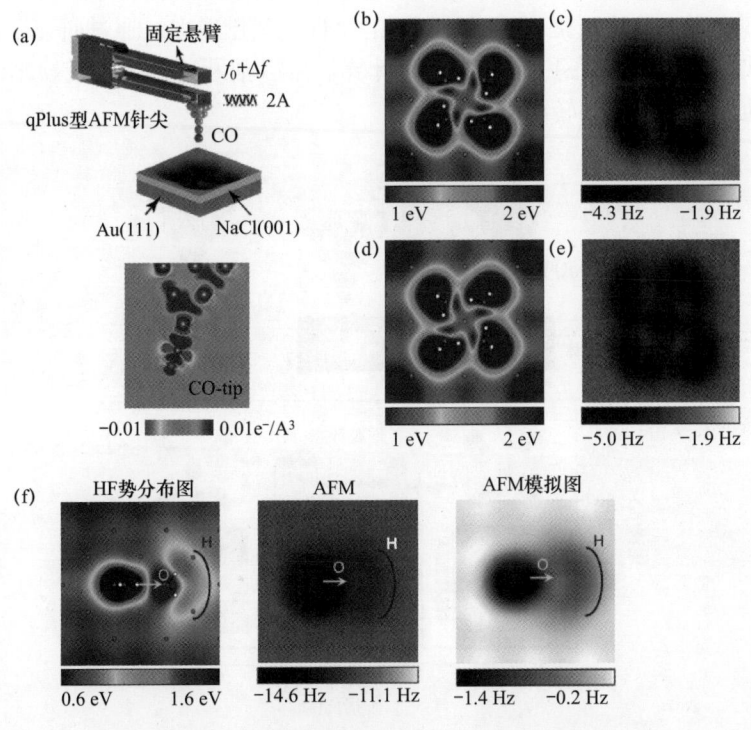

图 3　水分子四聚体和二聚体的亚分子级原子力成像

这种非侵扰式静电力成像技术打破了长期以来用扫描探针技术研究表面水的局限，为在原子尺度上研究表面水或者冰、离子水合物及生物水的内秉结构提供了可能性。用 CO 针尖得到的亚分子级的高分辨 AFM 图像不仅提供了静电力的空间信息，而且能够确定氢键结构的拓扑细节包括氢原子核的位置，这对理解水分子的氢键相互作用和动力学非常关键。

3 界面水的亚分子级分辨研究

3.1 水的氢键网络中的质子转移动力学

水中的质子是最轻的原子核，在热、局域电场等扰动下，它可以摆脱氧原子的共价键束缚发生转移，这使得水的结构变得更加复杂多变。质子沿着氢键转移在很多物理、化学和生物过程中扮演着重要的角色[17, 18]。质子动力学容易受到量子隧穿效应的影响，而且经常同时涉及多个氢键，从而导致相互关联的多体隧穿现象，然而一直缺乏氢核多体协同隧穿的直接实验证据。此外，由于需要质子间的相位相关性，质子的多体关联隧穿对原子尺度上的环境耦合非常敏感。

为了给上述现象提供直接的实验证据，本课题组[19]利用 STM 直接观察了水分子四聚体内部四个质子协同隧穿现象。为了诱导水分子四聚体中的质子转移，将 STM 针尖用单个 Cl^- 离子功能化（得到 Cl-tip），然后将 Cl-tip 置于水分子四聚体略偏离中心的地方，降低 Cl-tip 的高度，可以观察到隧道电流在高低两个平台来回跳变（见图 4）。抬起 Cl-tip 则水分子四聚体停留在末态，通过亚分子级的轨道成像技术，可以判断这两种电流状态分别对应水分子四聚体的两种不同的手性和氢键取向。通过研究手性转换速率与电压、针尖高度的依赖关系，以及 DFT 计算，可以推断这种手性转换来源于水分子四聚体中的质子的协同隧穿转移。

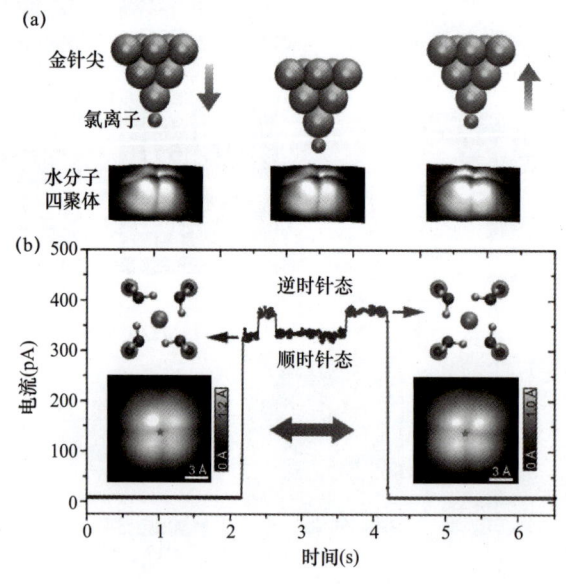

图 4 水分子四聚体手性转换

为了进一步证实这种质子转移的量子特性，本课题组进行了同位素替换实验。将水分子四聚体中的一个 H_2O 分子换成 D_2O 分子，通过以 LabVIEW 语言编写的数据自动化采集程序采集大量的电流跳变曲线，并通过机器学习识别有效数据和其中主要特征，统计发现5K下四聚体的手性转换速率大大降低，这表明水分子手性的切换确实是质子协同隧穿的结果。该工作表明，多体关联量子行为在水的氢键动力学过程中扮演着不可忽视的角色。实验中观察到的质子协同隧穿，远比单粒子隧穿容易发生，很有可能广泛存在于氢键体系，这对于理解冰和有机铁电材料的相变过程以及生物体系的信号传递过程有重要的意义。

3.2 核量子效应对氢键强度的影响

水的氢键相互作用之所以比较复杂，一个重要的原因是氢核的量子效应。氢核的量子涨落会对氢键网络体系的结构、动力学甚至宏观性质等产生重要的影响[20-22]。氢核的非简谐量子涨落会改变水分子 OH 键的长度和氢键角度，从而改变氢键的键能和构型。然而，从实验上精确、定量地研究氢核量子效应对氢键相互作用的影响仍然具有很大的挑战性。这主要是因为传统谱学表征手段的系综平均效应与核量子效应的局域性之间的矛盾。空间上的不均一性及氢键之间的耦合作用会导致谱学信号的展宽，使得传统谱学表征手段中的氢核量子效应被其他信号湮没。

为了研究局域空间内的振动能量变化，必须使用具有空间分辨的振动谱学技术。基于 STM 的非弹性隧道谱（Inelastic Electron Tunneling Spectroscopy，IETS）技术就具有这样的特性，它可以探测单个分子的振动，而且具备亚埃量级的空间分辨和单键振动测量的灵敏度。然而，传统的 IETS 信号通常非常弱，这是因为非弹性散射过程中电子振动耦合对于弹性散射过程只是很小的微扰，因此仅导致很小的电导变化（<10%）。尤其对于闭壳层的水分子来说，其前沿轨道离费米面很远，STM 的低能隧穿电子很难与水分子发生相互作用，非弹性隧穿的概率异常低，所以很难用传统的 IETS 技术探测水分子的振动信号。有理论表明，如果能将分子的前沿轨道通过某种方式（如 gating）调控到费米能级附近，这时候隧穿电子与分子的振动将发生强烈的耦合，非弹性电子隧穿过程将有可能被共振增强，从而大大提高 IETS 的信噪比。基于此，本课题组[23]发展了针尖增强的 IETS 技术，利用单个 Cl 原子修饰针尖尖端［见图5（a）］，通过控制针尖与水分子的距离和耦合强度，调控水分子的轨道态密度在费米能级附近的分布［见图5（b）］，从而实现了非弹性隧穿过程的共振增强，获得了单个水分子的高分辨振动谱［见图5（c）］。当针尖距离水分子比较远时，水分子的 dI/dV 和 d^2I/dV^2 谱线（中曲线）与 NaCl 衬底信号（下曲线）完全一致，并没有出现任何水分子特征振动信号。当 Cl 针尖靠近水分子 0.8 Å 时，非弹性隧穿过程被共振增强，水分子的 dI/dV 谱线（上曲线）中出现明显的台阶，在相应的 d^2I/dV^2 谱线中，这些台阶信号会被放大而呈现明显的峰和谷，并且相对于零偏压点对称，这是 IETS 的典型特征。经过与密度泛函理论（DFT）计算结果对比，发现这些特征峰分别对应于水分子的旋转（R）、弯曲（B）及拉伸（S）振动模式。

利用针尖增强的非弹性隧道谱技术，可以得到单个水分子的高分辨振动谱，从而区分形成氢键和悬挂的 OD［见图 5（d, e）］。可控的同位素替换实验［见图 5（f, g）］表明，核量子效应会弱化较弱氢键，强化较强氢键。令人惊奇的是，氢键的量子成分可以高达 14%，甚至大于室温下的热能，因此足以对水的结构和性质产生显著的影响。进一步分析表明，氢核的非简谐零点运动会弱化弱氢键，强化强氢键；然而，当氢键与表面上的带电离子发生强耦合时，这个趋势又会反转。此外，对比不同的水分子数据，核量子效应反转的行为依旧可见，但是反转点各不相同，表明核量子效应非常依赖局域环境，揭示出在单键尺度上探测氢键强度对于准确提取核量子效应的影响至关重要，同时也解释了长期以来传统谱学手段不能获得氢键量子成分的原因。本研究不仅加深了人们对氢核的量子特性的理解，而且也为从单键水平上研究氢键网络体系开辟了一条新的路径。

本研究从原子尺度上验证了早在 20 世纪 50 年代人们就观察发现的 Ubbelohde 效应[24]，即在氢键系统中，如果把 H 替换成 D，分子间的相互作用（氢键）强弱可以发生改变。其宏观体现上即为同位素效应，如重水 D_2O 的熔点（沸点）相对于 H_2O 高 3.82 K（1.45 K），而重水 D_2O 的三相点相对于 H_2O 低 3.25 K。原子尺度上水的核量子效应研究也为理解水的新奇物性和同位素效应提供了全新的思路。

3.3　离子水合物的微观结构和输运动力学中的幻数效应

离子水合物是水 - 固界面上界面水存在的一种常见结构。在离子水合物结构中，由于离子与水之间的相互作用，离子不仅会影响水的氢键网络构型，而且会影响水分子的振动、转动、扩散、质子转移等各种动力学性质。反过来，水分子在离子周围形成水合壳层，会对离子的电场产生屏蔽，并影响离子的动力学性质，如离子的输运和传导。水与离子的相互作用在很多自然过程和技术领域中扮演着极其重要的角色，如盐的溶解、生物离子通道中的离子传输、金属腐蚀、气溶胶的形核生长、海水淡化等[25-29]。在原子尺度上研究水与离子的相互作用对于理解这些过程具有重要意义。下面将介绍本课题组利用 STM 和 AFM 在原子尺度下揭示离子水合物的微观结构及其在 NaCl 表面输运的动力学幻数现象。

离子水合作用在很多应用领域和自然过程中扮演着重要的角色，然而离子水合物的微观结构和动力学一直是学术界争论的焦点。早在 19 世纪末，人们就意识到离子水合的存在并开始了系统的研究。虽然经过了 100 多年的努力，关于离子水合的诸多问题（如离子的水合壳层数、各个水合层中水分子的数目和构型、水合离子对水氢键结构的影响、决定水合离子输运性质的微观因素等）至今仍没有定论。尤其是对于界面和受限体系，由于表面的不均匀性和晶格的多样性，水分子、离子和表面三者之间的相互作用使得上述问题更加复杂。实验上，关键在于如何实现单原子、单分子尺度的表征，并能对其结构和动力学进行原子级调控。前面已经提到，传统的谱学技术空间分辨能力较差，只能得到平均效应，实验数据的归因异常困难，因此受到很大的限制。分子模拟虽然成为在原子尺度上研究水合性质的强大工具，但是结果的可靠性严重依赖于很多因素，如所采用的相互作用势、对长程相互作用合理的处置，以及模拟的时间和尺度等。因此，仍然缺乏一个普遍的物理图像来描述水合作用对离子在界面上输运的影响，而且离子水合物的原子结构和输运行为之间的关联仍然有待建立。

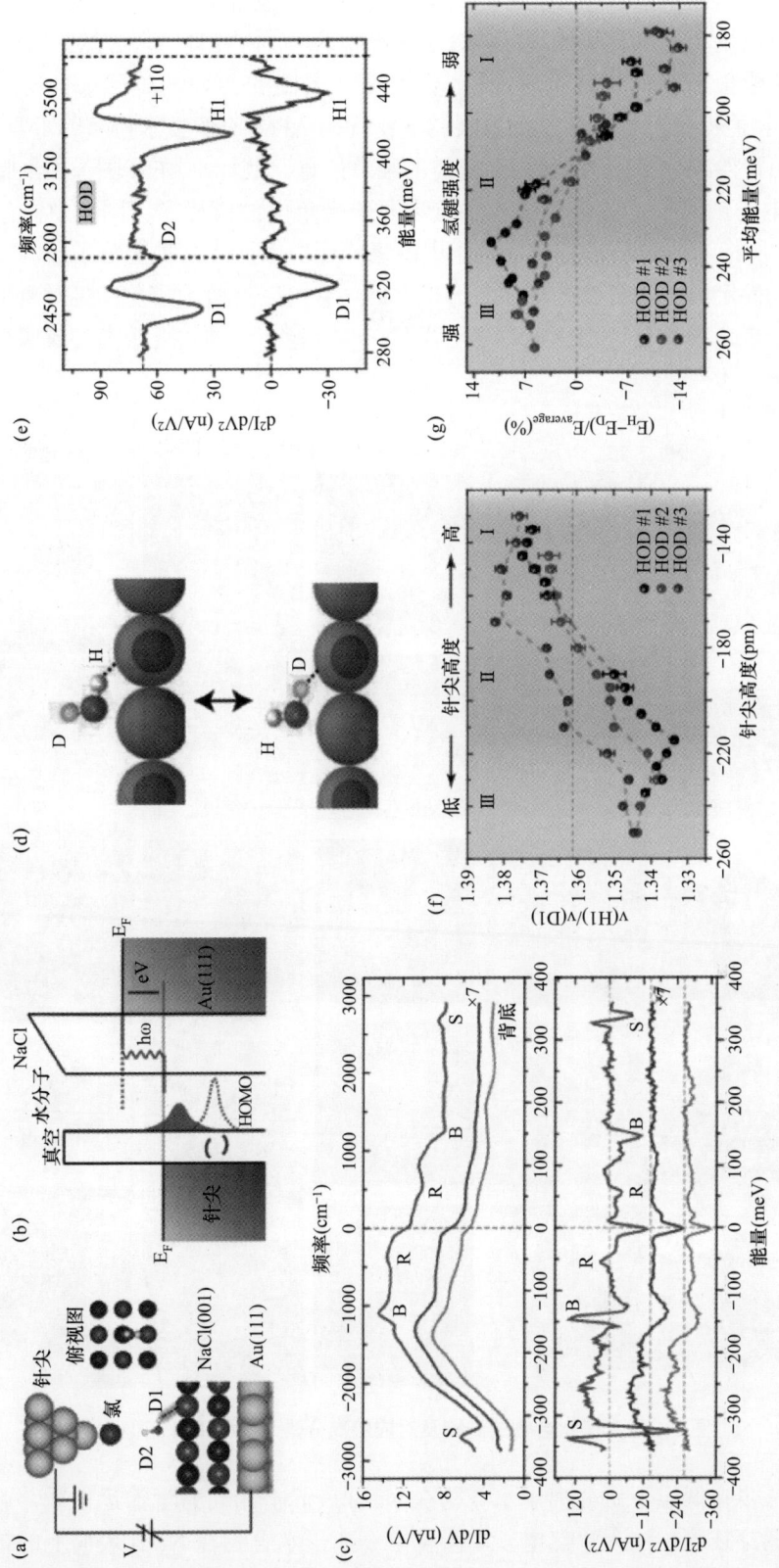

图 5 针尖增强非弹性隧道谱示意图以及核量子效应对氢键强度的影响

本课题组[30]使用 STM 和 AFM 的联合系统，通过原子分子操纵技术，在 NaCl 表面可控地制备出钠离子水合物团簇（包含 1~5 个水分子），并且结合 STM、AFM、DFT 计算及 AFM 模拟，在实空间精确地确定了 NaCl 表面的各种钠离子水合物的原子构型（见图 6）。值得指出的是，前面发展的非侵扰的 AFM 成像技术扮演着重要的角色。一方面，它可以给出比 STM 图像更高分辨的细节信息。例如，AFM 图像中最暗的位点来源于带正电的钠离子，其最近邻的亮点来源于带负电的氧原子（图 6 中白色箭头所示），而弧线所指示的暗环来源于水分子中的氢原子。因此，这种亚分子级的成像技术能极大地帮助确定离子水合物的构型。另一方面，它可以有效地避免针尖对离子水合物的扰动。离子水合物不是特别稳定，甚至存在一些亚稳态结构，近距离的成像很容易扰动离子水合物。

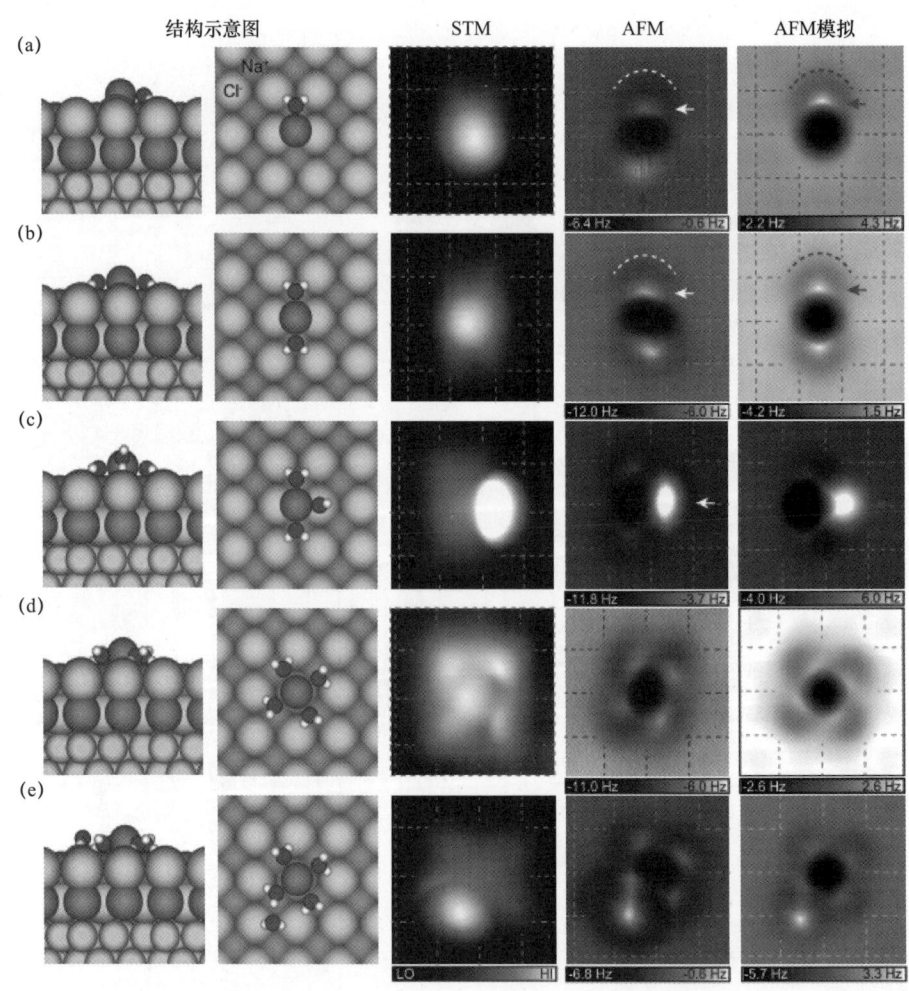

图 6 钠离子水合物的结构及对应的高分辨 STM/AFM 图像

为了进一步在低温下研究离子水合物在 NaCl 表面上的动力学输运性质，可以利用非弹性电子隧穿技术，注入"热电子"激发单个离子水合物在 NaCl 表面上的扩散［见

图 7（a）]。对比各个离子水合物扩散的难易程度，可以发现一种有趣的幻数效应［见图 7（b）]：包含有特定数目水分子的钠离子水合物具有异常高的扩散能力，其迁移率比其他水合物高 1~2 个量级，甚至远高于体相离子的迁移率。为了进一步印证实验观测到的现象，需要理论计算的支持。由于离子水合物体系中的原子数目多，模拟的时间尺度大，需要大量的计算资源支持，利用超级计算机"天河二号"进行的 DFT 和 MD 计算为研究结果提供了重要的证据。DFT 计算证明，这种幻数效应来源于离子水合物与表面晶格的对称性匹配程度。具体地说，包含一个、两个、四个、五个水分子的离子水合物与 NaCl 衬底的四方对称性晶格更加匹配，因此在衬底上束缚很紧，不容易运动；而含有三个水分子的离子水合物，却很难与四方对称性的 NaCl 衬底匹配，因此会在表面形成很多亚稳态结构，再加上三个水分子很容易围绕钠离子集体旋转，使得离子水合物的扩散势垒大大降低［仅 ~80meV，见图 7（c）]，因此迁移率显著提高。由于生活中的离子输运过程大多数发生在室温下，为了研究这种幻数效应是否在室温下依旧存在，本课题组进一步进行了分子动力学模拟。结果表明，此幻数效应在很大温度范围内（包括室温）存在［见图 7（d）]。此外，值得一提的是，这种动力学幻数效应具有一定的普适性，适用于相当一部分盐离子，尽管"幻数"值随体系的不同而存在差异。

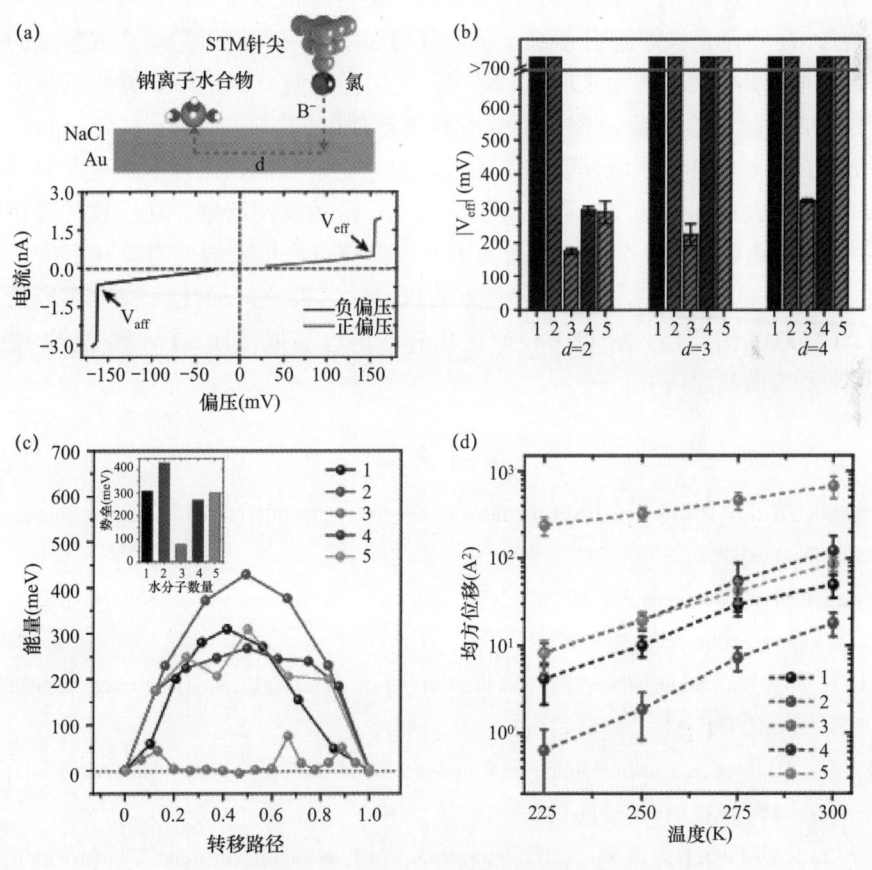

图 7　钠离子水合物在 NaCl 表面输运的幻数效应

长期以来，连续介质模型被广泛用来理解水溶液中的离子输运过程，而忽略了离子、水和界面相互作用的微观细节。本课题组进行的研究工作建立了离子水合物的微观结构和输运性质之间的直接关联，刷新了人们对于受限体系中离子输运的传统认识。研究结果表明，有可能通过改变界面晶格的对称性和周期性来控制受限环境如纳米流体中离子的输运，从而达到选择性增强或减弱某种离子输运能力的目的。这对盐溶解、离子电池、电化学、防腐蚀、海水淡化等很多相关的应用领域都具有重要的潜在意义。本课题组发展的实验技术开辟了在原子尺度上研究离子水合作用的新道路，有望应用到更多的水合物体系，如蛋白质的水合作用。

4 总结与展望

本课题组在之前研究的基础上，结合超级计算机支持的模拟和计算信息化技术，进一步将扫描探针技术引入界面水的研究中，大大加深了人们对于界面水的结构和性质的认识，取得了一系列重要的进展。其中利用信息化成像技术，使得对同一区域进行多种数据/信号的获取和实时处理成为可能，通过基于信息技术的自动化控制，也极大地提高了实验操作的准确性和工作效率。这些技术的支持，将扫描探针技术的空间分辨率从单个水分子水平逐渐推向了亚分子级水平，使得在实空间和能量空间获取氢核的自由度成为可能，进一步推动了表面水的微观研究；在实际的研究体系中，详细研究了水分子团簇中质子的协同隧穿现象、核量子效应对氢键强度的影响、离子水合物的结构和动力学，澄清了若干水科学领域长期争论的问题等，也表明信息化技术在表面科学、高分辨成像和识别、大尺度体系模拟计算等领域具有广泛的应用前景。在后续的工作中，本课题组将加强 LabVIEW 程序接入能力，进一步提高可视化成像的自动化程度，提高图像识别的精确度和操作效率，并结合一定的机器学习算法，简化实验操作步骤，降低 STM 和 AFM 技术的门槛，让更多科研工作者能更容易地使用 STM 和 AFM 技术开展界面水科学及表面科学研究。

参 考 文 献

[1] Al-Abadleh H A, V H Grassian. Oxide surfaces as environmental interfaces [J]. Surface Science Reports, 2003, 52(3-4): 63-161.

[2] Henderson M A. The interaction of water with solid surfaces: fundamental aspects revisited [J]. Surface Science Reports, 2002, 46(1-8): 1-308.

[3] Hodgson A, S Haq. Water adsorption and the wetting of metal surfaces [J]. Surface Science Reports, 2009, 64(9): 381-451.

[4] Thiel P A, T E Madey. The Interaction of Water with Solid-Surfaces-Fundamental-Aspects [J]. Surface Science Reports, 1987, 7(6-8): 211-385.

[5] Ernst J A, R T Clubb, H X Zhou, et al. Demonstration of Positionally Disordered Water within a Protein Hydrophobic Cavity by Nmr [J]. Journal of Cellular Biochemistry, 1995: 71-71.

[6] Braun J, A Glebov A P Graham, et al. Structure and phonons of the ice surface [J]. Physical Review

Letters, 1998, 80(12): 2638-2641.

[7] Glebov A L, A P Graham, AMenzel. Vibrational spectroscopy of water molecules on Pt(111) at submonolayer coverages [J]. Surface Science, 1999, 427: 22-26.

[8] Sun T J, F H Lin, R L Campbell, et al. An Antifreeze Protein Folds with an Interior Network of More Than 400 Semi-Clathrate Waters [J]. Science, 2014, 343(6172): 795-798.

[9] Doering D L, T E Madey. The Adsorption of Water on Clean and Oxygen-Dosed Ru(001) [J]. Surface Science, 1982, 123(2-3): 305-337.

[10] Nakamura M, M Ito. Monomer and tetramer water clusters adsorbed on Ru(0001) [J]. Chemical Physics Letters, 2000, 325(1-3): 293-298.

[11] Repp J, G Meyer, S M Stojkovic, et al. Molecules on insulating films: Scanning-tunneling microscopy imaging of individual molecular orbitals [J]. Physical Review Letters, 2005, 94(2): 026803.

[12] Michaelides A, K Morgenstern. Ice nanoclusters at hydrophobic metal surfaces [J]. Nature Materials, 2007, 6(8): 597-601.

[13] Carrasco J, A Hodgson, A Michaelides. A molecular perspective of water at metal interfaces [J]. Nature Materials, 2012, 11(8): 667-674.

[14] Mitsui T, M K Rose, E Fomin, et al. Water diffusion and clustering on Pd(111) [J]. Science, 2002, 297(5588): 1850-1852.

[15] Guo J, X Z Meng, J Chen, et al. Real-space imaging of interfacial water with submolecular resolution [J]. Nature Materials, 2014, 13(2): 184-189.

[16] Peng J B, J Guo, P Hapala, et al. Weakly perturbative imaging of interfacial water with submolecular resolution by atomic force microscopy [J]. Nature Communications, 2018, 9: 122.

[17] Benoit M, D Marx, M Parrinello. Tunnelling and zero-point motion in high-pressure ice [J]. Nature, 1998, 392(6673): 258-261.

[18] Horiuchi S, Y Tokunaga, G Giovannetti, et al. Above-room-temperature ferroelectricity in a single-component molecular crystal [J]. Nature, 2010, 463(7282): 789-792.

[19] Meng X Z, J Guo, J B Peng, et al. Direct visualization of concerted proton tunnelling in a water nanocluster [J]. Nature Physics, 2015, 11(3): 235-239.

[20] Paesani F, G A Voth. The Properties of Water: Insights from Quantum Simulations [J]. Journal of Physical Chemistry B, 2009, 113(17): 5702-5719.

[21] Tuckerman M E, D Marx, M L Klein, et al. On the quantum nature of the shared proton in hydrogen bonds [J]. Science, 1997, 275(5301): 817-820.

[22] Voth G A, D Chandler, W H Miller. Rigorous Formulation of Quantum Transition-State Theory and Its Dynamical Corrections [J]. Journal of Chemical Physics, 1989, 91(12): 7749-7760.

[23] Guo J, J T Lu, Y X Feng, et al. Nuclear quantum effects of hydrogen bonds probed by tip-enhanced inelastic electron tunneling [J]. Science, 2016, 352(6283): 321-325.

[24] Ubbelohde A R, K J Gallagher. Acid-Base Effects in Hydrogen Bonds in Crystals [J]. Acta Crystallographica, 1955, 8(2): 71-83.

[25] Cohen-Tanugi D, J C Grossman. Water Desalination across Nanoporous Graphene [J]. Nano Letters, 2012, 12(7): 3602-3608.

[26] Gouaux E, R MacKinnon. Principles of selective ion transport in channels and pumps [J]. Science, 2005, 310(5753): 1461-1465.

[27] Klimes J, D R Bowler, A Michaelides. Understanding the role of ions and water molecules in the NaCl dissolution process [J]. Journal of Chemical Physics, 2013, 139(23): 234702.

[28] Payandeh J, T Scheuer, N Zheng, et al. The crystal structure of a voltage-gated sodium channel [J]. Nature, 2011, 475(7356): 353-358.

[29] Sipila M, N Sarnela, T Jokinen, et al. Molecular-scale evidence of aerosol particle formation via sequential addition of HIO_3 [J]. Nature, 2016, 537(7621): 532-534.

[30] Peng J B, D Y Cao, Z L He, et al. The effect of hydration number on the interfacial transport of sodium ions [J]. Nature, 2018, 557(7707): 701-705.

作 者 简 介

江颖，北京大学物理学院量子材料科学中心博雅特聘教授，美国物理学会会士（APS Fellow），国家杰出青年科学基金获得者，国家"万人计划"科技创新领军人才。主要从事凝聚态物理和物理化学研究，发表论文50余篇，其中包括《科学》2篇、《自然》4篇和《自然》子刊8篇。担任《化学物理学报》（Journal of Chemical Physics）、《化学物理》（Chemical Physics）、《先进量子技术》（Advanced Quantum Technologies）等国际杂志编委。获英国皇家物理学会IOP-JPhys Emerging Leaders、世界经济论坛全球青年领袖（Young Global Leaders）、陈嘉庚青年科学奖、中国青年科技奖。研究成果曾两次入选科技部评选的中国科学十大进展和两院院士评选的中国十大科技进展。E-mail：yjiang@pku.edu.cn。

生物特征识别——机遇与挑战

孙哲南 李 琦 刘云帆 朱宇豪

（中国科学院自动化研究所智能感知与计算研究中心，
模式识别国家重点实验室）

摘 要

生物特征识别（Biometrics）是指计算机通过获取和分析人体的生理和行为特征，实现自动身份鉴别的科学和技术。生物特征识别的研究目的就是要赋予计算机自动探测、捕获、处理、分析、识别数字化生物特征信号的高级智能，即"能看会听"，这是机器智能的基本功能之一，也是人类在基础研究中面临最重大的挑战之一，具有重大的学术意义和实用价值。近些年来，随着人工智能的快速发展，生物特征识别已经成为"互联网+"行动计划、《新一代人工智能发展规划》等国家战略的重要内容，同时也成为国家和公共安全领域的战略高技术、电子信息产业新的增长点。本文首先介绍了人脸、虹膜、指纹和步态等生物特征识别技术的研究现状；其次总结了生物特征识别技术的发展趋势和面临的机遇，并指出了发展新一代生物特征识别面临的技术挑战；最后给出了未来的发展建议。

关键词

生物特征识别；人脸识别；虹膜识别；指纹识别；步态识别

Abstract

Biometrics refers to the science and technology of automatic identification achieved by computers through acquiring and analyzing physiological and behavioral characteristics of human body. The purpose of biometrics research is to give computers advanced intelligence to automatically detect, capture, process, analyze, and identify digital biometric signals, that is, make machines "can see and hear". This is one of the basic functions of machine intelligence as well as one of the most significant challenges in theoretical and applied research human beings face. In conclusion, biometrics research is important in terms of both academic significance and practical value. In recent years biometrics has become an important part of national strategies such as the "Internet Plus Action Plan" and the "Development Plan on the New Generation of Artificial Intelligence". At the same time, it has already become a new growth point for strategic high-tech and electronic information industry in the field of national and public security. This paper introduces research progress of several common biometric modalities such as face, iris, fingerprint and gait, summarizes development trends and opportunities of current biometrics technology, and analyzes main challenges on the road to the development of a new generation of biometrics. Finally, this paper provides some suggestions regarding the future development of biometrics in China.

Keywords

Biometrics; Face Recognition; Iris Recognition; Fingerprint Recognition; Gait Recognition

1 引言

身份识别是保障国家和公共安全、维护经济社会秩序、确保个人信息安全的关键技术。传统身份识别方法基于特定知识（如口令、密码、问答等）和实物（如钥匙、ID卡、U盾等）等身外之物，存在可能被破解、遗忘、盗取等内在固有缺陷，很难满足可靠性、安全性、便捷性的需求。生物特征识别基于个体生理特征或行为特征进行身份识别，具有人各有异、稳定可靠、随身携带的独特优势。常见的生物特征模态包括指纹、虹膜、人脸、掌纹、手形、掌静脉、笔迹、步态、声纹等（见图1）。生物特征识别是一个交叉学科，硬件层面的采集装置涉及光学工程、机械工程、电子工程；软件层面的识别算法涉及模式识别、机器学习、计算机视觉、人工智能、数字图像处理、信号分析、认知科学、神经计算、人机交互、信息安全等领域的核心问题。

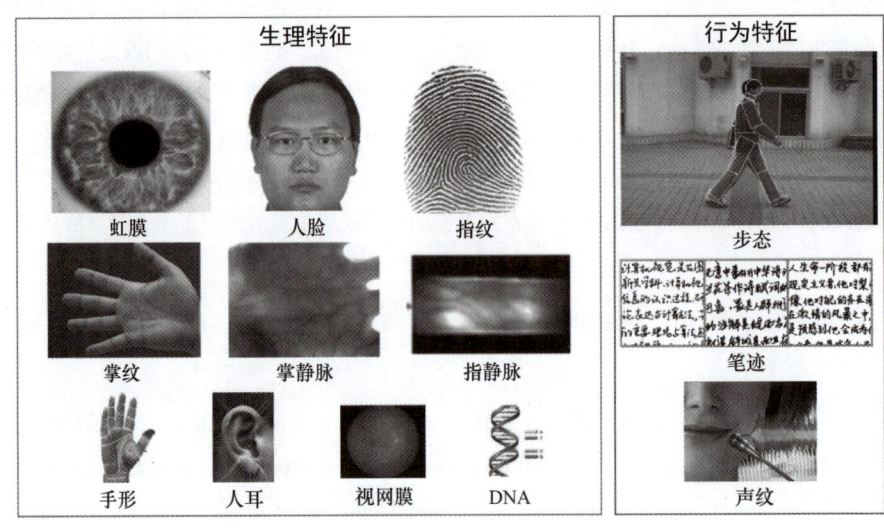

图 1 主要的生物特征模态

生物特征识别的研究目的就是要赋予计算机自动探测、捕获、处理、分析、识别数字化生物特征信号的高级智能，即"能看会听"，这是机器智能的基本功能之一，也是人类在基础理论与应用研究中面临最重大的挑战之一，具有重大的科学意义。生物特征模式复杂（图像中的点、线、区域、纹理等）、类型多样（人脸、虹膜、指纹、步态、笔迹等）、类别繁多（可多至上千万人/类）、信息丰富（统计和结构信息、局部和全局信息）、差异微妙，以图像、视频、语音等各种信号形式进行体现和描述，所以生物特征识别是一个典型而又复杂的模式识别、计算机视觉、认知和神经计算问题，树立了这些学科的一个挑战性目标，为相关研究人员构建了一个良好的基础实验平台，来尝试新方法、验证新理论、解释新现象。从20世纪60年代以来，生物特征识别的基础问题总是启发着模式识别、计算机视觉、认知与神经计算等学科的发展，生物特征识别也一直处于模式识别等学科发展的前沿领域。所以生物特征识别问题的深入研究和最终解决，可以极大地促进这些学科的成熟和发展。

阿里达摩院曾预言 2019 年十大科技趋势之一就是"数字身份将成为第二张身份证"[1]，因为从手机解锁、小区门禁到餐厅吃饭、超市收银，再到高铁进站、机场安检及医院看病，靠刷脸和刷虹膜走遍天下的时代正在加速到来。我们在新华社等主要媒体对该预测进行评论，指出"人脸、虹膜等生物特征将成为人们进入万物互联世界、畅享数字生活的一把钥匙"。由此可见，人脸识别、虹膜识别等生物特征识别是当下炙手可热的热点技术，受到"政、产、学、研、用"多方高度关注，"互联网＋"行动计划[2] 和《新一代人工智能发展规划》[3] 等国家战略明确提出要重点支持生物特征识别技术发展。生物特征识别既是模式识别和计算机视觉的学科前沿重要方向，也是人工智能落地最快和商业市场规模最大的主要方向之一，广泛应用于公安反恐、金融支付、社保认证、安检通关等国家重要领域，市场规模达到数百亿美元，并且人脸识别涉及公众利益攸关隐私、道德、法律等问题，也引起社会广泛关注。

2 生物特征识别技术发展现状

2.1 总体概况

基于计算机的自动生物特征识别研究起步于 20 世纪 60 年代。随着模式识别、计算机视觉、数字图像处理、信号处理等基础学科的发展，生物特征识别的算法研究水平得到快速提高；随着生物特征传感器技术和计算机技术的发展，生物特征识别算法的快速实现和低成本推广成为可能；随着人们对安全管理的日益重视和自动身份认证的需求与日俱增，生物特征识别系统在家庭、单位和公共领域都得到了广泛应用。所以近年来生物特征识别已经成为学术界和产业界的热门方向。在广阔应用前景的驱动下，目前生物特征识别已成为模式识别、图像处理、计算机视觉等领域的热门研究课题，新模态、新装置、新理论、新方法层出不穷，引导和推动相关学科快速发展。生物特征识别发展历史如图 2 所示。

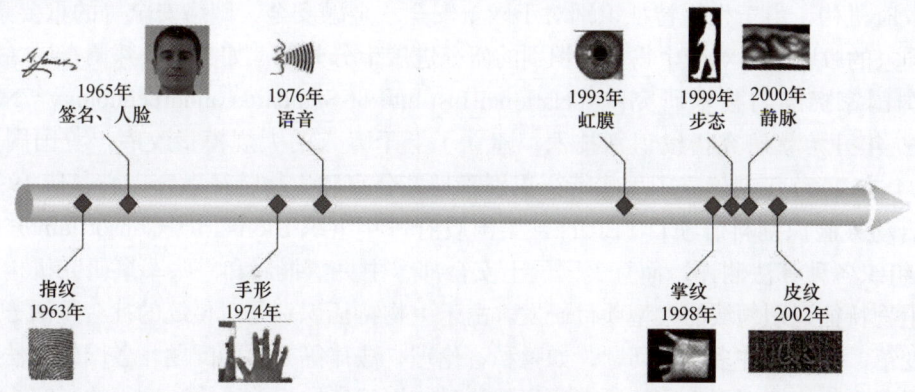

图 2　生物特征识别发展历史

美国国家科学基金会（NSF）将生物特征识别作为重点方向进行资助，专门召开了生物特征识别学科发展研讨会，联合密西根州立大学、西弗基里亚大学、赖斯大学、芝加哥大学等 14 所大学成立了专门从事生物特征识别研究的中心（Center for Identification Technology Research）。美国国家科学技术委员会（National Science and Technology Council，NSTC）是一个内阁级别的委员会，由总统担任主席、各部部长和与科技政策有关的主要联邦机构首脑担任委员，负责协调联邦各部门之间有关科学和技术的决策过程。NSTC 非常重视推动美国生物特征识别技术的研发和应用，专门成立了生物特征识别委员会，已经发布了一系列的生物特征识别科技发展规划报告，如 *"Biometrics in Government Post 9-11—Advancing Science, Enhancing Operations" "NSTC Policy for Enabling the Development, Adoption and Use of Biometric Standards" "The National Biometrics Challenge"* 等。为了增强对美国国防和重要民用设施的保护能力，防止恐怖分子的袭击，美国国防部高级研究计划局（DARPA）发起了 Human ID（Human Identification at Distance）计划，以开发多模态的远距离识别人的生物特征识别技术，用于实现在全天候的情况下检测、分类和识别单独或群体的人，为军事保护、国家防卫、对抗恐怖行为、防止罪犯及其他人为破坏活动提出早期预警。

欧盟框架计划把生物特征识别作为资助重点，组织了 BIOSEC、BIOSECURE、TURBINE、ACTIBIO、HIDE、MOBIO、HUMABIO、3DFACE、MTIT、BITE 等一系列大型研究项目，联合欧洲的一些重点大学攻关生物特征识别领域的关键问题，如基础数据库、测试平台、移动生物特征识别、多模态生物特征识别等。

生物特征识别领域的学者在模式识别、图像处理、信号处理等领域的会议（例如，CVPR、ICCV、ICB、ICPR、ICIP）和期刊（如 IEEE Transactions on PAMI/IP/IFS，PR、IVC、CVIU）上发表了大量的生物特征识别方面的学术论文，也出版了一些系统、深入的著作，如 *Handbook of Biometrics*、*Handbook of Multibiometrics*、*Handbook of Face Recognition*、*Handbook of Fingerprint Recognition*，很多高校和信息类科研院所都有从事生物特征识别的研究人员。生物特征识别的新产品也层出不穷，一片欣欣向荣的繁荣景象。

生物特征识别既属于面向国家战略需求的重大应用技术，同时又处于模式识别学科发展的前沿领域。所以生物特征识别研究力量的来源既有高等院校、科研院所，也有公司、政府机构。由于生物特征识别对于国土安全、金融安全、网络安全等的重要意义，许多国家的政府部门对于生物特征识别的研究进展十分关注，如美国联邦调查局（FBI）和美国国家标准与技术研究院（National Institute of Standards and Technology，NIST）从 1967 年开始就研究指纹识别技术，建立了上千万人的大规模指纹库，美国国防部（DOD）在 2000 年就建立了生物特征识别管理办公室和生物特征融合中心，从 1993 年开始启动人脸识别科研项目 FERET。美国政府每年组织 Biometrics Consortium 并通过 NIST 组织各种算法测评，而且美国国土安全部、中央情报局和一些军事研究机构都在组织生物特征识别领域的大型项目研发。由于生物特征识别是对传统的社会生活方式的重大变革，会引发许多新的问题，如隐私、伦理、法律等方面的问题，各国的司法部门也在跟踪生物特征识别系统的研究和应用状况，用于指导相关法律和政策的制定。

目前，生物特征识别方面的标准制定工作已经紧锣密鼓地开展起来了。国际上已经有专门的机构，例如 ISO（The International Organization for Standardization）和 IEC（The International Electrotechnical Commission）联合成立的技术委员会（Joint Technical

Committee）就有一个分会 SC 37 Biometrics，负责制定生物特征识别的相关标准。一些发达国家也成立了专门的部门制定生物特征识别标准。

下面重点介绍人脸、虹膜、指纹、步态等主要生物特征识别技术的研究进展。

2.2 人脸识别技术

人脸是最传统和直观的生物特征之一，其良好的用户接受度和采集简便性使其受到充分关注并在多种身份认证场景中有着重要应用。除此之外，人脸面孔的分析与合成、人脸图像和视频中的活体检测新兴问题等也日益受到学术界和产业界的关注。

在人工智能发展初期，人脸识别被作为一种一般性的模式识别问题进行研究。这个阶段中，人脸识别技术主要由依赖手工特征的专家系统实现，其鲁棒性和泛化性较差，并没有取得广泛的实际应用。随着统计学习的快速发展，许多基于统计模型的人脸识别模型被相继提出。美国麻省理工学院提出的"特征脸"（Eigen Face）模型是该阶段最重要的研究成果之一[4]。该模型将以统计学为基础的机器学习方法引入人脸识别任务中，衍生出一系列子空间分析法和基于核学习的改进策略，如 FisherFace[5]。统计学习理论的引入还带来了分类器性能的提升，其中支持向量机（Support Vector Machine，SVM）以其简洁、直观的理论基础，以及对于高维度大样本数据优秀的适应性成为分类器的首选。特征提取技术在此期间也得到了快速发展，如 Gabor 滤波器和 LBP 滤波器等都是此时提出的。因此，早期的人脸识别方法主要依赖人工设计的特征和机器学习技术的结合。这一时期，人工设计的特征在无约束环境中很难应对不同变化情况（光照、遮挡等）。

2011 年以来，随着深度学习理论的快速发展及相关算法在计算机视觉领域的广泛应用，基于深度神经网络的人脸识别技术已经成为主流。深度神经网络借助其深层结构特性，可以挖掘出更具表征力的深层信息，从而能够达到远超浅层分类器的判别效果，并在一些常用数据库上具有超越人类识别准确率的性能。在这一时期，人脸识别方法重在损失函数的设计。Facebook 在 2014 年发表了研究成果，其开发的基于 softmax 损失函数的 DeepFace 算法[6]在人脸识别的标志性数据库 LFW（Labeled Face in the Wild）上达到 97.35% 的精度，将之前最好的人脸识别算法错误率降低了 27%。Google 在 2015 年推出基于 triplet 损失函数的 FaceNet 算法[7]，依赖百万级训练数据，在 LFW 上取得了 99.63% 的精度。后来人们在人脸识别领域又提出了 center loss 损失函数[8]及 large margin softmax loss 损失函数[9]。上述损失函数通常使用欧式距离度量，SphereFace[10]首次提出使用余弦距离代替欧式距离进行人脸识别的训练和测试，其性能超越了之前的方法。后来 CosFace[11]和 ArcFace[12]均使用改进后的余弦距离度量。

在从实验室走向实战应用的过程中，对大规模人脸数据的适应性是人脸识别技术面临的首要挑战。美国华盛顿大学的研究团队于 2015 年提出百万级人脸图像 MegaFace 数据集并举办识别竞赛[13]，旨在提高大规模人脸数据情形下的识别精度，截至 2019 年我国的腾讯、商汤、搜狗等公司的研究成果在该竞赛的多项榜单中拔得头筹。美国国家标准技术局近些年重启了 FRVT 人脸识别测评[14]，我国依图等企业在 FRVT 竞赛中表现优秀。除了数据规模以外，光照和姿态也是影响人脸识别技术性能的重要因素。为了解决这个问题，三维人脸识别和跨模态人脸识别也逐渐成为近年来人脸识别的主要研究热点。

人脸生成技术是随着大数据时代的到来而产生的另一个热点研究技术，其可以解决人脸识别中的大姿态、跨年龄等问题，另外可对人脸图片的属性，如年龄、表情、头发颜色等进行编辑，在网络直播、照片修饰等场景中具有很大的应用价值。它让人工智能算法像画家一样创作出具有各种风格的人脸，在娱乐行业中也有着很大的应用前景。高质量的人工智能画作也被认为具有很高的艺术价值，在国际市场上已有竞价拍卖的案例。人脸生成技术背后的主要算法支柱是生成式对抗网络（Generative Adversarial Networks），其在人脸转正[15]、年龄老化[16]等问题领域取得重要进展。

作为最常见的生物特征之一，人脸识别凭借其精度高、用户配合需求度低等优势，已经成为最常见的一种身份认证方法。美国苹果公司于2017年公布的FaceID技术利用结构光捕捉用户面部的三维信息，可以成功地解决光照和姿态等人脸识别技术中的难题，已经应用在全线产品的各种身份认证服务中。国内的云从、旷视、商汤、依图等科技公司的人脸识别技术在包括刷脸支付、银行智能网点、重点地区安全布控、智能医疗等在内的众多方面得到了广泛应用。依托人脸识别技术，活体检测、行人轨迹分析等技术也分别在智能金融和智能交通等方面崭露头角。

人脸识别技术虽然现在发展很快，但依然还是一个没有完全解决的问题，如监控场景下人脸识别、超大规模人脸识别、黑色人种人脸识别及跨年龄人脸识别等，还有很多可以提升的空间。

2.3 虹膜识别技术

工业界是虹膜图像获取装置的主要研究力量，LG、Panasonic、IrisGuard、IrisKing等公司设计了一系列近距离虹膜图像采集设备；为了提高虹膜成像的便捷性，同时为了拓展虹膜识别的应用范围，越来越多的机构开始着手远距离虹膜图像获取的研究。美国 AOptix 公司的 InSight 系统可以实现 1.5~2.5m 和 2.4~3m 远的虹膜清晰成像。美国卡耐基梅隆大学最近正在研制成像距离为 12m 的装置。OKI 的 IRISPASS-M 和松下公司的 BM-ET500 采用了 PTZ 云台调节摄像机的俯仰角，从而适应不同身高的用户。与此同时，虹膜成像装置逐渐改变了原有笨重的体型，变得越来越轻巧实用。2013 年，AOptix 开发的一款手机外置虹膜、人脸、指纹图像采集模块，可与 iPhone 进行无缝连接。2015 年 5 月，富士通发布了一款可使用虹膜识别解锁、登录网络账户和支付的智能手机。中科虹霸于 2016 年年初正式发布了国内第一款虹膜识别手机。2017 年，三星 S8、Note7 等智能手机中开始加入虹膜识别模块。

虹膜识别算法的两个主要步骤是虹膜区域分割和虹膜纹理特征分析。虹膜区域分割大致可以分为基于边界定位的方法[17,18]和基于像素分类的方法[19,20]。虹膜纹理特征分析包括特征表达和比对两部分。特征表达方法从复杂的纹理图像中提取出可用于身份识别的区分性信息，其中代表性的工作有基于 Gabor 相位的方法[17]、基于多通道纹理分析的方法[21]、基于相关滤波器的方法[22]、基于定序测量的方法等[23]。特征值的稳定性和区分性是影响特征比对正确率的主要因素。

传统的虹膜识别算法多采用人工设计逻辑规则和算法参数，导致算法泛化性能欠佳，不能满足大规模应用场景的需求。数据驱动的机器学习方法从大量训练样本中自动学习最优参数，可以显著提高虹膜识别算法的精度、鲁棒性和泛化性能[24]。大规模虹膜识别应用带来了许多新的挑战，虹膜特征的快速检索[25]、多源异质虹膜图像的鲁棒识别[26]成为当前虹膜识别的研究难题和热点问题。

当前主流的虹膜成像方法仅考虑成像而不考虑后续的图像处理，而新兴的计算成像方法（如波前编码和光场相机）同时考虑成像和图像处理，有望突破现有技术瓶颈，大幅提升成像范围。在算法方面，中国科学院自动化研究所的科研团队受启于人类视觉机理，提出使用定序测量滤波器描述虹膜局部纹理，并设计了多种特征选择方法确定滤波器最优参数[27]；首次将深度学习应用于虹膜识别，提出了基于多尺度全卷积神经网络的虹膜分割方法[28]和基于卷积神经网络的虹膜特征学习方法[24]；探索了深度学习特征与定序测量特征的互补性关系[29]；系统研究了基于层级视觉词典的虹膜图像分类方法，显著提升了虹膜特征检索、人种分类和活体检测精度[25]。虹膜识别流程如图3所示，我国自主虹膜识别技术的发展路线如图4所示。

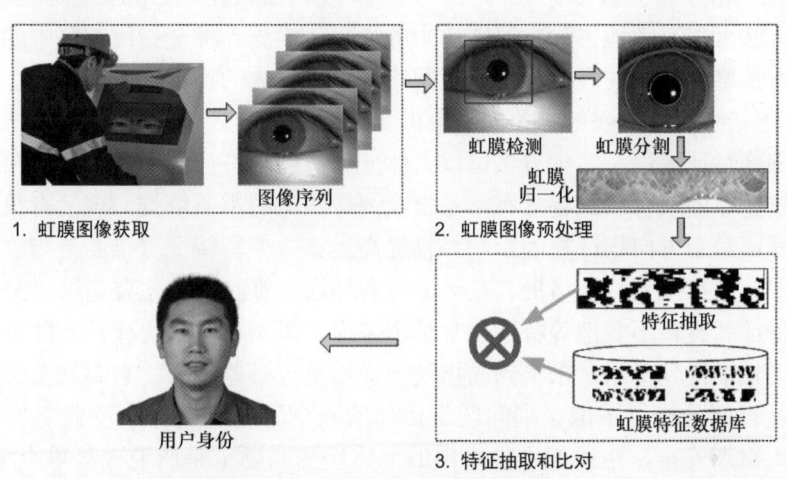

图3　虹膜识别流程

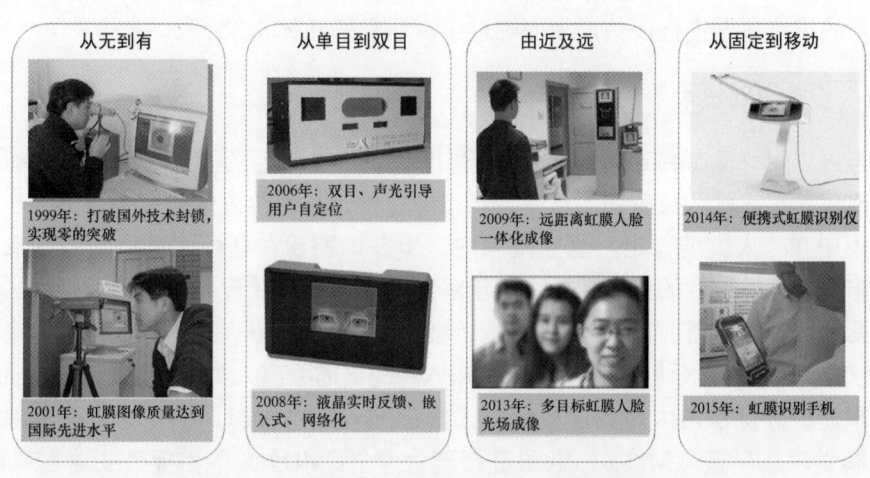

图4　我国自主虹膜识别技术的发展路线

2.4 指纹识别技术

指纹识别技术是最常见也是最早投入民用的生物特征识别技术之一。1892 年，Galton 等人指出指纹作为一种具有唯一性和稳定性的生物特征，可以用于身份认证，标志着指纹识别技术的开端。

指纹识别技术主要包括三方面内容，即指纹图像采集、指纹图像增强和指纹图像特征提取及匹配。在电子计算机被发明后，基于光学的指纹采集设备替代了传统的油墨，极大地提高了指纹的采集、识别及存储效率。随后，基于电容式传感器的指纹采集装置出现[30]，广泛应用于苹果手机等移动终端设备的用户身份认证系统中，主要包括按压式和刮擦式两种。除此之外，基于温度传感器、超声波和电磁波的指纹采集技术也都被提出，且各有所长。近些年，非接触式的 3D 指纹采集系统也被提出，以改善用户体验与提高识别精度[31]。

指纹图像增强主要包括图像平滑（去燥与指纹纹路拼接）、图像二值化（前后景分离）和细化（指纹骨架获取）三部分。频域滤波、Gabor 变换和匹配滤波器[32]等传统图像处理方法可以有效地去除指纹图像中的噪声，检测、补全指纹纹路中的断点并进行细化。随着深度学习的发展，深度卷积网络凭借其强大的特征提取能力，在扭曲指纹图像校正[33]等指纹图像增强的相关问题中得到广泛应用。

指纹图像特征提取及匹配方法可以大体分为方向场特征法与特征点法两类。方向场描绘了指纹图像的纹脊和纹谷分布，是指纹图像匹配的重要依据。现已有很多方法被提出以减小噪声对于方向场计算的影响并且提高运算效率。特征点指的是指纹图像中常见的纹路模式，包括拱形、帐弓形、左环形、右环形、螺纹形等主要指纹纹型。特征点的区域分布特征和旋转不变性等特性也常被用来提高识别算法的鲁棒性。随着指纹识别技术在不同场景中得到应用，采集到的指纹图像质量也参差不齐，有时甚至无法得到完整的指纹，所以部分指纹图像识别问题是目前的一个研究热点[34]。除此之外，为了保障用户的个人财产安全，指纹识别技术中的活体检测问题也是研究人员重点关注的问题。为了解决这个问题，一方面可以从硬件角度在指纹采集系统中加入额外的传感器，以检测手指的温度[35]、颜色和血液流动情况等活体要素；另一方面可以从图像质量的角度对采集到的指纹数据进行评估，从而筛选出高质量的活体指纹[36]。

2.5 步态识别技术

步态可以定义为导致运动的动作循环组合[37]。在该定义下，双足或四足动物的行走、奔跑、攀爬、跳跃及游动均可视为步态的一种。在现阶段的研究中，关于步态的研究更多集中在"人类的行走"这一范围内。步态识别旨在利用人走路的姿态来识别身份，是非常具有挑战性的研究课题。鉴于步态的远距离、非侵犯可感知的特性，步态识别研究具有较好的应用前景和研究价值，特别是对于远距离大范围的视觉监控场合。自 2000 年美国国防部高级研究计划局（DARPA）提出远距离人类识别计划（Human ID 计划）以来，世界范围内大量的研究院与大学都加入了"步态识别"的研究浪潮中，其中不乏麻省理工学院（MIT）、卡耐基梅隆大学（CMU）、佐治亚理工学院（Georgia Institute of Technology）与中国科学院自动化研究所（CASIA）等国际一流研究机构。

通常步态识别系统以一个步态序列为输入，通过特征提取器得到步态特征，并将提取的特征与步态数据库中的特征进行相似度对比，从而给出目标人物的身份。作为步态识别系统的核心，步态特征提取算法的革新一直以来就是研究者们关注的重点。最早的步态识别算法基于时空信息分析[38]，通过建立 XYT 时空坐标系，计算目标行进方向的矢状角（Sagittal Angle）作为步态特征进行识别；文献 [39] 引入光流对步态数据进行建模，并成功取得了当时最优的识别结果；最终，特征空间变换（EST）[40]的提出，以 100% 的识别率终结了研究者们在小规模步态数据集上的研究。随着更多更大的步态数据集的出现，更现代的步态特征提取算法可以通过是否进行显式的运动学建模分为两大类。

对于无运动学模型的步态特征提取算法而言，绝大多数都依赖对目标人物轮廓的时空信息分析。几乎所有的无运动学模型的步态特征提取算法都需要进行背景抽离与轮廓提取等预处理。中国科学院自动化研究所提出了一种分析轮廓边缘信息的步态识别算法[41]；动态时间规划（Dynamic Time Warping，DTW）和隐马尔可夫模型（HMM）的引入[42]进一步提高了无运动学模型的步态识别精度。步态能图（Gait Energy Image，GEI）[43]与步态流图（Gait Flow Image，GFI）[44]的提出再次推动了该方向的研究步伐，衍生出了一系列基于该方式的步态特征提取算法。基于运动学建模的步态特征提取算法使用更加准确的时空信息对人体关节进行运动分析，其研究的重点在于精确地对人体结构进行建模。相较无运动学模型的算法而言，基于运动学建模的步态特征提取算法以牺牲算法复杂度为代价，获得了更好的鲁棒性与识别精度。早期的方法使用了 16 个点对人体进行了近似建模；而随着微软深度摄像头 Kinect 的出现，深度信息为更精确地建模人体提供了助力[45]。

深度学习近年来成为步态识别的主流方法并在跨视角步态识别方面取得突破性进展，中国科学院自动化研究所提出基于深度卷积神经网络的框架学习成对 GEI 之间的相似度，自动学习对步态识别有价值的静态和动态特征，并使用基于"正负对"的训练方式扩充样本数量，在小样本训练数据库上也能达到高精度。这种基于双通道中层步态特征融合的方法解决了传统方法跨视角步态特征难以匹配的难题，在大型步态数据库 CASIA-B 上达到了超过 94% 的跨视角平均准确率，达到了国际领先水平，相关成果已发表在 IEEE-TPAMI[46] 和 IEEE-TMM[47]。近期该团队进一步提出了一种基于卷积神经网络的全图分割的加速思路，将之前的算法加速了近 1000 倍，还建成了全球最大的户外步态数据库，包含 76 万段步态序列。中国科学院自动化研究所远距离步态识别系统获得了 2018 年度北京市科技发明二等奖，在中央电视台《机智过人》节目中表现优异且被评为"机智先锋"，嵌入式步态识别技术在美的家电领域应用，步态识别已在公安系统累计试用超过 1000 小时，参与了 20 多个案件的侦破。

虽然近几年在步态识别的方向上取得了许多突破，但算法的识别性能还远远没有达到饱和状态。总体而言，目前的研究热点集中于：①提高算法在服装变化、不同行进速度、视角变化等情况下的鲁棒性；②提高步态识别算法匹配长时间间隔的注册和识别样本准确率；③提高行人重识别准确率，而在研究种族、伤痛、疲劳、负重、自我控制等因素对步态识别的影响等方向鲜有研究者涉足，这也是步态识别研究中的难点所在。未来几年，步态识别的研究将延续现在的研究热点，并逐步将研究方向扩展和深入上述的重难点领域中去。作为衔接现在与未来研究领域的桥梁,基于步态的行人重识别算法的研究有希望从多层次、多角度为步态识别领域的研究突破带来新的机遇与灵感。

2.6 其他生物特征识别技术

2.6.1 掌纹识别

掌纹识别与其他生物特征相比,具有采集方便、隐私性好、用户接受程度高等优点。掌纹识别在高端门禁、公安刑侦、医疗社保、网络安全及考勤等领域都有广泛应用。掌纹识别现在主要有面向侦查和面向民用两种应用领域:基于法律层面的掌纹识别一般需要基于高分辨率的掌纹图像,基于商业应用的掌纹图像一般可以是低分辨率的灰度图像。除此之外,三维掌纹图像和非接触式采集的掌纹图像的相关研究也在开展。

2.6.2 声纹识别

声纹识别是一项根据语音波形中反映说话人生理和行为特征的语音参数,自动识别说话人身份的技术。声纹识别以声音作为识别特征,可以用不接触的方式实现采集,采集方式更加隐蔽,采集空间范围更加宽广,用户更容易接受。该项技术是在20世纪40年代末由贝尔实验室开发的,主要用于军事情报领域。随着声纹识别技术的逐步发展,20世纪60年代后期在美国的法医鉴定、法庭证据等领域都使用了该项技术。目前,声纹识别技术在信息领域、金融安全、司法、安保和证件防伪、军队和国防等领域都有重要应用。

2.6.3 眼纹识别

眼纹识别是通过人眼眼白(巩膜)上的独一无二的血管纹路进行个体身份认证的技术。人的眼球状况不是一成不变的,如过敏、红眼或者熬夜宿醉等都会造成眼球充血,但这并不会影响眼纹与眼内血管的排布。这说明眼纹特征足够稳定,可以用于身份验证。相较其他生物特征的识别技术,由于眼球反光、眨眼和眼睫毛等因素都会严重干扰眼纹识别的精度,导致其研发的门槛高、挑战大。

此外,生物特征识别领域不断探索新兴的信息模态用于身份验证,如静脉[48]、指节纹[49]、人耳[50]、脑电/心电信号[51]、眼动[52]、手机划屏[53]等。

3 生物特征识别技术的发展趋势与机遇

通过分析生物特征识别技术的政策环境、市场规模、应用平台和学科发展,我们认为生物特征识别技术目前正处于重要的战略机遇期。

3.1 生物特征识别法规和政策机遇

目前,生物特征识别技术的重要作用已经得到各国政府和社会大众的高度认可,为生物特征识别技术的广泛应用提供了宽松的政策环境。美国在"9·11"后连续签署了《爱国者法案》《边境签证法案》《航空安全法案》,都要求必须采用生物特征识别技术作为法律实施保证,要求将指纹、虹膜等生物特征加入护照中。2006年,国际民航组织规定电子护照中必须存储面相特征,指纹及虹膜作为备选。另外,越来越多的国家和地区在身份证中加入生物特征,如印度政府已经启动了全国性身份识别与管理 UID 项目,目前已经采集了超过 12 亿人的虹膜、人脸和指纹信息。

中国 2006 年发布的《国家中长期科学和技术发展规划纲要(2006—2020 年)》在谈到公共安全重点领域及前沿信息技术的部署时,明确提出要重点研究生物特征识别。2011 年,我国立法在第二代身份证中嵌入指纹信息,国家机关及金融、电信、交通、教育、医疗等部门可通过加入指纹信息的身份证,更加快速、准确地甄别持证人的身份,有效防范冒用他人身份证件及伪造、变造居民身份证等违法行为,为公民参加社会经济活动提供更好的服务。2015 年 7 月,《国务院关于积极推进"互联网+"行动的指导意见》明确提到"进一步推进……生物特征识别……等关键技术的研发和产业化"。2017 年 7 月,国务院发布《新一代人工智能发展规划》,明确提出"研发生物特征识别技术的智能安防与警用产品""利用人工智能提升公共安全保障能力"。

生物特征识别技术得到政、产、学、研、用等社会各界的高度重视,如美国每年一度的生物特征识别论坛汇集了来自美国国土安全部、司法部、国防部、FBI、CIA、NIST 等政府机构和大学、科研院所、企业的上千人研讨生物特征识别技术和产业,生物特征识别技术发展面临前所未有的政策机遇。

3.2　生物特征识别市场快速发展机遇

微软公司首席执行官比尔·盖茨在 2004 年就曾经预言:生物特征识别技术将成为今后几年 IT 产业的重要变革。2012 年 8 月,Gartner 公布了一份关于 2012—2013 年技术曲线成熟度(Hype Cycles)的报告,该报告指出生物特征识别作为 48 项新兴技术之一目前已经进入稳步爬升的光明期,并迎来高峰期。目前生物特征识别技术和产品在边检通关、居民证照、公安司法、金融证券、电子商务、社保福利、信息网络等公共安全领域和门禁、考勤、学校、医院、场馆、超市等民用领域都得到了广泛应用,形成了信息技术的新兴产业。

人脸、虹膜等身份信息已经成为"互联网+"时代、智能化时代的信息入口,具有广阔的产业发展空间。例如,iPhone X 和三星 S8 分别采用人脸识别和虹膜识别技术作为手机登录方式。2016 年 1 月美国 BCC 市场研究公司曾预测,全球生物特征识别的市场规模在未来几年内将大幅增长。该公司估计 2015—2020 年,全球生物特征识别市场将达到 22.7% 的复合年均增长率(CAGR),2020 年全球生物特征识别市场将达到 415 亿美元。

3.3　应用平台网络化的发展机遇

只要有人存在的空间,不管是物理空间还是虚拟空间,生物特征识别技术都可能有用武之地。目前,移动互联网、物联网、社交网的发展为生物特征识别发展提供了新的应用平台。随着人类社会信息化进程的深入发展,物联网和移动互联网的生物特征传感器(音频、视频)呈现泛在发展的趋势,同时互联网的音/视频数据规模呈爆炸式增长,为生物特征识别提供了新的发展机遇。"平安城市""雪亮工程"工程建设将在全国各地部署千万级别的高清监控终端,人员活动是重点监控内容,而生物特征是确定人员身份的重要手段；我国每年新增数以亿计的智能手机和平板电脑上的千万像素高清摄像头构建了泛在分布的移动视觉感知平台，苹果 iPhone 等智能手机配置了语音交互技术，为采集人脸、虹膜、声纹等多种模态的生物特征提供了新的途径；蓬勃发展的社交网站每天产生海量的用户数据，其中大量的图像和视频涉及人脸、虹膜和语音等生物特征信息。此外，一些体感游戏平台如 Kinect 可以同时获取深度和彩色图像信息，为 2D 和 3D 人脸融合识别提供了新机遇。另外，增强现实和虚拟现实（AR/VR）场景也会用到生物特征识别技术。

3.4 技术更新换代的机遇

生物特征识别学科领域经过 40 多年的发展，已经积累了丰富的理论和方法，在严格受控的条件下基本上可以正确识别高度配合的用户，但是当生物特征图像受到内在生理变化和外界环境变化时，生物特征识别的性能急剧下降，不能满足现实世界复杂环境下身份识别的需求，在易用性、鲁棒性、实时性、安全性、广域性等方面存在诸多有待深入研究的基本科学问题，严重制约了生物特征识别的学科进步、技术推广和产业发展。因此，在泛在生物特征传感器的网络环境里，生物特征识别技术正面临从受控条件走向复杂现实环境的历史机遇。

为了满足信息安全领域不断增长的实际应用需求，我们必须革新已有的生物特征识别模式，提出一整套创新的技术、系统和应用，在生物特征图像获取、活体检测、模式识别、安全防护等方面形成系统性的解决方案，突破现有生物特征识别系统在易用性、精确性、鲁棒性、实时性、安全性上的各种瓶颈，构建便捷化、自动化、智能化、网络化、海量用户、安全可靠的生物特征识别系统。因此，我们正面临抢占新一代生物特征识别技术制高点的历史机遇，对于生物特征识别的学科进步、技术推广和产业发展都具有战略意义。

4 发展新一代生物特征识别技术的主要挑战

新一代生物特征识别技术的核心理念是"以人为本"，需要突破众多技术瓶颈才能实现从受控受限到无处不在生物特征识别的跨越式发展。对于待识别对象而言，更加智能化的生物特征图像获取装置和计算机视觉软件将实现从"人配合机器"过渡到"机器主动来配合人"的生物特征识别新模式，生物特征识别系统对用户的位置、距离、姿态、表情上的要求更加宽松，用户可以在一个较为轻松的环境中不经意间完成身份认证，并且在身份识别的同时完成检测、跟踪、轨迹分析等视觉监控任务。从生物特征信息获取到信息处理，从实时反应到安全保障，从物理空间到网络空间，新一代生物特征识别技术的每个环节都面临诸多技术挑战。

4.1 便捷获取

生物特征信息获取装置是任何一个生物特征识别系统的前端模块，也是目前影响生物特征识别推广应用的一个重大瓶颈。因此，研制使用便捷的生物特征获取装置的必要性与意义不言而喻。生物特征信息的便捷获取涉及人机交互、目标检测、质量评价、光机电算一体化结合等一系列核心技术。在生物特征信息获取方面,具有潜力的研究方向包括远距离虹膜-人脸一体化成像、多光谱生物特征成像(例如,可见光指纹/掌纹图像和近红外指静脉/掌静脉图像采集、近红外人脸成像等)、非接触指纹/掌纹成像、类似Kinect技术的深度人脸图像获取等。在实际应用场景中,环境光照条件复杂,环境背景复杂,人群流动,相互遮挡,虹膜、人脸、掌纹等生物特征的目标较小,如何自动捕捉远距离动态变化过程中的多模态生物特征信息还是一个有待解决的关键问题。另外,如何在嘈杂环境中获取高质量的声纹信息也存在重要挑战。

4.2 鲁棒识别

生物特征识别的算法部分毫无疑问是任何一个生物特征识别系统的核心模块。该部分旨在从生物特征获取装置采集的生物特征信息中,分析和提取鲁棒的生物特征,以实现精确、可靠的个体匹配与识别,这涉及生物特征图像的预处理、特征分析与抽取、特征匹配与识别及多模态生物特征的信息融合。

由于复杂条件下成像环境的复杂性,如光照、距离、姿态、表情、模糊、形变、眼镜、遮挡、噪声、时间等因素都会造成不同时刻采集的生物特征图像之间存在较大的类内差异,如何提出对这些外界因素变化具有鲁棒性同时又保证可分性的图像特征表达和分析方法,是一个颇具挑战性的模式识别难题。学术界提出了稀疏表达(Sparse Representation)和深度学习(Deep Learning)等理论和方法,为解决生物特征识别的鲁棒性问题提供了新的工具。

复杂环境下的生物特征识别方式既包括主动身份认证,也包括被动身份认证。传统的主动身份认证模式用户主动配合,图像质量相对较好。和主动身份认证模式不同的是,在被动身份认证模式中,被识别对象不一定希望自己通过认证,甚至可能采取抵制的策略,如化妆、不配合等。为了实现被动身份鉴别,我们就必须研究非配合情况下的自动生物特征识别技术,在生物特征鲁棒识别等方面必须进行攻关。

以人脸识别为例,目前在可控条件下身份认证准确率超过99%,但是在视频监控场景中准确率迅速降到80%以下;另外,公安刑侦领域的低分辨率人脸、残缺指纹和掌纹对生物特征识别的鲁棒性提出重大挑战,因此鲁棒生物特征识别还有广阔的发展空间。

4.3 实时比对

随着生物特征成像成本的不断下降和政府部门对高性能身份认证技术的迫切需求,生物特征识别必将进入大规模应用阶段。例如,生物特征识别已经开始在电子护照、身份证、嫌疑犯排查、失踪人员身份鉴定、银行、电子商务、医疗、保险、社会福利等国家级和行业级的应用中推广,此时中心数据库中生物特征模板的规模必将达到海量级(千万级乃至上亿级),完成一次识别的时间长度将会让人无法忍受,这就是生物特征识别领域中的三大顽疾之一——规模(Scale)问题。在机场、车站、码头等复杂应用环境中,往往需要对某些预设的特殊人群(如公安部、安全部"黑名单"中的人群)

进行鉴别筛选（Screening），这就需要突破实时、高效的大规模生物特征数据检索技术。

4.4 安全防护

生物特征识别系统是一个安全系统，和其他信息安全技术一样，它也可能受到各种攻击，并且在识别系统的每个环节都可能受到黑客的威胁。除了伪造他人的生物特征样本外，其他可能的攻击包括在采集装置和计算机的通信链路上修改样本数据、修改识别结果、替换匹配程序、攻击生物特征模板数据库等。每个环节的攻击都是致命的，所以生物特征识别系统的安全系数取决于最薄弱的环节。为了使生物特征识别技术在安全性要求较高的场合得到应用，除了算法设计外，保护系统自身的安全性和提高对各种黑客攻击的抵抗能力也很重要。为了防止恶意者伪造和窃取他人的生物特征用于身份认证，生物特征识别系统必须具有活体检测功能，即判别向系统提交的生物特征是否来自有生命的个体。各种潜在的针对开放环境下的生物特征识别系统的攻击手段是无法预知的，因此设计严密、万无一失的生物特征识别系统安全防护体系是非常困难的。目前，生物特征识别系统安全性问题得到学术界和工业界的高度重视，如欧盟第七框架科研项目 Trusted Biometrics 专门研究生物特征识别的安全防伪问题。

4.5 物理与网络空间的协同身份认证

网络空间作为人类社会生存空间在信息化、网络化时代的扩展与延伸，与物理存在的人类传统社会空间紧密关联、互为补充、互相影响。公共交通和信息网络的快速发展使社会个体在物理和网络空间的行为活动日趋活跃，给公共安全和社会管理带来巨大挑战。因此，如何实现物理与网络空间的协同身份认证是一个具有重要应用前景同时也存在诸多挑战的问题。例如，最近几年互联网公司如 Google 和 Facebook 收购了一些人脸识别公司，研发了一批面向网络环境的生物特征识别应用，说明了生物特征识别技术在网络时代的发展前景。同时，如何利用社会网络关系、融合网络音/视频信息和物联网监控生物特征信息，实现跨物理和网络空间的协同身份识别系统是一个崭新的研究问题。

4.6 测评认证

从研究的角度来看，对生物特征识别算法的性能测评可以跟踪学术研究的最新进展，发掘识别算法的内在潜能，对比不同算法之间的优劣，根据不足之处提出算法优化方案，如特征选择、参数调节等，从而推进生物特征识别算法的研究。从产业和应用的角度来看，如果在生物特征识别领域没有一套标准的技术监督和性能测评体系，将会使整个产业处于一种混乱、无序的状态，给公共和个人安全防范体系带来重大隐患。

面对蓬勃发展的生物特征识别技术，目前各国纷纷成立国字号的专业化测评中心。例如，美国有美国国家标准与技术研究院（NIST）、依托圣何塞州立大学的国家生物特征测试中心（National Biometric Test Center）。此外，美国国防部专门成立了生物特征识别管理办公室（Department of Defense Biometrics Management Office），制定了《生物特征识别系统安全防护标准》（Department of Defense & Federal Biometric System Protection Profile），对所有进入美国军方和联邦政府应用的生物特征识别系统进行严格考核。英国政府的信息安全技术主管部门CESG在一般性信息安全产品的安全性能评测通用准则的框架下提出了生物特征识别产品的安全性评估方法。韩国成立了国家级的生物特征识别测评中心（Korea-National Biometric Test Center，K-NBTC），建设了大规模的数据库，开展标准兼容性、识别性能和安全性能的测试业务。

开展新一代生物特征识别技术的性能测评和认证存在测评数据（如何使测试数据具有代表性、测试数据的质量和规模等）、测评模型（如何统计分析测试结果，如何根据测试结果预测实际应用性能等）、测评软件（全自动、可配置、集成化的测评系统）等方面的难题。

5 对我国生物特征识别技术的发展建议

针对复杂环境下生物特征识别应用中面临的挑战性问题，需要我们在生物特征识别的人机交互、信息获取、预处理、特征分析、模式匹配、大规模检索比对、多模态信息融合、安全防伪、应用模式等各个环节取得系统创新，研发界面友好、识别精确、安全可靠、实时比对的生物特征识别技术和系统，提高生物特征识别系统的智能化、自动化、信息化程度，拓展生物特征识别系统对环境和用户的自适应能力，提升生物特征识别系统用户体验度和满意度。同时完成生物特征识别从"人配合机器"到"机器主动适应人"的技术过渡，实现生物特征识别应用从可控环境到复杂环境的重大技术跨越，形成自主知识产权的生物特征识别产业集群（包括核心芯片、获取装置、识别算法、应用系统），打造国家级的生物特征识别技术和产品测评认证体系。通过专利、标准、产品抢先占领下一代生物特征识别的制高点，使我国在生物特征识别领域进入国际领先行列，通过复杂环境下生物特征识别的技术突破将极大地拓展生物特征识别在现实世界中的应用范围，从而推动生物特征识别的产业振兴，增加我国生物特征识别产品在国际市场上的占有份额。通过产、学、研的协同创新使具有自主知识产权的科研成果成为我国生物特征识别产业的核心技术来源，提升我国生物特征识别领域的整体科技水平，打造生物特征识别领域的国产品牌，满足国家和公共安全对高端身份识别技术的迫切需求，扭转我国在生物特征识别领域核心技术依赖进口、受制于人的被动局面。

5.1 国家级生物特征识别应用的整体解决方案

目前，我国已经确定在第二代身份证和电子护照中嵌入生物特征信息，这些身份证件在教育、社保、金融、通关、电信、交通、旅游等领域的广泛应用离不开国家级生物特征识别基础设施平台的支撑。因此，研究具有我国自主知识产权的超大规模生物特征识别应用系统体系架构和关键技术具有重要性和紧迫性。

5.2 生物特征的智能感知和人机交互

重点攻克中远距离、行进中、大景深、非干扰的人脸和虹膜图像获取装置、非接触指纹、掌纹和静脉获取，以及基于新型光电原理的生物特征传感器。

5.3 生物特征的鲁棒识别方法

重点研究视频监控场景中的人脸、步态、虹膜识别技术,公安刑侦领域的残缺指纹、掌纹识别技术,以及多源异质的生物特征识别方法。

5.4 生物特征识别的安全防护体系

构建基于多光谱成像、活体检测、密码学、信息隐藏等技术的全方位生物特征识别安全防护体系,从而解决生物特征识别的安全性问题。

5.5 跨物理与网络空间的协同生物特征识别技术

重点研究物理空间大范围监控场景中跨摄像机的身份识别技术,基于社交网络的身份识别技术,以及物理空间与网络空间协同融合的身份识别技术。

5.6 生物特征识别的测评认证平台

生物特征识别技术性能的测评认证工作关系到国家安全、产业发展和学科进步,因此需要研究生物特征识别测评认证的相关标准和技术体系,既包括生物特征识别精确性、鲁棒性的测试,也应该包括安全性的测试,并且希望能建立基于测评信息指导算法优化的专家系统,从而"以评促研,研评相长"。

6 结束语

随着人工智能技术日新月异,如对抗生成网络、自动化机器学习(AUTOML)和神经网络架构搜索(NAS)等,以及新兴的传感设备,如光场相机、3D成像、多光谱成像等,生物特征识别技术和应用还有广阔的发展空间。人脸、虹膜、指纹、掌静脉、声纹、步态等生物特征在人工智能时代采集更便捷、识别更精确、防伪更安全、应用更广阔,已经成为人们畅行物理和网络空间,高效完成安检、通关、开门、取款、支付、社保、考试、医疗、考勤等日常事务的身份标识,生物特征识别新技术、新应用、新产业已经成为推动社会进步和人类文明的新动力。

参 考 文 献

[1]　阿里巴巴达摩院. 达摩院 2019 十大科技趋势 [EB/OL]. [2019-01-02]. https://damo.alibaba.com/events/50.

[2]　中华人民共和国中央人民政府. 国务院关于积极推进"互联网+"行动的指导意见 [EB/OL]. [2015-07-04]. http://www.gov.cn/zhengce/content/2015/07/04/content_10002.htm.

[3]　中华人民共和国中央人民政府. 国务院关于印发新一代人工智能发展规划的通知 [EB/OL]. [2017-07-20]. http://www.gov.cn/zhengce/content/2017-07/20/content_5211996.htm.

[4]　M A Turk, A P Pentland. Face Recognition using Eigenfaces[C]. Proceedings of the IEEE Conference on Computer Vision and Pattern Recognition (CVPR), 1991.

[5]　P N Belhumeur, J P Hespanha, D J Kriegman. Eigenfaces vs. Fisherfaces: Recognition using Class

Specific Linear Projection[J]. IEEE Transactions on Pattern Analysis and Machine Intelligence, 1997, 19(7):711-720.

[6] Y Taigman, M Yang, M Ranzato, L Wolf. Deepface: Closing the Gap to Human-level Performance in Face Verification[C]. Proceedings of the IEEE Conference on Computer Vision and Pattern Recognition (CVPR), 2014.

[7] F Schroff, D Kalenichenko, J Philbin. Facenet: A Unified Embedding for Face Recognition and Clustering[C]. Proceedings of the IEEE Conference on Computer Vision and Pattern Recognition (CVPR), 2015.

[8] Y Wen, K Zhang, Z Li, Y Qiao. A Discriminative Feature Learning Approach for Deep Face Recognition [C]. Proceedings of the European Conference on Computer Vision (ECCV), Switzerland: Springer, 2016.

[9] W Liu, Y Wen, Z Yu, M Yang. Large-margin Softmax Loss for Convolutional Neural Networks[C]. Proceedings of the International Conference on Machine Learning (ICML), 2016.

[10] W Liu, Y Wen, Z Yu, et al. Sphereface: Deep Hypersphere Embedding for Face Recognition[C]. Proceedings of the IEEE Conference on Computer Vision and Pattern Recognition (CVPR), 2017.

[11] H Wang, Y Wang, Z Zhou, et al. Cosface: Large Margin Cosine Loss for Deep Face Recognition[C]. Proceedings of the IEEE Conference on Computer Vision and Pattern Recognition (CVPR), 2018.

[12] J Deng, J Guo, N Xue, et al. Arcface: Additive Angular Margin Loss for Deep Face Recognition[C]. Proceedings of the IEEE Conference on Computer Vision and Pattern Recognition (CVPR), 2019.

[13] I Kemelmacher-Shlizerman, S M Seitz, D Miller, et al. The Megaface Benchmark: 1 Million Faces for Recognition at Scale[C]. Proceedings of the IEEE Conference on Computer Vision and Pattern Recognition (CVPR),2016.

[14] National Institute of Standards and Technology (NIST). Face Recognition Vendor Test (FRVT) [EB/OL]. [2020-04-02]. https://www.nist.gov/programs-projects/face-recognition-vendor-test-frvt.

[15] R Huang, S Zhang, T Li, et al. Beyond Face Rotation: Global and Local Perception GAN for Photorealistic and Identity Preserving Frontal View Synthesis[C]. Proceedings of the IEEE Conference on Computer Vision and Pattern Recognition (CVPR),2017.

[16] Y Liu, Q Li, Z Sun. Attribute-aware Face Aging with Wavelet-based Generative Adversarial Networks [C]. Proceedings of the IEEE Conference on Computer Vision and Pattern Recognition (CVPR),2019.

[17] J Daugman. High Confidence Visual Recognition of Persons by a Test of Statistical Independence[J]. IEEE Transactions on Pattern Analysis and Machine Intelligence, 1993, 15(11):1148-1161.

[18] Z He, T Tan, Z Sun, et al. Toward Accurate and Fast Iris Segmentation for Iris Biometrics[J]. IEEE Transactions on Pattern Analysis and Machine Intelligence, 2009, 31(9):1670-1684.

[19] H Proenca. Iris Recognition: On the Segmentation of Degraded Images Acquired in the Visible Wavelength[J]. IEEE Transactions on Pattern Analysis and Machine Intelligence, 2010, 32(8):1502-1516.

[20] C W Tan, A Kumar. Unified Framework for Automated Iris Segmentation Using Distantly Acquired Face Images[J]. IEEE Transactions on Image Processing, 2012, 21(9):4068-4079.

[21] L Ma, T Tan, Y Wang, et al. Personal Identification based on Iris Texture Analysis[J]. IEEE Transactions

on Pattern Analysis and Machine Intelligence, 2003, 15(11):1148-1161.

[22] J Thornton, M Savvides, V Kumar. A Bayesian Approach to Deformed Pattern Matching of Iris Images[J]. IEEE Transactions on Pattern Analysis and Machine Intelligence, 2007, 29(4):596-606.

[23] Zhenan Sun, Tieniu Tan, Ordinal Measures for Iris Recognition[J]. IEEE Transactions on Pattern Analysis and Machine Intelligence, 2009, 31(12):2211-2226.

[24] Nianfeng Liu, Man Zhang, Haiqing Li, et al. DeepIris: Learning Pairwise Filter Bank for Heterogeneous Iris Verification[J]. Pattern recognition letters, 2016, 82(2):154-161.

[25] Zhenan Sun, Hui Zhang, Tieniu Tan, et al. Iris Image Classification Based on Hierarchical Visual Codebook[J]. IEEE Transactions on Pattern Analysis and Machine Intelligence, 2014, 36(6):1120-1133.

[26] Nianfeng Liu, Jing Liu, Zhenan Sun, et al. A Code-level Approach to Heterogeneous Iris Recognition[J]. IEEE Transactions on Information Forensics and Security, 2017, 12(10):2373-2386.

[27] Zhenan Sun, Libin Wang, Tieniu Tan. Ordinal Feature Selection for Iris and Palmprint Recognition[J]. IEEE Transactions on Image Processing, 2014, 23(9):3922-3934.

[28] Nianfeng Liu, Haiqing Li, Man Zhang, et al. Accurate Iris Segmentation in Non-Cooperative Environments using Fully Convolutional Networks[C]. Proceedings of IEEE International Conference on Biometrics (ICB),2016.

[29] Qi Zhang, Haiqing Li, Zhenan Sun, et al. Deep Feature Fusion for Iris and Periocular Biometrics on Mobile Devices[J]. IEEE Transactions on Information Forensics and Security, 2018, 13(11):2897-2912.

[30] Tartagni Marco, Roberto Guerrieri. A 390 dpi Live Fingerprint Imager based on Feedback Capacitive Sensing scheme[C]. Proceedings of International Solids-State Circuits Conference (ISSCC),1997.

[31] Javier Galbally, Gunnar Bostrom, Laurent Beslay. Full 3D Touchless Fingerprint Recognition: Sensor, Database and Baseline Performance[C]. Proceedings of IEEE International Joint Conference on Biometrics (IJCB), 2017.

[32] O'Gorman Lawrence, Jeffrey V. Nickerson. Matched Filter Design for Fingerprint Image Enhancement[C]. Proceedings of International Conference on Acoustics, Speech, and Signal Processing (ICASSP),1988.

[33] A Dabouei, H Kazemi, S Iranmanesh, et al. Fingerprint Distortion Rectification using Deep Convolutional Neural Networks. Proceedings of IEEE International Conference on Biometrics (ICB), 2018.

[34] A Roy, N Memon, A Ross. Masterprint: Exploring the Vulnerability of Partial Fingerprint-based Authentication Systems[J]. IEEE Transactions on Information Forensics and Security, 2017, 12(9): 2013-2025.

[35] M Komeili, N Armanfard, D Hatzinakos. Liveness Detection and Automatic Template Updating using Fusion of ECG and Fingerprint[J]. IEEE Transactions on Information Forensics and Security, 2018, 13(7):1810-1822.

[36] E Park, X Cui, T Nguyen, et al. Presentation Attack Detection Using a Tiny Fully Convolutional Network[J]. IEEE Transactions on Information Forensics and Security, 2019, 14(11):3016-3025.

[37] J E Boyd, J J Little. Biometric gait recognition[C]. Advanced Studies in Biometrics, Switzerland:

Springer, 2005.

[38] S A Niyogi, E H Adelson. Analyzing and Recognizing Walking Figures in xyt. Proceedings of the IEEE Conference on Computer Vision and Pattern Recognition (CVPR), 1994.

[39] J Little, J Boyd. Recognizing People by Their Gait: the Shape of Motion[J]. Videre: Journal of Computer Vision Research, 1998, 1(2):1-32.

[40] P Huang, C Harris, M Nixon. Recognizing Humans by Gait via Parametric Canonical Space[J]. Artificial Intelligence in Engineering, 1999, 13(4):359-366.

[41] L Wang, T Tan, W Hu, et al. Automatic Gait Recognition based on Statistical Shape Analysis[J]. IEEE Transactions on Image Processing, 2003, 12(9):1120-1131.

[42] N Cuntoor, A Kale, R Chellappa. Combining Multiple Evidences for Gait Recognition[C]. Proceedings of International Conference on Acoustics, Speech, and Signal Processing (ICASSP), 2003.

[43] J Han, B Bhanu. Individual Recognition using Gait Energy Image[J]. IEEE Transactions on Pattern Analysis and Machine Intelligence, 2006, 28(2):316-322.

[44] T H Lam, K H Cheung, J N Liu. Gait Flow Image: A Silhouette-based Gait Representation for Human Identification[J]. Pattern recognition, 2011, 44(4):973-987.

[45] D Kastaniotis, I Theodorakopoulos, C Theoharatos, et al. A Framework for Gait-based Recognition using Kinect[J]. Pattern Recognition Letters, 2015, 68(2):327-335.

[46] Z Wu, Y Huang, L Wang, et al. A Comprehensive Study on Cross-view Gait based Human Identification with Deep CNNs[J]. IEEE Transactions on Pattern Analysis and Machine Intelligence, 2017, 39(2):209-226.

[47] Z Wu, Y Huang, L Wang. Learning Representative Deep Features for Image Set Analysis[J]. IEEE Transactions on Multimedia, 2015, 17(11):1960-1968.

[48] Yingbo Zhou, A Kumar. Human Identification Using Palm-Vein Images[J]. IEEE Transactions on Information Forensics and Security, 2011, 6(4):1259-1274.

[49] A Kumar, C Ravikanth. Personal Authentication Using Finger Knuckle Surface[J]. IEEE Transactions on Information Forensics and Security, 2009, 4(1):98-110.

[50] P Yan, K W Bowyer. Biometric Recognition Using 3D Ear Shape[J]. IEEE Transactions on Pattern Analysis and Machine Intelligence, 2007, 29(8):1297-1308.

[51] S Marcel, J D R Millan. Person Authentication Using Brainwaves (EEG) and Maximum A Posteriori Model Adaptation[J]. IEEE Transactions on Pattern Analysis and Machine Intelligence, 2007, 29(4):743-752.

[52] I Rigas, O V Komogortsev. Biometric Recognition via Probabilistic Spatial Projection of Eye Movement Trajectories in Dynamic Visual Environments[J]. IEEE Transactions on Information Forensics and Security, 2014, 9(10):1743-1754.

[53] M Frank, R Biedert, et al. Touchalytics: On the Applicability of Touchscreen Input as a Behavioral Biometric for Continuous Authentication[J]. IEEE Transactions on Information Forensics and Security, 2013, 8(1):136-148.

作者简介

孙哲南，1999 年在大连理工大学自动化系获得学士学位，2002 年在华中科技大学控制科学与工程系获得硕士学位，2006 年在中国科学院自动化研究所获得博士学位，现担任中国科学院自动化研究所副总工程师、研究员和博士生导师，中国科学院大学人工智能学院教授，天津中科智能识别产业技术研究院院长，国际模式识别学会会士 IAPR Fellow 和生物特征识别技术委员会主席，中国图像图形学会机器视觉专委会副主任，中国人工智能学会模式识别专委会秘书长，中国生物特征识别产业技术创新战略联盟秘书长，国际期刊 IEEE Transactions on Biometrics, Behavior, and Identity Science 编委，主要研究方向为人工智能、生物特征识别、模式识别、计算机视觉，获得国家技术发明二等奖和中国专利优秀奖，主持和参与国家级科研项目 20 余项，发表国际期刊和会议论文 200 多篇，其中 CCF-A 类论文 60 多篇，IEEE 汇刊 40 多篇，SCI 他引 2000 多次，H-index 指数 43，授权发明专利 38 项，主持研发的虹膜识别和人脸识别核心技术孵化了 3 家高科技公司，相关成果在煤矿、银行、军事、公安、手机等领域推广应用。

李琦，中国科学院自动化研究所副研究员，主要研究方向为人脸识别、计算机视觉，主持国家自然科学基金 1 项，作为骨干参与国家重点研发计划、中国科学院先导专项等。担任国际顶级期刊和会议 TPAMI, ICML, NIPS, AAAI, IJCAI 等审稿人，现任图像图形学会视觉大数据专委会委员及人工智能学会模式识别专委会委员，中国生物特征识别大会程序委员会委员，曾获国家留学基金委公派留学及人社部首届"澳门青年学者"资助。在计算机视觉和机器学习顶级期刊和会议 TIP、TIFS、NIPS、CVPR、AAAI 等发表文章 16 篇，申请专利 12 项，软件著作权 4 项。

刘云帆，博士研究生，就读于中国科学院自动化研究所，主要从事生成型对抗网络在人脸图像编辑方面的应用研究。

朱宇豪，2016 年在中南大学获得学士学位，2018 年在纽约大学获得硕士学位，现任中国科学院自动化研究所助理工程师，主要从事生物特征识别及神经网络的压缩及加速方面的工作。

第二篇
面向国家重大需求

大数据系统助力青藏高原和泛第三极地球系统科学研究

李 新[1] 潘小多[1] 郭学军[1] 秦 军[1] 安宝晟[1] 汪 涛[1] 叶庆华[1] 王卫民[1]
杨晓娟[1] 牛晓蕾[1] 冯 敏[1] 车 涛[2] 晋 锐[2] 郭建文[2]

（1. 中国科学院青藏高原研究所；2. 中国科学院西北生态环境资源研究院）

摘 要

泛第三极地区主要包括青藏高原和其北侧的亚洲内陆干旱区，西至高加索等山脉，东至黄土高原西部，面积约 2000 万平方公里，与 30 多亿人的生存环境有关。第二次青藏高原综合科学考察研究国家专项和中国科学院战略性先导科技（A 类）"泛第三极环境变化与绿色丝绸之路建设"专项的实施，对以青藏高原为核心的泛第三极地区生态环境保护与经济社会可持续发展提供了重要科学支撑。泛第三极大数据系统是第二次青藏科考和"丝路环境"专项的重要数据支撑平台，意在存储、管理、分析、挖掘和发布泛第三极地区的资源、环境、生态和大气等科学数据，形成泛第三极关键科学数据产品，开发在线大数据分析、模型应用等功能，实现泛第三极科学的数据、方法、模型与服务的广泛集成，构建云服务平台，从而推动泛第三极科学研究中大数据方法应用。本文旨在详细介绍泛第三极大数据系统的体系架构、数据资源整合和大数据分析方法等，推动学科领域的大数据处理能力，探索大数据驱动的地学研究新范式，服务青藏高原和泛第三极地球系统科学研究。

关键词

青藏高原；泛第三极；数据集成；大数据分析；数据引用；数据发表；FAIR

Abstract

The Pan-Third Pole includes the Tibetan Plateau and the northern intracontinental arid region of Asia, extending to the Caucasus Mountains in the west and the western Loess Plateau. This region covers 20 million square kilometers and affects the environment inhabited by three billion people. Two special projects have been implemented to provide important scientific support for eco-environmental protection and sustainable economic and social development of the Pan-Third Pole region, with the Tibetan Plateau as its core: the Second Tibetan Plateau Scientific Expedition Program (a national special project) and the Pan-Third Pole Environmental Change and Construction of the Green Silk Road (hereinafter referred to as the Silk Road and Environment), a strategic pilot science and technology project (Category A) of the Chinese Academy of Science. The Pan-Third Pole big data system is an important data support platform for these two major research programs and has several purposes: the storage, management, analysis, mining and release of scientific data for various disciplines, such as resources, the environment, ecology and atmospheric science of the Pan-Third Pole; preparation of key scientific data products of the Pan-Third Pole; the gradual development of functions such as online big data analysis and model application; and the construction of a cloud-based platform to integrate data, methods, models and services for Pan-Third Pole research and promote application of big data technology in scientific research in the region. This paper demonstrates in detail various aspects of the Pan-Third Pole big data system, including the system architecture, data resource integration and big data analysis methods. The system improves big data processing capability in geoscience, serves as a new paradigm of geoscience research driven by big data and facilitates scientific research of the Earth system of the Tibetan Plateau and the Pan-Third Pole.

Keywords

Tibetan Plateau; Pan-Third Pole; Data Integration; Big Data Analysis; Data Citation; Data Publishing; FAIR

1 引言

青藏高原是地球上海拔最高的高原，被称为地球的第三极。第三极地区孕育了亚洲的几大河流，也被称作亚洲水塔，是近50年来气候变暖和环境变化最为剧烈的区域之一，是全球气候系统多圈层相互作用的典型区，也是影响全球气候与环境变化的关键区和敏感区，在全球能量和水分循环中发挥着重要作用，对全球和区域气候有重要影响[1,2]。同时，第三极地区具有极为独特而脆弱的生态环境，其物种和生态系统对气候变化高度敏感。为此，第二次青藏高原综合科学考察研究（以下简称第二次青藏科考）于2017年拉开序幕，涉及青藏高原的冰川与环境变化、湖泊与水文气象、生物与生态变化、古生态和古环境等方面的研究，旨在探索变化规律、预估变化情景和提出应对策略，并结合西藏社会发展的实际需求和"一带一路"倡议，进行国家需求和科学前沿双重驱动的综合科学考察研究。随着"一带一路"倡议的推进，以第三极为起点向西辐散，涵盖青藏高原、帕米尔高原、兴都库什、天山、伊朗高原、高加索、喀尔巴阡等山脉，面积约2000万平方公里的地球上生态环境最脆弱和人类活动最强烈的泛第三极地区，其环境变化受到全球关注[3]。保护泛第三极地区资源环境的可持续性发展，将为"一带一路"建设提供重要支撑[4,5]。

因此，构建泛第三极环境大数据系统将助力区域环境问题的解决，有助于泛第三极地区的科学研究和绿色发展，支撑"一带一路"建设；也是国家发展的战略需求，有助于实现对国家重要科技数据资源的全面汇集、长期保存、集成管理和共享，支持解决经济社会发展和国家安全等重大问题。

现有泛第三极冰冻圈、湖泊、生态、水文、大气、固体地球等方面的数据，具有海量但零碎、分散、时空覆盖不全等特征，一方面浪费了很多资源，不同的科研人员在进行研究的时候，需要反复收集和重复处理数据；另一方面科研人员无法全面、准确地了解泛第三极数据的整体状况，没有发挥出这些数据的巨大潜力。目前，国内外都没有青藏高原和泛第三极研究相关的大数据科学平台，因此迫切需要建设一个泛第三极环境大数据平台，对这些数据进行深度整合，并实现快速共享，提高数据利用率和科学研究的效率。我们借鉴国内外地学相关的科学数据中心的建设理念以及资源集成和共享的经验[6-11]，开发了新的大数据平台和大数据分析方法，旨在推动泛第三极科学研究进入新的研究范式，为地学领域大数据创新提供了示范，同时也为第二次青藏科考和中国科学院战略性先导科技（A类）"泛第三极环境变化与绿色丝绸之路建设"专项（以下简称"丝路环境"专项）提供了数据支撑平台。

2 泛第三极大数据系统的体系架构

通过多源异构数据的整合，以及大数据挖掘、地学模型的集成，建成能够开展泛第三极地球科学研究的大数据平台；基于该平台选取冰川变化、湖泊变化、生态监测、震源过程和可持续发展五个具体的研究领域，探索和总结大数据驱动的地学研究的新方式（见图 1）。

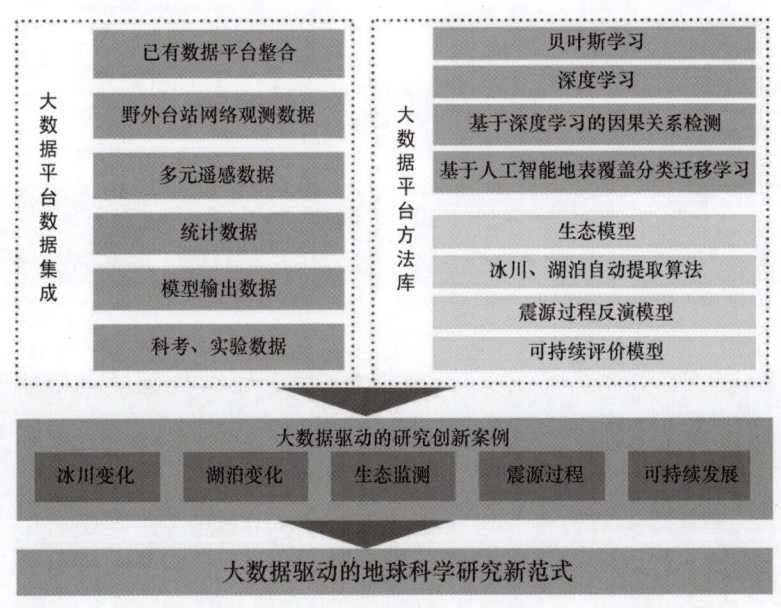

图 1　系统总体架构

2.1　数据管理和共享平台

泛第三极大数据系统存储、管理、分析、挖掘和发布泛第三极地区的资源、环境、生态和大气等科学数据，并逐步开发在线大数据分析、模型应用等功能，实现泛第三极科学的数据、方法、模型与服务的广泛集成（系统界面见图 2）。

泛第三极大数据系统支持个人自主发布数据、合作项目与单位数据、期刊数据和平台数据挖掘产品等多种形式的数据资源的提交、评审和发布，支持野外台站观测数据的自动入库、质量控制与发布，支持分级数据共享，支持在线数据分析、挖掘和可视化。

2.2　信息基础设施建设

利用虚拟化技术实现硬件资源的动态分配、灵活调度、跨域共享，极大地提高 IT 资源的使用效率。充分利用"中国科技云"提供的网络、存储和计算资源，部署云盘、在线文档库等应用，辅助科学数据的积累和共享。构建 PB 级数据密集型数据存储和处理设施，部署相关大数据处理软件和工具（包括 Ambari、PackOne、PiFlow 等），建立冰冻圈、水文生态、固体地球和区域可持续发展等大数据应用示范环境。泛第三极大数据系统体系架构如图 3 所示。

图 2 泛第三极大数据系统界面

图 3 泛第三极大数据系统体系架构

2.3 标准体系规范

为全面贯彻落实《国务院办公厅关于印发科学数据管理办法的通知》（国办发〔2018〕17号）和中国科学院印发的《中国科学院科学数据管理与开放共享办法（试行）》（科发办字〔2019〕11号）通知精神，进一步加强和规范科学数据管理，保障科学数据安全，提高开放共享水平，保障国家青藏高原科学数据中心（以下简称数据中心）管理工作，数据中心已制定了数据中心管理、专项数据管理、元数据标准、科学数据管理、数据共享服务、IT和数据安全及学科内容规范等方面的标准规范，规范数据采集、汇交、保存和共享管理等各个过程，保障数据安全和作者权益（见图4）。

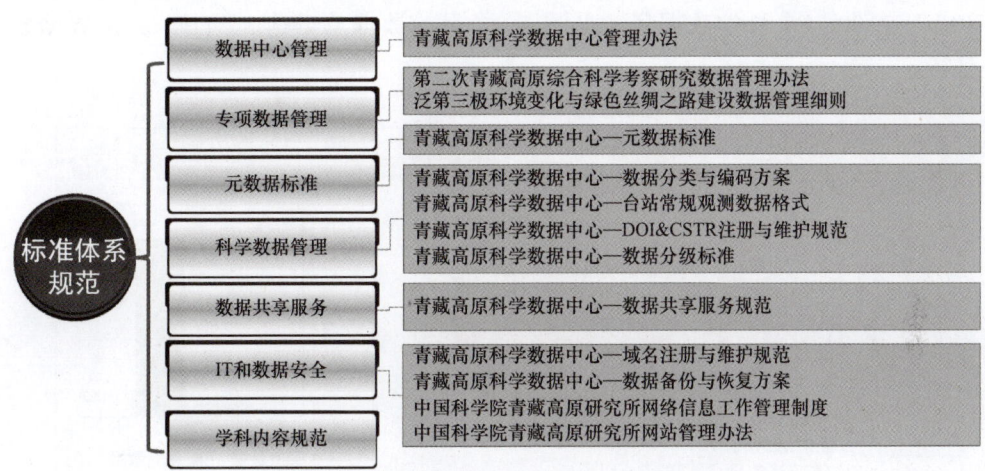

图4　国家青藏高原科学数据中心标准体系规范

其中，《国家青藏高原科学数据中心学科内容规范》，参考了与15个学科相关的102个国家标准和行业标准及35篇文献，制定了与青藏高原研究相关的冰川冻土、古环境、地质、水文、土壤、大气、大气化学、生态、遥感、生物多样性和灾害等国家青藏高原科学数据中心15个学科的数据内容规范。

以冰川学科数据内容规范为例，包括物质平衡、末端变化、冰川编目、黑炭含量、氧同位素与气溶胶浓度、冰川表面运动、冰川温度、冰川厚度、冰川气象、冰川径流10个子分类的若干指标，每个指标都通过中英文名称、数据单位、数据精度、数据粒度和数据取值范围详细描述该指标数据的内容及取值规范。这些规范内容为数据中心收集、整理冰川数据或进行冰川数据质量校对提供了较为全面的参考依据。

3 泛第三极数据资源

3.1 泛第三极科学数据分类体系关键词表

泛第三极大数据系统根据"地球系统科学数据分类体系关键词表"、三极数据编目和国家自然科学基金委员会地球科学部《地球科学一处学科方向分类与关键词》（试用版2012），组成新的三极与泛第三极数据分类体系关键词表，包括11个一级类，62个二级类，以及702个关键词。其中一级类包括冰冻圈（Cryosphere）、水文学（Hydrology）、土壤学（Soil Science）、大气圈（Atmosphere）、生物圈（Biosphere）、地质学（Geology）、古气候/古环境（Paleoclimate/Palaeoenvironment）、人文因素/自然资源（Human Dimensions/Nature Resources）、灾害（Disaster）、遥感数据（Remote sensing）、基础地理（Basic Geographic）。

3.2 泛第三极数据的整合

在青藏高原数据中心原有148个科学数据集的基础上，整合第二次青藏科考、三江源国家公园实施星空地一体化生态监测及数据平台、寒区科学数据中心[5]和科研产出等2100多个科学数据集（见图5），目前数据总量达33 TB，关系数据超过14亿行。

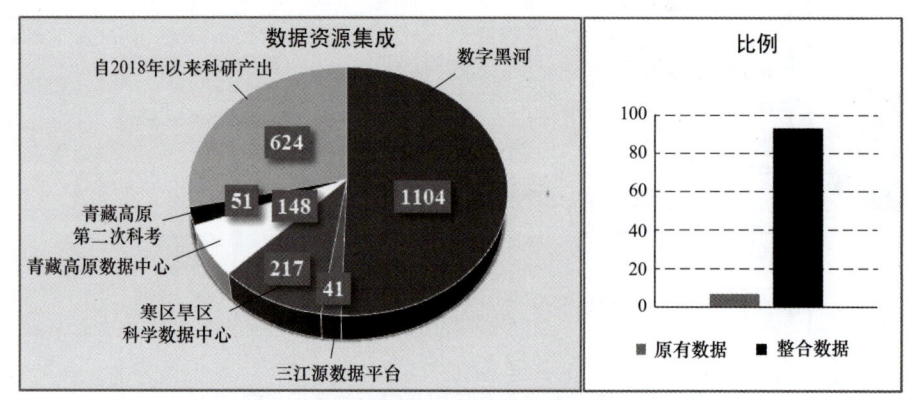

图5　整合的泛第三极数据资源来源和数量

3.3 泛第三极数据的集成

采用ISO 19115标准管理青藏高原元数据，构建基于云的泛第三极环境大数据系统，实现多层次、多终端、多语言的云共享。鉴于来自多个平台的数据集会存在多源异构等问题，因此迫切需要进行数据集成，解决多源数据间的信息冗余问题，同时有助于发现全球变暖情况下泛第三极区域多圈层不同要素间的相互影响关系和与其他区域的遥相关关系。数据集成的第一要义是对各类空间异构数据进行统一建库，进行质量控制，提供完备的元数据和数据文档，实现数据共享。对泛第三极区域数据集的时效性、完整性、原则性和逻辑性进行检验，在手工方法、元数据方法和地理相关法等传统质量控制方法的基础上，在泛第三极大数据建设方面大力引入大数据清洗（质量控制）机制，利用有关技术如数理统计、数据挖掘或预定义的清理规则，通过计算机自动化ETL处理[抽取（Extract）、转换（Transform）和加载（Load）]，将"脏数据"转化为满足数据质量要求的数据，从而提高泛第三极数据资源的可信度（精确性、完整性、一致性、有效性和唯一性）和可用度（时间性、可得性和满意度）。

为确保元数据和数据质量，泛第三极大数据系统提供在线双语数据汇交系统和完备的半智能化评审系统。在汇交系统中提供中英文联动方式并尽量提供下拉式选择,以避免手动输入错误,如下拉式学科关键词—主题关键词—关键词的三级中英文联动信息和下拉式时空分辨率中英文联动信息等。泛第三极大数据系统的半智能化评审系统主要体现在:新数据提交后,系统会自动给数据服务人员发送初审通知邮件,初审之后,系统在专家库中根据学科关键词匹配评审专家并发送数据评审邀请邮件;评审专家点同意发布,数据即可开放共享,如数据评审专家有意见,系统自动通知元数据作者进行修改。泛第三极系统元数据中英文编辑和评审流程如图6所示。

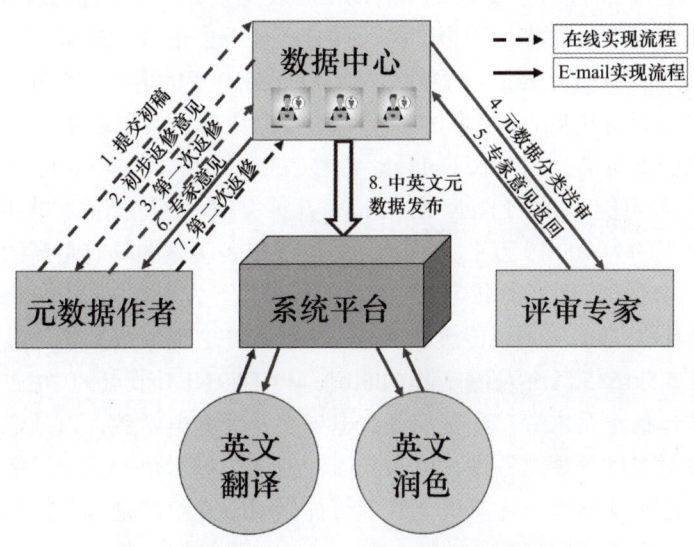

图6 泛第三极系统元数据中英文编辑和评审流程

3.4 泛第三极核心数据集

按照数据汇交、管理、质量控制、共享、更新的相关机制,采用统一的数据库系统和 GIS 平台,对不同类别、不同专业方向的海量、多源、异构数据进行梳理、整理、重组、合并等,形成具有重要影响力和极高科研价值的泛第三极核心数据资源。泛第三极关键数据集分类如表1所示。

表1 泛第三极关键数据集分类

关键数据集分类中文名	关键数据集分类英文名	原则
泛第三极观测关键数据集	Calibration and verification core datasets over TP	要素有气象、土壤温湿、水文、EC(涡动相关)等,遵循统一时间跨度、统一时间粒度(年、月、日、时)等原则
泛第三极冰冻圈关键数据集	Cryosheric core datasets over TP	包含冰川、冰湖、冻土和积雪等冰冻圈要素,统一区域范围,统一投影方式
泛第三极基础关键数据集	Basic geographic core datasets over TP	统一投影方式,统一空间分辨率(1km),尽量统一制备期

续表

关键数据集分类中文名	关键数据集分类英文名	原则
泛第三极近地表驱动关键数据集	Near-surface atmospheric forcing datasets over TP	提供一套质量可靠、时间序列较长的近地表气象驱动数据集
泛第三极科学发现关键数据集	Scientific discovery core datasets over TP	以科学发现为主

例如，青藏高原多年冻土热条件分布图（2000—2010年）利用地理加权回归模型（GWR），综合了经过时空重建的MODIS地表温度、叶面积指数、积雪比例和国家气象信息中心多模型土壤水分预报产品，融合了4万多个气象站降水观测和风云二号（FY2）卫星降水观测数据及152个气象台站2000—2010年的多年平均气温观测数据，模拟得到了青藏高原过去1 km分辨率的多年平均气温数据。利用多年冻土热条件分类系统，将多年冻土分为非常冷（Very Cold）、冷（Cold）、凉（Cool）、暖（Warm）、非常暖（Very Warm）和可能解冻（Likely Thawing）几种类型。剔除湖泊和冰川分布，青藏高原多年冻土总面积约为107.19万平方千米。实地调查表明该图具有更高的精度，可为冻土工程规划设计与环境管理等提供支持。相应的成果已经发表在 *Cryosphere* 期刊上[11]。

黑河流域中游生态水文无线传感器网络WATERNET观测数据集，是关于黑河中游盈科/大满灌区5.5km×5.5km观测矩阵内50个WATERNET节点的2012年5月至今的连续观测数据，包括土壤水分、土壤温度、电导率及复介电常数，以及地表辐射红外温度和大气红外辐射温度等观测数据，可为异质性地表关键水热变量的遥感估算及其遥感真实性检验、生态水文研究、灌溉优化管理等提供时空连续的观测数据集。相应的成果已经发表在 *Scientific Data* 期刊上[12-14]。

3.5 数据共享原则和方式

泛第三极大数据系统遵循FAIR（可发现性、可公开获取性、互操作性和可重复利用性）数据共享原则[5]。在FAIR数据共享原则的指导下，泛第三极大数据系统采取以为数据用户提供在线服务为主、离线服务为辅的中英文双语数据访问方式（见图7）。离线和在线共享方式都保障以下数据权益：①数据唯一标识码DOI；②数据分发协议：默认采用数据CC（知识共享）BY 4.0协议，即保留作者版权；③文献引用：提供1~2篇文献作为使用数据的必引文献；④数据引用：鼓励用户通过DOI引用数据；⑤数据浏览、下载和引用情况定期反馈给数据作者。离线和在线两种共享方式的区别是：在线数据能够方便数据用户直接下载，不给数据作者发送通知邮件；离线数据能够方便数据作者定制除以上数据权益之外的共享条例。在线服务在建设智能数据计量系统的基础上，尽量降低数据申请和下载的门槛；离线服务是在保障数据作者的专有权益的基础上，建设数据用户和数据作者间的自动化交互系统，提高离线数据服务的共享效率。中英文双语服务在提供高质量英文元数据和数据实体的基础上，提倡了中英文环境并重的服务方式。服务模式包括日常服务、专题服务、典型服务、推送服务和信息服务（见图8）。同时，泛第三极大数据系统将建立App、手机版网站、微信公众号和微博，并定期推出数据简讯，提升泛第三极大数据系统的影响力。

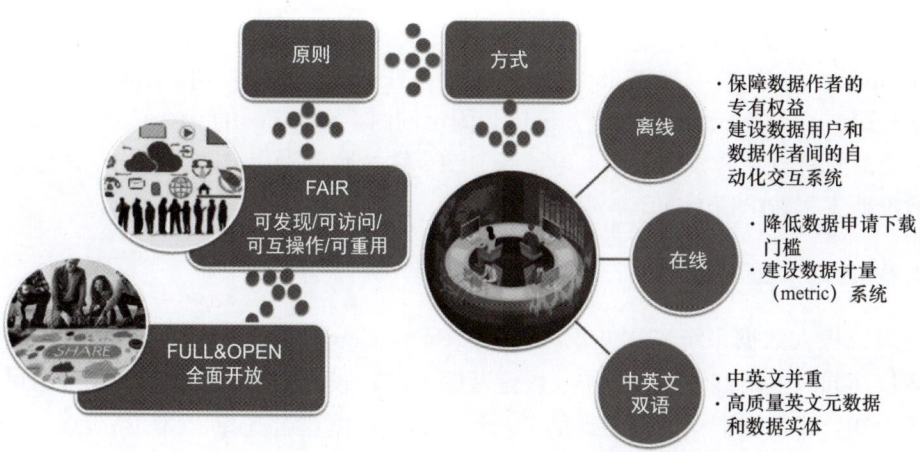

图 7　泛第三极大数据系统数据共享原则和方式

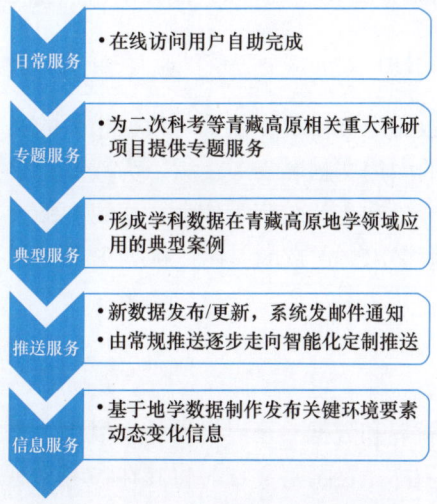

图 8　泛第三极大数据系统服务模式

4　数据知识产权和出版

"大数据"给信息化时代带来了诸多的改变,与之相关的知识产权保护也日益受到重视。知识产权能为大数据产业及其发展保驾护航。数据既是体力劳动的结果,更是智力活动的结晶,因此重视科研数据的知识产权是更好地利用科研数据的前提。数据共享需要保护数据的知识产权,才能保护数据生产者权益,让数据共享工作可持续发展。泛第三极大数据中心采用多种方式保障数据知识产权。

4.1　数据 DOI

泛第三极数据资源建设引入为解决互联网环境下数字资源的多重链接和版权转移问题而提出的数字对象唯一标识符(DOI)系统,可用于科学数据共享,具有跟踪价值、引用价值、集成价值和互联价值。泛第三极大数据系统的 DOI 格式为：10.11888/category.tpdc.metadataID，10.11888 为固定前缀，11888 为中国科学院青藏高原研究所机构登记号码，category 为数据类型，tpdc 为固定词语，metadataID 为 6 位数的数据序号。数据中心对具有自主产权的数据，申请新 DOI；移植数据沿用已有的 DOI；国际公开共享的数据，不再新申请 DOI。

4.2 数据分发协议

泛第三极大数据系统采用知识共享（Creative Commons）4.0 协议，该协议保留了作者版权，同时主动宣告他人在协议限定范围内的转载、使用和二次演绎等行为可以不向作者告知。在数据汇交系统中提供了六种方案供数据作者选择：CC BY 4.0（署名）、CC BY-NC 4.0（署名）、CC BY-ND 4.0（署名—禁止演绎）、CC BY-NC-ND 4.0（署名—非商业性使用—禁止演绎）、CC BY-SA 4.0（署名—相同方式共享）和 CC BY-NC-SA 4.0（署名—非商业行使用—相同方式共享），系统默认的协议是 CC BY 4.0（署名）。

4.3 原创数据的论文引用

泛第三极大数据系统数据汇交模块提供了与数据相关的文献信息录入和文献文件上传功能，作为使用该数据的引用文献和参考文献，为数据用户提供数据的研究背景、制备过程、处理方法、质量评价和相关应用等信息。泛第三极大数据系统在数据详情页面上列出"使用本数据时必须引用'文章的引用'中列出的文献"的提示，促进科学数据共享的文明学术生态发展。

4.4 数据引用

数据引用是国内外出版界和数据共享界提出的新概念，是指将数据作为一种重要的引证材料，像引用的文献一样，在撰写文章时将其在参考文献部分进行引用和说明。数据引用使得：①数据使用可追踪；②数据服务可计量；③科学数据受到知识产权保护。数据的引用格式通常由数据中心提供，泛第三极大数据系统中，数据引用的格式如下："数据作者列表. 数据标题. 数据出版 / 发布单位, 数据出版 / 发布时间. 数据 DOI 永久地址."。

4.5 数据保护期

根据《国务院办公厅关于印发科学数据管理办法的通知》（国办发〔2018〕17 号），政府预算资金资助的各级科技计划（专项、基金等）项目所形成的科学数据，应由项目牵头单位汇交到相关科学数据中心。为了及时、有效地完成数据汇交工作，提倡在项目执行过程中按项目任务逐年实施数据汇交，同时为了保障数据采集者具有优先使用数据的权益，泛第三极大数据系统根据数据获取类型，设置不同的数据保护期：①使用物联网技术实时收集的数据，实现准实时共享；②基础资料和自动台站，原则上不设置数据保护期；③拟建议科研过程中产生的增值数据或者海拔不超过 4000m 人工采集的野外数据，设置数据保护期不超过 1 年，鼓励直接共享；④拟建议海拔超过 4000m（包含）人工采集的野外数据，设置数据保护期不得超过两年，鼓励直接共享。

4.6 数据出版和科研论文数据仓储中心

联合知名期刊推动青藏高原数据出版，吸引更多科学家共享青藏高原数据。同时，力争成为国际重要数据出版物 Scientific Data 和 AGU 等认证以及地球系统科学数据（ESSD）推荐的数据仓储中心，鼓励更多的科研工作者将最新研究成果及其关联的原创数据在泛第三极大数据系统中发布和共享。目前，泛第三极大数据系统在各方面都已经达到作为国际重要数据出版物仓储中心的标准：拥有数据对象唯一标识符（DOI）及数据共享系统，实现了元数据标准化的科学数据共享和同行评审机制。大数据系统成为国际重要刊物推荐的数据仓储中心后，将为研究相关的原创数据的分享提供保障，扩大数据的来源，为泛第三极科学大数据分析注入活力。

4.7 用户权限控制

由于数据集本身的开放范围及版权问题，用户的访问权限需要得到控制。用户登录后，在授权的范围内访问数据集（包括浏览元数据的权限和下载实体数据的权限）。

一个用户可以被分配多个角色。每个角色有可定制的数据访问范围（维护数据集与角色之间的映射关系），如针对"丝路环境"专项用户和第二次青藏科考用户等，都需要区别授权，控制数据集的访问范围。

用户权限控制本质上是对角色／用户与数据集权限关系的关联维护过程，分为角色管理和会员管理。角色管理模块可以对元数据、数据集进行查看和下载授权。会员管理模块包括新建会员、修改会员信息、审核会员资格、管理会员权限功能，在会员权限管理中，可以赋予会员角色，同时可以单独定制对数据集的访问权限。

5 泛第三极大数据分析

5.1 方法库框架

由于观测和模型的多源化，以及泛第三极环境的特殊性和复杂性，相关地球系统科学数据具有高不确定性、高维度和类型多样等特征，大数据的特点日益鲜明。地学领域基于大数据的信息挖掘模型与方法，以及时空可视化方法还在发展阶段。如何从结构不同、分散存储、数据量巨大的地学大数据中形成对泛第三极环境整体变化趋势、细节变化特征及时间演进规律的准确把握；从全局角度审视泛第三极环境多要素之间的相互作用机制和协同变化规律，支持不同时空尺度的联合分析，给泛第三极环境大数据的挖掘分析和认知发现带来了挑战。泛第三极大数据分析系统中通过增量集成和自主研发，构建大数据质量控制、自动建模与分析、数据挖掘及交互式可视化的方法库，形成高可靠性、高可扩展性、高效性和高容错性的工具库，实现泛第三极环境多源异构、多粒度、多时相、长时间序列大数据的协同分析方法的集成和共享，以及高效和在线的大数据分析处理，并通过泛第三极关键地表过程的大数据分析应用示范，打通数据深度挖掘的整体技术链路。方法库包含机器学习、时间序列分析、因果分析、数据后处理、高级地统计、模型-观测融合共六大类大数据分析方法库（见图9），通过方法库元信息对方法进行管理和智能搜索/推荐，建立代码共享机制，由GitHub进行托管。

图9　大数据分析方法库

5.2　大数据方法在泛第三极地学研究中的案例

大数据时代的来临，给泛第三极地区水、生态、环境问题的机制认识和正确应对带来了新的机遇。大数据科学和技术是科学方法中继实证、演绎、数字计算之后的一次崭新革命，对于分析和预测复杂系统的行为，都有成功的实践，将给地球系统科学研究带来飞跃性变革。下面展示采用大数据分析方法，结合观测、遥感和模拟等多源大数据进行边界自动提取、生态网络数据和模型的继承、地震观测大数据驱动的震源破裂过程成像等大数据系统助力泛第三极地球系统科学研究的案例分析。

1. 基于深度学习的地物分割算法

多空间尺度耦合是地学数据的基本特征之一，但是现用于街景分割的深度学习算法不能很好地体现该特征。我们构建了基于图像金字塔的概念，且构建了多尺度嵌套的深度学习网络，实现地物类型分割（见图10）。

目前深度网络一般采用形状固定的空间卷积形式，要求网络具有较多的卷积核结构，在模型优化标定时有适应性，导致网络参数较多，训练效率较低。因此，我们构建了引进空间形式可变的卷积核结构进行地物分割的深度神经网络，以提升计算效率。通过对网络前层特征图向下采样、卷积，构建特征图金字塔，再向上采样，与网络后层特征图融合，与其他语义分割网络相比，能极大地提高网络对不同尺度地物的响应。

2. 实现冰川与湖泊矢量数据自动提取算法

基于大数据平台的多源数据运算，充分利用以往多源遥感数据信息与冰川等综合数据信息，实现冰川边界自动提取算法，从而精确估算全球气候变暖背景下青藏高原及周边区域冰川退缩现状，并预测其变化趋势。采用大量的青藏地区的典型湖泊的 Sentinel-1 宽幅 SAR 数据、Landsat 遥感影像数据、高分辨率数字地形模型遥感数据、冰川编目矢量和航拍数据等，引进空间形式可变的卷积核结构进行地物分割的深度神经网络，能有效去除容易与冰川混淆的地形阴影，也能避免斑噪和湖面风浪的影响，较好地识别冰川和湖泊的边界，准确率达 90% 以上。

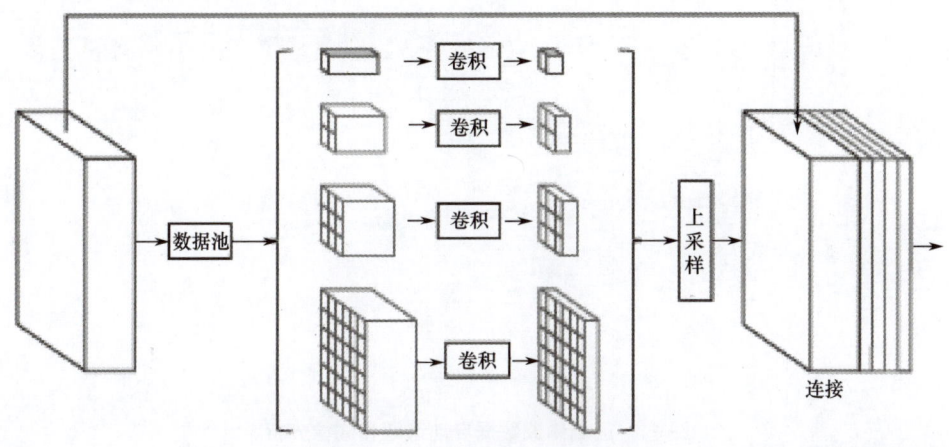

图 10　多尺度嵌套的深度学习网络

3. 生态观测网络观测数据和生态模型的集成

深度整合多平台、多空间尺度、长时间序列遥感数据，包括过去 30 年第三极地区基于 Landsat 30m 分辨率大气层顶表观反照率（TOA）数据、2000—2017 年 500m 分辨率 MODIS 天顶角反照率数据、2000—2017 年 250m 分辨率 MODIS 植被覆盖率数据和地形数据（SRTM DEM）。利用青藏高原通量站点的碳、水通量资料对生态系统模型的参数进行优化。使用 Morris 方法对模型碳、水循环过程参数进行敏感性分析，挑选出最敏感的参数进行优化。结合通量站点观测的碳、水通量，使用贝叶斯同化技术对所选参数进行优化。结果显示，参数优化显著提高了模型对生态系统碳交换（NEE）的模拟精度，降低了模型对生态系统初级生产总值（GPP）、生态系统碳交换的模拟误差。

4. 开发地震观测大数据驱动的震源破裂过程成像系统

开发并测试了远场 P 和 SH 波波形资料的自动分类、检索、评估、拾取的软件系统（见图 11）。可实现在大量原始资料中快速选取用于震源过程研究的远场体波数据，采用广义反射透射系数矩阵方法编制完成静态位移场格林函数计算程序。实现根据震源位置自动选取地壳上地幔速度结构模型，并计算生成随深度和震中距变化的静态位移格林函数库；实现对泛第三极地区近期 6.0 级以上、全球 7.0 级以上的地震基于远场波形数据进行快速震源过程成像和烈度理论评估。

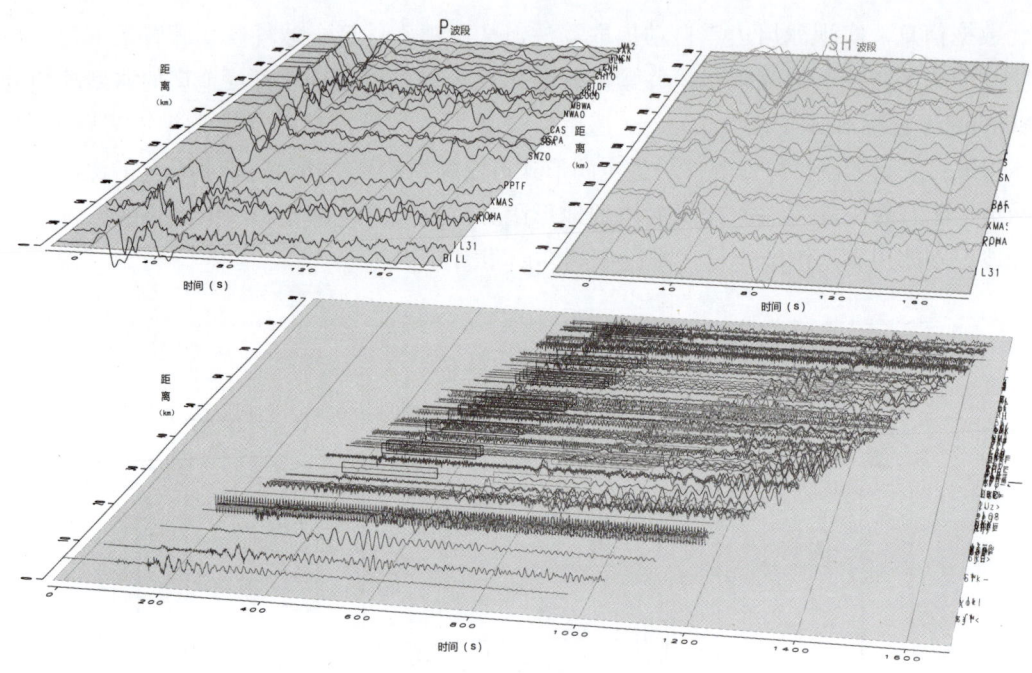

图 11 远场体波数据自动选取和成像分析

6 结语

  大数据时代的来临，给青藏高原和泛第三极地区环境问题的机制认识和正确应对带来了新的机遇和挑战。泛第三极大数据系统是第二次青藏高原综合科学考察研究国家专项和中国科学院战略性先导科技（A 类）"泛第三极环境变化与绿色丝绸之路建设"专项的重要数据支撑平台，旨在存储、管理、分析、挖掘和发布泛第三极地区的资源、环境、生态和大气等科学数据，形成泛第三极关键科学数据产品，逐步开发在线大数据分析、模型应用等功能，构建云平台，实现泛第三极科学的数据、方法、模型与服务的集成，推动泛第三极科学研究中大数据方法应用，推动实现泛第三极地区生态环境保护与经济社会健康、绿色、可持续发展目标。泛第三极大数据系统在系统平台和数据资源建设方面，制定平台标准体系规范，整理泛第三极数据编目，整合和集成多平台的数据资源，凝练核心数据集；在数据权益方面，采用全方位的数据知识产权措施和设置数据保护期，以确保数据作者的权益；遵循 FAIR（可发现性、可公开获取性、可互操作性和可重复利用性）共享原则和采用以在线服务为主、离线服务为辅的共享模式，降低数据用户下载数据的门槛；积极申请成为国家重要刊物的数据仓储中心，吸引更多原创数据为泛第三极科学研究注入新的活力；提供中英文双语环境，为中外相关科研机构和科学家提供泛第三极科学数据资源。期望通过泛第三极大数据系统，能够促进开展第三极地区"水—冰—气—生—人类活动"多圈层相互作用的研究，从而揭示第三极地区环境变化过程与机制及其对全球环境变化的影响和响应规律，提高地区的灾害预测、预警和减灾能力。

经过近两年的建设，泛第三极大数据平台（http://data.tpdc.ac.cn）已经正式运行并提供服务，已发布 2100 多个科学数据集，并采取多种数据知识产权保护措施，逐步完善在线大数据分析方法，致力于为泛第三极地球系统科学研究和区域绿色发展提供数据支撑。

参 考 文 献

[1] Yao T. Tackling on environmental changes in Tibetan Plateau with focus on water, ecosystem and adaptation [J]. Science Bulletin, 2019, 64(7): 417.

[2] Yao T, Xue Y, Chen D, et al. Recent third Pole's rapid warming accompanies cryospheric melt and water cycle intensification and interactions between monsoon and environment: multidisciplinary approach with observations, modeling, and analysis [J]. Bulletin of American Meteorological Society, 2019, 100: 423-444.

[3] 姚檀栋, 陈发虎, 崔鹏, 等. 从青藏高原到第三极和泛第三极 [J]. 中国科学院院刊, 2017, 32(9): 924-931.

[4] 杨雪. 多国科学家共议泛第三极环境与"一带一路" [N]. 科技日报, 2017-07-12(3).

[5] Li X, Niu XL, Pan XD, et al. National Tibetan Plateau Data Center Established to Promote Third-Pole Earth System Sciences [EB/OL]. [2020-05]. https://www.gewex.org/gewex-content/files_mf/1590612006May2020.pdf.

[6] Li X, Nan ZT, Cheng GD, et al. Toward an improved data stewardship and service for environmental and ecological science data in west China [J]. International Journal of Digital Earth, 2011, 4(4): 347-359.

[7] Stall S, Yarmey L, Cutcher-Gershenfeld J, Hanson B, et al. Make all scientific data FAIR [J]. Nature, 2019, 570: 27-29.

[8] 王亮旭, 李新. 地球科学数据共享的挑战与实践：以中国西部生态与环境科学数据中心为例 [M]. 北京：科学出版社, 2019.

[9] 王亮绪, 南卓铜, 吴立宗, 等. 西部数据中心数据集成和共享的回顾与展望 [J]. 中国科技资源导刊, 2010, 42(5): 30-36.

[10] 潘小多, 李新, 南卓铜, 等. 科学数据文档的研究 [J]. 中国科技资源导刊, 2010, 42(3): 30-35.

[11] Li, X, Che, T, Li, XW, et al. CAS Earth Poles: Big Data for the Three Poles [J]. Bulletin of the American Meteorological Society, 2020, https://doi.org/10.1175/BAMS-D-19-0280.1.

[12] Ran YH, Li X, Cheng GD. Climate warming over the past half century has led to thermal degradation of permafrost on the Qinghai–Tibet Plateau [J]. The Cryosphere, 2018, 12(2): 595-608.

[13] Li X, Liu SM, Xiao Q, et al. A multiscale dataset for understanding complex eco-hydrological processes in a heterogeneous oasis system [J]. Scientific Data, 2017, 4170083, 10.1038/sdata.2017.83.

[14] Jin R, Li X, Yan B, et al. A Nested Eco-hydrological Wireless Sensor Network for Capturing Surface Heterogeneity in the Middle-reach of Heihe River Basin, China [J]. IEEE Geoscience and Remote Sensing Letters, 2014, 11(11): 2015-2019.

[15] Kang J, Li X, Jin R, et al. Hybrid optimal design of the eco-hydrological wireless sensor network in the middle reach of the Heihe River Basin, China [J]. Sensors, 2014, 14(10): 19095-19114.

作者简介

李新，博士，中国科学院青藏高原研究所研究员，国家青藏高原科学数据中心主任，中国科学院青藏高原地球科学卓越创新中心核心骨干，国家杰出青年科学基金获得者，入选中组部万人计划。1992 年毕业于南京大学大地海洋科学系，1998 年在中国科学院兰州冰川冻土研究所获博士学位。在冰冻圈信息系统与遥感、陆面数据同化、内陆河流域综合观测和集成研究等方面取得了创新性科研成绩，包括发展了我国大尺度陆面数据同化系统及高分辨率的流域尺度陆面水文数据同化系统，组织实施了"黑河综合遥感联合试验"和"黑河生态水文遥感试验"。已发表学术论文 350 余篇（SCI 收录 200+），论文总引用 13000（SCI 引用 5700+）。担任世界气候研究计划 / 全球能水交换项目（WCRP/GEWEX）科学指导委员会委员、全球水未来研究计划科学指导委员会委员，任《中国科学 地球科学》、*Science Bulletin*、*Journal of Hydrology*、*Vadose Zone Journal* 等多个国际期刊的编委。E-mail：xinli@itpcas.ac.cn。

东方超环协同实验平台的信息化建设与展望

王 枫 肖炳甲 夏金瑶

（中国科学院合肥物质科学研究院等离子体物理研究所）

摘 要

　　东方超环（EAST）是目前为止国际上唯一具备与国际热核聚变实验堆（ITER）类似条件且最有能力在粒子平衡时间尺度上实现长脉冲、高性能运行的实验装置，其产生了海量的实验数据，给信息化环境的建设带来了新的需求和挑战。EAST 协同实验平台信息化建设的目标是遵循"协同""高效""开放"的理念，为开展高水平科研实验和人才培养提供强有力的支撑和保障。建设内容涵盖了 EAST 聚变实验全过程，包括实验前期提案收集与安排；实验过程状态监控，实时数据采集存储，实验日志记录，远程联合实验；实验后期数据访问分析和成果展示等；同时提供统一账号管理、数据访问接口、文档管理、会议发布、Wiki 内部交流等全方位信息化支撑平台，涉及高速反射内存网络、虚拟化、虚拟现实、高速采集与存储、大数据处理等信息化先进技术。该平台不仅促进了科研资源的建设积累，提高了科研人员的工作效率，还提供了开放共享的科研交流途径，促进了国内外合作创新研究。截至 2018 年 11 月，共有约 1000 位注册用户来自 40 多个国内外合作单位，吸引外籍学者来访约 4000 人天 / 年，累计实验数据已达到 1000TB。已经有多个国家通过该平台参与联合实验，外部参与提案比例高达 57%。对 EAST 核聚变能研究起到了极大的促进作用，助力 EAST 创造了 101.2s 稳态长脉冲高约束等离子体运行世界纪录，并于 2018 年首次获得电子温度 1 亿度完全非感应等离子体。下一步将基于国产软、硬件并结合大数据和人工智能技术，实现自主可控的信息化数据平台，为未来聚变堆控制与信息化系统提供预研。

关键词

　　东方超环；核聚变；协同；虚拟应用；实时控制

Abstract

　　EAST is the only experimental device in the world with similar conditions as ITER and have the best ability to achieve long pulse and high performance operation on the particle balance time scale, which attracts extensive international cooperation and generates a huge amount of experimental data. The construction goal of EAST collaborative experimental platform is to follow the concept of "collaboration", "efficiency" and "openness" and provide support and guarantee for carrying out high-level scientific research and personnel training. It covers the whole process of EAST experiment, including the collection and arrangement of proposals, Experimental process status monitoring, real-time data acquisition and storage, experimental log recording, remote joint experiment, Data access and analysis and so on, which involved in high-speed reflection memory network, virtual applications, virtual reality, high-speed acquisition and storage, big data processing and other information advanced technology. Moreover, it provides many support platforms such as unified account management, unified data access interface, document management and wiki internal communication platform and so on. The platform not only promotes the accumulation of research resources and improves the work efficiency, but also provides an open and shared way of academic exchange and promotes domestic and foreign cooperative and research. At present, there are about 1000 registered users from more than 40 cooperative units, attracting 4000 foreign visitors per year, the accumulated experimental data has reached 1000TB. Several countries have participated in joint experiments through the platform, the percentage of external proposals is as high as 57 percent in 2018. It is of great benefit for EAST research, helping EAST set the world record for 101.2 seconds of steady-state long-pulse high-confinement plasma operation, and obtained the completely non-inductive plasma with electron temperature of 100 million degrees for the first time in 2018. The next step is to realize an independent and controllable information data platform based on domestic hardware and software combined with big data and artificial intelligence technology, providing a preliminary study for control and information system of future fusion reactor.

Keywords

EAST; Nuclear Fusion; Collaborative; Virtual Application; Real-time Control

1　东方超环简介

核聚变是未来理想能源，托卡马克是一种利用磁约束来实现受控核聚变的环形容器[1]。东方超环（Experimental Advanced Superconducting Tokamak，EAST）是我国设计建造的国际上第一个建成并投入运行的全超导托卡马克核聚变实验装置[2]，是国家"九五"大科学工程。EAST 采用国际热核聚变实验堆（ITER）类似先进技术，具有超过 1000s 长脉冲高参数运行能力，是未来 10 年国际上极少数有能力在高参数条件下开展长脉冲聚变等离子体物理和工程技术研究的实验平台，其面向国内外开放，吸引了广泛的国际合作研究。

EAST 装置的目标是研究托卡马克长脉冲稳态运行的聚变堆物理和工程技术，构筑今后建造全超导托卡马克反应堆的工程技术基础。瞄准核聚变能研究前沿，开展稳态、安全、高效运行的先进托卡马克聚变反应堆基础物理和工程问题的国内外联合实验研究，为核聚变工程试验堆的设计建造提供科学依据，推动等离子体物理学科其他相关学科和技术的发展[3]。围绕高约束、稳态运行研究的主线，EAST 装置通常每年进行两次实验，每次实验时间为 3 个月。几乎每轮实验间隙都会进行大量的改造升级，以获得更强的放电运行能力，还尝试探索了多种新的等离子体放电实验运行模式和方法，开展了许多与之相关的工程与物理实验研究，取得了一系列突破性进展，分别于 2012 年、2016 年、2017 年成功突破了 30s、60s、100s 高约束模的稳态放电运行世界纪录[5,6]。EAST 已成为世界上首个高约束模等离子体运行时间达到百秒量级的托卡马克核聚变实验装置。

2　EAST 磁约束核聚变实验对信息化建设的需求

在过去的十几年间，EAST 实验数据已从 GB 量级进入 TB 量级，如今正在从 TB

量级向 PB 量级迈进,且越来越多的国内外用户希望通过不同的方式参与到 EAST 实验中来,如何借助信息化技术与手段提高用户对实验数据的存取速率及实验效率,促进核聚变科研成果产出,对 EAST 实验的信息化建设提出了新的挑战。EAST 核聚变实验研究的整个流程主要包括实验方案的收集和实验计划安排、实验控制、实验状态监控与记录、实验数据的采集与存储、实验数据分析、实验数据发布与共享等,每个环节对信息化环境都有着迫切的需求。

EAST 起初是单位内部人员参与实验研究,实验安排都是通过内部讨论确定。随着 EAST 装置面向国内外用户开放共享,需要借助信息化平台为不同地域用户提供统一的可以快速访问的实验申请入口,并发布申请说明与要求。用户通过该平台可以申请实验机时,进行特定的实验验证或研究;相关责任人通过该平台可以对用户提交的实验方案进行异地审核,以便与实验主线统筹规划进行实验安排。

EAST 实验运行期间,需要借助信息化工具定时发布实验计划安排,对实验计划进行跟踪与记录,实时监控实验状态,实时发布实验结果,以便所有实验人员掌握实验最新进展情况。等离子体物理研究所一直与美国、俄罗斯、法国、日本、韩国、德国、英国、丹麦及 ITER 等世界主要聚变国家或组织保持良好合作关系,EAST 装置已经被美国能源列为对外合作的首选装置。因此,越来越多的合作者希望能够借助先进的网络技术,实现远程参与控制,开展中外联合实验。

EAST 实验的目的是产生海量的供研究分析的实验数据,包括视频数据、原始数据及二级库数据。实验运行期间需要实时采集或计算各种数据并存入相应的数据库或存储设备中。随着长脉冲实验的逐步开展,实验数据每年都呈现增长的趋势,到目前为止实验数据已高达 1000TB。此外,数据来源多样化,大约有 7000 多道信号数据,分别存入多个不同的数据服务器中。不断增长的数据量和信号类型的变化导致对信息化环境的要求也在不断提升,如对存储空间、存取速度等有更高的要求。物理专家需要对每炮的多个类型的信号数据进行对比分析,因此需要开发集成化的数据浏览与可视化工具。

EAST 实验的成功运行及取得的突破性进展归功于各系统部门的通力合作与沟通交流,因此需要一个开放协作的沟通交流平台及知识共享平台,营造一个开放协作的信息化氛围和环境,帮助青年人才快速成长。此外,EAST 实验离不开管理部门高效、卓越的运行管理,包括文档的管理、实验成果管理等都需要借助信息化的手段提高工作效率。

3　EAST 协同实验平台信息化建设

EAST 协同实验平台信息化建设的主要目标是为人才培养和开展高水平科学研究实验工作提供支撑和保障,平台总体架构如图 1 所示。平台主要包括实验前期的实验提案的收集和实验安排;实验过程中的状态监控,实验结果的显示及远程联合实验;实验后期的数据分析显示工具和成果公示等信息化显示。同时提供统一账号管理、文档管理、会议发布等信息化支撑平台,具有统一身份认证、统一数据访问接口、开放、协作等特点。

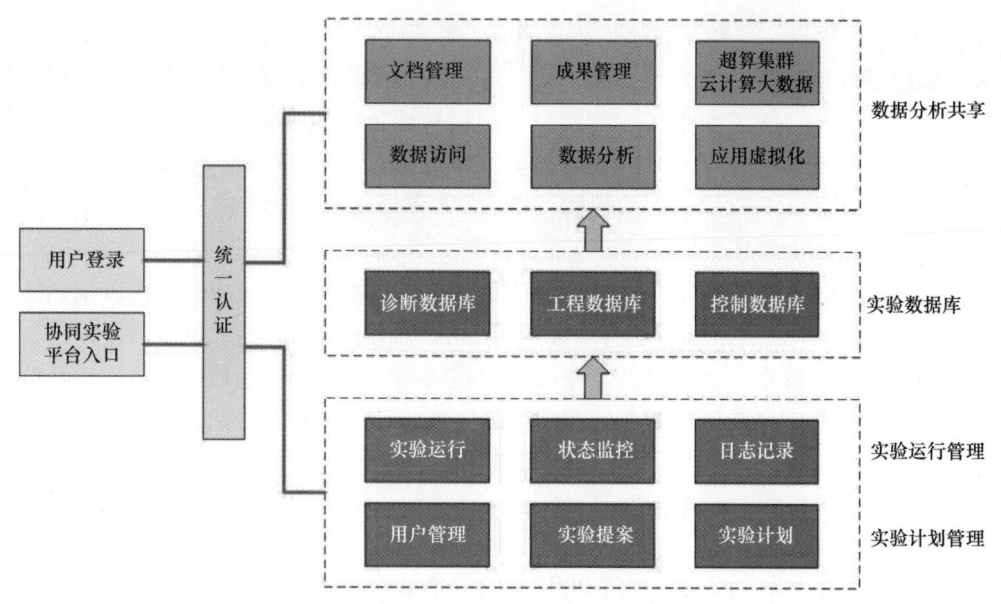

图 1　EAST 协同实验平台总体架构

平台采用统一账户进行登录，建立了基于 LDAP 的统一账户管理系统处理账户的申请、信息的更新及账户的权限等，科研人员只需要一个账户便可以浏览具有访问权限的平台。EAST 协同实验平台主入口如图 2 所示。

图 2　EAST 协同实验平台主入口

3.1 实验提案管理和实验计划管理

3.1.1 实验提案管理

实验提案管理系统是基于浏览器/服务器架构的实验机时在线申请平台，具有实验提案的在线撰写、审核、查询及跟踪等功能。实验前国内外用户通过该平台了解实验机时申请要求，提交实验需求及方案。EAST 物理组人员组织相关实验提案的研讨与整合，根据装置每年的运行目标计划安排主线提案，并通过提案系统安排优先提案或进行多个提案合并。该平台的建设为国内外用户提供了统一的 EAST 实验机时申请入口，同时节省了提案审批时间，提高了研究人员的工作效率。EAST 实验提案管理系统界面如图 3 所示。

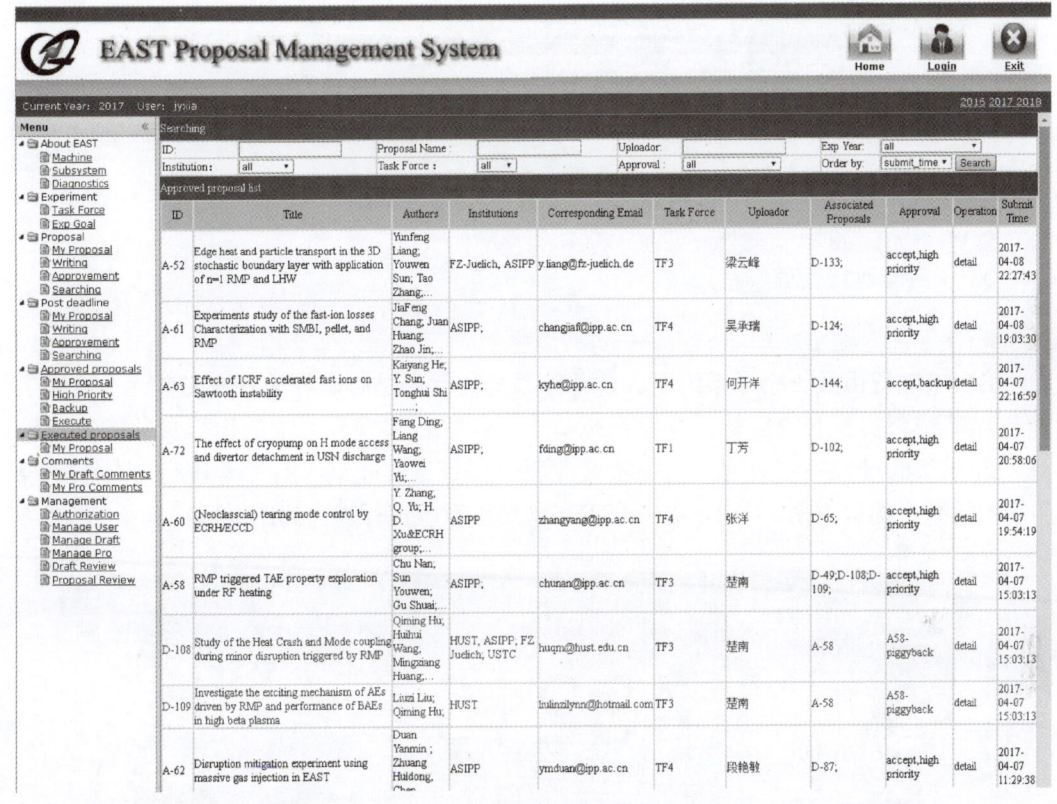

图 3　EAST 实验提案管理系统界面

3.1.2 实验计划管理

实验计划管理系统是基于 Mediawiki[7] 建立的开放式信息共享平台，所有登录用户都可以共同编辑平台内容，拥有协作编辑、权限管理、自定义目录等多个功能。该平台不仅发布实验的总体安排和近期的实验计划、实验值班安排及实验提案跟踪记录等，而且还包括了各个系统的介绍，所有内容均由用户协作编辑完成，可以帮助年轻的科研工作者快速掌握不同系统的情况，使其尽快参与到实验研究中。此外，EAST 装置每年都有不同程度的升级改造，该系统平台具有版本控制的功能，方便用户追溯历史信息。EAST 实验计划管理系统界面如图 4 所示。

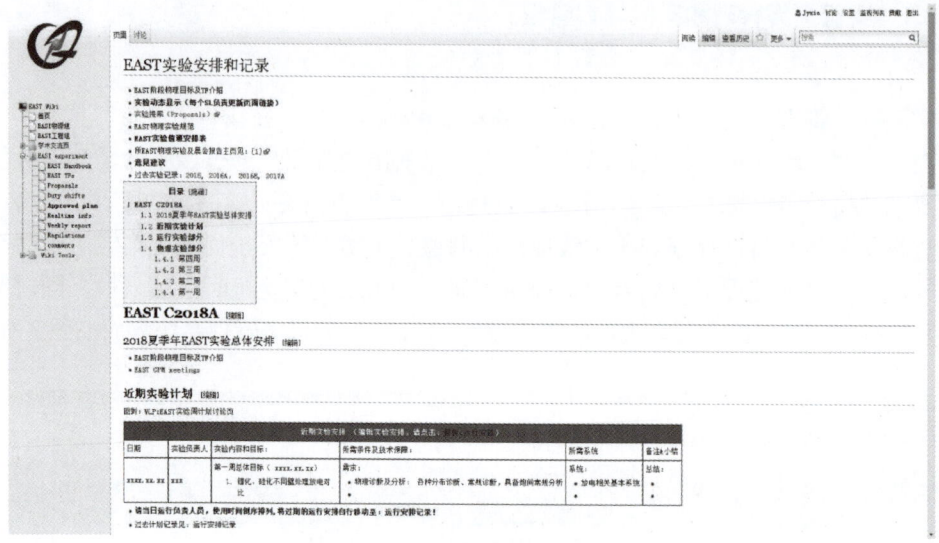

图 4　EAST 实验计划管理系统界面

3.2　实验运行管理

3.2.1　实验运行系统

EAST 装置由数十个子系统组成，总控系统的目的是协调各子系统安全、平稳地工作，保障物理实验有效运行。总控系统基于 PXI 平台实现分系统的运行参数配置与管理，并在实验过程中实时巡检监控实验逻辑，保证进程正确、有序地进行。总控系统 7×24h 运行，巡检周期小于 1ms。EAST 实验总控系统运行界面如图 5 所示。

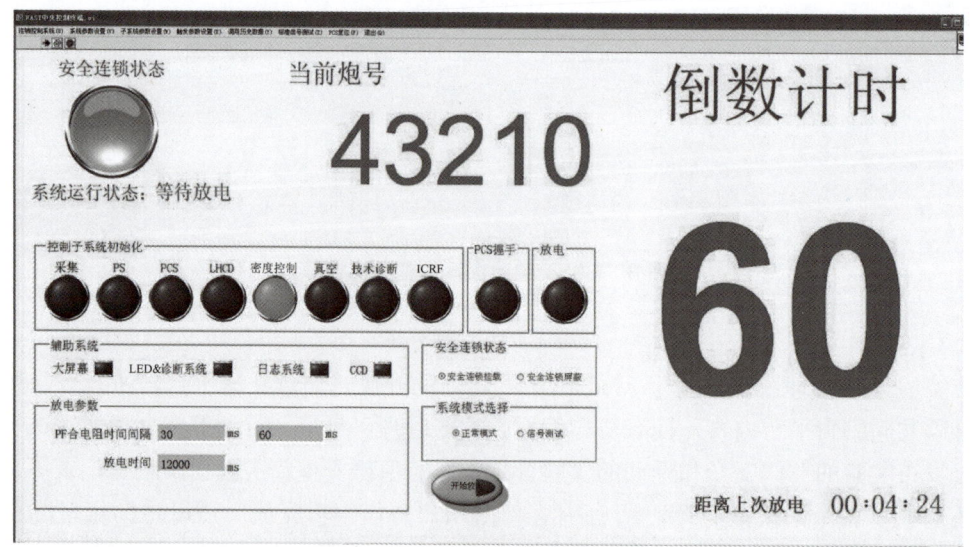

图 5　EAST 实验总控系统运行界面

注：PS：电源系统；PCS：等离子体控制系统；LHCD：低杂波电流驱动；ICRF：离子回旋加热；CCD：相机视频诊断；PF：极向场。

同时，为了保障装置上重要设备的安全运行，设计开发了安全联锁系统。该系统采用西门子 PLC 实现系统冗余，实现对所有重要设备的集中联锁监控，故障响应时间小于 4ms，故障日志可以精确到 1ms，故障发生后会发出警报通知实验人员，以便实验人员及时处理。此外，该平台可以发布成 Web 页面，支持远程监控信号状态。EAST 安全联锁监控界面如图 6 所示。

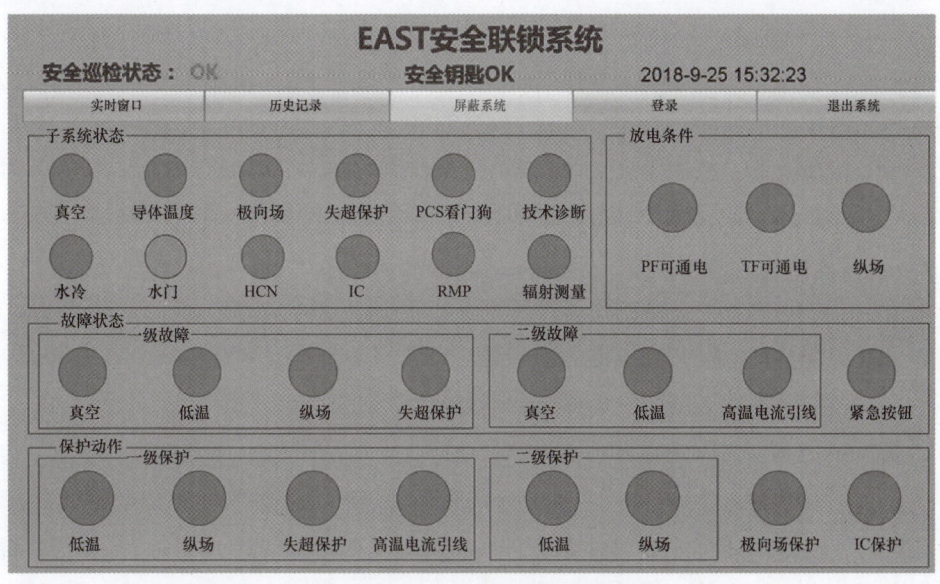

图 6　EAST 安全联锁监控界面

注：PCS：等离子体控制系统；HCN：等离子体密度；IC：快控；RMP：共振磁场扰动；PF：极向场；TF：纵场。

3.2.2　实验监控系统

位于控制大厅内的大屏幕集中监控系统在 2018 年实验中正式投入使用，由 LED 全彩小点阵和 LCD 液晶屏拼接组成，总面积约为 100m^2。其用于显示实验所有重要参数、实验状态及各个系统的状态监控，包括炮号、纵场等重要参数的显示，以及安全联锁、位形显示、视频显示、真空、低温、中性束注入等所有子系统的状态监控，以便控制大厅的实验人员及时掌握实验运行状态。各系统平台通过光纤接入信号显示，可以控制显示信号的自由组合及分布区域。此外，该平台可以预存多种显示方案，可以根据场合切换显示方案。EAST 大屏幕集中监控系统如图 7 所示。

图 7　EAST 大屏幕集中监控系统

1. 工程数据监控

工程数据显示系统是基于浏览器/服务器架构的实时发布平台，可以实时显示真空、磁体、电源等多个工程系统关键参数的数值变化，监控各系统的运行状态。该平台主要通过在各系统结构图的相应位置上显示参数的变化，如阀门开合、温度的变化等方式，明确、直观地说明系统是否正常，若产生故障，将启动故障报警等功能。

2. 实时位形显示

自主设计开发的实时等离子体位形显示系统 RTSCOPE，采用了 C/S 架构和反射内存网络等先进技术。实验运行时，服务器端从高速反射内存网络实时读取等离子体控制系统发送的位形数据，然后分发给不同的客户端绘制显示，可以实现毫秒级的实时位形刷新。

3. 诊断系统状态显示

EAST 装置包含了几十种诊断系统，各个诊断系统的正常运行对实验至关重要，因此建立了基于浏览器/服务器架构的诊断系统状态显示系统，主要包括各个诊断状态的实时显示、诊断阀门状态显示、诊断介绍、诊断名表、历史信息、运行维护信息等。

3.2.3　实验日志记录系统

实验日志记录系统 Logbook 是基于浏览器/服务器架构的实时发布平台[8]，用于发布最新炮号、纵场电流等实验关键参数，同时显示关键实验数据波形图。运行人员通过该平台实时记录每炮实验的实验结果，包括是否有突破进展，是否出现故障及故障原因等，同时该平台具有访问控制、历史数据查看等功能。

3.3　实验数据高速采集与存储

3.3.1　实时网络通信系统

总控系统设计了一种"多类型网络"的分布式实时框架，在保证各子系统实验数据实时存储于 EAST 数据服务器的同时，将该数据在等离子体控制周期内（100μs）实时无失真地传送给 PCS（等离子体控制系统），以进行复杂的控制计算[9]。该系统采用了具有高速、实时性好、可靠性高等特点的反射内存卡（RFM），提供确定性响应时间的 MRG（Messaging，Real-time and Grid）实时操作系统以及具有高并发性的多线程技术，确保数据传输的实时性和可靠性。

3.3.2　长脉冲实时数据系统

根据 EAST 装置长脉冲放电实验的需要，针对聚变装置脉冲放电的特点，设计了长脉冲数据实时存储方法，实现了基于分片存储的长脉冲实时数据系统[10]。采用分片机制，连续采集到的 5GBytes/s 的长脉冲数据流被划分为若干时间片，按照分片索引逐步追加到 MDSplus 数据库中，可以满足 EAST 装置 1000s 以上的稳态运行需求。目前已经在 EAST 装置上建立类型完善的实验数据库，主要包括工程数据库、诊断数据库、高速相机数据库、模拟仿真数据库、控制运行数据库、分析数据库等，为科研人员提供了完善的数据访问保障，并为开展国际合作和交流提供了统一的数据平台。

3.4 实验数据访问与共享

3.4.1 数据访问软件工具

1. 数据可视化软件 WebScope

WebScope 主要是可视化显示和分析实验数据的软件系统[11]，用户通过浏览器即可方便地查看所有实验信号的数据波形并进行分析，其采用了抽点采样和缩略图快照等技术，极大地提高了数据访问速度，提供了良好的用户体验。WebScope 软件系统主要包括数据获取、数据显示、数据分析和数据管理四个模块。

2. 基于 Web 的相机诊断视频发布

实时转换高清摄像机采集的可见光及红外视频为 FLASH 视频并实时发布到 Web 前端，实验人员可以查看等离子体放电视频或对视频进行逐帧分析，可以非常直观地掌握等离子体的运行状态，也有利于和其他诊断数据进行对比分析。

3. 等离子体位形查看软件 EAST Viewer

为了查看 EFIT 磁面平衡结果，我们设计开发了 C/S 架构的客户端软件，采用 Python 和 GTK+ 工具包开发。EAST Viewer 是 EFIT 算法结果数据的显示、分析软件，它可以从 EFIT 结果输出文件和 MDSPlus 数据库中获取数据，显示 EFIT 计算的等离子体平衡参数和等离子体边界、磁面位形、PCS 控制点等；同时可以比较不同炮号和时刻的 EFIT 结果。

4. 三维装置虚拟化系统 Virtual EAST

Virtual EAST 是集成 EAST 装置模型、工程物理参数及实验数据的三维可视化的综合平台，用户通过 Web 浏览器可以在 EAST 虚拟场景中漫游真空室，通过模型部件获取相应的工程物理参数及实验数据，支持手机平台浏览（见图 8）。

(a) 三维装置虚拟化系统 Virtual EAST

图 8　EAST 实验数据访问分析工具

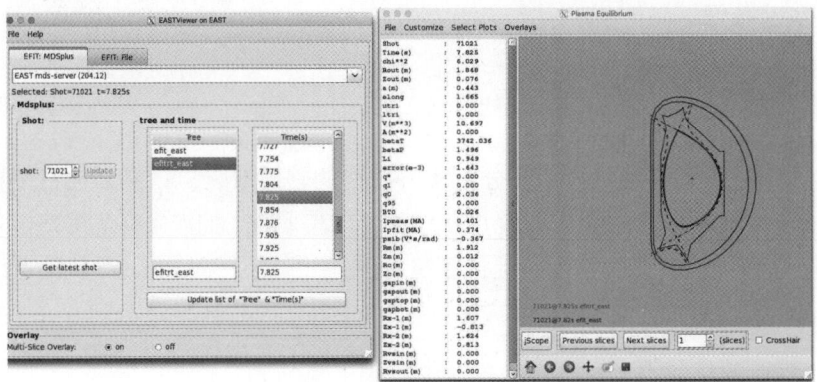

(b)等离子体位形查看软件EAST Viewer

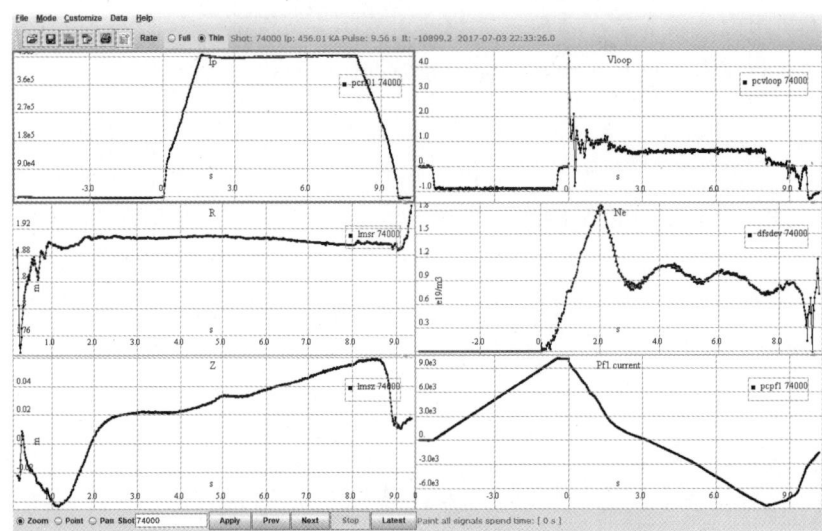

(c)数据可视化软件WebScope

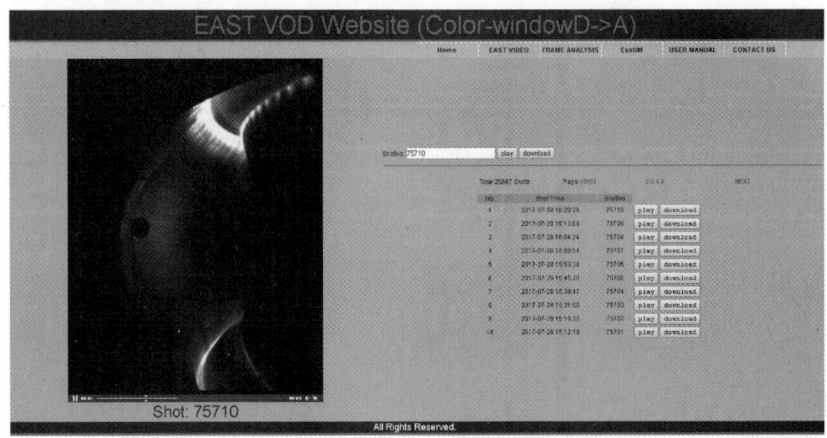

(d)基于Web的相机诊断视频发布

图8　EAST实验数据访问分析工具（续）

3.4.2　基于虚拟应用的统一数据访问接口

基于 XenApp 应用虚拟化的统一数据访问接口，实现跨平台统一数据访问。在位于 EAST 数据中心的高性能服务器上安装配置好所有数据访问分析工具和软件，用户只需要在浏览器安装一个插件就可以访问所有工具软件，而不需要在本地单独安装与维护相关的软件，既实现了跨平台，又减轻了用户负担，提高了工作效率。

3.4.3　数据分析与处理

为了给 EAST 实验参与人员提供一个良好的数据分析环境，设计实施了集成化的数据分析和处理系统，主要由一个 NoMachine 登录服务器集群和一个 Linux 计算服务器集群构成，国内外用户在任意地方都可以通过 NoMachine 或 SSH 客户端登录到服务器，在服务器上可以直接运行 EAST 数据处理常用的程序和软件，包括 MATLAB、GDL、EASTViewer、jScope、reviewPlus 等。由于数据服务器位于 EAST 核心数据机房，采用万兆光纤与实验网络相连，因此可以极大地提高数据访问和处理速度。在每轮 EAST 实验期间，约有 200 位用户同时登录服务器进行数据分析和处理。系统还与 EAST 神马超算集群进行互联，可以为用户提供大规模并行计算服务。

3.4.4　实验成果管理

EAST 实验相关成果发表论文前需要在工程组或物理组进行汇报讨论，通过后在公示平台进行公示，被接收后或获得了相关奖项需要在提案系统中补充完整实验结果。EAST 论文公示系统如图 9 所示。

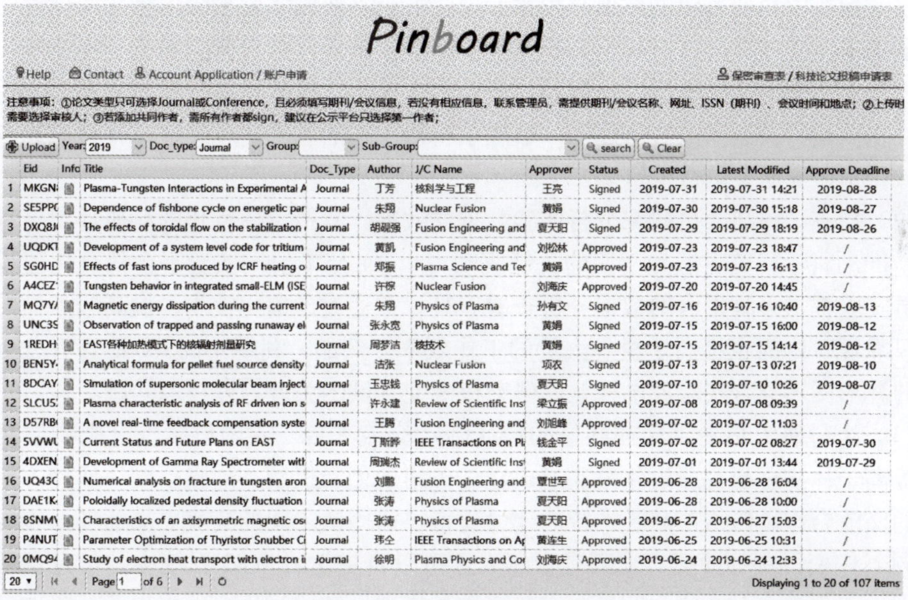
Pinboard

Help　Contact　Account Application / 账户申请　　保密审查表 / 科技论文投稿申请表

注意事项：①论文类型只可选择Journal或Conference，且必须填写期刊/会议信息，若没有相应信息，联系管理员，需提供期刊/会议名称、网址、ISSN（期刊）、会议时间和地点；②上传时需要选择审核人；③若添加共同作者，需所有作者都sign，建议在公示平台只选择第一作者；

Upload　Year: 2019　Doc_type: Journal　Group:　Sub-Group:　search　Clear

	Eid	Info	Title	Doc_Type	Author	J/C Name	Approver	Status	Created	Latest Modified	Approve Deadline
1	MKGN:		Plasma-Tungsten Interactions in Experimental A	Journal	丁芳	核科学与工程	王亮	Signed	2019-07-31	2019-07-31 14:21	2019-08-28
2	SE5PP(		Dependence of fishbone cycle on energetic par	Journal	朱翔	Nuclear Fusion	黄娟	Signed	2019-07-30	2019-07-30 15:18	2019-08-27
3	DXQ8J		The effects of toroidal flow on the stabilization	Journal	胡砚强	Fusion Engineering and	夏天阳	Signed	2019-07-29	2019-07-29 18:19	2019-08-26
4	UQDKT		Development of a system level code for tritium	Journal	黄凯	Fusion Engineering and	刘松林	Approved	2019-07-23	2019-07-23 18:47	/
5	SG0HD		Effects of fast ions produced by ICRF heating o	Journal	郑振	Plasma Science and Tec	黄娟	Approved	2019-07-23	2019-07-23 16:13	/
6	A4CEZ		Tungsten behavior in integrated small-ELM (ISE	Journal	许棎	Nuclear Fusion	刘海庆	Approved	2019-07-20	2019-07-20 14:45	/
7	MQ7Y/		Magnetic energy dissipation during the current	Journal	朱翔	Physics of Plasma	孙有文	Signed	2019-07-16	2019-07-16 10:40	2019-08-13
8	UNC3S		Observation of trapped and passing runaway el	Journal	张永宽	Physics of Plasma	黄娟	Signed	2019-07-15	2019-07-15 16:00	2019-08-12
9	1REDH		EAST各种加热模式下的核辐射剂量研究	Journal	周梦洁	核技术	黄娟	Signed	2019-07-15	2019-07-15 14:14	2019-08-12
10	BEN5Y-		Analytical formula for pellet fuel source density	Journal	洁张	Nuclear Fusion	项农	Signed	2019-07-13	2019-07-13 07:21	2019-08-10
11	8DCAY		Simulation of supersonic molecular beam inject	Journal	王忠钱	Physics of Plasma	夏天阳	Signed	2019-07-10	2019-07-10 10:26	2019-08-07
12	SLCU5		Plasma characteristic analysis of RF driven ion s	Journal	许永建	Review of Scientific Inst	梁立振	Approved	2019-07-08	2019-07-08 09:39	/
13	D57RB		A novel real-time feedback compensation syste	Journal	王腾	Fusion Engineering and	刘旭峰	Approved	2019-07-02	2019-07-02 11:03	/
14	5VVWL		Current Status and Future Plans on EAST	Journal	丁斯晔	IEEE Transactions on Pl	钱金平	Signed	2019-07-02	2019-07-02 08:27	2019-07-30
15	4DXEN		Development of Gamma Ray Spectrometer witl	Journal	周瑞杰	Review of Scientific Inst	黄娟	Signed	2019-07-01	2019-07-01 13:44	2019-07-29
16	UQ43C		Numerical analysis on fracture in tungsten aron	Journal	刘鹏	Fusion Engineering and	覃世军	Approved	2019-06-28	2019-06-28 16:04	/
17	DAE1K		Poloidally localized pedestal density fluctuation	Journal	张涛	Physics of Plasma	夏天阳	Approved	2019-06-28	2019-06-28 10:00	/
18	8SNM\		Characteristics of an axisymmetric magnetic os	Journal	张涛	Physics of Plasma	夏天阳	Approved	2019-06-27	2019-06-27 15:03	/
19	P4NUT		Parameter Optimization of Thyristor Snubber Ci	Journal	玮仝	IEEE Transactions on Ap	黄连生	Approved	2019-06-25	2019-06-25 10:31	/
20	0MQ9		Study of electron heat transport with electron i	Journal	徐明	Plasma Physics and Co	刘海庆	Approved	2019-06-24	2019-06-24 12:33	/

20　Page 1 of 6　　Displaying 1 to 20 of 107 items

图 9　EAST 论文公示系统

3.4.5　文档管理

建立了基于浏览器 / 服务器架构的文档管理系统 EDM，具有版本控制、文件审批及权限管理等功能，可以实现文档按部门分类管理。EAST 文档管理系统如图 10 所示。

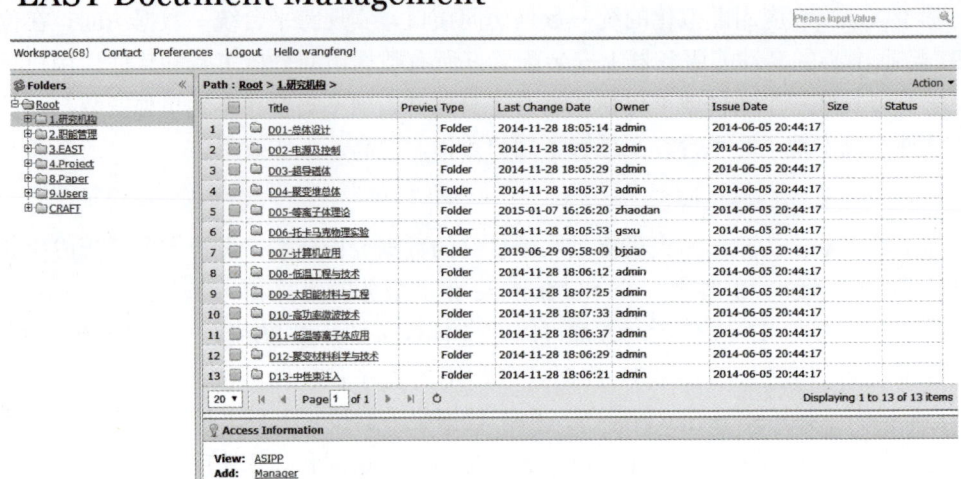

图 10 EAST 文档管理系统

4 EAST 协同实验平台信息化建设应用成效

通过对协同实验平台的不断升级改进和优化，已经取得很好的应用成效，主要表现在以下方面：

（1）促进了科研资源的建设与积累。通过 EAST 协同实验平台信息化的建设，收集整理多年来实验相关的具有科学和研究价值的数据资源，结合研究经验和专业知识进行分类，建成不同的实验数据库。例如，原始数据库、二级数据库、诊断数据库、提案数据库、实验运行控制参数数据库等。形成了科研工作的基础信息支持，并将成为未来聚变领域科学研究重要的数据资源。

（2）提高了科研人员研究分析实验数据的效率，营造了信息化的科研环境。科研信息化是推动科学研究方法和手段的关键驱动力量。EAST 协同实验平台信息化建设为科研人员实验提供多种平台的数据分析查看工具，并通过虚拟化技术，提高服务器的利用率和可靠性，同时也提高了科研人员的工作效率。例如，利用 WebScope 查看分析实验数据的波形图，结合实验放电视频，研究核聚变领域的关键物理技术问题。

（3）为科研人员提供开放共享的科研活动交流平台。中国科学院合肥物质科学研究院等离子体物理研究所近年来通过成立任务组的创新机制，加强了同一研究方向研究人员的交流合作。EAST Wiki 系统的建设使得科研团队之间的交流更加通畅，资源共享与协同工作变得更加便捷。尤其是青年人才可以自主学习 Wiki 系统中的信息资源，包括物理、工程各个系统的介绍等，实验安排与进展，实验讨论会的报告等，吸取经验教训，迅速成长。同时也可以在 EAST Wiki 系统中通过协作共享的方式记录实验进展。

（4）促进了国际合作与交流。EAST 协同实验平台是开放共享的国际平台，国内外用户可以在遵循实验规范和流程的前提下，利用实验信息化平台参与实验，包括申请实验数据远程获取、分析、查看；填写实验提案，远程参与联合实验等多种参与方式。例如，近年来，中国科学院合肥物质科学研究院等离子体物理研究所与美国通用原子公司开展了多次远程联合物理实验，取得了一些非常有意义的实验成果。该平台吸引外籍学者来访约 4000 人天/年。

（5）为管理人员提供信息化管理手段。一方面，通过 EAST 协同实验平台的信息化建设，实验流程和合作参与机制更加规范，物理组、工程组人员各司其职，在信息化平台中提供实验数据或者获取实验信息。运行管理人员可以及时掌握实验运行情况，记录实验运行机时和运行状态，提高了实验管理的效率。另一方面，实验信息化平台为科研成果统计和开放共享统计提供了便利，如论文公示平台显示了所有审核过后即将对外发表的论文，促进了科研成果的规范性管理。实验提案管理系统与中国科学院的重大基础设施共享平台对接，直接从平台提取外部用户比例，并调研平台用户对提案执行及实验装置的满意度，实现用户评价的信息化统计。此外，EAST 协同实验平台信息化建设的 EAST 账户管理、文档管理系统等，也给管理人员工作提供了便利。

5 EAST 协同实验平台的未来规划与展望

中国的托卡马克研究经过近 40 年的发展取得了很大的进展。即将建立近堆芯级稳态等离子体实验平台，开展高水平的科学实验；吸收消化、发展与储备聚变工程实验堆关键技术；完善聚变工程实验堆的设计和开展关键部件预研，为今后独立开展中国聚变工程堆奠定坚实的科学技术基础。随着科学技术的进步，对于聚变实验信息化建设的需求也在不断变化[3]，需要进一步规划未来聚变装置的信息化数据平台。主要包括利用大数据和人工智能技术进行 EAST 实验数据的快速智能化数据分析处理，基于国产软、硬件建立自主可控的信息化数据平台，为未来中国聚变工程实验堆（CFETR）控制与信息化系统进行相关预研。

（1）EAST 实验数据快速智能化处理分析。针对 CFETR 持续大量数据传输的特点，为确保数据传输的可靠性和实效性，利用内存和本地高速缓存形成两级数据缓存机制，结合数据分块标识技术实现数据断点续传功能，同时利用冗余数据服务器和数据存储机制，以防止在机器故障或者网络故障情况下的数据丢失。针对不同数据类型和需求建立相应的数据库，对于原始数据拟采用目前主流的聚变数据库如 MDSplus 和 HDF5 等，以保持和其他装置数据兼容并且有利于国际合作交流；对于计算处理和业务数据库拟采用 Hadoop 和 Spark 等大数据技术架构设计统一的数据库和数据仓库。拟采用大数据和并行技术，设计支持并发的数据读取和处理，以提高数据访问效率。并将处理过的数据保存到合适的关系数据库，实现快速的数据挖掘和智能数据分析，将处理结果通过门户即时进行展现。数据访问门户系统拟采用基于开源的交互式前端，后端负载均衡 Web 服务，模块化数据访问接口，结合数据加密通信技术的基本结构；拟通过建立虚拟专用网络和广域网络加速技术来提高网络带宽使用率，解决互联网国际链路中数据通信延迟和长肥网络问题。

（2）基于国产软、硬件实现自主可控的信息化数据平台。针对 CFETR 装置工程和诊断系统数据建立相应的数据模型，设计独立的模板化设备接口层，开发常用设备控制接口 API，同时提供接口扩展以保证兼容第三方设备。拟采用国产化硬件板卡和国产操系统作为基本硬件和软件环境。目前，国内硬件板卡设计开发也逐步完善，已经具有相对比较全面的数据采集板卡产品线，选择的余地也比较多，与国外进口硬件的差距越来越小。近年来，我国在计算机处理器和芯片领域也有长足进步，如国产申威、龙芯、飞腾处理器日趋完善，已经在很多控制和安全领域取得良好应用。国产操作系统也不断在各个领域投入应用，包括深度 Linux、中标麒麟 Linux、思普等通用操作系统，以及 SylixOS 等实时嵌入式操作系统等，都可以用来替代国外的 Windows 和 VxWorks 等操作系统。

（3）为未来 CFETR 控制与信息化系统进行预研。研究满足 CFETR 聚变堆稳态运行需求的工程、诊断和视频通用数据采集和存储方法，设计支持多系统统一的数据采集软、硬件接口，实现基于模板化的系统灵活配置，设计开发相应的原型测试系统。设计开发满足 CFETR 连续运行需求的用户透明的数据存储和访问接口，实现实验数据的统一存储和管理，开发基于桌面和浏览器及移动终端的数据访问客户端，研究基于大数据和人工智能的数据分析处理算法。研究实验数据访问权限控制和状态监测，对实验网络和数据进行实时监控，保障数据安全并对非法入侵及时预警，研究基于云计算和云存储的数据安全策略。研究整合 CFETR 各类数据资源，建立数据访问门户 Web portal，为国内外合作者提供基于 Web 的支持多操作系统、多浏览器的统一数据接入系统，部署安全策略实现用户认证和授权管理，结合虚拟专用网络和广域网络加速技术，实现高效的远程协同访问。利用虚拟现实技术建立 CFETR 装置的三维仿真模型，设计开发沉浸式装置和部件安装方案，实现虚拟化部件安装系统。研究利用增强现实技术将实验视频真实场景及虚拟主机场景和实验数据三维仿真结果有机地结合起来，全方位展示 CFETR 实验结果。

6 总结

EAST 信息化协同实验平台通过先进的实时网络技术、高速采集与存储技术、大数据处理技术、虚拟化技术等为开展高水平科研实验和人才培养提供了支撑和保障。平台涵盖 EAST 聚变实验的全过程，不仅促进了科研资源的建设积累，提高了科研人员的工作效率，还提供了开放共享的交流平台，推进了国内外合作创新研究。截至 2018 年 11 月，共有来自 40 多个国内外合作单位的约 1000 位注册用户，吸引外籍学者来访约 4000 人天 / 年。目前，已经有美国、法国、意大利和日本等多个国家通过该平台参与联合实验，外部参与提案比例高达 57%。2018 年该平台成功助推 EAST 大科学工程首次获得电子温度 1 亿度完全非感应等离子体，对 EAST 核聚变能研究起到了极大的促进作用。随着科学技术的进步，对于聚变实验信息化建设的需求也在不断变化，需要进一步规划未来聚变装置的信息化数据平台。主要包括利用大数据和人工智能技术进行 EAST 实验数据的快速智能化数据分析处理，基于国产软、硬件实现自主可控的信息化数据平台，为未来中国聚变工程实验堆的控制与信息化系统进行相关预研。

参 考 文 献

[1] 万宝年, 徐国盛. EAST 超导托卡马克 [J]. 科学通报, 2015(23):2157-2168.

[2] Xu G S, Li J G, Wan B N, et al. EAST superconducting tokamak [J]. AAPPS Bull, 2013, 23: 9-13.

[3] 万宝年, 徐国盛. EAST 全超导托卡马克高约束稳态运行实验研究进展 [J]. 中国科学：物理学 力学

天文学, 2019, 49(4):47-59.

[4] 李建刚. 托卡马克研究的现状及发展 [J]. 物理, 2016, 45(2):88-97.

[5] Gong X, Wan B, Li J, et al. Realization of minute-long steady-state H-mode discharges on EAST[J]. Plasma Science and Technology, 2017, 19: 032001.

[6] Wan B N, Liang Y F, Gong X Z, et al. Overview of EAST experiments on the development of high-performance steady-state scenario [J]. Nuclear Fusion, 2017, 57: 102019.

[7] Mediawiki[EB/OL].[2019-11-10].https://www.mediawiki.org/wiki/MediaWiki.

[8] Yang F., Xiao B.J., Web-based Logbook System for EAST Experiments [J]. Plasma Science and Technology, 2010, 12(5):632-635.

[9] 李春春. EAST 实时网络通信系统的研究 [D]. 合肥：中国科学技术大学, 2018.

[10] 杨飞, 肖炳甲, 朱应飞. EAST 长脉冲放电实验实时数据系统 [J]. 计算机工程, 2011,37(4):12-14.

[11] Yang F, Dang N, Xiao B. WebScope: A New Tool for Fusion Data Analysis and Visualization [C]. Real Time Conference, 2009.

作者简介

王枫，男，1977 年出生，博士，高级工程师，硕士生导师，中国科学院合肥物质科学研究院等离子体物理研究所计算机应用研究室副主任。主要从事聚变装置的控制、分布式数据采集、实时数据存储与处理等方面的研究工作。目前主要负责 EAST 大科学装置的数据与信息系统的设计与运行。先后承担 HT-7 总控系统、EAST 数据与信息系统、KTX 数据服务系统等建设。曾在日本九州大学、日本核融合研究所、法国国际热核聚变实验堆工作和访问。发表学术论文 30 余篇，主持若干国家自然科学基金项目、国家磁约束聚变能专项子课题、国家重点研发计划子课题、ITER 采购包项目等。E-mail：wangfeng@ipp.ac.cn。

肖炳甲，男，1966 年出生，博士，中国科学院合肥物质科学研究院研究员、博士生导师、中国科学技术大学双聘教授，中国科学院等离子体物理研究所计算机应用研究室主任。现负责 EAST 大科学装置等离子体控制、总控和数据系统的设计与运行，发表学术论文 90 余篇，主持若干国家自然科学基金面上和重点项目、中国科学院方向性项目和科技部 973 项目（两项，首席科学家）。E-mail：bjxiao@ipp.ac.cn。

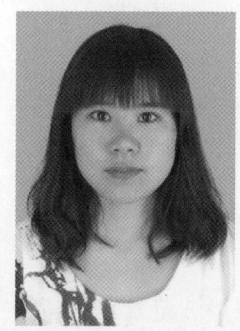

夏金瑶，女，1988 年出生，博士，核能科学与工程专业，主要研究方向为虚拟现实和数据可视化等。目前工作于中国科学院合肥物质科学研究院等离子体物理研究所，从事 EAST 数据可视化研究，包括 EAST 实验装置的三维可视化，实验视频的实时存储、读取及显示等。E-mail：jyxia@ipp.ac.cn。

中国 VLBI 网和 e-VLBI 技术在探月与深空探测工程中的应用与展望

陈　中　郑为民

（中国科学院上海天文台，上海市空间导航与定位技术重点实验室，
中国科学院射电天文重点实验室）

摘　要

甚长基线干涉测量（VLBI）技术源自 20 世纪发明的综合孔径射电观测技术方法，其利用分布在距离遥远的多个大口径射电望远镜组合为一架虚拟的巨型射电望远镜。VLBI 观测网具备极高的空间角分辨率，在天文学、空间大地测量和深空探测飞行器跟踪等领域获得了大量的应用。在我国探月与行星探测工程中，中国 VLBI 网（CVN）在历次任务中圆满完成了任务，为嫦娥探测器的奔月、绕月、落月、返回提供了快速、精确的测定轨定位服务，做出了重要的贡献，并将继续用于后续月球与火星等多个行星探测任务。本文介绍了中国 VLBI 网针对航天工程应用的系统建设和 e-VLBI 技术在探月工程一期、二期和三期、四期中的工作概况，并对中国 VLBI 网服务我国后续深空探测任务进行了展望。

关键词

中国 VLBI 网；中国探月工程；实时 e-VLBI；测定轨

Abstract

Very long baseline interferometry (VLBI) technology is derived from the synthetic aperture radio observation technology method invented in the last century, using a number of large aperture radio telescopes distributed over a long distance a virtual giant radio telescope is logically combined. The VLBI observation network has extremely high spatial angular resolution, which has been widely used in astrophysics, geodesy and deep space exploration aircraft tracking. In the lunar exploration project, China VLBI network (CVN) serves the measurement and control system in the Chang'E series of lunar exploration missions, providing fast and accurate determination of orbit positioning services during the phases of flying to the moon, orbiting the moon, descending to the moon, returning to earth and deep space exploration, made a lot of important contributions. This paper introduces the general work service of China VLBI network and e-VLBI technology in the first, second and third phases of the Chinese Lunar Exploration Project, as well as system development, construction and application of the astronomical observation network serving the space projects, and finally gives a prospect of China VLBI network serving China's subsequent deep space exploration missions.

Keywords

Chinese VLBI Network; China's Lunar Exploration Project; e-VLBI; Orbit Determination

1　引言

1.1　甚长基线干涉测量

20 世纪 60 现代天文学四项重大发现——脉冲星、类星体、宇宙微波背景辐射和星

际有机分子,都受益于射电望远镜的发明和应用。迄今为止,12 项授予天文学的诺贝尔物理学奖中有 6 项属于射电天文学的成就。

甚长基线干涉测量(Very Long Baseline Interferometry,VLBI)技术是源自 20 世纪 60 年代的一项重要射电天文技术,其原理如图 1 所示。它利用分布在地面距离遥远的多个射电望远镜共同观测,组合为一架虚拟的巨型综合孔径射电望远镜。为保持时间、频率同步,各 VLBI 站的射电望远镜采用高稳定的时间频率精准设备原子钟作为观测站的独立本振。VLBI 网具备极高精度的空间角分辨率,它的出现极大地提高了天文观测的能力。

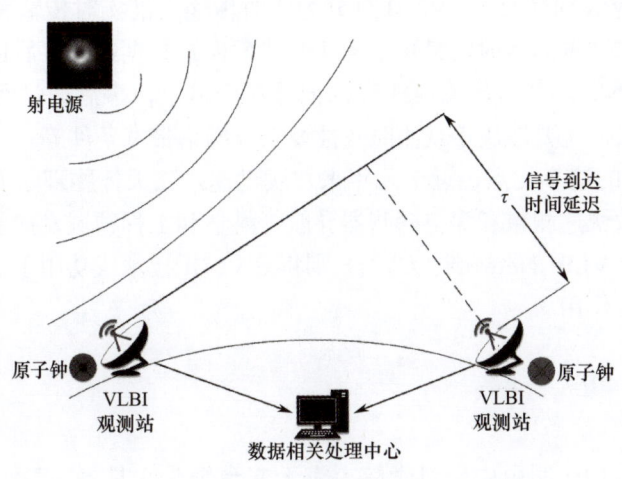

图 1　VLBI 原理

1.2　VLBI 应用

VLBI 观测由多个地理上遥远分布的观测站联合参与、同步进行,VLBI 网本身即是一种"分布式"的大科学装置。所有观测站获得的观测数据依据原子钟时标同步记录,并在数据汇集到数据处理中心后进行相关处理,得到被观测目标射电信号到达地面不同观测站天线的时间差及其变化率,即观测时延和时延率。VLBI 的时延测量精度与数据记录带宽成正比,更高的数据率通常能带来更高的结果精度。由于 VLBI 具有极高的分辨率,在天体物理、天体测量、大地测量和空间飞行器定轨定位方面,具备重要而广泛的用途。在天体物理方面,VLBI 可用于研究宇宙起源、星系演化、星系中心大质量黑洞、星际有机分子等。在天体测量和大地测量方面,VLBI 可用于银河外致密射电源的精确定位,天球参考系和地球参考系的建立,地球自转定向参数的测量,VLBI 观测台站精确坐标的测量及大陆地壳形变运动的测量。在深空探测方面,VLBI 可用于月球和深空探测器的精密轨道与定位,以及地外行星表面探测器之间的相对运动的高精度测量。

1.3　实时 e-VLBI

传统的 VLBI 试验由各观测站记录数据到磁介质,观测结束后邮寄到异地的数据处理中心,通常需要几个月的时间才能获得最终科学研究数据。其缺点是:磁记录设备的性能无法满足超宽带观测需求、无法实时监测试验状态并进行调整、不利于快速测试与验证新技术新方法等。随着高性能计算机与高速网络通信等信息技术的发展，基于数字化采集、记录和高速网络数据传输的实时电子化传输 VLBI（electronic VLBI，e-VLBI）技术得以出现。

e-VLBI 技术能将地理上相距遥远的观测站与 VLBI 数据相关处理中心有机连接，通过高速互联网进行数据传输，使天文观测、数据采集与相关处理能够同步进行，具备宽带观测和分布式相关处理模式，使得 VLBI 网能以准实时或者实时方式进行观测处理，具备快速响应观测能力，可满足深空探测飞行器（准）实时跟踪测量服务要求和射电天文快速科学研究需求。

按实时性响应级别区分，e-VLBI 可分为实时传输、准实时传输和事后传输三种模式。实时传输模式数据滞后时间最短；准实时传输模式数据经缓存后传输，延迟时间为十几秒到几分钟不等；事后传输模式数据记录在磁盘上，事后通过网络回放至处理中心。采用哪种模式，主要取决于观测时效性要求及网络带宽条件等。

由于 e-VLBI 的诸多优点，近十几年来发展迅速，在天体物理、天体观测、大地测量、地球自转参数快速测量和深空探测器导航等科学和工程领域发挥了重要作用。中国 VLBI 网（Chinese VLBI Network，CVN）则将 e-VLBI 技术成功用于探月工程测定轨任务，且发挥了重要作用。

2 中国 VLBI 网

目前，中国 VLBI 网由中国科学院上海天文台牵头，具备 5 站 1 中心架构的大科学装置。5 个射电望远镜观测台站分别是上海天文台天马站（天线口径 65m）、佘山站（25m），国家天文台密云站（50m），云南天文台昆明站（40m），新疆天文台南山站（26m），以及上海天文台 VLBI 指挥控制与数据处理中心。中国 VLBI 网观测台站性能参数如表 1 所示。

表 1 中国 VLBI 网观测台站性能参数

台站	望远镜口径（m）	观测频段（GHz）	建成时间（年）	探月专线带宽	国际联网带宽
佘山站	25	1.6, 2.3, 5, 6.7, 8.4, 22	1987	200Mbps	2Gbps
南山站	26	1.6, 2.3, 5, 8.4, 22	1994，2014 升级	200Mbps	300Mbps
密云站	50	2.3, 8.4	2006	200Mbps	无
昆明站	40	2.3, 6.7, 8.4	2006	200Mbps	1Gbps
天马站	65	1.6, 2.3, 5, 8.4, 15, 22, 32, 43	2012	200Mbps	2Gbps

各个 VLBI 观测站与上海数据处理中心之间通过专用互联网络连接。用于深空探测实时跟踪测量的网络带宽为 200Mbps。天马站和佘山站通过中国科技网接入国际互联网，开展跨洲际的实时和事后 e-VLBI 数据传输。昆明站于 2019 年也开通了科技网宽带连接，具备 e-VLBI 模式的观测试验能力。CVN 网络图如图 2 所示。

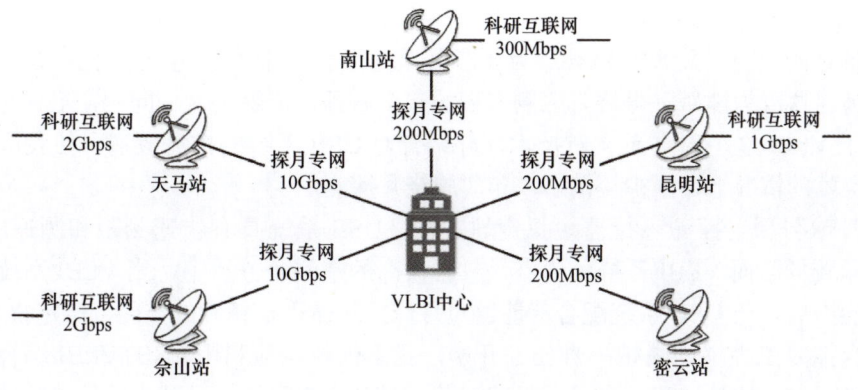

图 2 CVN 网络图

2019 年 1 月，上海天文台天马站与国家天文台 500m 口径球面射电望远镜（FAST）成功开展了 VLBI 联合观测试验，观测数据记录采用事后传输处理模式，获得了清晰的观测条纹，验证了 FAST 望远镜 VLBI 设备的功能和性能，标志着 FAST 初步具备了参加 CVN 网联合观测的能力。

3 VLBI 在探月工程中的应用

3.1 中国探月工程

人类向太空迈出探索的第一个地外行星就是月球。从 21 世纪初开始，我国开始论证实施月球探测工程，提出了"绕、落、回"三步走的方案，也称嫦娥工程，计划于 2020 年完成我国探月工程三部曲。

探月工程一期于 2017 年 10 月发射了嫦娥一号卫星（CE-1），实现我国首次月球探测任务，成功验证并掌握绕月探测技术。

探月工程二期包括嫦娥二号（CE-2）和嫦娥三号（CE-3）两次任务。2010 年开展的嫦娥二号任务，首次试验了 X 频段深空测控技术，在国际上首次实现月球轨道转移飞行至日地拉格朗日 L2 点，完成图塔蒂斯小行星飞越探测。2013 年实施的嫦娥三号任务，实现我国首次月面软着陆和地外天体巡视探测。

探月工程三期包括嫦娥五号再入返回试验器任务（CE-5T1）和嫦娥五号（CE-5）正式任务两次任务。2014 年已成功完成嫦娥五号再入返回试验器任务，验证了月球—地球高速再入返回关键技术。

2018 年，我国开展了探月工程四期首发嫦娥四号任务。任务分两次完成：5 月发射鹊桥号中继星并成功进入地月 L2 轨道，服务于 12 月发射的嫦娥四号探测器在 2019 年 1 月成功实现人类首次月背软着陆。

3.2 探月工程测控与回收系统 VLBI 测轨分系统

自我国探月工程立项论证开始，VLBI 系统就参与其中，成为嫦娥工程测控系统的一部分。在实施探月工程之前，我国已建成使用的近地轨道 S 频段统一测控系统（Unified

S-band，USB），其最远测控距离为 8 万千米，而月地之间距离为 38 万千米，月球探测器轨道最远距离更是距离地球几十万千米甚至达上百万千米，超出了 USB 系统最初的设计能力。这成为嫦娥一号绕月探测工程的一个瓶颈。为解决这一问题，工程总体明智地采用了 VLBI 这一射电天文新技术，并结合对 USB 系统的挖潜改造，使我国在尚不具有深空站的情况下，至少提前了 5 年实施绕月探测。

在月球与深空探测飞行器短弧定轨方面，USB 系统具有快速测距和测速的优点，但是测角较低。而 VLBI 系统的优点是具备极高的空间角分辨率，当 VLBI 系统具备实时测量能力后，与 USB 系统配合就能够对月球探测器进行精确的空间三维定轨与定位。因此，自探月工程一期嫦娥一号任务开始，我国创新性地利用 USB+VLBI 综合测量方式为嫦娥卫星在地月转移、奔月、月球捕获、月球轨道降轨、月球表面软着陆等过程提供高精度的定轨和定位结果。

VLBI 测轨分系统由中国科学院上海天文台抓总研制和实施运行。该系统由 5 个测站、1 个中心组成。嫦娥一号和嫦娥二号任务时，深空探测指挥控制与数据处理中心位于上海天文台徐家汇园区；嫦娥三号任务建设阶段，上海天文台在佘山园区新建成 VLBI 数据中心，极大地改善了软、硬件条件，可为后续月球与深空探测提供长期运行服务。

3.2.1 VLBI 台站

VLBI 台站由射电望远镜天线、高灵敏接收机、时间频率系统、数据采集和记录终端、运行监管系统、通信网络系统和电力系统等组成。射电望远镜负责接收来自空间的微弱信号；高灵敏接收机负责对特定频率范围的信号进行过滤和放大；时间频率系统提供高精度的基准时间频率信号；数据采集和记录终端负责对数据按照时标和统一格式进行采集、记录或传输；运行监管系统负责对台站整体设备运行状态进行统一的采集和呈现；通信网络系统负责数据传输与控制通信；电力系统为望远镜转动提供动力，同时为各类设备提供不间断电源保障。

VLBI 观测台站设备系统组成结构如图 3 所示。

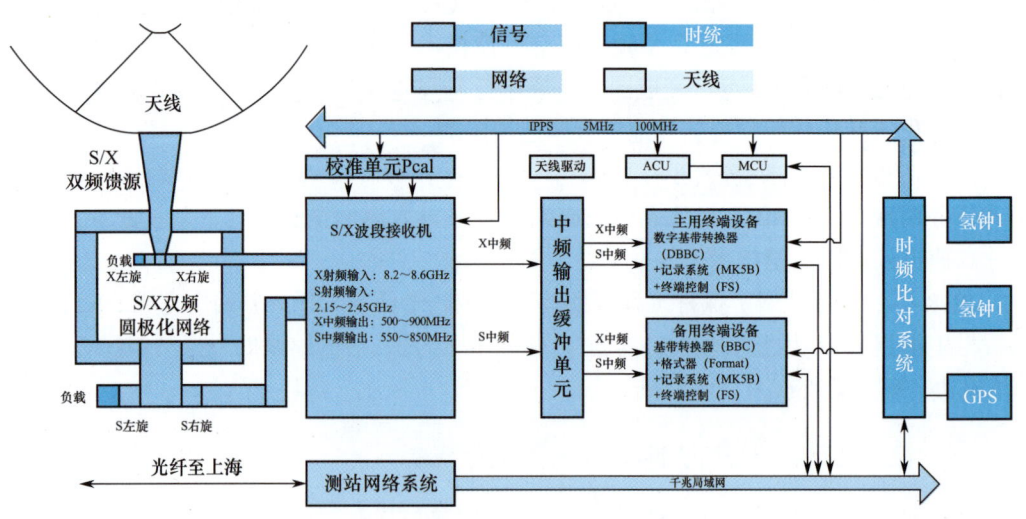

图 3 VLBI 观测台站设备系统组成结构

VLBI 观测台站实景如图 4 所示。

图 4　VLBI 观测台站实景

注：左上到右下依次为上海天马站、上海佘山站、新疆南山站、北京密云站、云南昆明站。

在探月工程中，各个 VLBI 台站统一受 VLBI 中心语音调度与数据远程监视。VLBI 中心在接收到北京航天飞行控制中心下达的任务后，编制观测计划并通过网络统一下发到各个测站，各个测站根据指令文件调度射电望远镜并同时进行观测和跟踪测量，获得原始观测数据后通过通信专线实时传输到 VLBI 中心进行处理。

天马站、佘山站和南山站均为 VLBI 天文观测站，日常均开展大量的天体物理与天体测量、大地测量等科学观测。密云站和昆明站隶属探月工程地面应用系统，主要任务为接收嫦娥探测器的科学载荷数据，同时兼顾 VLBI 观测。两站均配备了 VLBI 终端设备，在有测控任务时，通过与地面应用系统的相互协调与配合，合理分配观测时间，与 VLBI 网共同开展测轨任务。在月球探测器开展科学探测后，密云站和昆明站主要服务于地面应用系统，以科学数据下行接收为主、VLBI 观测为辅。

3.2.2　VLBI 中心数据处理与信息化系统

VLBI 深空探测与数据处理中心是 VLBI 测轨分系统的"大脑"，负责跟踪测量网的整体调度与协同运行。在探月工程中，北京航天飞行控制中心（以下简称北京中心）、西安卫星测控中心（以下简称西安中心）、上海 VLBI 中心（以下简称 VLBI 中心）是测控系统的 3 个定轨定位中心，西安中心和上海中心统一汇总结果数据到北京中心。北京中心根据 3 个中心的数据结果进行比对，获得最终轨道结果，作为测控决策的重要依据。VLBI 中心对上接收北京中心的指挥调度和任务指令，并反馈 VLBI 测量处理结果数据；对下协同调度 VLBI 各个台站同步观测与数据发送，指挥控制 VLBI 数据处理流水线同步处理与分析。VLBI 中心与北京中心、VLBI 台站之间通过音/视频指挥调度系统实现远程在线协同，通过网络 IP 化调度系统完成信息与指令的传递，方便地进行分布式远程同步观测与处理，方便地对系统运行状态进行在线监控。VLBI 中心如图 5 所示。

(a) 指控操作大厅

(b) 数据处理和通信机房

图 5　VLBI 中心

VLBI 中心硬件平台由多个部分组成，包括 VLBI 相关处理系统、综合处理计算系统、数据存储系统、网络通信系统、分布式大屏幕显示系统、指挥调度系统、中心机房系统及辅助支撑系统等。其中，VLBI 相关处理系统、综合处理计算系统、数据存储系统、网络通信系统是数据处理流水线的信息处理硬件平台，提供数据处理、数据存储、数据传输功能；分布式大屏幕显示系统、指挥调度系统、中心机房系统及辅助支撑系统是支撑 VLBI 中心长期可靠运行的硬件平台。VLBI 中心信息处理硬件平台组成如图 6 所示。

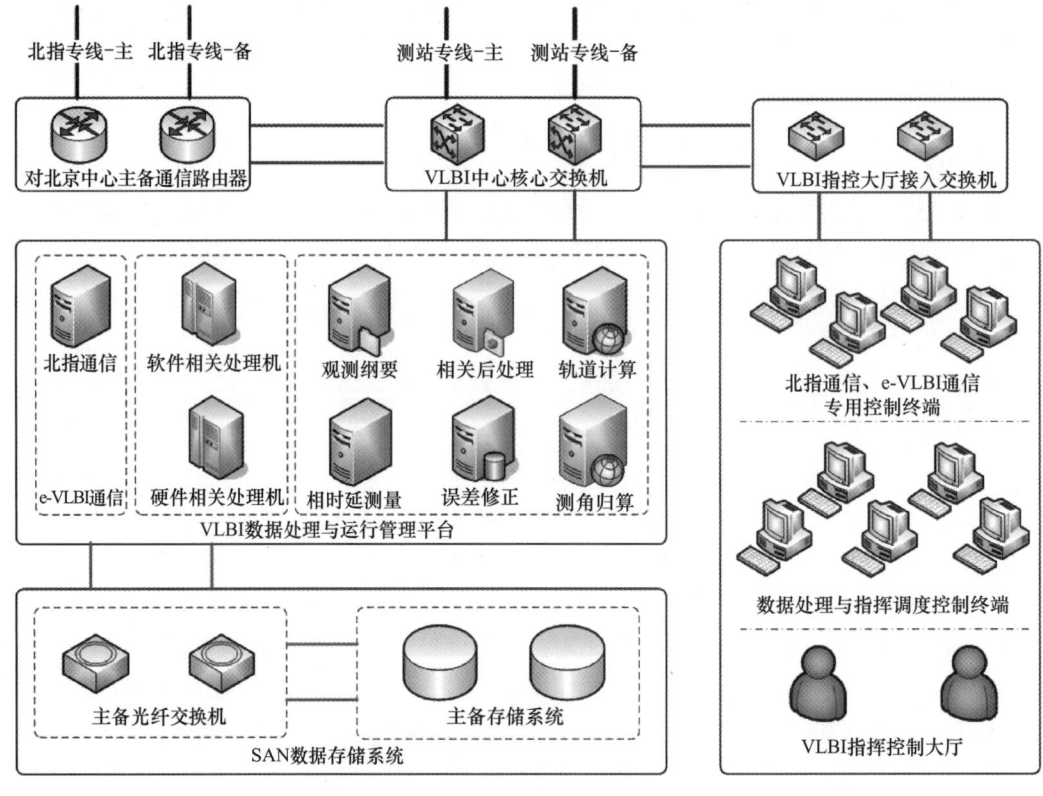

图 6　VLBI 中心信息处理硬件平台组成

在硬件平台之上，运行的是 VLBI 中心数据处理流水线。根据功能模块划分，可分为以下各个软件配置项：观测纲要、VLBI 信号仿真、e-VLBI 实时宽带数据传输、软件相关处理、硬件相关处理、相关后处理、相时延处理、误差修正、联合定轨、联合定位、台站监管、对北京中心通信。其中，e-VLBI 实时宽带数据传输、相关后处理、对北京中心通信软件配置项为 VLBI 中心影响任务成败的最重要 3 个软件系统，被定级为航天 B 级软件，其余软件配置项定级为航天 C 级软件。

VLBI 中心数据处理流水线流程如图 7 所示。

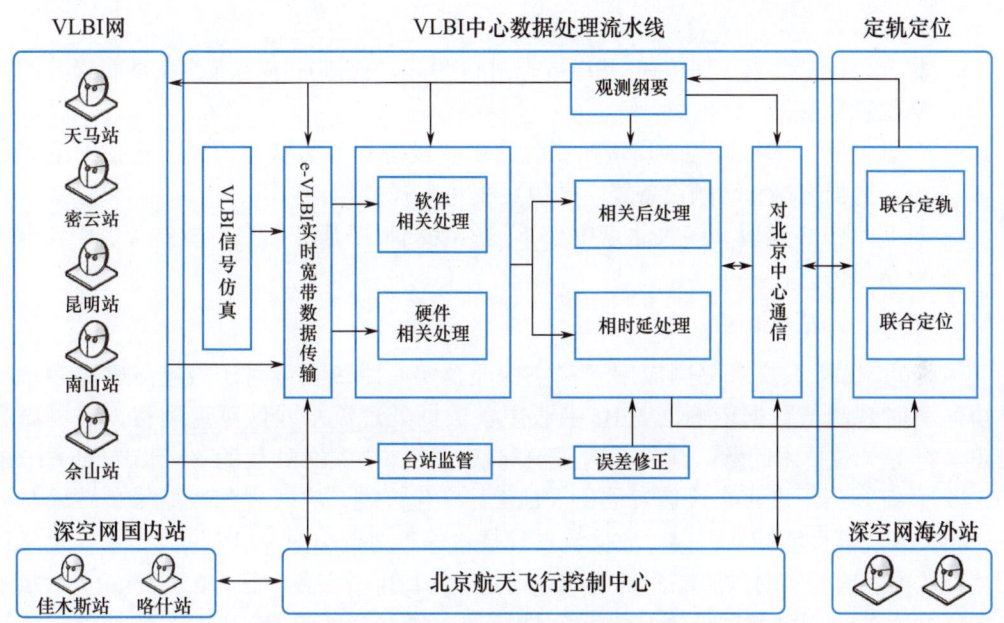

图 7　VLBI 中心数据处理流水线流程

VLBI 中心各软件配置项的功能如下。

- 观测纲要：制定观测站和数据处理所需的参数文件。
- VLBI 信号仿真：深空探测飞行器与射电源信号交替观测的信号模拟与仿真数据生成。
- e-VLBI 实时宽带数据传输：协同控制多台站数据采集并实时平稳、同步地传输到 VLBI 中心，分发到 2 路并行的数据处理流水线。
- 相关处理：为 VLBI 数据处理核心，功能为获得射电源与卫星观测的单通道时延和时延率，以及相位信息。相关处理配置项采用软件和硬件两种方式实现。软件相关处理机采用基于 MPI+OpenMP 技术开发的专用 VLBI 高性能数据处理软件，运行于高性能计算集群平台。硬件相关处理机则采用基于传统的 FPGA 芯片开发专用信号处理平台，采用多片 PFGA 芯片并行处理。软、硬件处理机在数据处理流水线中互为备份，提供高可靠实时相关处理能力。
- 相关后处理：针对相关处理结果采用带宽综合方法进行拟合处理，获得带宽综合时延和时延率。

- 相时延处理：计算同波束差分相位，利用射电望远镜同一波束接收 2 个探测器目标的信号，利用差分技术能够极大地消除无线电信号在传播到望远镜途径中的各种误差，获得 2 个探测器目标高精度的相对运动信息。
- 误差修正：利用全球导航卫星系统（Global Navigation Satellite System，GNSS）数据和水汽辐射计数据解算探测器信号经过地球大气层、电离层等各种介质时引入的各项传播时间误差，提供给各个计算配置项软件作为必要的参数使用。
- 联合定轨：联合 VLBI 和 USB 数据进行解算，获得月球探测器在地月转移、奔月过程、月球捕获、月球降轨、月面软着陆，以及太阳系内飞行等过程的精确轨道信息。
- 联合定位：联合 VLBI 和 USB 数据进行解算，获得月球探测器在月面着陆的精确位置信息。
- 台站监管：远程监控 VLBI 观测台站主要设备的各类状态信息，包括射电望远镜、数据终端和时频设备等，并以可视化方式呈现。
- 对北京中心通信：接收北京中心下达的观测程序任务信息，发送 VLBI 数据处理结果信息。

3.2.3　e-VLBI 实时系统

传统的 VLBI 天文观测网应用于深空探测器实时跟踪测量时，需重点解决多观测站协同实时观测与数据传输、VLBI 中心主备数据处理流水线低延迟运行、高可靠高稳定运行等关键技术问题，建立实时观测、实时传输与实时处理的 e-VLBI（electronic VLBI）系统。利用近年来快速发展的 VLBI 数字化终端、实时观测数据采集传输与分发、相关处理高性能计算、实时数据流处理技术等，使得中国 VLBI 网具备了满足月球探测器从准实时到实时的跟踪测量能力。通过对 VLBI 中心各个软件配置项的关键技术攻关，开发各类观测数据处理技术和软件模块，建立完备的 VLBI 中心数据处理流水线，配置主备流水线数据处理系统并行工作能力，满足深空探测 VLBI 跟踪测量系统高可靠运行的要求。

从 e-VLBI 终端技术发展来看，在探月工程一期任务中，CVN 采用的是传统的 VLBI 模拟信号终端，开发了自主知识产权的基于磁盘系统的数据记录和传输系统 CVNHD（CVN Highspeed Disk System），使得 CVN 各台站具备了 16Mbps/ 台站的准实时跟踪观测能力；在探月工程二期任务中，新开发了技术数字信号终端系统，并采用了 Mark5 高速的磁盘记录传输系统，具备 64Mbps/ 台站的数据记录传输能力；在探月工程三期和嫦娥四号任务中，继续开发了传输记录一体化宽带数字终端，彻底替代了进口的 MK6 数据记录与传输终端，并采用商用服务器系统开发了实时 e-VLBI 数据采集、存储和传输系统，使得 e-VLBI 原始观测数据速率进一步提高到 128Mbps/ 台站。

为保障任务期间的稳定性和可靠性，嫦娥一号使用了中国科技网专线 + 网通专线组网方式下的准实时方式。从嫦娥二号开始，为进一步提高性能，租用电信、联通（网通）的光纤专线，以星型网络拓扑连接观测台站与 VLBI 中心，如图 8 所示。

其中，密云站、昆明站和南山站均租用 2 个独立的电信运营商线路组成互备链路连接到上海 VLBI 中心、上海天马站和佘山站，自建一条裸光纤直连到 VLBI 中心，执行探月任务期间额外再租用一路电信专线作为备份线路，实现高可靠互备链路连接。

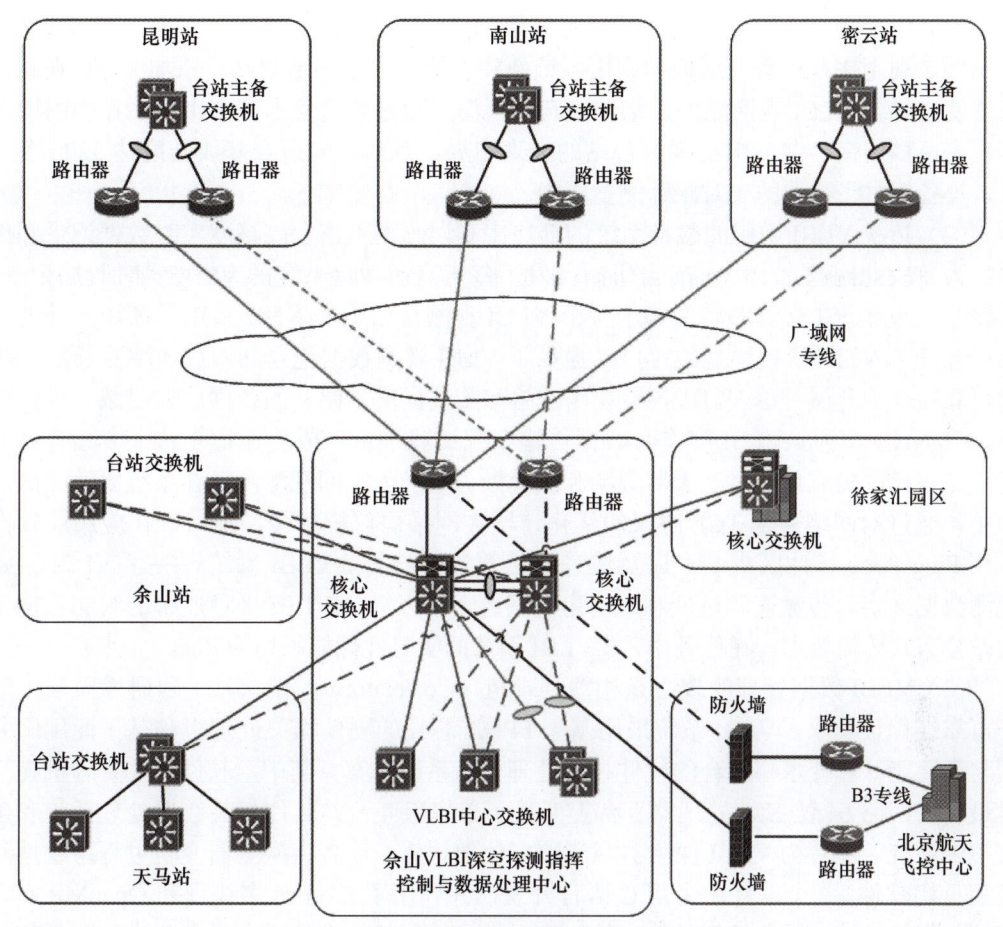

图 8　e-VLBI 网络系统拓扑图

在 e-VLBI 通信系统拓扑配置方面，采用开放式最短路径优先协议（Open Shortest Path First Interior Gateway Protocol，OSPF）和双向转发检测机制（Bidirectional Forwarding Detection，BFD）高可靠组网技术架构，使每个观测台站以双线热备方式连接到 VLBI 中心。OSPF 协议是成熟、高效的三层动态路由协议，通过结合 BFD 快速故障检测机制，使得 OSPF 备份切换时间由秒级提高到毫秒级，大大缩短了双线切换时间，减少了 e-VLBI 数据传输的抖动时延。

3.3　探月工程一期中的应用

在探月工程正式开展前，我国 VLBI 网仅有 2+1 个观测台站（上海佘山站和新疆乌鲁木齐南山站，云南昆明流动站）和 1 套 2 台站 FX 型硬件相关处理机。FX 型硬件相关处理机是基于现场可编程门阵列（Field Programmable Gate Array，FPGA）芯片开发的，台站和相关处理中心之间数据交换依靠磁带和邮政传递，不具备准实时或实时 VLBI 观测、数据传输与处理，以及定轨定位能力。为满足探月工程要求，对多项关键技术进行攻关研发，包括空间探测器跟踪观测技术、实时数据记录与传输系统、实时相关处理机、S 频段观测带宽综合后处理技术、月球探测器定轨技术等。

（1）为了利用中国境内观测站对月球探测器的 VLBI 跟踪测量，对中国 VLBI 网进行拓展，利用探月工程一期地面应用系统新建设的密云站和昆明站，添加 VLBI 观测设备并使之具备 VLBI 观测能力，结合原有的上海佘山站和乌鲁木齐南山站，在中国境内实现东、西、南、北方向上观测台站的合理布局，东西方向最长基线长度达 3200 多千米，具备探月飞行器的实时跟踪测量能力。

（2）传统 VLBI 采用的磁带系统的低速率和误码率不适合高精度实时数据记录和传输。为解决此问题，上海天文台研制开发了基于高速硬盘系统的 VLBI 实时数据记录、传输与回放系统 CVNHD，部署于各个 VLBI 观测台站。CVNHD 采用了商用高速 A/D 板卡开发了 VLBI 模拟终端的接口，提高了 VLBI 观测数据记录和回放速率及长期工作的可靠性，为开展月球 VLBI 各项观测试验和测试提供了便利的条件。在嫦娥一号任务中，CVNHD 作为 e-VLBI 准实时数据传输系统试验平台，成功地把 4 站 1 中心有机地连接在一起，构成具备对航天器观测和快速处理的航天空间观测网。在系统研发测试过程中，通过对网络通信 TCP 协议的优化，增大网络协议栈的缓冲窗口，在应用层软件采用 Ping-Pong 缓冲区机制，以及快速重传算法，使得 e-VLBI 系统解决了 VLBI 原始观测数据准实时传输速率过低和不稳定的问题，可以满足 VLBI 平稳速率的观测数据多台站分布式传输要求。在任务中，e-VLBI 系统的实时性能平均为 40s。

（3）VLBI 数据处理的核心是相关处理机（Correlator）。在探月工程研发阶段，基于可靠性保证要求，VLBI 系统采用基于 FPGA 芯片的硬件相关处理机和基于商用服务器与高性能计算技术相结合的软件相关处理机双系统方案。其中，软件相关处理机在当时最新的四路 64 位 X86 处理器平台上开发了单机版 4 台站软件相关数据处理系统和条纹搜索系统。前者为 VLBI 探测器观测数据处理软件，后者为探测器变轨过程条纹搜索模型重构软件。2 个软件均采用 C 语言开发，并利用了 Pthread 多线程和 OpenMP 实现多核并行化计算，具备较好的稳定性、实时性和扩展性。在嫦娥一号任务中，软件相关处理机作为主用处理机，在 VLBI 中心数据处理流水线中发挥了关键作用。

（4）相关后处理通过对相关处理机的输出数据进行带宽综合拟合计算，获得 S 频段观测的多通道时延和时延率数据，是直接发送给北京中心重要的数据产品。后处理软件以科学计算软件 MATLAB 为开发平台，采用动态配置的方法实现参数的灵活可调，并开发了图形化的实时显示界面，可随着观测弧段动态地刷新显示时延和时延率，方便直观地展示 CVN 跟踪测量过程的数据质量。

（5）探月工程之前，国内对于卫星定位主要是针对近地卫星开展研究和应用，对月地距离的探测器测轨和定轨尚无应用。在嫦娥一号任务中，测控系统采用 USB+VLBI 数据进行联合定轨。定轨软件配置项开展了地月飞行调相段、近月捕获段和环月段等各个观测弧段的定轨计算，实现了 VLBI 对月球航天器飞行轨道计算的从无到有的技术突破，为测控系统提供了有效、准确的数据产品。

（6）在 VLBI 中心的流水线数据处理系统中，为了实现流水线上下级之间异构软件系统的快速数据交换，采用了网络文件系统（Network File System，NFS）存储各个软件配置项的输出结果，并且实现基于网络化的数据共享和权限控制，按照每分钟间隔存储文件，实现较细粒度的数据传递，使得数据在各个软件中以准实时方式流动和处理。

在嫦娥一号任务中，中国 VLBI 天文观测网突破并掌握了准实时航天飞行器的跟踪测量与数据处理技术，具备对月球探测器飞行过程的准实时测轨能力，实时性为 6~7 分钟，指标满足 10 分钟的要求，使我国的 VLBI 技术和 VLBI 网有了跨越式的进步。

3.4 探月工程二期中的应用

3.4.1 嫦娥二号任务

探月工程二期首先开展嫦娥二号任务。嫦娥二号为探月工程二期的先导星，用于关键技术验证，其中与测控系统相关的技术验证包括 X 频段测控技术试验验证、差分多普勒信号（DOR）干涉测量和直接发射进入地月转移轨道等。

在嫦娥二号任务中，VLBI 测轨分系统利用相较于 S 频段更高频率的 X 频段 DOR 频段测控信号，应用更高精度的传播介质误差修正模型，使得测控系统在国际上首次利用 VLBI 技术在 30 分钟内获取月球探测器的精度优于 1mm/s、100m 的横向速度与位置信息。e-VLBI 系统在嫦娥二号任务中主要沿用的是嫦娥一号建设的系统，通过对软件的优化升级，实现数据率提升到 32Mbps/ 台站。

在成功完成嫦娥二号月球探测任务后，VLBI 系统继续参与拓展任务，包括从月球轨道转移到日地拉格朗日 L2 点，之后飞向图塔蒂斯小行星，验证最远到 8000 万千米的测控通信技术。VLBI 测轨分系统全程参加了拓展任务，为从月地 40 万千米到地球—小行星 8000 万千米中国最远的深空探测飞行器的测轨提供了重要的测量数据，也为后续太阳系内深空探测积累了宝贵的经验。

3.4.2 嫦娥三号任务

嫦娥三号任务是我国首次地外行星表面软着陆，工程技术难度大，对 VLBI 测轨分系统提出了较高的要求。在嫦娥三号任务研发过程中，VLBI 突破了诸多关键技术，包括数字基带转换技术，ΔDOR（Delta Differential One-Way Ranging/Delta Differential One-Way Doppler）测量技术，天马 65m 大口径射电望远镜技术，实时 VLBI 数据处理技术，月面目标同波束相位时延测量技术，月面目标高精度定位技术等。

嫦娥三号任务的实施，使得月球探测 VLBI 测轨分系统的能力获得巨大提升：新研制了数字化的 VLBI 数据终端替换模拟制式终端，具备 ΔDOR 观测处理技术，应用同波束技术精确测量嫦娥三号着陆器与玉兔一号月球车相对运动，新研制建成的上海天马射电望远镜大大提高了 CVN 的测量能力和精度，VLBI 中心具备双路实时数据处理流水线技术，以及对着陆器的高精度定位数据处理技术，并创新性地应用 VLBI 相位参考成图法对月面探测器进行精确定位。

在嫦娥三号任务中，对实时 e-VLBI 系统进行了较大的升级。包括采用自主知识产权的 VLBI 数字基带终端（Digital Baseband Converter，DBBC）系统 CDAS（Chinese Data Acquisition System），实现 VLBI 终端系统的数字化转变，以及更宽频段的采样和更高速率的数据采集。其次，采用了 VLBI 国际通用的 Mark5B 数据格式，开发实现基于 X86 通用计算机平台的高速数据实时采集、存储和传输系统，具备 5 台站同步数据汇集及双路分发能力，以及数据解码纠错功能，e-VLBI 实时性指标从 30s 提升到 1s。同时，通过对 VLBI 中心数据处理流水线上的各软件配置项进行功能和性能的大幅改进，并通过改进 NFS 系统的缓存机制缩短缓存时间，实现元数据的快速更新，以适应实时数据传递与共享，VLBI 整体的实时性指标从 10 分钟提升到 1 分钟。

在嫦娥三号任务中，还采用了 ΔDOR 处理与处理技术。ΔDOR 观测为对探测器及探测器飞行轨道附近与探测器角距较小的河外射电源进行差分观测。VLBI 系统采用射电源—探测器—射电源的交替观测，以消除公共误差，提高测量精度。由于采用了 ΔDOR 观测，对 VLBI 中心数据系统也需要进行全新的设计和研发，适配 ΔDOR 观测，通过对射电源—探测器—射电源的交替观测纲要编排、介质传播误差模型建立、基于 ΔDOR 信号的多节点数据并行相关处理与条纹搜索时延模型重构、宽带差分与相位参考 VLBI 测量模式的相关后处理以及 DOR 点频信号的多频点带宽综合处理、基于 ΔDOR 观测处理时延、时延率结果和 USB 测速测距数据的综合定轨定位等关键技术进行研发，开发配套的算法并编制新一代的 VLBI 月球探测器跟踪测量软件系统，满足 ΔDOR 数据实时处理和定轨定位的要求。在嫦娥三号任务中，月球车先绕行着陆器开展两器互相拍照，然后开展月面巡视勘察，围绕月球着陆器开展月面巡视勘察，为此利用同波束观测和数据处理技术实现近距离双目标探测器的精确定位和定轨，研究实现的同波束软件具备处理两个探测器差分时延和时延率，以及单个卫星时延和时延率的能力。

嫦娥三号任务是 VLBI 测轨分系统在月球与深空探测中脱胎换骨式的技术革新与升级，在望远镜、终端、传输、处理、定轨和定位等各个技术环节和软、硬件设备方面，都有了一个质的提升，实现了较大跨越，也为后续的探月和深空探测任务，奠定了重要的基础。北京航天飞行控制中心也给予了 VLBI 分系统"卓越贡献"的高度评价。

3.5 探月工程三期中的应用

探月工程三期目前已实施嫦娥五号再入返回试验任务。CE-5T1 任务的主要目的是验证、突破和掌握月球飞行器月地高速返回技术，为嫦娥五号采样返回任务的顺利实施奠定技术基础。

VLBI 测轨分系统对再入返回试验器进行了精确的跟踪测量，为月地高速再入返回和深空跳跃式再入返回提供了高精度的测量结果，为测控系统和探测器系统的创新技术验证提供了保障，也为嫦娥五号采样返回铺平了道路。

3.6 嫦娥四号任务

探月工程嫦娥四号任务是国际上首次对月球背面进行探测，为了解决月球背面无法与地面站直接通信的问题，先行发射了"鹊桥"号中继星，运行于月地拉格朗日 L2 点，在嫦娥四号在月背软着陆时，为探测器与地面测控站提供中继通信服务。因此，在同一测控弧段内，VLBI 系统存在对嫦娥四号着巡体和中继星的测轨需求，为此采用分时工作模式分别对着巡体和中继星进行观测。

VLBI 按照分时工作模式开展测轨工作时，首先对探测器进行观测，探测观测完成后，进行系统切换，开展中继星观测。分时观测对不同观测目标开展观测时，系统切换时间在 70 分钟以内。探测器观测和中继星观测模式仍然采用射电源标校方式，一般按照"5 分钟射电源—5 分钟探测器"或"5 分钟射电源—5 分钟中继星"进行交替观测。测量工作模式与非分时观测相同。实时性要求为：探测器一般轨道段 10 分钟，关键轨道段 1 分钟；中继星 10 分钟。

2018 年 5—6 月，VLBI 系统成功服务于月球中继星的飞行并进入地月拉格朗日 L2

点 Halo 轨道。2018 年 12 月—2019 年 1 月，VLBI 系统成功保障了嫦娥四号探测器着陆于月球背面，同时成功地开展对中继星的高精度观测，进一步保障了嫦娥四号的成功着陆。

在嫦娥四号任务中，VLBI 测轨分系统的主要创新点包括：首次创新性地使用 S 波段 ΔDOR 技术，首次实现地月拉格朗日 L2 点 Halo 轨道月球中继星精密定轨，对嫦娥四号探测器、中继星分时观测快速切换技术。

3.7 VLBI 测轨系统在探月工程中的技术能力指标

3.7.1 实时性

VLBI 系统在探月工程历次任务中，实现了传统射电天文观测处理事后模式向准实时再到实时模式的跨越式能力提升，VLBI 观测原始数据速率从嫦娥一号的 16Mbps 提升到当前的 128Mbps，网络通信系统和 e-VLBI 数据传输系统实现了高可靠特性，实现了网络专线切换时不丢数据、不影响实时传输，整体实时性指标大大优于工程任务指标，圆满地完成了测控系统下达的各项工程任务和试验任务。表 2 为 VLBI 测轨分系统历次探月任务实时模式运行情况。

表 2 VLBI 测轨分系统历次探月任务实时模式运行情况

任务名称	传输模式	租用线路	数据速率	主备切换模式	实时性要求	实际性能
CE-1	准实时	电信和网通（SDH 34Mbps）、中国科技网 IP-VPN（100Mbps）	16Mbps	手工 >30 分钟	<10 分钟	<6 分钟
CE-2	准实时	电信和网通 MSTP（100Mbps）	32Mbps	手工 >15 分钟	<10 分钟	<4 分钟
CE-3	实时	电信和联通（SDH 155Mbps）	64Mbps	自动 <3s	<1 分钟	<40s
CE-5T1	实时	电信和联通（SDH 155Mbps）	64Mbps	自动 <3s	<1 分钟	<40s
CE-5	实时	电信和联通（SDH 155Mbps）	128Mbps	自动 <3s	<1 分钟	—

3.7.2 测量精度

VLBI 网对空间飞行器的直接测量结果为信号的时延和时延率，单位为 ns，测量方式实现了从 ΔVLBI 到 ΔDOR 和同波束的升级。VLBI 测轨分系统历次探月任务测量精度如表 3 所示。

表 3 VLBI 测轨分系统历次探月任务测量精度

任务名称	观测频段	测量模式	时延精度任务指标（ns）	实测时延精度（ns）
CE-1	S	ΔVLBI	12	6
CE-2	S	ΔVLBI	12	5
CE-3	X	ΔDOR、同波束	4	1
CE-5T1	X	ΔDOR	4	1

续表

任务名称	观测频段	测量模式	时延精度任务指标（ns）	实测时延精度（ns）
CE-4 中继星	S	ΔDOR	5	1
CE-4 探测器	X	ΔDOR	3	0.6

3.7.3 数据量统计

VLBI 测轨分系统历次探月任务测量结果数据量统计如表 4 所示。

表 4　VLBI 测轨分系统历次探月任务测量结果数据量统计

任务名称	数据产品种类	数据产品总量（TB）	实时观测任务时间	延拓观测任务时间
CE-1	观测纲要、相关处理、后处理、定轨、定位、介质修正	17	1 个月	6 个月
CE-2	观测纲要、相关处理、后处理、定轨、定位、介质修正	31	1 个月	26 个月
CE-3	观测纲要、相关处理、后处理、同波束、定轨、定位、介质修正	6.8	1 个月	4 个月
CE-5T1	刚测纲要、相关处理、后处理、相时延、定轨、介质修正	1.8	2 周	6 个月
CE-4 中继星	观测纲要、相关处理、后处理、相时延、定轨、定位、介质修正	2.3	1 个月	2～8 年
CE-4 探测器	观测纲要、相关处理、后处理、相时延、定轨、定位、介质修正	2.2	1 个月	—

根据探月工程 VLBI 数据共享管理规定，在数据保护期结束后，向国内外用户开放。依托国家基础科学数据共享服务平台，上海天文台利用 MongoDB 数据库建立了 VLBI 射电天文与深空探测数据和数据共享服务网站，提供基于 Web 方式的数据查询和数据服务，如图 9 所示。

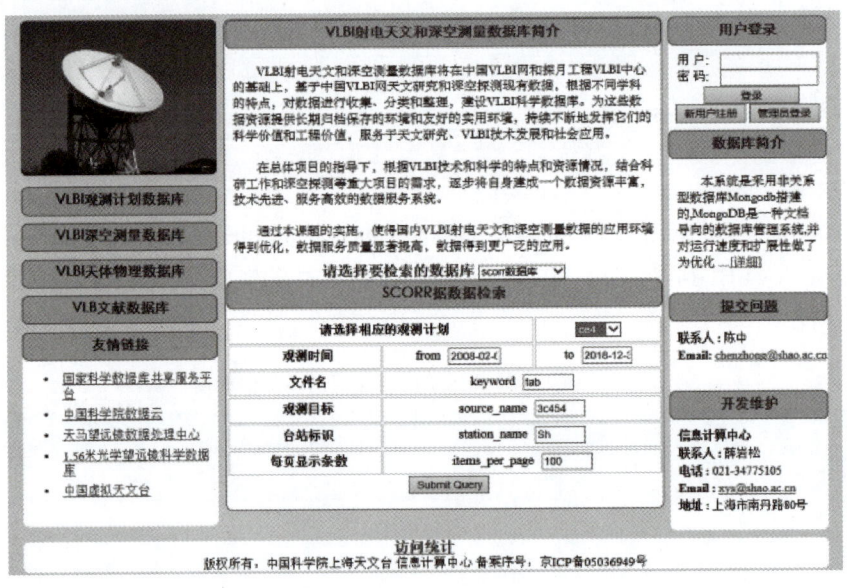

图 9　VLBI 射电天文与深空探测数据库

4 未来展望

2020年，我国将发射探月工程三期嫦娥五号开展月面采样返回任务。在探月工程"绕、落、回"即将全部成功开展后，未来我国还将开展一系列的月球与深空探测计划。包括"天问一号"首次火星探测工程，正开展立项论证工作的探月工程四期和小行星探测工程，计划中的火星采样返回、木星探测工程及太阳系边际探测等。VLBI测轨分系统将继续为我国未来的月球与深空探测项目提供实时测量和精密定轨定位服务。随着我国月球与深空探测任务多方位开展，空间探测任务互有重叠，以CVN现有观测台站数量和VLBI数据中心能力，还无法满足未来多任务、多目标并行开展的深空探测任务需求。为满足未来探测任务的需求，VLBI系统已开展前期研究，拟计划在探月工程四期前期阶段，在我国西藏日喀则和吉林长白山地区各新建40m口径射电望远镜1台，并改造陕西1台40m天线使之具备VLBI观测能力，这样可形成2个VLBI观测子网，即上海—吉林—西藏和北京—云南—新疆，陕西站可动态、灵活地加入2个子网作为备份站，如此即可具备同时跟踪测量2个月球与深空探测飞行器的能力。未来规划中的VBLI双子网构型如图10所示。

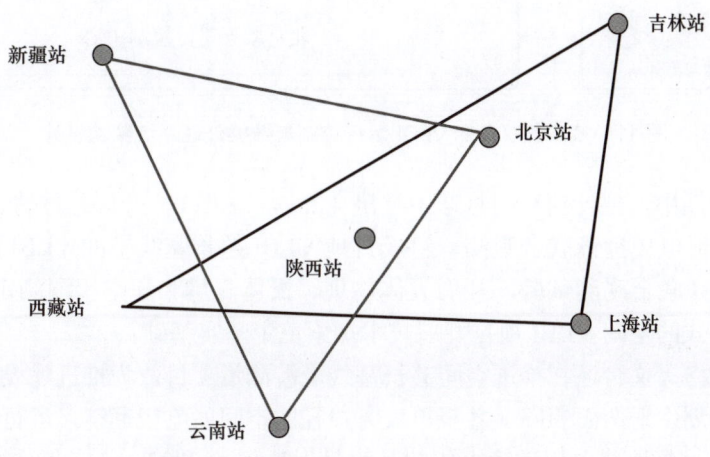

图10 未来规划中的VLBI双子网构型

VLBI数据中心需要根据双目标跟踪测量的要求，对数据处理系统进行扩展与软件研发，使之具备双子网数据处理能力并具备高可靠、高稳定性。同时，对多任务、多目标协同运行控制系统进行针对性研发，以满足未来复杂动态跟踪测量要求下的整体智能化、自动化运行要求，并利用人工智能技术辅助系统运行、决策与响应，减少人员操作与干预，以实现高效的少人值守运行，满足长期任务执行要求。为了提高系统研发与测试效率，减少系统研制过程中动用大型射电望远镜阵列获取数据或进行测试的频次，拟研发深空探测VLBI数据仿真系统，实时或批量生成各类型各观测弧段的数据，满足验证与联调需求。多任务双目标VLBI运行控制与数据处理系统架构设计如图11所示。

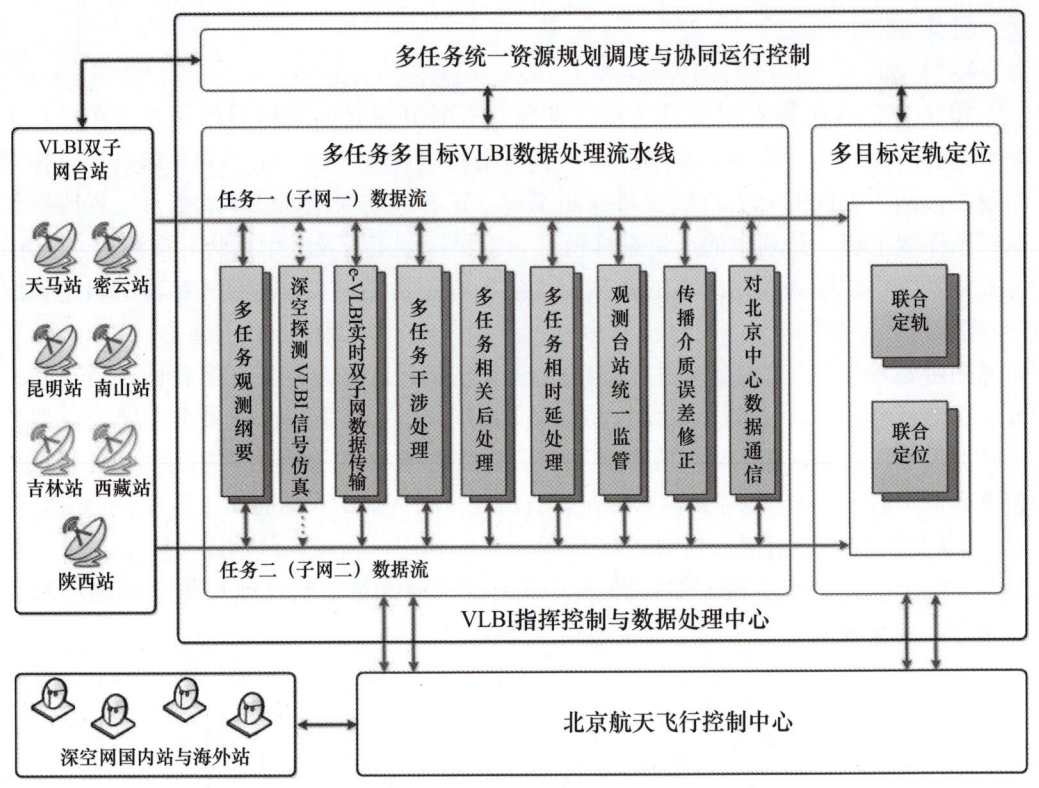

图 11 多任务双目标 VLBI 运行控制与数据处理系统架构设计

在探月四期中，拟计划利用月球中继星 4.2m 口径天线，开展月球轨道 VLBI 试验，与地面 VLBI 射电望远镜联合观测，组成月地 VLBI 超长基线空间 VLBI 阵，实现人类首次月地 VLBI 联合观测试验，开展天体物理、天体测量和深空探测测定轨各项试验，为我国后续正式的空间 VLBI 项目开展技术探索奠定坚实基础。

同时，上海天文台还在推进空间甚长基线干涉测量项目，为推进建设空间低频射电望远镜阵，计划发射两面 30m（甚至更大）口径的空间射电望远镜，运行轨道高度最高达到 90000km（与地球上望远镜组成的基线最远达到 100000km），工作频率在 30MHz 到 1.7GHz 之间（包括 30MHz、74MHz、330MHz 和 1.67GHz 四个主要波段），最高分辨率在 300MHz 时达到 2mas，在 1.7GHz 时达到 0.36mas。空间低频射电望远镜阵项目不仅是在地面 VLBI 阵列基础上跨出的一大步，将角分辨率和灵敏度均提高了数倍，而且独特的低频波段是以往空间 VLBI 项目没有触及的领域，其科学方向更加广泛，有望在宇宙学、引力波、系外行星等研究领域实现重要的突破。

致谢

感谢中国科学院青年创新促进会，国家自然科学基金天文联合基金（U1931135）对本文相关工作的资助支持。感谢探月工程 VLBI 测轨分系统、中国科学院射电天文重点实验室、上海市空间导航与定位技术重点实验室对本文相关工作的支持。

参考文献

[1] 钱志瀚, 李金岭. 甚长基线干涉测量技术在深孔探测中的应用[M]. 北京: 中国科学技术出版社, 2012.

[2] OUYANG Z Y. Scientific objectives of Chinese lunar exploration project and development strategy[J]. Advance in Earth sciences, 2004, 19(3): 355-357.

[3] 于登云, 等. 我国探月工程技术发展综述[J]. 深空探测学报, 2016, 3(4): 307-314.

[4] 吴伟仁, 等. 中国探月工程[J]. 深空探测学报, 2019, 6(5): 405-416.

[5] 董光亮, 等. 中国深空测控系统建设与技术发展[J]. 深空探测学报, 2018, 5(2): 99-114.

[6] 叶培建, 等. 中国月球探测器发展历程和经验初探[J]. 中国科学: 技术科学, 2014, 44(6): 543-558.

[7] Zheng Weimin, et al. e-VLBI Applications of Chinese VLBI Network[C]. International VLBI Service for Geodesy and Astrometry 2012 General Meeting Proceedings, 2012.

[8] 吴伟仁, 等. 基于ΔDOR信号的高精度VLBI技术[J]. 中国科学: 信息科学, 2013, 43(2): 185-196.

[9] 陈中, 等. VLBI软件相关处理机现状和发展趋势[J]. 天文学进展, 2015, 3(4): 489-505.

[10] 刘庆会, 等. 基于超高精度多频点同波束VLBI技术的月球车精密相对定位[J]. 中国科学: 物理学 力学 天文学, 2010, 40(2): 253-260.

[11] 吴伟仁, 董光亮, 李海涛, 等. 深空测控通信系统工程与技术[M]. 北京: 科学出版社, 2013.

[12] Zheng Weimin, et al. Real-time and High-Accuracy VLBI in the CE-3 Mission[C]. International VLBI Service for Geodesy and Astrometry 2014 General Meeting Proceedings, 2014.

[13] Huang Yong, et al. Orbit Determination of ChangE-3 and positioning of the lander and the rover[J]. Chinese Science Bulliten, 2014, 59: 29-30.

[14] 叶培建, 等. 嫦娥四号探测器系统任务设计[J]. 中国科学: 技术科学, 2019, 49(2): 124-137.

[15] 陈中, 等. 中国e-VLBI网的建立及应用[J]. 上海天文台年刊, 2015, 36: 136-147.

[16] 童锋贤, 等. VLBI相位参考成像方法用于玉兔巡视器精确定位[J]. 科学通报, 2014, 34: 3362-3369.

[17] 朱珂, 等. 深空探测器VLBI成图技术研究[J]. 中国科学: 物理学 力学 天文学, 2016, 46(8): 99-107.

[18] 朱新颖, 等. 深空探测VLBI技术综述及我国的现状和发展[J]. 宇航学报, 2010, 31(8): 1893-1899.

作者简介

陈中，目前工作于中国科学院上海天文台射电天文科学与技术实验室，博士，高级工程师。主要从事甚长基线干涉测量（VLBI）技术与方法和天文信息化技术研究。在探月工程中，负责VLBI深空探测指挥控制与数据处理中心、实时e-VLBI运程宽带数据传输系统和分布式网络通信系统的研发和建设。任探月工程二期VLBI测轨分系统VLBI中心副主任设计师，首次火星探测VLBI测轨分系统总体组主任设计师。中国科学院青年创新促进会会员。获上海科技进步一等奖（团体）2次，获国防科工局等六部委联合颁发的"探月工程嫦娥三号突出贡献者"称号。

重大微生物数据资源国际合作计划——全球微生物菌种保藏目录 GCM

马俊才　吴林寰　张荐辕

（中国科学院微生物研究所）

摘　要

　　世界微生物数据中心（WFCC-MIRCEN World Data Centre for Microorganisms，WDCM）于 20 世纪 60 年代建立，是全球微生物领域最重要的实物资源数据平台。2010 年，WDCM 落户中国科学院微生物研究所，这是我国生命科学领域第一个世界数据中心，中国科学院微生物研究所以 WDCM 为平台，坚持开展"以我为主"的国际合作，倡导全球微生物菌种保藏目录（Global Catalogue of Microorganisms，GCM）重大微生物数据资源国际合作计划。

　　GCM 计划旨在为分散于全球各保藏中心和科学家手中宝贵的微生物资源提供全球统一的数据仓库，目前已有 46 个国家和地区的 127 个微生物资源保藏机构正式参加这一计划，对于微生物实物资源从采集、保藏、跨国转移、学术和商业应用以及利益分享的各个环节提供有效的数据支持，为生物多样性公约在微生物领域的实施和执行提供最重要的支撑。以 GCM 计划为基础，WDCM 发起了 GCM 2.0 微生物基因组全覆盖国际合作计划，建立覆盖超过 20 个国家 30 个主要保藏中心的微生物资源基因组测序和功能挖掘合作网络，预计 5 年内将完成超过 10000 株的微生物模式菌株基因组测序，在微生物资源共享和挖掘方面建立一套国际标准体系，建立全球权威的微生物组学参考数据库和数据分析平台。

关键词

　　微生物；基因组；测序

Abstract

　　WFCC-MIRCEN World Data Centre for Microorganisms (WDCM) has long been committed to facilitating the application of cutting-edge information technology to improve the interoperability of microbial data, promote the access and use of data and information, and coordinate international co-operation between culture collections, scientists and other user communities. To help plenty of culture collections that cannot make their data available online, WDCM launched the Global Catalogue of Microorganisms (GCM) project in 2012. Up to now, GCM has become one of the largest data portals for public service microbial collections and several international culture collection networks, providing data retrieval, analysis, and visualization system for microbial resources, which currently has aggregated 127 collections from 46 countries and regions. Recently, WDCM announced the launching of Global Microbial Type Strain Genome and Microbiome Sequencing Project marking the GCM project has begun to enter a new stage (GCM 2.0). Focused on exploring the genomic information of microorganisms, this project has planned to sequence all uncovered prokaryotic type strains together with select eukaryotic type strains, construct a database for genomics data sharing, and also provide online data mining environment. The project will establish a cooperation network for type strain sequencing and functional mining, and complete genome sequencing of over

10000 species of microbial type strains in five years.

Keywords

Microorganisms; Genomics; Sequence

1　GCM 计划背景

世界微生物数据中心（WFCC-MIRCEN World Data Centre for Microorganisms，WDCM，网站截图见图 1）由世界菌种保藏联盟在 20 世纪 60 年代建立，是全球微生物领域最重要的实物资源数据平台。2010 年，WDCM 落户中国科学院微生物研究所，这是我国生命科学领域的第一个世界数据中心，微生物研究所微生物资源与大数据中心马俊才主任担任世界微生物数据中心主席，主持中心工作。中国科学院微生物研究所以 WDCM 为平台，坚持开展"以我为主"的国际合作，通过倡导全球微生物菌种保藏目录（Global Catalogue of Microorganisms，GCM）重大微生物数据资源国际合作计划，推动全球微生物资源信息化建设迈向新高度。

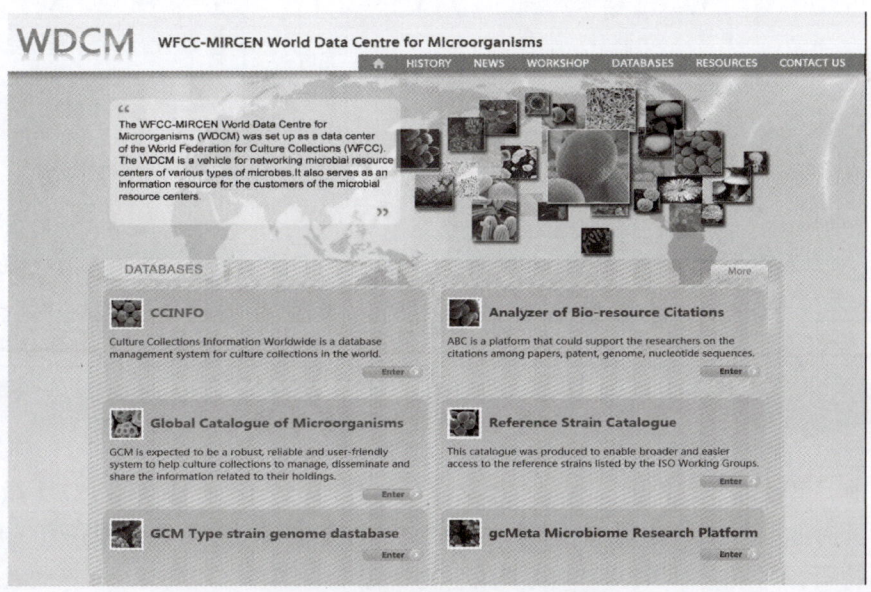

图 1　世界微生物数据中心网站截图

2　GCM 1.0 全球微生物菌种保藏目录

GCM 计划旨在为分散于全球各个保藏中心和科学家手中宝贵的微生物资源提供一个全球统一的数据仓库，并以统一数据门户的形式，对全世界科技界和产业界提供微生物菌种资源的信息服务。到目前为止，GCM 已经整合了超过 44 万条的微生物实物资源的详细信息，其中不乏来自特殊生态环境、具有重要的科研和工业应用价值的微生物。作为一个微生物数字资源整合的大数据平台，GCM 还利用先进的数据挖掘手段，从全球超过 600 万条已发表的微生物文献及专利中，进一步提取了微生物资源的后续研究和利用的信息。因此，该信息平台对于微生物实物资源从采集、保藏、跨国转移、学术和商业应用及利益分享的各个环节都能提供有效的数据支持，也为生物多样性公约在微生物领域的实施和执行提供了最重要的支撑。该平台整合开发框架采用 Java MVC 架构，并将整合网站的前后台分离，最大限度地降低信息入库和信息检索的相互干扰。数据存储上采用 MySQL 数据库，数据表设计上将菌株基本信息和挖掘信息有规则地区分，目前数据库文件大小约为 20GB。在网站监控方面，采用基于 Web 容器访问日志统计的方式日更新监控信息，监控的内容包括页面访问量、IP 访问量、访问区域、下载量、区域时间等。GCM 依托世界各地保藏中心提供的菌种信息，为互联网用户提供查询检索、数据统计、文献关联、分离源与采集地标引等服务。GCM 数据平台数据管理与服务如图 2 所示。

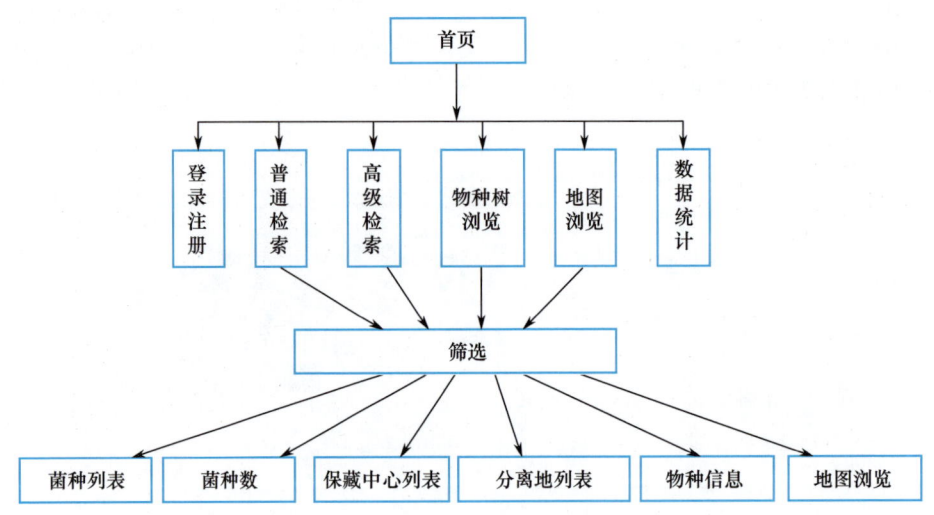

图 2 GCM 数据平台数据管理与服务

目前，已经有来自美国、法国、德国、荷兰等 48 个国家和地区的 127 个微生物资源保藏机构正式参加这一计划。同时，WDCM 也与亚洲微生物资源保藏联盟（ACM）、亚洲生物资源网络（ANRRC）、欧洲微生物资源中心联盟（EMbaRC）等区域性网络和俄罗斯、泰国、葡萄牙等国家网络建立了实质性合作，利用 GCM 平台，为其提供区域数据管理和共享服务。为配合"一带一路"倡议的实施，我们基于 GCM 平台提出了"一带一路"微生物数据资源共享计划，该计划已经得到了多个微生物资源机构的支持，合作计划的实施能够帮助其提升微生物资源的信息化管理水平，实现对重要功能微生物的挖掘和利用，推动生物技术及生物产业的发展。

3 GCM 2.0 全球微生物模式菌株基因组和微生物组测序合作计划

2017 年 10 月 12 日，在"第七届世界微生物数据中心学术研讨会"上，由世界微生物数据中心（WDCM）主任、中国科学院微生物研究所微生物资源与大数据中心主任马俊才宣布由 WDCM 和中国科学院微生物研究所牵头，联合全球 12 个国家的微生物资源保藏中心共同发起的全球微生物模式菌株基因组和微生物组测序合作计划正式启动（见图 3）。此次启动的模式微生物基因组测序计划，是 GCM 计划的第二期，包括模式微生物基因组测序及测序数据信息化分析、共享与应用，对已有的 GCM 1.0 菌种数据信息是一个有力的补充。前期 GCM 计划与全球各个微生物资源保藏中心形成的良好的合作基础，为本计划的资源获取提供了坚实的基础，这也是我们得以引领该计划的重要条件。目前，已经有来自美国的 ATCC，日本的 JCM、NBRC，韩国的 KCTC 等超过 12 个国家的 20 个微生物资源保藏中心加入，这些保藏中心所保藏的菌种资源已经覆盖了超过 90% 以上的已知模式微生物，其中 ATCC、JCM 是国际上最大且最有影响力的模式微生物保藏中心，能够保证资源的可获取性。

图 3　全球微生物模式菌株基因组和微生物组测序合作计划正式启动会

3.1　模式菌株全基因组测序——解码基因组成与功能关联的重要切入点

模式菌株（Type Strains）是在给微生物定名、分类记载和发表时，作为分类概念的准则，以纯菌（可繁殖）状态所保存的菌种。目前已测序的微生物基因组虽然已超过 8000 多条，但物种覆盖度不均匀，未覆盖大量模式菌株，同时数据质量参差不齐，难以作为参考。这就造成在对微生物数据进行系统分类、基因组注释等分析时，还存在大量的空缺，难以完成。

微生物具有基因和代谢多样性，是理想的生物技术研究工具。近年来，来源于细菌免疫系统的 CRISPR/Cas9 基因编辑系统，迅速成为生命科学最热门的技术。模式菌种的全基因组解码将使基因组成与其功能（如代谢活性、毒力、抗生素产生、生物质合成、生物固氮等）的关联研究成为可能，对生态学和生物化学研究有重大贡献，也将进一步加速新天然产物和药物的发现。由于难以被培养，大量有价值的微生物并未被研究和开发利用，环境和人类相关微生物组的组成和功能研究方式亟待开发。利用元基因组的方法来解析微生物组的关键，是获得高质量的基因组参考数据，因此，模式菌株测序也将成为微生物组研究的一个重要的切入点。同时，随着测序成本的降低和海量数据分析能力的提升，发起大规模的测序计划，开展以序列分析和功能挖掘为基础的研究，已是大势所趋，利用我们的组织、成本、人力资源和技术优势，抢占国际战略生物资源的高地，通过牵头组织该计划，也将实现以中国标准、中国数据库和中国科学家为主导的真正中国引领的国际合作。

3.2 全球微生物模式菌株基因组和微生物组测序合作网络建立计划

该计划将在 5 年内完成超过 10000 种的细菌、真菌、古生菌模式菌株基因组测序，覆盖目前已知的全部细菌、古生菌模式菌株及重要的真菌模式菌株，建立全球微生物模式菌株基因组和微生物组测序合作网络，覆盖超过 20 个国家的 30 个主要保藏中心，从全球微生物资源保藏中心选择目前未进行测序的模式微生物菌株（包括细菌、古菌和可培养真菌），完成超过总体 90% 以上的微生物模式菌株的基因组测序。全球微生物模式菌株基因组和微生物组测序合作网络工作流程如图 4 所示。

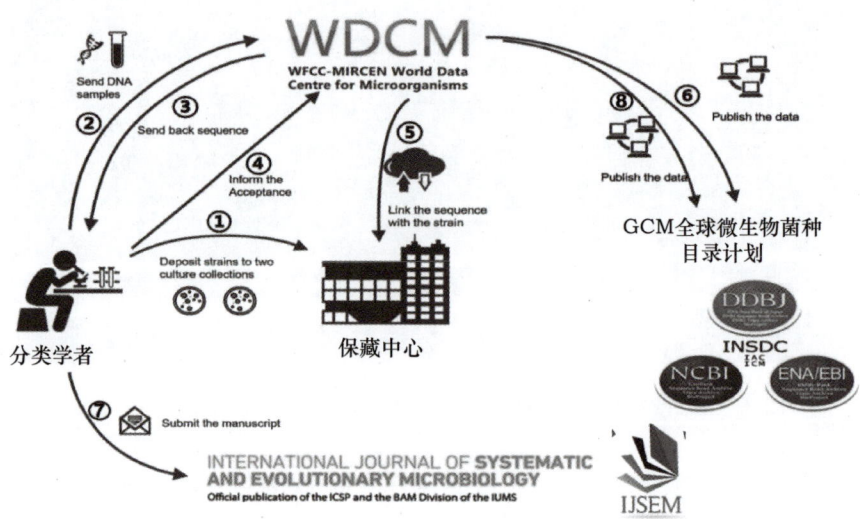

图 4　全球微生物模式菌株基因组和微生物组测序合作网络工作流程

① 在至少两个不同国家的保藏中心保存菌株并获得接收编号；
② 利用接收编号在 GCM 中登记，作为候选模式菌株进行测序，并将 DNA 样品送至 WDCM；
③ 测序结果返回；
④ 告知 WDCM 已测序菌株保藏中心确认的入库编号；
⑤ 测序数据关联保藏中心入库编号；
⑥ 原始数据和注释数据权威发布；
⑦ 提交包含模式菌株入库编号的论文至权威期刊公开发表；
⑧ 测序数据权威数据库公开发表。

数据标准是计划成功实施的关键，由 WDCM 牵头建立的《微生物菌种资源数据管理及数据目录标准》已被 ISO TC 276 生物技术委员会正式立项，预计在两年内正式发布，这将会是微生物领域第一个国际数据标准；在数据标准的基础上，本计划产生的数据也将会在 GCM 平台进行集成和共享，因此，我们也将形成国际权威的微生物数据平台。

3.3　GCM 全球合作计划助力抗击新冠肺炎疫情

2020 年 1 月 24 日，由中国科学院微生物研究所联合中国疾病预防控制中心等单位共同建设的新型冠状病毒国家科技资源服务系统（http://nmdc.cn/nCoV）正式启动。该服务系统的重点是权威发布此次疫情相关的可供公开的毒株资源及其科学数据，包括毒株资源保藏（国家病原微生物资源库）、电镜照片、检测方法、基因组、科学文献等综合信息，并且随着新型冠状病毒科研工作的进展，为应对新型冠状病毒感染的肺炎疫情防控提供科技资源专题服务。

2020 年 2 月 18 日，中国科学院微生物研究所主持的国家微生物科学数据中心发布"全球冠状病毒组学数据共享与分析系统"（http://nmdc.cn/#/coronavirus）。该数据库共整合包括此次新型冠状病毒基因组数据在内的全球冠状病毒基因组 3135 个，核酸序列 32865 条，来自 20241 个毒株，分离自 496 个不同宿主类型和 568 个采集地。该系统还为用户提供用于上传的基因组序列、扩增得到的部分序列或翻译得到的蛋白序列与数据库中数据的相似性查询分析和系统发生学分析。该系统一方面集成了全球冠状病毒基因与全基因组数据，为我国科学家进行分析研究提供了重要的支撑和保障，促进了国内外冠状病毒数据汇集与综合分析及共享。另一方面提供了整合相似性比对、系统进化分析等工具，实现了病毒组学数据集成与标准化的分析挖掘流程，可以帮助科学家快速进行病毒的变异、溯源、进化等研究。

4　总结与展望

该计划目前已经建立细菌筛选、真菌筛选、标准操作程序（SOP）、数据库与知识产权和法律问题五个工作组，中国科学家在各个工作组中均承担了重要的角色。首期已经开始接受来自比利时、中国、日本、韩国、荷兰、葡萄牙、俄罗斯、瑞典、泰国、美国和英国的大约 800 个候选模式菌株样品。由 WDCM 牵头建立的《微生物菌种资源数据管理及数据目录标准》已被 ISO TC 276 生物技术委员会批准成为 PWI20710 号标准项目。

在中国科学院已经部署了"人口与环境健康的微生物组共性技术研究"项目的基础上，2016 年，中国科学院科学家联合向国家建议启动中国微生物组计划。该项目目前已经得到资助，因此希望中国科学院能以模式微生物基因组测序计划为抓手，依靠我国在微生物资源研究、测序技术、微生物数据综合分析能力等方面的优势，大力支持涵盖人体、农业、环境、传统发酵、新技术等内容的"中国微生物组计划"重点研发专项，并进一步利用该计划建立的国际合作网络，启动中国引领的微生物组国际合作计划。

通过该计划的实施，我们将牵头建立微生物领域的国际标准，搭建微生物国际权威数据平台；在全球范围内系统研究微生物生理功能，建立生物资源挖掘、基础前沿研究、技术创新、产业发展等一体化研发应用体系；主办一系列具有领域影响力的品牌性学术会议及培训班，培育中国的国际领军战略人才和青年人才，为实现我国在微生物资源乃至生物技术领域的人才引领、资源引领、技术引领和产业引领奠定重要的基础。

参考文献

[1] Wu L, Ma J. The Global Catalogue of Microorganisms (GCM) 10K type strain sequencing project: providing services to taxonomists for standard genome sequencing and annotation [J].Int J Syst Evol Microbiol, 2019, DOI 10.1099/ijsem.0.003276.

[2] Wu L, Sun Q, Ma J. World data centre for microorganisms: an information infrastructure to explore and utilize preserved microbial strains worldwide[J]. Nucleic Acids Research. 2017, 45(D1):D611-D618.

作 者 简 介

马俊才，博士，正高级工程师，现任中国科学院微生物研究所微生物资源与大数据中心主任，世界菌种保藏联合会（WFCC）世界微生物数据中心（WDCM）主任、中国生物工程学会生物技术与生物产业信息中心主任、世界微生物菌种保藏联合会执委、亚洲研究资源网络数据管理工作组主席、国际生命条形码项目数据镜像工作组共同主席。

冷冻电镜数据库/冷冻电镜公共图像数据库中国站点（EMDB/EMPIAR-China）现状与展望

牛彤欣[1] 张 岩[2] 刘 俊[2] 张 波[2] 孙 飞[1]

（1. 中国科学院生物物理研究所；2. 中国科学院计算机网络信息中心）

摘 要

近年来冷冻电镜技术迅猛发展，已经成为结构生物学领域关键的技术手段，与此同时我国从事冷冻电镜工作的人员数量日益增长，冷冻电镜数据更是呈现爆炸性增长趋势。由于冷冻电镜技术产生的数据量极大，欧洲分子生物学实验室（European Molecular Biology Laboratory，EMBL）生物信息研究所（European Bioinformatics Institute，EBI）为了满足学术界对于冷冻电镜数据的访问需求，推动冷冻电镜结构生物学领域的发展，在欧洲建立了冷冻电镜数据库（Electron Microscopy Data Bank，EMDB）和冷冻电镜公共图像数据库（Electron Microscopy Public Image Archive，EMPIAR）。为了给国内科研工作者提供高分辨率电镜数据上传、下载的便捷通道，推动冷冻电镜相关研究工作，同时进一步提升中国基础科学研究的国际地位，中国生物物理学会冷冻电镜分会与 EMBL-EBI 合作，在中国建立了 EMDB/EMPIAR 的数据镜像（ftp://ftp.emdb-china.org/，ftp://ftp.empiar-china.org/）和服务站点（http://www.emdb-china.org.cn/）。冷冻电镜数据信息量巨大，对这些信息的合理处理，可以促进我国科学家开展相关深度挖掘的生物信息学工作，提供相关重大科学发现的可能性。本文从建设思路与架构、功能实现、可视化工具及运行现状几个方面介绍了冷冻电镜数据库和冷冻电镜公共图像数据库中国网站建设目的与建设情况，分析了从网站建设开始到 2019 年 10 月 30 日为止网站的访问情况。同时对未来冷冻电镜数据库和冷冻电镜公共图像数据库对国内冷冻电镜领域的支撑与发展做出了展望。

关键词

冷冻电镜；冷冻电镜数据库；冷冻电镜公共图像数据库；镜像；站点

Abstract

In recent years, with the rapid development of cryoelectronic technology, it has become a key method in the field of structural biology. At the same time, the number of people engaged in Cryo-EM is increasing rapidly in China, and the Cryo-EM data is showing an explosive growth. Due to the huge amount of Cryo-EM data generated, in order to meet the academic demand for accessing Cryo-EM data and promoting the development of the field, the European Institute of Bioinformatics has set up The Electron Microscopy Data Bank（EMDB）in Europe. In order to provide a convenient way for researchers to upload and download high-resolution electron microscopy data, to promote the related research work of Cryo-EM, and to enhance the international status of China's basic research, the Committee for the Study of Cryo-Electron Microscopy of the Chinese Society of Biophysics decided to work with The European Bioinformatics Institute (EMBL-EBI) to establish the mirror site of EMDB/EMPIAR(ftp://ftp.emdb-china.org/, ftp://ftp.empiar-china.org/), and established the service website EMDB-China(http://www.emdb-china.org.cn/). This paper introduces the construction purpose and situation of the Chinese mirror website in the electron microscope database from the aspects of construction idea, structure, function realization, visualization tools and running status. And this paper analyzed the total visits of the website from the beginning of the website building up to October 30, 2019. Finally, this paper prospected the future of The Electron Microscope Database , it will play an important role in supporting and developing the field.

Keywords

Cryo-EM; The Electron Microscopy Data Bank (EMDB) ; The Electron Microscopy Public Image Archive (EMPIAR); Mirror; Site

1 引言

近年来冷冻电镜技术迅猛发展，已经成为结构生物学领域关键的技术手段，与此同时我国从事冷冻电镜工作的人员数量日益增长，冷冻电镜数据更是呈现爆炸性增长趋势。由于冷冻电镜技术产生的数据量极大，欧洲分子生物学实验室（European Molecular Biology Laboratory，EMBL）生物信息研究所（European Bioinformatics Institute，EBI）所为了满足学术界对于冷冻电镜数据的需求，推动结构生物学领域的发展，在欧洲建立了冷冻电镜数据库（Electron Microscopy Data Bank，EMDB[1]）和冷冻电镜公共图像数据库（Electron Microscopy Public Image Archive，EMPIAR[2]），提供冷冻电镜原始数据、重构结果等研究信息的数据共享服务。由于研究者使用网站时上下行数据量极大，仅仅依赖欧洲网站，很难为亚洲区域从事冷冻电镜行业的人员提供便捷的服务，客观上使得亚洲区域的用户不得不忍受较慢的连接速度对于研究工作的影响。

因此，为了给国内科研工作者提供高分辨率电镜数据上传、下载的便捷通道，推动冷冻电镜相关研究工作，同时进一步提升中国基础科学研究的国际地位，促进中国冷冻电镜事业有更好的发展，中国生物物理学会冷冻电镜分会于 2016 年决定与欧洲分子生物学实验室生物信息研究所（EMBL-EBI）合作，在中国建立了 EMDB/EMPIAR 的数据镜像（ftp.emdb-china.org，ftp.empiar-china.org）和服务站点（http://emdb-china.org.cn）。冷冻电镜数据信息量极大，在中国建立镜像站点，可以有效促进我国科学家开展相关深度挖掘的生物信息工作，为重大科学问题的发现提供可能。

中国冷冻电镜数据库和冷冻电镜公共图像数据库镜像站点的建立为国内冷冻电镜研究人员提供了专门的访问接口，以及更快速的数据上传、下载通道。同时为了实现 EMDB 中电镜密度图的在线三维交互式展示，让研究人员从自身研究角度出发，以适当的角度交互式预览查看三维重构数据，开发并实现了一套针对电镜密度图数据的适用于 Web 环境下的三维可交互可视化工具 VizEMEC，对可视化效果经过了多次优化，通过等值面结合颜色映射的方法展现了数据内部形态；结合先进的数据减量传输策略，大幅降低了网络通信量及数据下载时间，并采用渐近式可视化方法加快了页面响应速度，提升了用户交互体验，让研究人员可以更方便地对 EMDB 数据进行分析和评估。

2 建设思路与技术架构

EMDB/EMPIAR 中国镜像站点由两套独立服务器集组成，两者之间通过负载均衡设备进行应用和访问分配。在正常情况下，负载均衡设备将传入请求均衡地分配给所有服务器集，但是当失败或检测到服务器集关机时，负载均衡设备将删除相关的服务器集，直到后续监控指示恢复正常为止，同时 Nagios 服务器通过向 Web 服务器发出请求间接监控其他相关服务器（MySQL，solr，FTP）并检查其他服务器是否正常工作。EMDB/EMPIAR 中国镜像站点服务器部署拓扑图如图 1 所示。

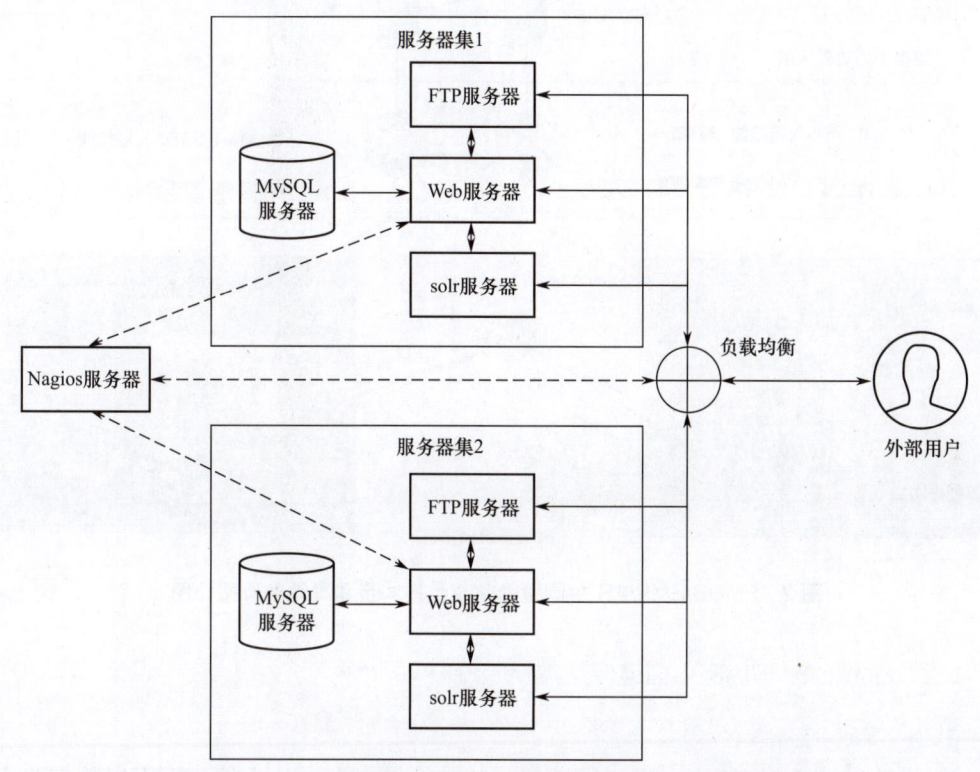

图 1　EMDB/EMPIAR 中国镜像站点服务器部署拓扑图

注：引用自 Ardan Patwardhan 的文档 *EMDB Mirror Recommended Server Configuration*。

3　EMDB/EMPIAR 中国镜像站点建设

3.1　EMDB/EMPIAR 中国数据镜像

中国镜像站点服务器通过中国科技网的中欧陆缆每周定时自动同步欧洲分子生物学实验室生物信息研究所（EMBL-EBI）的 EMDB/EMPIAR 数据。EMDB 每周更新数据量为 GB 级，数据量相对较小，采用 Rysnc 软件同步更新；EMPIAR 每周更新数据量以 TB 计，数据量较大。为了保证数据同步的稳定性，使用商业的 ASPERA 客户端软件进行同步。同时，为保证中国镜像站点数据的安全性，EMDB/EMPIAR 数据均在中国科学院计算机网络中心怀柔分中心机房做了异地备份，并分别以 FTP 站点的形式对外提供下载服务。EMDB/EMPIAR 中国镜像站点数据同步和异地备份拓扑图如图 2 所示。

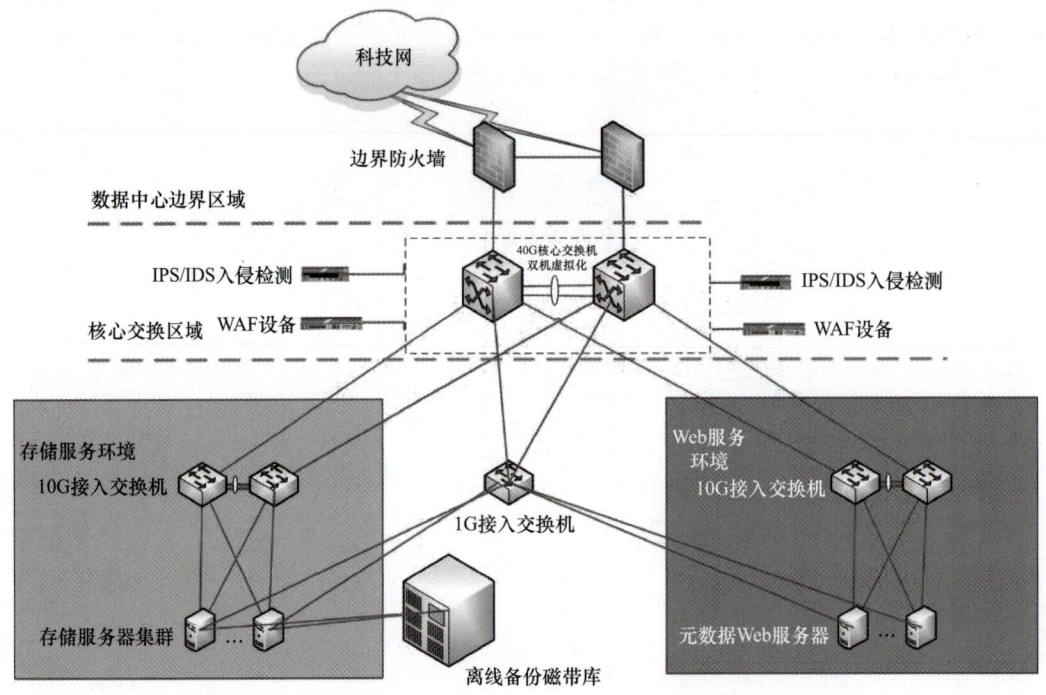

图 2　EMDB/EMPIAR 中国镜像站点数据同步和异地备份拓扑图

3.2　EMDB/EMPIAR 中国镜像站点 Web 服务

3.2.1　Web 服务技术架构

考虑到 EMDB/EMPIAR-China 网站展示的数据源来自 xml 文件，页面以静态为主，将整个系统分为四层结构——数据层、服务层、业务层、视图层较为合理。

数据层包括 MongoDB 数据库、实验数据文件、solr 索引文件；服务层为系统提供基础服务，包括 xml 解析服务、solr 检索服务、数据统计服务及文件下载服务；业务层提供网站主要功能，包括 EMDB 及 EMPIAR 数据检索、分类浏览、数据详情浏览、xml 查看，以及网站访问统计等功能；视图层采用 thymeleaf 模板引擎进行页面展示，同时使用 echarts 图表工具进行统计结果展示（见图 3）。

项目组成员采用 Java 语言对 springboot 开发框架进行开发，springboot 是一个全新的框架，可以简化新 spring 应用的初始搭建及开发过程，使用特定方式进行配置，使开发人员不需要定义样板化的配置。利用 sping-data-mongodb 对 MongoDB 数据库进行操作，采用 solr 搜索引擎提供数据索引和检索功能，solr 是一个独立的企业级搜索应用服务器，对外提供类似于 web-service 的 API 接口，通过 http 请求向搜索引擎服务器提交一定格式的 xml 文件，生成索引；也可通过 http get 操作提出查找请求，并得到 xml 格式的返回结果。

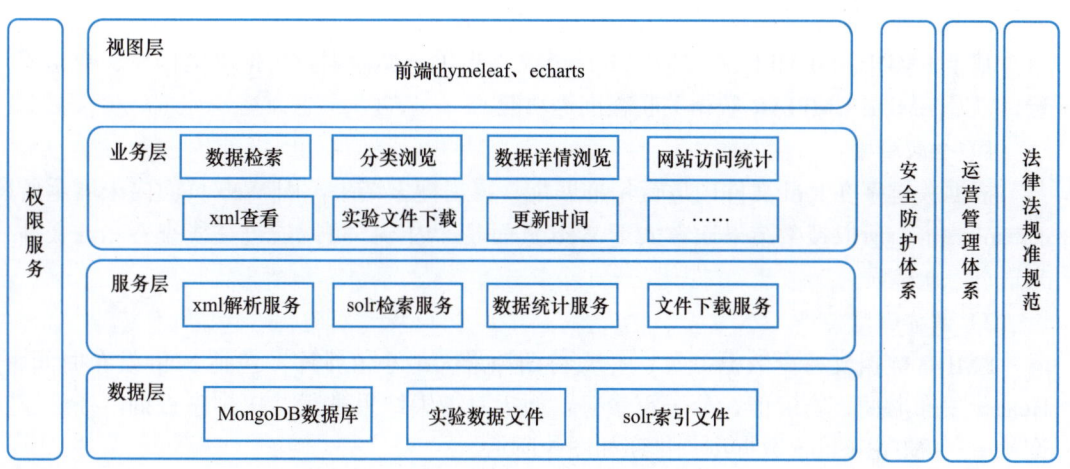

图 3　网站实现技术架构

首先，利用 jaxb 技术根据 XML schema 生成 Java 类，在需要更新数据时，将实验的 xml 元数据解析为 Java 类对象，并保存到 MongoDB 数据库中，然后通过接口将 MongoDB 数据库中的数据生成 solr 索引，完成网站数据更新，并记录更新时间。用户访问网站时，通过 solr 服务查询实验相关数据，同时系统自动记录访问者的 IP 和访问时间，并将数据保存在 MongoDB 数据库中。

3.2.2　网站主要功能

EMDB/EMPIAR-China 网站主要是为了将 EMDB/EMPIAR 数据以网页的形式进行下载、展示，提升数据 xml 文件的可读性，并提供数据查询、排序，以及利用可视化工具进行数据渲染等功能。网站首页（见图 4）提供了四大功能，包括数据查询排序、数据统计、可视化工具、FTP 站点下载服务，具体介绍如下。

图 4　EMDB/EMPIAR 网站首页

1. 数据查询排序

基于 EMDB 和 EMPIAR 数据中的 xml 文件提供全文检索、数据浏览排序、数据筛选，以及 EMDB/EMPIAR 数据关联查询等功能。

1）全文检索

根据关键字在 xml 文件内进行精准匹配，得出搜索结果，因 Web 页面内未展示所有 xml 内容，所以搜索结果通常大于 Web 页面显示内容，可以通过在线查看 xml 文件来进行二次检索。

2）数据浏览排序

EMDB 数据支持全数据浏览，并支持四项最大最小值排序，包括 Map 发布时间、Header 发布时间、密度值、分子重量等，便于对搜索结果进行二次排序查询，提升查询效率。EMDB-China 数据浏览排序如图 5 所示。

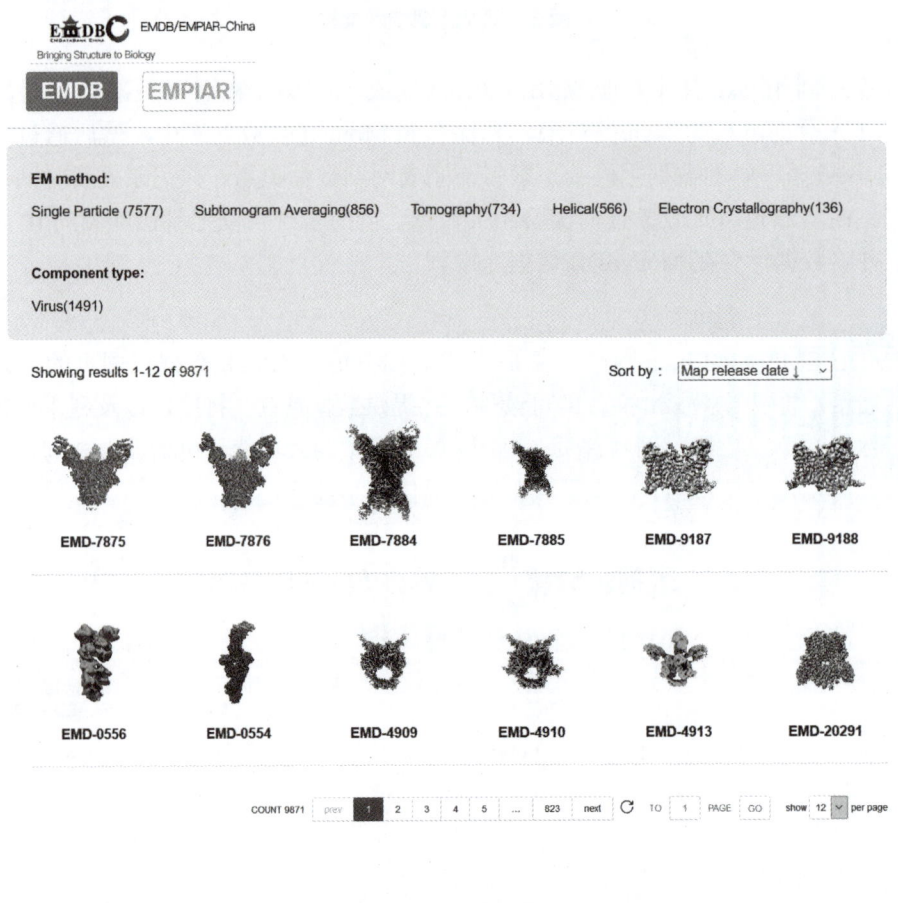

图 5　EMDB-China 数据浏览排序

由于 xml 提供内容有限，EMPIAR 数据仅支持版本日期排序。EMPIAR-China 数据浏览排序如图 6 所示。

第二篇 面向国家重大需求

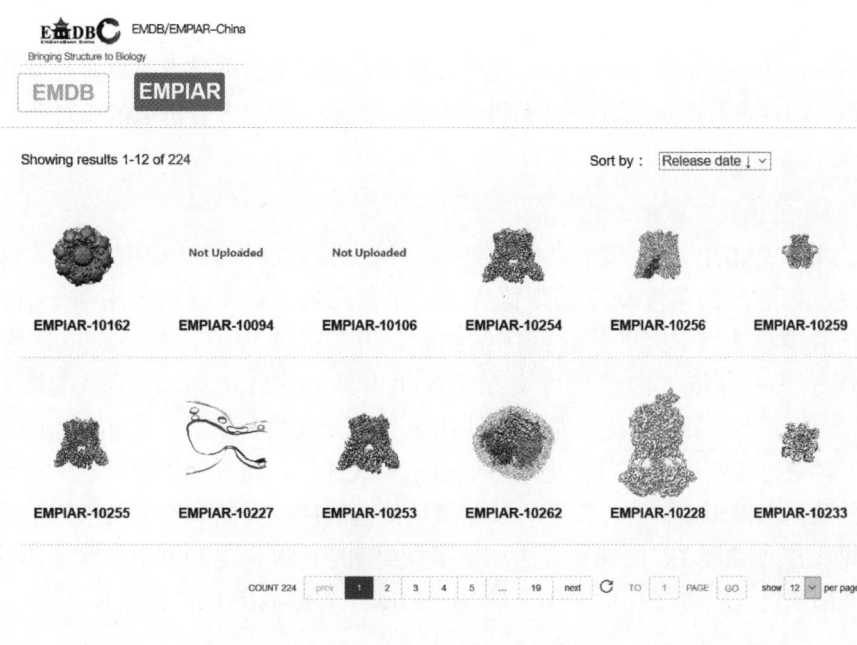

图6 EMPIAR-China 数据浏览排序

3）数据筛选

EMDB 中国镜像网站提供 EMDB 数据的 EM method 和 Component type 相关条件筛选查询，并根据筛选结果显示相关数据。

4）EMDB/EMPIAR 数据关联查询

根据 xml 文件内容，提供部分 EMPIAR 数据的 EMDB 数据关联查询，如图7所示。

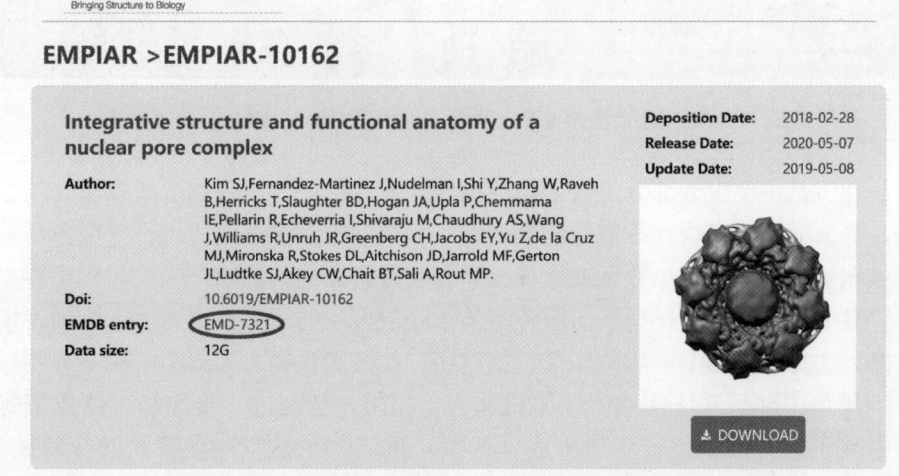

图7 EMPIAR 数据的 EMDB 数据关联查询

173

2. 数据统计

数据统计功能目前仅展示了三项统计：电镜密度图数据的年度累计量、年度内最高分辨率和网站首页月度点击量。后期将根据科研需求添加更多有价值的统计项。

3. 可视化工具

1）密度图预览可视化工具

为了实现 EMDB 中电镜密度图的在线三维交互式展示，让研究人员从自身研究角度出发，以适当的角度交互式预览查看三维重构数据，项目组采用基于 HTML5 的 WebGL[4] 渲染技术及 ZFP[5] 体数据压缩技术，开发并实现了一套针对电镜密度图数据的适用于 Web 环境下的三维可交互可视化工具 VizEMEC[6]，该工具支持 Chrome、Firefox、Safari 等一系列主流浏览器，使用过程中无须另行安装插件或其他运行环境。可视化工具对 EM 密度数据可视化效果经过了多次优化，通过等值面结合颜色映射的方法展现了数据内部形态；结合先进的数据减量传输策略，大幅降低了网络通信量及数据下载时间，并采用渐近式可视化方法加快了页面响应速度，提升了用户交互体验。针对电镜密度图预览及三维交互可视化工具 VizEMEC[6] 界面截图如图 8 所示。

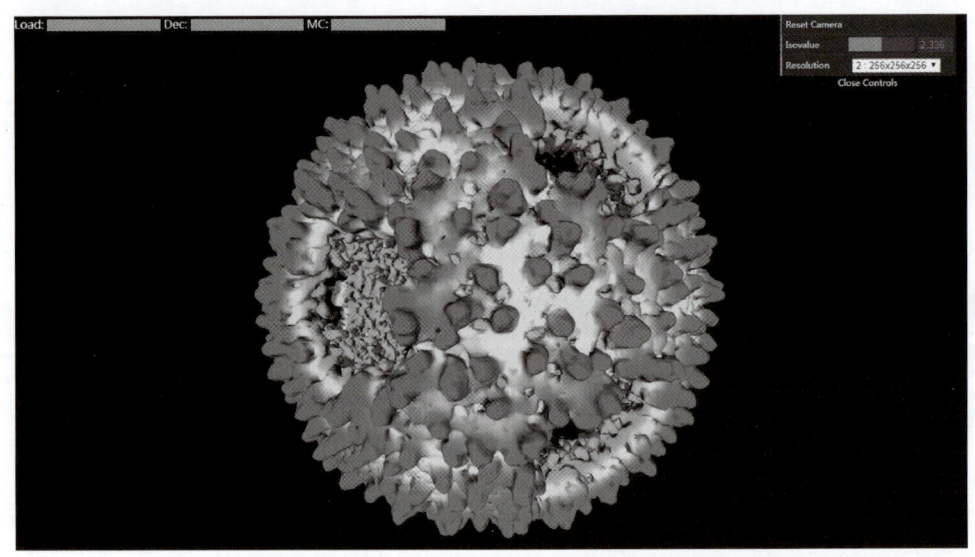

图 8　针对电镜密度图预览及三维交互可视化工具 VizEMEC 界面截图

可视化工具主要由五部分组成：体数据压缩缓存模块、体数据选择模块、体数据解压模块、等值面生成模块和等值面渲染模块。体数据压缩缓存模块运行于服务器端，将原始体数据按不同的压缩参数压缩生成一系列缓存数据。其他四个模块运行于客户端浏览器中。其中，体数据选择模块向服务器请求获取可用的缓存数据列表，根据特定的优先级排序方法将服务器上可用的缓存数据排序，并按优先级由大到小依次下载各缓存数据，直到模块内部的系统使用率预警机制起作用阻止数据进一步加载。体数据解压模块对下载到的缓存数据进行解压生成体数据，采用 ZFP 数据减量算法结合值域分块、交错分块、精度递进、残差附加等渐近式在线交互机制实现系统的负载优化。等值面生成模块则针对解压后的体数据，根据用户的等值参数设定进行快速等值面生成。等值面渲染模块调用 WebGL 渲染引擎[4]，配合光照材质配置，对生成的等值面进行绘制。

经统计，体量超过 50MB 的数据在远程交互时所产生的数据传输量普遍降到原始数据量的 10% 以下。由于引入多级加载策略，用户等待时间缩短到原有的 1% 以下，大大提高了交互响应效率。在经过一段时间的内部测试后，VizEMEC[6] 可视化工具于 2019 年 1 月正式上线，相关页面已链接到 EMDB/EMPAIR-China 数据详情页面中，用户可通过点击相应工具链接打开可视化工具。

2）元数据可视分析工具

为了让研究人员更方便地对 EMDB 数据进行更全面的分析、评估、查询，根据 EMDB 元数据结构及特征，项目组基于先进的数据分析理论模型，对系统目标及任务进行了细致的需求分析、功能分解及原型设计，采用最新的数据可视化工具及技术，开发并实现了一套针对性的面向 EMDB 整体数据的可视化浏览及分析工具 VASEM[6]。

由于 EMDB 数据通过 OneDep[3] 平台进行数据汇交及管理，用户通过手工输入相关信息的方式提交元数据，这样的流程由于人工输入的随意性使得 EMDB 元数据中存在大量的错误信息，数据库中保存的元数据中存在数据不完整、出版信息不准确、出版物名称/源有机体名标注不统一等一系列问题。为了对 EMDB 元数据进行清洗，以保证分析查询过程的准确性和全面性，VASEM 引入权威的第三方数据源进行数据的交叉验证及质量提升，引入可由 ISSN、DOI 索引查询的 CrossRef 数据平台，以统一出版物名称并获取更完善的作者信息，引入 NCBI Taxonomy 数据平台，以统一有机体的命名。基于以上设计原则及思路，VASEM 工具集成了定期运行的数据预处理子模块，与每周进行的 EDMB 数据更新服务同步，实现自动且持续的后台数据更新任务。针对 EMDB 的可视化浏览及可视分析工具 VASEM 界面如图 9 所示。

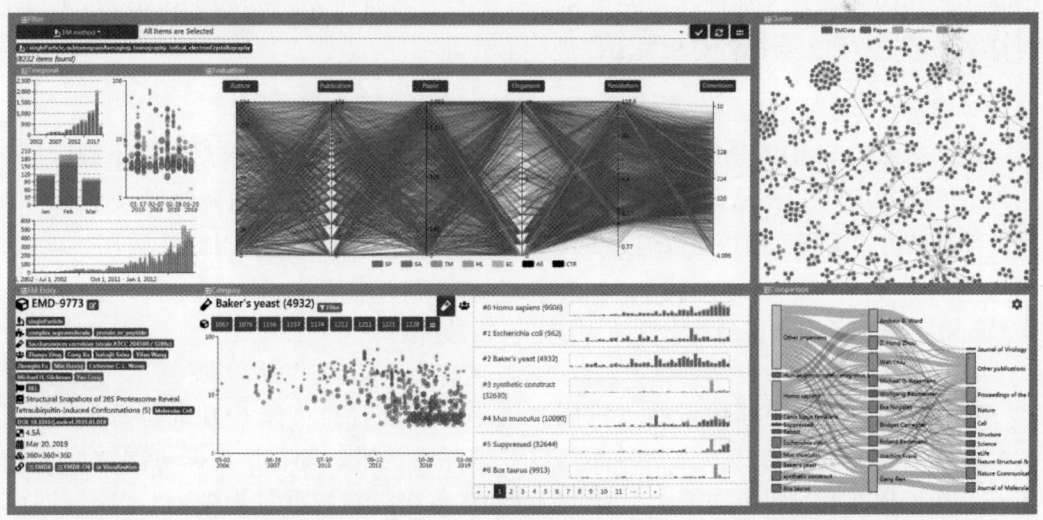

图 9　针对 EMDB 的可视化浏览及可视分析工具 VASEM 界面

基于先进的 HTML5 技术框架及 echarts 新型可视化工具库，VASEM 实现了 Web 环境下的强交互的 EMDB 元数据图形化界面，通过数据驱动的信息丰富的二维图表，以散点图、桑基图、堆叠直方图、网络连接图等形式的一系列关联视图，从时间、人员、有机体、出版物等多个维度对原始数据进行展示。为了对不同的数据产出团队、目标有机体、出版渠道进行横向对比，VASEM 提供基于数据子集的实体对比功能，在特定的主题查询结果的基础上，对不同的数据产出团队、目标有机体、出版渠道产出的 EM 数据进行计算统计及比例分析，利用桑基对比图，用户可以轻松了解不同的研究人员所在研究团队的研究主题分布、发布论文渠道分布情况。EMDB 中各数据之间通过各个维度的共同点构建了复杂的关联关系。为了利用这些数据之间的相互关系来进行子集关联分析或关联查询，VASEM 提供以关系图为基础的可交互的力导向网络连接图，让用户可打开或关闭某类实体关系，并通过指定的一些实体关系实现实体集合聚类，从而快速查询与指定数据相关联的数据集合。EMDB 数据随着时间累积，集合了大量的 EM 数据，即使通过某类条件过滤，仍然有可能得到大量的查询结果。为了对更大规模的数据集进行子集整体的可视化描绘，VASEM 以均衡化的平行坐标图的形式提供了一套子集描绘及评估工具，用户可通过此工具对大规模的 EM 数据进行量化评估，并进行作者、论文、机体、分辨率、网格大小等维度间的关联对比。VASEM 构建了以信息过滤器为中心的编辑交互体系，将用户查询条件及分析结论同时结合到查询计算过程中，让研究人员可以更好地将非结构化的过滤条件加入数据查询过程中。

在经过一段时间的内部测试后，VASEM[7] 可视分析工具于 2019 年 6 月正式开通上线服务。相关工具可通过以下 URL 地址访问：http://vasem.emdb-china.org.cn。系统设计及实现方面相关的详细说明被总结成学术论文，被国内顶级可视化及可视分析会议 ChinaVis 2019 接收，并被推荐发表到 SCI 检索的国际期刊 *Journal of Visualization*，同时论文作者受邀作大会报告对相关工作进行了宣讲。

4. FTP 站点下载服务

FTP 站点以 EMDB/EMPIAR 镜像数据为基础建设，并为镜像数据提供下载服务。为保证 EMDB/EMPIAR 镜像数据的安全性和 FTP 服务的可靠性，采用数据只读和 FTP 独立部署的方式实现，用户可以通过 FTP 站点下载最新的 EMDB/EMPIAR 数据。

4 EMDB/EMPIAR 中国镜像站点运行现状

EMDB/EMPIAR 中国镜像站点每周三上午 8 点准时与英国 EMI 进行数据同步，EMDB/EMPIAR 数据的具体更新时间均以 FTP 站点为准，EMDB 数据每次数据更新量在几十 GB 不等，同步约需 4 小时，EMPIAR 每次更新数据量为 TB 级，完成同步需 3~4 天，或更长时间。截至 2019 年 10 月 30 日，EMDB 数据累计镜像约 1.6TB，共 9800 余套；EMPIAR 数据累计镜像约 140TB，共 250 余套。

EMDB/EMPIAR-China 网站（http://www.emdb-china.org.cn）展示数据在同步期间不变，同步操作完成后，随之更新网站相关数据页面。EMDB/EMPIAR-China 网站自 2018 年 8 月发布以来，经历了三次改版，截至 2019 年 10 月下旬，网站首页累计访问超过 2 万次，访问量统计如图 10 所示，其中 50% 的访问量来自国际 IP 地址，遍及巴西、美国、印度等 110 个国家和地区，分布在除南极洲以外的六大洲，访问量排名前三位的国家是巴西、美国和印度。国内访问量包括北京、上海、台湾等 33 个省份，其中访问量排名前三位的省份是北京、上海和浙江。

截至 2019 年 10 月下旬，EMDB/EMPIAR-China FTP 站点访问与下载链接数超过 2 万次，下载访问主要来自国内、美国和加拿大的 IP 地址，主要下载数据有 EMD-3228、EMD-10045、EMD-10160 等。

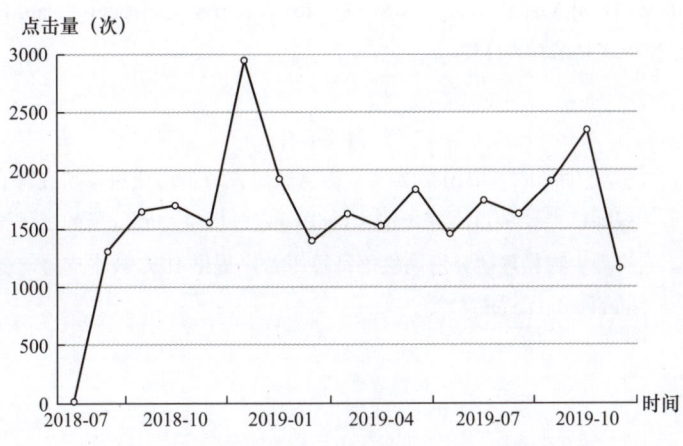

图 10　截至 2019 年 10 月网站首页点击月度统计

5　总结与展望

冷冻电镜数据量巨大，而且随着技术发展，数据量仍将持续增长，这部分数据在学术界价值极高，然而由于中国的网络带宽有限，数据传输受到限制，仅仅依赖于欧洲网站，很难为中国从事冷冻电镜行业的人员提供服务。因此，出于为中国冷冻电镜领域提供服务的目的，中国生物物理学会冷冻电镜分会与欧洲分子生物学信息中心达成合作协议，建立了 EMDB/EMPIAR 中国镜像网站，国内镜像网站的建立将会对中国冷冻电镜领域的发展提供强有力的支撑服务。

本文从网站搭建思路架构、网站功能实现、可视化功能、当前访问量等几个方面介绍了中国镜像网站的建设目的、当前建设情况、应用情况。为了给科研用户提供更好的访问体验、完善更多功能，在中国科学院生物物理研究所与中国科学院计算机网络信息中心的合作下，EMDB/EMPAIR-China 功能开发正在推进中，下一步计划实现数据校验和数据汇交等功能。

参 考 文 献

[1] Lawson C L, Patwardhan A, Baker M L, et al. EMDataBank unified data resource for 3DEM[J]. Nucleic Acids Research, 2016,44(D1):D396-D403.

[2] Iudin, Andrii, et al. EMPIAR: A Public Archive for Raw Electron Microscopy Image Data[J]. Nature Methods, 2016, 13(5):387-388.

[3] Young, Jasmine Y, et al. OneDep: unified wwPDB system for deposition, biocuration, and validation of macromolecular structures in the PDB archive[J]. Structure , 2017,25(3): 536-545.

[4] Opera. WebGL and Hardware Acceleration. [2011-02-28].https://dev.opera.com/blog/webgl-and-hardware-acceleration/.

[5] Lindstrom, Peter. Fixed-Rate Compressed Floating-Point Arrays[J]. IEEE Transactions on Visualization and Computer Graphics, 2014,20(12):2674-2683.

[6] Liu Jun, et al. VASEM: Visual Analytics System for Electron Microscopy Data Bank[J]. Journal of Visualization, 2019,22(6):1145-1159.

作 者 简 介

牛彤欣,中国科学院生物物理研究所蛋白质科学研究平台生物成像中心工程师。主要从事冷冻电镜方法学研究解析生物大分子的三维结构与功能,同时管理生物物理研究所高性能计算平台,提供HPC技术支持与咨询服务。E-mail:niutx@ibp.ac.cn。

张岩,中国科学院计算机网络信息中心科技云运行与技术发展部高级工程师。主要从事HPC系统的建设、运行维护,以及提供HPC技术支持和咨询服务。E-mail:zhangyan@cstnet.cn。

刘俊,中国科学院计算机网络信息中心先进交互式技术与应用实验室高级工程师。主要从事空间、地球、生物、流场等科学数据可视化与可视分析等相关的技术研究工作及系统研发工作。针对多个科学研究领域的可视化分析需求,主持研发了一系列科学数据可视化平台。E-mail:liujun@sccas.cn。

张波，中国科学院计算机网络信息中心科技云运行与技术发展部副主任，高级工程师。主要从事中国科学院云计算、海量数据存储、超级计算基础设施环境的规划、设计、建设和运行管理；对云计算、分布式海量存储、数据中心关键技术、IT运维管理、灾备、数据库系统、网络及安全有深入的研究。E-mail：zhangbo@cnic.cn。

孙飞，中国科学院生物物理研究所研究员，课题组组长，蛋白质科学研究平台生物成像中心首席科学家（兼主任）。主要从事生物大分子复合体（如膜蛋白、超分子蛋白复合体）的结构与功能的研究，综合多种结构生物学研究手段并发展新的结构研究技术方法，在多尺度（从纳观到介观）和多层次上（体外和体内），研究生物系统的高分辨率构造。E-mail：feisun@ibp.ac.cn。

高性能计算之生态

迟学斌

（中国科学院计算机网络信息中心）

摘 要

高性能计算体现了一个国家的科技综合实力，是国家创新体系的重要组成部分，也是世界主要发达国家激烈竞争的战略制高点。本文从构建高性能计算的生态角度进行思考，详细阐述这一领域的发展态势，同时着重指出生态发展中有关应用方面的薄弱环节，并进行了分析、提出了建议。

关键词

高性能计算；核心软件；关键应用；计算生态

Abstract

High performance computing embodies a country's comprehensive scientific and technological strength, is an important component of the national innovation system, and is also the strategic commanding point of fierce competition in the world's major developed countries. From the ecological point of view of building high performance computing, this paper expounds the development trend in this field, and puts forward the weak links in the application of ecological development, and makes analysis and suggestions.

Keywords

High Performance Computing; Kernel Software; Killer Applications; Computational Ecology

1 高性能计算发展态势研究

1.1 发达国家高性能计算发展变革

在近代科学研究中，单靠理论和实验解决问题的难度逐渐增大，因此人们越来越多地使用数值方法来模拟物理世界，以达到求解复杂问题的目的。因此，计算已经成为自然科学研究的必备工具。随着求解问题的规模越来越大，对计算的需求成为驱动发达国家高性能计算发展的最直接的动力。

1.1.1 计算机技术引领应用发展

第二次世界大战时期，靠人力计算火炮的弹道非常困难，战争对计算新型火炮弹道轨迹的迫切需要促进了第一台电子计算机的诞生。1946 年 2 月 14 日，世界上第一台通用电子计算机埃尼阿克（ENIAC）于美国宾夕法尼亚大学诞生并交付使用，它的诞生具有划时代的意义，对人类近代历史的发展产生了极其深远的影响。自那时起，人们就不断提高对计算机技术水平的追求，尤其是以美国为首的发达国家一直是计算机技术发展的"领头羊"。高性能计算机的发展，可以追溯到 20 世纪 60—70 年代，那时这类计算机称为"大型计算机"(Mainframe)。

从总体上来看,高性能计算机经过了以下几个阶段的发展,如图 1 所示。

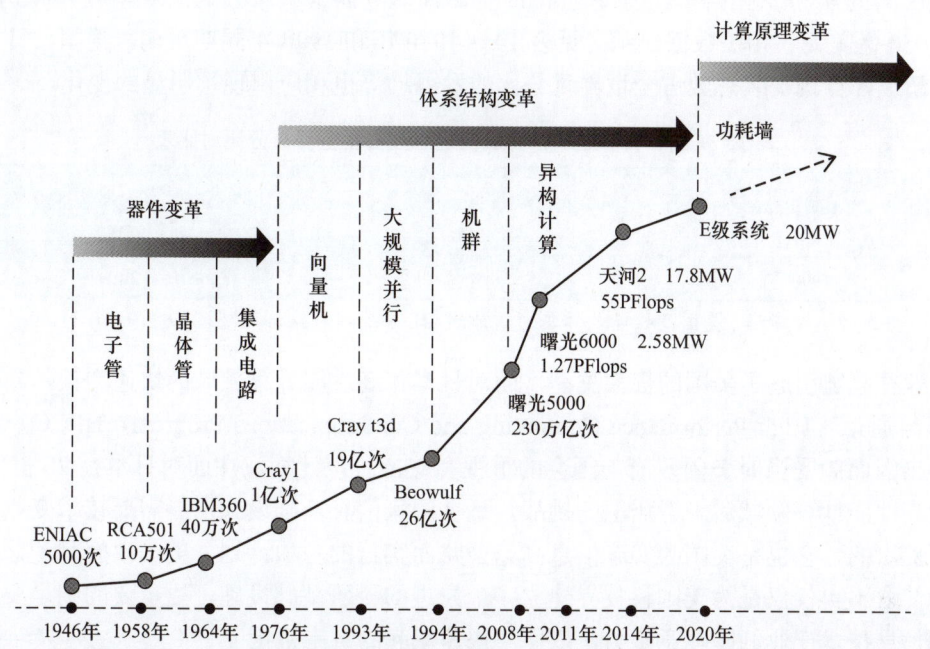

图 1　高性能计算机发展历史

图片来源:臧大伟,曹政,孙凝晖.高性能计算的发展 [J].科技导报,2016(14):22-28.

回顾计算机问世以来半个多世纪的历程可以知道,高性能计算应用与高性能计算机技术的发展密不可分。高性能计算机的研制为高性能计算的应用提供了强大的工具和物质基础,并且不断地引领着应用的发展,譬如核武器研究、核材料储存仿真、石油勘探、生物信息技术、医疗和新药研究、计算化学、气象、天气和灾害预报、工业过程改进和环境保护等诸多领域,成为推动科技创新、社会进步的重要工具。

在国际上,以美国为首的发达国家一直是高性能计算发展的先驱:1964 年第一台高性能计算机 CDC6600 诞生;20 世纪 70 年代提出了并行计算的概念,而且迅速制造出具有标志性的并行计算机 ILLIAC Ⅳ。

1982 年,克雷公司生产出第一台并行向量机 Cray X-MP/2,采用了先行控制和重叠操作技术、运算流水线、交叉访问的并行存储器等并行处理结构。在 Cray X-MP 系统上可以使用多种应用程序来解决工业中的应用问题,如石油工业、航空航天、汽车、核研究和化学。因此,科学家和工程师可以使用 Cray X-MP 系统和行业标准代码来解决广泛的问题。此外,为 Cray1 系统开发的软件可以运行在 Cray X-MP 系列的所有型号上,具有很好的兼容性和继承性,从而极大地保护了用户的软件投资。

1.1.2　应用需求推动计算机革命
1. HPCC 计划开创高性能计算机研发和应用相结合的先河
20 世纪 90 年代,日本等国家的超级计算机产业发展迅猛,向美国提出了一系列严峻的挑战。据统计，这一时期美国最大的超级计算机制造商克雷公司的年均收入不足10亿美元，其他超级计算机公司的年均收入还不足2亿美元。相比之下，日本超级计算机厂商的实力要强得多。富士通、日立、日本电器这三家公司的年均收入高达170亿～450亿美元。相关数据显示（见表1），1980年和1990年同期对比，美国、日本两国的超级计算机安装总数占全世界百分比的发展趋势也相应出现了明显的变化。

表1 美国、日本超级计算机安装总数占全世界百分比对比表

年份	美国	日本
1980	81%	8%
1990	50%	28%

数据来源：兰崇远. 美国高性能计算与通信计划 [J]. 全球科技经济瞭望，1992(9):10-11。

这种趋势引起了美国的极大关注，面对日本在高性能计算领域的快速增长，高性能计算与通信（High Performance Computing and Communications Program，HPCC）计划的提出因而颇受当时美国政府与国会的重视和支持。该计划意在面对日本在20世纪90年代高性能计算领域后来者居上的挑战，是在国家信息基础设施发展需要技术变革的背景下提出的，它也是美国为实施信息高速公路而实行的一项计划。美国政府赋予这项计划的使命不再仅仅是为美国科技界建立一个先进的科研基础设施，更重要的则是要加强美国信息技术产业的国际竞争力，以便与快速崛起的日本抗衡。

据1992年美国财年报告数据显示，HPCC计划共有8个政府部门参与（见表2）。从报告中有关该计划预算提案的经费分配情况可以看出，美国科学基金会、美国国防部国防高级研究计划局、美国能源部和美国航空航天局4个部门是HPCC计划的主要成员，其中硬件系统的研究与开发工作主要由美国国防部国防高级研究计划局负责，软件开发工作主要由美国科学基金会负责。

表2 美国高性能计划与通信计划预算提案的经费分配（以百万美元计）

机构名称	1991 财年	1992 财年	负责事项
美国国防部国防高级研究计划局	183	232.2	硬件系统的研究与开发
美国能源部	65	93	基础技术开发
美国航空航天局	54	72.4	基础技术开发
美国科学基金会	169	213	软件开发
美国国家标准与技术研究院	2.1	2.9	高速数据通信标准开发
美国海洋大气管理局	1.4	2.5	应用研究
美国环保局	1.4	5.2	应用研究
美国国家医学图书馆	13.5	17.1	应用研究
总计	489.4	638.3	—

数据来源：兰崇远. 美国高性能计算与通信计划 [J]. 全球科技经济瞭望，1992(9):10-11。

美国HPCC计划在当时提出了一系列巨大挑战问题，加速了高性能计算机系统研制进度，同时从事算法与软件研发工作的人员数量也相应地大幅增加，由此开创了计算

机研发和应用相结合的先河。可以说,在应用需求推动计算机革命方面,该计划的出台是具有划时代意义的里程碑事件。

2. Co-design 以应用需求推动构建协同设计生态圈

Co-design(协同设计)是指在计算机系统设计过程中,为应用程序及软件开发人员、计算机架构师提供一个共同协作的基础。这一原理已经被嵌入式计算界广泛地开发和应用。在嵌入式应用中,系统是通过系统的软硬件协同仿真、协同验证和协同优化来开发的,以确保计算机体系结构能够适合目标应用程序。

该设计理念结合了供应商、硬件架构师、系统软件开发人员、领域科学家、计算机科学家和应用数学家的专业知识,制定了有关硬件、软件和底层算法设计中的功能和各方利益的权衡。协同设计关系如图 2 所示。

图 2　协同设计关系

注:App(Application)指应用,SW(Software)指软件,HW(Hardware)指硬件。
图片来源:http://www.mellanox.com/coe/。

为了满足能源研究、国家安全和先进科技的计算要求,美国能源部将 Co-design 定义为实现百亿亿次计算战略的关键要素。他们认为,将 Co-design 应用到百亿亿次计算机上既是挑战,也是机遇。同时,系统软件和算法的创新也是必需的。

由于百亿亿次计算机上的预期架构和软件都会发生显著变化,因此众多科研人员考虑使用嵌入式计算社区开发的协同设计方法,于是也就需要采用强大的软件和硬件协同设计策略形成一种新的高性能计算协同设计方法。这样的一个设计过程不是简单地询问"百亿亿次系统上可以运行什么样的科学应用程序",而是要求"应该建立什么样的系统来满足最重要的科学问题的需求"。这充分利用了对特定应用需求的深入理解和基础广泛的计算科学组合。在设计过程中,科学应用性能的交付对于定义跨越硬件和应用程序的通用优化目标至关重要。

在 20 世纪 70 年代和 80 年代,LLNL 与 CDC 和 Cray 密切合作,使用实验室应用程序或代理(如 Livermore Loops)设计机器,以影响供应商解决方案并提供更加可用的机器。在 ASCI 时代(1996 年至今),LLNL 与 IBM 紧密合作,在此期间,IBM 交付了五代超级计算机(ASCI Blue、ASCI White、ASCI Purple、BlueGene / L 和 Sequoia),所有这些超级计算机都受到协同设计的深刻影响。

进入 21 世纪,业界开展了进行协同设计的核心的硬件 / 软件协同仿真工作,如结构模拟工具包(SST),它由桑迪亚国家实验室、橡树岭国家实验室、英特尔、克雷等联合开发和应用。

不难看出,Co-design 的发展,作为应用需求的驱动力,加速推动了计算机革命,并可以打破不同学科之间的壁垒。目前,国内外所面临的共同难题是建立一个超级计算机系统研制和应用协同发展的生态环境,而提高协同性正是突破其中软件开发瓶颈的关键因素。正如劳伦斯利弗莫尔国家实验室高性能计算部门的负责人 Rob Neely 所说,"协同设计关乎的是计算技术的何去何从,而不是简单的建造机器"。

1.2 我国高性能计算发展之路

1.2.1 高性能计算机快速发展,实现从"落后"到"反超"

1956 年,我国《十二年科学技术发展规划》选定了"计算机、电子学、半导体、自动化"作为"发展规划"的四项紧急措施,并制订了计算机科研、生产、教育发展计划。我国计算机事业由此起步。

1958 年,103 机研制成功,这是中国最早研制成功的第一台基于电子管的小型通用数字计算机,被称为"第一代计算机"。虽然与世界上第一台电子管计算机 ENIAC 相比,我们的起步晚了 12 年,但在与西方几乎隔绝的条件下,仅仅用了两年的时间就把电子计算机造了出来,可以称得上是我国计算机发展史上的奇迹。

20 世纪 60 年代中期,中国已试制成功 5 种型号的晶体管计算机,并投入小批量生产,标志着中国计算机工业进入了第二代。中国已经有能力自行设计适合中国国情的计算机,尤其是 108 乙机、121 机,技术指标较先进,产量都超过 100 台。此后,中国的计算机的研制呈现出你追我赶、百花齐放的繁荣局面。

20 世纪 80 年代以后,中国开展了向量机、大规模并行机和机群系统等各种高端计算机的研制,陆续推出了银河、神威、曙光等系列产品。1991 年,中国研制成功第一台基于微处理器的紧密耦合通用并行计算机 BJ-01,其性能指标达到每秒 1.5 亿~3 亿次。该计算机在当时具备运算速度快、效率高、性能良好、系统稳定可靠、用户界面友好等特点,为并行计算机体系结构、并行操作系统、并行编译和并行算法的研究提供了良好的试验平台,并为此后研制更高性能的并行计算机奠定了非常重要的基础。我国第一台基于微处理器的并行计算机如图 3 所示。

图 3 我国第一台基于微处理器的并行计算机

图片来源:http://www.ccidnet.com/news/newszhuanti/2009/60/pc/。

1993年10月，在国家863计划的指导下，我国第一台SMP（对称式多处理机）结构计算机——曙光一号全对称共享存储多处理机（以下简称曙光一号）正式发布。曙光一号诞生后仅3天，西方国家便宣布解除10亿次计算机对中国的禁运，成功打破了国外IT巨头对我国信息技术的垄断，进一步推动我国高性能计算机走上了自主发展的道路。

近20年间，中国自主设计的高性能计算机先后突破每秒十亿次、百亿次、千亿次、万亿次、十万亿次、百万亿次、千万亿次、亿亿次大关，图4反映了中国高性能计算机与国外同档次计算机推出时间的比较，可以看出，中国研制高性能计算机的步伐已明显加快，近些年以"天河-2A""神威•太湖之光"为代表的超级计算机系统更是连续多次登顶全球超级计算机500强榜单。

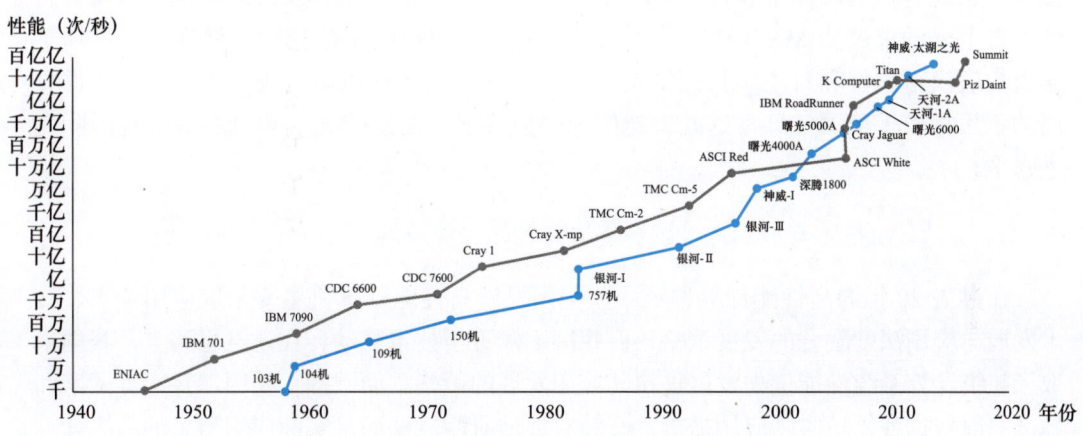

图4　中国与国外同档次计算机推出时间比较图

1.2.2　国产超级计算机需要国产的算法与自主应用软件支撑

国产超级计算机需要国产的自主应用软件。要发挥高性能计算机的高速硬件优势，必须要有适用的算法和调优的应用程序来实现大规模计算作业之间的并行。高性能计算应用的发展和进步需要数学、计算科学、应用领域等学科的深度交叉与融合。我国科研人员在推进国产算法与软件的自主可控方面一直在不懈努力，做出了许多重要突出的贡献。

20世纪50年代末，石钟慈先生建立了一种将变分原理和摄动理论相结合的新算法，并计算出氢原子最低能态的良好近似值，此后在矩阵特征值研究、样条有限元、非协调有限元研究、区域分解和多重网格法研究等领域为我国的高性能计算产业提供了数学理论方面的强大支撑。

国际上自20世纪90年代以来发展了一批自适应有限元软件平台及工具箱，以帮助科研人员及工程师编写自适应有限元程序。张林波先生带领科研团队，成功研制出并行自适应有限元软件平台PHG（Parallel Hierarchical Grid）。PHG平台提供基于最新顶点二分加密的协调四面体网格自适应局部加密和h-p自适应，并且支持大规模并行和动态负载平衡。目前，该平台已经具备了支撑面向万亿次至十亿亿次级超级计算机的并行有限元应用程序开发的能力。基于PHG平台开发的并行有限元程序使用纯CPU核，可有效地从数千进程、数万线程（自适应程序）扩展到数万进程、数十万线程（非自适应程序），个别程序已经实现了百万核级别的异构众核加速。

孙家昶先生于 1996 年首先提出了存储复杂性的概念，提出：一个算法的复杂性应包含计算复杂性和存储复杂性，其中计算复杂性包含传统的时间复杂性和空间复杂性，是一个算法的基本属性；而存储复杂性却是一个随实现的不同而改变的算法属性。用户对算法进行优化的目的即是对算法存储复杂性的不断降低，而若想降低计算复杂性则必须研究新的算法。这一概念的提出，为我国国产自主应用软件的研制提供了坚实的理论研究基础。

此外，在国家与地方项目的大力支持下，很多应用单位也在积极开发自主知识产权的核心应用软件，如自主超大规模虚拟药物筛选及蛋白质折叠与构象变化研究的数值模拟软件系统、自主海洋学软件、自主集成电路设计与制造中的参数提取和光刻模拟软件、自主磁约束聚变 MHD 计算软件、自主第一性原理电子结构计算软件、自主离子通道数值模拟软件和自主版权的结构分析软件等。但客观地讲，我国在算法与软件方面的积累相较于美国、日本这些发达国家仍然薄弱，需继续花大力气迎头追赶国际先进水平。

1.3　计算机技术与应用深度融合促进高性能计算发展

在过去 20 年的高性能计算领域中，美国发展高性能计算机主要采取应用牵引、技术发展与应用深度融合的发展策略，而我国则侧重于技术驱动。在建设思路上，我国采取了超级计算系统性能优先发展再拉动应用发展的策略。而欧洲、美国、日本等国家和地区一般根据各领域实际应用需求，有针对性地研制能够满足实际应用需求的超级计算系统，从而有效避免对机器使用上的浪费。从以下案例不难看出，美国以应用牵引高性能计算机发展的倾向非常强烈。美国开展的 Exascale Computing Project（ECP）是由阿贡实验室（超级计算机的应用方）主导的科研项目，在 Summit 计算机交付之前，美国能源部已经成立了 25 个应用软件研发小组，设计能够利用 E 级计算机的软件。ECP 计划是否成功的指标不是 Linpack 性能，而是这 25 个应用性能的"几何平均值"，这意味着其中任何一个应用的性能都不能很差。从解决问题的方法来看，美国的做法是先有挑战性应用问题，为解决应用问题制造新的计算机；我国的做法则是先制造出世界领先的机器，再来找应用。而从实践来看，我国的超算发展普遍偏重于先发展超算计算能力，这往往会导致超算系统的初期应用效率偏低的情况出现，因此需要一定时间的过渡期才能将机器用起来。

为了正视差距，缩短这一过渡期，加速带动高性能计算发展，真正实现软件、硬件和应用开发深度融合，我国科研人员做了许多的尝试与努力，获得了一批良好的示范成果。

例如，为了寻求更快、更大规模计算能力，解决传统的通用超级计算投资大、能耗高、算法开发滞后、实际效率低等制约高性能计算及其应用发展的瓶颈问题，中国科学院过程工程研究所提出了独特的多尺度模拟方法，并坚持不懈地开展了近 30 年的系统研究，于 2007 年 10 月初启动了国内首套单精度峰值超过百万亿次的 CPU+GPU 异构超级计算系统的建设。由于当时 GPU 数值计算、CUDA 等都还是新生事物，并且对这样大规模的异构机群，国内外可以借鉴的资料非常缺乏，所以中国科学院过程工程研究所在建设过程中遇到很多意想不到的困难，但他们始终坚持软件、硬件和应用开发密切结合的理念，通过大量的试验与调优，终于在较短的时间内完成了从总体设计、部件选型到集成安装和应用测试的整个建设流程，于 2008 年 2 月投入使用。利用该系统，中国科学院过程工程研究所成功开展了多相流动直接数值模拟、材料和纳微系统微观模拟及生物大分子动态行为模型等应用，展示出了多尺度离散并行计算模式的优势和前景。

随着应用的深化和经验的积累，该系统为了不断满足应用需求而进行升级改造。同时，中国科学院过程工程研究所与联想集团、曙光公司合作，先后向中国科学院 10 家单位推广了 10 套单精度峰值 100 万亿~200 万亿次的 CPU+GPU 异构超级计算系统，有力地提升了中国科学院的超级计算能力。2010 年 4 月，中国科学院过程工程研究所又自主建成了双精度峰值超过 1000 万亿次的全球首套基于 NVIDIA Fermi GPU 的超级计算系统，并成功实现了 10 套 100 万亿次以上系统的联算，在中国科学院形成了聚和计算能力超过单精度峰值 5000 万亿次的分布式 GPU 超级计算环境。中国科学院过程工程研究所自主研制的超级计算系统如图 5 所示。

图 5　中国科学院过程工程研究所自主研制的超级计算系统

这一系列高性能计算机系统的研制和建设充分体现了应用驱动、效率优先、软件通用、硬件专用，以及问题、模型、算法和硬件结构一致等设计理念，充分发挥了中国科学院在高性能计算方面产、学、研紧密结合的能力与优势，为建立发展我国高性能计算的生态提供了有益的借鉴。

1.4　中国国家网格环境聚合我国高性能计算生态资源

中国国家网格环境的建设在科技部 863 计划、国家重点研发计划重点专项中得到持续的支持，主要立足于已有的高性能计算环境基础，重点研究高性能计算环境的应用服务优化关键技术，进一步完善资源建设机制，建立具有新型运行机制和丰富应用资源的、实用型的高性能计算应用服务环境和应用领域社区，降低高性能计算应用成本，全面提升高性能计算应用服务水平。

中国科学院计算机网络信息中心作为中国国家网格的北方主节点，重点承担了该环境的运行管理、中间件产品研发与技术支持等一系列工作。与国际其他网格相比，中国国家网格具有自己显著的特点。美国、欧洲的网格主要支持科学研究，中国国家网格不仅支持科学研究，而且强调对多领域应用的支持，更加注重高性能计算的生态建设。这些领域的应用不仅需要高性能计算能力，而且需要对异地、异构数据的访问、交换和处理，通过对各类应用系统的支持，体现出网格作为重要基础设施的支撑作用，以创新的理念和方法，指导信息化应用生态系统的规划、部署和集成。

1.5 高性能计算生态未来发展态势研究

自从上一个 10 年，国际超级计算能力达到 P 级计算（1 PFlops，千万亿次计算，每秒钟可执行 10^{15} 次双精度浮点计算）之后，世界各国已经开始瞄准下一个高性能目标——E 级计算（1 EFlops，百亿亿次计算，每秒钟可执行 10^{18} 次双精度浮点计算）。美国、日本、欧盟 E 级高性能计算机研制计划如表 3 所示。

表 3　美国、日本、欧盟 E 级高性能计算机研制计划

序号	计划 / 系统名称	制造商	部署时间
1	美国 ECP 计划 Aurora A21	Cray/Intel	2021 年
2	美国 ECP 计划 Frontier	Cray/AMD	2021 年
3	美国 ECP 计划 El Capitan	未定	2023 年
4	美国 ECP 计划 NERSC-10	未定	2024 年
5	日本 HPCI 计划 Fugaku	Fujitsu	2021—2022 年
6	欧盟 Mont-Blanc 2020 计划	Atos/Bull	2021—2022 年

从美国、日本、欧盟对高性能计算项目的规划和资助来看，各个国家和地区对 E 级计算机展开了激烈的角逐，预计最迟在 2022 年将出现 E 级超算系统。在经历了数十年的高性能计算产业和生态发展的基础上，这些国家和地区对超算系统的研制继续在应用驱动的轨道上稳步前进。

除此之外，世界各国也在加紧制定未来高性能计算生态有关的战略规划。以美国为例，2019 年 11 月 14 日，美国白宫科学技术政策办公室（OSTP）发布了《国家战略性计算计划（更新版）：引领未来计算》。与 2016 年的计划相比，更新版计划最终更加侧重于计算机硬件、软件和整体基础设施，以及开发创新的、实际的应用程序和机会，以支持美国计算的未来等综合生态因素。该计划建议通过多样化的软、硬件方法来打造未来计算，利用创新生态系统实现如下目标：引领计算前沿，增加对可用性和生产力的关注，降低研究和应用程序使用的障碍，以及支持边缘资源和数据与传统计算平台的集成（包括新兴的数据驱动应用程序）；提供对新型硬件、软件和系统平台的早期访问，进而识别和支持有潜力的研究方法并减少系统部署时间；识别并优先开展未来计算所需的软件研究；鼓励对软件工具、框架和系统的开发、部署和维护；通过联盟或其他形式的合作伙伴关系，鼓励产业界、学术界和美国政府实验室等协同软件开发和可持续发展，以此有效利用美国国家计算生态系统（包括边缘计算、百亿亿次计算等）。

我国高性能计算的发展已经到了关键时期，未来必须建立起良好的生态系统，方可

实现全面领先和持续性进步。从狭义上讲，"小"的创新生态系统是指要面向处理器研发系统软件、工具软件和应用软件，让处理器得到广泛应用；而"大"的创新生态系统是指产业界、学术界和应用部门之间的协调，即把系统研发、应用研发和整个计算基础设施的研发整合起来，真正形成具有世界竞争力的科学产业和基础设施。因此，我国需要通过在教育、研究和产业各个领域更好地开展合作来建设这更大的创新生态环境。

2 建立发展我国高性能计算的生态

2.1 建设意义

高性能计算生态环境是指高性能计算系统、领域应用的模型与算法、应用软件和人才、成果产业化等诸多要素之间的相互作用，相互影响。构建科学合理、自主可控的高性能计算生态环境，是服务国家战略需求，体现国家意志，解决新时期社会主要矛盾，满足经济社会发展重大需求，有效应对风险挑战的关键步骤。

2.2 问题与挑战

与欧美发达国家和地区相比，我国在基础研究的深度与广度、核心关键技术的自主可控、应用的普及程度，以及高素质人才的数量上仍然存在很大的差距，构建自主可控的高性能计算生态任重道远。

2.2.1 "软""硬"不匹配，内在矛盾日渐突出

高性能计算已成为国家核心竞争力的重要体现，随着高性能计算的迅速发展，其内在的矛盾也日渐突出。由于提高元器件集成度和工作频率越来越困难，不同层次与规模的并行处理成为提高计算性能的主要途径，由此也带来了程序并行化、数据存储与传输及能耗等许多棘手问题。因此，尽管高性能计算机系统已在我国的核模拟、复杂电磁环境、飞行器设计与优化、复杂工程与重大装置优化设计、全球气候变化与天气预报、地球环境与资源勘探、生命科学、材料与药物设计等众多领域得到应用，但是这些应用的性能需求与系统的实际峰值无法同步增长，差距日益拉大，这俨然已经成为制约我国高性能计算技术发展的瓶颈。

虽然近年来越来越多的国内超级计算机系统进入 TOP500 榜单，但实际的应用水平并没有显著优势，虽然国内也开发了数个大规模应用，但仍缺乏国际认可的成果，多局限于对于计算数据的测试、算法程序的并行优化等基本的辅助性操作。而且我国超级计算机的研制模式一直以来都是政府科技部门主导，地方政府参与，企业承担研制任务，国家超级计算中心负责运维和推广。虽然在过去 20 多年的时间里，我国超级计算的研制和发展在这一模式的指导下取得了举世瞩目的辉煌成就，但为了取得 TOP500 世界冠军而忽视实际需求，研制远远超过实际需求的机器的做法也越来越值得我们反思。

2.2.2 国产应用软件匮乏，核心关键技术亟须自主可控

大规模并行软件和高性能算法的发展水平象征着各个国家高性能计算的软实力。对

我国高性能计算生态环境而言,最薄弱的环节是软件。一直以来,我国高性能计算发展存在着不平衡问题,其根本原因是我们在算法与软件方面的积累薄弱,因此短时间内追赶国际先进水平的难度较大。

当前,由于知名高性能计算软件均来自美国、欧洲等国际先进科研机构(见表4),直接导致我国部分高性能计算的重大应用水平处于跟随美国等发达国家的状态,领域软件的评价体系均以国外为主导,打破发达国家在常用计算软件领域的长期垄断地位具有一定难度,因此亟须在关键技术上尽快实现自主可控,发展一批国产的常用应用软件。

表 4 国际知名高性能计算软件一览表

应用领域	软件名称	来自国家	软件投入使用年份
大气领域	WRF	美国	1999
计算化学	Gaussian	美国	1970
	ADF	荷兰	1995
	MOLPRO	英国、德国	1996
流体力学	Fluent	美国	1983
	LS-Dyna	美国	1996
分子模拟	GROMACS	瑞典	1991
材料计算	VASP	奥地利	2004
基础数学库	Matlab	美国	1984
	BLAS	美国	1979
	LAPACK	美国	1995
	FFTW	美国	1997

目前,我国大多数应用领域依然需要使用国外的开源软件和商业软件,国内自主研发的软件相对匮乏或不太成熟。例如,材料科学、生命科学和大气科学等领域多使用国外的开源软件;计算机辅助工程、计算流体力学等领域多使用国外的大型商业软件,国内开源软件适用范围还不广;量子动力学领域则主要以自主研发的程序为主。专用软件往往存在学科自身的发展局限性,以及交叉学科使用程度不高等问题,自主建设综合完善的通用软件资源共享与开放服务平台也成为一项亟待完成的重要工作。

在众多的应用领域中,国内科研用户能够使用相应的国产应用软件来实现关键技术自主可控的科学计算,是目前实现高性能计算生态良性发展所面临的一项巨大挑战。

2.2.3 投入比例不均,人才储备不足制约应用发展

大规模并行应用软件的发展都与国家巨额投入息息相关,美国能源部(DOE)在硬件方面的花费不到总投资的1/6,大部分预算都花在了物理建模、算法研究和软件研制方面。

我国则更加重视高性能计算机硬件的研制,对应用软件的投入相对欠缺,且缺乏整体、系统的规划,虽然也开发了若干大规模的科学计算程序,但大多局限于完成研究任务,很难形成可以广泛应用的软件。目前,我国大型科学计算的应用软件基本上都依靠进口。我国超级计算的经费用于应用软件开发的还不到10%,美国相应的投入资金约

为我国的 6 倍。

党的十九大报告中明确提出"人才是实现民族振兴、赢得国际竞争主动的战略资源"。当前，高校相关人才培养体系、培养计划和课程设置落后于超级计算应用领域的人才需求。同时，科研评价体系难以对超级计算应用软件研发做出客观评价，加上科研经费管理不利于体现软、硬件研究成果的不同价值，软件研发人员待遇偏低，但市场需求旺盛且待遇有明显优势，导致应用软件研发人才频繁"跳槽"，人才流失严重。

高性能计算应用软件的研制有其特殊性，对学科交叉、物理建模、共性算法研究、应用软件研制等有着全面的要求，建立起这样一批优秀的人才队伍也成为促进我国高性能计算生态发展的巨大挑战。总体而言，我国高性能计算领域的复合型交叉人才储备严重不足，严重制约了应用发展。

2.3 发展建议

2.3.1 重点明确应用驱动为高性能计算生态发展的源动力

我国高性能计算发展相比西方国家要晚一点，但最近 20 多年，通过我国科研工作者不断的努力与付出，"天河一号""天河二号""神威·太湖之光"等相继成为世界第一。然而，应用层面一直是我国超级计算发展的一个痛点，发展方向应该回归到应用，因为超级计算还是要面向应用的。国家层面要以应用为引导，国家相关部委及企业应该建立联合应用基金，通过满足应用、引领应用，来推动高性能计算产业化、技术发展和学术研究，重点明确应用是推动高性能计算生态发展的源动力，以应用为导向发展高性能计算机，也势必将会大力带动我国高性能计算生态向健康、良性的态势发展。

2.3.2 持续、稳定地支持高性能计算应用软件的研发

我国在科学研究、经济建设、社会发展、国防安全应用等方面对高性能计算有着巨大的需求，但要把潜在的应用需求变成实际的应用，还需要付出巨大的努力。我国高性能计算应用软件的研发人员大部分分散在一些小的实验室、研究所，或者依附在以硬件研发为主的国家重点实验室，仅在核物理、石油、气象、地球物理等个别领域建有专门的国家重点实验室，但是未形成合力，缺少对本质上的国家级高性能计算中心及相关科研机构的长期支持。国家高性能计算生态环境的建成将有利于各个应用领域的发展，使得软件设计既符合硬件发展，又可深入应用领域。

做好一款应用软件不是一朝一夕的事，而是需要不断迭代，甚至需要经过几年、十几年甚至几十年、几代人的不懈努力。因此，我国应当充分借鉴国际上一些先进的发展经验和对策，总结分析我国尚且存在的差距与不足，从政策、资金、人员投入等方面持续、稳定地支持高性能计算应用软件的研发，促进和带动国产应用软件产业的发展。

2.3.3 重视高性能计算生态发展对现代化经济体系的战略支撑作用

国家及地方需要继续加大超级计算应用的投入，继续坚持应用牵引，拓展应用领域，在深化科学与工程计算领域应用的同时，更要关注超级计算在我国的经济、金融、国家和社会安全等领域的应用，使得高性能计算生态发展与国家战略需求相结合、相统一，以此充分发挥超级计算的社会效益。

同时，需重视高性能计算生态协调发展的重要性，相较开展超级计算机的性能竞争，开展全国性的高性能计算应用规划布局的需求更为紧迫。应从国家战略层面，对高性能计算服务于地方经济方面进行有序引导，让优质资源向重大科学挑战问题及重大工程问题靠拢，并服务于国家战略需求。同时，对高性能计算发展国家战略开展多部门协同，从科技研发、产业布局、应用示范等方面，促进高性能计算的普及与发展，维持国家网格高性能计算环境等具有一定规模的公共平台计算资源服务功能，降低超级计算机的使用门槛，普及高性能计算知识，提升高性能计算的应用水平，为现代化经济体系提供战略支撑服务。

3　总结与展望

自主是建立发展我国高性能计算生态的唯一出路，应用驱动是高性能计算发展的不竭动力。高性能计算算法及应用软件的发展应向上支撑领域应用，符合领域需求；向下指导相关芯片设计，起到承上启下的作用。高性能计算应用软件需有能力快速适应各类高性能计算异构平台，做到软件快速部署不再成为我国高性能计算应用的瓶颈。同时，应用软件需要具有一定的开放性，能够方便地融入领域内各种先进算法，使得应用软件可以长期建设，最终形成领域内具有代表性的应用软件，以提升我国科研信息化的支撑能力。除此之外，高性能计算若要实现生态发展还应高度重视系统低能耗、环境可编程、芯片高度适配性等一系列的协同发展战略。

同时，高性能计算机系统的计算能力不断提升是计算机技术发展之必然，但对经济社会发展及科学研究是否必需，将根据世界发展特征、中国特色和新时代的阶段特点统筹规划来确定，未来应该按照应用需求研制高性能计算机系统，只有应用需要才是计算机发展的动力，才能使高性能计算走上健康生态发展之路。

致谢

在建设我国高性能计算生态环境的过程中，超级计算创新联盟发挥了需求牵引、资源共享、协同创新、持续发展的重要作用，有力地促进了我国高性能计算相关技术的创新、应用的普及和产业的发展，加速了我国高性能计算产、学、研、用的生态融合；中国国家网格高性能计算环境通过资源共享、协同工作和服务机制，有效地支持了国内众多领域的实际应用，以技术创新持续地推动了国家高性能计算生态环境建设及相关产业的发展。

本文在撰写过程中，得到了上述平台所提供的有关数据统计与成果案例等方面的有力支持。此外，李国杰、钱德沛、孙凝晖、莫则尧、王鼎盛、陈润生、孙家昶、张林波、葛蔚等长期致力于高性能计算的科学研究工作，他们取得的一批有影响力的理论与实践成果，为本文阐述和分析我国高性能计算生态环境建设之路提供了有益的借鉴与参考，在此一并表示感谢。

本文受到了国家重点研发项目"国家高性能计算环境服务化机制与支撑体系研究（二期）"（2018YFB0204000）的支持。

参 考 文 献

[1] 臧大伟, 曹政, 孙凝晖. 高性能计算的发展 [J]. 科技导报, 2016,34(14):22-28.

[2] 兰崇远. 美国高性能计算与通信计划 [J]. 国际科技交流, 1992(9):10-11.

[3] http://www.mellanox.com/coe/.

[4] Dosanjh S, Barrett R, Heroux M, et al. Achieving Exascale Computing through Hardware/Software Co-design[M]// Cotronis Y, Danalis A, Nikolopoulos D S, Dongarra J. (eds). Recent Advances in the Message Passing Interface. Berlin, Heidelberg: Springer, 2011.

[5] 李娜. 突破超算软件开发瓶颈 须重视协同性 [J]. 科技导报, 2014,32(25):9.

[6] 李国杰. 序言: 发展高性能计算需要思考的几个战略性问题 [J]. 中国科学院院刊, 2019,34(6):605-608.

[7] 张云泉. 中国造出顶级超算但软件跟不上发展 [EB/OL].[2018-07-02]. http://mil.huanqiu.com/world/2018-07/12393076.html?agt=15438.

[8] 迟学斌. 国家高性能计算环境发展报告 [M]. 北京: 科学出版社, 2018.

[9] 历军. 高性能计算应用概览 [M]. 北京: 清华大学出版社, 2018.

[10] 闫洁. 智慧计算: 引领超算新时代 [EB/OL].[2016-10-11]. http://news.sciencenet.cn/htmlnews/2016/10/357967.shtm.

[11] 金钟, 陆忠华, 李会元, 等. 高性能计算之源起——科学计算的应用现状及发展思考 [J]. 中国科学院院刊, 2019,34(6):625-639.

[12] 葛蔚, 李静海. 中国科研信息化蓝皮书 2011[M]. 北京: 科学出版社, 2011.

[13] 迟学斌, 顾蓓蓓, 武虹, 等. 高性能计算机系统及平台发展状况分析 [J]. 计算机工程与科学, 2013,35(11):6-13.

[14] 周宏仁. 中国信息化进程 [M]. 北京: 人民出版社, 2009.

[15] 顾蓓蓓, 武虹, 迟学斌, 等. 国内外高性能计算应用发展概况分析 [J]. 科研信息化技术与应用, 2014,5(4):82-91.

[16] Zhiwei Xu,Xuebin Chi,Nong Xiao.High-performance computing environment: a review of twenty years of experiments in China[J].National Science Review,2016,3(1):36-48.

[17] https://www.top500.org/.

[18] Stephen M. Griffin. NSF/DARPA/NASA DIGITAL LIBRARIES INITIATIVE : A PROGRAM MANAGER'S PERSPECTIVE[EB/OL].[1998].http://www.dlib.org/dlib/july98/07griffin.html.

[19] Richard F,BARRETT.On the Role of Co-design in High Performance Computing[M]. Albuquerque: IOS Press,2013.

作 者 简 介

迟学斌, 中国科学院计算机网络信息中心副主任、研究员、博士生导师, 中国科学院计算科学应用研究中心主任。1989 年获得中国科学院计算中心计算数学博士学位。国家重点研发计划"高性能计算"专项目"国家高性能计算环境服务化机制与支撑体系研究"一期和二期项目负责人。主要研究方向为并行计算与软件和网格计算技术。曾获得国家科技进步奖二等奖 3 项, 中国科学院自然科学奖二等奖 1 项, 中国科学院科技进步奖二等奖 2 项, 中国科学院青年科学家奖二等奖 1 项, 北京市科学技术奖一等奖 1 项。

融合 5G 技术的先进科研环境演进和云服务架构设计

周 旭 范琮珊 刘 冰

（中国科学院计算机网络信息中心）

摘 要

随着 5G 网络技术的发展及云计算技术的进步，5G 云计算在资源的效用比、按需服务、安全性等方面具有显著优势。当前，"数据密集型科研"对于海量数据处理的需求与日俱增，相对于传统科研教育机构的网络资源构建，5G 科研云凭借其卓越的网络性能、安全性保障及高效的弹性计算资源分配能力和简易的硬件要求等特性，能够实现面对不同需求时的计算资源快速智能且弹性的构建，实现本地特色化服务及云网协同优化与流量统付等功能，充分满足科研人员和学生稳定且高速的网络使用需求。本文介绍了 5G 网络及其关键技术和科研云的建设需求，并提出了一种 5G 科研云架构，通过对研究所、大科学装置、野外台站、大学校园等典型场景的分析，阐述了 5G 科研云所构建的智慧科研网的实用性和必要性，最后对其进行总结和展望。

关键词

5G；云计算；边缘计算；云边协同；软件定义网络

Abstract

With the development of 5G network technology and the advancement of cloud computing technology, 5G cloud computing has significant advantages in terms of resource utility ratio, on-demand service, and security. At present, the demand for massive data processing is increasing with "data-intensive scientific research". Compared with the network resources construction of traditional scientific research institutions, 5G research cloud relies on its excellent network performance, security guarantee and efficient flexible computing resource allocation ability, and simple Features such as hardware requirements enable fast, intelligent and flexible construction of computing resources in the face of different needs, localized specialized services, cloud network collaborative optimization and traffic payment, fully satisfying the stable and high-speed network usage requirements of researchers and students. This paper introduces the construction requirements of 5G networks and their key technologies and research clouds, and proposes a 5G scientific research cloud architecture. Through the analysis of typical scenarios such as research institutes, large scientific installations, field stations, and university campuses, the practicality and necessity of the wisdom scientific research network constructed by the 5G scientific research cloud is elaborated. Finally, the summary and the outlook are presented.

Keywords

5G; Cloud Computing; Edge Computing; Cloud-Edge Collaboration; Software-Defined Network

1 引言

5G 作为新一代无线移动通信网络，突破了时空限制，给用户带来了极佳的交互式体验，极大地缩短了人与万物之间的距离，并实现了人与万物的互通互联[1]。2012 年，国际电信联盟（ITU）组织全球业界开展 5G 研究工作。在中国，国家"十三五"规划纲要中明确提出"积极推进第五代移动通信和超宽带关键技术，启动 5G 商用"的要求，大量企业如华为、中兴、大唐等开展了 5G 技术研发试验，充分利用体制机制、大国大市场、国际合作等优势，加快推动 5G 网络部署、普及应用和国际合作，有助于提高我国在国际科技竞争中的地位[2]。

ITU 为 5G 定义了增强移动宽带（eMBB）、海量大连接（mMTC）、低时延高可靠（URLLC）三大应用场景。eMBB 典型应用包括超高清视频、虚拟现实、增强现实等。这类场景首先对带宽要求极高，涉及交互类操作的应用还对时延敏感。URLLC 典型应用包括工业控制、无人机控制、智能驾驶控制等。这类场景聚焦对时延极其敏感的业务，高可靠性也是其基本要求。mMTC 典型应用包括智慧城市、智能家居等。这类应用对连接密度要求较高，同时呈现行业多样性和差异化。5G 行业应用如图 1 所示。

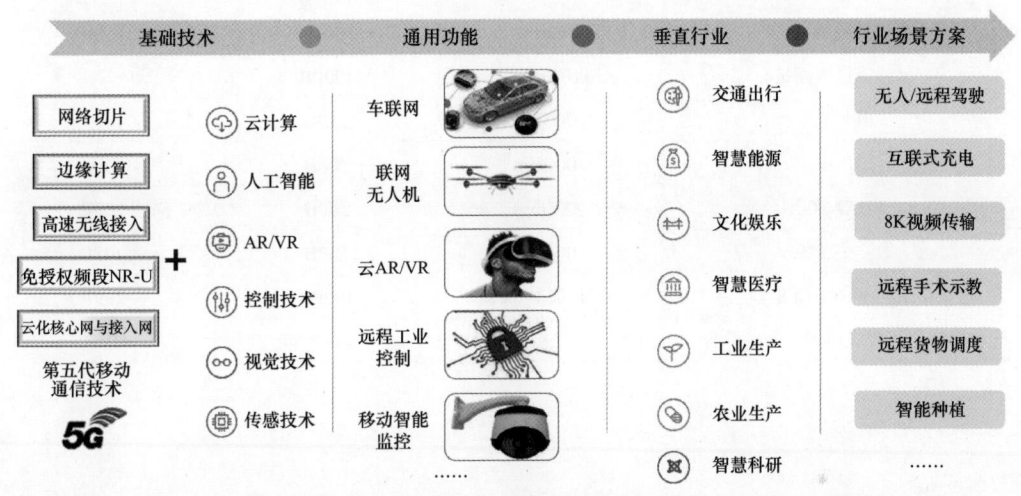

图 1　5G 行业应用

5G 将网络切片、边缘计算、大规模多入多出、高频通信等技术与云计算、人工智能、增强现实（AR）/虚拟现实（VR）、控制技术等结合，渗透到交通、工业、医疗、农业等垂直行业，实现车联网、联网无人机、云 AR/VR、远程工业控制等全新功能，达到万物互联的目标。将 5G 融入科研云能够灵活地应对各类科研场景，根据科研需求部署相应的传感器采集科研数据，远程控制科研过程，通过高速无线接入将数据回传至网络，利用边缘云和科研云的结合实现高效的数据存储、计算和处理，并通过可视化交互 AR/VR 等手段实现多维科研数据的模型，支撑科研人员直观地发现科研成果，为把我国建设成为世界主要科学中心和创新高地做出应有的贡献。

同时，科研云和商业云的部署由于面向的用户和应用场景不同，存在本质差异。科研院校的科研产出离不开科学实验，大科学实验产生的海量数据需要进行实时存储、计算和处理，这对云平台的时延提出了很高的要求；对于部署在野外偏远地区的大科学装置，也需要建立和部署专有科研云，以配合大科学数据的分发处理及资源的分配调度，因此传统商业云难以满足使用需求。此外,在科研园区内部署科研云可以通过结合边缘计算提供边缘云服务,在研究所用户边缘侧进行资源的合理调度、编排和管理,可有效降低时延并提升系统的安全性,保障科研数据和成果的安全存储与稳定传输。与此同时,科研云也可以与商业云联合部署,协调网络资源,满足大量科研数据处理的庞大算力要求,缓解高峰时期的网络压力。未来科研范式对网络的需求——大数据量高带宽如表1所示。

表 1 未来科研范式对网络的需求——大数据量高带宽

装置	网络需求	存储需求	计算需求
FAST	10~100Gbps	1~10EB	1EF
SKA	10~100Gbps	1~10EB	40PF
高重频 X 射线自由电子激光装置	10Gbps	100PB	1~10PF
海洋重大科技基础设施	量子加密通信	0.5EB	100PF
先进核能系统 ADANS	—	100PB	600PF
上海光源二期	1Gbps	500PB	20~40PF
遥感卫星地面站	10Gbps	100PB	—
BES Ⅲ	100Gbps	15PB	10PF
JUNO	100Gbps	30PB	10PF
LHAASO	100Gbps	30PB	10PF
散裂中子源	100Gbps	50PB	20PF
北方光源 HEPS	100Gbps	100PB	20PF
物质转化过程虚拟研究开发平台	1Tpbs	1EB	1ZF

2 5G 关键技术

随着科学研究的飞速发展,科研云利用现有的固定网络、4G 网络及 WLAN 技术已无法满足大量科研设备的接入,无法提供高速数据传输速率,特别是对于部署在偏远区域的科学装置。与此同时,频谱资源的匮乏进一步限制了科研云的接入速率,并且运营商的授权频谱也不利于科研单位构建专网。5G 毫米波技术开发了新的频谱资源,结合 Massive MIMO 能够有效提高连接数与传输速率。免授权频段组网有助于科研单位根据需求灵活地部署自己的 5G 专网,满足科学研究针对性需求。在科研云中引入网络切片技术能够支持多样化科研场景中不同的性能需求。采用边缘计算有助于降低时延,缓解传输网络拥塞,通过云网边协同为用户提供灵活、可调度服务。云化核心网技术能够克服科技云安全性差的问题,满足网络高安全性、定制化及开放化的要求。接下来依次介绍 5G 科研云中涉及的关键技术。

2.1 网络切片

在 5G 网络的发展中,网络切片技术可为运营商提供基于单一物理设施的多虚拟网络运行服务,是一系列逻辑网络功能的组合,这些网络功能用于满足特定应用场景下的通信需求[4]。

网络切片可以对网络数据实行分流管理,其本质是在逻辑层面上,将实际物理网络划分成若干个不同类型的虚拟网络,以满足不同用户的网络服务需求,如按时延高低、带宽大小、可靠性强弱等指标进行划分,从而应对复杂多变的应用场景。

网络切片是 5G 网络鲜明的特征和优势之一。目前业界普遍认可的网络切片方式是依照 5G 的三大典型应用场景(见图 2)来实施的[5]。网络切片可针对低时延、高可靠,海量连接,增强移动带宽三大典型应用场景,根据场景特性及用户需求进行网络功能的定制剪裁和相应网络资源的编排管理,实现高效组网,为用户提供个性化服务,提高网络服务的灵活性和资源利用率。

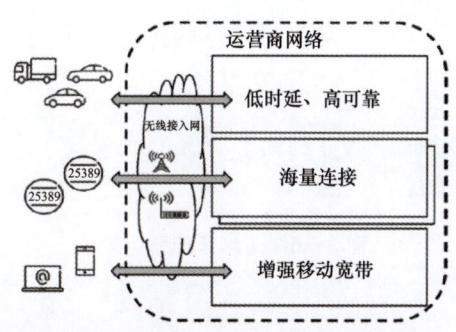

图 2　5G 网络切片三大典型应用场景

2.2　边缘计算

边缘计算技术是实现 5G 网络去中心化的关键技术之一,其在网络边缘(无线接入或靠近用户)侧提供云计算、存储、缓存等能力和 IT 服务环境,是移动基站与 IT 技术的融合与演进[6]。

边缘计算作为开放分布式平台,在边缘靠近数据源处就近提供诸多网络服务,可充分满足行业数字化在快速连接、数据改进、智能应用及安全保护等方面的需求。根据 ETSI 发布的标准,边缘计算主要分为七大应用场景,如表 2 所示。

表 2　ETSI 发布的边缘计算七大应用场景

场景	特点	MEC 解决的问题
智能视频加速	大容量	网络拥塞、优化等
密集计算辅助	低时延、大连接	信息处理精度和时效性,密集计算能力等
视频流分析	大容量	视频流解析、智能处理等
车联网	低时延、高带宽	分析和决策的时效性
IoT 网关	海量数据	数据本地处理与存储
AR/VR	低时延、高带宽	数据本地处理、提高精度和时效性
网络协同	企业网业务平台化	运营商网络与企业网智能选择

由如图 3 所示的 5G 边缘云部署示意可知，在基站边缘侧引入边缘计算，在提供数据本地处理的同时，提供 5G 流量的智能分流管理，实现网络流量的智能分配和监管，满足用户的高质量网络服务需求[7]；提供分布式缓存能力，实现内容的下载加速；提供大数据采集及本地化特色服务，满足用户的多种网络需求。

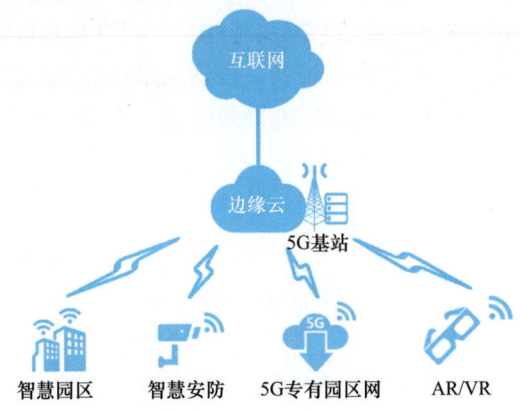

图 3　5G 边缘云部署示意

2.3　高速无线接入

目前，无线电信系统频谱都在 6GHz 以下，5G 毫米波将在毫米波频段（30~60GHz）上开展全新无线接入技术研究[8]。毫米波通信最突出的优点是波长短和频带宽，毫米波技术与大规模天线技术相结合，能够有效提升天线增益[9]。毫米波千倍于 LTE 的超带宽，为 5G 系统的超高速率和超连接数量提供了保证。

大规模多入多出（Massive MIMO）是指在基站侧部署大规模阵列天线，当天线数远大于用户终端数目时，利用波束成形技术使天线能量集中在一个较窄的方向上传播，多用户传输信道趋于正交，Gauss 噪声及互不相关的小区间干扰将趋于消失，从空间域的维度实现频谱资源复用，能够数倍提高小区容量和频谱效率[10]，降低传输时延，因此其与毫米波技术互补可有效减少信号衰减。5G Massive MIMO 示意如图 4 所示。

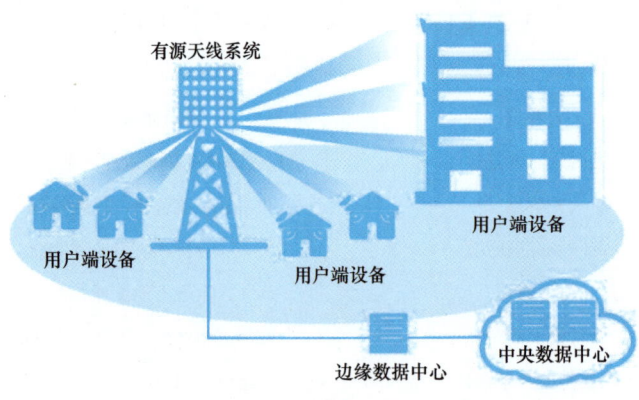

图 4　5G Massive MIMO 示意

毫米波技术和 Massive MIMO 结合能够有效提高无线侧连接数与数据传输速率，主要应用场景包括固定无线接入与集成无线接入和回传[11]。5G 固定无线接入代替光纤接入最后一公里，以较低的成本向家庭、公寓或企业等提供数千兆的数据传输速率。5G 新空口（NR）集成无线接入和回传实现 5G NR 小区的无线回传和中继链路，能够摆脱对有线传输网络的过度依赖，有助于 5G 小区的灵活、密集部署。在 5G 科研云平台中，利用无线网络代替有线网络进行数据传输更加方便、高效，特别是针对一些科研装置已经安装完成、部署光纤复杂度大的场景。此外，5G 的超高传输速率使得数据在本地的处理不再受限于有线网络。

2.4　免授权频段接入技术（NR-U）

随着 5G 时代频谱赤字的不断扩大，免授权频段组网和部署成为有效解决方式之一。基于 NR 的免授权频段接入技术（NR-U）是指使用 NR 协议在免授权频段提供接入服务，可作为 5G NR 的扩展和补充。

5G NR-U 包括两种模式：授权频谱辅助接入 NR-U（LAA NR-U）和独立 NR-U（Stand-alone NR-U）[12]。LAA NR-U 是将 4G 时代的 LTE-U/LAA 技术扩展到 5G NR。Stand-alone NR-U 不再需要授权频谱作为锚点，它完全独立地在免授权频谱上运行，这意味着任何人都可以像设置 WiFi 一样部署自己的 5G 网络。因此，既可以用 Stand-alone NR-U 来部署单个接入点，也可以用它来部署自己的 5G 专网。Stand-alone NR-U 将像 WiFi 一样公平、完全开放地共享非授权频段。有了 Stand-alone NR-U，5G 与 WiFi 将走向融合[13]。

免授权频段接入技术（NR-U）有助于科研单位根据需求灵活地部署自己的 5G 专网，并融合 WiFi 网络，为相应的科学研究提供服务。

2.5　云化核心网与接入网

随着网络的快速发展，5G 核心网将会部署在云化的基础设施上，通过虚拟化云计算技术，使用通用性的硬件代替专有硬件。核心网的云化，使多种网络设备融合在一起，以实现多个软件或硬件资源及其相关网络功能的集中统一化管理和控制，从而提高网络虚拟化的能力，提供灵活且动态化的传输架构，满足虚拟机的协调与控制要求。5G 核心网基于云化、服务化、软件化架构，并通过网络切片、控制/用户面分离等技术，使能网络定制化、开放化和服务化，以面向万物互联和各行各业[14]。5G 接入网通过实现减少基站机房数量，减少能耗，采用协作化、虚拟化技术，实现资源共享和动态调度，提高频谱效率，以实现低成本、高带宽和灵活度的运营，解决移动互联网快速发展给运营商所带来的多方面挑战（能耗、建设和运维成本、频谱资源），追求未来可持续的业务和利润增长。

核心网与接入网的云化向运营商和用户展示了美好的前景：可以降低运营商采购/运维成本及能耗；业务快速部署，缩小创新周期；网络应用能够实现多版本及多租户；支持不同的应用、用户、租户共享统一的平台；不同物理区域及用户群的业务实现个性化；促进网络开放、业务创新；孵化新的利润增长点[15]。

目前，亚马逊公司在公有云上部署了全球首例移动核心网。用户只需在亚马逊公司提供的平台上租用核心网，并像设置 WiFi 一样简单地部署边缘节点，通过边缘节点实现与核心网的互联，即可组建自己的 4G 专网，其基本收费为 89.99 美元 / 月。由于基于 SIM 卡管理和部署了边缘节点，整个移动专网不仅支持高安全性，还能支持大带宽、多视频流和低时延应用场景[16]。

3　5G 科研云建设需求

科学研究在经历了实验科学、理论科学和计算科学后，产生了以"数据密集型科研"为代表的第四范式，这将促进科研方法产生质的飞跃。科学家进行实验分析时需要强大的计算能力，如地震学家需要在地震过后整理传感器的数据；天文学家需要处理太空望远镜的观测数据。类似这样的大科研装置实验需要对海量数据进行安全、快速的存储、计算和处理。依托 5G 科研云，实验人员不仅可以节省大量科研成本，通过云计算的方式解决科研大数据的问题，还能共享数据、软件和运算的配置，使组员间的合作更加方便。

此外，4G 网络覆盖能力和接入能力不足，难以保证信号的无死角覆盖。通过 WiFi 进行全面覆盖成本过高且在切换网络时会造成网络断开重连，影响了用户的上网体验。通过 5G 科研云服务，可以利用 5G 网络的广覆盖、大连接及高带宽、低时延等特性为科研机构和高校用户带来随时随地的便捷、稳定的高速网络体验。同时，借助科研云平台可以通过流量统付及分流管控等方式大大降低用户的网络流量开销，且海量的数据可以在边缘云进行运算处理，可为高校和科研机构节省大量科研硬件成本。

可见，借助 5G 网络技术，通过边 + 网 + 云架构实现的 5G 科研云，可以充分满足未来科研对数据处理、采集和存储的多种需求。如图 5 所示，科研机构的科学装置需要网络的高速接入能力，以满足科学数据的快速处理、计算和存储需求，这需要利用 5G 科研云多接入边缘计算和增强移动宽带等能力。海量的科学数据传输除需要利用 5G 网络的高性能外，还需要利用网络切片提供专用虚拟网络以增强数据的传输能力；在野外台站数据采集时，同样需要利用 5G 科研云的多接入边缘计算能力，以支持海量的数据连接及数据的本地处理、传输等需求；在进行科研实验时，需要对科研仪器进行远程无人控制，同样也需要借助 5G 科研云的网络切片、多接入边缘计算等能力，以提供低时延、高带宽的可靠网络通信。

在未来的科研实验和教学中，科学数据可视化变得越来越普及，AR/VR 和全息投影等技术的应用将会更加广泛，这需要借助 5G 科研云的多接入边缘计算和增强移动带宽的网络接入能力，以保证数据传输的时效性和数据处理的高效性；未来智慧科学园区的建设，有助于科学教学和人才的培养，这需要 5G 科研云的云化核心网 / 开放频谱资源，以及网络切片等能力，以对网络资源进行智慧监管和合理调度，保障网络的时效性和安全性。

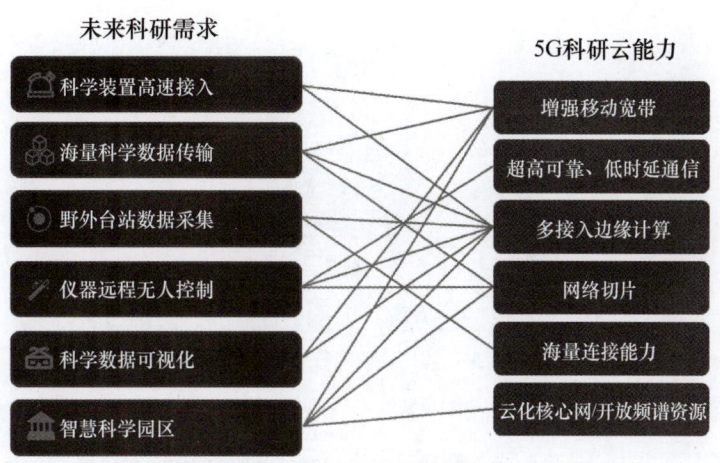

图 5　5G 科研云建设需求

4　5G 科研云架构

4.1　设计思路

5G 科研云的构建在整体架构上应遵循可管理性、可扩展性、先进性、可靠性、经济性等原则，具有逻辑集中、能力分布、多接入网络管理、本地化特色服务、云网边协同优化、智能化资源调度等功能。5G 科研云利用移动边缘计算、网络切片、云化核心网与接入网、毫米波传输、免授权频段等 5G 关键技术和 SD-WAN 等网络优化手段，通过边－网－云协同管控网络资源，实现计算资源快速智能且弹性的构建、本地特色化服务、云网协同优化及流量统付等功能，可满足科研机构等场景用户的多样化网络使用需求。

如图 6 所示，在 5G 科研云中，边缘云的无线网络侧通过 5G 的 Massive MIMO 和毫米波传输等方式实现终端设备的海量高速接入，数据流量通过边缘 MEC 服务器进行网络管理、缓存、计算、存储，通过减少回程路由，大大降低网络时延。通过云边协同，实现资源管理、任务协同和能力开放，同时提供 5G 边缘云的传输优化、文档同步、云打印、网站转换、媒体加速、无线漫游、数据处理、流量统付等服务。此外，边缘云通过网络功能虚拟化、网络切片、SDN 和分布式机器学习技术，为 5G 网络客服提供定制化服务，拉动垂直行业，为 5G 网络提供 NaaS 的服务模式，支持新业务快速部署，为其提供灵活组网，支持网络功能快速升级等。在 5G 科研云和边缘云之间，通过 SD-WAN 等虚拟化网络技术对网络流量进行统一调度和优化，集中管控广域网带宽和路由，通过 SD-WAN 对网络进行有效加速。在 5G 科研云上，利用云边协同和云网协同对数据流量进行统一的资源管理和调度，并对海量数据进行快速处理，同时提供云网能力开放和用户自助服务。

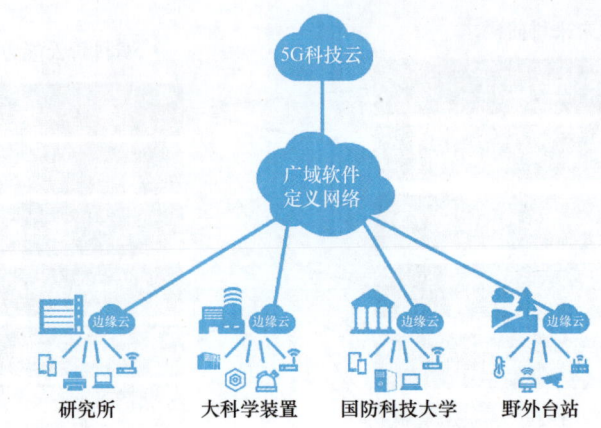

图 6　5G 科研云的边、网、云融合示意

4.2　技术架构

5G 科研云服务架构由边、网、云三部分组成，如图 7 所示，具体是指边缘云、传输网络和中国科技云。边缘云的底层是计算资源的虚拟化，在其基础上再虚拟化出大量网络功能，如虚拟客户前置设备（vCPE）、虚拟内容分发网络（vCDN）、虚拟深度包检测（vDPI）、虚拟网关（vGW）等，这些功能能够对边缘云所在内网、外网资源进行管理，同时也可以通过网络切片实现更加有效的数据传输。网络功能虚拟化的上层是一系列的科技云边缘服务，包括传输优化、云打印、网站转换、媒体加速、无线漫游、数据处理、流量管控等本地化服务。科技云边缘服务的上层需要实现边云协同，即边缘云要与中间的传输网络和集中式的中国科技云进行全网协同，提升 5G 科研云的整体效率，并判断哪些服务需要保留在集中式云端，哪些能力需下放到边缘云。

传输网络采用中国科学院自己的骨干网——中国科技网，包括自己部署的光纤，同时也租用了运营商的部分带宽，因此网络的整体调配和管理对于提升传输效率和降低成本至关重要。中国科技网的底层是计算资源虚拟化，在其基础上通过网络功能虚拟化方式进行虚拟化的网络管理，包括虚拟交换机（vSwitch）、虚拟路由器（vRouter）、信息中心网络节点（ICN node）、试验网切片等。在网络功能虚拟化的上层采用广域软件定义网络（SDWAN），通过路由调度、传输优化、网络切片功能为科研用户访问国际科研数据资源或传输科研数据寻求最优路径。SDN 智能控制的上面是云网协同。

中国科技云将科研用户需要的数据与计算工具整合在一个网站上，分门别类地提供给科研用户，供用户按需使用。在 5G 科研云服务架构中，中国科技云重点突出底层的边、网、云协同，包括资源管理、服务管理、云边协同、云网协同、机器学习等功能。

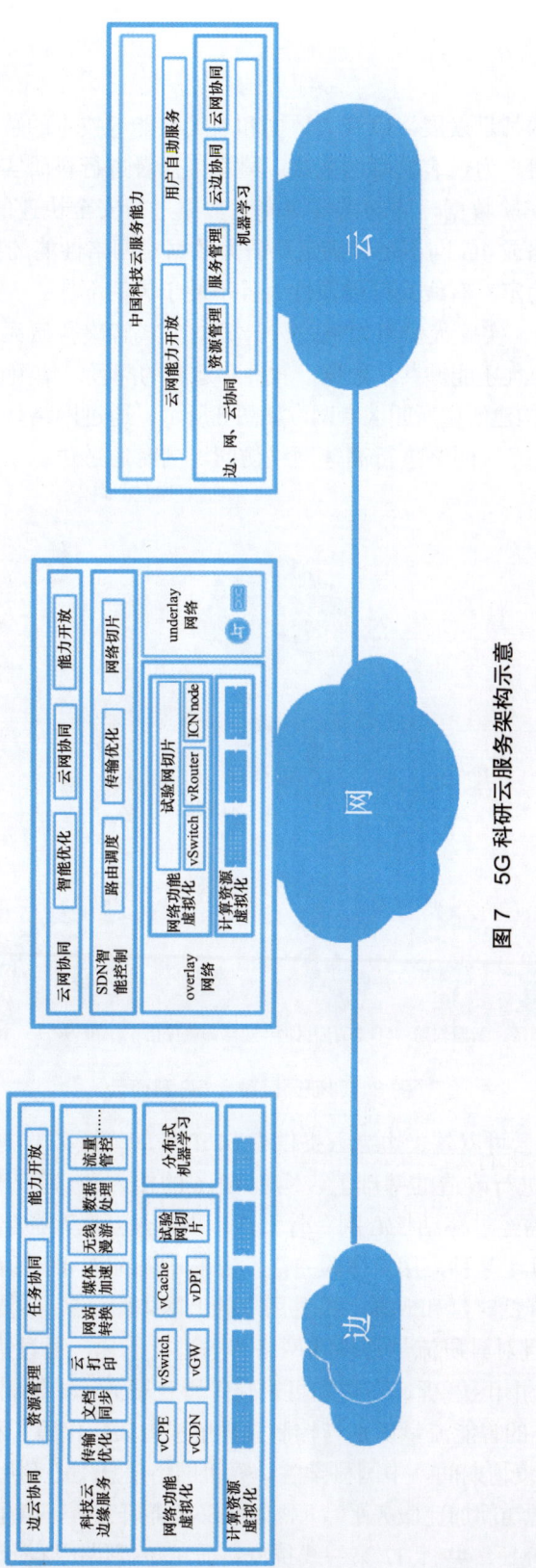

图 7　5G 科研云服务架构示意

4.3 典型场景

4.3.1 研究所

随着科学研究的长足发展,以及大数据和人工智能等技术的普及,当前科学研究是以"数据密集型科研"为代表的第四范式。科学工作者进行科研实验时经常需要使用大量传感器收集海量实验数据,同时需要对海量数据进行安全快速的存储、计算和处理。然而,当前科研网络或 4G 网不足以满足科研大数据对网络性能的要求,WiFi 网络有区域限制问题且不够稳定,有线光纤局限性大且不便于灵活部署。

依托 5G 科研云,实验人员可以通过云计算的方式解决科研大数据的问题,不仅能够节省科研成本,而且还能够共享数据、软件和运算的配置,使组员间的合作更加方便。5G 科技云服务可以构建研究所园区专网,如图 8 所示,通过网络切片和流量统付,用户可以使用便捷的 5G 无线网络进行高速网络访问,同时通过边缘云提供本地运算、缓存和网络安全保障。

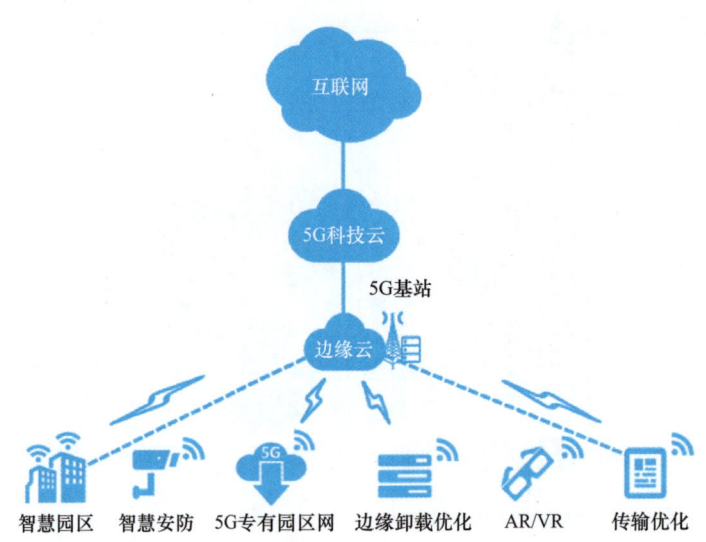

图 8 科研园区融合 5G 科研云

此外,5G 科技云可以基于边缘云提供 IPv4/IPv6 转换服务,支持透明协议转换,可在不对系统、终端进行改造的基础上,实现 IPv6 的接入和访问[17]。传统 4G 网络用户访问云服务,请求需经过移动核心网、骨干网,再经过互联互通出口,绕行多跳才能回到本地,时延高达几十毫秒,用户体验差,且带来高额的网间结算费用。如果通过 5G 科技云,就可以大大降低时延和成本,提升用户的上网体验。5G 科技云可以通过异构网络融合接入管理,并且对科研流量管理和网络传输进行优化,通过边缘计算和 5G 网络特性,提供更加智能的园区管理、安防和可视化等特色服务。中国科学院高能物理研究所采用 5G 科研云服务的智能流量识别与控制管理解决方案,保障了科研数据的优先传输。在 2020 年新冠肺炎疫情期间,中国科学院计算机网络信息中心利用边缘计算技术紧急搭建了"国际学术资源访问加速服务平台",向武汉病毒研究所、微生物研究所、动物研究所、上海巴斯特研究所等共计 32 家一线抗疫科研单位提供国际资源数据访问加速服务,有效地解决了科研用户访问国际生物类科研资源站点体验差、下载速度慢的问题，为抗疫科研提供了有力保障。

4.3.2 大科学装置

大科学装置需要对设备进行实时远程控制管理，并利用智慧园区、智慧安防的方式保证科学装置的正常运转。因此，可以将大科学装置产生的数据利用高速无线接入并传输至科研云，通过分析和计算这些大科学装置产生的数据，发现新的科学规律，并实现科学数据的可视化展示。

通常，大型科学装置一旦开启就很难对其运行状态进行监测。超大数据量的传输需要占用较大的带宽，因此会降低传输效率，给网络带来较大负荷，造成资源浪费。将数据传输至科研云进行处理则效率低、成本高，并且会对科研云造成较大压力。传统的可视化展示方式难以实现海量科研数据的可视化建模。

大科学装置融合 5G 科技云有助于大科学装置的高效应用与管理，如图 9 所示。在 5G 科研云中，针对一些实验过程中无法人为干预的场景，可以通过机器人的方式进行远程控制管理[18]。科学装置产生的数据能够通过 5G 高速无线接入的方式上传至网络进行传输。海量数据的传输需要制定合理的流量管理方案。基于边缘计算的智能流量管理能够利用边缘计算的处理能力，从科学数据产生开始，就对其进行相应的操作，以降低网络传输的负荷。为了实现基于边缘计算的智能流量管理，首先采用基于边缘计算与深度学习的智能流量识别，通过深度学习的方式对流量进行识别，确定具体应用与流量类型，为下一步针对特定科学数据进行专门优化处理打下坚实基础。其次，在流量识别的基础上进行基于深度学习的流量压缩。由于科学数据具有固定模式，因此采用深度学习模型对科学数据进行训练，可以获得更高效的数据压缩，大大地提升了网络传输效率。边云协同数据处理有助于快速响应用户需求，提高处理效率，减轻云端的负荷。新型的可视化交互 AR/VR 手段能够帮助研究人员直观地观察科学数据的模拟和计算过程，促进科学研究更快地发现新的科学成果。中国甚长基线干涉测量（VLBI）网基于中国科技网构建，实现了与国际 e-VLBI 观测网络的联网，能够满足数据高速率、高精度、大容量的传输需求。

图 9　大科学装置融合 5G 科研云示意

4.3.3 野外台站

在野外台站中，如中国科学院西双版纳植物园，需要针对不同的观测需求及数据特点，在大范围的观测区域中部署各类传感器，或者利用无人机/船/车进行观测数据的采集，并对设备进行远程控制管理。将采集的数据通过 4G 网络/无线 Mesh 回传至科研云，完成数据存储与处理，并实现科学数据的可视化展示。

随着科考区域的扩大，采集数据不断增加。但是由于 4G 网络连接能力有限，传输速率较低，无法保证采集数据的实时回传，因此将数据传输至科研云进行处理效率低、成本高，容易对科研云造成较大压力。传统的可视化展示方式缺乏立体、直观的建模方式。

野外台站与 5G 科研云的融合示意如图 10 所示。在 5G 科研云中，利用 5G 高速无线接入完成采集数据的回传，传输速率高，实时性好。利用 5G 边缘计算（MEC）技术，在运营商基站处部署 MEC 服务器。MEC 具备多接入管理能力，能够综合 5G 接入、LoRa、Mesh 及无人机网络等技术，实现虚拟化的统一管理，进行灵活组网，完成在比较偏远地方的科学数据回传。MEC 具备数据分流功能，可以将指定的观测数据直接卸载到本地局域网内，以避免数据传输到运营商公网[19]。MEC 具备 LoRa 网络服务器功能，可以实现对远程 LoRa 网关的管理。MEC 具备数据预处理功能，可以对采集的数据进行清洗、校验等预处理。MEC 具备人工智能图像识别功能，可对视频、图片进行智能分析，实时发现重点事件。利用 MEC 构建大数据应用平台，可实现海量数据的存储与处理。利用 AR/VR 技术实现多维可视化模型，有助于支撑科研人员直观地发现科研成果。在青藏高原纳木错站和藏东南站，5G 科研云架构能够在极端环境下建立长期稳定运行的融合网络服务平台，全面提升了野外台站数据自动采集传输能力及野外台站数据的管理能力。

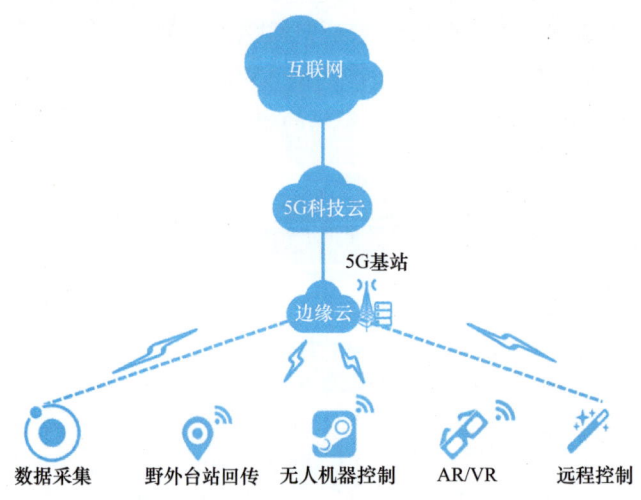

图 10　野外台站与 5G 科研云的融合示意

4.3.4 大学校园

大学校园占地广，宿舍、教室、图书馆等地区人流密集，目前的 4G 或 WiFi 网络难以充分满足校园园区内用户的上网需求。宿舍网有明显的流量潮汐现象，重度用网时段高峰业务压力大，4G 网络拥塞问题严重。图书馆网络主要的应用包括内网资料查询、外网教育资源访问、视频观看等多种丰富的方式，带宽需求量大。教室人员密集，网络拥塞现象严重。同时，智慧教室和互动式教学是未来教学的大趋势，这种互动教学一定会涉及移动交互。还有一些现场教学会采用 VR 设备，如已经应用的医学、外语教学。这些都是网络高带宽应用，是必然的发展趋势[20]。

5G 科研云依托 5G 网络连续广域覆盖、热点高容量、低时延 / 高可靠等特点，可为校园用户提供高速无线数据采集、科学数据可视化、智慧导航定位、无人机器控制、移动内容分发、智慧园区和安防等服务。如图 11 所示，5G 科研云针对教学质量的提升、资源的优质共享及校园智慧管理等问题，通过边 + 网 + 云的方式，利用 5G 云技术，可以充分满足智慧校园的网络需求。

5G 智慧讲堂可通过 5G 科研云会议终端，构建边 + 云 + 端一体化的架构体系，将名校名师的 4K 超高清教学直播课堂传输到更多学校，让更多学者可以随时随地地接入直播课堂中，因此其在远程直播教学、教研、泛在移动学习等场景中获得广泛应用[21]。5G 云 AR 沉浸式互动学习打造了全新的学习体验，学生通过佩戴轻量级的 AR 眼镜终端进行虚拟课程学习，与此同时，利用云端强大的计算能力可以实现 AR 应用的渲染、展现和控制，并通过 5G 网络实时地将 AR 影像传送到终端[22]。

5G 科研云可以通过打造校园云端智慧管理大脑，以机器人为载体，建设基于 5G 的平安校园场景，实现人员、车辆、设备的实时监控管理与智能分析，通过巡逻监控、视觉识别分析、环境监测图像识别等应用保障校园安全、高效运行。5G 科研云将与教学教研、校园管理深度融合，打造智慧校园。

图 11　校园网融合 5G 科研云

5　总结和展望

基于 5G 网络技术和云计算技术构建的 5G 科研云，通过边 + 网 + 云的架构可以充分整合网络资源，是融合计算、存储、协同分发、资源共享等多功能的大型智慧科研云。其自动化部署、管理及边缘数据处理等服务可以大大降低科研教学成本，方便用户进行多样化科研教学工作和实验，更好地为科研事业和人才培养提供支撑。建设5G 科研云将带给科研人员和学生一个充满魅力与广阔前景的智慧大科研环境。未来，我们将继续对 5G 科研云进行创新性探索，不断积累实验资源、丰富实验内容、优化服务架构、完善云功能，用更加智能的 5G 科研云探索新方向和新思路，更好地服务于科研事业。

参 考 文 献

[1] IMT-2020(5G) 推进组 . 5G 愿景与需求白皮书 , 2014.

[2] 尤肖虎，潘志文，高西奇 . 5G 移动通信发展趋势与若干关键技术 [J]. 中国科学：信息科学 , 2014, 44(5): 551-563.

[3] Xichun Li, Abdullah Gani, Lina Yang, Omar Zakaria, Badrul Anuar. Mix-Bandwidth Data Path Design for 5G Real Wireless World[C]. United states: World Scientific and Engineering Academy and Society, 2008.

[4] 通信世界全媒体 . 中国电信、华为和国家电网联合演示业界首个基于 5G 网络切片的智能电网业务 [EB/ OL]. [2018-06-28]. http://www.cww.net.cn/ article?id=435017.

[5] ETSI White Paper No. 11. Mobile Edge Computing A Key Technology towards 5G[S]. 2015.

[6] 项弘禹，肖扬文，张贤 . 5G 边缘计算和网络切片技术 [J]. 电信科学 , 2017(6): 54-63.

[7] Patel M, Naughton B, Chan C, Sprecher N, Abeta S, Neal A. Mobile-edge computing introductory technical white paper[J]. White Paper, Mobile-edge Computing (MEC) industry initiative. 2014, 1(1): 1-36.

[8] 王晓海 . 毫米波通信技术的发展与应用 [J]. 电信快报 , 2007(10): 23-25.

[9] 张长青 . 面向 5G 的毫米波技术应用研究 [J]. 无线通信 , 2016(6): 30-34.

[10] 张 臻 . 大规模天线在 5G 通信网络中的应用 [J]. 电信快报 , 2018(9): 9-11.

[11] 颉斌 . 大规模天线技术在 5G 中的应用 [J]. 电信工程技术与标准化 , 2019(7): 88-92.

[12] 周宇，陈健，高月红 . 5G 授权频谱分配及非授权频谱利用技术的研究 [J]. 电信工程技术与标准化 , 2018(3): 4-9.

[13] 徐珉，胡南，李男 . 5G 非授权频段组网技术研究 [J]. 电信科学 , 2019(7): 8-16.

[14] 周毅，韩芳 . 浅析面向云化的核心网架构 [J]. 通信设计与应用 , 2018(8)：94-95.

[15] 周建锋 . 核心网云化部署建议 [J]. 中兴通讯技术 , 2018(8): 1-2.

[16] Athonet. Athonet BubbleCloud[EB/ OL]. [2019-02-15]. https://athonet.cloud/.

[17] Enric Pujol, Philipp Richter, Anja Feldmann, 1BENOCS GmbH, 2TU Berlin. Understanding the Share of IPv6 Traffic in a Dual-stack ISP[C]. Switzerland: Springer, Cham, 2017.

[18] 吴军 . 可用于大科学装置的数据采集和信号处理系统的研究 [D]. 北京：中国科学技术大学 , 2016.

[19] 陈炜，叶仓 . 中国科学院野外台站的联网 [J]. 科研信息化技术与应用 , 2012(3): 46-51.

[20] WU Y X, DAI J. Research on 5G oriented edge computing platform and interface scheme[J]. Designing Techniques of Posts and Telecommunications, 2017(3): 10-14.

[21] 黄劲安，曾哲君，蔡子华，等 . 迈向 5G 从关键技术到网络部署 [M]. 北京：人民邮电出版社 , 2018.

[22] 张哲铭 . 5G 技术下的 VR 发展趋势 [C]. 北京：移动通信 , 2016.

作者简介

周旭，1976年生，2005年获中国电子科技大学博士学位，现任中国科学院计算机网络信息中心研究员、先进网络与技术发展部主任。研究方向包括未来网络架构、5G和边缘计算。发表SCI/EI收录论文60余篇。E-mail：zhouxu@cnic.cn。

范琮珊，1987年生，2019年获北京邮电大学博士学位，现任中国科学院计算机网络信息中心助理研究员。研究方向包括未来网络架构、5G、边缘计算和边缘缓存。E-mail：fcs@cnic.cn。

刘冰，1992年生，2017年获得北京工业大学硕士学位。现任中国科学院计算机网络信息中心先进网络与技术发展部研发工程师。研究方向包括5G、边缘计算和自组网。E-mail：liubing@cnic.cn。

多源干扰系统复合自主抗干扰控制技术

郭 雷 朱玉凯

（北京航空航天大学，飞行器控制一体化技术国家级重点实验室）

摘　要

包括机器人、航空航天、先进制造等领域的复杂系统受到来自内部、外部及模型误差等多源异类干扰和不确定性的影响。随着精确性、稳定性和可靠性需求的提高，加强复杂环境下多源干扰系统的自主抗干扰控制能力，已成为自动化和人工智能领域的理论瓶颈和工程挑战问题。首先，本文回顾了针对单一干扰的传统控制方法，其次介绍了多源干扰和不确定性影响下的系统精细量化与分析理论，提出了针对多源干扰系统的包括干扰表征、干扰估计、前馈补偿和反馈抑制环节的复合分层抗干扰控制（CHADC）策略。CHADC 提出了干扰可观测性、可补偿性和可抑制度等系统针对干扰的外部可观可控性，针对航天器姿态控制系统，研制了从姿态估计、控制到执行环节的全回路抗干扰控制技术实验和仿真设备。该技术可完成多源异质干扰的全回路量化分析，并可实现多源异质干扰的同时抑制和补偿，显著提高了系统的自主抗干扰性能。

关键词

多源干扰系统；鲁棒控制；干扰抑制和抵消；干扰观测器；干扰可观可控性；自主控制；科学仪器

Abstract

Complex systems in various fields including robot, aerospace, advanced manufacturing, and others are affected by heterogeneous disturbances and uncertainties resulting from internal disturbances, external disturbances, and model errors. With the increasing of requirements for accuracy, stability, and reliability, enhancing the ability of autonomous anti-disturbance control in complex environment has become the theoretical bottleneck and engineering challenge in the field of automation and artificial intelligence. This paper firstly reviews the traditional control methods that can attenuate or compensate a single kind of disturbance or an "equivalent" disturbance. Then, the paper introduces the theory of "refined" quantification and analysis under the influence of multiple disturbances and uncertainties, and subsequently proposes a composite anti-disturbance control law with hierarchical architecture: Composite Hierarchical Anti-Disturbance Control (CHADC). CHADC includes the disturbance description, disturbance estimation, disturbance compensation in feedforward path and the controller with disturbance attenuation in feedback path. The observability, compensability and repressibility of disturbances are proposed for the external observability and controllability of systems with disturbances. For the attitude control system of spacecraft, the experiment and simulation equipments of whole-loop anti-disturbance control are developed, which includes attitude estimation, controller, and execution parts. This technology can accomplish the whole-loop quantification and analysis of heterogeneous disturbances, as well as simultaneous attenuation and rejection of the heterogeneous disturbances. Consequently, the autonomous anti-disturbance performances of systems can be improved significantly.

Keywords

Systems with Multiple Disturbances; Robust Control; Disturbance Attenuation and Rejection; Disturbance Observer; Observability and Controllability of Systems with Disturbances; Autonomous Control; Scientific Equipments

1 自主抗干扰控制问题研究背景与问题需求

航空航天、先进制造等复杂工程系统一般含有非线性、不确定性和随机性等复杂动态，系统性能还会受到气动、温度变化、电磁辐射等外部环境扰动，以及传感器测量噪声、控制机构误差、结构振动、机构摩擦等内部噪声的影响。在现代控制理论中，系统干扰一般来源于内部噪声、外部扰动和建模误差（内、外、模）三大因素，具有多来源、多类型、多通道的物理特征。从数学表征形式看，干扰呈现"多元化"，可以表征为阶跃、谐波信号、随机变量（高斯/非高斯）、不确定范数有界变量、中立稳定系统输出变量等多种类型。多源干扰广泛存在于信息获取、处理和反馈等环节，严重影响了控制过程的稳定性、精确性和可靠性。随着系统适应复杂任务环境、应对各类干扰/故障的能力亟须提升，自主抗干扰能力已成为自动化和人工智能领域的理论瓶颈和工程挑战问题。

抗干扰自从控制理论产生以来一直都是一个核心主题，抗干扰控制理论研究已成为现代控制理论和人工智能理论的一个热点和难点问题[1-6]。由于被控对象和环境的复杂程度越来越高，同时对系统精度、可靠性和实时性的要求也越来越高，因此对干扰的抑制、补偿和抵消近年来已成为控制界的一个研究热点[4-6]。

1.1 抗干扰控制理论发展历程

针对不同数学类型表征的干扰，从 PID 控制开始人们提出了一系列抗干扰控制方法。从抗干扰能力上区分，这些控制方法可分为干扰抵消（补偿）和干扰抑制两类。

干扰抵消控制方法基于干扰不变性原理而提出[7-9]。PID 控制具有对于阶跃干扰的补偿能力，仍然是目前工业控制中最常用的控制方法。20 世纪 60 年代和 70 年代以来发展的内模控制和输出调节理论对于中立型干扰具有补偿能力，20 世纪 90 年代由中国学者提出的自抗扰控制（ADRC）[9-11]近年来得到了长足的发展。ADRC 将系统中的内扰与外扰当作系统的"总扰动"，然后借助扩张状态观测器对"总扰动"进行实时估计与抵消。目前，ADRC 已经在导弹、化工、无人机等领域得到了成功应用。

另一种流行的干扰补偿方法——基于干扰观测器的控制（DOBC）策略出现于 20 世纪 80 年代，其基本思想是利用观测器来估计外部扰动对系统的影响，并在前馈通道加以补偿。DOBC 已经被广泛地应用于机器人和机电系统、平台驱动系统、硬盘驱动系统等[12,13]。早期的 DOBC 主要针对频域范围内的单输入单输出线性系统。文献 [14] 较早地开始了对于某些本质非线性系统的 DOBC 方法研究，提出了一种重要的降阶干扰观测器结构。但考虑的实际系统要求具有固定的相对阶，干扰大多局限为谐波和负载信号。目前，DOBC 方法也进一步扩展到一般的理论对象和航空航天等应用领域[15-17]。上述干扰抵消或补偿方法从性能上可以对干扰达到较不保守的控制效果，但一般来说，理论上仍然需要对于系统模型或干扰模型设置特定的限制条件。

另一种重要的抗干扰控制手段是干扰抑制控制方法，可以通过控制传递通道增益来减小干扰对于输出的影响。当干扰变量表示为高斯白噪声时，以 20 世纪 60 年代末期发展起来的卡尔曼滤波和最小方差控制为代表的高斯随机控制理论，通过实现对于输出方差的控制达到性能的优化[1,18]。为了克服随机控制需要知道干扰统计特性的局限性，自 20 世纪 80 年代初期人们陆续提出了 H_∞ 控制和 H_2 控制等鲁棒控制方法，这些干扰抑制方法通过优化控制使得干扰对系统性能影响在范数意义下达到最小[19-21]。

1.2 存在问题

（1）单一干扰的控制方法存在保守性。传统的抗干扰控制方法虽然取得了很大的发展，但存在脆弱性和保守性的隐患。例如，基于不变性原理的干扰补偿控制理论一般仅适用于特定的系统和干扰。随机控制理论和鲁棒控制理论分别研究随机噪声和范数有界干扰的干扰抑制问题。一个典型的问题是，这些方法一般来说都是针对单一等价干扰的控制方法，通过抓"主要矛盾"来实现干扰补偿或干扰抑制的目标。但是，有时"主要矛盾"本身也难以确定，或者"次要矛盾"也可能导致恶劣的结果[22,23]。在硬件已经确定的情况下，很多干扰实际上无法仅仅用控制算法达到补偿和抑制的目的，这涉及一个针对干扰的可补偿性、可抑制度的问题[24]。

（2）多源干扰客观存在。一方面，随着信息获取技术、计算机技术和数据技术的发展，人们对于多源干扰（内部、外部和模型）的认识日益深刻，干扰表征和建模能力日益提高。另一方面，工程上对控制系统的精确性和可靠性需求日益提高。因此，同时含有不确定性动态、随机性动态、未建模动态等未知动态，以及内部、外部干扰的多源干扰系统的自主抗干扰控制理论已成为国际控制科学和人工智能领域的一个难题。如何从单一干扰到多源干扰系统，同时实现干扰的抑制和补偿能力是一个具有重要理论和工程意义的挑战性问题[23]。

（3）全回路系统设计必然涉及多源干扰。一个世纪以来，现代控制理论的研究取得了巨大的成就，但对于解决复杂干扰环境下的工程实际问题仍然缺乏适用性强的工具。其中一个重要原因是即使控制算法非常精确，但是由于控制系统的实现包含了信息获取（传感）、处理（建模与控制）及执行的全控制回路，因此无论是传感器噪声还是执行器，误差都可能使得原有的方法不再适用。全控制回路的考虑使得多源异质干扰的存在性成为必然。控制学科的发展需要从单纯的控制算法设计拓展到控制系统设计（包括传感与执行、环境与任务）。

干扰之于系统，相当于疾病之于人体。抗干扰控制相当于一个"防病、看病、治病、养病"的处理过程。看病相当于干扰的精细表征、建模与理解，看病的重要性至关重要。知己知彼除了要求理解被控对象模型、传感和执行器、环境和任务，还要尽可能地对多源干扰进行理解和认识。这里干扰的估计、观测和辨识是核心问题。治病的过程要求基于对象和干扰的独有特性对症下药,特别是对于受多源异质干扰影响的复杂对象,要把干扰估计与前馈补偿、反馈抑制手段相结合,实现对多源干扰的"各个击破"。

本团队在国家自然科学基金等项目的支持下,近十年来致力于多源干扰系统抗干扰控制理论的研究,提出了"知己知彼、对症下药、各个击破"的多源干扰系统精细抗干扰控制理论研究框架,取得了一些开拓性、创新性的研究成果。下面分理论研究和工程应用两个方面进行介绍[22-34]。

2 多源干扰系统精细抗干扰控制理论与方法

复杂系统的未知干扰和不确定性来源于模型未知动态、内部噪声和外部扰动等不同因素,并根据其随机和动态特性采用随机(高斯、非高斯)、阶跃、谐波、变化率有界未知、中立不确定变量、范数有界变量及中立稳定型外系统模型等数学描述。传统控制方法从对象方面仅考虑单一干扰,从性能方面或考虑补偿或考虑抑制目标。本团队提出了多源干扰系统精细抗干扰控制的研究框架,包括多源干扰量化、表征和建模方法,以及未知干扰的估计和学习方法,针对多源干扰的鲁棒性、灵敏性、干扰可观性、干扰可控性等外部性能分析方法,构建了时域空间内多源干扰系统干扰观测、前馈补偿和解耦镇定的分层架构,建立了多源干扰系统复合分层抗干扰控制(CHADC)和估计理论[22-24]。具体研究进展如下。

2.1 多源干扰系统未知干扰估计和性能分析方法

传统的抗干扰控制方法,无论是干扰补偿还是抑制方法,都基于把多源干扰归结为"等价干扰"的思想。一方面,这种抓主要矛盾的思路在工程实践中发挥了重要的作用,取得了很大的成绩。另一方面,有时这种处理手段是一种"眉毛胡子一把抓"的方式,须知有些"次要矛盾"也可能造成严重后果。对于"百病缠身"的复杂系统,多源干扰的研究必不可少。在实际工程中,有些干扰可以通过传感的手段获得,但是更多的干扰、误差和不确定性需要通过量测动态估计和解算得到。另外,多源干扰的有效表征使得干扰的影响机理和传递机制分析成为可能,这也是包括了反馈控制环节的多源干扰系统控制理论比"不确定性量化"理论更为先进的前提条件。

干扰估计和未知输入估计、不确定性估计及干扰观测等概念都是基于量测动态估计干扰动态的过程。传统的干扰估计方法基于扩张状态观测器、自适应估计等方法,但是有的方法不能提供估计误差的量化方法,使得估计精度不能保证;有的方法需要已知干扰的频率等参数。

针对以上问题,本团队提出了可保证估计误差的时变动态干扰估计方法,提出了非匹配、不确定和未知干扰的自适应、自学习与鲁棒估计方法,包括鲁棒干扰观测器[25]、模糊干扰观测器[26]、神经网络干扰观测器[27]、自适应变结构干扰观测器[28]等,构建了多源干扰系统建模、表征与综合分析框架。同时,本团队进一步地提出了基于含自适应参数基的新型广义势函数的稳定性分析和凸优化设计方法，降低了传统鲁棒分析和控制方法的保守性，提高了系统对于不确定参数的适应性，解决了代数和微分约束下基于多目标优化的相容性设计和分离控制问题，得到了不同类型干扰作用下多目标优化学习和估计方法。这些干扰估计方法也是未来信号识别的有力工具。

2.2 多源干扰系统复合分层抗干扰控制和滤波方法

传统的干扰补偿方法基于不变性原理，对于对象和干扰本质上存在很多限制，需充分考虑系统输入/输出结构、执行机构的幅值约束、控制通道的输入约束、欠驱动等特点，分析干扰的可观/可控性[29]。干扰抑制方法由于没有利用干扰本身的特性，往往过于保守且易引起控制器高增益问题。

信息技术的发展使得对于干扰的认识能力大幅提高，如何根据被控对象和干扰本身的特性，提出同时具有干扰补偿和抑制能力的控制方法迄今为止仍然是一个开放问题。多源干扰的控制方法由于通道的限制，使得原来仅限于反馈的传统方法不再适用。

本团队首次把干扰估计与前馈补偿、反馈抑制相结合，提出了基于干扰观测与前馈补偿、反馈抑制相结合的"两层三环节"设计的 CHADC 和估计方法，形成了一个工程上实用的多源干扰系统精细抗干扰控制理论研究体系。该方法解决了对象和干扰模型同时含有不确定性动态、非匹配通道等控制难题，干扰模型拓展到频率未知谐波、变化率有界变量及不确定中立型外系统输出等类型。CHADC 已经形成了"DOB+X"的理论体系，包括 DOB+PID、DOB+H_∞、DOB+自适应、DOB+变结构控制等方法。例如，文献 [30] 针对一类非线性系统，把干扰分为具有外系统模型的信号和表示为未知参数函数的信号两种类型，得到了复合 DOBC 和自适应控制的方法。针对空间机械臂系统在未知目标抓取任务中引起的惯量变化与质心偏移等问题，同时考虑了执行机构误差的影响，文献 [31] 建立了一种具有较低保守性的中立不确定姿态动力学模型，进而提出了一种基于新型 DOB+H_∞ 方法的复合抗干扰控制策略，克服了中立不确定条件下多源干扰的同时补偿与抑制难题。对于同时含有传感器/执行器故障和范数有界干扰的不确定非线性系统，文献 [32] 提出了一系列抗干扰故障检测方法，提高了故障检测的灵敏性，减小了误报率。

为进一步增强复杂多源干扰环境下系统的自主抗干扰控制能力，近年来，本团队首次将两种常用的干扰抵消控制方法（DOBC 与 ADRC）充分结合，在 CHADC 的理论架构下提出了具有 DOBC 前馈补偿环节和 ADRC 反馈控制环节的强抗扰控制（EADC）方法 [24,33]。EADC 利用 DOBC 来估计并补偿多源复合干扰中的部分信息已知干扰，借助 ADRC 来处理其他动态不确定干扰，比单一的 DOBC 或 ADRC 具有更强的抗干扰能力。同时，根据干扰的特性，EADC 又可以灵活地退化为传统的 DOBC 或 ADRC。文献 [33] 以挠性航天器的姿态控制为例阐述了 EADC 的应用，解决了姿态控制系统输入通道内挠性振动、惯量不确定性及环境干扰等多源复合干扰的分离、表征与解耦估计难题。进一步地，EADC 方法也拓展到了非匹配干扰系统中。

针对传统随机控制方法大多针对高斯随机系统的局限性，非高斯随机系统的控制目标是系统地输出概率密度函数，这是一个具有积分和正约束的无穷维分布参数系统。本团队克服了把无穷维分布参数系统转化为椭球约束有限维系统的难题，建立了基于非高斯变量统计信息和泛函距离优化的非高斯系统滤波、控制、故障检测与隔离模型，提出了基于凸优化设计的随机分布系统自适应、自学习滤波和控制方法，提出了多维多通道残差系统的广义熵优化准则及输出熵和高阶矩的迭代计算方法，同时实现了对于非高斯干扰的抑制和故障的检测[34]。

与传统抗干扰控制方法相比，复合自主抗干扰控制方法具有如下特点：①多源干扰系统对象，把抗干扰控制理论研究范畴从单一干扰系统拓展到多源异类干扰系统；②可剪裁性，可将时域DOBC方法和其他控制方法（PID、鲁棒、变结构、自适应、ADRC等）有机结合，显著提高了系统的抗干扰能力；③精细性，控制器设计充分利用干扰本身信息特性和其他不确定性的动态特性，可完成多个不同干扰的同时补偿与抑制，实现不确定系统的精确干扰补偿；利用了随机信号的非高斯特征，从本质上提高了随机干扰的抑制能力；④非脆弱性，适用于具有多源不确定性的控制输入、对象和干扰模型。

本团队的理论成果形成了一个工程上实用的抗干扰控制研究方向，拓展了传统干扰补偿和抑制理论研究范畴，在机器人、无人机、交通、能源等领域得到了成功应用。下面我们重点介绍在航天姿态控制技术领域的应用情况。

3 航天器复合自主抗干扰控制系统技术及应用

航天器具有强耦合、高动态、多约束等特点。随着航天技术的发展和高分辨率对地观测、深空探测及精确打击等重大专项的迫切需要，航天任务对航天器姿态确定与控制系统的精确性、自主性和可靠性提出了更高的要求。与此同时，新一代航天器的工作环境也更为复杂恶劣，不确定与未知因素增多，控制系统所面临的环境干扰、器部件性能退化，以及由此引起的故障和风险显著增加，这些问题严重制约了姿态确定与控制系统的精度和可靠性。以火星探测任务为例，除较长时期的高低温、电磁干扰、太阳辐射、高能粒子辐射、太阳风等外部环境的影响外，还面临火星大气环境未知多变、器部件失效及测控手段匮乏的问题。多源复合干扰和不确定性环境下，航天器抗干扰姿态估计与控制技术已成为航天领域亟须突破的瓶颈技术。

3.1 航天器复合干扰滤波与姿态确定方法

航天器姿态测量系统是一个多传感器信息融合系统。目前的难题包括干扰呈现非高斯随机特征；多来源、多类型干扰并存，干扰呈现复合特性。本团队提出的基于干扰特性的精细复合干扰滤波和姿态确定技术，可显著提高多源复合干扰环境下姿态确定系统的精确性、自主性和可靠性。

现有的航天器姿态估计方法大都假设系统所受干扰为单一类型干扰（高斯白噪声）。然而在实际航天任务中，多来源、多类型干扰共存，往往呈现复杂的非高斯和不确定特性，在数学上可以描述为未知中立干扰、范数有界干扰与随机噪声。图1给出了重力梯度测量卫星多源干扰模型。

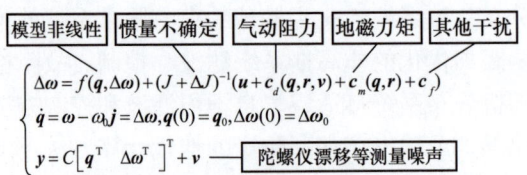

图 1 重力梯度测量卫星多源干扰模型

针对含高斯随机变量、范数有界不确定变量、变化率有界变量等多源干扰类型的组合定姿系统，本团队提出了基于联合干扰观测器（DOB）与卡尔曼（Kalman）滤波器的复合抗干扰估计方法，用干扰观测器来实时估计和补偿其中的马尔可夫过程等谐波和非中立干扰，用卡尔曼滤波来抑制高斯随机噪声，显著提高了姿态确定精度。对于既存在可建模未知干扰，又存在高斯白噪声和范数有界干扰的多传感器信息融合系统，本团队提出了基于干扰观测器与 H_∞ 优化、H_∞/H_2 多目标优化器的复合抗干扰估计方法[23]。图 2 给出了基于 DOB+Kalman 的复合干扰滤波方法框图。

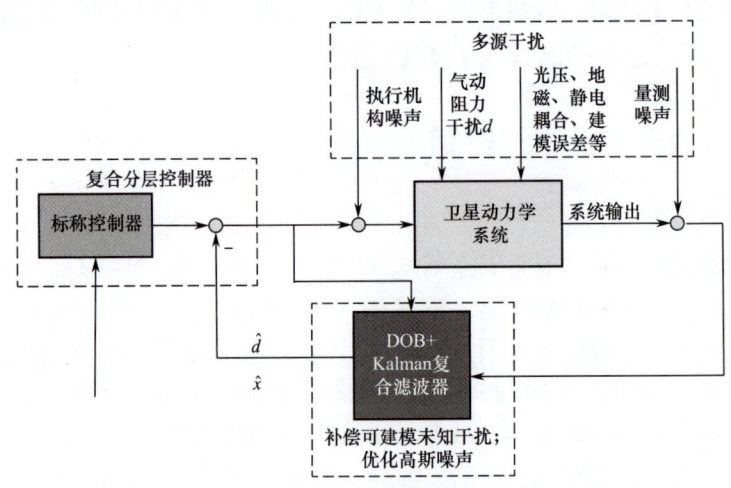

图 2 基于 DOB+Kalman 的复合干扰滤波方法框图

本团队进一步研制了卫星姿态估计系统抗干扰测试分析软件和仪器，在相同的边界条件下，针对欧洲航天局 GOCE 卫星最新方法进行了对比，使姿态估计精度显著提升。

3.2 航天器复合分层抗干扰姿态控制技术

航天器姿态控制系统受到来自外部环境干扰、执行器误差、结构振动和未建模动态等不同因素的影响，不同的干扰抑制和补偿器因为耦合使得闭环控制系统结构复杂，传统的单一控制器无法保证在不确定情形下的稳定性和干扰抑制性，这些问题是亟待突破的技术瓶颈。此外，传统的故障检测和容错控制方法往往局限于仅含有故障的系统，但是系统持续存在的干扰变量往往会污染残差信号的性质，降低故障检测的灵敏度，导致误报率增加。

3.2.1 含有干扰估计和补偿通道的复合分层抗干扰姿态控制器设计方法

在航天器动力学系统中，多源干扰模型具有非匹配、非线性、多约束等独有特点。

本团队提出了基于内层非光滑估计补偿与外层预测反馈的分层结构,提出了航天器多约束、非匹配复合分层抗干扰姿态控制方法,实现了对不确定性干扰的有效补偿。进一步地,针对航天器姿态快速机动控制问题,本团队提出了复合抗干扰非线性预测制导方法,保证了航天器响应姿态控制指令的快速性,增强了航天器姿态控制的自主性。面向深空探测器的姿态控制需求,本团队实现了输入与量测时滞情况下多种扰动的有效抑制与补偿,提升了系统的精确性与可靠性。

3.2.2　航天器抗干扰故障检测与自学习容错控制方法

针对受外干扰力矩、结构振动影响和含有执行机构故障的航天器姿态控制问题,本团队提出了一类基于加性乘性复合干扰补偿的故障检测和诊断方法,降低了故障检测的保守性。本团队提出了一类自学习快速姿态重构与容错控制器的设计方法,可对故障进行在线实时学习并对故障进行自主补偿,克服了查表法等被动策略的缺陷。本团队建立了含非高斯干扰、范数有界干扰和时变故障的非线性系统故障诊断与容错控制模型,提出了可估计状态、检测故障并同时抑制多类干扰的自学习容错控制方法。

在原创性理论的基础上,本团队研制了基于实时仿真目标机、干扰模拟器、姿态控制模块与实物飞轮的抗干扰姿态控制一体化测试分析平台,可完成飞行器"干扰-方法-性能"多源干扰和不确定性量化分析、抗干扰控制方法设计与系统性能评估,特别地,可实现极端和细微状况下多源干扰的影响机理刻画及因果溯源分析。这个测试分析平台可为一系列任务和装备型号的研制提供技术支持。

4　总结和展望

从抗干扰控制的角度认识干扰可能是首要任务,这相当于一个无须传感器的感知过程。在此基础上,抗干扰控制方法各有千秋,但是随着数据技术的发展和干扰知识的丰富化,其中针对干扰特性的"对症下药"的控制方法可以起到更好的效果。对于部分特性已知的干扰进行补偿,并在难以补偿的情况下进行抑制,是包含干扰估计、前馈补偿和反馈抑制环节的 CHADC 理论的主要特点。值得指出的是,无论方法如何先进,均离不开总体系统和硬件条件的限制。不是所有干扰都能够用算法达到理想的结果的。针对不同干扰,开展在系统约束条件下干扰可观性、可控性(包括可补偿性和可抑制度)分析也是一个研究重点。在此基础上,根据针对干扰的可控和可观性分析重新设计系统参数和任务目标,开展重构优化工作也是一个重要的研究方向。

复合抗干扰控制要求控制系统的设计包括如下步骤。第一步是从控制任务和环境入手,给出对象和干扰的刻画与表征方式,在此基础上开展影响机理、传递机理分析,这相当于一个不确定性量化过程。第二步是分析针对干扰的可观和可控能力,研究干扰估计方法。第三步是对症下药、各个击破,提出具有复合结构,同时具有补偿和抑制能力的抗干扰控制方法。上面第一、第二步相当于防病、看病的环节,第三步是治病的过程。第四步,要考虑在干扰和故障环境下进行任务重构和系统再设计,这相当于一个养病的过程。

复杂干扰环境下复合自主控制技术在未来发展中还需要进一步考虑以下几个问题。
① 从控制的角度:重视多源干扰的可估计性、可补偿性及可抑制度分析,针对干扰与

故障的一体化研究，实现"防病、看病、治病、养病"的优化，从控制方法研究到控制系统设计方法研究进行优化；②从系统的角度：实现信息获取、融合、控制到执行的全回路优化，开展小回路的干扰估计、抑制和补偿方法研究，完成从算法到软件、芯片、系统乃至产品的过渡；③从仿真的角度：基于多学科交叉的多源干扰和故障的精细表征与建模方法，完成全回路的闭环因果分析、溯源分析和精细量化，实现在极端和细微模式下的性能精细评估；④从智能的角度：提高控制算法对于各类干扰的主被动免疫和适应能力，实现学习、预测等抗干扰算法和抗干扰机制的有机结合，完成从客观干扰拓展到主动对抗问题的过渡。

致谢

本文得到了国家自然科学基金科学仪器专项基金"抗干扰姿态控制一体化测试分析平台"（项目号：61127007）和国家重大科研仪器研制项目"空间运动信息仿生智能感知飞行仪器"（项目号：61627810）的支持。

参 考 文 献

[1] 郭雷, 程代展. 控制理论导论——从基本概念到研究前沿 [M]. 北京：科学出版社, 2005.

[2] 吴宏鑫, 胡军, 解永春. 基于特征模型的智能自适应控制 [M]. 北京：中国科学技术出版社, 2009.

[3] 柴天佑. 工业过程控制系统研究现状与发展方向 [J]. 中国科学：信息科学, 2016, 46(8): 1003-1015.

[4] 包为民. 航天飞行器控制技术研究现状与发展趋势 [J]. 自动化学报, 2013, 39(6): 697-702.

[5] 冯纯伯, 张侃健. 非线性系统的鲁棒控制 [M]. 北京：科学出版社, 2004.

[6] 郭雷, 房建成. 导航制导与传感技术研究领域若干问题的思考与展望 [J]. 中国科学：信息科学, 2017, 47(9): 1198-1208.

[7] Davison E J. The robust control of a servo mechanism problem for linear time-invariable multivariable systems[J]. IEEE Transactions on Automatic Control, 1976, 21(1): 25-34.

[8] Byrnes C I, Francesco D P, Isidori A. Output regulation of uncertain nonlinear systems[M]. Berlin：Springer, 1997.

[9] Han J Q. From PID to active disturbance rejection control[J]. IEEE Transactions on Industrial Electronics, 2009, 56(3): 900-906.

[10] Gao Z Q. On the centrality of disturbance rejection in automatic control[J]. ISA Transactions, 2014, 53: 850-857.

[11] 黄一, 薛文超. 自抗扰控制：思想、应用及理论分析 [J]. 系统科学与数学, 2012, 32(10): 1287-1307.

[12] Nakao M, Ohnishi K, Miyachi K. A robust decentralized joint control based on interference estimation[C]. IEEE International Conference on Robotics and Automation, 1987：326-331.

[13] Kim K H, Baik I C, Moon G W, et al. A current control for a permanent magnet synchronous motor with a simple disturbance estimation scheme[J]. IEEE Transactions on Control System Technology, 1999, 7(5): 630-633.

[14] Chen W H, Ballance D J, Gawthrop P J, et al. A nonlinear disturbance observer for robotic manipulators[J]. IEEE Transactions on Industrial Electronics, 2000, 47(4): 932-938.

[15] Guo L, Feng C B, Chen W H. A survey of disturbance-observer-based control for dynamic nonlinear system[J]. Dynamics of Continuous Discrete and Impulsive Syst-series B: Appl &Algorithms, 2006, 13E: 79-84.

[16] Chen W H, Yang J, Guo L, et al. Disturbance-observer-based control and related methods—an overview[J]. IEEE Transactions on Industrial Electronics, 2016, 63(2): 1083-1095.

[17] Li S H, Yang J, Chen W H, et al. Disturbance observer-based control: methods and applications[M]. Boca Raton: CRC Press, 2014.

[18] Astrom K J, Wittenmark B. Adaptive control[M]. MA: Addison-Wesley, 1989.

[19] Zhou K M, Doyle J C. Essentials of robust control[M]. New Jersey: Prentice Hall, 1998.

[20] 申铁龙. H_∞控制理论与应用 [M]. 北京：清华大学出版社, 1996.

[21] 黄琳. 稳定性与鲁棒性的理论基础 [M]. 北京：科学出版社, 2002.

[22] Guo L, Chen W H. Disturbance attenuation and rejection for systems with nonlinearity via DOBC approach[J]. International Journal of Robust and Nonlinear Control, 2005, 15(3): 109-125.

[23] Guo L, Cao S Y. Anti-disturbance control for systems with multiple disturbances[M]. Boca Raton: CRC Press, 2013.

[24] Guo L, Zhu Y K, Li W S. An enhanced anti-disturbance control approach for systems subject to multiple disturbances[C]. 2018 Chinese Automation Congress, Xi'an, 2785-2790.

[25] Wei X J, Guo L. Composite disturbance-observer-based control and H_∞ control for complex continuous models[J]. International Journal of Robust and Nonlinear Control, 2010, 20(1): 106-118.

[26] Wu H N, Liu Z Y, Guo L. Robust L_∞-gain fuzzy disturbance observer-based control design with adaptive bounding for a hypersonic vehicle[J]. IEEE Transactions on Fuzzy Systems, 2014, 22(6): 1401-1402.

[27] Sun H B, Guo L. Neural network-based DOBC for a class of nonlinear systems with unmatched disturbances[J]. IEEE Transactions on Neural Networks and Learning Systems, 2017, 28(2): 482-489.

[28] Zhu, Y K, Qiao J Z, Guo L. Adaptive sliding mode disturbance observer-based composite control with prescribed performance of space manipulators[J]. IEEE Transactions on Industrial Electronics, 2019, 66(3): 1973-1983.

[29] 郭雷, 王成红, 王岩. 因果关系与因果控制初探 [J]. 控制与决策, 2018, 33(5): 835-840.

[30] Guo L, Wen X Y. Hierarchical anti-disturbance adaptive control for nonlinear systems with composite disturbances and applications to missile systems[J]. Transaction of the Institute of Measurement and Control, 2011, 33(8): 942-956.

[31] Zhu Y K, Qiao J Z, Zhang Y M, et al. High-precision trajectory tracking control for space manipulator with neutral uncertainty and deadzone nonlinearity[J]. IEEE Transactions on Control Systems Technology, 2019, 27(5): 2254-2262.

[32] Cao S Y, Guo L, Wen X Y. Fault tolerant control with disturbance rejection and attenuation performance for systems with multiple disturbances[J]. Asian Journal of Control, 2011, 13(6): 1056-1064.

[33] Zhu Y K, Guo L, Qiao J Z, et al. An enhanced anti-disturbance attitude control law for flexible spacecrafts subject to multiple disturbances[J]. Control Engineering Practice, 2019, 84:274-283.

[34] Guo L，Wang H. Stochastic distribution control system design: a convex optimization approach[M]. London: Springer, 2010.

作者简介

郭雷，1966年生，教育部长江学者特聘教授、国家杰出青年、国家有突出贡献专家、国家百千万人才工程、国家万人计划领军人才入选者，教育部创新团队、科技部重点领域创新团队负责人、爱思维尔中国高被引学者。建立和发展了多源干扰系统复合分层抗干扰控制理论及非高斯随机分布控制理论，近五年来主持完成国家级重点项目10余项，发表SCI论文210余篇，出版英文专著2部，授权国家发明专利50余项。2018年获国家技术发明二等奖，2013年获国家自然科学二等奖，2017年获国防技术发明一等奖（均排名第1）。主要研究方向为抗干扰控制理论与应用、高精度导航与控制系统技术、智能自主系统技术等。E-mail：lguo@buaa.edu.cn。

朱玉凯，1989年生，北京航空航天大学博士后，近五年发表SCI/EI论文10余篇，授权国家发明专利20余项，主要研究方向为抗干扰控制理论、航天器姿态控制、鲁棒控制等。

计量量子化变革历程与信息化行动议程

方 向

（中国计量科学研究院）

摘 要

计量量子化和信息化是我国科学研究和技术创新的双重历史任务。以互联网、大数据、人工智能为代表的新一代信息技术蓬勃发展，为各国科研带来了重大而深远的影响。2018年第26届国际计量大会通过了以基本物理常数重新定义国际计量单位的决议，新定义彻底颠覆了人类测量活动采用实物基准的历史，进而催生了整个测量体系的全面创新，由此开启了以量子基准为核心的现代"先进测量"时代。我国积极参与国际单位制重大变革，其贡献受到国际计量界的高度评价，一系列国际领先的重大技术成果彰显了我国的计量大国地位和担当，也使我国的计量技术实现了从跟跑到并跑的提升。我们要抓住计量量子化变革的历史性机遇，在实践中不断探索创新，加快构建以量子计量基准为核心、扁平化量值溯源为特征的"国家先进测量体系"。量子计量技术、量子传感技术等创新研究将纳入国家信息化重大项目进行布局，从而促进信息化与量子化融合发展。

关键词

国际单位制；计量量子化；国家先进测量体系

Abstract

Quantization and informatization are the dual historical tasks of scientific research and technological innovation in China. The new generation of information technology, represented by the Internet, big data and artificial intelligence, is booming, which has a significant and far-reaching impact on scientific research in various countries. In 2018 the 26th international conference on measurement by the basic physical constants to redefine the units of measurement resolution, the new definition overturned thoroughly the history of the human measurements using physical benchmark, in turn, gave rise to the whole measure system of innovation, thus, opens the quantum benchmark as the core of the modern era of "advanced measurement". China has actively participated in the major reform of the international system of units, and its contribution has been highly appraised by the international measurement community. A series of internationally leading major technological achievements have highlighted China's status and responsibility as a major measurement country, and also promoted China's measurement technology from following to running. We should seize the historic opportunity of quantization reform, constantly explore and innovate in practice, and accelerate the construction of a "national advanced measurement system" with the quantum measurement benchmark as the core and the flattening measurement value tracing as the feature. Innovative research on quantum measurement technology and quantum sensing technology will be included in major national informatization projects to promote the integrated development of informatization and quantization.

Keywords

International System of Unit; Measurement Quantization; National Advanced Measurement System

计量量子化和信息化是我国科学研究和技术创新的双重历史任务。以互联网、大数据、人工智能为代表的新一代信息技术蓬勃发展，为各国科研带来了重大而深远的影响。而人类社会和科技的发展进程从某种意义上就是测量技术不断进步的过程，其核心就是追求更高的测量精度、更极端的测量范围。2018 年 11 月，第 26 届国际计量大会通过决议，自 2019 年 5 月 20 日起，全面实施重新定义的国际单位制。这是国际计量单位制（SI）150 年以来最深刻的变革。党的十九大报告提出，要善于运用互联网技术和信息化手段开展工作。这为我国科研信息化建设提供了有利条件。应该讲，我国的信息技术已达到了相当高的水平，在以计算机为代表的众多信息技术领域，都有处于世界领先水平的成果。我们必须乘国家加快国民经济和社会信息化发展之势，在加强计量量子化建设的同时，加快科研信息化建设。如果按部就班地在完成计量信息化建设任务后再进行量子化建设，就会坐失良机，无法赶上西方发达国家科学研究和技术创新发展的步伐。我国要紧抓国际单位制全面重新定义带来的重大发展机遇，加快构建以量子计量基准为核心、扁平化量值溯源为特征的"国家先进测量体系"，增强科技信息化的核心引擎功能，将中国积极打造成为国际科技创新中心，建成全球科技创新高地和新兴产业重要策源地，实现我国科学研究和技术创新的计量量子化与信息化跨越式发展。

1　计量量子化 150 年来的变革历程

　　计量是关于测量的科学与实践，其目的是保证测量的准确、稳定、可比、溯源和一致，包含了科学、法律法规和工业等方方面面的知识，支撑了超过 60% 的全球经济。国际单位制的客观通用性不仅意味着国际测量界多年的夙愿正在逐渐成为现实，更意味着全球量值统一有了更广阔而便捷的途径：芯片级的传感器将可以在工业产品流水线上实现对国际单位制的溯源，物联网各个终端采集的数据由此可以实现无时无处不在的最佳测量，将推动计量管理模式的改革创新，不仅有助于提高智能制造、物联网等新技术产业的质量水平，而且还有助于推动公平贸易、精准医疗和环境保护的高效实施，从而促进诚信建设、降低社会成本，进而提升国家治理效能。

　　1875 年《米制公约》的签署确定了全球统一的国际计量体系，建立了国际单位制，包括时间、长度、质量、热力学、温度、电流、发光强度和物质的量共 7 个基本单位，以实物形式由国际计量局制定、保存全球最高计量基准，并通过实物计量标准向世界各国逐级传递，应用到经济社会发展的各个领域，实现了所有测量结果对 SI 的溯源，从而保证了其全球一致性和准确性。本轮计量量子化变革，始于 20 世纪 60 年代，成于 2018 年，历时 50 多年。随着量子理论和技术的不断发展，特别是时间和长度单位计量量子化的成功，极大地推动了其他 SI 基本单位计量量子化进程。在不同的年代，完成了对不同基本单位的定义。例如，20 世纪 60 年代的"秒"定义，时间单位"秒"定义率先实现了从"天文时"到"原子时"的量子化变革，从而将时间频率测量精度一步跃升千万倍以上。此后，80 年代的"米"定义，90 年代的"电学量"

重新定义，实现了从实物向量子转变。国际计量委员会于 2005 年一致同意全面启动 SI 单位量子化变革，经过全球计量科技工作者多年的联合攻关，基于基本物理常数重新定义了基本单位。实现计量单位量子化的条件全部得到满足后，2018 年 11 月，第 26 届国际计量大会通过决议，自 2019 年 5 月 20 日起，正式启用千克、开尔文、安培、摩尔的新定义。至此，时间、长度、质量、温度、电流、物质的量等都将由量子计量基准取代现行的实物基准。

此次变革主要有两大特点。一是计量单位量子化。国际计量单位全面采用量子基准，大幅提高测量精度，扩大测量范围。例如，长度计量单位实施量子化，其测量精度从微米级提高到纳米级，提升了近 3000 倍，测量范围从地球尺度拓展到宇宙空间。二是量值溯源"零链条"。量子计量基准与信息技术相结合，使量值溯源链条更短、速度更快、测量结果更准且更稳，将彻底改变过去依靠实物基准逐级传递的计量模式，解决了费时费力、效率低下、误差放大等问题，使计量基准可以直接应用到各种科技和生产活动现场中，进行最佳测量和校准，大大节约了生产成本，显著提升了产品质量，由此可能触发重大科技创新和颠覆性技术的诞生，成为"第二次量子革命"的重要标志和重大成就。

2　应对量子化变革的举措与成就

2.1　世界主要国家超前布局

世界主要发达国家均认识到以"计量基准量子化"和"量值溯源扁平化"为主要特征的国际计量变革，完美契合了以信息物理系统为基础的第四次工业革命。欧美等发达国家和地区把国家先进测量体系视为国家竞争力的重要技术基础，将其与原材料、工艺装备共同列为现代工业生产的三大支柱，并作为先导性战略予以规划和支持。特别是在计量量子化变革的萌芽时期，美国、英国、德国等国家即超前部署。美国政府利用国防高级研究计划局（Defense Advanced Research Projects Agency，DARPA）的长期研究计划，布局了一系列探索性的量子测量前沿研究。美国国家标准与技术研究院（NIST）在过去 20 年中，一直将量子计量基准相关研究列为重点发展方向，优先予以经费保障，确保了他们在这轮"量子化变革"中的领先地位，特别是在 SI 单位重新定义即将获得成功之际，他们又提出了"NIST on a Chip"（芯片上的美国国家计量院）的宏伟计划，旨在通过量子化的计量技术，确立美国在新一轮工业革命中的主导地位。

为了应对新的量子化变革，欧盟提出了"计量联合研究计划"（EMRPA），旨在整合各国计量资源，将计量新体系建设纳入"地平线 2020 计划"，力争在本轮计量变革中占领一席之地。2016 年，欧盟发布了"量子宣言"，将量子计量和量子传感作为四大优先发展领域之一。英国是目前世界上建有非常完备的国家测量体系的国家，其在国家计量院（NPL）设有专门的国家测量体系办公室，以统筹全国测量体系的规划、建设和运行；韩国等一些新兴工业国家也投入巨资，积极参与相关研究。

2.2 我国在计量量子化变革领域的重大贡献

"十五"以来,在国家科技部、财政部、自然基金委等的大力支持下,一批基于量子物理的计量技术研究取得了突破性的成果,使我国在 SI 重新定义中做出了重要贡献,在温度、电学、质量等领域实现了赶超,同时,在量子传感、量子测量、量子计量标准领域也开展了一些前瞻性研究。"十三五"期间,计量量子化变革得到了科技界的广泛关注,在新的国家重点研发计划中设立了"国家质量基础的共性技术研究与应用"(NQI)重点专项,扁平化的量值溯源技术得到部署,国家计量院也已开始系统研究芯片级计量技术。近些年,国家计量院积极参与国际单位制重大变革,对 SI 变革的贡献受到国际计量界的高度评价,这一系列领先的技术成果彰显了中国的大国地位和担当,也使中国的计量技术实现了从跟跑到并跑的提升。

(1) 中国作为国际温度咨询委员会主席所在国,在温度单位开尔文的重新定义方面发挥了关键作用:用两种不同方法精密测量玻尔兹曼常数,为常数定值做出实质性贡献;基于声学气体温度计法的测量不确定度为 2.0×10^{-6},基于噪声温度计法的不确定度为 2.7×10^{-6},均被国际科学技术数据委员会(CODATA)收录,该项成果获得我国科技进步一等奖。

(2) 对于质量单位千克的重新定义,中国提出的焦耳天平贡献了独立的第三种方法。2007 年研究启动用于普朗克常数测量的焦耳天平,原理具有独创性;2011 年研制成功原型验证装置;2017 年测量不确定度达到 2.4×10^{-7}。

(3) 对于电流单位安培的重新定义,中国在量子电阻和量子电压方面走在了世界前列。从 20 世纪 90 年代起我国研究建立了量子化霍尔电阻和约瑟夫森电压基准,多次参加国际比对,测量不确定度达到国际领先水平,为电学量子化进程和应用做出了重要贡献。其中,量子化霍尔基准电阻曾获国家科技进步一等奖。

(4) 对于物质的量单位摩尔的重新定义,中国发挥了重要作用。摩尔重新定义的关键是阿伏伽德罗常数的准确测定,在阿伏伽德罗常数测量的国际合作中,中国是唯一采用两种不同的方法测量浓缩硅摩尔质量的国家,其中,独创性地建立了高分辨质谱(HR-ICP-MS)方法,具有更好的信噪比,并参加了国际比对,两种方法均取得很好的测量结果,结果被正式采用。

(5) 对于未来秒的重新定义,中国紧跟国际步伐,已经取得重大进展。在新的国际单位制体系中,时间频率成为最重要的基本量,目前全球计量科学家均聚焦于下一代更为准确的光钟的研究。从 2006 年起,中国计量院启动下一代时间频率基准锶原子光晶格钟的研究,2017 年完成首轮不确定度评定,达到 2.3×10^{-16},4 万秒稳定度进入了 10^{-18} 这一国际先进行列。通过溯源到 NIM5 基准铯原子喷泉钟,测量了锶原子光晶格钟(见图 1)的绝对频率,测量不确定度为 3.4×10^{-15},被国际时间频率咨询委员会采纳,参与新的锶 87 光钟频率国际推荐值的计算。目前正在研究的第二台锶光钟,测量不确定度将达到世界先进水平的 10^{-18} 量级,为 2026 年可能进行的秒的重新定义打下了坚实基础。

图 1　中国计量院锶原子光晶格钟

3　量子计量信息化的行动议程与探索

随着计量量子化变革的成功推进，必将引发全球科技和工业的新一轮竞争。美国、英国和欧盟等正在投入大量的资源积极布局量子科技，特别是量子计量与量子传感技术研究。例如，欧盟"地平线 2020 计划"创新框架下的量子技术研发旗舰计划明确提出，围绕量子通信、量子计算、量子模拟、量子计量与传感 4 个任务进行研究和创新，并认为量子计量与传感技术是量子技术应用的基础，也将最先成为经济社会发展的新推进器；英国部署了"国家量子技术计划"，将量子计量作为重点发展方向之一；美国进一步扩大了量子技术的研发规模，并着重量子芯片计量技术的研发，推进实施芯片上的美国国家计量院（NIST on a Chip）计划，其目标是要通过量子计量与量子传感技术实现无处不在的最佳测量；其他国家如澳大利亚、加拿大、日本、韩国等，也纷纷投资建立了各自的量子技术研发中心，加大了对量子技术和量子计量研发的投入。我国在计量量子化变革和计量单位重新定义中做出了积极贡献，计量技术实现了从跟跑到并跑的提升。然而，对比发达国家和地区，对照未来快速发展趋势和巨大应用需求，我国还存在巨大的差距，主要表现在如下几个方面：一是对量子计量技术发展的战略性认识不足；二是量子计量应用技术及人才队伍匮乏；三是量子计量技术研究基础设施严重不足；四是量子计量相关产业发展尚未起步。

3.1　计量量子化为实现对科研数据高质量的自动化管控和全面治理奠定了基础

当前，以互联网、大数据、人工智能为代表的新一代信息技术蓬勃发展，为各国经济发展、社会进步、人民生活带来了重大而深远的影响。保障数据供给、提高数据质量，成为信息化的基础性任务。计量量子化有利于信息化网络的健全与数据质量的提高，支持数据应用层面的统一汇总、信息整合、关联穿透，从整体上实现对科研数据质量的自动化管控和全面治理，从而促进科研信息化水平和效率提升。

第 26 届国际计量大会通过了关于修订国际单位制的决议。国际单位制 7 个基本单位中的 4 个，即千克、安培、开尔文和摩尔将分别改由普朗克常数、基本电荷、玻尔兹曼常数和阿伏伽德罗常数来定义；另外 3 个基本单位在定义的表述上也做了相应调整，以与此次修订的 4 个基本单位相一致。这使国际单位制的"基石"完全建立在"常数"上，全球测量体系发生了"不变"的"巨变"。对大多数人来说，国际单位制是"不变"的。除电学单位外，新定义的各个单位大小和旧定义几乎完全一致。事实上，电压单位的变化也仅有正的千万分之一，电阻单位的变化则更小。这只会影响对测量不确定度要求最高的顶尖计量机构和校准实验室，对于普通用户、产业界人士和多数科研人员来说，新定义不会对他们造成影响，他们的测量结果仍将是连续的。这看上去似乎理所当然，但实际上却是全球测量科学家数十年潜心研究和通力合作的结果——所有用于基本单位重新定义的"常数"都经过了精确的测量与严格的考证，从而保障了 2019 年 5 月 20 日新定义正式生效时，单位的大小"不变"。从新定义的深层意义来看，国际单位制的变化无疑又是"巨大"的。第一，新定义用自然界恒定不变的"常数"替代了实物原器，保障了国际单位制的长期稳定性。第二，"定义常数"不受时空和人为因素限制，保障了国际单位制的客观通用性。第三，新定义可在任意范围复现，保障了国际单位制的全范围准确性。第四，新定义不受复现方法的限制，保障了国际单位制的未来适用性。

3.2 计量量子化深刻影响传感器及智能化仪器仪表产业，促进科技基础应用科研与产业加强合作

传感器及智能化仪器仪表产业是国民经济的基础性、战略性产业，是信息化和工业化深度融合的源头。仪器仪表在国家安全方面发挥着重要作用，高端装备制造的精密测量，深空、深海探测等国家重大战略工程的实施都需要高端仪器支撑。在纳米科技、先进制造等战略性领域，发达国家一直对我国实行技术封锁，如超高精密磁场、压力场、高分辨激光干涉仪、电磁辐射加速器、高端航天测控设备等，高端仪器的缺失极大地制约着我国的战略发展和国家安全。国家统计局发布的最新统计数据显示，2016 年仪器仪表行业规模以上企业实现主营业务收入 9355.4 亿元，同比增长 9.1%。我国自主创新能力薄弱，与国际先进水平的差距不断拉大，各国都在部署量子传感器技术，实现大规模商业化，替代传统的仪器仪表，我国需尽快布局量子传感器及芯片级器件的研发，实现变道超车，不断提高国产仪器仪表的占比。

仪器仪表的准确性是通过溯源到计量基准和计量标准来保证的。国际单位制重新定义后，基于全新的量子计量基准与信息技术的融合，以及基于量子力学和微光机电系统技术结合等量子计量技术的研究，可实现多物理量、多参数的量子计量标准与传感器的制备，建立智能制造中仪器仪表全生命周期的测试、溯源、高精度实时和自校准修正，

可实现我国高端仪器仪表制造的弯道超车，从而带动整个仪器仪表产业的转型升级。譬如，量子芯片计量和量子传感利用原子、电子、光子等可被精确控制和测量，从而实现对磁场、加速度、重力、时间、压力、温度、惯性等物理量的高精度量子传感和校准，除可以突破经典力学极限的超高测量精度外，还可抵抗特定噪声的干扰。量子磁传感器和霍尔传感器已产品化，量子传感技术在不锈钢晶格断裂磁体系数测试等材料相关学科研究领域已实现应用。虽然量子通信和量子钟技术已相对成熟，有不少产品已商业化，但全球量子技术目前还处于早期阶段，给我国高端仪器仪表弯道超车提供了绝佳的时机。

3.3 量子计量技术与新一代信息技术共同提升我国科学技术研究水平，突破更多的关键核心技术

计量量子化变革将为解决关键核心技术问题带来深刻的影响和重要的机遇。一方面，新的计量体系不再依赖通过实物基准向各国传递量值，打破了由国际计量局作为全球测量体系量值传递源头的单极中心局面，如果能够抢占技术制高点，主动布局，就可以在激烈竞争中脱颖而出，形成全球计量体系的源头。反之，就要依赖他国，进而丧失发展主导权和控制权。另一方面，通过量子计量基准与信息技术的结合，使量值传递链条更短、速度更快、测量结果更准且更稳。通过嵌入芯片级量子计量基准，把最高测量精度直接赋予测量仪器，将使测量水平大幅提升，从而为突破航空发动机、高档数控机床、核电装备等重大装备的共性关键技术与工程化、产业化瓶颈提供支撑和保障。

时间单位秒的量子化定义大幅提高了时间频率测量的精度，从而构造出当今世界人类处处依赖的定位精度可达几米乃至几毫米的卫星导航定位系统及其相关技术。我国独立自主建立的北斗卫星导航系统，突破了时间频率产业相关的关键核心技术。受益于基于原子钟的时间同步技术的发展，目前我国电网运行需要时间同步水平达到 $1\mu s$；采用 5G 技术的通信基站之间的时间同步精度达到 100ns。

温度是最难直接测量的物理量。实际使用中，温度测量的精准程度取决于感温元件电学或机械性能的稳定性，导致温度测量水平受限，甚至在某些特殊环境下可能失效。基于玻尔兹曼常数重新定义温度单位开尔文，将从根本上解决上述温度基准、标准自身缺陷及实际温度测量问题，从而在理论上可以实现从极低温到极高温范围内温度的准确测量。此外，新的测温方式建立在玻尔兹曼常数的定义及量子物理现象之上，因而可以实现自校准，测温不再依赖于感温元件自身的电学或机械性质，可为一些特殊领域极端温度的测量提供解决方案。

一方面，用恒定不变的量——普朗克常数重新定义质量单位千克后，使质量基本单位更加稳定，量值传递更加可靠，不再担心因国际千克原器丢失、损坏而给全球质量量值统一带来毁灭性的灾难。重新定义"千克"意味着科学技术的发展可使质量测量变得更科学、更合理、更精确。从科学的角度来看，质量测量在航空航天、智能交通、高速铁路、汽车制造、生物医药、化学制品、半导体材料、火箭配药等领域中都起着至关重

要的作用。另一方面，摩尔的新定义中以阿伏伽德罗常数表达物质的量，摩尔成为微观粒子的计量单位，不再依赖质量单位"千克"而独立存在，物质的量的含义更加明确和容易理解。摩尔重新定义对计量科学势必造成新的挑战，物质的量溯源增加了对精密测量化学的要求，如对物质材料的超高纯制备和分析，对元素同位素组成和原子量的精准测量等，对物质的量溯源途径和溯源体系的研究提出了新诉求。摩尔的重新定义将有力地促进微观粒子测量及其计量科学的发展，推动相关基础理论的发展和新学科体系的产生，促进人们对微观世界的深度了解与认知；还将有利于其他新兴学科的发展，如微生物和生物化学领域的测量结果将实现向国际单位制溯源，为生命科学、航空航天、新材料研究等新兴领域中尚未统一计量单位的新的目标物测量溯源提供可行性。

随着量子物理的快速发展，人类对"光"的认知和掌握达到了新的高度，近年来更是随着纠缠光子等的创新探索而揭开了量子信息技术研究应用的新篇章。得益于量子光学技术的迅猛发展，单光子探测器、单光子源、可分辨光子数探测器、突破标准量子极限的光子探测等关键技术都得到了突破性的发展，一方面促进了光辐射计量标准技术的发展，另一方面对单光子计量提出了全新的挑战。随着光子探测技术能力的不断发展，电磁辐射的量子本质使得人们开始考虑将光子数目作为光辐射计量标准溯源到国际基本单位的一种基本方式。如果已知这些光子的频率，那么通过光子计数技术得到光子的数目，就可以知晓光谱辐射的能量。

3.4 创建粤港澳大湾区量子计量创新基地，打造我国科研与产业高质量融合发展先行示范区

深圳是我国科研信息化发展的战略高地，是计量量子化与信息化融合发展的试验田。2019年，中国计量院在深圳市人民政府的大力推进和支持下，积极筹建中国计量院技术创新研究院，抓紧探索建设国家先进测量体系，探索应对计量量子化变革的模式。深圳市人民政府高度重视国际单位制全面重新定义带来的重大发展机遇，2019年1月18日在深圳市第六届人民代表大会第七次会议上发布的《深圳市政府工作报告》提出，要筹建中国计量院技术创新研究院，计划将以量子计量基准为核心、扁平化量值溯源为特征的先进测量体系作为科技基础设施发展的重点领域。

深圳作为粤港澳大湾区的核心，是未来我国高技术发展的重要战略制高点，技术创新研究院落户深圳，意义重大：既是落实中央和国务院关于构建国家现代先进测量体系部署的要求，又是贯彻落实总局新一届领导班子对国家计量院发展的指示，还可满足粤港澳大湾区科技创新发展重大需求。

中国计量院技术创新研究院的建设有利于我国抢抓计量量子化变革的重大机遇，加快构建国家先进测量体系，对实现城市高质量发展，打造未来我国重要的高技术战略制高点，发挥粤港澳大湾区核心城市的示范与引领作用意义重大。目前，中国计量院具有国际互认的测量校准能力1651项，国际排名第三位。"十一五"以来，中国计量院共获得国家科技进步奖14项，其中一等奖4项，二等奖10项。中国计量院技术创新研究院将参照国家实验室建设模式，在深圳创建全球计量科技创新开放平台，开展量子计量重

大基础设施建设、量子测量技术研究，形成一批颠覆性的新理论、新技术、新产品。中国计量院在科研方面具有雄厚的积累，而深圳市计量院在市场化运营和产业技术服务领域具有丰富的经验。我们应齐心协力建设中国计量院技术创新研究院，实现前瞻性基础研究、引领性原创成果的重大突破和开花结果，从而成功打造中国制造高质量发展的先行示范区。

中国计量院技术创新研究院的建设有利于增强深圳核心引擎功能，突破关键核心技术，加速实现先进制造与高端服务业的融合，打造中国制造业高质量发展的范例。深圳市人民政府正在大力建设的重大科技基础设施，如大亚湾中微子实验室、未来网络试验设施、国家基因库，以及拟建设的空间引力波探测地面模拟装置等重大科技基础设施研究工作的开展，都需要高准确度、高稳定度的计量基标准提供测量技术和数据支撑保障。深圳重点产业面临的关键核心技术问题需要先进测量技术加以解决，重点产业的跃升发展急需配套的量子计量技术和先进测量服务体系提供支撑。例如，新一代信息技术产业发展急需时间频率、电学量子计量基标准和量子计量技术支撑。通过对中国计量院技术创新研究院的建设，可先行构建以量子计量基/标准、量子芯片、新一代仪器仪表、先进测量技术等为核心的先进测量体系，推动高端计量科技与深圳"基础研究＋技术攻关＋成果产业化＋科技金融"全过程创新生态链实现深度融合，为深圳成为全球重要的新兴科技与产业创新发展策源地，建成国际科技和产业创新中心提供重要的计量基础技术支撑。

参考文献

[1] 国家市场监督管理总局. 国际单位制(SI)——根本性飞跃[Z].2019.

[2] 方向. 加快构建国家先进测量体系 推动大湾区经济高质量发展[N]. 深圳特区报，2019-04-03(A10).

[3] 刘慧，林延东，甘海勇，等. 从烛光到坎德拉——发光强度单位的演变[J]. 计量技术，2019(5): 68-71.

[4] 沈平子，贺青，张钟华，等. 电磁计量单位制沿革[J]. 计量技术，2019(5): 36-42.

[5] 王强. 光钟——时间频率定义新趋势[J]. 计量技术，2019(5): 11-13.

[6] 甘海勇，刘想靓，林延东. 光子计量技术发展与展望[J]. 计量技术，2019(5): 64-67.

[7] 高蔚，蔡娟. 国际计量体系及SI重新定义后的新格局[J]. 计量技术，2019(5): 72-80.

[8] 张金涛，林鸿，冯晓娟，等. 国内对温度单位重新定义的研究[J]. 计量技术，2019(5): 43-46.

[9] 任同祥，王军，周原晶. 摩尔质量测量的中国贡献[J]. 计量技术，2019(5): 60-63.

[10] 房芳，张爱敏，李天初. 时间——从天文时到原子秒[J]. 计量技术，2019(5): 7-10.

[11] 冯晓娟，张金涛，林鸿，等. 温度单位变革的历程[J]. 计量技术，2019(5): 52-54.

[12] 周琨荔，韩琪娜，屈继峰，等. 噪声法测量玻尔兹曼常数研究综述[J]. 计量技术，2019(5): 47-51.

[13] 李正坤，白洋，许金鑫，等. 中国计量院在千克重新定义方面的工作和贡献[J]. 计量技术，2019(5): 28-33.

[14] 孙双花，叶孝佑，毛起广，等. 中国长度单位的保持及贡献[J]. 计量技术，2019(5)：14-17.

作者简介

方向，研究员，第十三届全国政协委员，中国计量科学研究院院长。历任国家标准委党组成员总工程师、副主任，中国标准化研究院副院长，中国计量科学研究院副院长兼化学计量与分析科学研究所所长，国家标准物质研究中心副主任，是国务院特殊津贴专家和中组部联系专家。

长期从事标准化、计量科学和检测技术及仪器研究工作。先后主持承担多项国家科技攻关计划、科技支撑计划项目重点任务、科学仪器研制与开发重点项目和自然科学基金项目，在质谱技术和质谱仪研究和创新方面，拥有多项发明专利，曾获国家科技进步二等奖两项（第一完成人）和多项省部级一等奖，发表有关论文多篇。培养了一支质谱仪技术创新和仪器研发人才队伍。2007年任职国家标准委，先后分管地方标准化、服务业标准化、高新技术标准化和综合计划等管理工作。组织了标准体制改革、科技与标准互动机制创新、标准中专利的处置等一系列政策研究、制定等工作，对技术标准战略有较为深入的研究。曾参与起草编制《国家中长期科学和技术发展规划纲要（2016—2020年）》和国家"十一五""十二五"科技规划，组织和参与编制《技术标准科技发展"十二五"规划》，参与制定《国家标准化体系建设发展规划（2016—2020年）》。E-mail：Fang xiang@nim.ac.cn。

国家科技文献资源发现基础平台的建设与服务

彭以祺　吴波尔　沈仲祺

（国家科技图书文献中心）

摘　要

为解决我国科技文献资源严重匮乏和保障率极度低下等问题，2000年科技部联合多个部门组建国家科技图书文献中心，开展国家科技文献信息保障体系建设，面向全国提供公益性、基础性文献信息服务。经过近二十年的发展，中心已成为国家科技信息资源的战略保障基地、全国科技文献信息资源共享平台。当前，国家科技信息供给不平衡、不充分的问题依然突出，对大数据和云计算等下一代知识服务系统需求迫切。为此，中心正全力以赴开展国家科技文献资源发现基础平台建设，推进科技文献元数据资源集成融合系统构建，强化科技文献语义化知识组织，建设基于发现系统的专题门户网站和国际科技引文系统，形成科技文献大数据发现体系，发挥国家核心平台的作用，为我国科技创新发展提供科技信息战略支撑。

关键词

科技文献；信息保障；资源发现系统；开放融合

Abstract

In order to Unresolved serious shortage of scientific Literature in China, The National Science and Technology Library (NSTL) was established in June 2000 by Ministry of Science and Technology and other departments, which aims to set up a national scientific literature system and provide information services over the country. After nearly 20 years of development, NSTL has become the strategic guarantee base and a national platform for scientific literature service. However, the insufficient supply of scientific literature still exists in China, so NSTL is developing a national scientific literature discovery system, promoting integration of scientific literature metadata, and building up a series of topic portals and an international citation system based on discovery system, so as to play a core role as a national platform in providing strategic S&T information to innovative development of national science and technology.

Keywords

Scientific Literature; Information Guarantee; Resource Discovery System; Information Sharing

科技文献是指以文字、符号、图形、声频、视频等手段记录科技信息、成果、知识的所有载体，是科研活动的重要表现形式。同时，科技文献平台作为国家的重要战略资源，是科技工作的重要基础条件，是科技创新发展的重要支撑系统[1]。我国科技信息资源保障水平和服务能力，直接关系到国家科技创新和可持续发展，而且事关我国科技信息安全。近年来，随着科研投入的快速增加，我国科技创新能力不断增强，很多领域从跟跑、并跑向领跑阶段发展，科技创新对科技文献资料的需求更加迫切，因此，需要更加全面、系统和持续地收集、保存科技文献资源，建立完备的国家科技文献资源保障体系。

1 国家科技文献信息保障体系建设

1.1 初衷与宗旨

我国科技文献的支撑和保障工作经历了一个曲折的发展历程。中华人民共和国成立后，西方国家对我国实行技术封锁，为应对这一困境，我国于 1956 年 10 月正式成立第一个国家级综合性科技情报机构——中国科学院情报研究所（现中国科学技术信息研究所），1958 年起全国陆续建立 50 个专业情报机构和各省（市、区）科技情报机构。在经历了一段停滞期后，各级科技情报机构在改革开放后得以全面恢复发展。但是 20 世纪 90 年代中后期，我国科技文献特别是国外科技文献订购量一直在低水平徘徊，国外科技文献基本满足率不足三分之一，严重制约了科技创新活动。为解决我国科技文献资源严重匮乏和保障率极度低下的问题，经国务院领导批准，2000 年 6 月科技部联合原国家经贸委、原农业部、原卫生部、中国科学院等正式组建国家科技图书文献中心[2]（以下简称中心）。

中心宗旨是集中体现国家意志，按照"集中采购、分别加工、联合上网、资源共享"的原则，收集和开发理、工、农、医等学科领域的科技文献信息资源，充分运用现代先进技术手段和条件，开展国家科技文献信息保障体系建设，面向全国提供文献信息服务[3]。中心按照理、工、农、医四大支柱组建，由中国科学院文献情报中心、中国科学技术信息研究所、机械工业信息研究院、冶金工业信息标准研究院、中国化工信息中心、中国农业科学院农业信息研究所和中国医学科学院医学信息研究所等文献情报单位共同参与，力争建设成为国内权威的科技文献资源收藏和服务中心、现代信息技术示范应用中心和科技文献信息资源体系枢纽。

1.2 组织体系

为了打破我国现行条块分割的行政管理体制，推进各系统文献信息单位之间的合作与协调，中心在成立之初就建立了一种全新的组织运行和管理机制，即作为一个虚拟式科技信息资源机构，实行理事会领导下的主任负责制，中心主任向理事会负责，主持中心日常工作（见图 1）。为了突出国家利益，突破部门割据，兼顾各方权益，理事会成员由来自科技部、财政部等六部门代表、理/工/农/医四大信息机构代表和著名科学家代表组成。实践证明，中心这种创新的运行机制探索了符合科技文献资源建设自身发展的规律，为网络环境下科技信息资源共建、共享开创了体制创新的范例。

1.3 作用与影响

经过近二十年的发展，中心已经建设成为国家科技信息资源的战略保障基地，作为国家创新体系不可或缺的基础条件，在国家科技信息安全中发挥着基础保障作用：一方面保障了国家科技文献的元数据安全、文献资源安全和信息工具安全，奠定了科技文献信息资源战略保障的基础地位；另一方面在推动科技文献信息资源开放共享中支撑了地区、系统间的平衡发展，支撑各地方外文科技文献共享，在国家科技文献信息安全保障中发挥着重要作用。

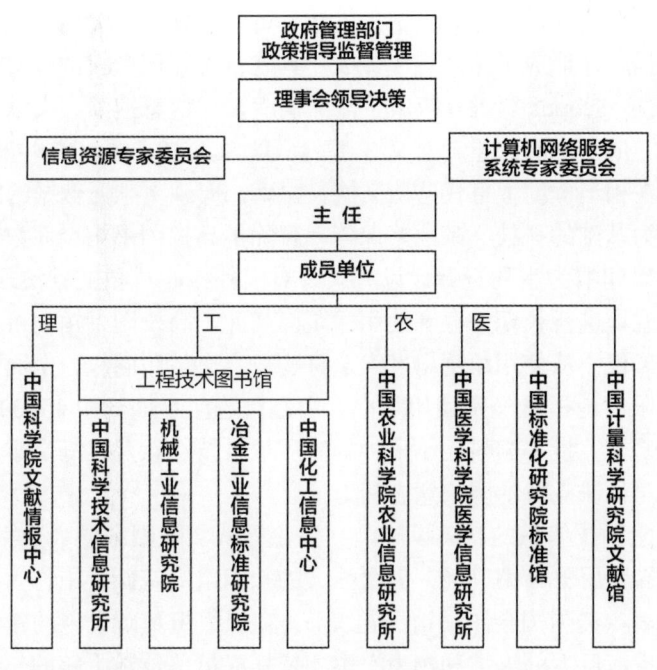

图 1　中心组织结构

（1）持续稳定的核心资源建设，奠定了我国科技文献战略安全基础。中心订购的高质量印本文献品种持续稳定在每年24000种左右，属国内最多，居新兴国家之首位。以国家许可、集团联合、经费匹配支持等多种方式订购网络版外文科技文献资源数据库140多个（涵盖重点学科网络版外文期刊20000余种）；连续性采集开放获取（OA）文献资源6000种，以国家授权方式面向公益机构开通的3018种重要外文科技期刊回溯服务有效弥补了我国外文文献的结构性缺失，形成了印本文献与电子文献、订购文献与开放获取资源协同建设的资源保障格局[4]。

（2）辐射全国的服务体系提升了公益保障能力，缩小了部门间和地区间的信息差距。中心的资源建设彻底改变了我国科技文献信息资源匮乏、保障服务能力严重不足的局面。中心除建立了中心主站外，还在全国建立了40个服务站，30个面向高校的用户管理平台，40个面向集团用户的用户嵌入接口，形成了覆盖全国的科技文献服务体系。中心每年订购的外文电子资源使用量超过6000万篇，按我国研发人员350万人全时当量计算，每年为科研人员提供外文文献人均17篇。中心每年基于印本文献提供原文服务120多万篇。中心面向国家科技重大专项团队开展的全流程信息跟踪与专题服务，面向"一带一路""长江经济带""京津冀协同发展"等国家重大战略的信息支撑服务，获得了项目组或相关部门好评；面向重点企业提供知识化解决方案，支撑中国中车、华为、沙钢等一大批企业的专题情报跟踪、知识组织管理等重要任务，填补了企业、开发区的科技文献供给空白。中心面向西部地区和援疆援藏等专项文献扶贫行动，弥补了我国东西部地区间的信息鸿沟，提升了科技文献服务的均衡性。

（3）建成具有自主知识产权的外文科技文献资源库，收录范围接近国际主流文献索引数据库。中心发挥成员单位专业情报机构具备的数据库建设传统优势，构建外文科技论文与引文数据库，形成了国内规模最大、具有自主知识产权的外文文摘和引文数据库，能够比肩 SCI、Scopus 等国外权威主流文摘库，为信息搜索、文献发现、情报分析提供了有力支撑。成立中心的重要意义在于：一旦 SCI、Scopus 等国外主流索引数据库不能访问，能够在相当程度上替代这些文摘数据库，实现文献元数据的国家战略保障。

（4）以印本为基础的科技文献战略保障，解除了高校图书馆全面数字化转型的后顾之忧。中心通过以印本为主的资源建设方式，对国外核心科技文献实现了全覆盖收藏，可以不受外界干扰地进行长期保存和使用。正因如此，高校图书馆便可无须再考虑外文文献的收藏问题，仅需从使用角度出发大量订购数字文献访问权，全面转向数字化资源在线访问，最大限度地提升经费使用效率。中心订购印本期刊中有 6000 多种是全国独有的，同时还订购了一批小学科、小语种的高质量科技文献，以满足小众科研群体的文献需求，体现了对科研支持的国家意志和力量。

（5）牵头构建科技信息的基础设施，支撑业界从文献服务向大数据挖掘服务转型。科技文献服务向知识服务转型升级，需要强大的知识组织基础设施作为支撑（如美国医学图书馆主题词表、美国国会图书馆主题表）。知识组织基础设施的建设需要相关数据和技术的积累，投入巨大的人力和物力。中心依托成员单位数十年的长期积累，先后完成《我国数字图书馆标准规范》《汉语主题词表》《英文超级词表》《科技领域分类表》《机构规范文档》《文献名称规范表》等一大批基础设施工具，形成了信息组织研究的人才、技术、数据优势，积累了大型信息基础设施建设经验，目前在成员单位、重点图书馆、国家数字出版工程及中国工程院相关项目中得到应用，提升了业界科技文献知识化、语义化组织水平，引领了图书情报事业的发展。

（6）凝聚一支高素质的专业化队伍，承担国际组织工作，提升国际影响力。通过落实人才岗位设置、建立常态化的培训机制、开展广泛的国际交流合作等方式，中心培养了一批适应于数据处理、信息组织、数据挖掘分析的复合型专业人才。积极开展与国际组织的合作交流，在国际图书馆联合会的多个委员会承担专家委员；在高能物理开放出版计划等国际组织中担任领导职务，代表中国发声，承担国际职责，赢得国际话语权，并且积极投入到国际学术资源开放获取运动中，加入开放获取 2020 计划，提升了我国科技文献工作在全球的影响力。

2　国家科技文献信息保障工作面临的形势

面对知识需求的日益多样化、互联网和信息技术的高速发展、开放融合的新媒体发展，科技文献信息保障环境正在发生革命性变化，知识创造、组织、传播和利用新的形态正在形成，新形势下国家科技文献信息保障工作面临新的挑战。

2.1　科技信息供给不平衡、不充分问题依然突出

随着我国科技实力的不断增强，从"跟跑"迈入"并跑"和"领跑"阶段，科研人员对科技文献信息保障工作也提出了更高要求。一方面，科技人员利用文献资源的行为

方式和习惯发生了根本性变化，科技文献保障工作需要适应新型科研范式和知识生产流程；另一方面，需要在海量文献数据的深度加工和组织的基础上，通过挖掘分析、高度凝练后对研发和决策提供新型支撑，这无疑对科技文献信息服务的供给方式、系统工具提出了新要求、新挑战。基于此，需要结合科技文献的全新数字资源产业链，促进科技文献信息组织、服务模式和服务手段同步变革，对多源异构数据进行规范整合、关联计算、关系推理和知识发现，提升科技文献资源服务的供给质量。

另外，不同地区、不同系统间的科技文献需求和供给能力不平衡，需要国家精准文献扶持和保障。由于国外科技文献资源价格基本由国外供应商垄断，我国一些地区因经费不足，或数字资源利用率不高等原因，较少购买国外科技文献资源，致使文献整体保障水平极不平衡。从地区来看，我国经济发达地区和经济落后地区的文献保障存在着较大差距。在"大众创业、万众创新"的今天，众多的小微企业、孵化企业更加需要科技文献情报的支撑，但受限于高校、科研院所文献服务范围与企业自身的经济能力，企业很难获得文献服务与情报支撑。因此，虽然近年来我国科技文献的保障能力稳步提高，但不同地区、不同产业领域、不同创新主体的科技信息需求与供给不平衡、不充分的矛盾依然突出，需要统筹规划，组织协调，开放共享，以国家力量加以解决。

2.2 开放融合进程需要创新工作流程和业务方式

科技文献在近二十年间完成了从印本出版、印本与电子资源并存，到纯电子出版，甚至语义出版的发展历程，新型出版方式和出版物形式不断涌现，使数字资源已成为科技文献信息出版和利用的主流，以印本为主体的资源建设模式正在向以印本为基础的数字资源保障体系转变[5]。需要加大对数字信息资源的建设力度，将元数据、工具型资源、网页资源等新型数字信息资源纳入资源采集范畴。同时，数字出版带来的出版、传播、展示、利用方式的多样化，在提升科技文献资源的可利用性和便捷性的同时，也增加了文献服务限制及使用成本。同时，知识产权环境更为复杂，与外商知识产权博弈日益加剧，需要通过实施国家财政支持的版权补偿金制度来解决公益文献传递服务中的版权问题。

面向科技文献数字出版、开放获取、人工智能处理、大数据分析等开放融合发展趋势，国家科技文献资源保障系统建设需要适应大数据环境下科研人员对科技文献资源"一站式"获取和"知识化"发现的需求，构建面向数字资源并兼顾印本资源管理需要的全新数字业务管理体系，大力推进数字业务流程再造，实现资源建设从采购管理向渠道管理转变，推动数据管理业务从简单数据加工向数据集成方向转变，加强数据的融合、增强和增值计算，提升数据质量，实现文本元数据的全生命周期管理[6]。研发基于大数据的发现服务系统，对多来源科技文献元数据进行集成、规范与整合，扩展科技信息资源的发现途径和渠道，形成统一集中的科技文献资源聚合管理服务体系。

2.3 大数据、云计算衍生对下一代知识服务系统的需求

随着数字科研的迅速发展，可供广泛传播、共享、利用和管理的信息内容已经扩展到科学数据、多媒体资源、事实数据和相关工具。咨询报告、技术报告、产业报告、专

利标准、经济与法律信息等各类信息资源更加丰富，相关资源（服务）登记系统、开放会议、开放课件、开放代码、社交媒体等开放资源不断增加，这些资源也逐步在科技创新中发挥重要作用，需要对其进行集成融合。

随着大数据、云计算、人工智能等技术进步，信息内容关联化和知识组织细粒化成为重要趋势，信息资源的组织揭示正在向细粒化、结构化、语义化、关联化等方向发展，从"一篇论文"深入到片段、章节、图表、公式、引文、主题对象等知识单元，从"一篇论文"扩展到作者、机构、项目、数据集、工具、主题等知识对象，形成可挖掘和可扩展的知识关系网络，开展深入用户科研创新过程的知识服务，并拓展基于科研过程和知识生命周期的资源整合与服务，全面支持用户在研发、市场开拓中做出科学决策[7]。因此，下一代知识服务系统的设计已成为我国科技文献平台建设的首要任务，数字信息本身的可细粒解析、关联、重组与利用成为科技创新发展能力提升的关键。

2.4 国外对我国的科技封锁形势凸显强化国家科技信息安全保障的迫切性

随着科技文献从印本向数字资源转变，文献资源订购从资产购置转变为服务许可购置，购得的仅是"使用权"而非"拥有权"，需要通过互联网对国外数字文献资源进行在线访问，资源存放在国外，一旦这些国外资源和工具遭到禁运，可能对我国科研活动造成重大影响。同时，国外相关机构有可能通过分析我国科研人员的访问日志，进而掌握我国科研动态和研究方向，直接访问和使用国外在线科技文献资源平台工具有泄密的风险，所以，科技文献信息分析工具与系统平台多数依赖国外，严重威胁我国科技信息安全和研发秘密保护。另外，随着我国自主创新能力的提升，国外对我国的科技信息封锁也日趋加剧。近年来美国加强了对我国科技产品输出、科研交流的管控，我国科技安全风险更加突出，科技文献信息保障的国际形势更加严峻。

3 国家科技文献资源发现基础平台建设

针对新形势下我国科技文献信息保障工作面临的新挑战，在数字环境迅猛发展和创新需求日益增长的背景下，为解决科技文献需求与服务中存在的不平衡、不充分矛盾，实现国家保障既定目标，国家科技文献信息保障体系建设需要随着信息环境和用户需求的变化，不断调整科技文献资源建设与服务的目标，在夯实国外印本科技信息资源保障的基础上，加强数字科技信息资源的保障力度，深化各类资源的集成整合、长期保存与知识化组织，开发建设国家科技文献资源发现基础平台，构建科技文献大数据发现体系。

3.1 推进科技文献元数据资源集成融合系统建设

要实现以印本文献为基础的数字科技文献保障体系，需要推进元数据资源的可持续建设，一方面拓展科技文献元数据资源的多渠道采集方式，从单纯自己加工扩展到加工、采集、赠与、呈缴和购买等多渠道，对网络资源、开放获取资源等元数据进行实时发现、采集、规范和保存，通过与国内外出版商、相关信息机构等合作，将不同来源、不同类型、不同薄厚、不同载体、不同格式的元数据进行统一处理，强化元数据的完整性和更新时效，建立中国科技信息资源的"大"元数据体系，形成完整的科技文献国家元数据库。另一方面将内部的文献征订遴选、联合编目、资源加工、数据仓储等业务系统融合起来，形成统一的数字业务管理体系，制定国家元数据库功能需求、体系框架，按照元数据收割/导入、转换、校验、集成、查重、归一等环节设计元数据集成融合流程，建立元数据集成融合系统，实行多来源元数据格式的映射登记，实现多源元数据在数据、信息和语义三个层面的集成整合，形成覆盖元数据资源采集获取、集成整合、信息服务等全流程的功能模型，实现国家元数据的结构化存储、资源与服务调度、元数据定制重组、资源定位与发现等功能[7]。

国家元数据集成融合系统需要强化开放利用，研究元数据资源权利主体的利益平衡机制，探讨相关资源主体的责权与角色定位，探索基于知识产权管理、市场化激励措施的元数据协同保障与共享机制，支持国家元数据库构建与服务的可持续性均衡发展；通过制定多源元数据统一的标准规范和描述模型，兼容图书馆、出版社、集成商的多元文献元数据，面向出版、搜索、计算、挖掘、获取等多领域构建元数据互操作模型框架，按照通用格式规范发布开放元数据，建立元数据规范通用的开放服务接口，设计元数据开放利用的权益管理、使用授权、使用监测和服务支持等机制，支持不同用户根据不同目的、在不同程度上、按照不同权限使用元数据，最大限度地发挥科技文献元数据资源集成融合系统作为公共知识计算平台和创新试验平台的作用。

3.2 大力开展知识组织体系建设与应用示范

建设具有我国自主知识产权的知识组织体系，开展基于科技知识组织系统的应用示范和关键技术研发，将加快我国信息产业整体服务能力的提升，支撑我国信息处理领域的科技创新，推动科技信息服务模式的转变，从而可以更好地开发利用 NSTL 科技文献资源，促进 NSTL 文献信息资源充分发挥效益。因此，需要组织开展以领域本体为目标的外文科技知识组织体系构建，建设具有我国自主知识产权的、有效服务于科技文献组织的科技知识组织体系，重点建成具有一定规模的统一的超级科技词表。建立国家科技知识组织体系的可持续发展机制，通过建立 STKOS 协同工作系统、STKOS 的评价体系，以及涵盖参建单位、领域专家、知识组织专家的长期稳定的协同工作机制，支持 STKOS 的持续维护更新，推动 STKOS 可持续发展。推进科技知识组织体系的开放服务，支持面向国家科技图书文献中心海量科技文献的规模应用，支持面向全国科技信息服务机构的开放应用服务，支持面向科学研究机构的深层次的科学研究服务，使科技知识组织体系成为支撑国内各类信息机构和科研机构开展知识服务的信息基础设施。研究海量文献信息的自动处理和智能检索技术，开发基于科技知识组织体系的海量文献信息自动处理和智能检索系统，实现科技文献信息资源的结构化深度整序，使国家科技文献信息资源得到充分揭示和利用，有效推动国家科技文献战略资源的知识化服务。

不断强化数据资源和知识资源建设，面向全国开通网络版外文现刊 696 种，事实型数据库 3 个，支持 CALIS 和中国科学院两个集团联合采购 AIP、APS 和 ACS 全文电子期刊 81 种，农科院系统和 CALIS 农学集团联合采购 ProQuest 农业和生物学全文电子期刊 580 种。支持成员单位续订事实性、二次文摘数据库及全文网络数据库共计 146 个，开通网络版外文期刊 25884 种，订购网络版中文期刊 12000 种。持续推动开放资源建设，每年采集开放获取期刊、会议录、科技报告等 10000 多种，学位论文近 7 万篇。强化资源描述与揭示，不断提高数据加工能力和集成揭示力度，目前系统拥有各类数据达到 5.3 亿条。

3.3 强化科技文献语义化知识组织与关联技术方法应用

科技创新发展要求深化对科技文献信息的知识组织与知识服务能力，既要知识化地组织海量信息资源，加强基于大数据分析的情报研究，支持针对用户问题和基于深度分析的个性化知识服务，又要借助海量信息提供针对科技和产业发展战略的分析研判，支撑科技决策[8]。因此，还需要开展多粒度的科技文献信息深度组织与知识揭示工作，采用科技知识组织体系，支持基于知识组织工具的应用服务开发和第三方服务开发。建立元数据知识内容揭示与标引机制，逐步实现全内容集的语义自动标引和语义关联，支持跨类型内容的知识对象和知识关系发现、链接、重组。逐步建立跨界数据关联利用机制，建立与国内外主要文献关联数据源、主要科学数据资源、主要科技项目与机构数据资源、主要产业技术资源、社会经济数据资源、文化教育资源等科技信息资源的关联。探索采用文献题录、章节知识点、内容提要、实体描述等方式的揭示方法，实现对概念、机构、基金、作者、引证关系、相似文献、题录、章节等的多维度链接，满足科学研究、技术创新、绩效管理和资源建设评估等多层次、全方位的信息检索和科学评价需求。同时，推进表格、图片、公式、概念等资源的细粒度加工标准编制、工作流设计及实施，通过细颗粒度的资源加工和母体关联性描述，实现资源深度聚合和语义化、智能化、可计算的检索和展示，形成高附加值资源库。

3.4 构建新一代科技文献资源发现基础平台

资源发现系统作为全新的学术信息智能搜索与一站式获取工具，能够全面揭示和整合各种资源，通过元数据融合、联邦检索、资源链接、资源重组、数据映射、数据关联等方式，聚集海量异构的文献信息资源，让用户在一个界面中就能实现图书馆全部资源的检索、显示和排序、获取，实现多种服务方式的整合，多种获取途径的选择，符合互联网时代用户的需求。因此，中心构建了新一代科技文献资源发现基础平台，将不同发展时期相继建设的网络服务系统、国际科学引文检索系统、回溯文献服务系统、开放资源集成服务平台，以及重点领域信息门户、企业信息门户等，进行数据、服务和系统层面的深度整合，将科技文献文摘信息（二次文献）检索与科技文献全文提供服务融合起来，形成资源集成、数据组织、集成检索、资源定位与调度、智能发现等功能，向语义检索、知识导航、文献计量分析、科研网络构建等服务层面拓展，构建国内科技文献资源发现中心、资源配置调度中心、知识服务中心，提供从发现到获取，从文献搜索到知识发现的一站式公益性服务。

同时，依据情报工程化原理，分析元数据在资源发现、数据挖掘、分析评价中的功能需求特点，建设基于开放链接的资源配置与调度系统，建立资源调度知识库，根据用户使用环境，实现不同类型数字资源和不同服务方式之间的开放动态链接，基于开放链接为用户调度和配置元数据对应的最优资源，优化用户资源获取流程、范围和方法策略。这样就扩大了科技文献资源的发现范围，用户可以检索到除订购文献之外的第三方资源，包括 OA 资源、全国开通资源、回溯资源等；提供多途径资源获取方式，包括本地获取、全文传递、馆际互借、OA 下载、回溯下载、DOI 链接、单篇文献订购等；建立支持公众开放利用的接口与工具体系，开发可用于对元数据进行抽取、分析、融汇、关联、再组织和可视化处理的工具集，提供全学科专业词表导航、概念智能扩展、同形异义辨析等服务，可以生成主要领域的科技发展态势图谱，或者可个性化定制的知识图谱生成引擎，支持第三方根据需要抽取规模化数据，生成个性化知识图谱。基于知识组织工具实现了跨语言检索，基于第三方工具提供检索词的双语对译（英文—中文，日文—中文）、跨语言检索，以及检索结果翻译；实现文献资源的多维关联与揭示，基于规范数据、关联技术和可视化技术提供探索式的用户体验，如多维分面、知识导航、内容关联等。国家科技图书文献中心新一代科技文献资源发现基础平台如图 2 所示。

图 2　国家科技图书文献中心新一代科技文献资源发现基础平台

3.5　基于发现系统的专题门户和国际科技引文系统建设

重点领域文献信息专题门户的建设是中心提供专业化、知识化支撑服务的重要手段,是发现系统的重要组成部分。专题门户基于"专家+平台+数据"模式,研发支撑新型数据管理服务与分析服务的工具平台,为用户提供专题情报数据管理、数据分析服务及数据产品释放服务[9];重点围绕能源、环境、交通运输、人工智能等国家重点领域,以及信息技术、空天技术、能源与资源技术等关键技术领域,特别是"卡脖子"技术进行建设。通过对网络信息进行采集、分析、遴选、重新组织和深度加工,实现对相关领域、技术的信息跟踪监测,通过与中心新一代知识发现平台建立数据对接、场景融合的服务机制,提供信息编译报道、热点专题推荐、专题情报快讯等服务,借助知识计算模型如统计分析、关联分析、聚类分析、共现分析等,实现创新人才地图分布、专家精准发现、科技发展态势、热点事件研判、科研主题分析、科研产出分析、科研机构分析、技术路线分析、科研项目分析等服务的组织,在科技决策、科技创新方面为用户提供全面支撑。基于国家科技文献资源发现基础平台的专题门户如图3所示。

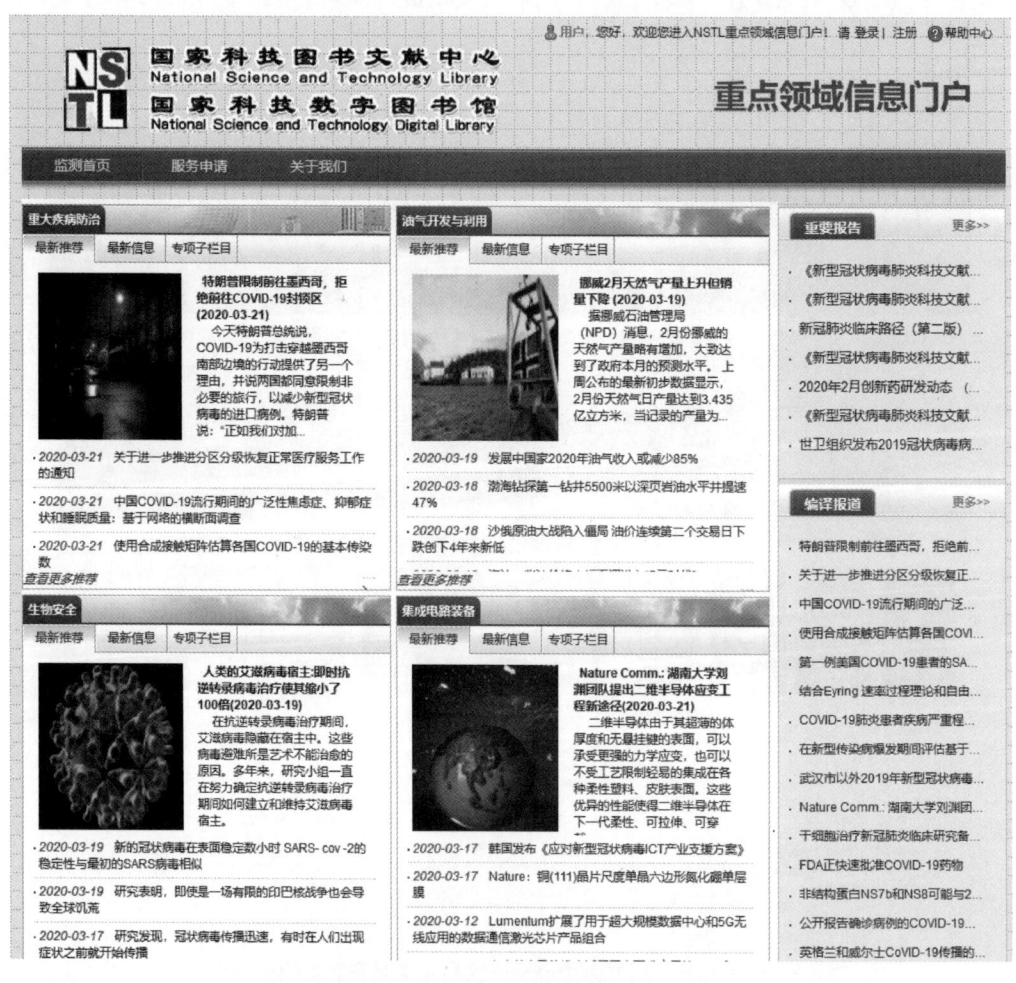

图3 基于国家科技文献资源发现基础平台的专题门户

国际科学引文系统是在海量引文数据的基础上,揭示世界科学研究的进展,展示科学研究之间的学科合作、交叉、借鉴、利用的关系[10]。该系统将文摘数据与引文数据集成整合,为用户提供文献检索、信息发现、学术追踪等各项服务,可以成为科研人员外文信息发现、信息获取的重要数据来源,从而提高国家科技文献信息保障体系的深度数据服务能力。

中心建设的国际科技引文系统,集文献发现、引文链接、引文分析等于一体,优选理、工、农、医各学科领域优秀西文期刊进行引文数据加工,揭示和计算文献之间的相关关系和关联强度,为科研人员提供了解世界科学研究与发展脉络的分析工具,成为知识发现服务的重要工具之一。为此,中心通过强化引文数据完备性、规范性、准确性和关联性,提供基于引文的知识计算、挖掘分析、引证关系分析、发展态势分析、个性化定制等服务。一是开展引文数据描述与组织研究,结合引用行为新趋势、语义关联和挖掘分析的需求,研究修订引文元数据描述规范,集成应用文摘数据库,人名、机构名、刊名等规范文档,开展引文数据的实体归一、主题概念标引、碎片化组织和语义关联等分析与设计。二是开展引文数据库应用场景分析设计,进行基于海量引文数据的检索统计、特征分析、资源评价、知识发现、学术预测和嵌入定制服务等多类型应用场景分析设计。三是开展系统集成与数据互操作,从引文系统向知识发现系统提供引用、被引文献数据,与规范库和发现系统的知识关联导航,与仓储系统的元数据集成,以及基于海量引文数据实时计量分析结果共享等方面,进行仓储系统、知识发现系统的互操作与集成融合分析,形成以用户为中心的模块化、可定制、可嵌入、可计算的在线引文数据开放共享。四是组织开展国际科学引文数据系统开发,根据文献离散定律,以学科性、核心性和适用性确定外文引文库核心期刊,建立期刊评价体系,开发引文库数据加工系统,建立引文数据加工流程控制和质量控制体系,制定引文数据加工标准规范,研发引文数据库发布系统,系统功能包括数据浏览和检索,支持对文摘数据字段检索和全文检索,支持对引文数据中的引文作者、引文出处、作者机构等字段浏览和检索。在国际科技引文系统建设过程中解决了引文数据计算机辅助引文拆分、海量数据处理、引文归一和引文耦合处理、引文数据模糊匹配、引文数据库全文链接等问题,系统上线后取得了良好的服务成效。

4 国家科技文献资源发现服务的推广与深化

中心经过近二十年的发展,基于统一的资源采集、分散的数据加工、集中的网络系统和协同服务原则,建立了相对稳定的业务流程,形成了资源建设、数据加工、网络系统、文献信息服务的业务结构。面对不断发展变化的信息环境,特别是资源数字化和开放资源不断发展,中心提出了文献服务向知识服务转变的发展战略,面向中心未来的发展,建立基于大数据的知识资源的发现和获取服务、分析评价和学科态势分析服务、丰富的语义关联和探索发现服务,建立支持知识化服务的新的业务布局和业务流程,为中心可持续发展和知识化服务战略的实现建立业务基础。国家科技文献资源发现的构建是在原来的国家科技图书文献中心网络服务系统的基础上,对系统前台与检索、个性化服务、知识服务等进行深化改造,包括检索、结果呈现和传递功能优化,个性化服务功能设计,用户社区功能的设计,微信公众号和 App 功能优化调整设计等。系统建成后,用户注册数量、访问次数、文献检索量、二次文献浏览量与以往相比大幅上升，2019年用户访问点击次数达 1.79 亿次，二次文献浏览量达 1215 万次，比 2018 年同期上升 424.68%；文献检索量 1122 万次，比 2018 年同期上升 161.31%；基于网络的原文传递服务同比增长 8.7%，各种方式提供全文服务 122 万篇；全国开通数据库累计机构用户达到 951 家，网络版全文浏览下载 6809 万篇；为近百名院士、重大项目提供文献服务 9000 多篇，为新疆、西藏地区提供服务 3 万多篇。中心还围绕重点产业，对 10 多个领域、60 余家行业领先企业，200 多家中小微企业提供产业专题数据库、竞争情报系统等综合深入服务。在国家科技文献资源发现服务的推广与深化方面，主要从以下几个方面加强推进。

4.1 构建统一认证的用户管理体系

构建统一认证的用户管理体系，是实现科技文献信息资源与服务系统平台互联互通、融合关联的首要前提和基本手段，可以极大地方便用户在多系统间切换，更加简捷、高效地使用系统资源和功能。用户身份的统一认证需要判断一个用户是否为合法用户，一旦用户的身份通过认证，就可以确定哪些资源该用户可以访问、可以进行何种方式的访问操作等。构建国家科技文献资源发现服务统一认证的用户管理体系，就是要建立用户统一认证中心，将国家科技文献资源发现平台、联机书目系统、国际科学引文系统、各学科主题门户以及引进的第三方信息服务系统的用户统一集成管理，实现统一的身份信息存储，保证用户信息的一致性。进行统一的权限分配，采用统一的身份认证方式，在统一认证架构下制定明确的身份认证方法，实现多系统环境下用户的单点登录，用户身份和权限动态同步，用户一次性鉴别登录，即可获得多系统授权，从而提高系统的可用性、安全性和用户使用的方便性，也便于为不同层次、不同信誉的用户提供更有针对性服务。统一认证功能架构如图 4 所示。

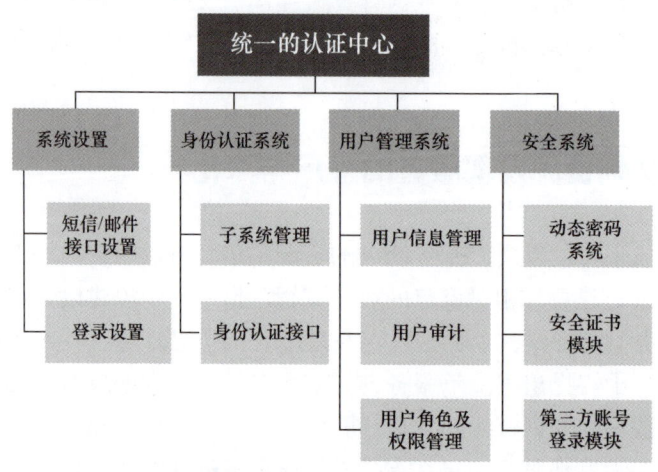

图 4　统一认证功能架构

4.2 创新覆盖全国的科技文献公益服务体系

以国家科技文献资源发现平台为基础，中心构建了覆盖全国的科技文献公益服务体系[11]。为了持续优化服务站体系，完善服务推广与咨询机制，夯实科技信息普惠服务，提高服务质量和效率，中心构建了统一的服务站云平台体系，使40个服务站在一个系统上去发展用户、管理用户和服务用户，实现对全国用户的统一管理、培训、咨询，形成中心在科技信息供给相对薄弱地区、高新技术园区、重要企业和行业的可靠服务覆盖。辅之以信息推送服务、一对一咨询服务、特色化工具服务等，推广嵌入式资源利用工具，提供融汇国家平台、地区平台、第三方机构、本地机构等的资源集成工具，提高个性化信息资源保障与服务能力，让用户充分体验新型信息环境为信息发现提供的巨大便利。

同时，利用包括微信在内的各类移动服务技术，适应用户移动化和移动设施智能化的趋势，推出移动服务、嵌入服务和社交网络服务，积极利用RSS技术提供学科主题信息的推送和聚合；推动发现平台与其他资源或服务方联合开展开放式知识服务，探索与出版方、科学数据提供者、网络信息服务商联合的模式，支持公众开放融汇各类数据来灵活创新工具和服务，使中心成为社会开放创新生态系统的有机组成部分。

4.3 深化面向重大任务和重要决策的专题情报服务体系

面对各类创新主体对科技信息的不同需求，中心依托新一代科技文献资源发现基础平台，建立多种网络科技信息自动监测和决策支持信息服务平台，一方面，深入开展面向政府部门的决策信息支撑服务，通过发现平台汇集、调度、融合多源信息，开展主要发达国家重大科研基础设施情报调研和决策咨询服务，定期向政府部门提供简报、动态、信息专报和调研分析报告等常态化服务，为高层次科学家提供科技前沿主题分析情报，提供智库支撑信息服务；另一方面，开展面向国家重点研发计划的专题情报服务。面向事关国计民生需要长期演进的重大社会公益性研究，以及事关产业核心竞争力、整体自主创新能力和国家安全的重大科学问题、重大共性关键技术和产品、重大国际科技合作，通过科技查新、定题检索、机构知识库建设、科技信息自动监测服务平台建设、专题动态快报、专利分析和情报研究报告等多种科技信息服务方式，开展科技信息支撑和保障服务，为科研一线的科研布局规划、重点研发攻关、颠覆性技术选优、产业转移转化等提供情报服务。

4.4 推进面向区域经济发展的竞争情报服务

国家科技文献保障服务既要面向科研创新领域，也要面向政府高层次决策，还要面向国民经济建设主战场，推动区域经济创新和企业科技进步。为此，中心一方面开展了面向国家重大需求的科技信息服务体系建设，以"一带一路"倡议、京津冀协同发展、长江经济带发展等为引领，建设国家重大需求信息服务平台，开展专题文献、专题简报、监测快报、科技参考简报等服务，以及一带一路沿线国家科技竞争力分析、京津冀产业协同发展、长江经济带生态环境保护等方面的情报研究和服务，形成策划型和定制型的情报研究报告。另一方面依托新一代科技文献资源发现基础平台，建设援疆援藏专题服务平台，面向新疆、西藏社会经济发展，定期发布和推送专题信息简报，涵盖政策法规、前沿资讯、学术期刊、专利、标准、规程规范、科技报告、市场动态、产经数据等多种类型的信息，形成满足两区用户创新需求的综合知识资源体系，提供一站式在线服务，全力支撑新疆、西藏科研创新及特色产业发展。

同时，开展面向企业创新的科技文献服务。随着企业逐步成为科技创新的主体，对科技文献信息的需求也呈现多样化、个性化的特点，中心在建设行业综合信息服务平台、企业竞争情报系统、科技成果转化平台等的基础上，进一步深化支持企业创新的专业信息检索、产业发展态势分析、竞争情报格局服务、专利查新与技术机会识别分析、专利开发布局分析等服务；针对重点产业、高技术企业、小微创新企业、创新孵化园区等强化专题专项服务能力，提供知识化信息产品，拓展支撑企业产品研发和自主技术创新的情报服务。

5 结语

当今世界科技进步日新月异，一种新型的协同科研学习环境正在形成；伴随我国从跟跑、并跑向领跑的推进，我国科研创新的信息需求层次和需求量也在不断提升，这就急需构建大规模、融合化、网络化、知识化、关联化的科技文献资源发现基础平台。我国科技文献信息保障体系目前已逐步进入数字化、网络化和智能化阶段，国家科技图书文献中心将不断发挥国家核心平台的作用，逐步缓解不同地区、不同行业、不同领域科技信息资源利用的不均衡、不充分矛盾，适应科研环境、信息环境和用户需求的深刻变革，提升新时代知识服务水平，满足大数据环境对知识服务的要求，发展成为国家核心的知识基础设施，为我国实施创新驱动发展战略提供科技信息的战略性支撑，引领和促进我国科技信息事业发展。

参 考 文 献

[1] 袁海波,孟连生.网络环境下信息资源共建共享的实践——兼述国家科技图书文献中心的建设与发展[J].情报学报，2002(1):57-62.

[2] 吴波尔.创建NSTL——中国科技文献发展史中重要的一章[J].数字图书馆论坛，2010(10):4-6.

[3] 国家科技图书文献中心章程[J].图书情报工作，2000(7):90-91.

[4] 曾建勋,邓胜利.国家科技图书文献中心资源建设与服务发展分析[J].中国图书馆学报，2011(2):30-35.

[5] 吴波尔,张建勇,揭玉斌,等.国外数字资源建设热点及其给NSTL的启迪[J].数字图书馆论坛，2015(4):2-6.

[6] 张建勇,于倩倩,黄永文,等.NSTL统一文献元数据标准的设计与思考[J].数字图书馆论坛，2016(2):33-38.

[7] 彭以祺,吴波尔,沈仲祺.国家科技图书文献中心"十三五"发展规划[J].数字图书馆论坛，2016(11):12-20.

[8] 丁遒劲.国家科技图书文献中心科技文献资源共享平台建设实践研究[J].图书馆学研究，2015(20): 39-41,51.

[9] 程冰,靳茜,张俊明,等.NSTL图书情报领域信息门户的建设与展望[J].数字图书馆论坛，2017(11):54-58.

[10] 孟连生, 张建勇, 刘筱敏, 等. 建设国际科学引文数据库拓展 NSTL 服务内涵 [J]. 数字图书馆论坛, 2010(10):58-61.

[11] 乔晓东, 梁冰. 新时期国家科技图书文献中心服务模式的变革 [J]. 数字图书馆论坛, 2008(12):50-52,69.

作者简介

彭以祺，国家科技图书文献中心主任，原科技部基础研究司副司长、巡视员。在科技部长期从事国家基础研究管理工作。曾从事国家重点基础研究计划（973 计划）管理、基础性工作和国家重点实验室建设，参与国家核聚变研究 ITER 计划专项和基础研究国际合作计划，参与制定国家基础研究相关规划和政策。

基于语言表示的社会学知识空间建构

陈华珊

（中国社会科学院社会发展战略研究院）

摘　要

传统的学科分析以对文本的定性分析为主，部分辅以词频、文献共引等文献计量分析方法。本文以中国社会学两本核心刊物《社会学研究》（1986—2015 年）与《社会》（2006—2015 年）所发表论文全文为研究素材，运用现代文本语义分析手段，对三十年来社会学研究议题变迁、发展特征、子学科特点等情况进行了研究，总结中国社会学研究三十年来的研究重点、成长现状、发展趋势。本文亦展示了运用现代自然语言分析技术对大规模文本建立知识图谱的可行性。

关键词

词向量；知识图谱；社会网络分析

Abstract

The traditional subject analysis is mainly based on the qualitative analysis of the text, supplemented in part by the method of literature measurement and analysis such as word frequency and bibliographic citations. Based on the full text of the papers published in the top two journals of Chinese sociology, Journal of Sociological Studies (1986-2015) and Chinese Journal of Sociology (2006-2015), this paper studies the changes, development characteristics and sub-discipline characteristics of sociology in the past 30 years by means of modern text semantic analysis. This paper also shows the feasibility of applying modern natural language analysis techniques as measurement on the subject of knowledge space in social sciences.

Keywords

Word Vector; Knowledge Space; Social Network Analysis

1　基于自然语言的知识图谱构建

知识社会学是研究知识或思想存在的基础、知识或思想存在的形态和存在的关系的一门社会学分支学科。当代知识社会学的发展，主要是研究知识的生产、储存、传播和应用，并开始从洞察式的定性分析越来越偏向以量化为主的经验研究。社会学越来越重视知识在社会发展、变迁中的地位和作用，并强调知识或思想如何应用在社会政策的制定和实施等一系列问题中。

从知识图谱的角度来看，知识空间可被看成一个由众多词汇所构成的高维向量空间。每一篇发表的学术论文可被看成一次学术抽样，而其抽样总体则来自学科潜在的知识空间。因此，基于所有论文所涵盖的学术名词、术语、理论概念及学者名字之间的词共现频次，可用于测量该知识空间。自 Hinton 和 Mikolov 等人提出词的分布式表示（Distributed Representations）和词向量（Word Embeddings）模型以来[1, 2]，基于自然语言语义的数理模型获得了广泛应用。该模型的理论基础为上下文相似的词，其语义也相似[3]，或者说，词的语义由其上下文决定。词向量模型在语义类比任务[1, 4]上取得了较为明显的成功。通过词向量模型的计算，将自然语言中的字词转为计算机可以理解的低维稠密向量（Dense Vector），从而使得原本不能直接用于计算的字符编码变成了可计算的一系列向量，基于这个向量表示，可以计算词与词之间的关系，如寻找相似的词（同义词等）、语义关联性（中国－北京＝英国－伦敦）等。更重要的是，词向量的多维特点表示应用于知识空间，就使其具有了几何表示的含义，相比其传统上知识空间理论中基于符号计算的方法及基于联结的计算方法，这种空间投射法蕴含的信息更为丰富，并且可基于数据进行计算来建构知识空间，而无须传统上采用专家判定来构建的方式。

1.1　数据来源及词向量建模

为了构建中国社会学的知识空间，本研究以目前中国公认专业性最强的两份社会学专业刊物——《社会学研究》与《社会》为范围，系统收集了自1986年至2015年所发表的全部论文全文共计3674篇，以从整体上呈现自改革开放以后社会学学科重建以来的发展进程及总体面貌[1]。

自20世纪80年代以来，中国社会学经历了恢复重建、补课起步、学科拓展、迅速成长的历程。在这三十多年的学科恢复重建过程中，社会学大致经历了一个系统性引荐西方理论与研究方法到强调走本土化、中国化，从简单移植到追求主体性和自觉性的路径过程。从论文写作风格来看，从早期理论思辨式、散文式写作到开始强调论文的篇章结构和研究规范（"洋八股"），讲究问题、理论（文献）、假设、数据、测量、方法、发现和结论等[5]。从论文体例来看，也开始越来越加规范，在20世纪90年代末之前，大多数发表在《社会学研究》杂志上的文章均没有参考文献，仅有个别文章列出了主要参考文献。自1999年改版之后，《社会学研究》上的文章编辑体例开始越来规范，具有了格式化的编辑体例。

在对文章全文进行词向量建模时，我们不仅关心社会学概念词汇所构成的知识空间，更关心由社会学人物所构成的知识空间。这不仅是因为对词汇的使用，往往由于个人偏好、时代潮流而发生快速的迁移，从而难以准确追踪其语义。而且社会学人物词汇本身不会发生变化，只会由后人对其相关理论和研究的理解而发生重构并通过学术文本进行表示，从而产生学科内部的知识构造。因此，通过对社会学人物构建知识空间更有助于追踪社会学学科的历史变迁，把握学科研究潮流。

《社会学研究》与《社会》在编辑体例上均采用了著者年代式标注（或称"芝加哥引注格式"），其文中引注在括号中写出作者或组织者的姓氏全称或缩写，加上年份，必要时还可以加上页码，比如：

(Goman 1989, 59)，或者 (Fairbairn and Fairbairn 2001)，或者 (MHRA 2004).

1　由于《社会》杂志于2005年后进行了专业取向的改版，因此《社会》杂志所发表文章的全文覆盖范围为2006年至2015年。

如果一个文献有 1~3 个作者，在引注中依次写出他们的姓氏。如果有 4 个或者多于 4 个作者，写出第一个作者的名字然后写"等"（et al.）代替其他作者的名字，比如：（Brown et al. 2009）。因此，相对于编号式的引注方式，著者年代式引注方式使被引作者与相关概念在文本上具有非常近的距离，用词向量模型有助于发现人物与概念之间的关联。

本文采用佩宁顿等人所提出的 GloVe 词向量模型[4]，一般认为，GloVe 模型采用的词共现矩阵有助于利用全局统计信息，在小语料上的效果会更好。

1.2 测量评估

词向量模型属于无监督学习，因此在当前自然语言处理实践中，绝大部分改进词向量模型的工作都依赖 WordSim-353 等词汇相似性数据集进行度量，并以之作为评价模型拟合质量的标准。然而，这种评价是基于通用词汇而言的，在进行专业学科文本的相似性度量时就不再适用。现实中，也不存在一个社会学文本的专业词汇数据集，更遑论专业词汇相似度数据集。

因此，在本次建模任务中，对于词向量模型的拟合评估采用专家评估的方式进行。在 GloVe 建模中，核心的两个超参数为词共现的窗口步长及向量维度，因此分别采用窗口步长值（30、50、100）和向量维度（50、100、200）拟合 9 个模型，并请 5 位专家对 9 个模型的拟合情况进行评估，从中选取一个最优模型。

为了反映三十年来中国社会学重建所经历的变迁过程，本研究按照五年的间隔，根据论文发表年份将数据分为六份，分别进行词向量建模。通过筛选各个时期论文作者姓名及被引用的学者姓名（提及次数大于或等于 3 次），计算其之间的 Cosine 相关系数，建立表示知识关联的以学者姓名为节点的无向网络，最终形成代表中文社会学学科发展六个时期的知识空间网络。

2 社会学知识空间演变

2.1 知识空间快速膨胀与社会学学科重建恢复进程

截至 2018 年，社会学恢复和重建工作已经开展整整四十年，不少学者在不同阶段对社会学恢复和重建工作按照不同标准进行划段。例如，李炜将社会学恢复和重建社会调查进程划分为三个阶段：社会调查复兴阶段（1979—1989 年），成长阶段（1990—1999 年），繁荣阶段（2000 年—　）[6]。风笑天将 1979—1999 年国内社会学界在研究方法领域的发展历程划分为三个阶段：1979—1985 年、1986—1992 年、1993—1999 年，并用"学习""实践""提高"来描述三个阶段的发展特征[7]。方明、王颉则将社会学前十年（1979—1989 年）划分为三个阶段：初创阶段（1979—1982 年），第二阶段（1983—1985 年），第三阶段（1986—1990 年）[8]。但上述研究均缺少一个总体的视角。

基于前述所构建的六个时段的知识空间网络，从知识空间网络的一些特征，如网络规模、边数及网络密度来看，网络规模从 1986—1990 年的 621 人逐步递增到 2011—

2015 年的 2199 人,网络密度也在同步增加(见表 1)。这表明,自社会学恢复和重建以来,引入的西方学者数量不断增加,从事社会学研究的国内学者不断增加,社会学知识成果和研究边界随时同步扩展。从增长速度来看(见图 1),社会学知识空间整体在不断扩大,经历了恢复(1986—1990 年)、发展(1991—2005 年)、爆发(2006—2010 年)、稳定(2011—2015 年)的发展阶段,呈现出一个典型的 S 形增长曲线(见图 2)。这是一个非常经典的知识增长指数规律,即从学科初生、发展、膨胀到稳定增长的一个过程。

表 1　六时段知识空间网络基本特征

年份	网络规模	边数	密度	模块度	子群数	割点数	中心度均值	中心度最大值	中心度方差
1986—1990	621	796	0.00414	0.7211	21	148	2.564	15	4.46
1991—1995	984	2162	0.00447	0.5305	16	97	4.394	26	9.86
1996—2000	1254	3874	0.004931	0.4362	15	51	6.179	30	13.97
2001—2005	1374	4736	0.005021	0.4078	12	32	6.894	34	15.20
2006—2010	2065	13840	0.006494	0.3354	9	6	13.40	68	62.09
2011—2015	2199	19214	0.007951	0.3196	5	0	17.480	105	150.60

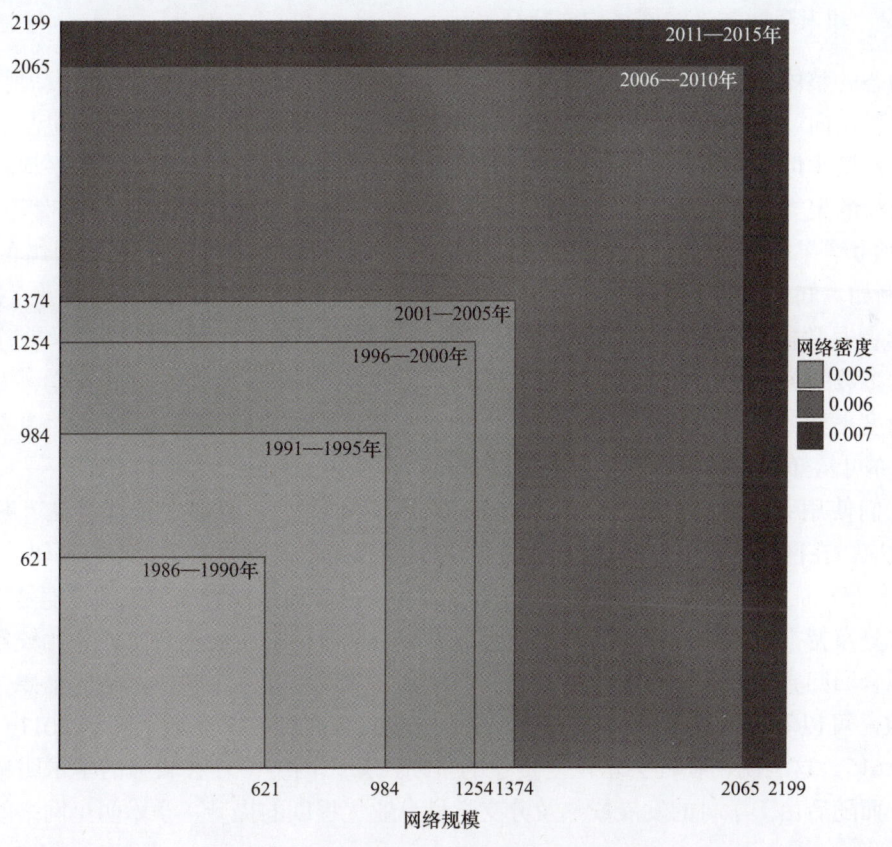

图 1　社会学知识空间的增长(六个时段)

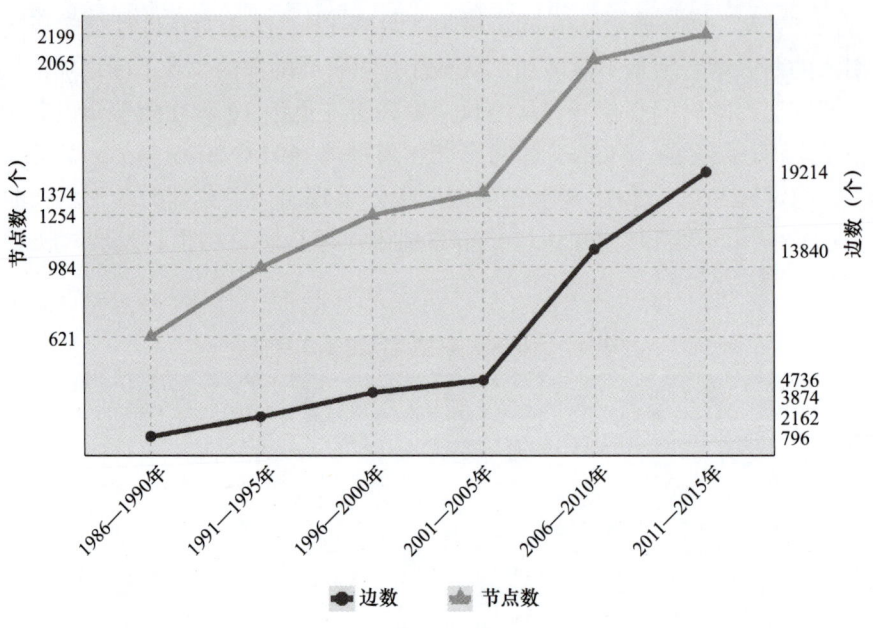

图 2　知识空间增长速度

2.2　知识空间演化的网络动力特征

动态的整体网络视角有助于研究者考察网络发展的动力机制，梳理学科发展脉络并预测学科走向。其中，小世界理论（Small World）是解释学术知识网络形成机制的主要理论。所谓小世界网络，就是相对于同等规模节点的随机网络，具有较短的平均路径长度和较大的聚类系数特征的网络模型。在具有小世界特征的网络系统中，局部行为导致全局性的结果，而局部动态特性和全局动态特性之间的关系往往依赖网络的结构[9-12]。例如，知识网络中可能存在少数明星学者，周围依附大量的合作者或知识关联者，明星学者通常拥有较多的学术论文发表、较多的知识传承者，并且，明星学者往往获得绝大多数的关注及社会认可，从而支撑起主要的网络结构。除此之外，从学科专业发展的角度来看，判断一个学科是守旧还是创新，是否"言必称希腊"，是否"言必称圣典"，亦可从知识网络中的明星效应得以窥视。

我们使用无标度图（Scale Free Graph）来检测知识空间网络中是否存在"明星学者"效应。在网络分析中，该检验也即判别网络节点中心度的分布是否存在幂律（Power Law）分布特征[13, 14]。在本研究中，由于我们只关心各个时段的网络节点中心度是否更符合幂律分布特征，因此用线性回归来拟合节点中心度数值与中心度频次，并比较各个时段的拟合回归直线系数。在图 3 中，拟合了社会学知识空间六个时段网络的幂律分布回归系数，可以看到，模型解释的 R^2 从 1986—1990 年的 0.835 逐渐下降到 2011—2015 年的 0.615。这表明，在社会学恢复重建的早期，知识网络中存在较强的学术明星网络效应，而随后由于学科的发展成熟及分支学科专业化程度的提升，学术明星网络效应则有所下降。

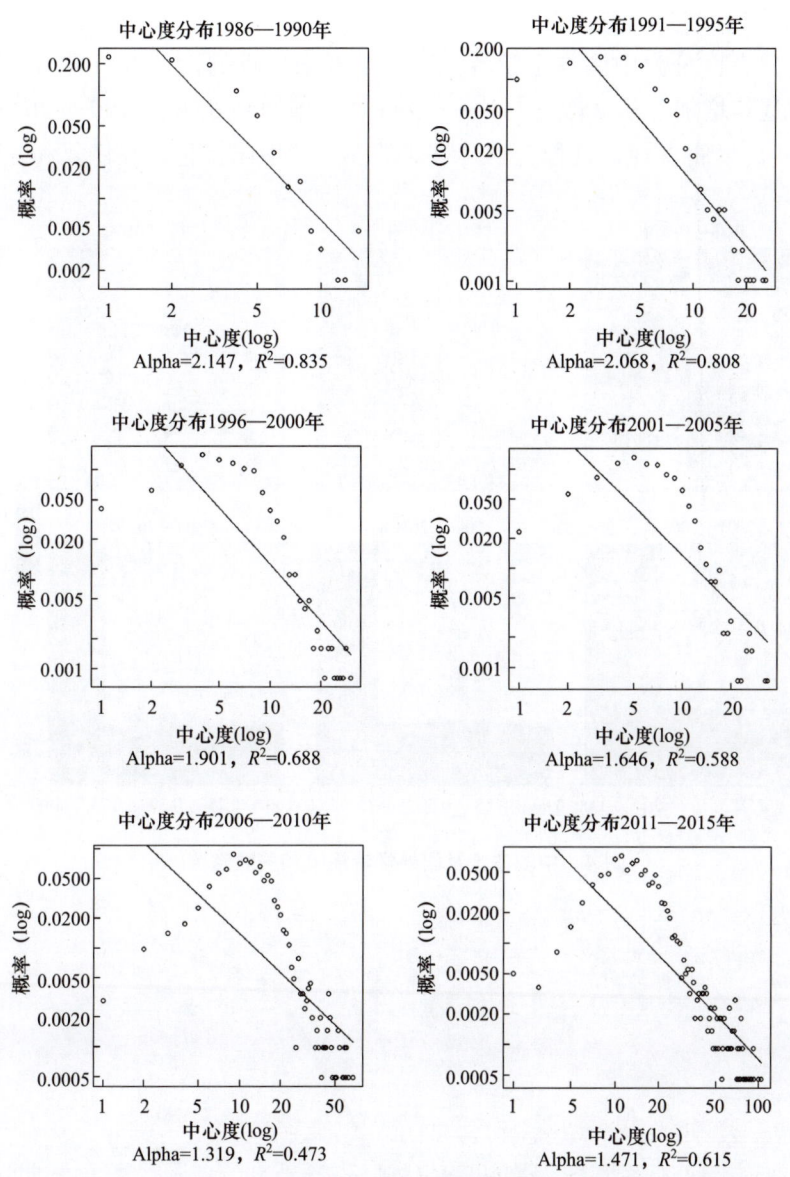

图 3 网络中心度分布拟合

2.3 知识空间中的本土化趋势

通过提取六个时段网络中心度最高的前二十个学者姓名来看，从早期的马克思、恩格斯、列宁、韦伯、黑格尔、涂尔干等经典哲学家、社会学家占绝大多数比例（1986—1990 年），经过本土社会学者开始占据一定比例的中间过渡，再到目前中青年本土社会学者开始占据大多数比例（2011—2015 年）。由此可见，根据库恩范式变迁理论，自中国社会学恢复和重建以来，在本土学者的不断努力之下，带来通过学习和引荐西方哲学、社会学理论，并经过消化应用于中国的研究，不仅扩充了社会学的研究领域，而且也促成了中国社会学知识空间的不断扩大。

如果将学者区分为中国本土学者及国外学者来比较的话，可以看出中国本土学者所占比重逐年增加，从25%（1986—1996年）增加到65%（2011—2015年）（见图4和图5）。毋庸置疑，这种变动具有非常强烈的中国特色，在恢复和重建初期由

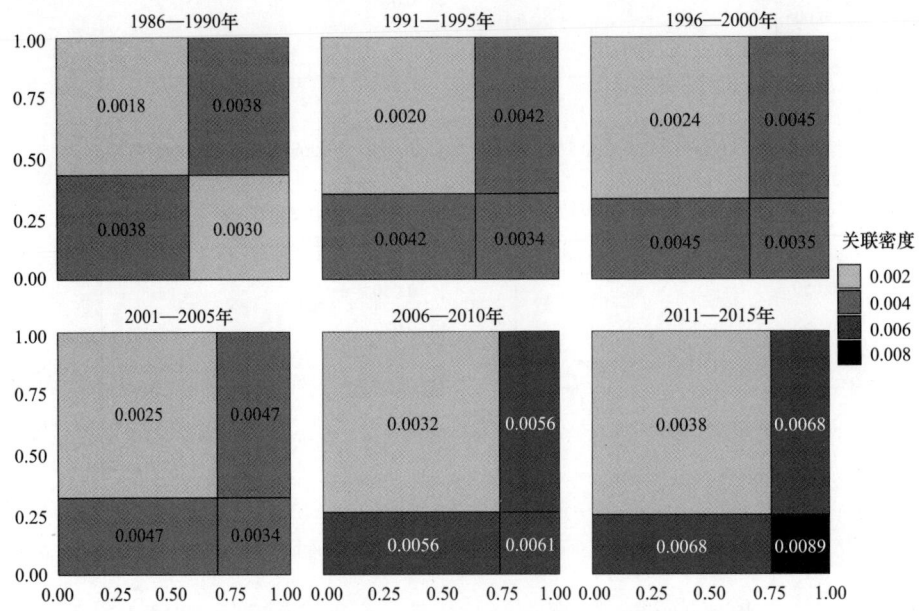

图4　中国本土及国外学者规模和关联密度

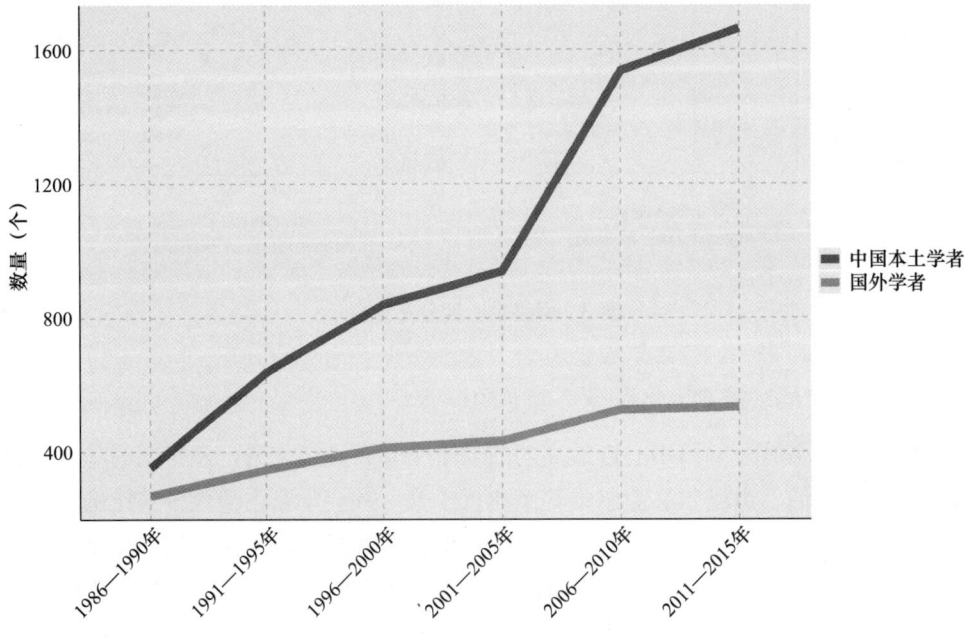

图5　中外学者数量增长

于社会学长达二十多年的消失造成学术血脉的中断和人才队伍的断层[15],这不仅导致相应的研究成果较少,而且也使得已有中国学者关于中国社会的研究成果没能得到有效继承,从而不得不大量引用和借鉴国外社会学理论成果进而对中国问题展开研究。另外,社会学主流的理论和方法几乎都构筑在西方学者对欧美社会的研究基础之上,大多数的社会学从业人员不得不投入大量的时间和精力来学习西方的社会学和模仿西方学者的工作[16]。而国外学者的数量增长则明显放缓2,这也反映出我国对国外社会学作品的引入在放缓。

3 知识空间网络特征与学科特性

在科学知识研究领域存在两个比较重要的理论思想,一为拉卡托斯的科学研究纲领理论,其认为一个理论系列中存在各个分支理论并由分支理论结合而成,并具有一个构成纲领发展的"硬核",在理论"硬核"周围具有保护带,如各种辅助假说,还包括描述初始条件时所需要的假定等[17]。二为托马斯·库恩的科学范式理论。库恩认为范式产生于科学发现。具体而言,范式是科学共同体普遍接受的共同信念,是一种得到普遍承认的科学成就,它包括科学概念、规律、理论、解题模型、范例、应用及工具等,范式也是科学家共同体认可、共享的理论视角或研究视角[18]。在范式概念界定中,可以清晰地看出范式与科学共同体之间存在密切关系,即科学共同体是范式存在的现实基础,范式是维系科学共同体存在、发展和壮大的纽带。一方面,范式存在的基础是科学共同体,这些共同体既可以是一个大的学科[19],也可以是从大的共同体中分化出来和重组的100人左右的共同体[20-22]。另一方面,范式也是维系科学共同体的基础和纽带,毕竟范式为共同体内部成员提供了统一的视角和见解,使得共同体内部专业交流和沟通不成问题,因此当范式陷入危机时,科学共同体本身也会陷入混乱,逐渐分崩离析,随后在新范式的维系下重组。

如何对知识的"硬核"进行测量是一个较为棘手的问题,长期以来,应用"硬核圈"概念进行相关计量学研究的人寥寥无几。20世纪60年代,普莱斯通过对于论文的统计分析发现,在每个领域内部都存在一个代表研究前沿的"百人团体",他们通过电子邮件、未出版手稿和科学通勤机制相互沟通和交流[23]。但这实际测量的是学术合作行为,而非知识范畴的内容,因此离知识"硬核"的概念仍存在一定距离。相对其他社会科学而言,经济学内部不同范式群体的演变和形成更加具有可观测性和结构性。因此,经济学对于范式的研究较多,但一般以人物或研究纲领为核心,通过具体的论述,来展现经济学不同阶段和不同范式的发展状况[24,25]。随着统计分析和可视化技术的发展,有研究者从文献计量学角度对论文互引关系和共同作者进行网络分析,试图从网络结构来描述和分析不同学科的网络结构演变和发展[26],但是较少有研究能够直接涉及对知识"硬核"的分析。

---

2 在提取学者姓名时,对于国外学者仅保留具有中文姓名翻译的学者,即有作品被翻译成中文的学者。作品翻译成中文意味着对于国外学者作品的正式引进程度。对于大量直接被引用的国外学者,由于姓氏重复较难处理,故不予以保留。

在本研究中，采用穆迪等人[10, 27]所使用的结构嵌入性概念来测量知识的"硬核"。所谓结构嵌入性是指一个网络子群是否容易被切割成多个离散的子群，若一个子群需通过删除多个网络节点才能达成被打散的目的，则表明该子群网络凝聚性强，反之则弱。在本研究中，由于是通过全文文本的测量来建立知识图谱，反映的是学者姓名所内含的知识关联，而非像普莱斯所测的那样仅是学术合作和交流。因此，若一个学者子群其内部关联密度更高、更为紧密，则反映的是其研究内容、研究领域有更多的交集。因此，在本研究所使用的六个时段网络的基础上，提取网络嵌入性最高的子群体，即可作为知识"硬核圈"。

为了更好地反映知识网络硬核圈的变化，本研究区分网络关系强弱度计算了两套指标，一为基于总体知识图谱结构所计算的结构嵌入性指标；二为只针对强关联（相关系数大于或等于0.4）网络下的结构嵌入性指标。

通过对六个时段的强关联知识网络计算网络嵌入性指标（见表2），可以看出在强关联知识网络中，"硬核圈"几乎全部由西方经典社会理论家所构成，并从早期的社会学创派人物马克思、孔德、韦伯扩展到主要的社会学理论家。在所有六个时段中，仅有费孝通先生在2006—2010年进入网络嵌入性最高的子群[3]。

表2 强关联网络下的硬核圈（六个时段）

1986—1990 年
"恩格斯""黑格尔""孔德""马克思""韦伯"
1991—1995 年
"迪尔凯姆""恩格斯""黑格尔""孔德"
"马克思""默顿""帕森斯""斯宾塞""韦伯"
1996—2000 年
"迪尔凯姆""恩格斯""黑格尔""吉登斯""孔德"
"马克思""默顿""帕森斯""斯宾塞""涂尔干""韦伯"
2001—2005 年
"布迪厄""迪尔凯姆""恩格斯""哈贝马斯""黑格尔""吉登斯""康德""孔德"
"马克思""马克斯""米德""默顿""帕森斯""齐美尔""斯宾塞""涂尔干"
"韦伯"
2006—2010 年
"鲍曼""布迪厄""布朗""迪尔凯姆""恩格斯""费孝通""弗洛伊德""福柯"
"哈贝马斯""黑格尔""吉登斯""康德""孔德""列维""卢曼""马克思"
"曼海姆""米德""米尔斯""莫斯""默顿""帕森斯""齐美尔""斯宾塞"
"斯密""特纳""涂尔干""托克维尔""韦伯"
2011—2015 年
"布迪厄""迪尔凯姆""恩格斯""弗洛伊德""福柯""哈贝马斯""黑格尔""霍布斯"
"吉登斯""康德""孔德""卢梭""洛克""马克思""莫斯""帕森斯"
"齐美尔""斯密""涂尔干""托克维尔""韦伯""休谟"

---

3 费孝通先生在2011—2015年的网络嵌入性处于第二层，也属于非常深的"硬核"。

而在包含弱关联的情况下，则呈现较为不同的结果。其中，在 2011—2015 年，网络嵌入性系数最高的为 20，共计 84 个人物，其中中国学者 29 人（见表3），其余 55 人均为国外理论家[4]。这两种强弱关联网络的差异表明，由于学科传承的缘故，西方理论家及其知识体系仍然是当代中国社会学的学术渊源及理论硬核（强网络），然而，随着中国社会学的发展及对社会学实践的深入，中国社会学在研究议题及研究内核上具有越来越多的本土元素，尽管现阶段是以弱关联的形式在知识网络结构中呈现出来，但在弱关联网络中，可以看出中国学者开始逐渐凝聚出网络子群。若以范式变迁的角度来看，可以认为中国社会学的范式变迁将从弱关联网络中体现，并将有更多的中国特色。

表 3　网络嵌入性指标最高的社会学人（中国学者部分）

边燕杰	蔡禾	曹正汉	费孝通	冯仕政	李友梅
郭于华	李路路	李猛	李培林	李强	苏国勋
刘世定	刘欣	陆学艺	渠敬东	沈原	赵鼎新
孙立平	王铭铭	杨善华	应星	张静	吴文藻
郑杭生	周飞舟	周雪光	林南	梁漱溟	

4　总结

本研究通过引入计算机领域的自然语言词向量技术对社会学的知识空间进行了测量，并基于所构建的六个时段知识空间网络对中国社会学恢复重建三十年来的历程进行了系统、整体的回顾。

社会学从传入中国的那天起就一直面临一个问题：学科本土化。这一问题一直以来也是学界热议的问题之一。本文通过对于中国社会学三十年（1986—2015 年）来文本的量化分析，从总体上概括了社会学重建以来，知识空间的增长情况：社会学知识不断增加，知识增长速度经过一个爆发增长的时期后开始趋于稳定，国外学者所占比重逐年下降，中国本土学者所占比重逐年增加。从西方移植而来的范式能够在一定程度上描述和解释中国社会，因此中国社会学在研究理论、研究概念和研究方法层面开始产生初步成果，并在此基础上开始对中国议题进行更加深入的探讨和研究。然而，社会学是研究具体社会情境下的社会过程和社会现象的一门学科，脱离社会情境的研究意义不大[28]，加之随着从事社会学研究的学者不断增多，不少学者逐渐发现既有的西方研究理论、研究概念和研究方法并不能很好地描述和解释中国社会，具有非常明显的张力，即西方社会学范式在中国研究中遇到危机。毕竟西方研究理论、研究概念和研究方法是产生于西方社会土壤的种子，突然来到中国社会难免会出现"水土不服"的现象。通过对社会学知识空间"硬核圈"的测量及分析，本研究展示了社会学的经典知识"硬核"与本土"硬核"之间的差异，从数据分析结果初步可知，社会学范式本土化范式趋势日益明显，且势头强劲。

4　限于篇幅，仅提供2011—2015年的网络嵌入性指标。

本研究亦展示了在传统的质性分析及文献计量方法之外，以整体的视角来系统探索知识社会学研究的一个新途径。相比于文献计量法，基于语义的知识图谱构建法更能够探索学术概念及内涵的演化。不同于自然科学的概念定义明确、可量化，人文社科领域的概念定义存在一定的模糊性和外延性。即使对于相同或相近的概念，不同的学者往往采用不同的术语或概念体系来表达。同样的术语词汇也往往被后来的学者进行再创造或应用于新的研究领域，从而发生概念迁移。因此，传统的简单通过关键词来识别学科热点及潜在发展方向的计量方法往往不太准确。通过动态语义知识图谱的构建，一方面可以识别概念的历史变化和迁移，从而反映学科发展；另一方面可以辨识最新的语义迁移，从而判断潜在的研究趋势，进而为学科发展做出前瞻性的预判。

科研活动和成果离不开特定的制度安排和社会过程，学术知识的传播、组织动员能力及学术协作等都是影响学术产出的重要影响变量。在传统结构化的科研统计数据基础上融合文本非结构化数据所构建的知识图谱有助于将上述因素纳入学术考察过程，从而更好地考察与评估科研机构的智力产出水平，摆脱单纯依靠数量或硬性指标的评估方式。

参 考 文 献

[1] Mikolov T, Chen K, Corrado G, et al. Efficient estimation of word representations in vector space[J]. arXiv preprint arXiv:1301.3781, 2013.

[2] Hinton G E, Mcclelland J L, Rumelhart D E, et al. Distributed representations[M]. Pittsburgh, PA: Carnegie-Mellon University, 1984.

[3] Harris Z S. Distributional structure[J]. Word, 1954, 10(2-3): 146-162.

[4] Pennington J, Socher R, Manning C D. GloVe: Global Vectors for Word Representation[C]. Proceedings of the 2014 Conference on Empirical Methods in Natural Language Processing (EMNLP) ,2014.

[5] 彭玉生 ."洋八股"与社会科学规范 [J]. 社会学研究 , 2010(2): 180-210.

[6] 李炜 . 与时俱进：社会学恢复重建以来调查研究的发展 [J]. 社会学研究 , 2016(6): 73-94.

[7] 风笑天 . 社会学方法二十年：应用与研究 [J]. 社会学研究 , 2000(1): 3-13.

[8] 方明 , 王颉 . 回顾与展望：开创中国社会学发展的新局面 [J]. 社会学研究 , 1989(1): 5-14.

[9] Watts D J, Strogatz S H. Collective dynamics of "small-world" networks[J]. Nature, 1998, 393(6684): 440-442.

[10] Moody J, White D R. Structural cohesion and embeddedness: A hierarchical concept of social groups[J]. American Sociological Review, 2003,68(1): 103-127.

[11] Newman M E, Barabási A, Watts D J. The Structure and Dynamics of Networks[M]. Princeton University Press, 2006.

[12] Gulati R, Sytch M, Tatarynowicz A. The rise and fall of small worlds: Exploring the dynamics of social structure[J]. Organization Science, 2012, 23(2): 449-471.

[13] Barabási A, Albert R. Emergence of scaling in random networks[J]. Science，1999, 286(5439): 509-512.

[14] Clauset A, Shalizi C R, Newman M E J. Power-law distributions in empirical data[J]. SIAM Review, 2007, 51(4):661-703.

[15] 李友梅. 中国特色社会学学术话语体系构建的若干思考 [J]. 社会学研究, 2016(5): 27-37.

[16] 谢宇. 走出中国社会学本土化讨论的误区 [J]. 社会学研究, 2018(2): 1-13.

[17] Lakatos I. Falsification and the methodology of scientific research programmes[A]. Can theories be refuted?[C]. Harding S G(ed.), Netherlands: Springer, 1976, 205-259.

[18] 默顿·罗伯特. 论理论社会学 [M]. 何凡兴, 译. 北京: 华夏出版社, 1990.

[19] Kuhn, T S. The Structure of Scientific Revolutions[M]. 2nd ed. Chicago: University of Chicago, 1986.

[20] 普赖斯. 小科学、大科学 [M]. 宋剑耕, 戴振飞, 译. 北京: 世界知识出版社, 1982.

[21] 加斯顿. 科学的社会运行——英美科学界的奖励系统 [M]. 顾昕, 译. 北京: 光明日报出版社, 1988.

[22] 戴安娜·克兰. 无形学院 [M]. 刘珺珺, 顾昕, 王德禄, 译. 北京: 华夏出版社, 1988.

[23] Price D J D S. Little science, big science[M]. New York: Columbia University Press, 1963.

[24] 叶航. 超越新古典——经济学的第四次革命与第四次综合 [J]. 南方经济, 2015, 33(8): 1-31.

[25] 马涛. 西方经济学的范式结构及其演变 [J]. 中国社会科学, 2014(10): 41-61.

[26] White H D, Wellman B, Nazer N. Does citation reflect social structure?: Longitudinal evidence from the Globenet interdisciplinary research group[J]. Journal of the American Society for Information Science and Technology. 2004, 55(2): 111-126.

[27] White D R, Harary F. The cohesiveness of blocks in social networks: Node connectivity and conditional density[J]. Sociological Methodology, 2001, 31(1): 305-359.

[28] 谢宇, 范钟秀, 鲁子奇, 等. 社会科学的求实之道——谢宇教授访谈录 [J]. 云梦学刊, 2012, 33(3): 5-10.

作者简介

陈华珊, 中国社会科学院社会发展战略研究院副研究员、中国社科院社会景气研究中心主任, 曾先后作为美国密歇根大学、斯坦福大学访问学者。目前主要从事基于大数据的社会学实证研究, 主要研究领域为: 组织社会学、互联网与社会、量化研究方法、社会网络分析, 主持包括国家社科基金在内的多项大数据相关实证研究课题。E-mail: chenhs@cass.org.cn。

中国科学院重点实验室管理服务平台的建设与应用

侯宏飞[1] 李晓宁[1] 白雪瑞[1] 王 珏[2] 阳 帆[3] 王 颖[1]

[1. 中国科学院前沿科学与教育局；2. 中国科学院遗传与发育生物学研究所；
3. 中科迅联智慧供应链网络科技（北京）有限公司]

摘 要

重点实验室体系是中国科学院科技创新体系的重要组成部分，是中国科学院基础研究、应用基础研究和高技术前沿探索的核心力量。中国科学院重点实验室管理服务平台的开发，旨在实现中国科学院重点实验室管理服务工作的信息化，以便院领导、院机关各部门、院属各单位以及各实验室主任更好地了解和掌握实验室的研究工作水平与运行组织管理，为中国科学院实施创新驱动发展战略提供支撑。本文从实验室管理工作的实际需求出发，围绕用户角色和工作场景设计了数据流和审批流；介绍了通过实验室年报的填写生成系统数据"仓库"的思路，以实现所有数据可抓取、可统计、可分析；介绍了系统的安全机制，以保证所有数据的传输、读取的加密；最后对中国科学院重点实验室管理的信息化未来发展方向进行展望。

关键词

重点实验室；信息化；数据仓库；安全机制

Abstract

Key laboratory system is an important part of the scientific research and technological innovation system, the core strength of basic research, applied research and high-tech frontier exploration in Chinese Academy of Sciences (CAS). The purpose of developing the management service platform of Key Laboratory is to realize the informatization of the management service of CAS Key Laboratory (CAS-KLMSS), so the managers can conveniently understand and master the research and operation of the Key Laboratory, and more support will be provided for the implementation of innovation-driven development strategy.

This paper designs a platform architecture system based on data flow and approval process for different users and work scenarios according to the actual needs of laboratory management. It introduces the idea of generating system "Database" through filling of laboratory annual reports, to make all data captured, accounted and analyzed. The security mechanism of the system is developed to ensure the encryption of all data transmission and reading. Finally, it outlooks the future development trend of the informatization of the key laboratory management in CAS.

Keywords

Key Laboratory; Informatization; Database; Security Mechanism

1 建设背景

随着数据密集型科研范式的发展，当前世界各国都高度重视科研信息化建设，美国、欧盟等发达国家和地区将推进科研信息化作为提升创新能力和国际竞争力的战略举措，并投入巨额资金提升科研信息化应用水平[1]。国外的实验室管理开发较早，20世纪60年代，西方国家就提出了实验室信息管理系统的概念。随着信息技术的高速发展，实验室信息管理系统已经从早期对数据进行简单的收集存储、修改查询等操作发展为对实验室进行整体管理的新型管理系统。目前，在日本、澳大利亚、欧美等发达国家和地区，基于网络的实验室管理系统已经普遍应用于教育科研、医疗环保、化工制造、食品安全等各个行业，这些系统大多可以由使用者自主设置工作流程，能够很好地适应实验室业务拓展，从总体上提高实验室管理效率[2,3]。

为了加快推进科研信息化工作，更好地适应新的信息化趋势，近年来我国也在各级报告中明确提出了一系列加快推进科研信息化工作的要求。2014年，国务院发布的《关于改进加强中央财政科研项目和资金管理的若干意见》（国发〔2014〕11号）中提出，要加强管理创新和统筹协调，强化科研项目和资金管理信息公开，优化管理流程，提高管理的科学化、规范化、精细化水平[4]；《关于深化中央财政科技计划（专项、资金等）管理改革的方案》（国发〔2014〕64号）中明确要求完善国家科技管理信息系统，加强项目实施全过程的痕迹管理和信息公开[5]。2018年4月，习近平总书记在全国网络安全和信息化工作会议上强调：信息化为中华民族带来了千载难逢的机遇，我们必须敏锐地抓住信息化发展的历史机遇。

国家自然科学基金委员会建设的科学基金网络信息系统面向下设各类基金项目的全过程管理，支撑从项目申请到智能化专家匹配、进展/结题报告提交、个人科研成果汇总等项目执行期间的全部重要环节。科技部信息中心建成的国家级科研项目网络申报服务平台"国家科技计划申报中心"和"预算申报管理中心"实现了863计划、973计划、国家重点研发计划、科技支撑计划、星火计划、火炬计划和国际合作计划等多类科技计划专项的统一网络申报和管理服务，解决了网络申报渠道过多、技术体系混杂的问题。中国科学院面向科研项目和经费等资源管理，建设了科研资源规划项目系统（ARP），通过统一的平台和资源中心，打通了院所之间信息和业务的屏障，实现了全院范围内科研业务、人员、经费等信息资源的统筹管理。

作为学科建设与发展的重要载体，中国科学院重点实验室体系已成为承担国家和中国科学院重大任务的重要基地，是基础研究、应用基础研究和高技术前沿探索的核心力量，吸引、凝聚并培养了一大批高水平创新人才[6]。目前中国科学院有4个国家研究中心，82个国家重点实验室和217个院重点实验室，范围覆盖103个专业研究所、1个共建研究所和2所大学。随着信息化水平的高速发展，原有的线下管理模式已经无法满足科研人员和科技管理部门的需求。为了加快推进科研信息化工作，助力国家科技创新能力提升，面向新的国家科技计划管理改革需求，自2017年起，中国科学院启动重点实验室管理服务平台建设工作，通过两年的时间建成了集实验室基本信息维护、通知公告、年报填报、统计分析及专家在线评议等功能于一体的信息管理系统。

2　平台功能介绍

重点实验室管理服务平台力求为中国科学院的重点实验室、院属研究所和高校提供全方位的信息化管理服务，目前已开通包括实验室管理、项目成果管理、年报填写查询、统计数据抓取、专家在线评估和通知公告等功能模块。

1. 实验室管理模块

实验室管理模块包括实验室基础信息维护、实验室人员管理、角色权限分配等功能。用户可以通过该模块填写并维护实验室完整信息，包括实验室名称、实验室代码、研究性质、所属领域、学位点，以及实验室的网站链接等内容。实验室管理员可根据不同需求为实验室内部成员开通不同的权限，如实验室管理员可以为实验室主任开通查询管理的权限，为实验室成员开通填报的权限等。

2. 项目成果管理

项目成果管理模块主要收集实验室成员主持/参加项目和科研成果产出情况，包括论文专著发表、申请授权专利、获奖情况、机构任职情况等内容。为确保管理灵活、数据准确，该模块具有开放、动态维护项目信息的功能，通过实验室管理员统一导入项目成果信息后由实验室成员维护，也可由实验室成员自行导入维护，在确保系统层面数据统一规范标准的基础上，有效减少了数据格式不规范、信息不完整、数据不准确的问题。平台会自动记录维护过程中的操作日志，确保数据的可稽核、可回溯。

3. 年报填写查询

年报模块实现了年报填写、数据汇总、工作流审核、预览打印等功能。用户在创建年报时，系统会自动抓取已上传的上年度信息，用户可直接在此基础之上进行补充修改。

4. 统计数据抓取

实验室录入相关信息之后，系统可以根据不同需求提供基于项目、资金、人员、成果等的多维度分析，如经费成果投入回报率、项目人员投入情况、相关领域项目或人员经费等，为管理者最终分析和决策提供多维数据，并可通过饼状图、折线图、柱状图、散点图直观地展示出来。

5. 专家在线评估

专家在线评估模块独立于上述模块，专门用于院重点实验室评估工作，包含专家管理、评估材料查询、专家在线打分评议、实时汇总打分评议信息等功能。为了减少实验室重复填报，保证评估报告的准确性和可查性，该模块可按照指定格式自动汇总参评实验室近五年的年报内容并生成评估报告。通过分布式数据缓存中间件实现在线评分评议并实时统计评分结果的功能。

6. 通知公告

系统同时建立了通知公告模块，用户登录后首页会自动推送最新通知公告内容。

3 关键技术介绍

1. 系统架构

重点实验室管理服务平台分为四层架构，分别是基础层、平台层、业务层、接入层。基础层为平台提供计算能力和存储资源，并提供网络支撑，通过云平台实现资源的按需分配和快速部署。平台层起到了承上启下的作用，提供资源管理、中间件、服务集成、分布式调度中心、消息中间件、工作流引擎、开发框架、ETL 数据工具、关系型数据库、分布式数据库、分布式文件系统、内存数据库、分布式缓存、分布式 NoSQL、大数据解析引擎等集群服务。业务层直接面向客户提供友好的交互界面，基于人机交互可用性规范设计开发多个模块化组件应用：实验室模块、项目课题模块、成果模块、年报模块、评议模块、系统模块、消息模块、其他管理模块。接入层通过 Web 和移动端为实验室成员、实验室主任、实验室管理员、依托单位管理部门负责人、院机关管理人员、运维人员等不同角色客户提供访问与服务（见图 1）。

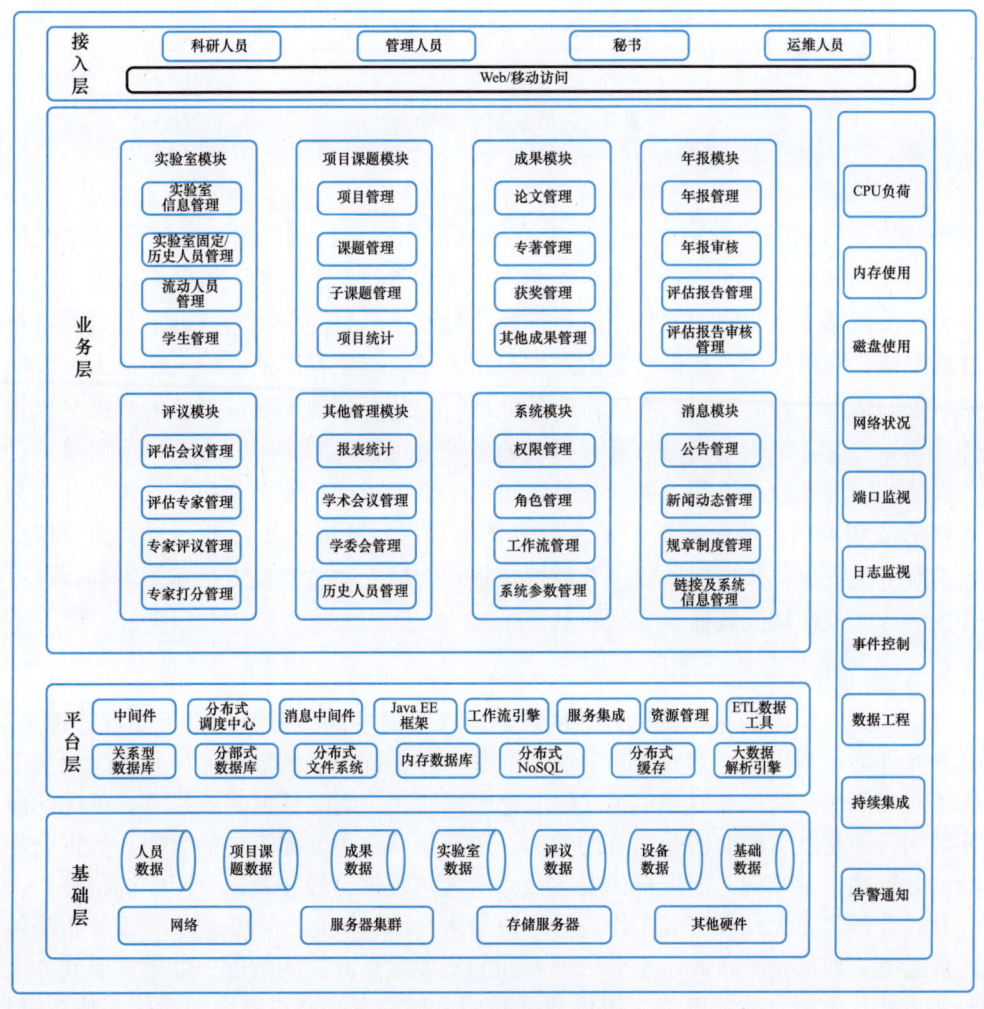

图 1　平台的系统架构

系统运用矩阵式组织结构的设计理念实现组织结构中垂直领导管理关系和横向领导管理关系的需求，改进了传统线性管理模式中横向管理能力不足的问题，实现快速配置横向管理部门。同时不影响原有的组织结构和人员归属关系，并且可以随时调整任命横向组织结构人员，并配置系统角色、权限，使平台管理者的人员管理效率全面提升。矩阵式组织结构设计图如图2所示。

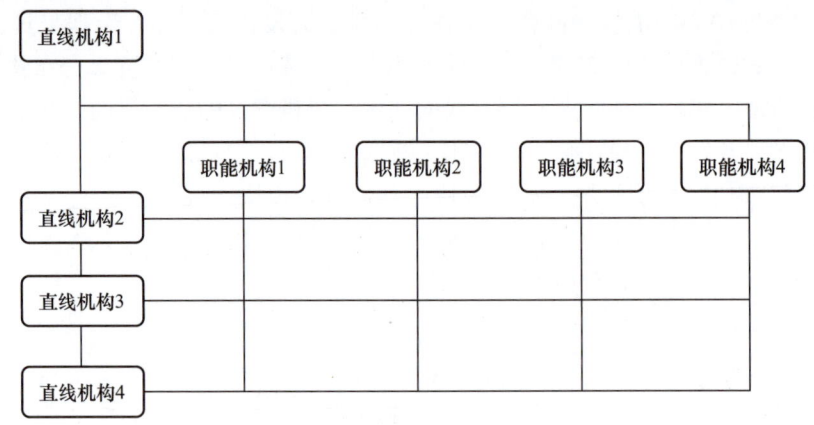

图 2　矩阵式组织结构设计图

2．协同管理

平台旨在打破各实验室之间相对独立的管理流程和模式，解决各实验室之间信息无法高效交换和沟通的问题。通过对实验室相关业务数据的分析，按照主题重新组织划分，将传统数据中面向应用的数据进行抽象化处理，从更高层次对数据进行归类，形成一套抽象概念对象与现实数据对象的逻辑关系。建立对象容器池，以工作流为引擎实现抽象对象的信息流转、协同，当进行业务处理时再从容器池中获取具体的数据对象进行业务操作。打通各组织结构的信息和日常业务处理工作，减少中间环节，形成统一、规范、简洁、标准的业务流程。例如，系统可以记录人员信息变动的相关日志，并作为历史数据形成相关档案分析数据；平台也将各类数据封装成API服务，为实验室年报模块提供服务与支撑。年报模块通过开放的数据自动填充实验室及人员相关数据，通过松耦合的服务实现模块间数据共享、联动。

3．数据仓库

数据库是一个面向主题的、集成的、非易失且时变的数据集，用于支持管理决策。数据仓库（另一个术语：事实的唯一版本）是一种不同类型的数据库，其概念改变了数据库中对时间的定义（非时变的）。数据仓库存储和检索的数据，不是只有单纯的应用程序数据，而是既有面向作业系统的数据，也有面向决策支撑系统的数据。数据仓库为可信的数据奠定了基础，能带来很多效益。例如，数据已经在数据仓库中静待分析，而且在开始分析之前无须做集成工作，分析决策人员能很快地获取数据；对于分析决策而言，数据的集成都是一致的，不会出现不同的集成数据方式的情况；如果需要建立全新的分析方法，数据仓库能够为之提供数据基础；如果有必要进行合规性检查或者审计，会有可信的数据基础支撑分析等。建设数据仓库主要是为满足未来多个管理目标而设计，采用 SAP 的 BO 商业智能分析工具建立统一的数据管理及数据应用发布平台。这可实现面向重点实验室不同业务的主题数据库及共享数据库，为业务管理部门的决策提供数据支撑；同时这可使整个实验室体系的数据资源共享得以实现，为数据分析提供快速、高效的服务。主要目标是将数据转化为信息或形成数据标准。

建设数据仓库需要一整套的基础设施，其中包括抽取/转换/加载（ETL）技术和作业系统；包括数据集市（Data Mart），它的结构围绕维度技术展开；还包括作业数据存储（Operational Data Store，ODS），它是整个架构的关键组成部分之一。区别于文本消歧采用原始文本作为输入进行操作，平台借助ETL技术来创建数据仓库，将很多不同形式的应用程序数据集成为单一形式的数据，实现了数据的集成和数据的统一定义。通过ETL技术设计用于读取早期遗留数据并将其作为后续处理环节的输入。为了满足对汇总数据和合计数据的不同需求，系统采用了一种不同的数据结构——数据集市。数据集市中每个不同的组织都有自己的数据视角，所有的数据都源自数据仓库中的颗粒化数据。基于这样的颗粒化数据，不同的部门可以得到不同的数据解释并加以使用，并且与公共的数据仓库保持协调一致[7]。

数据仓库的主要数据内容包括元数据、数据组织、数据整合和数据存储。元数据是数据工程的基础，是在不同系统之间建立各类主题数据库及对外发布接口的信息标准，其编码规范、整合与发布流程都通过一套合理的运行机制进行保障。数据组织是指逻辑数据标准设计，该设计对数据元素进行定义，并把这些元素组织成主题/实体。数据整合是指将数据收集到最优地服务用户的位置。在数据架构中，数据整合主要考虑将数据从源系统整合到集中式存储器的流程和方法。数据存储是指确定数据在数据仓库中的位置（临时的或永久的）的物理数据设计，包括对已抽取的源数据和汇总数据进行加载和存储的设计，是数据架构的底层基础设计。

为了更好地提供决策分析，平台还建立了一套数据分析体系。由于平台提取的人员、项目、成果及奖项等数据属于多源异构数据，需要对不同来源的数据进行清洗、转换、聚合。针对不同数据对象的缺失值、异常值、重复值、无用值，采取相应办法处理，从而得到最终聚合数据。例如，针对人员中缺失的个人数据按照字段重要性制定策略，通过身份证信息自动补全性别、生日、地市等信息。按照惯例根据人员职务补充人员职称等级等；针对项目来源和类型按照优先级设定分类规则，对项目数据进行反复清洗，以满足平台管理者对数据聚合的要求；针对成果数据中的异常数据制定约束、关联规则，并通过清洗确保最终聚合数据的准确性；基于人员、项目、成果进行重复数据的排查清洗标记，在清洗过程中人工确认是否过滤或修正；针对时间、日期、数值、空格、空值、符号及其他不合规数据平台进行转换、判断、填充、标记等。在统计分析模块中进一步综合分析处理数据，通过图表等方式直观地展示出来，并逐步把全部信息整合到数据分析系统中，为管理决策提供数据支撑。

4. 分布式数据库

中国科学院重点实验室的依托单位分布在全国各地，实验室之间的数据通常是分散的，每个实验室都会很自然地维护与自己工作有关的数据，这样实验室的整个信息资产就被分裂成信息孤岛。随着系统应用需求的扩大和要求的提高，各实验室之间的信息既要灵活交流和共享，又要统一管理和使用，迫切需要把这些实验室的信息通过网络连接起来。为了方便平台连接各信息孤岛，减少通信阻碍，提高响应速度，平台建立了既有各实验室独立处理又适合全局范围应用的分布式数据库系统，通过分布式数据库系统提供桥梁，把这些小的信息孤岛联系起来。

分布式架构系统拥有较高的可靠性和可用性，并通过的适当冗余度进一步提高了系统的可靠性，一个节点出现故障问题并不会引起整个系统的崩溃和数据丢失。但是由于数据的分布环境造成了许多固有的技术难度，基于现实系统对某些方面的考虑，需要对分布式数据库系统12条规则进行种种权衡和选择[8]。实现和建立分布式数据库系统绝对不是数据库技术与网络技术的简单结合，而是这两种技术相互渗透和有机融合后的技术升华。

本平台采用的分布式数据库管理模式（架构如图3所示）是基于阿里Cobar基础之上的开源中间件Mycat，以实现分布式管理。通过zookeeper的主从切换及Mycat集群部署来管理数据库，通过Mycat balance实现集群节点的动态管理。MySQL数据库根据binlog主从复制，读写分离，并实现系统关键表的多主同时写入操作。通过从数据库进行查询操作，实现普通数据的读取；部分数据通过mq消息队列将数据库binlog数据维护到MongoDB中，前端服务通过查询MongoDB实现高效、快速查询。

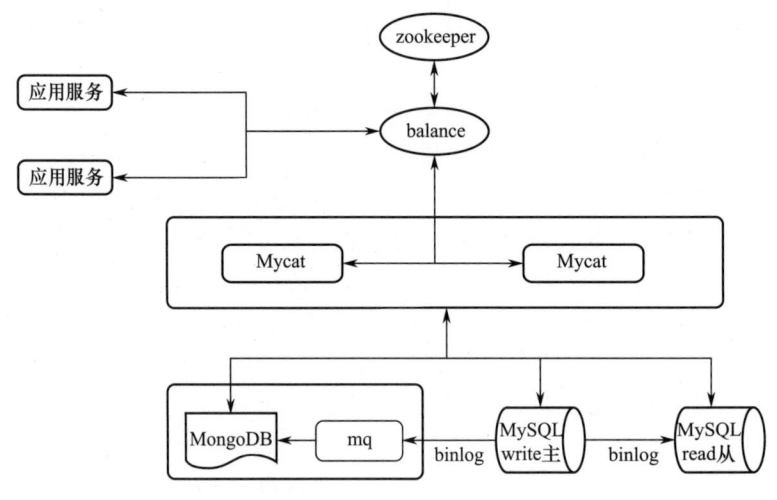

图3　分布式数据库架构

注：zookepper：分布式的、开放源码的分布式应用程序协调服务；Mycat：开源的数据库分库分表中间件；balance：负载均衡；MongoDB：基于分布式文件存储的数据库；mq：消息中间件；MySQI：关系形数据库；MySQL write：写入数据库；MySQL read：读取数据库；MySQL binlog：基于二进制文件进行主从数据库的复制或数据同步。

Mycat是一个实现了MySQL协议的服务，可以将其视为一个数据库代理，用MySQL客户端工具和命令行访问，而其后端可以用MySQL原生（Native）协议与多个MySQL服务器通信，也可以用JDBC协议与大多数主流数据库服务器通信，其核心功能是分表分库，即将一个大表水平分割为N个小表，存储在后端MySQL服务器里或者其他数据库里。Mycat后端不仅支持MySQL、SQL Server、Oracle、DB2、PostgreSQL等主流数据库，也支持MongoDB新型NoSQL方式的存储。Mycat拦截了用户发送的SQL语句，对SQL语句做了一些特定分析，如切片分析、路由分析、读写分离分析、缓存分析等，然后将此 SQL 发往后端的真实数据库，并对返回的结果做适当的处理，最终返回用户[9]。

5. 安全机制

在重点实验室信息管理过程中，对数据安全的要求很高，数据的泄密、篡改及身份合法性都是平台建设过程中需要解决的重点问题。该平台采用成熟、安全的 ssl 加密传输协议 https 来实现 Web 浏览器与服务器之间的信息传输安全性，解决 http 明文传输的问题，确保客户端和服务端之间所有的通信都是加密的。即服务端通过 CA 端认证发放的证书公钥，实现与客户端对称密钥的传输和握手工作，之后客户端通过生成的对称密钥加密的秘文通道通信，确认信任主机，防止泄密和篡改，以解决传输过程中的安全问题。

4 平台应用成效

重点实验室管理服务平台的建设致力于服务并促进中国科学院重点实验室体系发展，为中国科学院各类重点实验室努力探索科学前沿，进一步解决重大基础性、关键性科学问题提供信息化支撑保障。

从功能实现的角度，该平台目前主要工作进展和成效如下：①主要功能涵盖了重点实验室运行管理，项目信息、成果奖项收集统计，专家评估评议、通知公告等模块，为中国科学院重点实验室体系运行提供全方位信息化服务。②实现了统一管理、权限下放。管理部门负责分配重点实验室账号，在重点实验室主任整体负责的基础上开放内部使用权限，重点实验室秘书负责基本信息维护、年报上传、数据审核等工作，实验室成员提交项目、成果、人员基础数据。③实现了重点实验室年报在线报送，实验室相关信息全部按"字段"保存在云端服务器，可抓取、可统计、可分析，真正实现信息化。主要用户覆盖了中国科学院 300 余个重点实验室，累计新建 25000 余个账号。④建立了完整的专家在线评估评议流程，避免了重复填报评估材料的问题，实现了评估材料无纸化、在线评议评分并保存专家的评估意见等功能。

从系统操作的角度：①该平台加强管理协同，消除信息孤岛，实现了实验室信息管理的优化提升。通过在线业务协同管理，提高日常工作效率，实现了信息数据安全、高效、可控的共享；全程记录相关日志，实现数据的查询追溯；实现了一致性协作管理，形成了信息共享关联机制，通过对资源信息的整合实现了对资源的协调使用和管理；实现了各部门、多角色、多业务场景下的协同运作模式。②系统设计了数据的核查、反馈机制，在 excel 模版导入时将核查每个字段的合规性、合理性，核查之后将异常的字段特殊标记并备注异常原因，以便用户针对性地修改数据格式，提高了用户填报信息的准确性。③系统提供的 word 文件上传功能实现了对不同 word 文件的解析，将结构化数据转换为模板数据，与解析后的数据进行组合拼接，并自动生成汇总后的 word、pdf 文件，大大简化了填报工作的复杂度。④平台采用分布式的设计方式，消除了单机模式的瓶颈，形成读写分离，并结合文件和内存数据库提高了用户在评议过程中频繁访问大量数据的效率，也避免了扩展中的服务中断，大大提升了用户体验。

5 总结与展望

建设并优化中国科学院重点实验室管理服务平台是加强中国科学院重点实验室体系统筹管理与衔接协调的重要抓手，下一步重点实验室管理服务平台将紧密围绕国家总体布局和中国科学院"十四五"规划以及实验室体系的整体发展，在保障平台稳定运行的前提下优化操作系统，进一步以实验室为中心，针对个性化的操作与需求灵活扩展系统应用，开展技术需求与成果智能匹配等功能的研发，实现与 ARP 系统、数字化智能采购系统等的集成与对接，力争在科研信息化基础设施建设、资源共享和科研信息化应用等方面在起到示范作用。

参 考 文 献

[1] 中国科学院, 等. 中国科研信息化蓝皮书 2017[M]. 北京：电子工业出版社, 2017.

[2] 樊冬梅. 基于 web 的高等学校实验室管理系统的设计与实现 [D]. 青岛：青岛大学, 2017.

[3] 刘文辉. 实验室信息管理系统的设计与实现 [D]. 成都：电子科技大学, 2011.

[4] 国务院. 关于改进加强中央财政科研项目和资金管理的若干意见 [EB/OL]. [2020-02-10]. http://www.gov.cn/zhengce/content/2014-03/12/content_8711.htm.

[5] 国务院. 关于深化中央财政科技计划（专项、资金等）管理改革方案 [EB/OL]. [2020-02-10]. http://www.gov.cn/zhengce/content/2015-01/12/content_9383.htm.

[6] 中国科学院. 中国科学院"十三五"重点实验室发展规划 [EB/OL]. [2020-02-10]. https://wenku.baidu.com/view/1dc52249900ef12d2af90242a8956bec0975a5ae.html.

[7] Inmon W H. Data Architecture: A Primer for the Data Scientist[M]. San Francisco: Morgan Kaufmann, 2014.

[8] 邵佩英. 分布式数据库系统及其应用 [M]. 北京：科学出版社, 2005.

[9] 周继锋, 冯钻优, 陈胜尊, 左越宗. 分布式数据库架构及企业实践——基于 Mycat 中间件 [M]. 北京：电子工业出版社, 2016.

作 者 简 介

侯宏飞，中国科学院前沿科学与教育局重点实验室处处长，高级工程师。1988 年中南工业大学地质系研究生毕业，获硕士学位。1988—1994 年在中国科学院遥感应用研究所从事科研工作，1994 年起在中国科学院一直从事重点实验室管理工作，发表科研与管理论文 10 余篇。E-mail：hfhou@cashq.ac.cn。

第三篇
面向国民经济主战场

中国教育和科研计算机网发展现状与展望

刘 莹

（CERNET 网络中心）

摘 要

始建于 1994 年的 CERNET 是由国家投资建设，教育部负责管理，清华大学等高校承担建设和运行的全国学术计算机互联网络。25 年来，在国家各部委、国内合作单位和社会各界的关心、帮助和支持下，在承担建设和运行任务的各高校和全体科技人员的共同努力下，CERNET 从无到有、从小到大，如今已发展成为全世界最大的国家学术互联网，同时也是我国教育信息化的重要基础设施和国家信息化基础设施的重要组成部分。本文重点介绍 CERNET 2018 年以来的主要进展情况和今后发展设想。

关键词

中国教育和科研计算机网；CERNET；CERNET2

Abstract

The national academic computer network-CERNET was built in 1994. The Ministry of education is responsible for the management. The Tsinghua University and other top universities are responsible for the construction and operation of the national backbone. In the past 25 years, with the care and support of national ministries and commissions, domestic cooperation units, all sectors of the society and with the efforts of universities and all scientific and technological personnel who undertake the construction and operation tasks, CERNET has been gone through from scratch, developed from small to large and become the largest national academic Internet in the world. It is also an important infrastructure of educational informatization in China and an integral part of national informatization infrastructure. This paper focuses on the main progress of CERNET since 2018 and puts forward the development imaginations for future.

Keywords

China Education and Research Network; CERNET; CERNET2

1 概述

中国教育和科研计算机网（CERNET）始建于 1994 年，是由国家投资建设，教育部负责管理，清华大学等高校承担建设和运行的全国学术计算机互联网络，是国内拥有国际出口权的大型互联网主干网之一。经过 25 年的发展，CERNET 主干网以 100G/10G 连接全国 36 个城市的 41 个核心节点，接入高校 1800 多所，用户 2000 万人。CERNET 支持了高考网上录取、数字图书馆、中国国家网格、现代远程教育等多个教育信息化项目，已发展成为全世界最大的国家学术互联网，是我国教育信息化的重要基础设施和国家信息化基础设施的重要组成部分。

2003 年以来，CERNET 联合清华大学等 100 多所高校参加了由国务院批准、国家发展和改革委员会等八部委联合组织的中国下一代互联网示范工程 CNGI，建成了 CNGI 中规模最大的核心网 CNGI-CERNET2/6IX，在下一代互联网关键技术领域取得了若干重要突破，成为我国研究下一代互联网技术、开发重大应用、推动下一代互联网产业发展的重要基础试验设施。2016 年，国家发展和改革委员会批复"互联网+"重大工程第二批保障支撑类项目"面向教育领域的 IPv6 示范网络"（CERNET2 二期）立项。以已经建成并投入运行十年以上的 CNGI 示范网络核心网 CNGI-CERNET2/6IX 为基础，建设面向教育领域的大规模、高性能 IPv6 下一代互联网示范网络，主干网核心节点 41 个，带宽达到 100Gbps，IPv6 用户规模超过 1000 万中；开展"互联网+"技术试验与应用示范，进行 IPv6 过渡技术、真实源地址验证技术等技术试验，为国家"互联网+"行动计划提供试验验证平台，促进我国加快发展 IPv6 下一代互联网，提升国家网络空间安全保障能力，起到支撑"互联网+"行动计划、超前布局下一代互联网的示范作用。

以下从 CERNET 主干网、CERNET2 主干网、CERNET/CNGI 互联中心等几个部分介绍 CERNET 的发展状况。

2 CERNET 主干网发展现状

在"211 工程"三期 CERNET 建设项目的基础上，CERNET 光纤传输网覆盖范围扩展到全国 29 个省（自治区、直辖市），其中 21 个城市的 23 个核心节点的互联网带宽达到 100Gbps，总带宽达到 3Tbps 以上。截至 2019 年 12 月，CERNET 主干网总流量达 1091G。GERNET 主干网拓扑图如图 1 所示。

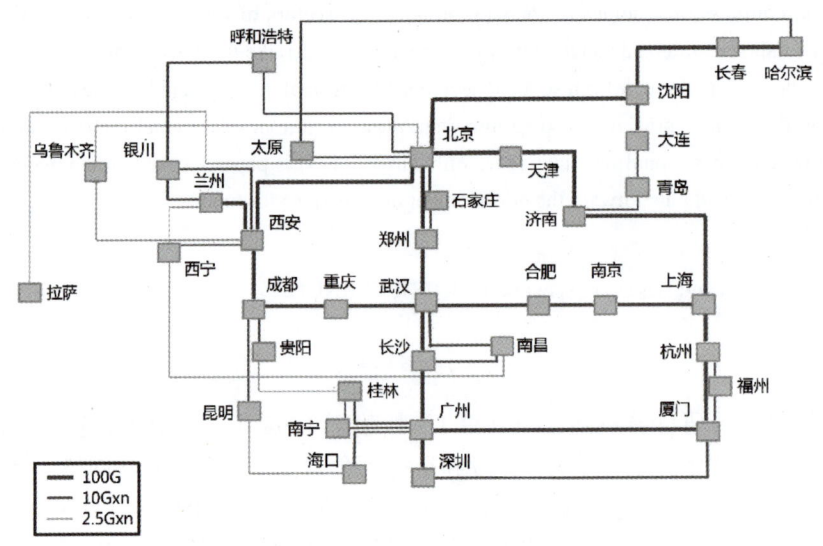

图 1 CERNET 主干网拓扑图

CERNET 根据接入用户的需求，进一步完成了 CERNET 38 个主节点接入设备的升级改造和带宽的扩容，开展 CERNET 主干网用户体验测量工作，提升 CERNET 主干网用户的网络访问体验，为青岛海洋实验室和无锡国家超级计算中心等国家重大科研设施提供测试服务。同时，CERENT 进一步完善高性能网络管理和安全保障系统建设，提高 CERNET 联网用户路由信息的安全性，保证 CERNET 主干网的安全、稳定、可靠运行，多次出色完成国家关键网络基础设施的重大网络安全保障工作。

EDU.CN 域名从 1997 年授权由中国教育和科研计算机网网络中心运行管理，面向全国提供二级域名 EDU.CN 的权威解析服务。目前 EDU.CN 域名总数为 6324 个，为各级根域名服务全年达 4000 多亿次。

3 CERNET2 主干网发展现状

2016 年，国家发展和改革委员会批复"互联网+"重大工程第二批保障支撑类项目"面向教育领域的 IPv6 示范网络"（CERNET2 二期）立项。建设面向教育领域的大规模 IPv6 下一代互联网示范网络，并基于 CERNET2 基础设施开展"互联网+"技术试验与应用示范，为国家实施"互联网+"行动计划提供试验验证平台。

2019 年，CERNET 网络中心联合 41 所高校通过实施"互联网+"重大工程第二批保障支撑类项目"面向教育领域的 IPv6 示范网络"项目，完成 CERNET2 主干网建设，主干网核心节点从 25 个增加到 41 个，覆盖全国 36 个省份，主干网带宽 100Gbps，总带宽达到 3Tbps，通过实施 CERNET/CERNET2 统一接入系统，支持全部 CERNET 用户 IPv6 接入 CERNET2 主干网。

同时，CERNET 完成了 EDU.CN 域名解析系统的 IPv6 升级，形成域名注册、解析、管理全链条的 IPv6 支持能力。截至 2019 年年底，EDU.CN 三级域名支持 IPv6 的总计 1417 个，2019 年增加 663 个。

2018—2019 年是 CERNET2 稳定发展且重大革新的一年。随着大规模在线教育及科研大数据在国内的兴起与迅猛发展，CERNET2 也将为中国教育和科研的发展发挥更加坚实的基础和支撑作用。

CERNET2 主干网拓扑图如图 2 所示，1994—2019 年 CERNET 和 CERNET2 主干网流量变化如图 3 所示。

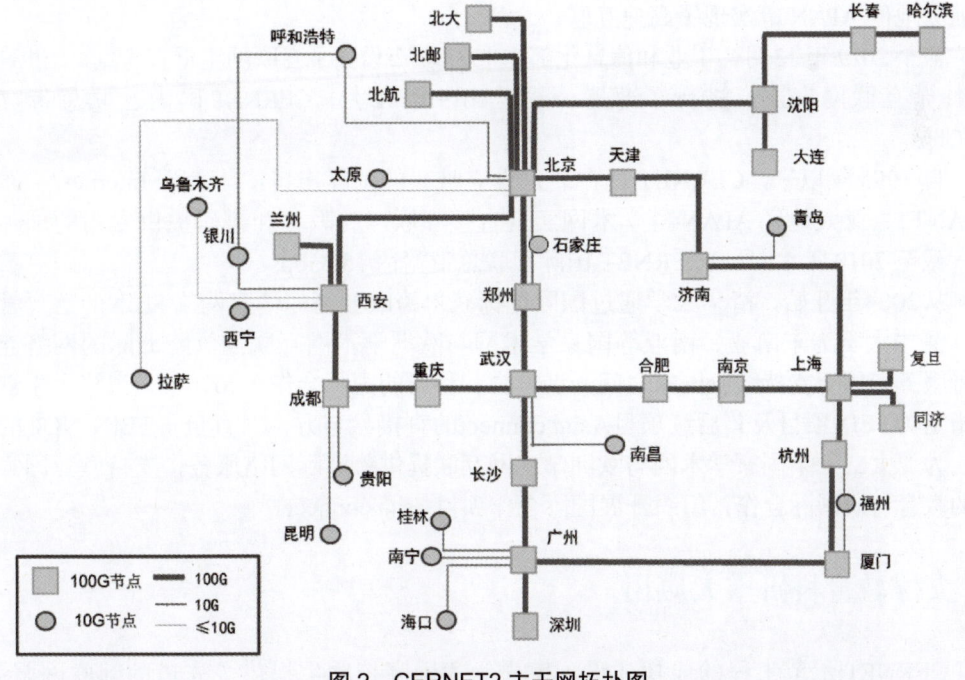

图 2　CERNET2 主干网拓扑图

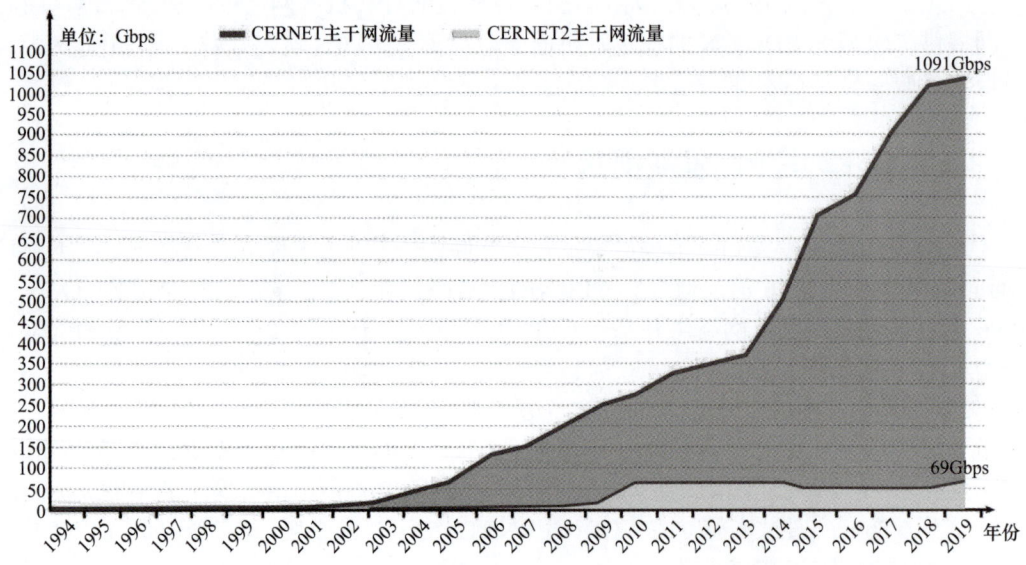

图 3 1994—2019 年 CERNET 和 CERNET2 主干网流量变化

4 CERNET 互联互通发展现状

CERNET 负责建设运行 CERNET 北京互联中心（CERNET-IX）、CNGI 北京互联中心（CNGI-6IX）及 CERNET 香港互联中心（CERNET-HKIX），分别设在北京和香港。高速连接了中国科技网、中国电信、中国联通、中国移动以及国内其他互联网和下一代互联网试验网，并与国际下一代互联网学术网，包括美国 Internet2、欧洲 GEANT2 和亚太地区 APAN 等实现了高速互联。

截至 2019 年 12 月，工业和信息化部在 13 个城市设立了互联网主干直连点，CERNET 在 11 个互联网直连点进行了部署。截至 2019 年 12 月，CERNET 国内互联总带宽达 331Gbps。

自 1995 年以来，CERNET 就在北京设立唯一的国际出口，与美国 Internet2、欧洲 GEANT2、亚太地区 APAN 等学术网实现直接互联，为教育和科研提供专用的国际通道。截至 2019 年 12 月，CERNET 国际互联总带宽达 350Gbps。

从 2004 年开始，清华大学通过国际竞标获得跨欧亚高速信息网络 TEIN 的运行管理权，清华大学为东南亚、南亚等国家学术网与欧洲学术网互联提供跨洲际的网络连接运行服务，用于支持欧亚国家之间开展教育和科研的国际合作。2016 年，清华大学继续被指定为 TEIN 项目及其后续项目 Asi@connect 的直接参与方，一直负责 TEIN NOC 的运行，为亚太二十余国家学术网与欧洲学术网互联提供跨洲际网络服务，支持欧亚国家之间的教育科研国际合作；组织开展国际合作项目 Asi@connect。

5 支撑教育科研重大应用

CERNET 示范工程的成功建设，率先为我国高校师生提供了先进的互联网服务，培养了中国第一批互联网用户，支持了我国首批互联网应用，为我国高等教育和科研事业的发展做出了积极的贡献。

CERNET 建设二十多年来，支持、支撑并推进了大量的网络应用创新服务，建设完成了公共网络应用基本支撑系统，包括网络安全服务系统和视频服务系统；面向教育系统为 100 个以上的应用系统提供了数字证书服务；建立了视频服务中心和分布在 38 个核心节点的高清视频会议服务平台及管理系统，为高校之间开展国内和国际学术交流提供了便利的环境，成为学校开展国际合作交流的重要支撑平台。同时，CERNET 完成了重点学科信息服务系统建设及推广完善，在 CERNET 网络中心以及北京、上海、广州建立了分布式信息服务节点；完成 54 个重点学科信息资源系统建设，形成了覆盖 11 个学科门类的分布式、大容量的高校重点学科信息服务系统。CERNET 支持了多项国家教育信息化工程，包括高考网上录取、数字图书馆、教育和科研网格、现代远程教育等。CERNET 建成了包含全世界主要大学和著名国际学术组织的 10 个信息资源镜像系统和 12 个重点学科的信息资源镜像系统，以及一批国内知名的学术网站。

CERNET 为国家科学研究提供特色服务。在已有服务的基础上，2018 年 CERNET 特色服务聚焦在高校信息化建设，主要包括：①校园网基础设施建设服务：高校网站 IPv6 升级改造技术服务；②国际带宽保障服务：国际专线视频保障服务、国际预约带宽服务、支持中外合作办学服务、境外文献出版保障服务；③网络安全服务：网络安全检测服务、网络安全云服务；④特色应用服务：eduroam 国际学术网络漫游服务、中国高校身份联盟 CARSI 资源共享服务、高速数据共享网络服务；⑤IPv6 特色服务：推出下一代互联网技术创新项目、下一代互联网技术创新大赛等。

CERNET 积极为国家教育工作开展提供平台和支持。CERNET 为教育部视频会议系统提供了重要支撑。2018 年，CERNET 配合教育部升级了视频会议终端系统，并新增加 14 个高校分会场，目前，教育部视频会议系统是国内最大的政企机关类视频会议系统，7 年来 CERNET 保障了上百次视频会议。2017 年开始为高校提供高考信息服务网站安全检查。2018 年配合教育部完成 1890 所学校的高校招生网站的漏洞扫描，发现并通知用户处理紧急和高危漏洞，为高校招生顺利进行提供了安全的网络环境。

6 总结与展望

2019 年是 CERNET 建设 25 周年。20 世纪 90 年代，CERNET 建成我国第一个全国性互联网主干网，21 世纪初，建成全球最大规模的纯 IPv6 下一代互联网主干网。总结 CERNET 25 年的历史，可以说，CERNET 的建设，源于国家的需要；CERNET 的发展，紧扣时代的脉搏。CERNET 从无到有，从小到大，已成为我国教育信息化的重要基础设施和国家信息化基础设施的重要组成部分。

同时，CERNNET 以"国家急需、世界一流"为总体目标，通过承担一系列国家重大项目，团结协作、奋力拼搏，从最初 10 所高校发展成为上百所高校参加的高校互联网技术创新联合群体，并与国内外产、学、研各界建立了广泛的交流与合作关系，形成了我国互联网技术领域的协同创新平台，成为我国互联网和下一代互联网关键技术研究的重要试验基础设施,以及我国互联网创新人才的重要培养基地。

当前世界经济增长放缓,与此同时,新一轮科技革命和产业变革加速演进。人工智能、大数据、物联网等新技术、新应用、新业态方兴未艾,互联网迎来了更加强劲的发展动能和更加广阔的发展空间。我国于 2017 年 11 月启动的《推进互联网协议第六版(IPv6)规模部署行动计划》,提出要把握全球网络信息技术代际跃迁和网络基础设施演进升级的难得历史机遇,实现互联网向 IPv6 演进升级,为网络强国建设奠定坚实基础。党的十九大做出"中国特色社会主义进入新时代"的重大判断,开启了建设教育强国、建设网络强国的新征程。但互联网核心技术仍然是我们最大的"命门"。

2018 年 4 月,习近平总书记在全国网络安全和信息化工作会议上重申了自主创新推进网络强国建设的重要意义,并强调核心技术是国之重器。提出要下定决心、保持恒心、找准重心,加速推动信息领域核心技术突破。

基于上述重要的时代背景,CERNET 将在以下几个方面做好工作:

一是要继续在国家推进 IPv6 规模部署行动中起到示范作用,积极发展 IPv6 用户,推动教育网所有接入单位完成 IPv6 接入,积极发展 IPv6 用户,起到支撑"互联网+"行动计划、超前布局下一代互联网的示范作用,为国家的 IPv6 发展和网络安全发挥重要示范作用。

二是要贯彻落实网络强国战略,加强自主创新,紧紧抓住互联网核心技术自主创新这个"命门",加强对互联网体系结构的研究,努力实现我国互联网从跟跑并跑到并跑领跑的转变。立足创新,加强关键核心技术联合攻关,建设好未来网络重大科技基础设施,争取在互联网核心技术和标准方面取得新的更大突破,为我国在网络空间国际竞争中增强话语权做出重要贡献。

三是发挥高校的人才培养优势,大力培养国家急需的网络安全和信息化领域创新人才,培养更多国家急需的领域的技术创新人才,进一步提升网络空间安全防护水平。

四是要服务高校"双一流"建设与发展,不断提高网络服务的质量和能力。大力支持学科建设和科学研究,更好地支撑国家重大科研基础设施、科研装置及国际重大科研项目合作。

作者简介

刘莹,清华大学网络科学与网络空间研究院副研究员。曾任中国计算机学会互联网专委会秘书长。主要研究方向是下一代互联发展规划、网络空间安全、网络体系结构、下一代互联网。作为项目和课题负责人,承担和参加了多项国家省部级重点科研项目,包括 973 项目、863 项目、国家自然科学基金项目、国家科技基础条件平台项目、国家科技支撑计划课题等。E-mail:liuying@cernet.edu.cn。

"一带一路"中蒙俄经济走廊荒漠化风险防控信息化应用场景实现——以中蒙铁路沿线（蒙古段）为例

王卷乐[1,*] 魏海硕[1] 宋 佳[1] 王翰林[1] 卜 坤[2]

（1. 中国科学院地理科学与资源研究所；2. 中国科学院东北地理与农业生态研究所）

摘 要

"一带一路"中蒙俄经济走廊区域自然地理复杂多样、生态环境脆弱敏感、荒漠化问题严重，其对中蒙俄主要交通干线的影响尚不明确，这给中蒙俄经济走廊的基础设施建设带来了风险与挑战，迫切需要对中蒙俄交通沿线区域进行荒漠化动态监测与风险评估。面对上述问题，本研究基于信息化手段和 GIS 技术，开展荒漠化遥感反演算法、大数据应用平台、多源数据融合和集成，建立荒漠化风险防控的应用场景，并实现在线应用。在该应用中，根据中蒙铁路沿线不同特征空间模型的荒漠化信息提取效果，择优构建适用于中蒙俄经济走廊的荒漠化信息提取模型算法；综合大数据批处理和实时处理两种处理模式，实现对中蒙俄经济走廊铁路干线交流沿线的荒漠化信息的提取分析和动态监测；结合历史数据，完成了 1990—2015 年中蒙铁路（蒙古段）两侧 200km 范围内荒漠化格局与变化诊断测试。该信息化应用场景面向多源、多尺度、长时间序列地球观测卫星数据，基于云计算驱动的大数据批处理技术，实现长时间序列荒漠化动态信息的高吞吐处理、快速分析和可视化展示，具备在中蒙俄经济走廊全境动态监测荒漠化的能力，能够为关键区域荒漠化风险防控提供信息化支撑和决策支持。

关键词

"一带一路"；中蒙俄经济走廊；荒漠化；风险防控；信息化；应用场景

Abstract

The areas of the China-Mongolia-Russia economic corridor in the Belt and Road Initiative are characterized by a complex natural geography, a fragile ecological environment, and serious desertification. Its impact on the main traffic trunk lines between China, Mongolia, and Russia is not clear, which brings risks and challenges to infrastructure construction. The completion of dynamic monitoring and risk assessment of desertification in areas along the China-Mongolia-Russia economic corridor is urgently required. Faced with the above problems, this study, based on research information and GIS technology, carried out a desertification remote sensing inversion algorithm, a big data application platform, and multi-source data fusion and integration, and established application scenarios for desertification risk control. In this application, based on the extraction effect comparison of different characteristic space models, a desertification information extraction model algorithm suitable for the China-Mongolia-Russia economic corridor is constructed. Using modes of big data batch processing and real-time processing, the desertification information along the corridor was extracted, analyzed, and dynamically monitored. Combined with historical data, the diagnosis and testing of desertification patterns and changes within 200 km of both sides of the China-Mongolia Railway (Mongolian

---
*为本文通讯作者。

section) from 1990 to 2015 have been completed. This application scenario is oriented to multi-source, multi-scale, and long-time series earth observation satellite data. Based on the big data batch processing technology driven by cloud computing, it realizes high-throughput processing, rapid analysis, and the visual display of long-time series desertification dynamic information. It has the ability to monitor desertification dynamically and can provide information and decision-making support for the prevention and control of desertification in key areas of the China-Mongolia-Russia economic corridor.

Keywords

The Belt and Road Initiative; China-Mongolia-Russia Economic Corridor; Desertification; Risk Prevention and Control; Informatization; Application Scenarios

1 引言

1.1 研究意义

连接中国与蒙古国的中蒙铁路是中蒙俄区域主要的跨境交通干线，是"一带一路"中蒙俄经济走廊建设及沿线国家交通联通的核心基础。中蒙俄经济走廊区域自然地理复杂多样，纬度地带性分异特征明显，生态环境脆弱敏感，荒漠化问题尤为严重。2017年，蒙古国自然环境和旅游部发布数据显示，该国76.8%的土地已遭受不同程度荒漠化，且仍以较快的速度蔓延[1]。随着蒙古国荒漠化问题日趋严峻，其所引起的环境变化也不可避免地对中蒙铁路沿线（蒙古段）产生影响，给中蒙俄经济走廊的交通基础设施建设带来风险。因此，为保障跨境区域国际战略大通道生态安全，推动中蒙俄经济走廊建设，迫切需要构建精细化的荒漠化信息提取方法体系，准确掌握中蒙铁路沿线（蒙古段）荒漠化状况，为区域荒漠化风险防控、生态安全保障和社会可持续发展提供重要支撑。

1.2 研究现状

国际上利用遥感卫星进行荒漠化监测研究始于20世纪70年代[2]。中蒙铁路沿线（蒙古段）地处干旱、半干旱区域，荒漠化信息极易与其他弱植被覆盖信息混淆，很难有效提取该区域荒漠化信息[3]。这是由于本区域降水稀少、蒸发强烈，导致植被生长稀疏、类群结构简单，在光谱谱线往往不具备健康植被的典型特征，没有明显的强吸收谷和反射峰，使遥感影像获取的植被光谱信息极其微弱，甚至难以检测[4]。尽管植被指数因其简便性，早期被普遍用于刻画土地退化状态[5-7]，但在干旱、半干旱区植被覆盖度相对较低，使得土壤光谱对植被指数形成干扰[8,9]，因而单一植被信息遥感方法在干旱、半干旱区的应用效果往往不理想[10]。

20世纪90年代以来，遥感数据源和指数产品更加丰富[11]。此阶段涌现出许多利用长时间序列特点来反映蒙古高原及周边地区的大尺度荒漠化监测研究。刘爱霞等使用NOAA数据和MODIS数据反演得到FVC（植被覆盖度）、MSAVI（改进型土壤调节植被指数）、Albedo（地表反照率）、LST（陆地地表温度）和TVDI（土壤湿度），得到1km

空间分辨率的 1995—2001 年中国及中亚地区荒漠化分布数据[12]。卓义基于 MODIS 反演得到 NDVI（归一化植被指数）、MSAVI、FVC、LST 和旱情指数，建立了蒙古高原荒漠化监测指标体系，得到 1km 空间分辨率的 2006 年蒙古高原荒漠化现状图[13]。乌努尔巴特尔等利用 MODIS 进行蒙古高原荒漠化信息提取，得到 1km 空间分辨率的 2001—2010 年蒙古高原荒漠化空间分布格局，并分析其变化趋势[14]。这些研究普遍依赖卫星产品数据本身的长时间序列特点，借助一种或多种指数计算形成粗分辨率的大尺度数据产品，多是在宏观尺度上掌握荒漠化的时空特征和变化趋势，但难以揭示精细的荒漠化程度现状和动态，无法为荒漠化抑制和区域风险防控提供直接和精准的数据支持。

21 世纪初以来，为探索精细的荒漠化信息提取方法，一些学者开始尝试使用多维遥感信息构建荒漠化提取模型[15-17]。曾永年等利用 Albedo（地表反照率）-NDVI 特征空间进行荒漠化研究，其反映了荒漠化地区地表覆盖、水热组合及其变化，具有明确的生物物理意义[18]。由于土壤背景对 NDVI 影响较大，使其在植被稀疏地区无法很好地表达植被状况，越来越多的研究开始尝试使用不同类型的植被指数进行荒漠化信息提取。Qi 等研究发现 MSAVI 可以较好地消除或减少土壤及植被冠层背景的影响，对植被状况更加敏感[19]。冯娟等基于 30m 分辨率的 Landsat 8 数据构建 Albedo-MSAVI 特征空间模型，将其应用在土壤盐渍化研究中[20]。由于不同程度的荒漠化会产生不同的表土质地，荒漠化越严重，表土颗粒组成越粗糙[21]。因此，可用 TGSI（表土粒度指数）表示土壤表层颗粒尺寸大小，并用作土地退化的评估指标[22]。Munkhnasan 等通过实验发现 NDVI 与 TGSI 的相关性弱，而 NDVI 与 Albedo、TGSI 与 Albedo 的相关性强[23]。这为构造 Albedo-TGSI 特征空间模型提供了基础。魏海硕等以蒙古国西北部为试验区，基于 Landsat 8 数据构建了 Albedo-NDVI、Albedo-MSAVI、Albedo-TGSI 三种特征空间模型，分析了其各自的机理特点与适用条件[3]。上述研究均反映了多源特征空间建模方法在揭示精细荒漠化信息方面的优势，但均只得到了局部范围的反演结果，缺乏扩展到更大地理区域的反演能力。究其原因，一是未能认识模型的自身适用性，二是未能把研究区地理分异特征与模型适用性结合起来。

同时，随着遥感大数据时代的到来，遥感数据呈现"三高"的特点，即时间分辨率高、空间分辨率高、光谱分辨率高。荒漠化信息提取通常涉及大空间尺度、长时间序列的遥感数据处理，需要大量的遥感数据作为支撑，是典型的数据密集型任务。基于遥感数据的荒漠化精细反演是目前荒漠化遥感信息提取的前沿研究领域，改善了以往针对荒漠化研究使用单一数据源、单一模型引发的荒漠化信息提取精度低的问题，但是也不可避免地引发了新的问题。荒漠化精细反演需要多模型和多数据源，以往单机串行的计算方法需要消耗大量的时间及进行人工干预，大数据技术可以很好地解决其数据密集和计算密集产生的计算效率低的问题。

2 研究区与数据源

2.1 研究区

中蒙铁路由北京至乌兰巴托，并延伸到俄罗斯西伯利亚大铁路的乌兰乌德站。在蒙古国境内由南向北沿途主要城市为中蒙口岸城市扎门乌德，蒙古国第四大城市赛音山达，世界级萤石产地伯尔安杜尔[24]，蒙古国首都和第一大城市乌兰巴托，新兴工业城市宗哈拉市、达尔汗市，铜、钼矿工业中心额尔登特，蒙俄口岸城市苏赫巴托。

选取中蒙铁路沿线（蒙古段）两侧 200km 范围内的区域作为研究区。研究区共涉及苏赫巴托尔省、东戈壁省、中戈壁省、戈壁苏木贝尔省、肯特省、中央省、乌兰巴托、鄂尔浑省、布尔干省、后杭爱省、色楞格省、达尔汗省和库苏古尔省 13 个省市。研究区整体地势高亢，多为高原，属大陆性温带草原气候，季节变化明显，春、秋两季短促，降水量较少且 70% 的降水集中在 7—8 月。风大、天气变化快是该区域气候的最大特点。研究区南部土地覆被类型主要为荒漠草地、半荒漠和荒漠，北部主要为典型草地和森林，主要植物有蒙古茅草、科尔金斯基茅草、胡杨、芨芨草等[25]。中蒙铁路沿线（蒙古段）是蒙古国人口较为稠密地区，以畜牧业和采矿业为主。

2.2 数据源

本研究选用的遥感数据源为从美国地质调查局网站（http://earthexplorer.usgs.gov/）下载的 30m 空间分辨率的 Landsat 系列遥感数据。辅助数据包括 2013 年蒙古行政区划矢量图、中蒙铁路两侧 200km 区域矢量数据（中科院人地系统专题数据库，http://www.data.ac.cn）、2015 年中蒙铁路沿线（蒙古段）土地覆被分类数据[26]、蒙古国地理区划图、谷歌地球在线地图等。

3 应用场景实现方案

3.1 分布式遥感数据存储

随着遥感影像数据的爆炸式增长，传统的集中式遥感数据管理系统由于扩展性差、容错率低、存储成本高等原因，已经不能有效支撑遥感大数据的存储与管理，而大数据技术的发展，为遥感数据分布式存储、共享和检索提供了有效的解决方案。

Hadoop 分布式文件系统（Hadoop Distributed File System，HDFS）是一种以流式数据访问模式来存储海量数据，安全、高效地运行在计算机集群上的分布式文件存储系统[27]。其最大的特点是可以屏蔽底层集群中计算机硬件的差异，对外将整个集群的存储能力以整体的形式呈现出来。在数据存储的同时，可以自动完成数据冗余备份，操作简单、效率高、安全可靠。

HDFS 采用 master/slave 架构，一个 HDFS 集群由一个 Namenode（名称节点）和一定数目的 Datanode（数据节点）组成。Namenode 作为中心服务器，负责管理文件系统的命名空间及客户端对文件的访问。集群中的 Datanode 一般是每个节点一个，负责管理它所在节点上存储的数据。从文件系统内部看，一个文件其实被分成一个或多个 Block（数据块），这些数据块存储在一组 Datanode 上。Namenode 执行文件系统的命名空间操作，如移动、删除、重命名文件或目录。它也负责记录数据块到具体存储 Datanode 节点的映射。由 Datanode 负责处理文件系统客户端的实际读写请求，由

Namenode 统一调度完成数据块的创建、删除和复制。

HDFS 能够在一个大集群中跨节点可靠地存储超大文件。它将大文件按照一定的大小（默认为 128MB）划分为一系列的数据块，除了最后一个数据块，其他所有的数据块大小相同。为了实现文件系统可容错，所有数据块都会有副本（默认每个数据块存储为 3 份），文件的数据块大小和副本系数都可手动配置。HDFS 中的文件都是一次性写入的，并且严格要求在任何时候只能有一个写入者。HDFS 可以直接存储海量遥感数据集，由系统进行遥感数据的分块与备份，而无须对数据的格式进行转换。

3.2 遥感数据预处理

在荒漠化信息提取的预处理阶段需要对其进行辐射定标、大气校正、瓦片切割及云掩膜。针对预处理阶段的辐射定标和大气校正，设计了基于影像级别的分布式数据处理方案。USGS（United States Geological Survey）为了向公众提供支撑地表变化研究的 Landsat 8 数据产品，在 2016 年推出了一套 Landsat 8 影像的大气校正软件 LaSRC（Landsat 8 Surface Reflectance Code），其云检测算法在检验较厚云层的时候具有很高的精度[28]。但是，由于 LaSRC 安装环境复杂（需要在 Linux 环境下安装十多个依赖软件包，而且这些软件包之间也有依赖关系），导致难以移植应用，提供大众服务。本研究提出使用当前流行的 Docker 容器技术，解决 LaSRC 软件环境搭建困难、移植性差等问题。容器和虚拟机具有类似的资源隔离和分配优势，但体系结构方法有所区别。与虚拟机相比，容器技术更加便携和高效[29]。进而基于容器技术可以实现 LaSRC 程序的一次部署，多处移植[30]。同时，容器技术还可以与云计算结合，在云平台上实现多容器并行计算。

Apache Spark 是目前市面上使用最多的大数据计算引擎，可以应用于海量离线数据批处理、实时数据流处理、机器学习和图计算等场景[31]。Spark 的核心数据抽象是弹性分布式数据集（Resilient Distributed Datase，RDD），一个可以并行操作、具备容错机制的分布式数据集合。通过 RDD 的一系列转换（Transform）和行动（Action）操作实现对数据的计算聚合。相较于 Hadoop MapReduce，其优点是能够将中间数据存储在内存中而不是磁盘，从而避免了多次数据的读写，显著提高了运算效率。使用分布式的计算架构就意味着需要将数据化整为零，因此分布式计算的前提是要对数据进行切片。在执行大气校正之后，将遥感数据切分成更小的更加结构化的瓦片数据集合，从而在此基础上实现基于瓦片的遥感数据分布式并行计算。

Landsat 系列遥感数据的云掩膜可以通过 QA（Quality Assessment）波段进行云雾的判断，然后对 RDD 中包含的影像值进行转换操作，实现其他波段云雾信息的去除。云掩膜和波段信息提取本质上都是两个或多个波段计算，通过 RDD 的转换操作可以实现在同一幅影像的相同位置点的像元值数学运算。

3.3 地理分异规律与特征空间建模的关联关系分析

根据中蒙铁路沿线（蒙古段）主要省份地形地势、气候水文及人口资源等自然人文要素，结合蒙古国畜牧业草场区划等研究成果，以蒙古国 200mm 等降水量线为干旱和半干旱区的分界线，将中蒙铁路沿线（蒙古段）主要省份分为南部和北部两大部分[32-34]。考虑到地形地势及河流径流也会对局部气候产生影响，对南北部干旱、半干旱地区进一步细分,将南部分区归为南部戈壁区;北部分区归为中央省及其北部区,以及东部的东蒙古高原区三个分区。东蒙古高原区主要包括肯特、苏赫巴托尔两个省,平均海拔约为1000米,地形起伏为三个分区中最小的分区,年降水量为300～400mm;中央省及其北部区主要包括库苏古尔、后杭爱、布尔干、色楞格、鄂尔浑、达尔汗、中央省及乌兰巴托七省一市,人口数量占蒙古国全国人口的一半以上,平均海拔约为1500m,降雨量为300～400mm;南部戈壁区主要包括东戈壁、中戈壁、南戈壁、前杭爱、戈壁苏木贝尔五省,平均海拔小于1500m,地势较为平坦,且过半数地区年降水量在100mm以下。

结合蒙古国土地覆盖本底数据与中蒙铁路沿线(蒙古段)植被覆盖度数据,可以发现中蒙铁路沿线(蒙古段)整体上呈现由西北到东南从森林景观,到典型草地景观和荒漠草地景观,再到裸地景观的分布格局,具有明显的纬向递变规律,植被覆盖度逐步降低。各大地理分区也呈现与本研究区植被变化、地形特点相适应的格局分布,即中央省及其北部区土地覆盖主要以森林、典型草地为主,植被覆盖度最高;东蒙古高原区土地覆盖主要以典型草地与荒漠草地为主,植被覆盖度次之;南部戈壁区土地覆盖主要以裸地为主,植被覆盖度最低。

本研究团队于 2018 年以蒙古国西北部为试验区,完成了 Albedo-NDVI、Albedo-MSAVI、Albedo-TGSI 三种特征空间模型的适用性分析,研究发现 Albedo-NDVI 模型适用于植被覆盖度高、森林比率较大区域;Albedo-MSAVI 模型适用于植被覆盖度相对较低区域;Albedo-TGSI 模型适用于植被覆盖度极低,戈壁、裸地广泛分布区域。因此,在中央省及其北部区、东蒙古高原区、南部戈壁区三大区域分别选用 Albedo-NDVI、Albedo-MSAVI、Albedo-TGSI 三种特征空间模型进行荒漠化信息提取。

3.4 分布式遥感数据模型原理

遥感大数据的分析问题可以简单地归纳为以下步骤。假设 X 为输入的遥感数据,$f(X)$ 为应用于 X 的方法,得到结果为 Y。普通的数据处理任务可以用公式表达为 $Y=f(X)$。遥感大数据计算需要基于遥感数据切分算法对数据分块,将原始数据 X 分为 N 个更小的数据集[35],如 $X=\{X_1,X_2,\cdots,X_N\}$。通过网络将切分后的数据集与计算程序发送到各个计算节点,再由各节点启动计算资源执行数据处理任务 $f(X_N)$,最终通过网络汇总各节点计算结果。

荒漠化研究中主要使用的光学遥感数据,其本质可以理解为附带元数据的多维矩阵。通过将多维矩阵进行分片切割成瓦片数据,并对瓦片数据建立编码,从而基于编码实现遥感数据的切片和合并。大数据应用程序将切片后的数据及模型算法通过网络传送到各计算节点,再由各计算节点进行模型的计算,最终通过读取编码将结果数据输出到分布式的文件系统或者数据库中。

如果遥感数据切片后不涉及前端可视化,则不用建立影像金字塔,只需要基于原始分辨率影像数据进行切分。影像分块的基本思想是将目标影像数据通过由上到下、从左到右的顺序划分为不重叠且大小相等的影像块,影像块的形状一般是正方形,而影像块的大小一般设置为(256pixel×256pixel 或 128pixel×128pixel 等)。由于原始影像大多不是规则的正方形,这就导致在使用正方形切割影像时,不可避免地会造成部分边界数据冗余,在本试验中为了不丢失信息量,通过补全的方法将边界瓦片填充栅格设置为 No

Data，在计算时直接过滤。

Hilbert 曲线是一种空间索引曲线，该曲线可以依次填充满每个切片单元，且只通过一次，如图 1 所示。Hilbert 曲线索引编码是对贯穿的切片单元进行编码，并且每个单元编码作为该单元的唯一索引，通过这种编码方式，相邻切片数据在物理上可以相邻存放在一起，这样空间上相邻的对象也会邻近存储在一块，从而减少了影像块的输入/输出时间。应急事件发生后一般都加载事件所在区域的遥感影像，而 Hilbert 曲线编码更容易加载出相邻区域的影像。因此，利用 Hilbert 曲线编码可以实现海量空间数据的均匀分布，减少影像的加载时间，提高数据检索效率。

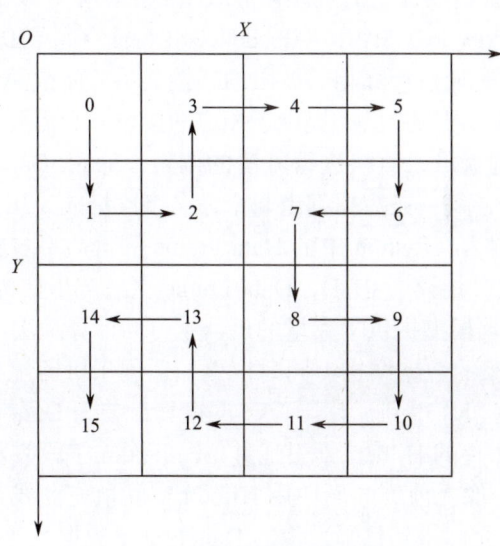

图 1　Hilbert 空间填充曲线

3.5　特征空间模型构建与荒漠化信息精细提取

基于预处理后的 Landsat 8 遥感影像数据反演得到中蒙铁路沿线（蒙古段）NDVI、MSAVI、TGSI、Albedo 等多种地表参考变量。

NDVI 计算公式如下[36]：
$$\text{NDVI} = (\text{NIR}-\text{RED})/(\text{NIR}+\text{RED}) \tag{1}$$
式中，NIR 为近红外波段（波段 5），RED 为红波段（波段 4）。

MSAVI 计算公式如下[19]：
$$\text{MSAVI} = \left(2\text{NIR}+1-\sqrt{(2\text{NIR}+1)^2-8(\text{NIR}-\text{RED})}\right)/2 \tag{2}$$

TGSI 计算公式如下[37]：
$$\text{TGSI} = (\text{RED}-\text{BLUE})/(\text{RED}+\text{BLUE}+\text{GREEN}) \tag{3}$$
式中，BLUE 为蓝波段（波段 2），GREEN 为绿波段（波段 3）。

Albedo 计算公式如下[38]：
$$\text{Albedo} = 0.356\text{BLUE}+0.13\text{RED}+0.373\text{NIR}+0.085\text{SWIR1}+0.072\text{SWIR2}-0.0018 \tag{4}$$
式中，SWIR1 为短波红外波段 1（波段 6），SWIR2 为短波红外波段 2（波段 7）。

由于 NDVI、MSAVI 与 Albedo 具有较强的负相关性，TGSI 与 Albedo 具有较强的正相关性。因此，可通过在代表荒漠化变化趋势的垂直方向上划分特征空间，将不同的荒漠化土地有效地区分开来，计算公式如下：

$$DDI_{MAX} = K_{MAX} \times NDVI - Albedo \quad (5)$$

$$DDI_{MID} = K_{MID} \times MSAVI - Albedo \quad (6)$$

$$DDI_{MIN} = K_{MIN} \times TGSI - Albedo \quad (7)$$

式中，DDI_{MAX} 为中央省及其北部区 Albedo-NDVI 特征空间模型的荒漠化分级指数；DDI_{MID} 为东蒙古高原区 Albedo-MSAVI 特征空间模型的荒漠化分级指数；DDI_{MIN} 为南部戈壁区 Albedo-TGSI 特征空间模型的荒漠化分级指数荒漠化分级指数；K_{MAX}、K_{MID}、K_{MIN} 分别由 Albedo-NDVI、Albedo-MSAVI、Albedo-TGSI 特征空间中拟合的直线斜率确定。

构建特征空间主要是通过计算相关波段的线性关系，而荒漠化等级划分则使用聚类算法，Spark Mllib 机器学习组件已经提供了相应的接口，只需要针对遥感数据实现相应的 Data Frame 数据结构就可以直接进行方法的调用。Spark Data Frame 与 RDD 一样也是一种分布式数据集合，每一条数据都由几个命名字段组成。从概念上来说，它和关系型数据库的表或者 R 语言、Python 中的 Data Frame 等价，不过在底层，Data Frame 进行了更多数据结构优化。相较于 RDD，Data Frame 更适合于结构化数据的分析。同时，Spark 为 Data Frame 数据模型提供了大量的机器学习的计算算法，可以将 Data Frame 看作比 RDD 更高级别抽象的数据结构，同时也更加适用于机器学习等对于结构化数据的操作。由遥感影像数据切片得到瓦片影像，再将其封装为 Data Frame 数据结构，其中 tile_index 字段表示该瓦片的 Hilbert 索引地址，cell_num 字段表示像元在瓦片中的索引位置，band 字段为每个像元值。继而使用 Hilbert 空间填充曲线对影像建立索引，瓦片长宽分别设置为两个像元，得到整幅影像的 Data Frame 数据。

基于 Data Frame 的特征空间构建与聚类算法实现，首先要得到特征空间所需的指数数据，如 NDVI、Albedo、MSAVI、TGSI，还需要对这些指数数据进行归一化处理。然后，通过 org.apache.spark.ml 提供的 Regression 类，分别计算 Albedo-NDVI、Albedo-MSAVI、Albedo-TGSI 线性回归的斜率 a，根据公式 $a \times k = -1$，可以计算出 k。将 k 值代入荒漠化差值指数表达式中可以计算荒漠化 DDI。然后基于统计学原理，通过聚类算法把 DDI 依据像元值调用 K-Means（K 均值）算法，将荒漠化程度分为五类，所得五段 DDI 数值区间从大到小依次分为无荒漠化、轻度荒漠化、中度荒漠化、重度荒漠化、极重度荒漠化区域。K-Means（K 均值）算法基于数据中固有的自然分组，在数据值的差异相对较大的位置处设置其边界，并将每种分类情况都计算一遍，自动选择方差值最小的分类情况，从而使各类别中差异最小，类之间差异最大，得到最优分类结果。

为获得更加准确的荒漠化数据，需提前将沙地信息与其他荒漠化信息进行分离，并将其划分为一个独立的类。一般情况下，沙地在各个波段（除热红外波段）的反射率较高。那么将多个波段的反射率数据相加后，沙地的数值也一定最高。因此，可基于这一特性在提取荒漠化信息前提取沙地信息，首先将 BLUE、GREEN、RED、NIR、SWIR1、SWIR2 波段的反射率相加求和；然后利用自然间断法将其分为六类，等级最高的一类即为沙地；最后利用间断点分级法将合成后的影像分为六类，数值最高的一类即为沙地。

为验证本研究所得中蒙铁路沿线（蒙古段）荒漠化数据产品的准确性，在研究区域内均匀布置验证点，基于高分辨率的 Google Earth 数据、真彩色 Landsat 8 遥感影像数据以及其他与蒙古国荒漠化相关的文字、图片资料对验证点进行判读，并搜集同期的蒙古国荒漠化相关资料数据与本研究所得结果进行对比，完成精度评价。

基于所得中蒙铁路沿线（蒙古段）荒漠化分布数据，客观分析中蒙铁路沿线（蒙古段）荒漠化程度格局，进一步认识中蒙铁路沿线（蒙古段）荒漠化区域的整体空间地带性分布特点，发现中蒙铁路沿线（蒙古段）不同区域荒漠化的分布规律，为本区域荒漠化防控提供精细的数据和方法支持。

本典型研究总体技术路线如图 2 所示。

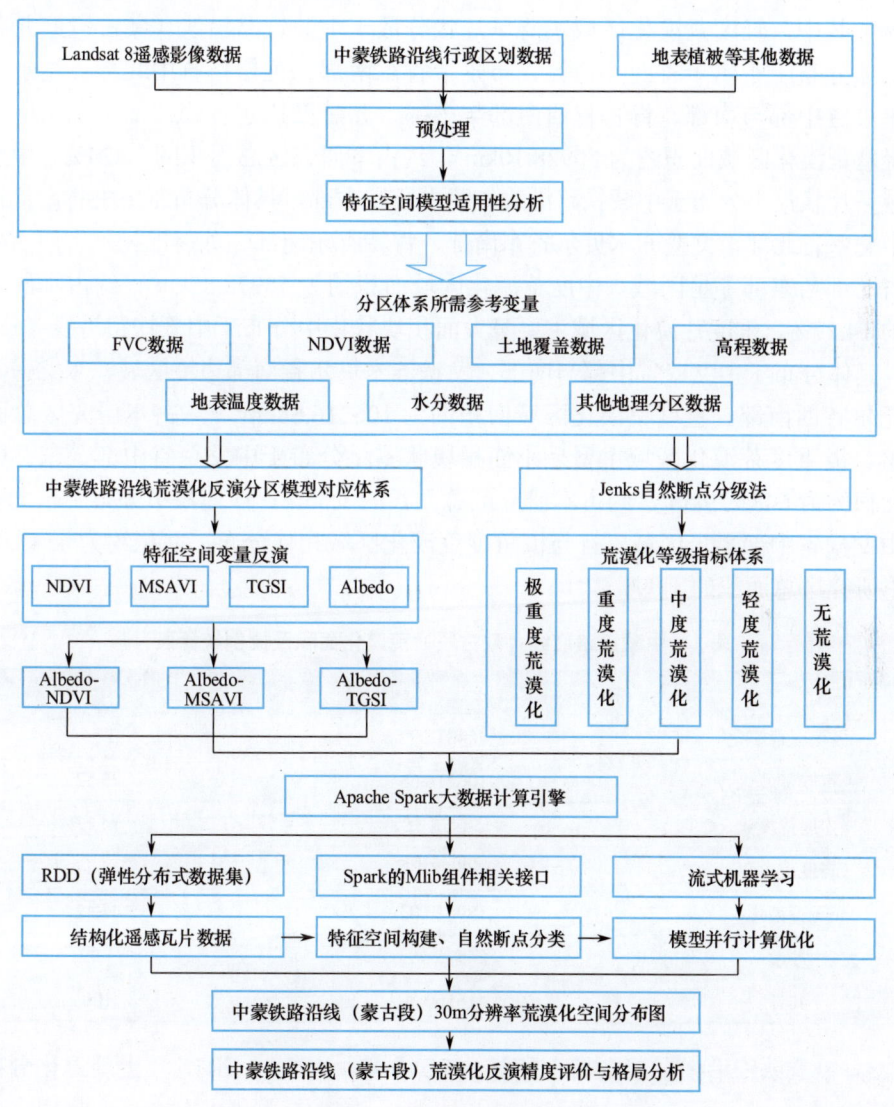

图 2　总体技术路线

注：NDVI：归一化植被指数；MSAVI：改进型土壤调节植被指数；TGSI：表土粒度指数；Albedo：地表反照率；Jenks：自然间断点分级法；Apache Spark：一种为大规模数据处理而设计的快速通用的计算引擎；Mlib：一种机器学习算法。

4 应用场景实现结果分析

4.1 中蒙铁路沿线（蒙古段）2015 年荒漠化分布格局

表 1 为中蒙铁路沿线（蒙古段）荒漠化面积及比例统计表。中蒙铁路沿线（蒙古段）无荒漠化区域主要呈大面积块状分布于北部，具体分布于库苏古尔省东部、后杭爱省东北部、布尔干省、鄂尔浑省、色楞格省、达尔汗市东部、中央省北部与南部、乌兰巴托、戈壁苏木贝尔省西北部、肯特省北部与西部。无荒漠化区域面积约为 189010.03 km^2，约占本研究区总面积的 45.42%。荒漠化区域主要集中分布在中蒙铁路沿线（蒙古段）南部、中部、东部及北部的零星区域，面积约为 222604.92km^2，约占本研究区总面积的 53.49%。其中，轻度荒漠化区域主要呈片状分散于中蒙铁路沿线（蒙古段）北部与中部，具体分布于布尔干省西部边界、布尔干省东南部、色楞格省中北部、达尔汗市西部、中央省中部与南部、肯特省西南部与东部、苏赫巴托尔省西北部、中戈壁省东北部。轻度荒漠化区域面积约为 50928.10km^2，约占本研究区总面积的 12.24%。中度荒漠化区域呈片状集中分布于中蒙铁路沿线（蒙古段）中部，具体分布于中央省南部边界区域、中戈壁省北部、戈壁苏木贝尔省东南部、肯特省东南部、苏赫巴托尔省西南部及东戈壁省北部与东部零星区域。中度荒漠化区域面积约为 58978.85km^2，约占本研究区总面积的 14.17%。重度荒漠化区域主要呈大面积块状集中分布于中蒙铁路沿线（蒙古段）南部，具体分布于中戈壁省中部与南部、戈壁苏木贝尔省南部边境区域、东戈壁省、苏赫巴托尔省西南部。重度荒漠化区域面积约为 106216.68km^2，约占本研究区总面积的 25.52%。极重度荒漠化区域主要呈小面积块状零星分布于中戈壁省中部、东戈壁省中部，面积约为 6481.29km^2，约占本研究区总面积的 1.56%。沙地集中分布于东戈壁省中部与中戈壁省中部零星区域，且与极重度荒漠化区域相伴分布，面积约为 4545.05km^2，约占本研究区总面积的 1.09%。

表 1 中蒙铁路沿线（蒙古段）荒漠化面积及比例统计表

荒漠化等级	面积（km^2）	比例（%）
极重度荒漠化	6481.29	1.56
重度荒漠化	106216.68	25.52
中度荒漠化	58978.85	14.17
轻度荒漠化	50928.10	12.24
无荒漠化	189010.03	45.42
沙地	4545.05	1.09
共计	416160.00	100

4.2 中蒙铁路沿线（蒙古段）1990—2010 年、1990—2015 年土地退化分布格局

表 2 为中蒙铁路沿线（蒙古段）新增土地退化区域面积及所占比例。1990—2010 年新增土地退化区域主要分布在东戈壁省东南部、苏赫巴托尔省西部、肯特省南部、戈壁苏木贝尔省北部、中戈壁省北部、中央省南部边界和布尔干省西部边界，土地退

化总面积约为 43970.60km², 约占中蒙铁路两侧 200km 范围内总面积的 10.57%。其中主要的土地退化形式为无土地退化区域退化为荒漠草地，荒漠草地退化为裸地和无土地退化区域退化为裸地三种。由无土地退化区域退化为荒漠草地区域面积最大，约为 20091.10km²，约占土地退化总面积的 45.69%，主要分布在中戈壁省北部、肯特省南部、中央省南部边界和布尔干省西部边界。由荒漠草地退化为裸地区域面积次之，约为 17771.30km²，约占土地退化总面积的 40.42%，主要分布在东戈壁省东南部、苏赫巴托尔省西部、肯特省东南部、戈壁苏木贝尔省北部和中戈壁省中部。由无土地退化区域退化为裸地区域面积约为 5304.79km²，约占土地退化总面积的 12.06%，其零星分布在东戈壁省东南部、中戈壁省北部中央省和肯特省北部。同时，该区域约有 23164.56km² 的土地得到不同程度的恢复，土地恢复面积约占该区域总面积的 5.57%。其中主要的土地恢复形式为由荒漠草地恢复为无土地退化区域，由裸地恢复为荒漠草地和裸地恢复为无土地退化区域三种。由荒漠草地恢复为无土地退化区域面积最大，约为 11010.90km²，约占土地恢复总面积的 47.53%，主要分布在苏赫巴托尔省西北部、肯特省东南部和中央省西部零星区域。由裸地恢复为荒漠草地区域面积次之，约为 10232.80km²，约占土地恢复总面积的 44.17%，主要分布在东戈壁省东部、苏赫巴托尔省西南部和中戈壁省东北部。由裸地恢复为无土地退化区域面积约为 1745.03km²，约占土地恢复总面积的 7.53%，主要分布在肯特省中部和布尔干省东北部零星区域。

1990—2015 年新增土地退化区域主要分布在东戈壁省东南部、苏赫巴托尔省西部、肯特省南部、肯特省东部零星区域、中戈壁省北部、中央省南部边界和布尔干省西部边界，土地退化总面积约为 58337.26km²，约占中蒙铁路两侧 200km 范围内总面积的 14.02%。其中主要的土地退化形式为无土地退化区域退化为荒漠草地，荒漠草地退化为裸地和无土地退化区域退化为裸地三种。由无土地退化区域退化为荒漠草地区域面积最大，约为 32574.35km²，约占土地退化总面积的 55.84%，主要分布在肯特省南部和东部、中央省南部边界、中央省北部零星区域和布尔干省西部边界区域。由荒漠草地退化为裸地区域面积次之，约为 13862.02km²，约占土地退化总面积的 23.76%，主要分布在东戈壁省东南部、苏赫巴托尔省西部、中戈壁省中部和肯特省东南部。由无土地退化区域退化为裸地区域面积约为 9541.76km²，约占土地退化总面积的 16.36%，其零星分布在肯特省南部、中戈壁省北部和中央省南部边界区域。同时，该区域约有 34069.38km² 的土地得到不同程度的恢复，土地恢复面积约占该区域总面积的 8.19%。其中主要的土地恢复形式为由裸地恢复为荒漠草地，由荒漠草地恢复为无土地退化区域和裸地恢复为无土地退化区域三种。由裸地恢复为荒漠草地区域面积最大，约为 18710.99km²，约占土地恢复总面积的 54.92%，主要分布在苏赫巴托尔省西南部、东戈壁省北部和中戈壁省东南部。由荒漠草地恢复为无土地退化区域面积次之，约为 11330.70km²，约占土地恢复总面积的 33.26%，主要分布在苏赫巴托尔省西北部、肯特省东南部、中戈壁省北部和中央省西南部零星区域。由裸地恢复为无土地退化区域面积约为 3586.15km²，约占土地恢复总面积的 10.53%，主要分布在中戈壁省东北部和布尔干省东北部。

表 2 中蒙铁路沿线（蒙古段）新增土地退化区域面积及比例统计表

时间	土地退化	面积（km²）	比例（%）	土地恢复	面积（km²）	比例（%）
1990—2010 年	无荒漠化→荒漠草地	20091.10	45.69	荒漠草地→无荒漠化	11010.90	47.53
	无荒漠化→裸地	5304.79	12.06	裸地→无荒漠化	1745.03	7.53
	无荒漠化→沙地	0.06	0.00	裸地→荒漠草地	10232.80	44.17
	无荒漠化→沙漠	18.62	0.04	沙地→荒漠草地	105.51	0.46
	荒漠草地→裸地	17771.30	40.42	沙地→无荒漠化	4.29	0.02
	荒漠草地→沙漠	49.28	0.11	沙地→裸地	54.48	0.24
	荒漠草地→沙地	7.85	0.02	沙漠→荒漠草地	4.28	0.02
	裸地→沙地	474.25	1.08	沙漠→无荒漠化	7.27	0.03
	裸地→沙漠	253.35	0.58			
	总计	43970.60	100	总计	23164.56	100
1990—2015 年	无荒漠化→荒漠草地	32574.35	55.84	荒漠草地→无荒漠化	11330.70	33.26
	无荒漠化→裸地	9541.76	16.36	裸地→无荒漠化	3586.15	10.53
	无荒漠化→沙地	15.37	0.03	裸地→荒漠草地	18710.99	54.92
	无荒漠化→沙漠	10.80	0.01	沙地→荒漠草地	355.93	1.04
	荒漠草地→裸地	13862.02	23.76	沙地→无荒漠化	4.62	0.01
	荒漠草地→沙漠	38.45	0.07	沙地→裸地	12.62	0.04
	荒漠草地→沙地	66.12	0.11	沙漠→荒漠草地	16.12	0.05
	裸地→沙地	2105.81	3.61	沙漠→无荒漠化	52.25	0.15
	裸地→沙漠	122.58	0.21			
	总计	58337.26	100	总计	34069.38	100

4.3 中蒙铁路沿线（蒙古段）荒漠化、土地退化驱动力分析

（1）蒙古国位于蒙古高原腹地，地处亚欧大陆中心地带，属于温带大陆性气候，季节变化明显，平均气温相差极大，全年降水较少[39]。根据中蒙铁路沿线 12 个气象站点采集的气象数据统计分析[40]，2000—2015 年气温波动较大，年平均最高气温与最低气温之差为 3.14℃，呈缓慢上升趋势（见图 3）。温度波动对植被的正常生长和演替产生不利影响，导致植被覆盖度和生产力下降，草原退化严重，从而加速荒漠化、土地退化过程。总体来看，中蒙铁路东侧土地退化面积、程度均弱于西侧。造成这种现象的原因是东亚季风仅能到达蒙古国东部边缘地区，给东部区域带来了较为充足的雨水与相对适宜的温度，进而有利于植被生长，在一定程度上遏制了土地退化。全球气候变暖不仅导致戈壁地区夏季温度升高，同样导致春、秋季节变暖、降雨增多。戈壁地区大量在夏季干枯的植被在春、秋季节可以生长，出现季节性土地恢复的现象。

（2）由于蒙古国地处干旱、半干旱区域，降雨量的多少对该区域植被生长产生重要影响。根据中蒙铁路沿线 12 个气象站点采集的气象数据统计分析[40]，发现 2000—2010

年的年平均降水量为2494.20mm，2011—2015年的年平均降水量为2361.42mm，总体呈下降趋势，随着降水量的减少，该区域植被的生长受到了一定程度的遏制。由于中蒙铁路沿线降水主要集中在6—9月，夏秋的暴雨会加剧土壤的水土流失，春、冬季降水稀少，进而加剧春、冬季的干旱，抑制了植被生长，导致土地退化速度加快。不均匀的降水也使得南部戈壁地区的蓄水能力显著下降，增大了南部戈壁地区在雨季发生洪水的风险。

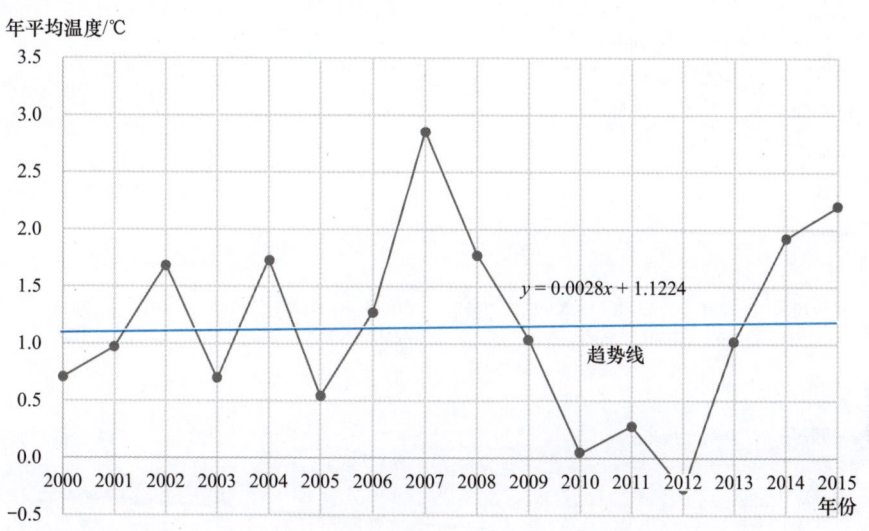

图3　中蒙铁路沿线（蒙古段）年平均温度变化

（3）超载放牧和人口迁移加重了中蒙铁路沿线荒漠化、土地退化程度。畜牧业和采矿业是蒙古国的两大支柱产业。随着国际及蒙古国国内对cashmere羊绒的消费增加，蒙古国山羊的养殖量在2006—2015年这十年间增多了约338.57万头，增长率约为75.70%[40]，如图4（a）所示。由于山羊取食能力强，在草场年景不好时会直接嚼食草根，这对草场造成了严重破坏，直接促使草地退化。同时，为发展采矿业，蒙古国西南地区采矿企业不断侵占牧场，导致牧民们缺少足够的放牧空间，被迫由蒙古国西南部穿越中蒙铁路向东北部迁移，造成东部人口增多。位于中蒙铁路沿线的乌兰巴托市、达尔汗市、中央省等地区交通便利、资源丰富，是蒙古国重要的政治、经济中心，也是牧民迁移的重要目的地或中转地。该区域在2006—2015这十年间人口增长了约39.76万人，增长率约为33.41%[40]，如图4（b）所示。受采矿区影响而向东、北迁徙的牧场也加剧了中蒙铁路毗邻地区的超载放牧[41]。

（4）基础设施建设加速了土地退化进程。蒙古国为促进经济发展，其在国内大力推进铁路、公路等基础设施建设，工程建设用土需求也持续增加。为降低建设成本，许多建设工程公司往往在基础设施附近区域直接取土，且取土后未采用任何复垦措施，导致地表严重裸露，破碎度高，加快了土地退化进程。同时，该国公路多与铁路相伴修建。为保证铁路的安全运行，蒙古国政府在铁路两侧修建了隔离网，每隔三四十千米甚至更远才修建一个沟通铁路东西两侧的涵洞。这也就导致铁路变成了一堵分割东部与西部的"墙",增加了穿越铁路到西侧的成本与难度,进而导致越来越多的人类活动聚集于更靠近公路、交通方便的一侧。

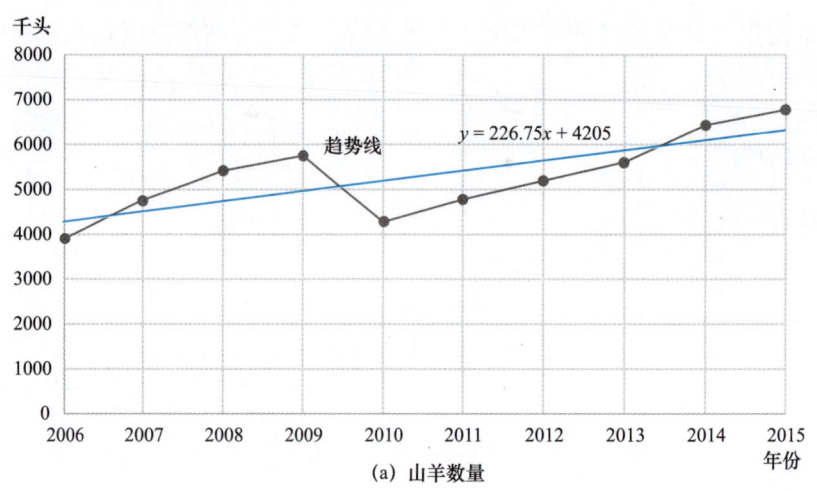

(a) 山羊数量

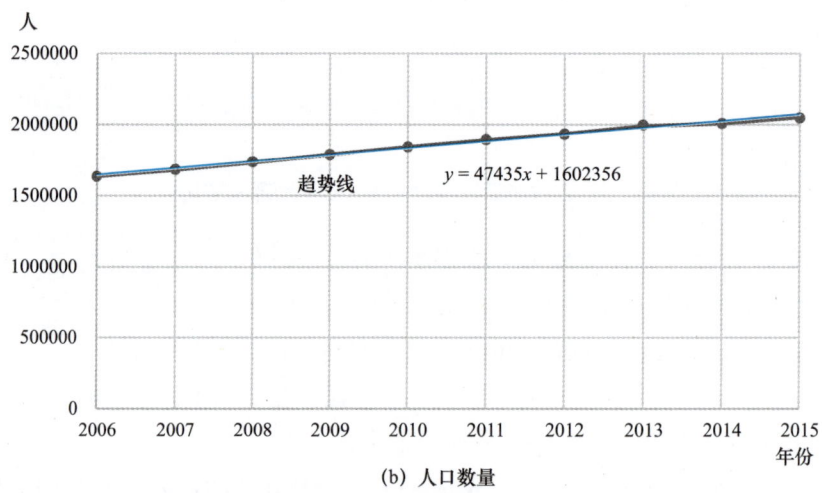

(b) 人口数量

图4 中蒙铁路沿线(蒙古段)年均山羊、人口数量变化

(5)不合理的矿产开采与局部过度开垦农田加速了土地退化进程。蒙古国南部地区矿产资源丰富,煤、萤石、钨、金、铁、锡等蕴藏量较大,有塔旺陶勒盖煤矿(世界上储量最大的未开采煤矿)、那林苏海特煤田、奥尤陶勒盖金铜矿(世界上目前探明储量最大的金铜矿)等多座蒙古国确立的战略矿产基地[42]。在采矿业发展过程中,随意废弃矿床、堆积开采弃土,增加了沙尘来源,加大了沙尘流动量,加剧了土地退化。位于北部的达尔汗、色楞格省是蒙古国农业大省,这两省在2006—2015这十年间农业用地面积增长率约为280.12%,年均增长率约为28.01%[40]。而农业用地面积的激增必然以破坏大量草地为代价,进而加速了上述两省的土地退化进程。

（6）快速城镇化与现有的土地利用制度增大了土地退化风险。20世纪90年代，蒙古国宣布了对于居住地选择上的"国民自由"政策[39]，促使牧民们大量迁往资源聚集地区，大大加快了中蒙铁路沿线城镇化进程。但在城市建设过程中，建设用地集约化利用不足，造成许多土地资源被浪费，降低了局地的植被覆盖度，增大了土地退化风险。

综上所述，针对目前中蒙铁路沿线（蒙古段）土地退化主要驱动因素，建议达尔汗、色楞格省地区合理规划农田开垦方案，控制农业用地增长速度，退耕还草；建议乌兰巴托、中央省地区合理规划城市建设方案，加强城市建设用地集约化利用，同时充分发挥政府的引导作用，出台相应的优惠政策，鼓励人们定居铁路西侧，加快铁路西侧基础设施建设，以缓解铁路东部人口、城镇过于集中问题；建议提高南部地区众多采矿企业的采矿技术工艺，科学处理采矿弃土，增强环保意识，同时当地政府可适当提高采矿业准进门槛，叫停部分技术落后、破坏环境风险较大的小型采矿企业；建议合理规划牲畜养殖结构，合理搭配牲畜养殖种类，控制山羊养殖增长速度；建议蒙古国政府合理规划土地利用制度，合理引导城市居民、农村牧民们的土地利用选择方式；建议今后将土地退化监测与防治重点放在土地退化程度较轻、可恢复性较强区域，提高区域应对气候环境变化与生态风险防控能力，促进中蒙俄经济走廊的可持续发展。

5　结论

本研究基于蒙古国地理分区、土地覆被数据与植被覆盖度指数将中蒙铁路沿线（蒙古段）划分为中央省及其北部区、东蒙古高原区和南部戈壁区三大地理分区。依据多种特征空间模型与不同地理区域的适用性关系，分别在中央省及其北部区、东蒙古高原区和南部戈壁区三大地理分区构建 Albedo-NDVI、Albedo-MSAVI、Albedo-TGSI 特征空间模型反演算法。综合大数据批处理和实时处理两种处理模式，实现了中蒙俄经济走廊铁路干线交流沿线荒漠化信息的提取分析和动态监测，完成了 1990—2015 年中蒙铁路（蒙古段）两侧 200km 范围内荒漠化格局与变化诊断测试，进而为"一带一路"中蒙俄经济走廊荒漠化风险防控提供了信息化支撑和决策支持。应用实践表明，2015 年中蒙铁路沿线（蒙古段）约有 53.59% 的土地遭受了不同程度的荒漠化影响，荒漠化区域主要集中分布在该区域南部、中部、东部及北部的零星区域，且荒漠化程度由西北向东南逐步加重；近 25 年来中蒙铁路沿线新增土地退化区域主要集中在中部，呈现逐渐向北扩展、土地退化面积增大的趋势；在发生土地荒漠化的同时，部分土地也在得到恢复，但土地恢复能力远落后于土地退化进程。分析认为，自然因素和社会经济因素共同叠加促进了该区域荒漠化、土地退化进程。其中，温度的波动变化、降水减少等是诱发因素，人口迁移和超载放牧、基础设施建设、快速城镇化加重了荒漠化、土地退化程度。

参 考 文 献

[1] Chen Yueliu, Chang Hong. Nearly 80% of land in Mongolia suffers from desertification in different degrees [EB/OL]. [2019-06-05]. http://world.people.com.cn/n1/2017/0617/c1002-29345905.html.

[2] Basso F, Bove E, Dumontet S, et al. Evaluating environmental sensitivity at the basin scale through the use of geographic information systems and remotely sensed data: An example covering the Agri basin (Southern Italy) [J]. Catena, 2000, 40: 19-35.

[3] Haishuo W, Juanle W, Kai C, et al. Desertification information extraction based on feature space combinations on the Mongolian plateau [J]. Remote Sensing, 2018, 10(10)：1614.

[4] 古丽·加帕尔, 陈曦, 等. 干旱区荒漠稀疏植被覆盖度提取及尺度扩展效应 [J]. 应用生态学报, 2009, 20(12):2925-2934.

[5] Holm A, Cridland S, Roderick M. The use of time-integrated NOAA NDVI data and rainfall to assess landscape degradation in the arid shrubland of Western Australia [J]. Remote Sensing of Environment, 2003, 85: 145-158.

[6] Geerken R, Ilaiwi M. Assessment of rangeland degradation and development of a strategy for rehabilitation [J]. Remote Sensing of Environment, 2004, 90: 490-504.

[7] Wessels K, Bergh F, Scholes, R. Limits to detectability of land degradation by trend analysis of vegetation index data [J]. Remote Sensing of Environment, 2012, 125: 10-22.

[8] Kremer R, Running S. Community type differentiation using NOAA /AVHRR data within a sagebrush-steppe ecosystem [J]. Remote Sensing of Environment, 1993, 46: 311-318.

[9] 杨晓晖, 慈龙骏. 基于遥感技术的荒漠化评价研究进展 [J]. 世界林业研究, 2006, 19(6): 11-17.

[10] 李向婷, 白洁, 李光录, 等. 新疆荒漠稀疏植被覆盖度信息遥感提取方法比较 [J]. 干旱区地理, 2013, 36(3):502-511.

[11] Rasmussen K, Fog B, Madsen J E. Desertification in reverse Observations from northern Burkina Faso [J]. Global Environment Change, 2001, 11: 271-282.

[12] 刘爱霞, 王长耀, 王静, 等. 基于 MODIS 和 NOAA/AVHRR 的荒漠化遥感监测方法 [J]. 农业工程学报, 2007, 23(10):145-150.

[13] 卓义. 基于 MODIS 数据的蒙古高原荒漠化遥感定量监测方法研究 [D]. 呼和浩特：内蒙古师范大学, 2007.

[14] 乌努尔巴特尔, 包玉海, 朝力格尔. 2001—2010 年蒙古高原荒漠化遥感动态变化 (英文)[C]. 风险分析和危机反应中的信息技术——中国灾害防御协会风险分析专业委员会年会, 2014.

[15] 李亚云, 杨秀春, 朱晓华, 等. 遥感技术在中国土地荒漠化监测中的应用进展 [J]. 地理科学进展, 2009, 28(1): 55-62.

[16] Albalawi E K, Kumar L. Using remote sensing technology to detect, model and map desertification: A review [J]. Journal of Food, Agriculture & Environment, 2013, 11: 791-797.

[17] Guo Q, Fu B, Shi P, et al. Satellite monitoring the spatial-temporal dynamics of desertification in response to climate change and human activities across the Ordos Plateau, China [J]. Remote Sensing, 2017, 9: 525.

[18] 曾永年, 向南平, 冯兆东, 等. Albedo-NDVI 特征空间及沙漠化遥感监测指数研究 [J]. 地理科学,

2006, 26(1): 75-81.

[19] Qi J, Chehbouni A, Huete A R, et al. A modified soil adjusted vegetation index [J]. Remote Sensing of Environment, 2015, 48: 119-126.

[20] 冯娟，丁建丽，魏雯瑜．基于 Albedo-MSAVI 特征空间的渭库绿洲土壤盐渍化研究 [J]. 中国农村水利水电，2018（2）：147-152.

[21] 朱震达，王涛．从若干典型地区的研究对近十余年来中国土地沙漠化演变趋势的分析 [J]. 地理学报，1990(4):430-440.

[22] Liu Q, Liu G, Huang C. Monitoring desertification processes in Mongolian Plateau using MODIS tasseled cap transformation and TGSI time series [J]. Journal of Arid Land, 2018, 10(1):12-26.

[23] Lamchin M, Lee W K, Jeon S, et al. Correlation between Desertification and Environmental Variables Using Remote Sensing Techniques in Hogno Khaan, Mongolia [J]. Sustainability. 2017, 9: 581.

[24] 魏云洁，甄霖，刘雪林，等．1992—2005 年蒙古国土地利用变化及其驱动因素 [J]. 应用生态学报，2008, 19(9): 1995-2002.

[25] 岳秀贤．蒙古高原种子植物区系研究 [D]. 呼和浩特：内蒙古农业大学，2011.

[26] Juanle W, Haishuo W, Kai C, et al. Spatio-Temporal Pattern of Land Degradation along the China-Mongolia Railway (Mongolia) [J]. Sustainability, 2019, 11(9): 2705.

[27] 王峰，雷葆华．Hadoop 分布式文件系统的模型分析 [J]. 电信科学，2010, 26(12):95-99.

[28] Skakun S, Vermote E F, Roger J C, et al. Validation of the LaSRC cloud detection algorithm for Landsat 8 images [J]. IEEE Journal of Selected Topics in Applied Earth Observations and Remote Sensing, 2019: 1-8.

[29] 冯轩．基于 Docker 技术的 Hadoop 性能优化研究 [D]. 南京：南京邮电大学，2018.

[30] 苗立尧，陈莉君．一种基于 Docker 容器的集群分段伸缩方法 [J]. 计算机应用与软件，2017, 34(1):34-38.

[31] Zaharia M, Xin R S, Wendell P, et al. Apache spark: A unified engine for big data processing [J]. Communications of the Acm, 2016, 59(11):56-65.

[32] 杨青山，高莎丽，李秀敏．蒙古国地理 [M]. 长春：东北师范大学出版社，1994.

[33] 王富强．蒙古国草原畜牧业可持续发展研究 [D]. 呼和浩特：内蒙古大学，2010.

[34] 李一凡，王卷乐，祝俊祥．基于地理分区的蒙古国景观格局分析 [J]. 干旱区地理，2016, 39(4): 817-827.

[35] Chi M, Plaza A, Benediktsson J A, et al. Big data for remote sensing: Challenges and opportunities [J]. Proceedings of the IEEE, 2016, 104(11): 2207-2219.

[36] Carlson T N, Ripley D A. On the relation between NDVI, fractional vegetation cover, and leaf area index [J]. Remote Sens. Environ. 1997, 62: 241-252.

[37] Xiao J, Shen Y, Tateishi R, et al. Development of topsoil grain size index for monitoring desertification in arid land using remote sensing [J]. Remote Sens. 2006, 27: 2411-2422.

[38] Liang S, Shuey C J, Russ A L, et al. Narrowband to broadband conversions of land surface albedo: Ⅱ. Validation [J]. Remote Sens. Environ. 2003, 84: 25-41.

[39] 布仁高娃．蒙古国荒漠化现状、成因及草原畜牧业前景研究 [D]. 呼和浩特：内蒙古大学，2011.

[40] National Statistics Office of Mongolia. Mongolian statistical information service [EB/OL]. [2018-10-29]. www.1212.mn.

[41] Bo C G. NDWI-A Normalized difference water index for remote sensing of vegetation liquid water from space [J]. Remote Sens. Environ, 1996, 58: 257-266.

[42] Tobu N C, David A, Riziley. On the relation between NDVI, fractional vegetation cover, and leaf area index [J]. Remote Sens. Environ, 1997, 62: 241-252.

作者简介

王卷乐，博士，研究员，博士生导师，中国科学院地理科学与资源研究所地球数据科学与共享研究室副主任，国际科学理事会世界数据系统（WDS）科学委员会委员，WDS可再生资源与环境数据中心主任，中国自然资源学会自然资源信息系统专业委员会副主任，中国环境科学学会信息化分会副主任，*Data Science Journal*和《中国科学数据》等编委。先后主持国家自然科学基金项目、环保公益行业科研专项项目、国家科技基础性工作重点项目等，长期参与国家科技基础条件平台、中国科学院信息化科学数据库和大数据应用示范平台建设。发表学术论文100余篇，出版专著5部、图集2部，2014年获得国家科技进步二等奖，2018年获得优秀地图裴秀奖。主要研究方向包括资源环境科学数据共享、一带一路空间信息系统、防灾减灾知识服务系统等。E-mail：Wangjl@igsnrr.ac.cn。

国家空气质量预测预警装置的建立及其业务应用

王自发[1,*]　李健军[2]

（1. 中国科学院大气物理研究所；2. 中国环境监测总站）

摘　要

我国大气重污染频发，空气质量准确预测预警是满足全国大气污染防治需求的关键核心。本文围绕这一需求，介绍国家集成预测预警业务装置设计与建设。该装置采用软硬件一体化设计，突破了监测大数据融合、快速源反演、多模式集成预报、区域重污染过程预警综合识别等关键技术，构建了多模式集成预测系统和高效、安全、稳定智能化管理平台，发展了高精度产品 ArcGIS 交互快速展示技术，建立了全国预报信息交换发布、重污染预警和重大活动保障联合信息会商的信息化技术体系，实现了东亚 - 全国 - 京津冀及周边区域 7 天高精度预报和 10 天趋势预报。本文的信息化成果引领我国空气质量预报业务实现跨越式发展，为我国大气污染防治行动计划五年目标全面实现和环境外交提供了关键支撑。

关键词

空气质量预测预警；软硬件一体；多模式集成；大数据融合；重污染

Abstract

Air pollution episodes frequently occurs in China, and accurate forecast and early warning of air pollution episodes is crucial for the air pollution control in China. Around this demand, this paper introduces the design and construction of the national air quality forecast and early warning device. The device was established based on an integrated design of hardware and software. The key technologies of large data fusion, fast emission inversion, multi-model ensemble forecasts, regional heavy pollution episode identification, and an efficient, safe and stable intelligent management platform are constructed. The interactive and rapid display technology of large data based on ArcGIS is developed. An information technology system has been established for the exchange and release of national air quality forecast information, early warning of heavy pollution episodes. The device can provide high-precision forecast for the future 7-day air quality and trend forecast of the future 10-day air quality over Beijing-Tianjin-Hebei region, China and East Asia. Such advanced technologies lead the development of air quality routine forecast in China and provide key support for the realization of the five-year goal of Air Pollution Control Action Plan and environmental diplomacy.

Keywords

Air Quality Forecast; Early Warning of Heavy Air Pollution; Software and Hardware Integration; Multi-model Ensemble; Big Data Fusion

1　建设背景与需求

随着城市化进程加快，我国区域性大气重污染频发并呈现影响范围大和持续时间

---
* 为本文通讯作者。

长特征。2013年国务院颁发了《大气污染防治行动计划》，要求建立面向空气质量新标准的监测预报预警应急体系，妥善应对重污染天气。区域重污染预警应急管控需要提前3~7天的准确过程预测、提前7~15天的形势预测，并对污染过程演变精细化模拟和来源识别快速响应等技术支撑提出更高要求。与此同时，主要污染物PM2.5和O_3污染成因复杂，影响因素多，预报难度大。建立国家级空气质量预测预警装置系统是满足全国污染防治需求的关键核心，涉及大气污染化学和物理机理、污染源排放和环境质量监测数据应用、高效模拟计算等多学科集成和多种技术协同工程研发。同时，面对复杂变化条件下重污染过程预测预警及东亚等国际环保合作的技术需求，装置建设需要不断适应新的变化，需要很强的开放性和国际化特色。

然而2013年我国各省和区域大尺度预报尚未开展，也没有国家业务预报装置。此前为北京奥运会、上海世博会和广州亚运会等重大活动保障提供重要技术支持的北京、上海、广州建立了城市尺度面向传统煤烟型PM10、SO_2、NO_2三项污染物的空气质量预报系统，但受限于应用水平，预报时效仅为1~3天，同时无法应对新标准复合型PM2.5和O_3污染预测预警。近十年虽然大气污染源普查和排放清单技术日渐成熟，全国实施空气质量新标准的常规业务监测网络稳定发展，面向机理研究的先进大气污染超级科研站点和大型综合观测试验不断取得进展，影响预报时效性的我国高性能计算技术长足进步，支撑全国范围区域性复合型大气重污染过程预测预警所需的多学科集成和多种技术协同工程研发基础条件初步形成。但上述各领域技术和交叉学科应用基本上局限于实验室研究。

针对国家大气污染防治的迫切需求，依据系统工程论组织实施，设计并建成软硬件一体、多模式集成、多技术融合的国家空气质量集成预测预警装置。依托此装置，以京津冀及周边区域为示范，研发重污染预警关键技术，构建辐射全国的"国家-区域-省-重点城市"预测预警业务体系，应用于全国区域性重污染预警应急和国家级重大活动保障，为政府国家级大气污染防治的关键业务提供重要科技支撑。

2 总体思路

我国大气污染防治影响范围广、时间长，需要建设国家级重污染预测预警装置。在建设中需要研制大量交叉学科应用技术，具有工程与研制的双重性；建成后要求长时间稳定运行，并能够不断适应新的发展变化，同时需要很强的开放性和国际化特色。以此为出发点，统筹兼顾国家级预测预警需求，为国家级大气污染防治提供战略性、基础性和前瞻性关键业务支撑。图1给出了装置建设和应用的总体技术路线。

国家空气质量集成预测预警装置建设的核心，是突破预测预报前沿科技工程技术研发，集成建立国家预报产品业务支撑体系，具备提前3~7天准确过程预测和7~15天形势预测能力，从而满足国家级区域大气重污染过程预警应急需求，并极大地增强我国大气污染治理的国际竞争力。作为业务支撑基础设施，设计国家空气质量集成预测预警装置时，既要考虑有效地支撑国家大气污染防治和区域重污染预警，又要保证其长期稳定运行，还要考虑经济合理性和运行维护成本。

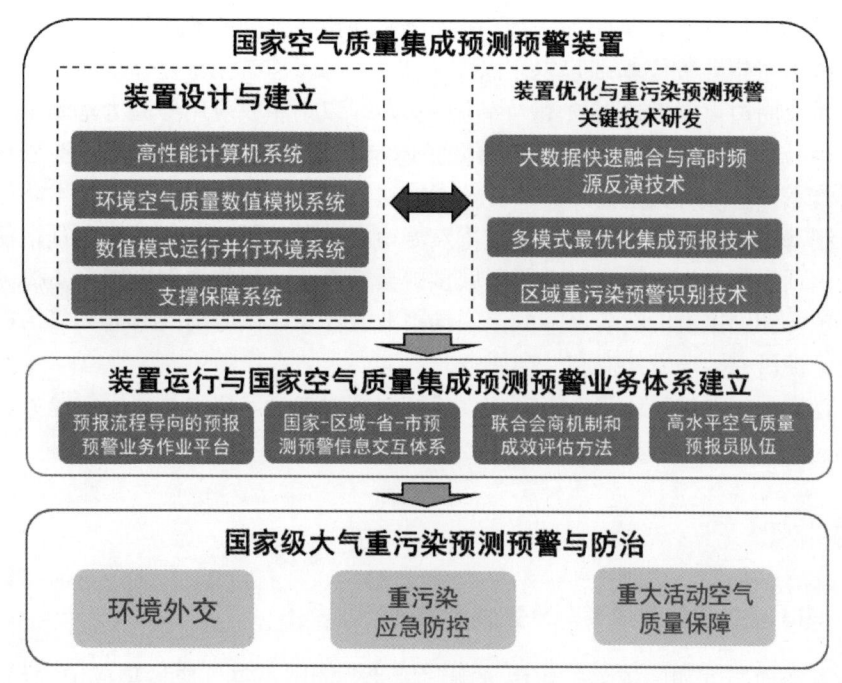

图 1 装置建设和应用的总体技术路线

（1）设计并建成满足上述要求的预测预警装置。

在快速部署和单套设施运行条件下，海量观测和排放数据及预测预警信息应用，需要集成多技术、跨系统平台、跨应用界面、跨数据库的大规模计算，面临快速存储和高效、稳定计算难题。设计研发支持大规模快速存储所需的多副本实时同步、分布式锁、缓存更新、并发读写技术，重点解决高可用和智能化集约存储集成。采用高性能计算刀片系统和高效率的水冷系统专利技术，研发全系统一体化管理技术，协同集成高密度计算刀片系统和高效率水冷系统，重点研制高集约化、高可靠性、高可维护性、高可扩展性的计算平台。

重污染过程预测预警应急响应对业务时效性要求较高。针对快速聚焦提取有效产品信息和高效简捷完成预测预警流程的难题，结合高性能计算研制集成多模型空气质量预测技术，设计预报流程导向的高效作业系统，研发交互式污染物"源－受体"关联快速可视化技术，突破空气质量多视角立体解剖展示，重点解决软硬件一体的智能化预测预警平台设计研制。

（2）边运行边优化装置。

在气象条件和污染源排放不断变化条件下，稳定和提升区域重污染过程预测预警预报准确率是一个瓶颈和关键难题。采用从众多影响模拟效果因子中筛选出关键要素的有效优化突破方法，研发海量多源数据自适应融合应用、多方法最优化集合预报、区域重污染预警识别等技术。同时研发化学求解器全模块计算优化、混合并行计算等多层次计算优化和高效能算法改进核心技术，集成解决空气质量预报的智能优化研制，以应对气象条件和污染源排放不断变化，持续提升大气重污染过程预报准确性。

(3)依托装置开发引领并辐射全国的关键系列预测预警业务产品。

新标准下预报业务零基础起步，以国家级空气质量集成预测预警装置为依托核心，开展京津冀及周边重污染过程预测预警应用实践。以京津冀应用经验为基础，编制指导全国成员单位的《环境空气质量预报预警技术指南（新版）》。培训全国省级和重点城市预报员骨干，重点解决全国预测预警技术方法体系建立和预报员专业技术队伍建立的问题。研制基于装置产品分发到全国和重点城市空气质量预报部门的全国预报信息交换系统、全国预报信息发布系统、全国区域预警会商系统，建立辐射全国、支撑区域大气污染预测预警和国家重大活动保障的全国预报业务体系，同时支持政府大气污染防治业务、环境保护研究、环境外交和社会服务。

核心是实现软硬件一体化、多模式集成和多技术融合，以"科研引领业务、业务促进科研"，通过装置的"边运行、边优化"，高效适应外界条件的新变化。

3 整体框架

3.1 国家空气质量集成预测预警装置的设计与建立

设计了面向国家和区域空气质量预测预警业务的国家空气质量集成预测预警装置，包括高性能计算机系统、环境空气质量数值预报模式系统、环境空气质量数值预报模式系统并行环境、支撑保障系统。其中，高性能计算机系统包括计算子系统、管理服务子系统、存储子系统、网络子系统和机柜子系统。环境空气质量数值预报模式系统包括区域空气质量集合预报模块、污染资料准实时融合模块、区域污染来源解析及去向追踪模块和预报预警业务软件平台。环境空气质量数值预报模式系统并行环境包括 Linux 操作系统、集群监控软件、集群调度软件和并行环境。支撑保障系统包括 ArcGIS 平台、地图数据、防病毒系统、Web 安全网关、数据库等。图 2 是项目团队对国家空气质量集成预测预警装置关键内容的设计。

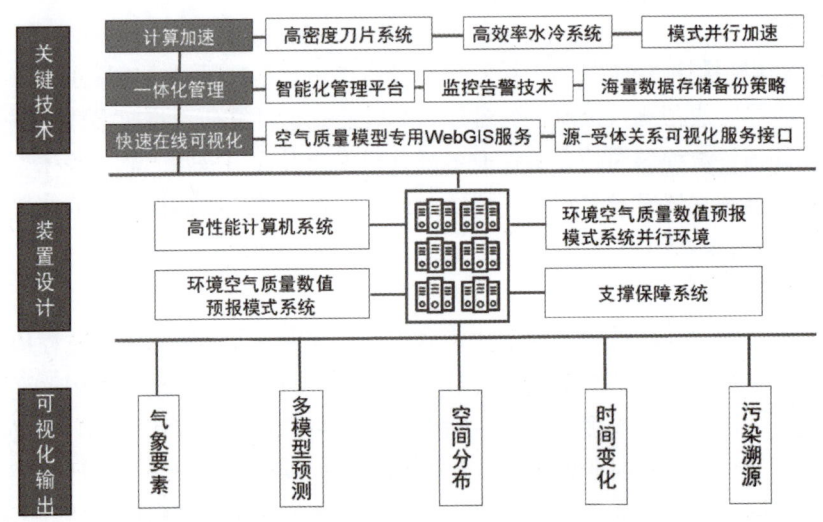

图 2 国家空气质量集成预测预警装置关键内容的设计

根据装置设计，围绕传统数值预报面临的模式并行加速、海量数据快速在线可视化及高效、稳定运行等关键难题，开展持续研发和攻关，取得了如下关键技术突破。

3.1.1 突破装置的计算加速瓶颈

在空间极其有限的机房内，设计以高密度、高性能的计算刀片系统和高效率的水冷系统为基础构建的高性能计算机系统，实现了性能高达 130 万亿次的京津冀及其周边区域空气质量业务化预报高性能计算集群系统。针对业务预报的可靠性、时效性需求，采用业务/科研并行、存储数据多副本冗余和实时同步、全局无阻塞全线速通信、软硬件资源的高效统一调度等技术，在确保业务系统每天业务安全的前提下，每日数值预报系统整体运行时间减少了三分之一。突破空气质量模式在新型处理器架构下的并行加速技术，针对空气质量模式中计算耗时大的气相化学模块，设计了化学动力学模拟的新框架[1]，以适应新型处理器中单一指令多数据（SIMD）技术的使用，通过矢量化实现细粒度级并行化[2,3]，构造循环和积分主分支在矢量处理单元上同时操作模型中的多个空间点。利用该技术，实现了全国多模式多重嵌套的滚动预报（重污染时每 6 小时更新一次预报）。

集成上述技术以后，使硬件计算效率提高了 30% 以上，空气质量预报模式并行计算效率提高 2 倍以上，破解了资源有限而模拟计算量巨大的矛盾。

3.1.2 建立高效、安全、稳定的一体化管理系统

空气质量多模式预报系统的构建是一个复杂的工程，涉及数十个功能模块、上千个与物理化学过程相关的参数和 TB 级的海量数据。整个系统硬件环境复杂，多套网络交互、大量数据频繁读取、海量数据快速存储，故障率高。之前手工服务运维管理效率低下，远远不能满足预报预警业务需求下系统稳定性的需求。基于此研发了一套全系统、工作流式智能化管理平台，保证每日按时出结果，为预报员提供预报服务产品。该技术采用多任务并发处理、状态流式管理、断点续算方法保障平台的容错机制，大幅提高了业务的稳定性和时效性。研发预报模式运行监控告警技术，其具备多模式并行监控、多预报区域监控、预报模式全流程分模块监控、预报模式运行流程异常告警等功能，可实现预报模式的实时自动化监控告警和故障的及时处理。研制预报模式海量数据和产品的存储备份策略，开发自动存储备份工具，实现历史预报数据和产品的分类归档和清理，针对模式和软硬件环境特点，发展软硬件协同优化技术，破解模式计算内存占用高、并行文件系统不适用、计算资源分配不合理等问题，显著提高模式计算速度和稳定性。

集成上述技术以后，模式系统的故障率降低到 1% 以下。

3.1.3 破解海量模拟预测数据的快速在线可视化难题

空气质量模式可以提供海量的三维网格化浓度和污染来源解析的数据，但海量数据的可视化一直是空气质量预报系统建设的关键技术难题。以往城市空气质量预报采用静态定制化图片方式，无法提供全方位、多视角的可视化分析，并且由于来源解析模拟数据的结构非常复杂，按照传统关系数据库的标准范式存储，日存储记录数在百万级，查询困难，难以业务化。研发了针对空气质量模式预报数据的专有 WebGIS 服务，实现了从原始的模式数据直接生成符合网络地图服务规范的地理数据，可以展示不同模式、区

域、时刻和层高的污染物数据。突破模式数据并行可视化技术，将数据处理划分成多个任务进程，大幅提升预报数据网络在线可视化的速度，使单张污染物分布图的网络在线可视化时间小于0.15s，解决了预报数据的快速可视化分析和数据存储难题。研发了源-受体关系追因可视化服务接口，在数据层采用多线程对源解析模式数据处理、入库，设计数据库表结构的水平分割和垂直分割，建立索引和缓存机制，提高数据检索效率。在服务层构建表征状态转移应用框架的网络服务接口，通过网络服务地址对数据资源进行操作，同时采用动态压缩和序列化技术，提高了访问效率。在表现形式上创新性地引入地图动画形式展示源-受体之间的相互关系，指向明确，一目了然，实现了源解析模式预报大数据的高效处理和可视化。

上述技术极大地提升了预报员与模式预报数据的动态交互能力，可以帮助预报员快速判读周围城市对研究区域的污染输送情况，为针对性地进行灰霾治理提供了决策依据。

3.2 装置优化与重污染预测预警关键技术研发

高精度大气污染是世界性难题，预报不确定性来源非常复杂。我国区域和跨区域大气重污染频发，污染范围大、细颗粒物浓度高、持续时间长、跨区传输远、影响因素复杂。而重污染预报信息要求的准确性更高，对于重污染发生、发展过程和峰值浓度水平的预判，需要快速、详细、准确，在不遗漏任何重污染过程的同时，减少空报、错报，预测预警难度大。此外，受城市化进程和多种污染管控措施影响，大气污染排放一直处于快速变化过程中，给大气污染预测预警工作带来严峻挑战。针对这一难题，研发了大数据快速融合、高时频源反演、多模式集成、区域重污染过程预警综合识别等大气复合污染预测预警优化技术体系，解决了气象条件和污染源排放不断变化背景下大气重污染预报准确性持续提升的难题。图3是装置优化与重污染预测预警关键技术研发的技术路线，项目团队通过研发攻关取得的关键技术突破如下。

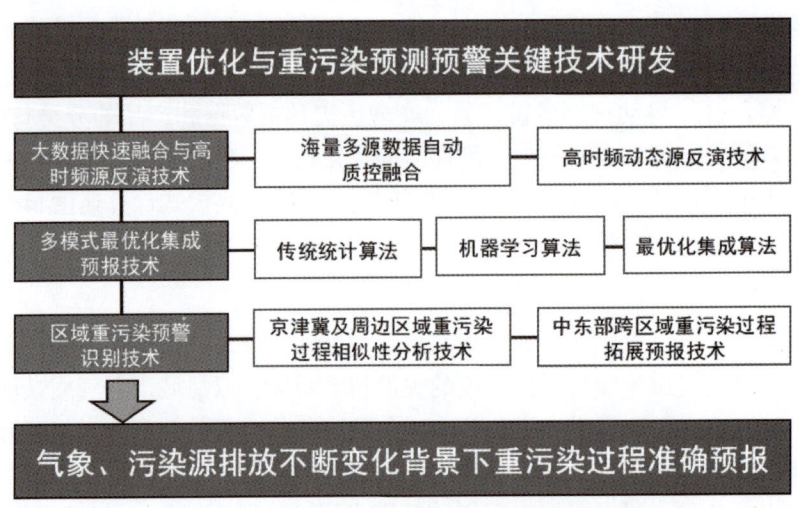

图3 装置优化与重污染预测预警关键技术研发的技术路线

3.2.1 突破环境大数据快速融合与高时频源反演技术

研发环境大数据的快速自动化质量控制与同化融合技术[4,5]，破解我国目前大气污染监测数据爆发性增长但融合应用困难的问题，该技术可在10分钟内完成全国大气环境监测网1500多个站点6项污染物观测数据的准实时质量控制与快速同化融合。构建了2013年以来全国主要污染物小时分辨率的再分析数据集，显著提升了大气污染预测预警的初始场浓度精度，使得重污染期间PM2.5预报精度提高20%以上[6]。针对大气污染排放快速变化问题，突破现有反演方法对周尺度内源排放变化的反演瓶颈，发展自适应的污染源反演算法[7,8]，突破高频变化模式误差的最优估计难题，研发面向重污染预报预警的高时频源（1天分辨率）反演方法，应用于应急减排等区域污染源控制措施的减排量反演估计，使得减排期间NO_2等主要污染物的预报误差下降40%左右。

3.2.2 研发融合机器学习与传统统计算法的集成预报技术

融合机器学习算法与传统统计算法，实现了不同时段、不同地区、不同污染物自适应集成预报功能，快速响应模式误差变化，动态优化预报结果。最优化集成算法基于多模式空气质量预报系统，充分集成不同空气质量模式、不同嵌套区域、不同时效的预报数据[9,10]，拓展集合成员的代表性，挖掘不同数据的信息优点。测试结果表明，最优化集成算法计算高效，单核运行一次集成预报模块的时间少于20分钟，满足预测预警业务化需求。采用最优化集成算法，比最优单模式预报精度高25%。

3.2.3 建立区域重污染过程预警综合识别技术

在装置建设和研发过程中，提出并实现了区域重污染信息自动化搜索和提示技术[11,12]。该技术以数值模拟污染物浓度及其分布为搜索条件，实现预报信息自动化筛选、判定和搜索；根据区域预警的分级进行连片城市、连片范围的搜索判断，给出重污染过程影响范围、程度、时间和人口等预测信息。研发区域重污染过程相似性分析技术，识别空气质量预报及重污染过程预报的关键因素，比较不同模式对于重污染过程的触发敏感性和大气扩散条件的触发规律，关联分析获得区域大气污染特征规律和主要影响因素，并分类筛选获得针对不同尺度所需的大气重污染过程预报关键指导产品。研发中东部跨区域重污染过程拓展预报技术[13]。我国中东部大气污染具有可跨区域长距离输送的特点，针对发生覆盖范围广、持续时间长的大规模重污染过程，一方面，从常规区域空气质量预报产品中提取跨区域预报的有效信息；另一方面，从相邻区域重污染特征、重污染输送、本区域积累，以及跨区域重污染过程发生概率等方面进行跨区域重污染过程集合分析，提供中东部跨区域预报产品。为跨区域多城市协同重污染应急管控提供科学依据和技术支持，最大限度地降低大规模跨区域重污染的影响。

集成上述关键技术，建立了我国区域重污染预测预警关键技术体系，解决了气象条件和污染源排放不断变化背景下，区域大气重污染过程准确预报的难题。

3.3 装置运行与国家空气质量集成预测预警业务体系建立

为了应对我国大范围的区域污染，及时开展重污染应急响应，需要国家和地方都具备很强的重污染预报预警能力，然而之前这块工作基础非常薄弱，缺乏高水平的预报员和预报预警规范流程和方法，国家和地方预报预警信息无法及时共享。针对这一难题，基于此装置，创建了预报预警业务的标准化流程和方法，研发了数据交换技术，突破了会商信息筛选和数值预报评估技术，设计了多层次、多部门、多用途会商系统，建成辐射全国、支撑区域重污染预警和重大活动保障的国家空气质量预报和调控业务平台。图4是装置运行与国家空气质量集成预测预警业务体系建立的技术路线，项目团队建立的业务平台、信息交互体系，以及形成的会商机制和成效评估方法如下。

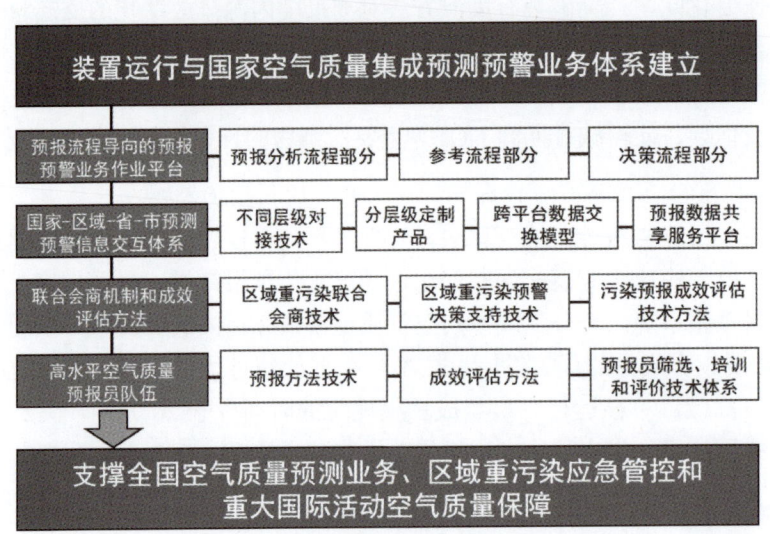

图4 装置运行与国家空气质量集成预测预警业务体系建立的技术路线

3.3.1 建立预报流程导向的预报预警业务作业平台

以往的业务作业平台设计多是从软件编程的角度出发，很少按照预报方法或预报流程设计，经常造成盲目、无效和重复性的操作。本团队提出了以预报流程为导向的、符合人体工程学的系统化区域环境空气质量预报业务平台设计技术[14]。平台功能逻辑分布完全按照预报工作流程排序，通过对大量实践经验的总结和操作应用进行归纳分析，在满足现有区域业务预报工作和大气污染防控需求的基础上，形成了清晰、流畅、支持高效工作的平台功能设计，引导预报员快捷、有序地完成预报分析流程（模式分析、污染源分析、大气条件分析、空气质量实时分析和客观订正）、参考流程（相似案例分析、AQI概率统计分析、量级变化统计分析、预报误差分析和集合/统计预报分析等）和决策流程（预报实况记录、预报结果保存、历史回顾、预警管理、预报发布管理等），避免了因为海量模拟和实况数据应用造成的无序、低效和重复性工作。

3.3.2 设计建立国家-区域-省-市预测预警信息交互体系

以空气质量预报对接技术和产品交换的业务化应用为主线，发展多尺度预报数值产品应用、系统对接、网络传输、信息安全、业务示范和评估分析等方法，设计国家/区域/省级/城市各层级预报业务流程一体化系统，搭建全国一体化的空气质量预报数据共享服务平台，形成全国预报产品信息交换及网络传输信息安全标准和规范。根据预报业务和环境质量管理技术支撑需求，分析定制不同层级预报指导产品的类别、区域、时空范围、跨度、分辨率等关键参数，针对区域、省和城市预报平台的个性化需求，开发跨平台的数据共享交换模型，建立不同层级、不同来源、不同维数、不同属性等数据的信息传输规范，形成全国预报技术体系内国家、区域、省、城市统一规范的预报产品信息分发与交换的一体化方案。图 5 是国家－区域－省－市预测预警信息交互体系建设的总体设计。

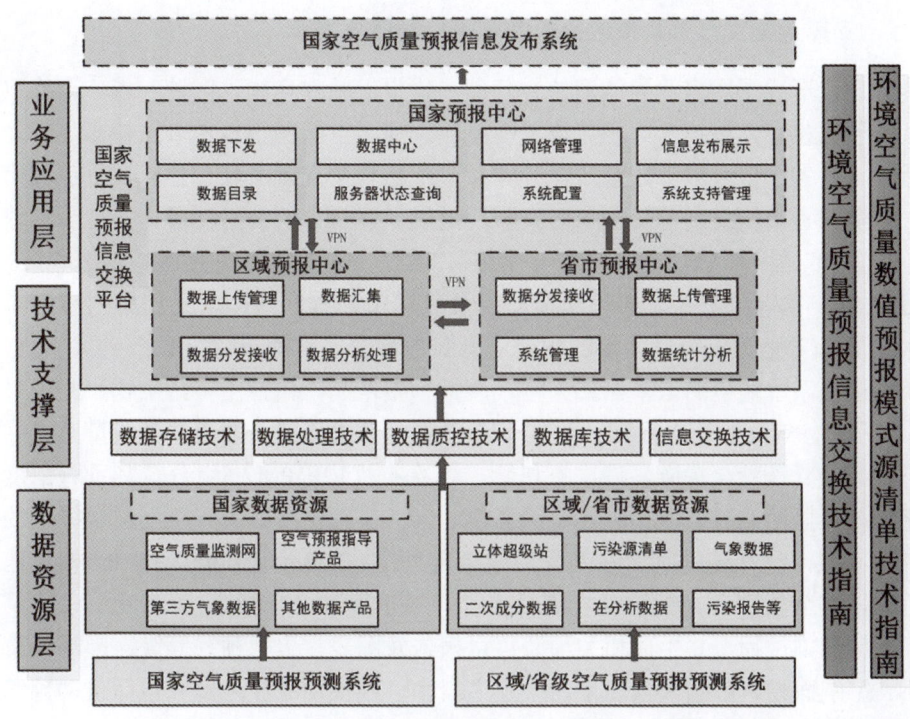

图 5　国家－区域－省－市预测预警信息交互体系建设的总体设计

3.3.3　建立重污染预警和重大活动保障的联合会商机制和成效评估方法

研发区域重污染联合会商技术，以中国环境监测总站和全国各级监测站系统为开展预报预警业务体系建设和管理的主体，建立空气质量预报预警相关行业标准及规范[15-17]，建立全国及区域层面空气质量预报业务会商制度（包括内部会商、专家会商和部门会商），建立重污染预报预警信息发布和审核管理机制，以及重污染天气预报应急工作机制等。集成区域重污染预警决策支持技术，为应对区域重污染天气和区域大气污染联防联控要求，综合利用各类预报方法和产品，指明大气污染来源和模拟区域污染物输送及不同地区和城市污染排放贡献，为管理部门重污染过程预警应急管控响应提供科学决策依据。在装置研发与应用过程中，通过在京津冀及周边区域空气质量预测预警实践的总结，探索提出了区域空气质量和大气重污染过程预报成效评估技术方法，建立了基于代表性城市的区域预报成效快速评估法和基于多要素偏差分析的大气重污染过程预报成效评估方法。在开展例行区域层面空气质量预报时，首先通过聚类分析等手段将目标区域划分为若干个分区，再针对每个分区分别开展空气质量预报及成效评估，重点关注大气重污染演变过程的三个关键要素的预报效果评估，包括持续时间、影响范围和影响程度。

4 应用成效

装置支撑了全国空气质量形势预报、中东部区域和跨区域大气重污染预测预警、国际级重大活动保障、东亚国际环境保护合作等例行业务和专项保障任务[18]，取得应用成效如下。

4.1 支撑全国空气质量预报业务体系建立和信息发布

装置建设形成了国家业务体系核心基础，建设经验在全国、区域、省、市推广，形成了区域预测预警方法技术等相关技术规范，构建了全国预报技术方法核心，带动建立了包括区域–省–重点城市的全国业务体系，产品直接支持区域和省以及重点城市开展预报，为全国省市预报预警及大气污染防治提供了强有力的技术支撑。实现了京津冀及周边、长三角、华南（珠三角扩展）、西南、西北、东北 6 个重点区域未来 7~10 天形势预报，31 个省域未来 5 天形势预报，以及直辖市、省会城市、计划单列市未来 5 天城市 AQI 预报等信息。全国主要的预报信息服务和技术支持产品如下。

模式预报系统输出的未来 7~15 天空气质量预报产品，包括主要污染物小时及日均浓度和 AQI 分布，气溶胶消光系数（AOD）和能见度预报分布；城市空气质量监测站点硝酸盐、硫酸盐、铵盐、黑碳、一次有机物、二次有机物等 PM2.5 组分及其垂直浓度的时间变化图；各监测站点及城市各污染物浓度、AQI、首要污染物、空气质量级别的预报指导产品；城市空气质量监测站点及其他指定点位的 100m、500m、1000m 相对地面高度的后向轨迹分析图。根据预警规则与条件，基于 WebGIS 技术，动态展示京津冀及周边地区区域污染过程，并生成相关预警信息报告及图表，包括预警等级、影响城市、发生时间、影响面积、影响人口和重污染发生概率。预报预警业务模块包括自动预警、预报修正、预报预警会商、预报预警签报、预报预警信息制作等。模式同化系统输出的全国空气质量同化产品，包括从再分析资料集生成的主要污染物小时及日均浓度图表；历史监测数据；主要污染物预报浓度及 AQI 预报效果评估功能，可选时间段的城市和点位的预报结果与监测实况比对、误差检验、客观评分等图表产品。京津冀及周边监测站点未来 7 天的主要污染物浓度来源分析产品图表，包括地区来源和行业来源等来源解析产品；京津冀地级城市及周边省份不同地区、不同行业污染排放源对未来 7 天主要污染物浓度的影响程度和影响范围相关分析图表等去向追踪产品；京津冀地级城市及周边省份主要污染物浓度相互输送与贡献分析产品图表。

4.2 支撑大气重污染预测预警和应急防控

发布重污染预警公众服务信息，显著提升了国家环保决策的影响力和公信力。加大信息公开力度，2015—2018 年共发布 69 次重污染过程预警信息，为公众出行和防护提供了重要指引，获得了社会公众的信任和赞许，"同呼吸、共奋斗"逐渐成为全社会行为准则。接受中央电视台、新华社、人民日报、中央人民广播电台等媒体采访，有效地引导公众关注和参与大气污染防治，增加了环保的宣传力度和公众对国家有效遏制污染的信心。装置持续提供有效的重污染预测预警产品，对 2015—2018 年间对京津冀及周边区域 69 次颗粒物重污染过程全部成功预报，重污染影响程度预测准确率接近 80%，为秋冬季大气重污染频发的难题提供了破解的工具。京津冀及周边地区基于此启动了重污染天气预警，由于各地及时落实减排措施，联合行动，精准应对，大大降低了重污染过程的影响，降低了污染浓度峰值，减少了持续时间，有力地支持了《大气污染防治行动计划》，京津冀区域 PM2.5 年均浓度下降 25%。

以 2016 年 12 月 16—22 日区域重污染过程为例，模式系统提前 3~4 天就预测出京津冀及周边区域将出现大范围极端重污染过程，需提前启动整个京津冀地区的红色预警以有效应对。红色预警启动次数少，影响范围大，尤其是在当时空气质量仍然优秀的情况下启动，不免受到公众和舆论的质疑。鉴于模式系统以往优秀稳定的预测表现，环保部对预测结果充满信心并顶住舆论压力坚持启动了整个京津冀地区"蓝天下的红色预警"。事实证明，模式系统成功预测出了此次重污染过程的累积和清除趋势，且污染范围与污染程度的预报结果与实测数据高度吻合，直接支撑了此次大范围极端重污染过程的提前有效应对，并极大地提高了环保部重污染应急管控和大气污染治理的公信力。

4.3 支持国家级重大活动空气质量保障，推进国际合作、经济发展和环境保护

项目成果在近几年多项大型国际会议、重大赛事和重要纪念活动的空气质量保障预报会商中发挥了重要作用，通过现场参与或远程服务的方式，为承办城市预报会商重点提供中东部大尺度空气质量预报产品，从多模式、多角度提供关键预报信息参考，为潜在污染管控提供科学依据，有效推动了各项重大活动空气质量保障目标的圆满完成。

装置具有很强的开放性和国际化特色，获得首届数字中国建设峰会"最佳实践"奖项，作为环境保护重大成就入选"砥砺奋进的五年"大型成就展，实现了国家级空气质量预报信息平台发布，通过中央电视台等主流媒体和网络渠道及时、高效地提供区域重污染过程预报预警信息服务，有力地提升了我国环保工作的影响力和公信力。美国、英国、比利时、法国、德国、日本、韩国、澳大利亚等国家相关机构来中国环境监测总站参观了解该装置，得到外方的广泛认可；接待以色列、韩国、美国、欧盟等环境部长或专家来访以及"一带一路"、南南合作国家培训；基于装置产品，多次为中韩跨境污染传输提供分析报告，为相关新闻舆情提供技术依据。装置成果及应用有力地促进了我国同其他国家在空气质量预报领域更为广泛和深入的技术交流与合作，推动了大气污染治理的国际合作。

装置研发了多个具备国际先进水平的关键技术，如空气质量模式内部模块级别的核心算法优化、多污染物源受体关系可视化、大气污染数据业务化同化、大气污染源自适应反演技术和业务化空气质量集合预报技术等均已达到国际领先水平，推动了国际空气质量业务预报技术的进步。支持了《多尺度空气质量预报对接技术与业务示范研究》《京津冀城市大气边界层过程对重污染形成的影响研究》《京津冀地区大气重污染过程应急方案研究》《京津冀环境空气质量监测预报及防控技术研究与示范》《大气灰霾追因与控制专项数值模式与协同控制方案》等环保公益项目、国家科技支撑项目、中国科学院战略性先导科技专项等科学研究和成果应用。

5　总结与展望

当前，我国一些地区大气环境质量差、生态受损重、环境隐患多等问题仍十分突出，影响和损害群众健康，不利于经济社会可持续发展。基于不断发展的集成预测预警装置平台的模拟集成和预测功能，以及主要污染物在不同介质迁移转化的机理研究，装置研发成果和产品可综合应用于污染物对环境风险、健康、生态、生物多样性、地表水、海洋等方面的影响预测和评估。利用装置的污染源排放及大气污染源生成、传输和沉降等丰富的分析和模拟产品成果，可拓展应用于环境风险与环境健康模拟系统，为建立完善全国环境质量预警积累实践经验。

未来装置需进一步融合大数据同化、异构加速计算、人工智能学习等技术，耦合污染物的扩散、传输和沉降累积对水体、植物、土壤的环境风险系统评估模型、污染精准控制技术、环境承载力和排污许可评估模型，发展集成先进信息化技术和数理建模理论的新一代自适应智能化大气环境建模预测和精准控制系统，实现区域大气组分和有毒有害污染物的高精度全过程模拟预测和评估。

参 考 文 献

[1] FENG F, WANG Z, LI J, et al. A nonnegativity preserved efficient algorithm for atmospheric chemical kinetic equations[J]. Applied Mathematics and Computation, 2015, 271: 519-531.

[2] WANG H, CHEN H, WU Q, et al. GNAQPMS v1.1: accelerating the Global Nested Air Quality Prediction Modeling System (GNAQPMS) on Intel Xeon Phi processors[J]. Geosci. Model Dev., 2017, 10: 2891-2904.

[3] WANG H, Lin J, WU Q, et al. MP CBM-Z V1. 0: design for a new Carbon Bond Mechanism Z (CBM-Z) gas-phase chemical mechanism architecture for next-generation processors[J]. Geoscientific Model Development, 2019, 12(2): 749-764.

[4] WU H, TANG X, WANG Z, et al. Probabilistic automatic outlier detection for surface air quality measurements from the China National Environmental Monitoring Network[J]. Adv. Atmos. Sci., 2018, 35: 1522-1532.

[5] 黄思, 唐晓, 王自发, 等. 基于观测、模拟和同化数据的PM2.5污染回顾分析[J]. 气候与环境研究, 2016, 21(6): 700-710.

[6] ZHENG H, LIU J, TANG X, et al. Improvement of the real-time PM2.5 forecast over the Beijing-Tianjin-Hebei region using an optimal interpolation data assimilation method[J]. Aerosol and Air Quality Research, 2018, 8: 1305-1316.

[7] 冯帆, 王自发, 唐晓. 一个基于打靶法的大气污染源反演自适应算法[J]. 大气科学, 2016, 40 (4): 719-729.

[8] KONG L, TANG X, ZHU J, et al. Improved inversion of monthly ammonia emissions in China based on the Chinese ammonia monitoring network and ensemble Kalman filter[J]. Environ. Sci. Technol., 53: 12529-12538.

[9] 吴剑斌, 肖林鸿, 晏平仲, 等. 最优化集成方法在城市臭氧数值预报中的应用研究[J]. 中国环境监测, 2017, 33(4): 213-220.

[10] 黄思, 唐晓, 徐文帅, 等. 利用多模式集合和多元线性回归改进北京PM10预报[J]. 环境科学学报, 35(1): 56-64.

[11] 王晓彦,刘冰,李健军,等.区域环境空气质量预报的一般方法和基本原则[J].中国环境监测,2015, 31(1): 134-138.
[12] 王晓彦,陈佳,李健军,等.城市环境空气质量指数范围预报方法初探[J].中国环境监测,2015, 31(6): 139-142.
[13] 王晓彦,赵熠琳,霍晓芹,等.基于数值模式的环境空气质量预报影响因素和改进方法.中国环境监测,2016, 32(5): 1-7.
[14] 刘冰,王晓彦,汪巍,等.预报方法导向的系统化空气质量预报业务作业平台设计[J].中国环境监测,2016, 32(2): 1-10.
[15] 中国环境监测总站.环境空气质量预报预警方法技术指南[M].北京:中国环境出版社,2014.
[16] 中国环境监测总站.环境空气质量预报预警方法技术指南[M].2版.北京:中国环境出版社,2017.
[17] 中国环境监测总站.环境空气质量预报成效评估方法技术指南[M].北京:中国环境出版集团,2018.
[18] 柏仇勇,李健军.环境监测预警在重污染天气应对中的作用与启示[J].环境保护,2017, 8: 45-48.

作者简介

王自发,中国科学院大气物理研究所研究员、博士生导师,大气边界层物理和大气化学国家重点实验室主任,国家杰出青年基金获得者,"万人计划"科技创新领军人才首批入选者。主要从事大气污染输送和沉降、大气化学模式研发、空气质量预报理论与方法研究。研制了我国自己的全尺度(全球—区域—城市群—城市)嵌套网格空气质量预报模式系统(NAQPMS),合作研制了新一代大气化学资料同化系统,发起主持了第三期亚洲空气质量模式国际比较计划(MICS-Asia Ⅲ),支撑建立了国家、区域、省、城市空气质量多模式集合预报预警业务化体系,为国家重大活动空气质量保障及落实《大气污染防治计划》提供了核心技术。已合作发表SCI论文300余篇,SCI论文引用9300余次,H-index为52。曾获得第十届中国青年科技奖(2007年)、2011年中国科学院杰出科技成就奖集体奖(突出贡献者)、2017年国家科技进步二等奖。E-mail:zifawang@mail.iap.ac.cn。

李健军,中国环境监测总站研究员、副总工程师。先后负责生态环境部大气背景监测站和温室气体监测站网建设,负责建设环境空气质量新标准国家环境空气质量城市实时监测和实时发布网(一期)建设和业务运行,负责组织全国环境空气质量预测预报业务体系、技术体系和环保系统预报员专业技术队伍建设以及国家高性能环境质量预测预报集群业务系统建设和运行。曾任联合国西北太平洋行动计划大气污染物沉降工作组专家联络员、联合国东亚酸沉降干沉降工作组专家、中日韩环境部长距离传输研究项目监测工作组专家,编著业务方法技术专著多部,曾获得2017年国家科技进步二等奖。

干细胞领域知识发现大数据平台建设与应用

张志强[1] 胡正银[1] 杨 宁[1] 文 奕[1] 覃筱楚[2] 宋亦兵[2] 潘光锦[2]

（1. 中国科学院成都文献情报中心；2. 中国科学院广州生物医药与健康研究院）

摘 要

"面向干细胞领域知识发现的科研信息化应用"是中国科学院"十三五"信息化专项课题之一。该课题围绕干细胞领域科学研究与知识发现对科研信息化的迫切需求，综合利用科研大数据与新一代人工智能技术研发了"干细胞领域知识发现大数据平台"，为干细胞科研活动与科技管理提供专业、高效、精准的知识服务。本文从干细胞领域知识发现大数据平台的客观需求出发，系统介绍了平台建设的总体目标、技术路线、关键技术、建设成果和服务成效，并对平台的下一步建设思路和发展方向进行了展望。

关键词

科研信息化；知识发现；大数据平台；干细胞

Abstract

The project of "E-Science Application for Knowledge Discovery in Stem Cells" is an important part of the 13th Five-Year Plan e-Science Programme of Chinese Academy of Sciences. Focusing on the critical needs of science and technology innovation and subject knowledge discovery in stem cell research for e-Science, the project makes comprehensive use of big data and new generation of artificial intelligence technologies to develop a platform of "Stem Cell Subject Knowledge Discovery" (SCKD), which can provide professional, efficient and accurate subject knowledge discovery services for the research and S&T management in stem cell. This paper introduces the project's objectives, tasks, key technologies, achievements and service effect, and discusses the future work of SCKD.

Keywords

e-Science; Knowledge Discovery; Big Data Platform; Stem Cell

1 引言

干细胞是当今生命科学研究的热点和前沿，以干细胞技术为核心的再生医学有望成为继药物治疗、手术治疗之后的第三种疾病治疗途径，正孕育着重大的科学突破与巨大的产业带动[1]。在干细胞领域，以科技文献、科学数据、临床试验、医药产品与科技服务资源为核心的科研大数据呈"井喷式"增长，科学研究日益成为数据驱动的知识发现活动，大数据驱动的知识发现与技术突破正成为科技创新的新引擎，集成科研大数据与知识计算环境的知识发现平台已成为科研活动的重要工具。干细胞领域科研大数据具有数量巨大、类型繁多、关系复杂和来源分散等特点，如何从海量的多源异构数据中进行知识的自动化抽取、结构化组织、语义化关联与知识化计算，以及从中高效、精准地进行有价值的知识挖掘是知识发现的关键。目前国际上类似的数据集成知识发现平台，如哈佛大学干细胞研究所研发的干细胞创新引擎（Stem Cell Commons）[1]、数据密集型生物医学研究平台 Galaxy[2] 等，主要提供学科领域科学数据管理、计算和分析服务，存在数据类型单一且缺乏关联、知识计算算法有限等不足，难以满足学科领域研究热点、研究重点与发展趋势分析，以及基于大数据知识计算的关键技术挖掘与技术预见等学科知识发现需求。

针对大数据时代科研信息化应用的新形势和新挑战，面向干细胞领域知识发现的需求，课题组综合运用信息抽取、自然语言处理、本体、知识融合、机器学习、知识图谱、知识计算与可视化分析等文本挖掘与新一代人工智能技术，结合中国科学院成都文献情报中心（以下简称成都中心）科技文献、数据资源优势与中国科学院广州生物医药与健康研究院（以下简称广州生物院）干细胞科研优势，研发了干细胞领域知识发现大数据平台。该平台通过构建干细胞领域的知识图谱，研发领域专业知识计算环境，实现了干细胞领域多源异构的科研数据融合与知识关联，有效打破了数据孤岛，为广州生物院及中国科学院其他研究单元的干细胞科研活动提供全面、专业、精准、高效的数据获取、信息推送、知识发现与情报支撑服务，推动大数据驱动的知识发现应用，推进科研活动与信息化的融合，提升科研信息化应用水平。

2 干细胞领域知识发现大数据平台的客观需求

2.1 干细胞技术与再生医学的发展需求

国家统计局 2020 年 2 月 18 日发布的《2019 年国民经济和社会发展统计公报》[3] 显示，目前我国 60 周岁及以上人口数约为 2.54 亿人，大概占总人口的 18.1%；而到 2050 年，我国老年人口总量估计将超过 4 亿人，老龄化水平将达到 30% 以上。这种严峻的老龄化趋势使得危害我国人民健康的重大疾病谱系已经发生了巨大变化，与衰老密切相关的组织器官损伤、心血管等功能脏器的衰竭、退行性疾病、癌症等已成为主要疾病类型。而针对这些疾病，传统治疗手段如药物治疗和手术治疗等往往收效甚微，难以满足现阶段人民群众日益增长的医疗需求。同时，人类在对深海、太空、高原等领域的不断开拓中也会面临着低氧、高压、辐射等巨大的健康挑战。这一系列难题仅通过常规医疗途径难以得到彻底解决。以干细胞技术为核心的再生医学研究将为以心脑血管疾病、癌症、糖尿病、帕金森综合症、阿尔兹海默症等为代表的与衰老密切相关的疾病的防治带来革命性变化，并将为新型颠覆性医疗技术的诞生奠定基础。

目前，再生医学已经成为各国政府、科技和企业高度关注和大力投入的重要研究领域，成为代表国家科技实力的战略必争领域。1999 年以来，干细胞与再生医学领域的研究成果先后 11 次入选 *Science* 年度十大科技突破。2012 年，诺贝尔生理医学奖授予细胞核重编程及诱导多功能干细胞研究领域的两位科学家，彰显科学界对干细胞和再

---

[1] https://hsci.stemcellcommons.org/。
[2] https://usegalaxy.org/。
[3] https://www.gov.cn/xinwen/2020-02-28/content_5484361.htm。

生医学的高度重视。在国内，再生医学的重要性已引起相关决策部门和科技界的高度关注。2015 年，科技部启动了国家重点研发计划"干细胞与转化医学"重点专项，旨在从国家层面推动干细胞与再生医学方面的研究，整体提升我国在该领域的核心竞争力。中国科学院于 2011 年开始实施国家"干细胞与再生医学研究"战略性先导科技专项计划，取得了一批创新性研究成果。在此基础上，中国科学院正在筹建"干细胞与再生医学创新研究院"，将围绕干细胞与再生医学来推动第三次医学健康革命。

2.2 面向干细胞领域知识发现的科研信息化需求

科研信息化实质为科学研究活动本身的信息化，其特征是充分利用网络信息基础设施与信息化技术，促进科技资源交流、汇集与共享，变革科研组织与活动模式。随着信息化的发展，科研仪器、科学实验及科学交流等一系列科研活动每时每刻都产生着海量、异构、多元化的数据信息，科学研究日益成为数据驱动的知识发现活动，d-Science（数据驱动的科学）时代来临，并步入了以数据为中心来思考、设计和实施科研活动，通过对海量数据的处理和分析获得科学发现的第四范式——"数据密集型科学发现"范式[2]。各学科领域的研究对象已不再是单一的孤立系统，而是涵盖更大范围、涉及多个学科的复杂创新系统。各学科领域数据大量、快速增长，使得每个学科都出现了二元发展的态势——"X 信息学"（X-Informatics）[2]。以生物医药领域为例，出现了用于理解大量数据所包含的生物学意义的生物信息学（Bio-informatics）[3]和分析病人健康与社会卫生信息的医学信息学（Medical Informatics）[4]。

第四范式在生命与大健康领域已得到广泛应用，其核心是多源异构数据的集成与海量数据的分析。数据集成方面，生物大分子序列测定与"人类基因组计划"得到的相关生物学数据越来越多，快速推动了生物信息学的发展。序列数据库 Swissprot、GenBank、PharmGKB、IPA 等多种生物医学数据库与平台的发展，为多种知识挖掘技术与工具的开发提供了丰富的资源支持。数据分析方面，也出现了众多大数据分析软件和平台，如 IBM 公司推出了基于大数据分析与人工智能的 Watson 医疗系统[4]。欧盟第七框架计划支持研发了用于支持小分子筛选、新药设计的生物医药知识发现系统 Open Phacts[5]。Open Phacts 利用知识图谱技术将从分子到基因组，再到患者的各种数据集关联起来，并利用深度学习算法发现潜在的知识与隐含的知识关联[5]。英国生物科技公司 Benevolent Bio 利用大数据知识发现平台 JACS（Judgment Augmented Cognition System），从全球范围内海量的学术论文、专利、临床试验、患者记录等数据中，提取出有用的信息，发现新药研发的蛛丝马迹[6]。借助 JACS 的分析能力，Benevolent Bio 发现多个可用于治疗肌萎缩性侧索硬化症的潜在化合物，极大地提升了药物研发的效率[6]。

结合广州生物院的干细胞科研需要，面向干细胞领域知识发现的科研信息化应用需求主要集中在三个方面：

（1）干细胞研究热点、研究重点与发展趋势分析。科研管理人员希望通过文献计量、科学计量、知识计量等方法，对包括科技政策、科研项目、科技论文、专利、临床试验、新药说明书等在内大量干细胞领域科技文献与科技信息进行统计、分析与挖掘，

4　https://www.ibm.com/watson

能动态发现干细胞领域具体的研究热点、研究重点与发展趋势，为"定标赶超"提供科学依据与参考。

（2）基于大数据知识计算的干细胞关键技术分析与技术预见。科研人员希望通过对多源异构的干细胞科研大数据进行数据挖掘与知识计算，结合知识图谱、机器学习和深度学习等技术，构建可视化的细胞组织预测模型和其他知识发现工具。这些工具可帮助预测癌症和其他一些疾病的细胞布局变化，可以解决一些复杂的干细胞关键技术问题和揭示大量丰富的细胞生物学基础信息，加速干细胞研究、癌症研究和药物开发方面的进展，为更精准的技术预见提供支撑。

（3）干细胞研究科研数据一体化管理。在干细胞科研活动过程中，常常需要利用、分析大量的"细粒度"数据类对象，包括科技文献中的知识单元、基金信息等，科学仪器中的实验数据从产生到分析、结果利用，科学研究用实验动物的进站检疫实验过程及实验数据的连续追踪等。通过构建一体化的干细胞研究科研数据管理平台，可以打通不同来源数据"孤岛"，有效提升科研效率与信息化服务水平。

3 干细胞领域知识发现大数据平台技术框架

3.1 总体目标

围绕干细胞领域知识发现对科研信息化的需求，综合利用大数据与新一代人工智能技术研发"干细胞领域知识发现大数据平台"。通过系统的数据搜集与数据标准化体系建设实现领域多源异构数据的集成与整合，通过专业的知识管理与知识计算推进领域知识的精准化表达和智能化关联，通过丰富的可视化界面提供多种"一站式"智能检索模式的科技情报与知识服务，助力领域科研人员开展知识发现研究，推进国家在干细胞领域的技术预见和战略布局工作。

3.2 技术路线

围绕以上总目标，课题组从干细胞知识图谱、知识计算环境与知识发现服务平台三方面来建设干细胞领域知识发现大数据平台。其中，知识图谱是数据基础，知识计算环境是分析工具，知识发现服务平台则是服务窗口，其总体架构如图1所示。

3.2.1 构建干细胞知识图谱

课题组综合运用知识抽取、知识挖掘、知识融合与可视化技术，及时、准确、规范地对分散在不同数据源中的干细胞"政、产、学、研、医、用"科技文献、科技信息、科学数据与科技服务资源等科研大数据进行集成，对其中蕴含的知识点进行自动化抽取、结构化组织与知识化关联，以构建干细胞知识图谱，实现"多形态-多粒度-多维度"数据、信息与知识的有效融合，为知识发现提供高质量数据支撑。干细胞知识图谱构建可分为基础数据汇聚、知识内涵挖掘与知识语义关联三个步骤，具体流程如图2所示。

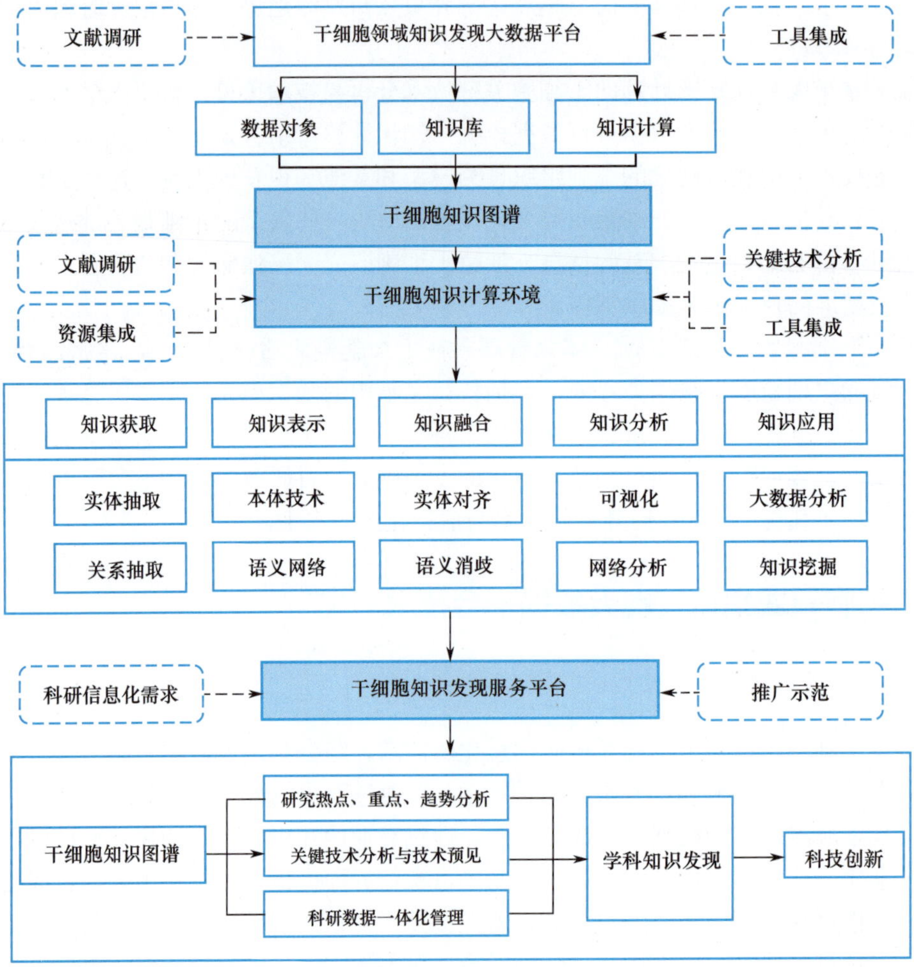

图 1 干细胞领域知识发现大数据平台总体架构

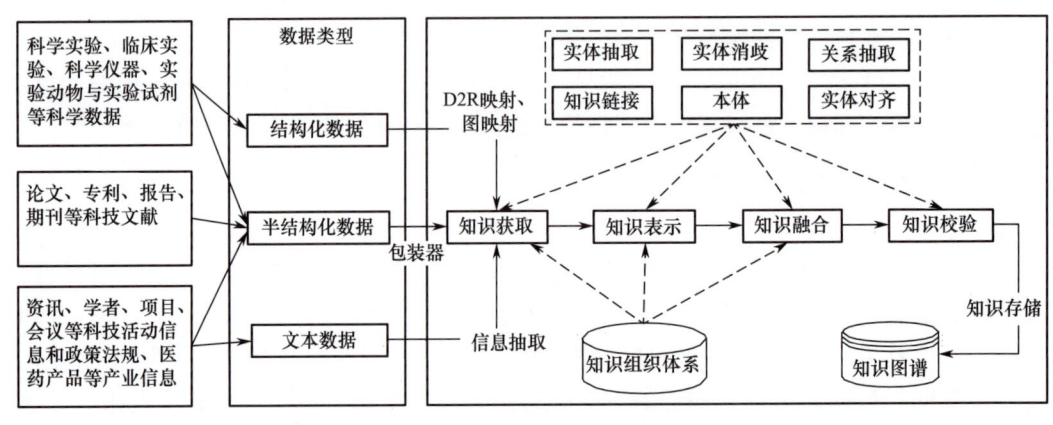

图 2 干细胞知识图谱构建流程

（1）基础数据汇聚。汇聚干细胞领域的论文专利、基金项目、临床试验、产品法规、专家机构等多源异构科研数据，并建立长期更新机制。分别采用关系型数据库、图数据库与 Solr 索引技术对科研大数据中的基础数据、知识图谱三元组数据及面向知识发现平台的综合服务数据进行有效存储与管理。

（2）知识内涵挖掘。知识内涵挖掘是构建知识图谱的关键。课题组采用基于本体的知识抽取技术，从科学仪器、动物模型、实验技术、细胞器官、疾病基因等科研人员关注的视角挖掘干细胞领域的知识内涵。首先，参考 UMLS 超级词表[7]、Stem Cell Commons 等领域知识本体和知识服务平台，利用生物医药领域知识抽取工具 SemRep[8]对部分核心科技文献进行文本挖掘，获得知识实体及实体之间的关系，以形成干细胞知识图谱的核心知识组织体系。然后，按照知识组织体系对干细胞领域的其他科研数据进行知识实体抽取、语义标注和数据融合，以进一步丰富干细胞知识图谱的实例数据。

（3）知识语义关联。综合科学计量学指标与文本挖掘技术，基于引用、致谢、合作网络、知识实体共现等关系，建立知识图谱中各类科技信息、知识实体等之间的语义关联。目前，干细胞知识图谱定义了"文献–文献、文献–知识实体、知识实体–知识实体"三大类共 58 种语义关系，其核心是以 Subject-Predicate-Object（SPO）语义网形式呈现的"知识实体–知识实体"之间的语义关系。

3.2.2 研发干细胞知识计算环境

干细胞知识计算环境集成了干细胞及相关领域的算法、模型、软件与工具，实现了数据管理、数据清洗、数据挖掘及报告输出等功能，可提供数据可视化分析、知识推理等知识计算服务。从流程上，知识计算环境分为数据管理、数据处理与数据分析三个部分。

（1）数据管理模块。数据管理模块是知识计算环境的基础，主要提供数据接引、整合及存储等情报分析与知识发现所必需的数据管理功能。除了可直接利用的干细胞知识图谱数据外，数据管理模块还可以摄入外部数据，对外部数据按规则进行清洗、转换和整合，还可将数据集关联后进行合并处理。数据存储模块支持对数据进行预览、导出、追加和共享等操作。共享分区的数据可被其他用户使用。

（2）数据处理模块。数据处理模块是知识计算环境的核心，主要提供算法管理、数据管理、任务管理等功能。算法管理模块实现对系统算法的统一管理。目前，知识环境集成了机器学习、推荐系统、自然语言处理等 30 种算法，正在集成干细胞领域专用计算模型。

（3）数据分析模块。数据分析模块是对知识计算结果进行多维度、细粒度、多类型的可视化分析与展示。数据可视化支持多种图表效果展示，如柱状图、折线图、饼状图、散点图、热力图、地图、雷达图、漏斗图、词云、关系图等。此外，还可通过仪表盘对图表进行集中展示。仪表盘数据会随着干细胞领域知识发现数据的变化而动态更新，并支持微信、微博、QQ 空间等多种方式分享。干细胞领域知识发现大数据平台还支持直接将分析结果生成分析报告。分析报告模块实现了分析报告分组管理，以及分析报告的新建、分享、导出等操作功能。

3.2.3 建设干细胞知识发现服务平台

干细胞知识发现服务平台主要提供干细胞科研大数据集成化管理、干细胞科技信息"一站式"智能检索与基于知识图谱的精准知识检索、干细胞科研热点前沿探测与干细胞科研画像四类知识发现服务。其技术路线介绍如下：

（1）干细胞科研大数据集成化管理。分别利用关系型数据库 MySQL 与图数据库 Neo4j 对干细胞科研大数据进行集成化管理。关系型数据库存储原始的基础数据，图数据库则存储经过知识加工的知识图谱数据。Neo4j 是一种 NoSQL 类型的数据库，可以灵活扩展数据结构与类型，符合以三元组为核心的知识图谱数据管理的需求。

（2）干细胞科技信息"一站式"智能检索与基于知识图谱的精准知识检索。利用 Solr 分面检索技术，对干细胞科研大数据与知识图谱中的知识组织体系进行分面索引。用户可通过 Solr 索引对所有类型干细胞科技信息资源进行"一站式"智能检索，以及基于干细胞知识组织体系来进行精准的知识检索与知识导航。

（3）干细胞科研热点前沿探测。从国际研发重点、中国研发重点、中国科学院重点突破方向等不同层面，归纳出一系列干细胞领域的热点前沿研究主题。这些主题包括相关的论文、专利、项目、新闻、专家与机构等信息。

（4）干细胞科研画像。采用知识图谱与画像技术对干细胞科研热点前沿主题、科研人员及科研机构，从论文、专利、项目、新闻及研究热点等多个角度进行科研画像。

3.3 关键技术

平台建设过程中所用到的关键技术主要包括知识图谱实体对齐、面向知识发现的知识计算和基于多维索引的统一数据视图技术。

3.3.1 干细胞知识图谱实体对齐

实体对齐是知识融合的基础，是知识图谱是否规范及具备可扩展性的前提。实体对齐是指发现相同或不同数据源中两个或多个实体是否指向真实世界同一知识对象的过程[9]。知识图谱实体对齐的目标是能够高质量链接多个不同来源的数据，从顶层创建统一的知识表示规范，从而帮助计算机更好地理解数据，为知识计算与知识发现提供高质量数据[9]。课题组主要通过两个方面进行干细胞知识图谱实体对齐。

（1）基于唯一标识符的数据规范化。通过对不同数据来源的知识对象进行数据清洗、筛选和规范化，将不同数据来源中表示同一对象的实体归并为一个具有统一标识符的知识实体添加到知识图谱中。例如，使用 DOI、专利号、ORCID、项目编号、概念编号等唯一标识符分别对期刊论文、专利、研究人员、科研项目及知识概念等科研数据进行实体对齐[10]。

（2）基于标准的知识概念对齐。对概念、术语等知识概念进行准确的实体对齐是保证干细胞知识图谱质量的关键。该部分工作主要利用 UMLS[7] 中标准化的生物医药超级叙词表与 SemRep[8] 知识抽取工具完成。SemRep 是美国国家医学图书馆的语义知识表示项目（Semantic Knowledge Representation，SKR）的重要成果之一，是一款基于自然语言处理技术和 UMLS 的语义知识抽取与表示工具。SemRep 以 UMLS 中的超级词表、语义网络和专家辞典为基础，专指性较强，反映学科知识也较具体，可以高效、精准地从生物医药科技文本中抽取知识实体及知识实体之间的语义关系。首先，利用 SemRep 从生物医学文本中自动抽取 Subject-Predicate-Object 三元组结构。其中 Subject、Object 是 UMLS 超级词表中的规范化概念，Predicate 则是 UMLS 语义网络中的标准化语义类型。然后，对所获得的知识实体参照干细胞知识组织体系进行映射。为保证知识图谱数据的质量，还采用基于规则的自动检测和人工辅助的方式对知识图谱中的实例数据进行校验。

3.3.2 面向知识发现的知识计算技术

面向知识发现的计算分析面临的首要问题是多源异构数据问题。在传统数据计算中，数据来源较单一、格式较规整、关联较简单，数据计算技术较成熟。但是在面向知识发现的计算环境下，不仅数据源多种多样，而且数据格式复杂，关联较多，是典型的多源异构数据。传统数据挖掘算法不能直接应用于多源异构数据。

知识计算环境通过采用开放计算接口方式解决上述多源异构数据的知识计算问题。除了提供内置的数据清洗、文本挖掘、机器学习等算法，以便用户直接使用外，知识计算环境还具备良好的扩展性，支持用户自定义开发新算法，并且可以将新算法和内置算法结合在一起去创建新的业务模型，满足特定知识发现需求。

3.3.3 基于多维索引的统一数据视图

面向用户知识服务的数据对象既包括各类科技文献、临床试验、科学数据与科技服务资源等科研数据，还包括知识图谱中的知识实体、知识计算环境新生成的显性知识等。其存储形式则分为关系型数据表和 RDF 三元组，需要采用统一的数据视图来屏蔽这些数据对象形式上的差异。多维索引是一种对多形态、复杂数据进行多层次、多角度索引的技术，它可用于整合多源异构信息，提供统一的数据视图，在数据集成与知识融合等信息系统中得到了广泛的应用[11]。

课题组采用多维集成索引技术对干细胞科研大数据进行索引，以向干细胞知识发现服务平台提供统一的数据检索接口。具体而言，多维集成索引采用 Apache Solr 索引技术，对不同数据类型的元数据、知识实体、知识组织体系等进行单独索引和集成。索引字段包括知识发现所有常用字段，如知识资源类型、资源题名、作者、发明人、机构、申请人、机构类型、出版年代、来源、关键词、分类号、科学仪器、实验动物、实验方案、实验试剂、方法技术、细胞、器官、疾病、基因、科研活动、科研产出等[11]。根据不同数据源的数据更新频率采用相应的索引更新机制，包括日更新、周更新、月更新等。

4 平台建设成果和服务成效

"干细胞领域知识发现大数据平台"（https://stemcell.kmcloud.ac.cn/）秉承"边建设，边服务，边完善"的原则，取得了较丰富的成果和较显著的服务效益，凝聚了一批稳定的学科社区用户。

4.1 建设成果

干细胞知识图谱集成了大量包括科技文献、科技信息、科学数据与科技服务资源在内的干细胞领域科研数据，知识计算环境具有高性能的数据处理能力和丰富的可视化方式，干细胞知识发现服务平台则实现了四项核心功能并提供相应的知识服务，可有效满足本领域科技人员、管理人员和决策人员的不同需求。

4.1.1 干细胞知识图谱

从 103 个权威核心数据源中集成了四大类 16 小类的干细胞领域科研大数据 40 余万条，包括：①论文、专利、报告、期刊、专著等科技文献；②新闻资讯、干细胞研发动态、专家、项目、政策法规等科技信息；③临床试验、医药产品、科学实验等科学数据；④科学仪器、实验动物与实验试剂等科技服务资源。在此基础上，从科学仪器、实验动物、实验方案、实验试剂、方法技术、细胞、器官、疾病、基因等视角，利用知识抽取技术从中挖掘出 2 万多条知识实体。利用这些知识实体对干细胞科研数据进行了多维度、细粒度的语义标注以形成干细胞知识图谱，实现了领域知识内涵的深度挖掘与知识关联。目前，干细胞知识图谱总数据超过 220 万条。

4.1.2 干细胞知识计算环境

干细胞知识计算环境基于私有云和 Spark 进行构建，其知识计算框架集成了 26 种数据清洗、加工与融合规则，以及自然语言处理、分类回归、推荐、结果评价等 30 种通用数据挖掘算法。该环境还集成了 20 个干细胞相关知识计算模型，可提供柱状图、折线图、饼图、漏斗图、雷达图、词云图等 12 种可视化方式和 1 个基于模板的报告自动生成工具。

4.1.3 干细胞知识发现服务平台

基于学科知识发现的具体需求，干细胞知识发现服务平台实现了 4 项核心功能：①干细胞科研大数据集成化管理。集中管理各种类型的干细胞科研数据，可快速向用户提供个性化数据服务。②"一站式"智能检索与精准知识检索。通过一键检索，可获取干细胞新闻资讯、论文专利、基金项目、医药产品、政策法规、产业情报等多类型科技信息。此外，用户还可依据 2 万余条干细胞知识点进行检索与查阅，无须详读全文即可快速、全面地掌握科技文献内容。③热点前沿探测。从国际、国家研发重点及中国科学院重点突破方向等不同层面，挖掘出 22 个干细胞热点前沿主题。④科研画像。利用知识图谱数据，对科研机构、科学家等科研创新主体进行画像。此外，课题组还研发了平台对应的微信小程序"干细胞助手"，将服务扩展到移动端。知识发现服务平台的部分界面截图如图 3 和图 4 所示。

平台还支持开展了干细胞领域创新主题识别与演化分析、科研合作社区识别、高质量专利挖掘、疾病与基因关联关系挖掘、学科知识结构画像等知识发现应用。

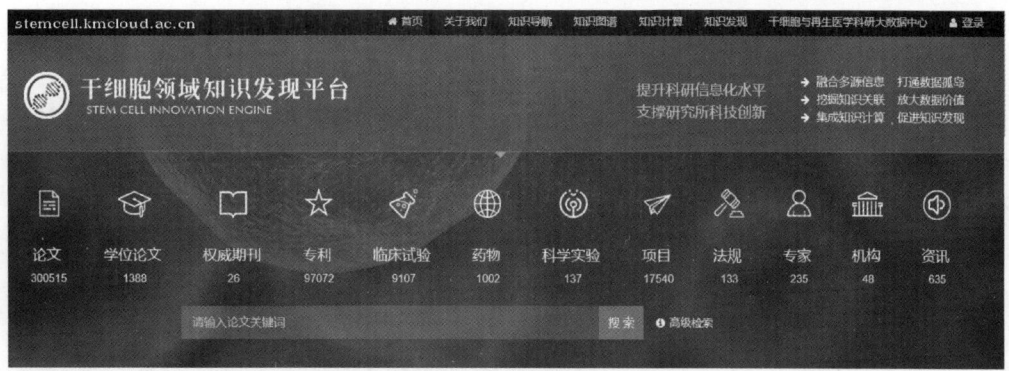

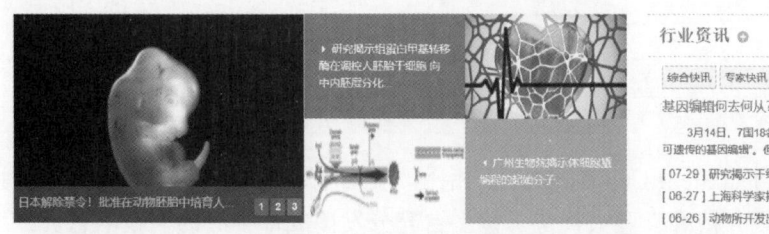

图3 干细胞领域科研数据"一站式"检索

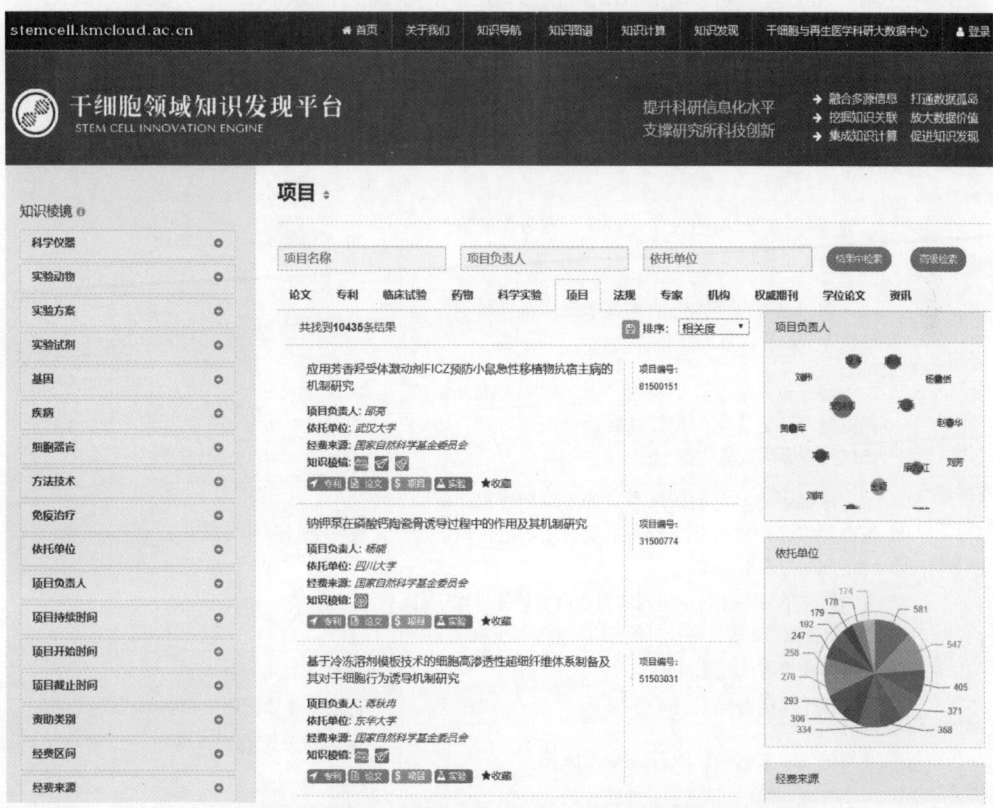

图4 基于知识图谱的精准知识检索与知识导航

4.2 服务成效

干细胞领域知识发现大数据平台于 2018 年 11 月正式发布，采用签约用户方式提供服务。该平台受到了中国科学院相关研究所、中国医学科学院、清华大学及剑桥大学、德国癌症研究中心等 20 多家机构的 200 余名科研人员的广泛关注，平台用户数稳步增加（见表 1）。

表 1 干细胞领域知识发现平台用户访问情况

月份	总访问量（人次）	网页访问（点击数）	访问流量（GB）	平均在线时间（s）
2018.12	383	10296	1.31	17.26
2019.01	470	11187	1.49	18.19
2019.02	416	8908	0.94	18.26
2019.03	435	12039	1.74	18.11
2019.04	786	16954	2.48	17.12
2019.05	1123	35773	5.82	17.90
2019.06	3982	87365	8.19	39.90

与国际上同类平台如 Stem Cell Commons 相比，干细胞领域知识发现大数据平台具有"数据全面"与"服务精准"两大优势。该平台充分发挥成都中心的科技信息资源与专业知识组织优势及广州生物院的干细胞科研优势，构建了高质量的干细胞知识图谱，可提供从数据、算法、软件到应用的一站式服务。除普惠信息服务外，该平台还为广州生物院的科研工作、知识发现与决策咨询提供了个性化知识支撑服务，可以有效支撑重大科研项目申报和干细胞领域战略布局，典型案例如表 2 所示。

表 2 个性化知识支撑服务典型案例

类型	内容	效果
支撑干细胞战略布局	为撰写《广州再生医学与健康广东省实验室建设方案》提供数据支撑	2018 年实验室获批启动
	为撰写《粤港澳大湾区人类细胞谱系大科学设施建设方案》提供数据支撑	启动前期预研
支撑重大科研项目	为国家重点研发计划项目"人多能干细胞分化过程中谱系命运决定的调控及异质性机制研究"知识产权分析提供数据支撑	为项目申请专利提供知识产权分析
	为成都中心参与的国家重点研发计划项目"成渝城市群综合科技服务平台研发及应用示范"提供理论、方法与技术支撑	支持项目顺利开展
	为广州生物院参与申报国家重点研发计划"珠三角城市群典型产业综合科技服务应用示范"提供数据支撑	项目立项
支撑信息情报与决策咨询工作	撰写决策咨询建议 4 份	决策参考
	完成干细胞研究报告 6 份	直接服务于广州生物院的科研管理工作
	编辑《干细胞研发动态》快报 16 期	发送相关课题组，同时寄送管理部门领导参阅
	支持建立全球首个"人胚胎基因编辑"法律法规数据库	向相关领导提供"人类胚胎实验伦理规范"应急数据和情报服务

自新冠肺炎疫情发生以来，广州生物院高度重视，紧急启动应急反应机制，组织研究院优势力量进行科技攻关，围绕抗病毒药物研发、肺炎临床救治方案、病毒快速检测、疫苗研发、动物感染模型建立及致病机理研究等方面开展了相关工作，并取得重要成果。根据科研应急需求，课题组通过平台进行文献大数据挖掘，分析了特定基因与病毒、免疫共现关系，为科研人员筛选可能与病毒相关的基因提供了有效的科研信息化支撑。

5 总结与展望

"干细胞领域知识发现大数据平台"建设与服务的宗旨是融合多源信息、打通数据孤岛，挖掘知识关联、放大数据价值，集成知识计算、促进知识发现，推进科研活动与信息化的融合，支撑研究所重大创新，实现国际先进的科研信息化应用。在中国科学院"十三五"科研信息化专项的支持下，该平台构建了干细胞知识图谱，集成了专业知识计算工具，初步实现了基于科研大数据的知识发现服务，打造了面向干细胞领域知识发现的科研信息化应用示范。未来，课题组将继续遵循干细胞大数据应用发展的长远目标，着力于从领域数据资源、典型应用示范和领域知识发现三方面继续推进干细胞领域知识发现大数据平台的建设。

（1）推进干细胞与再生医学科研大数据中心建设，形成领域数据标准体系。提前谋划，集成未来可能的"卡脖子"科研数据资源，包括领域相关的通路、蛋白质结构、代谢组学及临床试验数据等。进一步集成多类型、多来源、多形态的科技信息，如实验视频、科普、微信、博客数据及评论信息等。进一步梳理干细胞领域科研大数据的规范与标准，制定规范统一、灵活、可扩展的领域元数据规范与数据质量标准体系。

（2）进一步优化知识计算环境，拓展应用示范场景。将国内外主流的干细胞与再生医学领域的知识计算模型、方法工具整合到知识计算环境中，构建领域知识计算工具导航。面向干细胞知识发现的具体需求，针对干细胞领域创新主题演化分析、领域专家合作态势与科研社区识别等场景，设计相应的标准化、规范化流程方法，构建"一站式"的知识计算模型。

（3）深入开展定制化知识发现研究与应用，助力干细胞科学研究。进一步征求领域专家的意见，按照专家基于大数据知识发现的需求，深入开展定制化科学大数据分析与挖掘服务，支撑科学家在干细胞前沿方向的知识发现工作，使平台成为干细胞领域科学研究强有力的科研助手。

致谢

中国科学院成都文献情报中心许海云、刘春江、张鑫、彭霖、陈文杰、赵爽、徐源以及中国科学院广州生物医药与健康研究院郭晨参加了干细胞领域知识发现大数据平台的建设工作，特此致谢！

参 考 文 献

[1] 周琪. 体细胞重编程，挑战与希望[C]. 中国细胞生物学学会 2013 年全国学术大会·武汉论文摘要集, 2013:7-8.

[2] 张志强, 范少萍. 论学科信息学的兴起与发展 [J]. 情报学报, 2015(10):1011-1023.

[3] 欧阳曙光, 贺福初. 生物信息学：生物实验数据和计算技术结合的新领域 [J]. 科学通报, 1999,44(14):1457.

[4] 董建成. 医学信息学的现状与未来 [J]. 中华医院管理杂志, 2004,20(4):232-235.

[5] Williams A J, Harland L, Groth P, et al. Open phacts: semantic interoperability for drug discovery [J]. Drug Discovery Today, 2012, 17(21-22): 1188-1198.

[6] Nathan B, Jean C, Peter J, et al. Big Data in Drug Discovery [M]// Progress in Medicinal Chemistry, Amsterdam: Elsevier,2018, 57: 277-356.

[7] Kashyap V, Borgida A. Representing the UMLS® Semantic Network Using OWL[C]. The Semantic Web - ISWC 2003. Lecture Notes in Computer Science,2003.

[8] Rindflesch T C, Fiszman M. The interaction of domain knowledge and linguistic structure in natural language processing: interpreting hypernymic propositions in biomedical text [J]. Journal of Biomedical Informatics, 2003, 36(6):462-477.

[9] 庄严, 李国良, 冯建华. 知识库实体对齐技术综述 [J]. 计算机研究与发展, 2016, 53(1): 165-192.

[10] 王颖, 钱力, 谢靖, 等. 科技大数据知识图谱构建模型与方法研究 [J]. 数据分析与知识发现, 2019, 3(1)：15-26.

[11] Wen Yi,Fu Hongguang, Shu Fang, et al. Amino acids industry knowledge service platform[J].Chinese Journal of Library and Information Science,2015,8(4):78-89.

作 者 简 介

张志强，中国科学院成都文献情报中心主任，研究员、博士、中国科学院大学博士生导师，中国科学院特聘核心研究员。"新世纪百千万人才工程"国家级人选，四川省千人计划专家，四川省委省政府决策咨询委员会委员。独立和合作出版专著（编著）20 部、出版译著 13 部、发表论文 400 余篇。获得省部级科技进步奖、社会科学优秀成果奖等科技成果奖励 18 项。主要研究领域包括科技战略与规划、科技政策与管理、科学计量与评价、科学学、情报学理论方法与应用、生态经济学与可持续发展等。

胡正银，中国科学院成都文献情报中心副研究馆员、博士、中国科学院大学硕士生导师、中国科学院西部之光人才培养计划人选。合作出版专著（编著）1 部、发表论文 60 余篇、申请计算机软件著作权 6 项。从 2014 年开始，陆续担任 Scientometrics、Technological Forecasting and Social Change、IEEE Transactions on Engineering Management 和《图书情报工作》《数字图书馆论坛》等期刊审稿人。主要研究领域包括科技大数据、学科知识发现与知识挖掘、智能情报方法与技术。

杨宁，中国科学院成都文献情报中心副研究馆员。中国科学院西部之光人才培养计划人选，担任多个期刊审稿人，主持和参与国家和中国科学院项目10余项，在国内外重要核心期刊发表论文20余篇。主要研究领域包括数字图书馆方法与技术、情报理论方法与应用、科学大数据开发与应用等。

文奕，中国科学院成都文献情报中心研究员。在相关领域发表学术论文50余篇，作为项目负责人承担了中国科学院知识产权网等多个项目，研究成果获四川省科技进步三等奖。主要研究领域包括知识管理与知识计算。

覃筱楚，硕士，中国科学院广州生物医药与健康研究院信息情报中心工程师。参与国家、省、市级项目20余项，其中参与主持项目5项。参与发表论文39篇，其中SCI论文28篇。合作申请发明专利3件。主要研究领域包括生物医药产业情报研究、生物医药产业专利战略分析、再生医学高价值专利挖掘与培育。

宋亦兵，中国科学院广州生物医药与健康研究院信息情报中心主任，高级工程师。参与国家、广东省、市级项目28项，作为项目负责人主持项目6项，参与发表论文12篇。主要研究领域包括学科情报分析、产业情报分析。

潘光锦，中国科学院广州生物医药与健康研究院副院长，华南干细胞与再生医学研究所研究员、博士、博士生导师。中国科学院"百人计划"入选者，"广东特支计划"科技创新领军人才，国家重点研发计划首席科学家。迄今共发表第一或通讯作者论文31篇，其中以通讯（含共同）作者在 Nature Methods、Nature Communications 等杂志发表论文23篇。获得授权专利3项（含国际专利1项）；获批国家自然科学奖二等2项、广东省自然科学奖一等奖1项、中国科学院杰出科技成就奖（突出贡献者）等。主要研究领域包括高效获得具有潜在应用价值的功能性细胞、人多能干细胞命运转变调控。

"人工辅助验证智慧安保系统"带动民航智能安检模式的变革

石 宇　周祥东　程 俊　王立军　罗代建　郭 涌　杨恩鹏　张丽君
韩 禄　李正浩　张长城

（中国科学院重庆绿色智能技术研究院）

摘　要

　　近年来，随着民航机场客流量激增，原有安检模式面临极大的压力，已对我国民航"由大到强"的发展目标构成阻碍。本文首先简述了民航安检发展历程及国内外发展现状，然后详细介绍了中国科学院重庆绿色智能技术研究院在民航安保智能化发展方面的创新成果——"人工辅助验证智慧安保系统"。该系统融合多种先进技术及理念，在中国民航局各单位和中国科学院"弘光"专项的支持下，已在呼和浩特白塔国际机场应用示范，取得了显著成效，其系统及流程已获得官方批复，授权以人工辅助验证岗代替原有人工验证岗，带动了中国民航新一轮的智能安检模式变革。

关键词

　　机场安检；生物识别；安检数据链

Abstract

　　With the surge of civil aviation airport passenger traffic in recent years, the airport security and screening mode is under great pressure, which has become an obstacle for achieving the target to become a great power in civil aviation industry. This paper first outlines the progress and trend of civil airport security screening inside China and abroad. Then, it explains in detail the innovative achievement of the Chongqing Institute of Green and Intelligent Technology, Chinese Academy of Sciences in the intelligentization of civil aviation security – "Smart Security System with Manually Assisted Verification". The system integrates various advanced technologies and innovative ideas. With the support from the Civil Aviation Administration of China (CAAC) and the Chinese Academy of Sciences (CAS), and the support of Hongguang Special Project, the system is applied to Hohhot Baita International Airport, achieving great success. The system and the operating procedures have been approved by the authorities, authorizing the use of manually assisted computerized verification to replace the original manual verification, which has started a reform of the airport security mode in China.

Keywords

　　Airport Security Screening; Biometric Recognition; Screening Data Chain

1　引言

　　航空安检的目的是防止对航空活动的非法干扰，维护航空运输安全。具体到民用航空，安检行为涵盖"对乘坐民用航空器的旅客及其行李、进入候机隔离区的其他人员及其物品，以及空运货物、邮件的安全检查；对候机隔离区内的人员、物品进行安全监控；对执行飞行任务的民用航空器实施监护"[1]。

机场安检是维护空防安全的重要手段，其工作效率关系着整个民航工作体系的效能。目前机场安检"以人工为主"，安检人员数量多，超过机场工作人员的50%，培训管理难度大；员工工作强度大，在长时间和高强度的工作环境下容易出错；人工搜身、开箱检查等安检方式容易导致旅客对目前安检流程的满意度不高。因此，民航局按照国务院要求，主动适应形势，成立民航安检专项工作专家团队，积极推动新一代民航安检技术设备和安检流程的研究，有效提升机场安检的安全裕度、降低人为差错率、减轻员工工作强度、改善旅客满意度、优化资源配置。

2016年年底，民航安检模式创新专家组提出了"创新安检模式、优化安检流程，积极利用先进技术，加强对重点人、重点物品的检查，提高安检准确率和效率"的工作要求。在随后的两年多时间里，中国科学院重庆绿色智能技术研究院与民航相关部门和单位开展了一系列技术集成创新和验证工作，并与中国民航管理干部学院、国际民航组织亚太地区安保培训中心联合研发了"人工辅助验证智慧安保系统"。该系统在民航局各单位和中国科学院"弘光"专项的支持下，已应用于呼和浩特白塔国际机场，并取得了显著成效。

1.1 民航安检发展历程

民用航空安全检查是反航空恐怖袭击事件的产物，长久以来，其演进是事件驱动的。自1930年秘鲁发生世界上首起劫机事件至今，全球劫机、炸机事件已不下千起。为应对各类趋于隐蔽化、高科技的飞行安全隐患，民航安检工作也随之调整。自20世纪70年代初开始，各类极端组织陆续制造了数以千计的暴力恐怖事件，航空安全形势趋于严峻。随后，为保障飞机和旅客的安全，以英国、美国为首的发达国家先后把登机前进行的相关保障措施规范为安全技术检查，并迅速推广到全球各国。2001年，美国"9·11"事件发生后，世界各国都对空防安全予以前所未有的关注，在全球范围内，机场安检全面升级，民航业这才将空防安全的重点聚焦到机场安全检查这一地面环节上。随后，2001年12月发生鞋内炸弹事件，此后机场安检就增加了脱鞋检查的新规；2006年液体炸弹风波后，机场对携带液体登机出台了严格的限制规定；在2009年圣诞节飞机恐怖袭击事件爆发后，美国机场开始广泛使用人体扫描成像安检门，并不遗余力地向各国推广（见图1）[2]。

我国民航在成立之初就非常重视航空安全，1957年，时任总理周恩来对民航下达了"保证安全第一，改善服务工作，争取飞行正常"的重要批示。之后，随着国内外航空安全形势的变化，我国民航安检经历了与其他国家类似的历程。

在各国机场，旅客安检工作主要是由人工辅以安检设备来进行的。安检岗位按服务内容划分包括以下流程：防爆、基础（维序）、验证、前传、人身检查、X光机判图、开箱/包检查、登机口核验等。数十年来，该流程实现了安检既定的目标，保障了民航运输的安全。

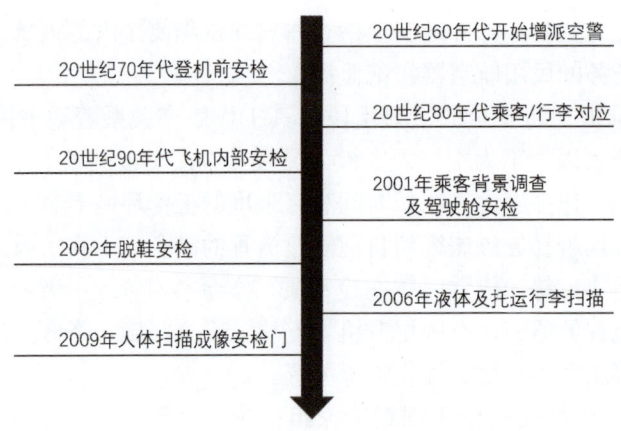

图 1　民航安检整改历程

1.2　安全与效率的权衡

随着经济的发展，航空客流量与日俱增，国际航空运输协会（IATA）预测，到 2037 年全球航空客运量将翻倍[3]。以我国为例，从 2014 年到 2018 年，我国民航旅客运量每年都在以超过 10% 的速度增长（见图 2）[4,5]。随之而来的是机场安检压力也逐步凸显，一方面是客流增大导致的相对安检资源不足，另一方面是由安检导致的旅客在安检区的停留时间较长。根据 Travel Leaders Group 在 2015 年的调查，仅有 11.6% 的消费者对安检方式做出负面评价，而 55.6% 的消费者对安检等候时间不满意[6]。由此可见，旅客在安检区的停留时间是影响旅客出行体验的重要因素。2017 年 10 月，国际航空运输协会（IATA）和国际机场协会（ACI）发布了 NEXTT 项目，该项目旨在利用新技术，打造乘客身份认证和乘客流管理的"关键数据支柱"，从而减少乘客在机场值机和安检处的停留时间。这一项目昭示了民航安检的新动向——以技术为驱动，以服务为导向，提升安检效率，重塑安检体验。

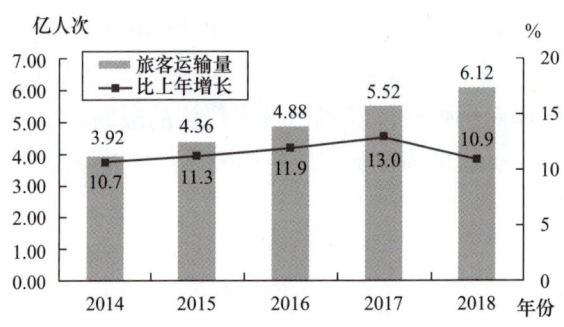

图 2　2014—2018 年民航旅客运输量

1.2.1　安检信息系统——差异化安检

美国自 1998 年起先后实施了以旅客分级、差异化安检为特征的安检信息系统：CAPPS、CAPPS Ⅱ、Secure Flight、PreCheck 等[7]。其中，美国运输安全管理局（TSA）

开发的 PreCheck 系统通过对预检为低风险旅客提供快速的安全检查，提升安检体验，自 2011 年 10 月起在美国推广实施，截至 2016 年 1 月，已应用于美国的 150 多个机场。

此外，2014 年，美国联邦海关和边境保护局（CBP）开发了名为"全球通关"（Global Entry）的快速通关计划，在与之合作的机场和航空公司设有专门的"全球通关"通道，使用该计划的旅客入关时可以快速安检，不用和普通旅客一起排队，不用脱鞋、解腰带、脱外套，也不用将计算机等物品从包里取出来扫描。

我国民航差异安检主要在两个层面实施——机场和旅客。在机场层面，民航局针对不同时期将安检等级划分为四个级别，每个级别对应不同的安检措施；在旅客层面，2018 年 4 月民航局发布了《关于开展民航旅客差异化安检模式研究试点的通知》，确定了受检对象差异化、安检技术差异化和安检流程差异化三个关键要素。对于安全信用较好的常旅客可直接进入"快捷通道"，节约旅客安检等候和检查时间，进一步提高安检效率，提升旅客体验。

1.2.2 基于智能身份识别的自动化通关控制

自动化通关控制系统（ABC System）是借助计算机技术，对指纹、虹膜、人脸等生物特征进行比对，从而确定旅客身份放行通关的自动化控制系统。将该系统运用于民航旅客安检的验证环节可以有效提高验证准确性和验证速度，目前已应用于全球众多机场。研究显示，截至 2013 年，全球已有数十家大型机场开始应用该系统[8]。

我国民航始终关注新技术研究与应用的进展。2016 年，中国科学院重庆绿色智能技术研究院与民航相关部门和单位开展了人脸识别辅助验证系统的联合研究，逐步实现了在机场环境下对旅客人脸识别率的大幅提升，随后开展了大范围的试用。截至 2019 年年初，相关成果已累计应用于全国 70 个民航机场。

1.2.3 旅客人身检查设备

近年来，太赫兹波/毫米波因其对人体无害，且具备极宽波谱的特性，几乎能穿透所有非液态非金属物质，无须搜身就能发现违禁品，被安检行业视为新一代人体成像技术。美国在 2009 年圣诞节飞机恐怖袭击事件爆发之后便开始极力推广以太赫兹技术为基础的人体扫描成像安检门。我国民航局于 2018 年 6 月颁布了《民用航空毫米波人体成像安全检查设备鉴定内控标准》《民用航空毫米波人体成像安全检查设备违禁物品探测能力测试程序》，正式将毫米波人体成像设备纳入中国民航安检设备序列。

1.2.4 行李检测设备

在 1972 年 Peil 注册"行李检测设备"之前，行李检查一直采用单一的人工开箱方式操作[9]。在此后近半个世纪，行李的安检均基于 X 光类设备。目前，欧盟国家采用多视角 X 光设备，而美国机场则选用 CT 技术作为行李爆炸物自动探测系统。这两项技术都可以实现 3D 箱包影像成像，乘客在安全检查时不再需要将笔记本电脑和其他电子设备从随身携带的行李中单独拿出来，可以在一定程度上加快物检速度[10]。

1.3 新一代智能安检促进计划

2013年国际航空运输协会（IATA）和国际机场协会（ACI）共同提出了Smart Security促进计划，并获得国际民航组织（ICAO）的支持[11]。经过数年的研究，该计划日趋完善，正逐渐成为全球民航安检系统的风向标。目前，其改进建议包括：安检点实时监控分析，现场对旅客进行个体风险评估；利用生物识别技术和RFID技术对目标进行追踪，在旅客无感知的情况下，根据不同风险级别来确定下一步的安检流程；集中式判图，使判图员在无干扰环境下作业，并将可疑行李自动分离至通道内的开包点；使用痕量爆炸物探测设备提升安检爆炸物探测能力等。

2 人工辅助验证智慧安保系统

为响应民航局"创新安检模式、优化安检流程，积极利用先进技术，加强对重点人、重点物品的检查，提高安检准确率和效率"的要求，中国科学院重庆绿色智能技术研究院以先进理念和技术作为支撑，充分利用人脸识别、机器学习等人工智能新技术，结合现有视频监控、声光报警等传统设施设备，充分发挥大数据优势，打造了以数据为核心、质量为目标、效率为导向的"人工辅助验证智慧安保系统"。

2.1 人工辅助验证智慧安保系统介绍

人工辅助验证智慧安保系统以人脸识别为核心技术，有效利用旅客身份信息、面部信息、航班信息，实现旅客从安检到乘机过程一次刷证、全程"刷脸"的高效通关，在人证票验证、安检通道复核、登机口快速通关、中转联程和经停等乘机流程中，提供舒适、便捷、高效的安检服务，促进了机场安全裕度、运行效率和旅客满意度的提升，带动了民航安检的智能化变革。

2.1.1 人脸识别技术

人脸识别技术是一种基于人的脸部特征信息进行身份识别的生物识别技术。它借助摄像设备采集含有人脸的图像或视频流，利用计算机人脸识别算法进行图像检测和跟踪，进而达到识别、辨认人脸的目的。

人脸识别经过40年左右的发展，技术已较成熟，目前广泛应用于金融、司法、公安、边检、教育等领域。人脸识别技术相较其他生物识别技术具有以下优势：非接触性，用户不需要和设备直接接触；非强制性，被识别的人脸图像信息可以主动获取；并发性，即实际应用场景下可以进行多个人脸的分拣、判断及识别；检测成本低，仅需一个摄像头便可以完成信息采集，并足以满足后续运算需求。人脸识别技术的诸多优势决定了其广泛适用于机场安检和安保领域。

"人工辅助验证智慧安保系统"所使用的人脸识别算法主要包括人脸检测、人脸关键点检测、人脸质量评估、人脸纹理正规化、人脸特征提取和人脸特征比对六个模块，算法执行过程如图3所示。

图 3　人脸识别算法流程

1. 人脸检测

人脸检测的目的是检测出图像中存在的人脸，并把人脸所在的位置准确地框出来。该步骤算法以卷积神经网络为基础框架，利用不同层次、不同分辨率的卷积层获取图像中可能包含人脸的不同尺度候选区域，然后通过精细预测子网络对候选区域进行进一步的判断，丢弃非人脸并对人脸区域的坐标进行更精确的预测。

2. 人脸关键点检测

人脸关键点检测是在人脸检测的基础上，自动确定人脸各关键点的位置，如眼角、瞳孔、鼻尖、嘴角等。该步骤算法采用层数较少的卷积神经网络来同时进行关键点位置、可见度及脸部姿势的预测，并加入关键点置信度评价模块，在具有较高检测精度和速度的同时，还能实时评估所检测的关键点位置信息是否可靠。

3. 人脸质量评估

人脸质量评估主要是评估得到的人脸图像质量，以供后续模块选择。该步骤算法综合评定一张人脸图像的质量分数，将人脸图像输入到一个轻量级卷积神经网络中，利用多种实际因素的质量分数作为约束条件，得到一个从全方位考量的人脸图像质量分数。

4. 人脸纹理正规化

人脸纹理正规化是将不同光照、姿态或表情的人脸还原至良好光照、正面和无表情的人脸，减小待匹配人脸图片与注册人脸图片的差异，从而降低特征提取和识别的难度。该步骤算法提供一个端到端的、由数据驱动的纹理正规化网络和特征识别网络。

5. 人脸特征提取

人脸特征提取是将正规化好的人脸通过算法提取出能够代表该人脸的一个向量。该步骤是人脸识别的核心模块，其算法之优劣直接决定了人脸识别结果的准确度。我们的算法（见图 4）基于深度卷积神经网络，通过融合人脸多尺度特征信息，获取高层语义特征表达，提升人脸特征的区分性。模型训练过程采用人脸图像三元组作为输入，充分利用分类损失函数和排序损失函数的互补性，促使同一个人的人脸特征表达具有更高的相似性，不同人脸的特征表达相似度更低。

6. 人脸特征比对

人脸特征比对就是将待识别图片的特征和目标图片的特征进行比对，判断两张图像是否相似，并返回相似度分数。该步骤（见图 5）通过领域自适应算法缩小不同场景图像之间的数据分布差异，将不同场景的人脸图像映射到同一个具有更好表达能力的特征空间进行比较，进而在新的特征空间中最大化不同类别样本之间可区分性的同时，最小化同类样本之间的差异性，保证同一个人的人脸特征表达具有更高的相似性分数，不同人脸的特征相似性分数更低。

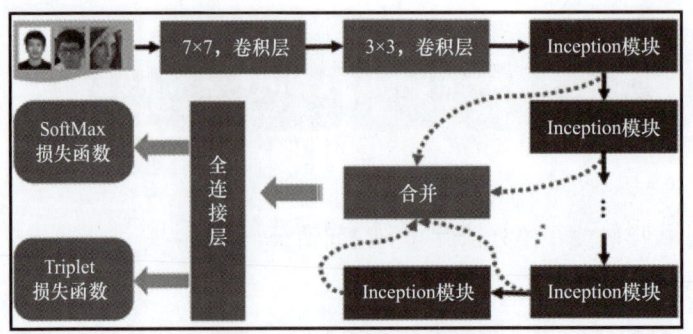

图 4　人脸特征提取算法流程

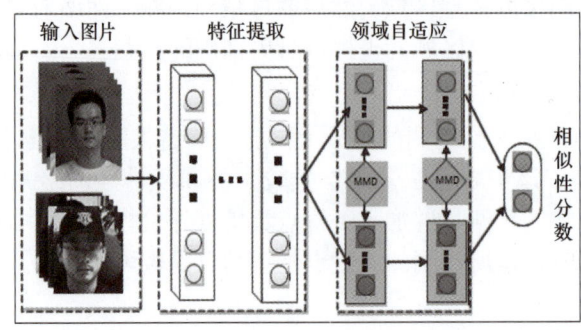

图 5　人脸特征比对

2.1.2　系统架构

在系统架构层面，人工辅助验证智慧安保系统分服务器端、识别前端和查询服务端三个部分（见图6）。

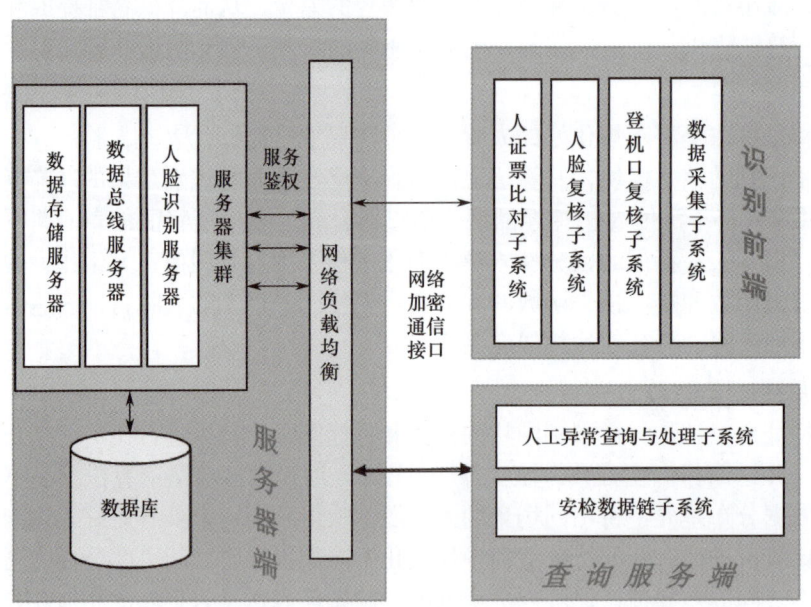

图 6　系统架构

1. 服务器端

服务器端由人脸识别服务器、数据总线服务器、数据存储服务器等组成的服务器集群构成，通过网络加密通信接口为前端识别系统和服务查询系统提供服务。数据存储服务器通过加密算法对保存的数据进行加密，防止信息泄露。服务器集群由网络负载均衡完成网络请求的动态分发，保证服务器快速响应和对资源的合理、平均分配。服务器通过统一的服务鉴权接收或拒绝外部发起的访问请求，有效拒绝非法访问。

2. 识别前端

识别前端由人证票比对子系统、人脸复核子系统、登机口复核子系统、数据采集子系统等组成。这些子系统在前端通过摄像头完成人脸检测、人脸寻优、特征提取等功能，上传到服务器端进行信息的综合判别，服务器端将结果返回后再由这些子系统进行现场的逻辑处理工作。人证票比对子系统在验证区验证旅客人、证、票的一致性，验证成功后插入相应人脸库；人脸复核子系统在安检通道通过人脸建库信息对旅客进行非接触式复核，以确定旅客是否通过验证环节；登机口复核子系统验证旅客是否通过安检验证及复核环节、是否本次航班旅客，防止未验证旅客及非本航班旅客登机；数据采集子系统对经停、中转旅客进行信息采集，便于在登机口进行人脸复核。

3. 查询服务端

查询服务端分为人工异常查询与处理子系统和安检数据链子系统。人工异常查询与处理子系统主要用于当识别前端出现异常时，由人工通过旅客登机牌或身份证进行查询和处理的情况；安检数据链子系统包括了对所有全流程信息数据的分布式存储，并提供全方位、多角度、多条件的查询、统计、分析及预测功能，为机场事后查询、原因分析、事前预判与合理资源分配提供有力依据。

2.1.3 系统功能模块

按照安检流程涉及的控制环节，该系统主要使用在验证、安检、登机三个区域（见图7），一共包含六大模块。

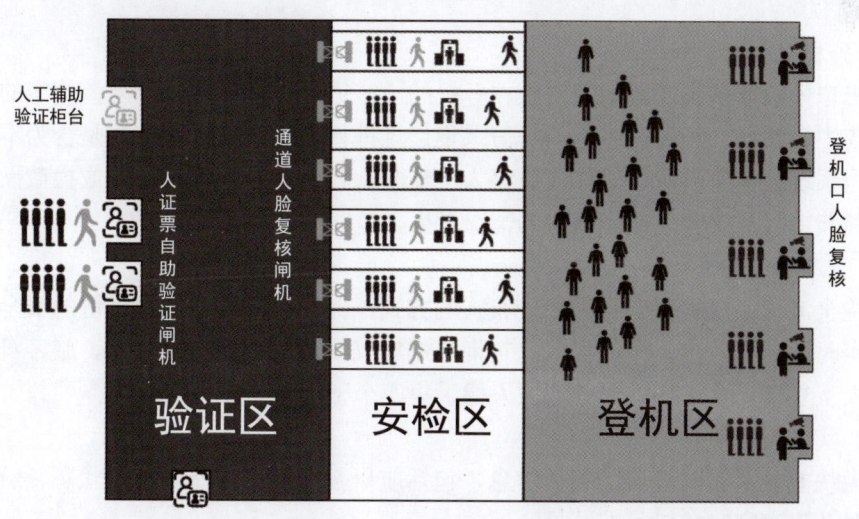

图7 旅客安检通关流程

1. 第一步：验证

1）人证票自助验证闸机

人证票自助验证闸机能通过读取旅客有效证件，比对该旅客所使用证件是否是本人、是否已经值机，如果比对不成功，旅客需要走人工辅助验证柜台通道对人证票进行人工验证。该系统可有效进行旅客身份信息提取，旅客值机信息核对，旅客人脸信息采集，并核验其身份信息，能有效确保每一位进入安检待检区的旅客都已正确核对人证票信息，防止人员违规尾随进入，提高旅客通行效率，增强机场安全保障。

工作人员能根据旅客排队情况，调整人证票自助验证闸机开启的数量，控制安检通道的验放速度。

2）安检人脸辅助验证终端

安检人脸辅助验证终端设置在人工辅助验证柜台，通过安检员人工辅助读取身份证信息，系统会自动进行旅客的人脸采集和证件照片的比对识别，拦截无效证件人员和黑名单人员，同时可进行人员回查、历史记录查询、视频显示切换等功能，实现旅客安检验证工作的高效、智能、便捷。

3）中转联程/经停/备降旅客身份采集终端

以中转联程、经停、备降方式到达机场隔离区的旅客，通过旅客身份采集终端进行人脸识别，采集旅客相关身份信息，为旅客下一程登机提供登机复核的身份信息依据。

2. 第二步：安检

安检通道人脸复核闸机是配合人证票自助验证闸机或安检人脸辅助验证终端协同使用的智能通道一体化系统模块。旅客在安检通道口的复核闸机依次排队，系统自动对即将进入通道的旅客进行复核，判断旅客是否已经经过第一步的安检验证流程，避免发生遗漏，若复核失败，则进行人工处理。

工作人员可根据旅客排队情况，切换安检通道人脸复核闸机的启停状态，控制旅客通行速度。

3. 第三步：登机

1）登机口人脸复核终端

登机口人脸复核终端能通过对正在登机的旅客进行人脸识别，并与该旅客的安检验证信息或中转联程、经停、备降的身份采集信息进行比对，判断该旅客是否为本次航班旅客。当系统复核失败时，工作人员将人工核验旅客信息，并进行放行或拦截操作，有效防止漏验，以及旅客走错登机口的情况发生。

2）全流程信息查询终端

安检全流程信息管理储存采用分布式的方式，保证了安检信息数据链的安全性、准确性、实时性及有效性。全流程信息查询终端集成了实时航班信息显示、旅客身份及安检状态人工复核、全流程记录查询及人像采集四个子模块（见图8）。

（1）实时航班信息显示。

该模块能显示实时航班的相关信息，包括航班基本信息、航班登机状态、航班旅客人数情况及旅客实时登机复核结果。

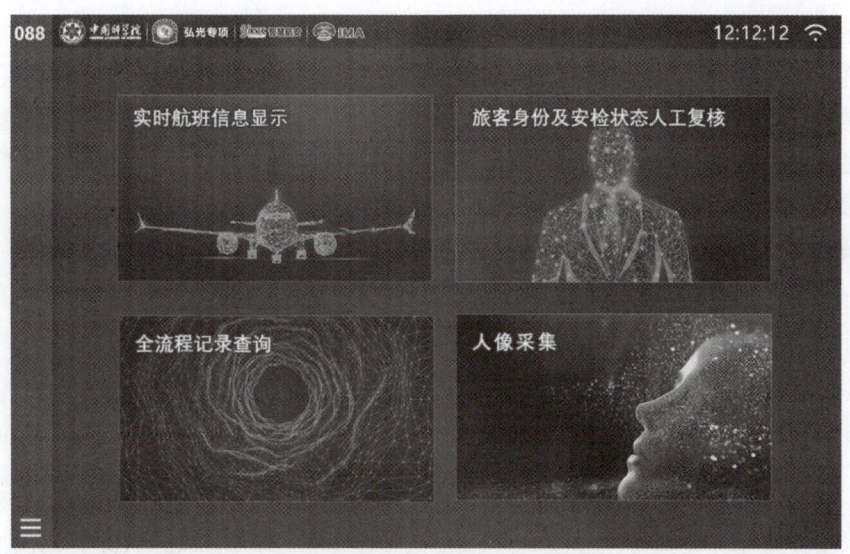

图 8　全流程信息查询终端界面

（2）旅客身份及安检状态人工复核。

该模块用于人工快速复核旅客身份及安检状态。当旅客在登机口系统复核失败时，工作人员可通过该模块扫描当前旅客登机牌或身份证，对旅客身份信息及安检状态进行查询，人工判断该旅客是否为本航班旅客及该旅客的安检状态是否完整，并进行相应的放行或拦截操作。

（3）全流程记录查询。

系统通过对旅客实时数据的智能化分析整理，把旅客登机需要的相关各种验证、复核、采集信息推送至对应登机口进行全流程记录。该模块能综合查询当日内当前登机口登机旅客的安检、中转、经停或备降记录。

（4）人像采集。

该模块配合旅客身份采集终端协同使用，用于人脸识别采集经停、备降旅客相关身份信息，为旅客下一程登机提供登机复核的身份信息依据。

2.2　带动民航安检模式变革

人工辅助验证智慧安保系统利用人证票自助验证闸机、通道人脸复核闸机、登机口人脸复核等智能化功能模块形成了一种全新的全流程智能安检模式，改变了机场现有安检模式，能有效增强机场安检的安全裕度，提升安检效率，节省人力成本，带动了民航安检模式的变革。

2.2.1　民航安检模式现状

民航机场现有安检模式已经具备信息化基础，但仍需要大量的人工操作，如在安检通道、登机口等处仍是安检员、地服人员人工核实旅客身份，该模式已成为民航智能化高速发展的瓶颈。目前现有安检模式缺乏成熟智能系统的支撑，民航机场的安检和验证流程大多属于人工验证，仅仅对乘客的机票信息和身份证、护照信息等信息进行人工验证和处理,属于"验票"管理的范畴,而不能有效地对乘客的身份进行确认,做到"验人"管理。而且待检旅客自身情况复杂,目前安保技术手段不足,管控信息反馈不及时、不精准,增加人力亦无法有效提升安保水平,从而易出现安保漏洞。而随着航空业的迅速发展,机场客流量和航班量的急剧上升,易出现安检人员配备不足、工作强度大、人的体力精力有限等问题。

2.2.2 人工辅助验证智慧安保系统与现有安检模式流程对比

人工辅助验证智慧安保系统安检模式的流程:①旅客到达机场完成值机后,不需要打印登机牌,只需持身份证经预安检口人证票认证闸机验证,根据闸机提示去排队人数较少的安检通道;②进入安检通道后,安检通道动态人脸复核系统将对旅客进行自动复核,对未经过预安检口人证票验证的旅客进行拦截或报警;③通过人脸识别,将旅客身份与行李托盘及旅客行李进行绑定,实现人包对应及随身行李信息的快速回查;④旅客到达登机口后,不用出示任何证票,通过登机口动态人脸验证系统即可快速通过登机。

现有安检模式的流程:①旅客到达机场完成值机后,打印登机牌,排队等待安检,引导员人工引导旅客去排队人数较少的安检通道;②前传岗位安检员人工检查旅客登机牌和身份证相关信息,人工比对,验证旅客人证票是否一致;③旅客身份与旅客行李未进行绑定,若要确定行李归属,只能通过人工方式逐个排查安检通道的监控视频;④旅客到达登机口后,需要旅客出示登机牌,人工核验通过后方可登机。

现有安检模式流程存在的不足:①值机时打印登机牌存在登机牌不环保、旅客排队耗时、增加机场地服人员工作量等问题;②旅客排队等待安检,安检员人工比对验证人证票是否一致,长时间工作会导致安检员视觉疲劳,无法保证验证的准确性和效率,易导致漏验问题;③安检引导员人工引导旅客去排队人数较少的安检通道,存在引导员对排队长度估计不准确,导致某些队伍排队过长的问题;④利用安检通道的前传岗位安检员人工检查旅客登机牌相关信息,由于安检通道比较拥挤和繁忙,安检员易出现漏验问题;⑤通过人工逐个排查安检通道监控视频来对应旅客与行李,存在回查速度慢、准确率低的问题;⑥登机口人工核验旅客身份登机,存在旅客交换登机牌乘机、旅客上错飞机等问题。

人工辅助验证智慧安保系统与现有安检模式的流程对比如图9所示。

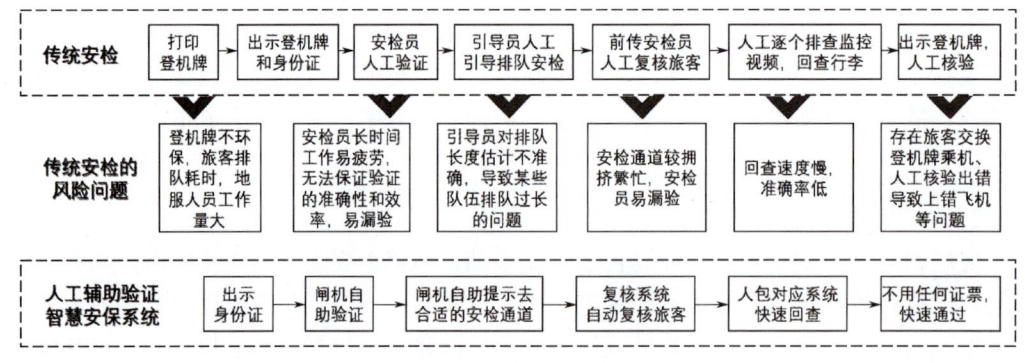

图9 人工辅助验证智慧安保系统与现有安检模式的流程对比

人工辅助验证智慧安保系统与现有安检模式在实际应用中的优劣势分析如表1所示。

表1　人工辅助验证智慧安保系统与现有安检模式在实际应用中的优劣势分析

人工辅助验证智慧安保系统	现有安检模式
优势：非接触性，旅客不需要和设备直接接触，被识别的人脸图像信息可以主动获取，且旅客只需展示一次身份证，后续即可刷脸通过复核及登机，明显提升旅客体验	劣势：每个节点都需展示身份证或登机牌等证明，过程烦琐，旅客体验不太理想
优势：客观性，降低对人为因素的依赖性，过检效率和准确率高	劣势：核验工作主要依靠安检人员主观判断，人员易受到工作状态和业务能力影响
优势：信息采集数据化，有利于日后进行精细旅客管理及人员管理	无
优势：低成本，仅需一个摄像机便可以完成信息采集，并足以满足后续运算	劣势：人力成本高，且高峰期时段人员工作量大，工作质量参差不齐，安全问题存在隐患
优势：验证复核识别率高，可弥补现有模式可能产生的漏验等问题	无
劣势：特殊人群无法通过自助验证闸机	优势：人员可以灵活处理异常情况，敏捷应对突发事件
劣势：旅客的习惯养成需要一定的时间成本和开放的心态	优势：旅客已熟悉并习惯现有安检模式的流程

2.2.3　人工辅助验证智慧安保系统的特点

人工辅助验证智慧安保系统将以新技术手段彻底改变传统民航机场的手工安检环节，形成一种全新的全流程智能安检模式，实现民航机场安检的全流程智能通关，提升机场安全水平，提高通行效率，降低通行成本，提升服务质量，达到以试点促创新，以试点促改革的效果。

人工辅助验证智慧安保系统安检模式具有以下优势：①综合利用航班及旅客身份信息，以旅客人脸信息作为电子验讫凭证，可避免旅客因丢失登机牌或手机等引起的凭证缺失而无法登机的情况发生；②人证票自助验证闸机利用人脸识别技术自动比对旅客身份，可增强安全裕度，提升安检效率，节省验证岗位人力成本；③利用闸机自助提示功能，智能引导旅客去往合适的安检通道，可提高安检通道利用率；④安检通道及登机口的旅客自动复核可有效避免因人为因素导致的漏检；⑤人包对应可提高行李过检效率，对异常风险旅客实施强化检查。

人工辅助验证智慧安保系统在机场的实际应用可实现以下目标。

1）智能系统高效管理

人工辅助验证智慧安保系统的应用将进一步深化机场分区、分等级安保管理的理念，加强对乘机旅客的身份检查，有效管控隔离区人员，使安保工作更加高效、深入。

2）安检范围覆盖全面

人工辅助验证智慧安保系统形成的全流程智能安检模式将进一步提升安检效率，通过自助验证、人工辅助验证、人脸复核、登机复核等多种方式,实现旅客安检过程的智能全覆盖,降低对人为因素的依赖性。

3)旅客感受提升显著

人工辅助验证智慧安保系统形成的全流程智能安检模式通过非接触方式进行人脸的采集、验证及信息复核,提供了更加高质量、高效率的业务流程,省去了现有模式的烦琐、复杂的通行流程,在极大程度上提高了旅客通行效率,节省了旅客通行时间,使旅客体验更加便捷,旅客出行满意度将显著提升。

4)人力资源配置优化

引入系统工作方法,通过系统指导人力资源的优化配置,在不增加成本的前提下,为安检配备专门的应急力量打下基础,创建科学、有效、可靠的安检工作机制。人工辅助验证智慧安保系统的使用可有效降低安检工作人员的工作强度,帮助其提升工作效率,可节省人力成本,使人力资源安排更加灵活、合理。

3 人工辅助验证智慧安保系统应用验证

2019年年初,经民航局正式批复,人工辅助验证智慧安保系统已在呼和浩特白塔国际机场所有安检通道全面试运行(见图10),并在北京首都、上海浦东、广州白云、长沙黄花等国际机场部分通道试运行,是目前唯一一个民航局正式批复并试运行的全流程"刷脸"安检通关系统。该系统的应用有力地推动了民航智慧安检变革,推进了我国智慧机场建设进程,为民航强国的建设战略做出了实质性科技贡献。现将其在呼和浩特白塔国际机场的应用示范成效总结如下。

图10 呼和浩特白塔国际机场安检入口

3.1 呼和浩特白塔国际机场应用示范分析

人工辅助验证智慧安保系统在呼和浩特白塔国际机场的应用示范主要包括人证票自

助验证、安检通道人脸复核和登机口人脸复核等部分。

3.1.1 人证票自助验证

1）安装部署环境

人证票自助验证系统即双门多通道人证票自助验证闸机，设置于该机场每两个值机岛中间靠近安检区位置。

闸机通道数量根据其所包含的安检通道数量而定，按照规定，目前呼和浩特白塔国际机场现场部署4组闸机，共计8条自助验证通道。

闸机距离安检通道口位置需预留一定区域，并设置硬隔离设施形成验证区。

2）人员配备标准

自助验证闸机设置维序岗，设备运行时每组闸机配备维序员1名，引导旅客正确使用自助闸机。维序员应当熟悉设备使用规范，做好日常检测，确保设备正常运行。

3）运行数据分析

通过对该系统实际运营情况的测试，在人证票自助验证闸机人证环节，人证比对通过率均不低于99.56%，单人通过闸机平均时间为4.74秒，真尾随报警率稳定在100%，如表2所示。

表2 人证票自助验证闸机服务器运行数据

日期	待通过自助验证闸机人数（刷身份证人数）（人）	值机验证成功人数（通过A门人数）（人）	人证比对通过人数（通过B门人数）（人）	人证比对通过率	单人通过闸机平均时间（秒）	真尾随报警率
2019-05-14	13752	12845	12800	99.65%	4.73	100%
2019-05-15	14779	14477	14423	99.63%	4.79	100%
2019-05-16	14911	14529	14465	99.56%	4.68	100%
2019-05-17	15401	15034	14987	99.69%	4.82	100%
2019-05-18	14513	13972	13913	99.58%	4.70	100%
2019-05-19	14559	13996	13949	99.66%	4.87	100%
2019-05-20	15276	14762	14706	99.62%	4.74	100%
2019-05-21	14430	14022	13971	99.64%	4.76	100%
2019-05-22	14936	14449	14403	99.68%	4.82	100%
2019-05-23	14748	14340	14290	99.65%	4.88	100%
2019-05-24	15457	15041	14999	99.72%	4.81	100%

3.1.2 安检通道人脸复核

1）安装部署环境

系统设备放置于旅客安检通道口，包括单门安检复核闸机和安检信息查询终端。

2）运行数据分析

根据机场实测数据可得，安检通道人脸复核闸机的复核通过率均不低于99.79%，人工放行比例不超过0.2%，真尾随报警率稳定在100%，如表3所示。

表 3　安检通道人脸复核闸机服务器运行数据

日期	入库总人数（人）	人脸复核成功人数（人）	人工复核放行人数（人）	人脸复核通过率	真尾随报警率
2019-05-14	15059	14584	15	99.90%	100%
2019-05-15	16449	16054	33	99.79%	100%
2019-05-16	16346	15859	16	99.90%	100%
2019-05-17	16931	16412	14	99.91%	100%
2019-05-18	16322	15800	6	99.96%	100%
2019-05-19	15787	15376	14	99.91%	100%
2019-05-20	17071	16369	21	99.87%	100%
2019-05-21	15851	15071	21	99.86%	100%
2019-05-22	16459	15465	24	99.85%	100%
2019-05-23	16511	12376	6	99.95%	100%
2019-05-24	17074	15708	6	99.96%	100%

同时，在该环节平均过检旅客 157 人，旅客平均排队 7.15 分钟左右，如表 4 所示。

表 4　旅客过检服务器运行数据

日期	旅客平均排队时间（分钟）	复核入库人数（人）	平均过检旅客数（人）
2019-05-14	6.54	14584	147
2019-05-15	6.54	16054	165
2019-05-16	6.54	15859	146
2019-05-17	8.06	16412	157
2019-05-18	7.86	15800	159
2019-05-19	6.85	15376	163
2019-05-20	8.28	16369	141
2019-05-21	6.59	15071	163
2019-05-22	7.31	15465	161
2019-05-23	7.3	12376	162
2019-05-24	6.78	15708	164

3.1.3　登机口人脸复核

1）安装部署环境

设备放置于机场候机楼登机口，每个登机口设置登机口人脸复核终端和全流程信息查询终端。

2）运行数据分析

通过对登机口验证环节单日数据的分析，我们发现，单日登机口智能通关系统的平均综合通过率为 84.30%，如表 5 所示。

表5 登机口快速通过验证统计结果

×××××× (某航班) 时间:2019年×月×日		
总登机人数	143	离港信息系统显示HET始发:143人(婴儿0,儿童0) 经停:0人
系统记录人数	134	系统记录人数=安检信息系统值机人数+(急转柜台、中转柜台、经停柜台)采集人数 安检信息系统查询到人数:127人;中转:7人;经停:0人
建库人数	121	建库人数=安检通道入库+(中转、经停)入库 通过安检通道入库人数:114人 通过中转入库人数:7人
人数差值	13	13名旅客采集时未检测到人脸
识别通过	102	—
识别未通过	26	1. 未能在验证环节采集到旅客有效人脸信息 2. 旅客侧脸导致识别分数低于阈值
未检测到人脸	15	VIP通道未检测到人脸、旅客侧脸、低头看手机、遮挡
综合通过率	84.30%	综合通过率=识别通过数/建库人数
中转通过率	71.43%	中转通过率=中转已识别人数/建库人数中中转人数
经停通过率	无	经停通过率=经停已识别人数/建库人数中经停人数

由以上数据分析可见,通过闸机、人工辅助、通道复核、登机口复核四道分步式验证流程的有机结合,将耗时长的单一人证比对验证分散为多步骤、差异算法的流程式验证,利用前三个验证环节可获得增益的旅客行为数据,为进一步的风险分析提供了有效的数据支撑,不但提高了安检验证的质量和可靠性,同时也为旅客提供了更优质、高效的通行服务。

综上所述,人工辅助验证智慧安保系统能够避免人为因素带来的验证工作质量不稳定情况,有效防范旅客冒用证件进入隔离区。同时,在安检通道、登机口部署人脸识别复核系统,可有效防止漏验、跳机跳票情况出现。该系统对中转、经停旅客身份进行全方位记录,对呼和浩特机场所有旅客的身份进行复核,大大提升了安保水平,实现了防控范围的全覆盖。在旅客熟悉自助验证流程后,只需配备少量现场秩序维护人员即可保证安检验证流程顺利完成。目前一组人证票自助验证闸机平均通行时间为6秒,能极大地提升人证比对效率。现有6秒的通过时间为试用阶段测试的平均时间,旅客熟悉度增加及后续闸机流程优化,能将通行时间缩短至5秒,使其效率达到最高。安检通道、登机口均采用无感知识别方式,旅客以步行速度即可完成复核,在提高安全性的情况下,旅客可以快捷、高效地通过安检。

3.2 应用示范服务成效

人工辅助验证智慧安保系统在机场的应用有效地促进了机场安全裕度、运行效率和旅客满意度的提升,其全流程智能安检改变了长期以来机场原有以人工核验为主的安检模式,节省了人力成本,为我国机场智能安保奠定了良好的基础,这将有力地助推民航安检、安保的智能化变革。人工辅助验证智慧安保系统在机场应用示范达到了"三个提高""两个降低"的成效。

3.2.1 三个提高

一是提高空防安全裕度。人工辅助验证智慧安保系统的安检通关模式进一步提升了安检流程管控能力。通过增加多种复核的通关模式,扩大了安检核验的覆盖范围。加强了对乘机旅客的身份检查,对登机旅客进行了有效管控。提高了人证识别准确率,降低了对人为因素的依赖性。通过与安检信息管理系统互通融合,前置布控人员管理等一系列功能优化,实现人防、技防高度融合,有效提升了机场的安全管控裕度。

二是提高安检运行效率。通过运行数据可以看出,各项数值较传统人工模式大幅提升。人证票自助验证闸机每条通道平均验放旅客时间在 6 秒左右,比传统人工验证的 12 秒到 20 秒,节约了 6 秒到 14 秒。通道前旅客排队平均等候时间由以往的 8.8 分钟缩短到 7.15 分钟,平均缩短了 1.65 分钟。旅客平均过检速度由之前的 129 人/小时提高到平均 157 人/小时,提升了 28 人/小时。

三是提升了旅客过检感受。人工辅助验证通关模式通过"无接触式"安保对旅客进行自动人脸的采集、验证及信息复核,省去了传统人工模式烦琐、复杂的通行流程,旅客验证不再被上下"打量",大大节省了旅客通关时间。更为重要的是,旅客"无感知"体验更加舒适,极大地提升了旅客过检感受,必将提升旅客出行的满意度。

3.2.2 两个降低

一是降低旅客安检投诉概率。人工辅助验证智慧安保系统安检通关模式的改变,减少了验证岗位工作人员对旅客验证环节的干预度,旅客由"被动式验证"变为"自助式验证",旅客对安检通关服务的体验得以改善,对安检流程不满意的情况大幅度减少,有效降低了旅客对安检投诉的概率。

二是降低人工成本。人工辅助验证智慧安保系统工作流程的实施,可指导人力资源的优化配置,在不增加成本的前提下,创建科学、有效、可靠的安检工作机制。通过部分取消验证柜台、减少验证安检员配置、人工辅助系统验证,降低了工作强度,提升了工作效率,为机场节约人力成本提供了实实在在的技术支撑。

4 总结与展望

中国民航已踏上智慧化转型的新征程,正向着"平安、绿色、智慧、人文"四型机场的既定目标不断前行。人工辅助验证智慧安保系统仅是征途上的一"小站"。随着各类新技术的逐步成熟,将会有更多的先进技术汇入其中,可以预见的包括"作为引导的预排队系统""更为便捷的人包分流系统""更为人性化的无感安检"等。在这场由需求引领、技术推动的智慧化安检变革中,中国民航正经历着从跟随者到并行者、领跑者的角色转变。在未来,中国民航将继续努力,综合运用生物识别、人工智能、大数据分析、5G 融合通信、物联网、云计算、GIS/BIM 等新技术，保证航空出行安全，着力实现旅客出行的舒适、便捷、高效，以智慧塑造民航业的全新未来。

参 考 文 献

[1] 中国民用航空总局. 中国民用航空安全检查规则 [S]. 北京：中国民用航空总局, 1999:1.

[2] 韩军. 应对危机：美国机场安检的新变化 [J]. 空运商务, 2010, 2010(13): 38-40.

[3] 国际航空运输协会. Passenger Experience & Facilitation [EB/OL]. [2020-03-28]. https://www.iata.org/whatwedo/passenger/pages/index.aspx.

[4] 中国民用航空局. 2018 年民航行业发展统计公报 [EB/OL]. [2020-03-28]. http://www.caac.gov.cn/XXGK/XXGK/TZTG/201905/t20190508_196035.html.

[5] 国际航空运输协会. IATA and ACI Launch New Experience in Travel and Technologies (NEXTT) [EB/OL]. [2020-03-28]. https://www.iata.org/pressroom/pr/Pages/2017-10-24-03.aspx.

[6] SAKANO R, OBENG K, FULLER K. Airport security and screening satisfaction A case study of U.S. [J]. Journal of Air Transport Management, 2016, 55(8): 129-138.

[7] NIE X, BATTA R, DRURY C, et al. Passenger grouping with risk levels in an airport security system [J]. European Journal of Operational Research, 2009, 194(2): 574-584.

[8] JOSE R, DANIELA M, CRISTINA C, et al. Automated border control e-gates and facial recognition systems [J]. Computers & Security, 2016, 62(1): 49-72.

[9] SOFIA K, VOULA P, FILIPE M. Future airport terminals: New technologies promise capacity gains [J]. Journal of Air Transport Management, 2015, 42(1): 203-212.

[10] 赵悦，陈曦，张勇，等. 旅客行李爆炸物自动探测设备安全检查系统 [J]. 中国民用航空, 2011, 126(6): 64-66.

[11] 国际航空运输协会. Smart Security getting smarter [EB/OL]. [2020-03-28]. https://airlines.iata.org/analysis/smart-security-getting-smarter.

作 者 简 介

石宇，中国科学院重庆绿色智能技术研究院教授级高级工程师，智能安全技术研究中心主任，民航安全专家和顾问。主要研究方向为软件工程、人工智能和计算机安全。相关成果已在民航、安防等领域实现技术转化，经济社会效益显著，2019 获得中国科学院科技促进发展奖。E-mail：shiyu@cigit.ac.cn。

周祥东，中国科学院重庆绿色智能技术研究院研究员。2009 年获得中国科学院自动化研究所工学博士学位。主要研究方向为文字识别、文档分析、人脸识别。E-mail：zhouxiangdong@cigit.ac.cn。

程俊，中国科学院重庆绿色智能技术研究院工程师。2012年获得北京化工大学硕士学位。主要研究方向为人工智能、GPU并行计算。E-mail：chengjun@cigit.ac.cn。

王立军，中国科学院重庆绿色智能技术研究院技术顾问，民航局公安局警官培训中心主任，国际民航组织国际航空安保专家组成员。曾任民航局公安局法规标准处处长、安全检查处处长。主要研究方向为民航安保法规、规章、技术标准的制定。E-mail：wanglijun@camic.cn。

罗代建，中国科学院重庆绿色智能技术研究院高级工程师。2009年获得电子科技大学硕士学位。主要研究方向为人脸识别、软件工程。E-mail：luodaijian@cigit.ac.cn。

郭涌，中国科学院重庆绿色智能技术研究院技术顾问，内蒙古自治区民航机场集团有限责任公司呼和浩特分公司总经理。先后从事民航机场计划经营管理、工程信息技术、公司规划发展等管理工作。E-mail：guoyong@hhhtbtjc.com。

杨恩鹏，中国科学院重庆绿色智能技术研究院技术顾问，内蒙古自治区民航机场集团有限责任公司呼和浩特分公司航空安全保卫部经理。先后从事人力资源管理、信息技术管理、机场安全管理工作。主要研究方向为民航机场安保策略。E-mail：yangenpeng@hhhtbtjc.com。

张丽君，中国科学院重庆绿色智能技术研究院工程师。2017年获得重庆大学硕士学位。主要研究方向为人脸识别、图像处理。E-mail：zhanglijun@cigit.ac.cn。

韩禄，中国科学院重庆绿色智能技术研究院技术顾问，内蒙古自治区民航机场集团有限责任公司呼和浩特分公司设备管理室主管。参与民航安保技术标准的制定工作。主要研究方向为民航安保装备。E-mail：hanlu@hhhtbtjc.com。

李正浩，中国科学院重庆绿色智能技术研究院副研究员。2009年获得重庆大学工学博士学位。主要研究方向为计算机视觉、机器学习。E-mail：lizh@cigit.ac.cn。

张长城，中国科学院重庆绿色智能技术研究院副院长。曾任中国科学院原院地合作局综合处处长、西部合作处处长，先后从事科技合作相关的规划编写、专项实施、区域合作、平台建设、项目管理等科技管理工作。E-mail：cczhang@cigit.ac.cn。

城市资源-环境-生态（UREE）大数据平台的构建与应用

陈伟强[*]　李　楠　刘宇鹏

（中国科学院城市环境研究所，中科院城市环境与健康重点实验室）

摘　要

城市资源-环境-生态（Urban Resources, Environment, and Ecology，UREE）大数据平台是集成和存储全量城市主题数据并实现数据实时管理与应用的数据平台。本文基于多源异构城市大数据，研究构建 UREE 的数据采集与标准化、数据查询与可视化、数据统一接口、数据融合、城市代谢模拟等核心资源与功能，提出七层关键技术架构与整体解决方案。UREE 大数据平台紧跟业内信息技术前沿和城市可持续发展研究领域的热点问题，目前已汇总与融合了约 300 个中国城市与 100 个全球城市的 10 个主题数据集，其中大部分数据集已建立即时更新机制。逐步形成由大数据驱动的数据密集型科学与资源管理适应性范式，为监测和研究城市的资源、环境与生态的动态变化及驱动机制提供了强大的技术支撑，也为解决城市化进程中凸显的资源结构性短缺与环境持续恶化等"城市病"，以及如何建设并实现可持续城市提供了决策支持，成为一个以大数据促进学科（城市环境与城市生态）发展及研究创新的案例。

关键词

城市环境；城市病；大数据平台；数据融合；城市代谢模拟；可持续发展

Abstract

The Urban Resources, Environment, and Ecology (UREE) big data platform stores and integrates comprehensive urban data and provides real-time data management and application. A seven-layer architecture UREE big data platform was established based on open and in-depth data and state-of-the-art technologies, including data acquisition and standardization, data query and visualization, data unified interface and fusion, and urban metabolism simulation. The UREE big data platform presents cutting-edge researches at the forefront of science on sustainable development. It has integrated ten urban thematic datasets from more than 300 Chinese cities and 100 global cities, most of which can be updated timely and regularly. This platform provides powerful technical support for monitoring dynamics and understanding mechanisms of urban resources, environment, and ecology. It can further provide theoretical and practical support for alleviating the Urban Problem in urbanization, such as resources structural shortage and environmental deterioration. This study is a new case on guiding data-driven discipline development, especially in the field of urban environment and ecology. Development, improvement, and application of the UREE platform can form a data-intensive science and adaptive paradigm of resources management.

---

[*] 为本文通讯作者。

Keywords

Urban Environment; Urban Problem; Big Data Platform; Data Fusion; Urban Metabolism Simulation; Sustainable Development

1 引言

截至 2018 年年底，中国城镇化率已达 59.58%[1]。快速的城市化进程带来一系列社会与环境困境：城市热岛、交通拥堵、固体废物围城、空气污染、基本服务和设施缺乏等。城市可持续性已成为全球最重要的城市发展议题[2]。2015 年，联合国可持续发展首脑会议通过的《改变我们的世界：2030 年可持续发展议程》中提出了"可持续城市和社区"的发展目标，即"建设包容、安全、有韧性的可持续城市和人类社区"[3]。同时，我国也相继出台《关于加快推进生态文明建设的意见》《生态文明体制改革总体方案》等文件，制定了超过 40 项涉及生态文明建设的改革方案，涵盖城市社会、经济、环境、生态等诸多方面[4, 5]。

城市可持续发展研究与生态文明建设需要综合考虑人口、土地、经济以及资源、环境、生态等多方面因素并依赖翔实、可靠的数据[6]。传统的城市主题数据由于其时间滞后性强、空间粒度粗、统计口径聚合度高等特点，难以直接为城市迅速发展变化所需要的管理决策提供有效支撑[7]。近年来，随着物联网、遥感、云计算等技术的快速发展，城市数据呈井喷式增长[8, 9]。与其他领域的大数据相比，城市大数据具有实时特征更强、空间精度更高、来源复杂多样等特征，诸如自然灾害信息、环境污染状况、交通拥堵情况等无一例外[10]。此外，城市主题的多源异构数据类型与存储方案的变化和扩展性、运算响应速度等方面也对传统数据存储与处理技术带来巨大挑战。选择适合的大数据框架与技术，提升算法运行效率和处理规模，才可实现海量城市大数据的存储、批量与实时计算。

同时，在城市大数据不断积累的基础上，随着机器学习尤其是人工智能的广泛工程化应用，城市大数据可提供数据驱动的视角，被直接应用至城市规划、居民健康、环境污染、交通规划及能源利用等可持续发展问题的研究中[10-13]。因此，中国科学院城市环境研究所陈伟强研究团队建立起了全量城市主题数据平台——城市资源 - 环境 - 生态（Urban Resources, Environment, and Ecology，UREE）大数据平台，系统化梳理与融合多源异构数据并实现数据的实时管理与应用。

2 UREE 大数据平台架构

2.1 平台架构

UREE 大数据平台基于公开的、多源异构的城市资源、环境和生态数据，主要提供数据采集与标准化服务、平台业务应用服务两项核心服务。如图 1 所示，UREE 大数据平台在采集获取网络公开数据与平台日志数据后，通过相关技术手段实现数据清洗、转换与融合，将标准化的数据传输至数据存储中心，应用适当的数据计算模型与分析方法对这些数据进行挖掘分析，进而为用户提供数据条件查询服务、数据可视化展示服务与数据统一接口服务。

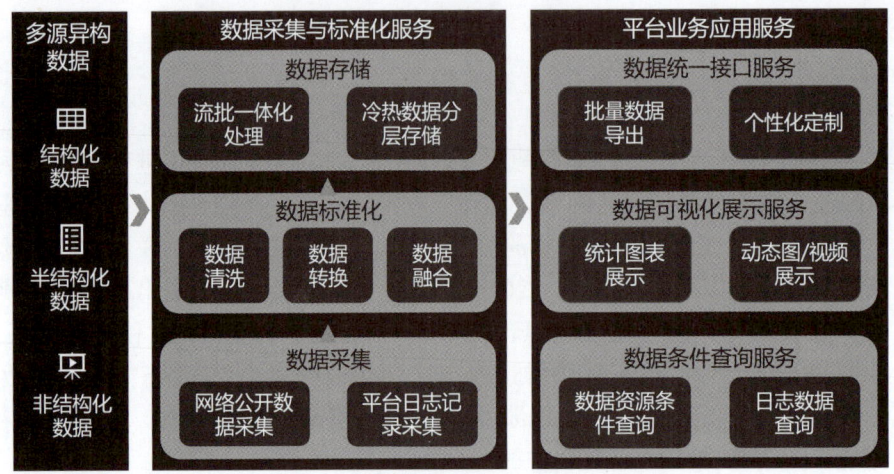

图 1　UREE 大数据平台业务体系

2.2　核心功能

2.2.1　数据采集与标准化服务

1. 数据采集服务

UREE大数据平台采集各类公开的、多源异构的城市资源、环境和生态数据，并实时收集平台日志数据，将数据传输至数据中心进行存储。构建数据即时更新、安全传输、共享和备份机制，实现数据中心内部之间海量数据的快速交换、分享和存储。所采集的基础数据集包括：城市路网（Open Street Map，OSM）、城市构筑物（OSM Building）、城市物质代谢、城市矿产、城市空气质量、城市水环境、城市固废、城市绿地及城市环境问题舆情等。同时，UREE大数据平台采集城市各主题数据的元数据，在数据集和字段级别同时追踪城市资源、环境和生态融合数据的变化。通过元数据对各个主题数据的描述，可更精准与快速地检索所需数据。

2. 数据标准化服务

UREE大数据平台围绕"城市"这一核心主题，构建规范化数据标准，将公开发布的不同来源、格式、特性的城市资源、环境和生态数据统一进行清洗、转换等标准化处理，实现残缺数据的填补、错误数据的纠正及冗余数据的去除，为进一步数据分析与挖掘提供完整、及时、准确的高质量数据。

基于标准化的城市资源、环境、生态数据，UREE大数据平台构建异构数据映射规则，将多个数据源集成为单个数据源，实现多源异构数据的融合关联。例如，以经纬度信息作为映射标准，实现城市POI数据、城市实时人口数据及城市地理信息数据的融合关联，从而进一步挖掘分析城市POI对人群分布的影响。数据标准化服务的主要目的在于消除城市数据间的"信息孤岛"问题，能够提高数据查询与分析的便捷性。

3. 数据存储服务

UREE 大数据平台同时存储原始数据与融合数据，针对城市资源、环境和生态数据的访问频次，设计数据冷热分层存储机制，构建热数据层与冷数据层，通过所设定的数据访问频次阈值，将不同访问频次的城市主题数据分层存储至相应的冷热层级。同时，UREE 大数据平台针对动态组合的多源异构城市资源、环境和生态数据，结合流批一体化数据处理技术，设计混合式索引算法，有效地融合和管理社会调查、遥感、物联网、互联网及移动智能设备等来源的城市异构大数据，从而解决多源异构融合存储过程中的动态性、可伸缩性、容错性、异构性、一致性等数据问题。需特别指出的是，平台数据不用于商业发布，数据采集、标准化与存储服务的目的在于为城市的资源、环境和生态的数据挖掘与状况研究提供统一的数据访问模式。

2.2.2 平台业务应用服务

1. 数据条件查询服务

UREE 大数据平台内部通过构建统一的认证中心对用户信息与权限进行管理。用户通过登录认证后，能够在其权限范围内访问相关城市主题数据，并能够在选定的城市主题下，根据数据需求按条件在线筛选查询数据，筛选条件主要包括国家、地区、时间等。不同主题数据拥有特定的筛选条件，如气象数据筛选条件包括气象站、降水量、气温、湿度、风向、风速等，平台最终将返回用户规范化的二维表数据结果。

同时，UREE 大数据平台利用日志服务，记录各数据集访问频次，结合其分发数据粒度、时间、数据量等元数据，进行统计汇总与分析，可以从全新角度对城市资源、环境与生态领域的研究热点进行实时跟踪。

2. 数据可视化展示服务

UREE 大数据平台通过统计分析与关联分析对数据进行深度挖掘，对城市三维增长、城市物质代谢、城市矿产、城市空气质量、城市水环境、城市固废、城市绿地及城市环境问题舆情等主题数据进行融合分析与可视化处理，更加直观地展示数据潜在价值。

该平台以统计图表、主题图表等形式对数据分析结果进行展现，可供大屏展示。同时，能够以动态图/视频展示不同时期、不同国家/地区城市资源、环境和生态数据的动态变化。用户可通过移动端与 PC 端查看平台数据可视化效果，并且能够自定义设置筛选条件及向平台发送可视化请求。例如，对于全球贸易数据，用户可以按照时间、国家、进口商品/服务、出口商品/服务、商品/服务金额及商品重量等有针对地查看贸易数据可视化效果。同时，可视化结果展示窗口提供相应统计数据、文档数据、图像数据的查询与下载服务。

3. 数据统一接口服务

UREE 大数据平台在融合不同主题的海量多源异构城市主题数据的基础上，构建标准化的数据接口（RESTful API），提供统一数据访问与下载服务，实现部分城市主题数据的共享。通过提供标准化的可编程接口，全面提升数据的可用性与流转效率。此外，平台用户经过申请、审核等业务流程能够获得相应数据导出系统功能权限，授权用户在其权限范围内能够通过批量下载或离线分发的形式获得平台融合完成的规范化数据。同时，授权用户可向 UREE 大数据平台申请个性化定制服务，包括数据格式转换、数据专题可视化制作等服务。UREE 大数据平台力求能为城市资源、环境与生态的动态变化与驱动机制研究工作者提供数据支持与技术支撑。

2.3 关键技术

UREE 大数据平台整体构建采用前后端分离，基于公有云（阿里云）与私有云的混合云架构，统一运维多个云端资源，如图 2 所示。UREE 大数据平台引入了基于 Docker 的微服务架构，通过拆分各项微服务，实现平台的开发运维一体化（DevOps）。将 UREE 大数据平台部署至云上和云下，通过容器服务同时控制云上与云下的资源，云下能够提供服务，云上进行容灾处理。用户使用不同设备终端访问 UREE 大数据平台，负载均衡（反向代理）都将引导用户在公有云和私有云中无缝使用不同的虚拟化服务。当 UREE 大数据平台出现数据访问高峰时，架构弹性伸缩，自动将云端资源进行横向与纵向的扩容，实现平台高负载功能的快速响应。

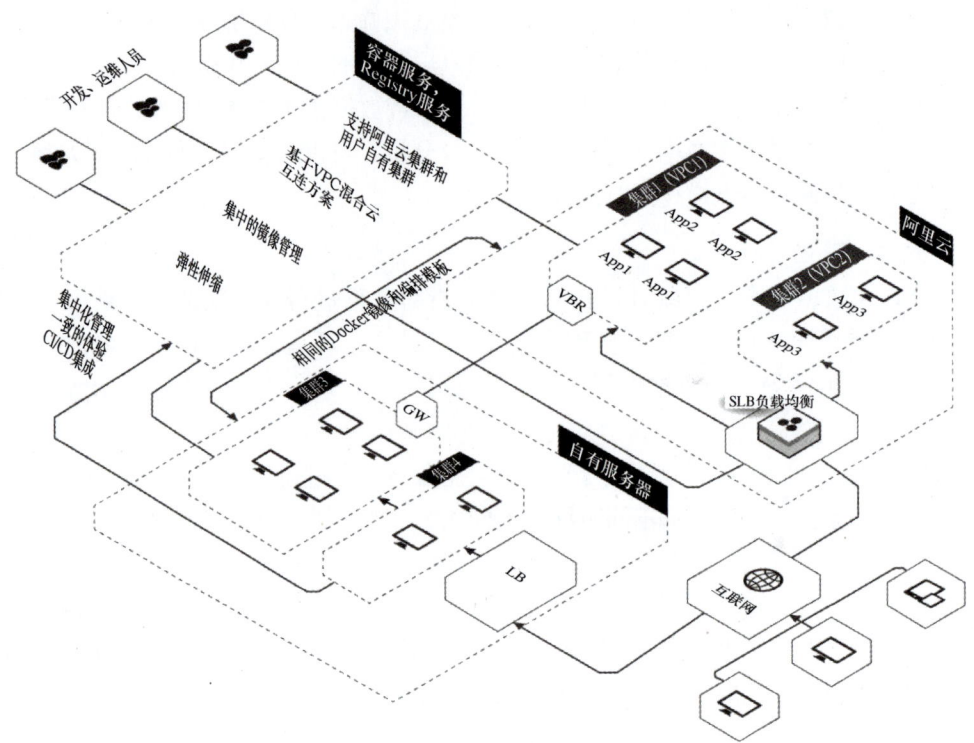

图 2 公有云（阿里云）与私有云混合云架构[14]

UREE 大数据平台基于微服务的整体技术架构划分为七层，自下而上分别是数据源层、数据采集层、数据存储层、数据处理层、微服务业务层、网关负载均衡层和用户访问层，如图 3 所示。

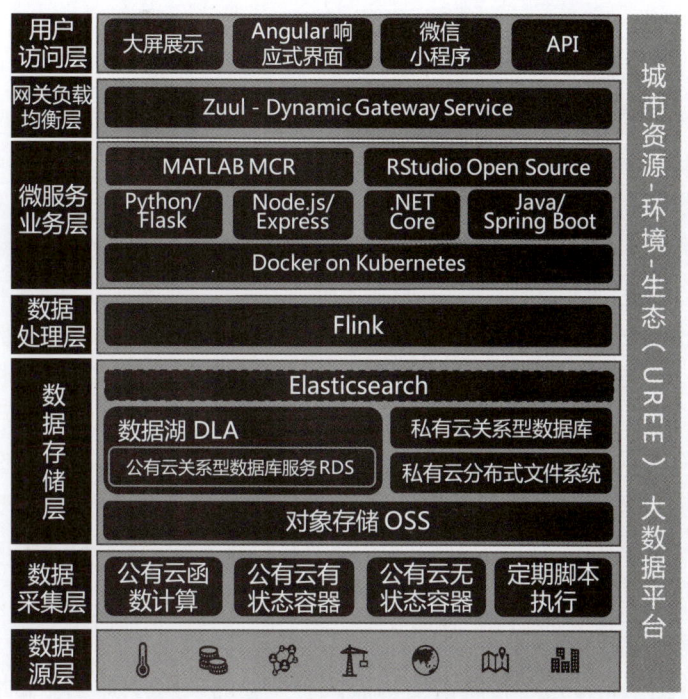

图 3　UREE 大数据平台技术架构

注：Elasticsearch：一种实时分布式的搜索与分析引擎；Flink：由 Apache 软件基金会开发的开源流处理框架；Docker：一种开源的应用容器引擎；Kubernetes：一个开源的、用于管理云平台中多个主机上的容器化的应用；Python/Flask、Node.js/Express、.NET Core、Java/Spring Boot：计算机程序设计语言与框架；MATLAB MCR：一种商业数学软件；RStudio Open Source：一种用于统计计算与统计绘图的工具；Zuul-Dynamic Gateway Service：一种开源的微服务动态网关服务；Angular：一种前端框架；API：应用程序接口。

2.3.1　数据源层

城市资源、环境和生态数据来源繁多，主要包括社会调查、遥感、监测、GIS、物联网、互联网及移动智能设备等异构大数据源。UREE 大数据平台通过调研各类异构大数据源，以公开发布的异构网络数据与统计年鉴作为平台主要数据源，如中国气象台发布的气象数据、中国环保部发布的大气监测数据与水污染监测数据、联合国发布的全球贸易数据、OSM 发布的全球城市路网与构筑物数据、腾讯发布的实时人口分布数据、GDELT 发布的环境舆情数据等。

2.3.2　数据采集层

公开发布的城市资源、环境和生态网络数据的采集包括实时流数据采集与定期批数据采集。UREE 大数据平台设置了各类型数据源接口，将程序代码上传至公有云，使用公有云函数计算，结合公有云有状态容器与公有云无状态容器，实现事件驱动的全托管式数据采集，包括实时人口数据、实时大气监测数据、实时水体监测数据、实时气象数据、实时全球环境舆情数据等数据及相关元数据的采集，无须管理和运维服务器等基础设施。使用定期执行脚本自动采集批数据，包括经济系统物质流与资源产出率数据、全球地理信息数据、城市 POI 数据、城市工业企业数据、全球贸易数据等数据及相关元数据的采集。

2.3.3 数据存储层

城市主题数据来源众多，包括社会调查、遥感、物联网、互联网及移动智能设备等来源。数据来源的多样性导致数据结构的不统一：①关系型数据库存储的结构化数据；② CSV、XML、JSON 等半结构化数据；③文档日志类非结构化数据；④图像、音频、视频等二进制数据。传统的存储技术已经无法满足 UREE 数据爆发式增长与数据格式多样性的需求，会严重制约数据的潜在应用价值。

UREE 大数据平台将采集获得的所有数据存储至阿里云对象存储服务（Object Storage Service，OSS），形成公有云和私有云的混合存储方案：①以 ORC 文件格式将数据存储至数据湖（Data Lake Analysis，DLA），结合公有云关系型数据库服务 RDS 实现城市主题冷数据与温数据的分层存储，最终通过标准 SQL 对数据进行跨库联合查询、处理和分析。②私有云分布式文件系统与私有云关系型数据库实现周期性"热数据"（实验数据）的缓存。存储层的最高层使用分布式搜索与分析引擎 Elasticsearch（ES）服务实现数据的实时全文检索、即席可视化与分析。

2.3.4 数据处理层

UREE 大数据平台颠覆了传统需要构建两套完整的架构分别处理流批数据的处理方式，采用 Apache 开源的分布式流式处理框架 Flink，只利用一套大数据处理引擎编写一个体系的代码，实现数据流批一体化的处理。构建的多源异构数据映射规则，将各主题的资源、环境和生态批数据当作有限的流数据进行融合处理，包括基于平台跨域数据的融合处理、基于特征级别的融合处理、基于语义级别的融合处理等。UREE 大数据平台数据处理层的流批一体化数据融合处理有效降低了各个主题城市数据的延迟，可以达到秒级甚至亚秒级的延迟，能够为保证数据实时性、数据稳定性、数据共享性提供技术支撑。

2.3.5 微服务业务层

UREE大数据平台业务层采用微服务架构，基于Kubernetes（k8s）自动化部署Docker容器构建虚拟化环境，能够兼容各类编程语言，包括Python、Node.js、.Net Core和Java。UREE大数据平台为不同的业务需求选择匹配了最合适的语言与框架：使用Node.js来解决一些高并发的问题，类似数千个GPS设备实时上传的定位数据或海量数据的可视化问题；结合.Net Core或Java的Spring Boot框架构建平台内部的工作流系统，包括用户信息管理、日志信息管理等业务模块；使用Python调用TensorFlow AI框架、图片处理、文本处理等服务。同时，UREE大数据平台能够在Docker环境中运行R语言与MATLAB代码，具体应用MATLAB MCR作为MATLAB生产环境，应用RStudio Open Source作为R生产环境，实现数据的模型计算与计算结果输出。

2.3.6 网关负载均衡层

UREE 大数据平台搭建了异步调用模式的 Zuul API Gateway。由于该框架使用了异步非阻塞编程模型，可在有限的资源限制下，承载超大连接数，尤其适合 UREE 大数据平台大多数情况下的 IO 密集型应用场景，如定期的全球贸易数据与实时人口分布聚合结果数据的 ETL。

2.3.7 用户访问层

UREE 大数据平台无缝衔接各类开源的商业分析工具与应用程序，主要应用 Baidu Echarts、D3.js 实现各主题数据可视化，可视化结果可供大屏展示。该平台应用 Angular 响应式界面，授权用户能够通过移动端与 PC 端的任何设备访问浏览适应其终端设备的 UREE 大数据平台界面。此外，用户还可以使用微信小程序查询浏览部分资源、环境和生态数据及其可视化效果。

3 UREE 大数据平台建设成效

3.1 UREE 数据资源建设

UREE 大数据平台的目标在于汇总和融合中国所有城市甚至全球城市的资源、环境和生态数据。截至 2019 年 7 月，已采集完成数据集包括城市气象数据、全球贸易数据、全球城市环境舆情数据、经济系统物质流与资源产出率数据、城市工业企业数据、城市水污染监测数据、全球城市地理信息数据、城市大气监测数据、城市 POI 数据、城市人口实时分布网格化数据 10 个城市及相关主题数据，数据达到 1TB，如表 1 所示。在后续数据资源建设工作中，将逐步完成城市三维增长、城市物质代谢、城市矿产、城市固废及城市绿地等相关主题数据的采集。

UREE 大数据平台采集整合各类城市主题公开数据，实现多源异构数据的集成与标准化处理，目的在于保证数据的实时可用性，提高数据的使用效率，不作为任何商业用途发布。

表 1　UREE 大数据平台已整合数据库列表

序号	数据库名称	数据说明
1	城市气象数据库	1942 年至今，中国向国际气象站报告的所有城市 / 地区气象站（每年 400~600 座）监测的云高、风向、风速、气压、气温、湿度、降水等气象数据，每年 200 多万条数据记录
2	全球贸易数据库	1962 年至今，联合国发布的全球 170 多个国家 / 地区贸易商品数据、服务数据，每年 2000 多万条数据记录
3	全球城市环境舆情数据库	1979 年至今，基于 GDELT 每日更新的全球城市环境主题的所有舆情事件详情与事件知识图谱数据
4	经济系统物质流与资源产出率数据库	2000 年至今，中国城市 / 地区经济系统全物质（生物质、化石燃料、金属、非金属）本地采掘、实物量进出口、本地处置后排放、全物质综合资源产出率、能源产出率等物质流及衍生数据
5	城市工业企业数据库	2001 年至今，中国城市工业企业数据，包括全部国有工业企业数据和年主营业务收入 500 万元及以上的非国有工业企业数据，每年 40 多万条数据记录
6	城市水污染监测数据库	2006 年至今，生态环境部监测总站发布的 110 个城市 / 地区监测点每周平均的 pH 值、DO、COD、氨氮、水质类别等水质数据
7	OpenStreetMap（OSM）全球城市地理信息数据库	2012 年至今，OSM 发布的全球城市路网数据、构筑物数据等地理信息数据

(续表)

序号	数据库名称	数据说明
8	城市大气监测数据库	2014年至今，生态环境部监测总站发布的371个城市1511个大气监测点每小时的PM2.5、SO_2、O_3、NO_2、AQI等大气监测数据，每年1000多万条数据记录
9	城市Point of Interest（POI）数据库	2014年至今，中国300多个城市POI数据，每年7000多万条数据记录
10	城市人口实时分布网格化数据库	2016年至今，腾讯地图发布的每15分钟的1km×1km网格中国城市人口实时分布数据

3.2 平台业务功能建设

UREE大数据平台目前已经完成了数据存储机制设计、平台原型设计及部分主要功能的编码实现。平台主要功能包括用户注册、登录、权限管理、数据ETL、模型计算、简单查询、按条件查询、数据csv格式导出及数据可视化展示等。UREE大数据平台基于k8s自动化部署Docker容器，搭建了平台研发所需要的虚拟化Devops环境，实现了平台基础设施的自动化环境部署，包括阿里云函数计算、ES、OSS、DLA、RDS等服务。

以"按条件查询功能"为例，授权用户登录UREE大数据平台，可查询城市水污染监测数据、城市大气监测数据、城市气象数据、城市实时人口分布数据、城市工业企业数据、全球贸易数据与城市环境舆情数据等相关主题数据。数据查询结果以表格的形式展示，用户可在表格上方输入筛选条件查询所需要的数据，并可通过CSV等格式进行文件导出下载，如图4所示。

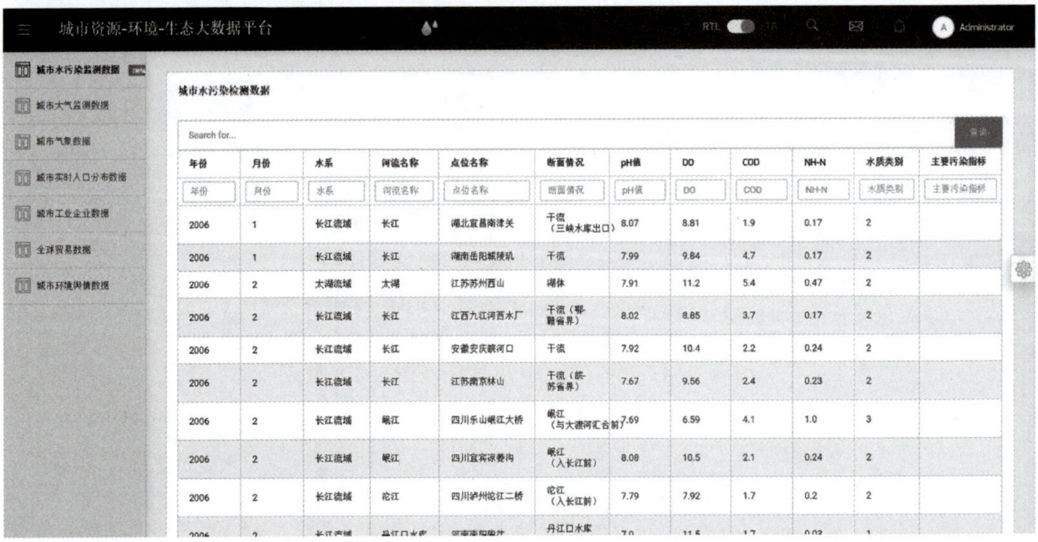

图4 UREE大数据平台建设示例：城市水污染监测数据与城市大气监测数据查询界面

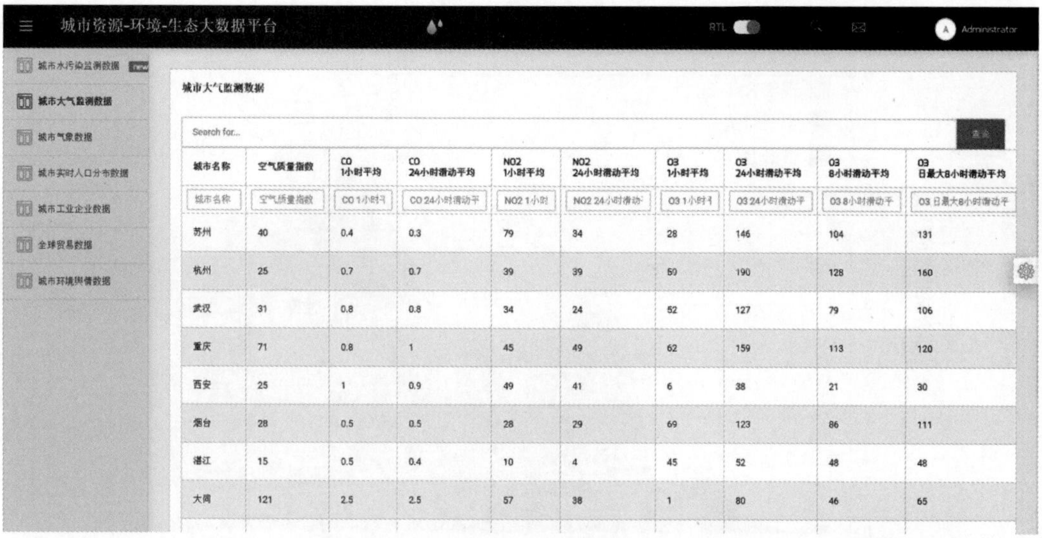

城市名称	空气质量指数	CO 1小时平均	CO 24小时滑动平均	NO2 1小时平均	NO2 24小时滑动平均	O3 1小时平均	O3 24小时滑动平均	O3 8小时滑动平均	O3 日最大8小时滑动平均
苏州	40	0.4	0.3	79	34	28	146	104	131
杭州	25	0.7	0.7	39	39	50	190	128	160
武汉	31	0.8	0.8	34	24	52	127	79	106
重庆	71	0.8	1	45	49	62	159	113	120
西安	25	1	0.9	49	41	6	38	21	30
烟台	28	0.5	0.5	28	29	69	123	86	111
湛江	15	0.5	0.4	10	4	45	52	48	48
大同	121	2.5	2.5	57	38	1	80	46	65

图 4　UREE 大数据平台建设示例：城市水污染监测数据与城市大气监测数据查询界面（续）

基于已采集的10个城市及相关主题的数据资源，UREE大数据平台对全球贸易数据、城市环境舆情数据、城市水污染监测数据、城市POI数据等相关数据进行了可视化展示。例如，平台实现了城市环境舆情数据的可视化展示，如图5所示。可视化效果表征了各个国家环境事件被提及时的"语气"情况以及四类事件在2004—2019年间被提及情况。此外，该环境舆情数据的可视化可以根据地理区域、时间序列、各种度量值等过滤条件，展示不同数据维度的可视化效果。

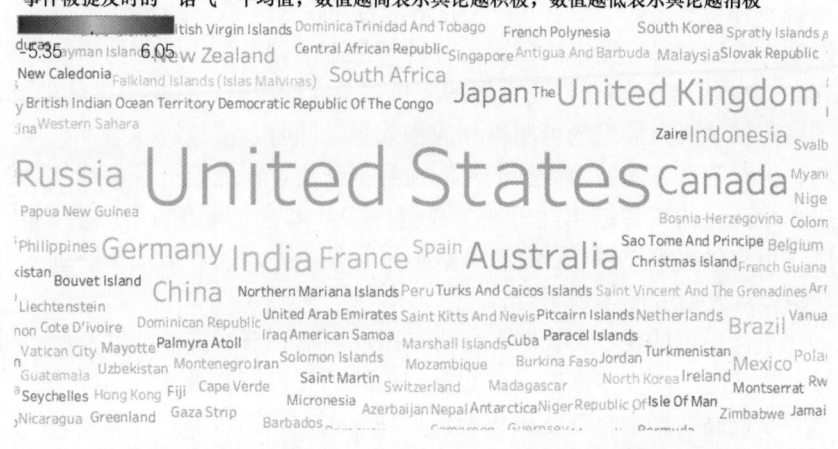

图 5　UREE 大数据平台可视化示例：城市环境舆情数据可视化

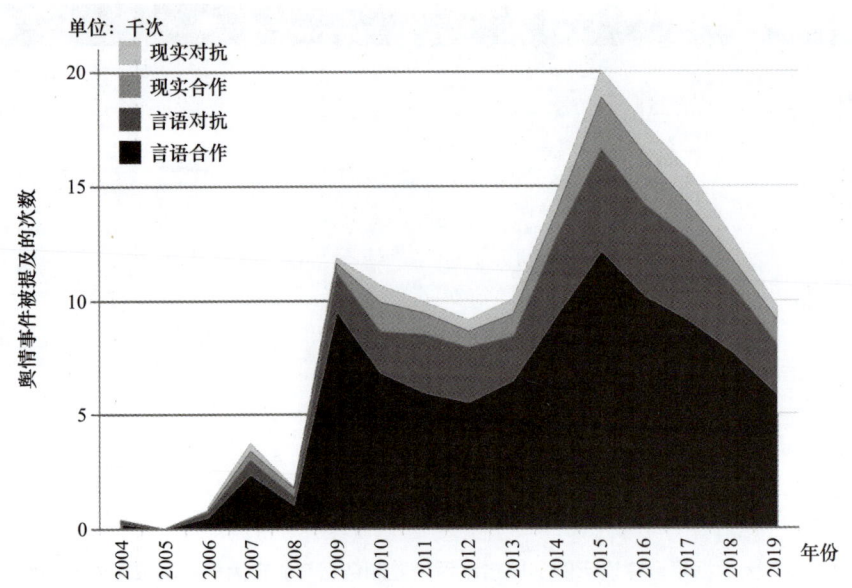

图 5　UREE 大数据平台可视化示例：城市环境舆情数据可视化（续）

2019 年 8 月，UREE 大数据平台完成内部测试。2019 年 10 月，UREE 大数据平台正式上线。用户可通过平台首页注册申请相关数据查询、导出权限。同时，授权用户可申请相关个性化定制服务，如数据格式转换、专题数据可视化制作等。

4　总结与展望

城市资源-环境-生态（UREE）大数据平台定位于大数据驱动的城市环境研究创新平台，以期为监测和研究城市的资源、环境与生态的动态变化及驱动机制提供有效技术支撑。UREE 大数据平台整合不同主题的海量多源异构数据，提供标准化的数据接口，全面提升了城市相关研究数据的可用性和应用效率。同时，通过对人口、土地、经济及资源、环境、生态等多方面城市数据的实时流数据采集、深度挖掘及可视化分析，为解决城市化进程中凸显的资源结构性短缺与环境持续恶化等"城市病"，以及如何建设并实现可持续城市提供决策支持。UREE 大数据平台是一个以大数据技术促进城市环境与城市生态学科发展及研究的创新平台。

在下一步工作中，UREE 大数据平台将紧跟业内信息技术前沿，以及城市可持续发展研究领域的热点问题，逐步推进平台数据与功能的完善与升级：

（1）进一步提高数据全自动化采集及预处理比例，利用启发式算法提升半自动化数据采集效率，大幅度削减人力工时。

（2）持续扩充城市及相关主题的数据源，加强跨存储体系的数据融合分析与深度挖掘模型算法研发。

（3）继续提升 UREE 大数据平台开放程度，同时提供应用系统接入、数据库系统接入、RESTful API、GraphQL 等多种数据与计算服务方式，将 UREE 大数据平台建设成城市及相关主题数据全球范围内最具影响力的共享与计算平台。

参 考 文 献

[1] 中华人民共和国国家统计局, 2018 年国民经济和社会发展统计公报 [R]. 2019.

[2] 方创琳, 周成虎, 顾朝林, 等. 特大城市群地区城镇化与生态环境交互耦合效应解析的理论框架及技术路径 [J]. 地理学报, 2016, 71(4):531-550.

[3] T.U. Nation. Transforming our World: The 2030 Agenda for Sustainable Development [R]. 2015.

[4] 中共中央, 国务院. 中共中央 国务院印发《生态文明体制改革总体方案》[EB/OL].[2015-09-21]. http://www.gov.cn/guowuyuan/2015-09/21/content_2936327.htm.

[5] 中共中央, 国务院. 中共中央 国务院关于加快推进生态文明建设的意见 [EB/OL].[2015-05-05]. http://www.gov.cn/xinwen/2015-05/05/content_2857363.htm.

[6] Oecd. Green Growth in Cities, OECD Green Growth Studies [M].Paris: OECD Publishing, 2013.

[7] 王鹏龙, 高峰, 黄春林, 等. 面向 SDGs 的城市可持续发展评价指标体系进展研究 [J]. 遥感技术与应用, 2018, 33(5):784-792.

[8] I A T Hashem, V Chang, N B Anuar, et al. The role of big data in smart city [J]. International Journal of Information Management, 2016, 36(5):748-758.

[9] 宋晓谕, 高峻, 李新. 遥感与网络数据支撑的城市可持续性评价:进展与前瞻 [J]. 地球科学进展, 2018, 33(10):1075-1083.

[10] C Lim, K J Kim, P P Maglio. Smart cities with big data: Reference models, challenges, and considerations [J]. Cities, 2018, 82: 86-89.

[11] D J Weiss, A Nelson, H S Gibson, et al. A global map of travel time to cities to assess inequalities in accessibility in 2015 [J]. Nature, 2018, 553:333.

[12] M M Rathore, A Ahmad, A Paul, et al. Urban Planning and Building Smart Cities based on the Internet of Things using Big Data Analytics [J]. Computer Networks the International Journal of Computer & Telecommunications Networking, 2016, 101: 63-80.

[13] N Jean, M Burke, M Xie, et al. Combining satellite imagery and machine learning to predict poverty [J]. Science, 2016, 353(6301):790.

[14] 阿里云. 混合云架构 [EB/OL]. [2019-7-26]. https://help.aliyun.com/document_detail/25977.html?spm= a2c4g.11186623.6.545.dd603aa7oRkfdy.

作 者 简 介

陈伟强, 男, 博士, 中国科学院城市环境研究所研究员, 毕业于清华大学并曾就职于耶鲁大学。中国科学院"率先行动百人计划"入选者, "留美环境学者论坛"领衔发起人和组织者, "华人产业生态学会"创会主席, SCI 期刊 Resources, Conservation and Recycling 和 Journal of Industrial Ecology 副主编及多个国际期刊的编委或客座编辑, 主要研究方向为城市可持续性、生态环境大数据以及资源与环境管理。E-mail: wqchen@iue.ac.cn。

李楠, 男, 博士, 中国科学院城市环境研究所副研究员, 计算机基础教育研究会数据科学专业委员会理事, 毕业于清华大学环境学院。主要研究方向包括环境信息系统微服务架构设计, 基于数据湖与 Flink 的环境时空大数据处理与分析, 基于知识图谱的城市可持续性智能应用研发等。

刘宇鹏, 男, 博士, 中国科学院城市环境研究所助理研究员, 毕业于北京师范大学地图学与地理信息系统专业。主要研究方向包括城市生态学、产业生态学与景观可持续科学, 当前研究聚焦于城市代谢模拟、建筑及其构筑物质流分析、高分辨率固废清单编制等。

数字果园技术发展现状及前景展望

周国民[1] 夏 雪[2]

（1. 中国农业科学院；2. 中国农业科学院农业信息研究所）

摘 要

水果产业在我国农村经济发展中占有重要地位，数字果园是信息技术在水果产业中由单项应用走向综合应用的必然体现，也是综合应用数字化技术研究果园生产、管理、经营、流通、服务中信息获取、处理、管理和利用的关键技术及应用系统。本文介绍了数字果园的概念与内涵，梳理和总结了数字果园技术研究及应用现状，展望了数字果园的未来趋势和重点发展方向，旨在为促进国内智能化果园发展提供参考。

关键词

数字果园；果园信息化；数字化技术

Abstract

Fruit industry plays a crucial role in the development of rural economy in China. The Digital Orchard is the inevitable embodiment of information technology in the fruit industry from single application to comprehensive application, and it is also the key technology and application system for comprehensive application of digital technology to study information acquisition, processing, management and utilization during orchard production, management, operation, circulation and service. This paper introduced the concept and connotation of the Digital Orchard, summarizes the research and application status of the Digital Orchard technology, and looks forward to the future trend and key development direction of the Digital Orchard.

Keywords

Digital Orchard; Orchard Informatization; Digitization Technology

1 引言

水果产业是我国种植业中位列粮食、蔬菜之后的第三大产业，在我国农村经济发展中占有重要地位。伴随着城镇化进程的快速推进，农村从事农业生产的人口显著减少，发展规模型、智慧型农业已成为未来提高农业生产效率和水平的必然方向。《中华人民共和国国民经济和社会发展第十三个五年规划纲要》明确提出要加强农业与信息技术融合，近几年的中央一号文件中多次强调要加快突破农业关键核心技术，进一步推动数字农业和智慧农业发展。国务院 2017 年发布的《新一代人工智能发展规划》中，就智能农业产业升级重大任务做出重要部署，指出要开展包括智能果园在内的多个农业集成应用示范[1]。

数字果园是数字农业概念在果园生产管理中的具体实践和深化，是现代信息技术和果树栽培管理学科交叉产生的新的研究方向，即综合应用数字化技术，研究果园生产、管理、经营、流通、服务中的信息获取、处理、管理和利用的关键技术及应用系统，实现果园从生产到服务等领域的数字化设计、可视化表达和智能化控制管理[2]。从数字果园的定义可以看出，数字果园着眼的不是信息技术的单项应用，而是将果园的生产、管理和经营等看成一个有机联系的系统，把数字技术综合、全面、系统地应用到果园生产经营系统的各个环节，提高果园管理水平，并使得果园生产经营系统按照人类需求的目标和方向发展。数字果园的发展对我国现代果业产业供给侧结构性改革具有重要的现实意义，同时也是加速缩短与发达国家差距、提高水果产业国际竞争力的迫切需要。

从国外主要水果生产国的经验来看，一些发达国家为强化果品生产者对果品安全所负的责任，实施了《危害分析和关键控制点标准》，提出了"从农场到市场"的全程监控要求，即把从"田间到餐桌"的生产全过程纳入农产品安全监管措施体系。同时，全球多国也都采用国际物品编码协会的"全球统一标识系统"（EAN.UCC，简称统一标识）来全程追溯果品的全部信息[3-5]。日本的苹果产业经过100多年的努力，实现了"西洋苹果"向"日本苹果"的跨越，也实现了从无苹果国家到苹果大国的跨越。日本的果树栽培追求依靠机械，以节省劳力和节约成本，在果实的评价方面，其反射积分球方式的选果机研制成功，使得所选果实一批之内的品质差异非常小，这也受到了营销者和消费者的好评[6-8]。

我国水果产业经过多年的努力取得了较大进步，在规模上已形成一定优势，且果园栽种面积和果品产量均跃居世界第一位。然而，目前我国果园生产和管理总体水平与国际先进国家相比差距仍然较大，尤其是果园生产经营管理数字化、信息化和智能化技术更为落后，水果产业的发展依然面临着单产低、质量差、消费方式单一、果品质量安全存在隐患、病虫害防治体系和综防意识薄弱、果园管理费时费工、机械化管理水平低等诸多难题[9-12]。果园机械化与数字化技术的应用是现代果业的重要标志，依托数字技术，构建现代果树栽培技术体系，发展信息化和智能化果园，是突破传统果业限制和解决产业发展难题的有效途径。

本文围绕数字果园的概念，系统分析了数字果园的内涵，结合本团队的研究工作梳理和总结了数字果园的最新进展，并且对数字果园未来的发展趋势和应用前景进行了展望。

2 数字果园的主要内涵

数字果园可以理解为对果园涉及的生物过程、环境过程、经济过程等各种过程实现全面数字化与网络化管理。其中，果树生长与环境模型、果树结构模型等果树数字化模型是数字果园研究的核心和基础。除此之外，按照信息技术应用的环节来分，数字果园的研究还关注果园生产的数字化管理与控制、果品质量安全数字化管理与追溯、果品经营流通数字化管理与电子商务等方面的内容[13]。

2.1 果树数字化模型

目前果园的园艺管理还特别强调经验，如果树的剪枝、果树的花果管理、果园的水肥管理等，专家经验在生产管理中占主导地位。果树数字化模型的构建可以通过数值模拟，进一步了解果树生长、环境、管理措施之间的定量关系，揭示果树生长发育机理。果树形态结构模型可以为解决果树整形修剪问题提供定量化依据，果树生产力特性模型可以实现光分布快速计算，满足果树株型设计和生产潜力计算等需求，果树生长与环境模型可以实现果树生长过程模拟，以支持果园生产与管理决策。

2.2 果园生产的数字化管理与控制

果园生产的数字化技术从实施过程来分大致包括果园信息获取、果园信息管理和分析、生产决策分析、基于决策的园间实施四大部分。目前大部分果园的管理仍是将整片园区中各要素看成完全相同的整体来管理，然而，果园中的地形变异、土壤养分含量变异、土壤水分含量变异、果园温湿度等小气候变异等使得果园中不同果树的产量差异客观存在。因此，需要通过土壤信息、果树信息和农田微气象信息的高密度获取，并通过果树数字化管理模型的模拟运行与决策，将果园管理的园艺措施精准到每棵果树，做到精准施肥、精准灌溉、精准施药、精准花果管理等，进而实现果园生产的数字化管理与控制，提高果园精准化生产管理水平。

在果园生产的数字化管理与控制中，果园环境信息与果树生长信息的数字化采集是基础，果园档案和生产履历管理是关键。果园环境信息和果树生长信息包括温度、湿度、光强、有效辐射、紫外强度、雨量、风速、风向、露点、土壤水分、土壤 NPK 含量、果树的图像等，只有对这些要素信息的持续不断的采集，形成一定量的数据集，才能通过数据分析和算法构建用于指导生产的模型。果园档案和生产履历管理则用来实现一系列果园基本情况和生产过程情况的数字化记录和建档，包括对果园区域定位和面积的记录，果树栽培品种、数量、密度、位置、产量、生长状况的记录，土壤各类肥力情况的建档，果树栽培管理履历建档等的数字化管理。

2.3 果品质量安全数字化管理与追溯

果品质量控制就是通过关键质量控制点的确定、全程质量信息搜集，以及质量安全信息的可追溯，实现产品质量控制的数字化管理与追溯。果品质量追溯系统的建立无疑将有助于提升果品质量，而果品质量追溯系统研制与应用的关键，在于结合水果 GAP 生产技术和 HACCP 管理体系，筛选确定水果产业链关键溯源指标体系[14]，以及对全程质量溯源指标数据的搜集、存储、查询、共享。果品质量控制的数字化管理是数字果园技术应用的重要方面，它将环境信息、生产过程信息、生产者信息集成在一起，综合采用数据库技术、网络技术、产品编码技术和生产预警技术，实现果园生产端的产前管理、产中管理、产后管理、生产预警、统计分析和消费端的质量追溯、质量反馈及政府监管等功能。

利用数字果园技术可以方便地建立起果园的自然资源本底、果树的生长情况监控、病虫草害发生情况监测、投入品使用等果园生产过程记录及果品销售记录。政府部门通过对相关数据的集成和共享以及大数据分析与挖掘，可以建立区域化的果园生产监测与预警平台，提高政府对果园生产的监管水平。

2.4 果品经营流通数字化管理与电子商务

现代果业的重要特征是标准化、市场化、信息化和品牌化，是以市场为导向，经济效益为中心，科技进步为支撑，进而实现果品商品化生产、专业化管理、社会化服务。为此，需要通过果品经营流通数字化管理与电子商务等技术的研究，使果农能通过各种信息系统及时了解国内外水果市场的动态，使果业机构能建立起 e-fruit 电子商务通道，实现 B2B、B2C 等多种模式的果品电子商务，最终提升果品营销管理水平，提高果园种植的经济效益。

数字果园的内涵包括上述四个方面，从系统实现的角度来看，可以有不同的实现模式。图 1 给出了一个基于云的数字果园的实现模式，即利用云技术实现现场信息采集、果园生产管理数字化和果品电子商务的一体化。

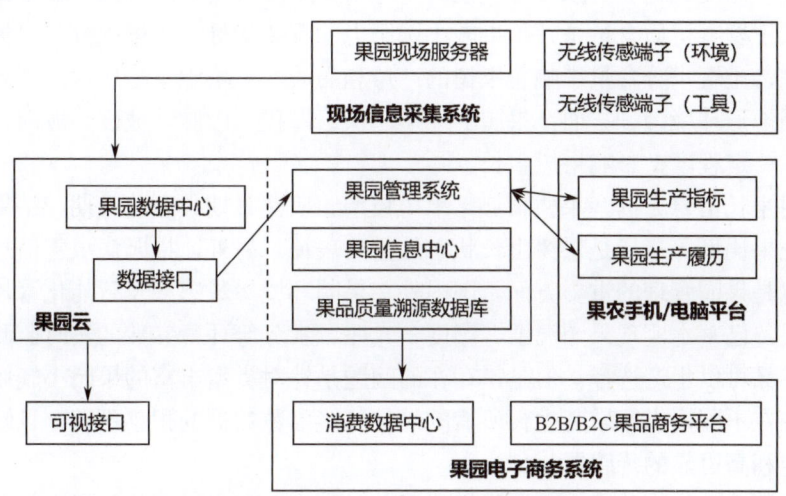

图 1 基于云的数字果园的实现模式结构

3 数字果园技术研究与应用现状

近年来，国内不少科研单位和大学积极开展数字果园研究，并取得了初步研究成果。中国农业科学院柑桔研究所和华东交通大学利用光谱技术和数字图像技术开展水果成熟期预测[15,16]。北京农业信息技术研究中心实现了主要苹果果树品种的形态结构模型构建与仿真[17,18]。中国农业大学在果园采摘等作业机器人研制方面取得了不少研究成果[19-21]。山东农业大学和西北农林大学在果树生长与栽培管理机理研究方面取得了不少进展[22-27]。

一些数字果园方面的研究成果已开始示范应用。云南昆明市新型农业经营主体直通式气象服务进驻果园，监测空气湿度、风力及叶面温度、土壤水分等，为病害防治、果园灌溉等提供服务。浙江慈溪市有机水蜜桃基地利用物联网技术，快速采集种植信息和环境信息，实现了葡萄、梨和水蜜桃的智能化精细管理。浙江省农业科学院在嘉兴南湖区大桥镇的葡萄大棚内用短信触发的方式远程获取大棚内的空气温湿度、土壤水分含量等。山东农业大学在山东省肥城潮泉镇利用电子标签技术为果树编码，记录果树种类、品种、负责人等相关信息，并记录施肥时间、肥料名称、施用量等生产信息。福建省平和蜜柚协会利用二维码技术监督果园施肥、灌溉、嫁接的各个环节，实现了生产有记录、产品能查询、质量可追溯。联想控股旗下佳沃集团涉足蓝莓、猕猴桃、车厘子等高端水果生产，利用二维码技术实现全产业链数字化管理和质量全程可追溯。

围绕数字果园的关键技术与应用系统，中国农业科学院农业信息研究所组织开展了较为系统的研究，在果园环境和果树生长信息获取、果树生长模型、果园数字化管理平台等方面取得了显著的研究进展。下面将对具体研究进行介绍。

3.1 果园环境和果树生长信息获取

果园环境和果树生长数据采集是进行果园数字化管理的基础。在果园气候环境因子方面，大气、温度、光照、水分等气候因子与果树生产有密切的关系。在果园土壤环境因子方面，土壤有机质含量是评价果园土壤肥力的重要指标，土壤水分是果树吸收水分的主要来源，土壤水分含量影响着果树的产量和品质，土壤中重金属含量影响着果品安全。在果园地形环境因子方面，果园的地形起伏、海拔、山脉、坡度、坡向、高度等地貌特征也在一定程度上影响果树生长。

在果树生长信息方面，果树长势、果树枝型、萌芽日期、开花日期、结果日期、枝果比例、花果比例等指标是果树生长状态的重要表征。另外，果园病虫害信息的获取与预测预报也是果园管理的重要方面。国内外在果园环境参数感知及智能化管控方面的研究进展较快，已基本实现果园温度、湿度、光照、水分等环境参数的实时监测，也有很多成熟的产品可供生产选择。但是，存在的问题是针对类型丰富的果园小气候数据，以及不同树种在不同生态区域其生长所需的最佳环境参数数据的积累不够，且缺少用于果园的低成本和高可靠的传感器[28,29]。

针对果园生产管理需求，课题组提出了基于可变采集指标项的果树生长和果园环境信息的采集数据表示标准[30]，为多地多点采集数据的一体化管理提供了支撑，可为上层应用程序提供一致的、机器可读的数据接口。在果园中主要环境参数时空分布特性研究[31]和2.4GHz无线信号果园传播特性研究[32]的基础上，形成了"果园环境－生长过程－作业过程－果园管理"全链条的数字化采集技术体系[33,34]（见图2）。研制的果园信息采集设备套件实现了果园环境信息（空气温湿度、降雨量、光强、CO_2、土壤水分、土壤温度）、果园虫害监测信息、单树产量信息、果园作业信息、投入品等信息的数字化采集和实时传输，为果园数字化管理奠定了数据基础。

同类研究多是集中在单项技术或是局部环节上的研究和应用，无法全面感知和表征果园环境和果树生长的整体情况。本研究的特点在于数字化采集技术覆盖了果园生产和管理的全链条，并实现了不同环节所采集数据的标准化表达和融合应用。

3.2 果树生产管理模型

利用计算机来辅助果园精准管理的核心是模型。果树生产管理模型的研究涉及三个方面的工作：一是以整个果园为目标的群体参数研究，通过研究不同栽植密度、不同的树形结构、不同营养水平及不同生长阶段园中果树群体光利用率、生产效率、果实品质情况等相关参数进行测定，甚至考虑果品市场价格等参数，进而通过建模分析，提出果园最佳群体参数。二是以单株果树为目标的个体参数研究，主要研究其树形构建、光利用率、冠层分布、枝条组成、果实分布及果实品质等相关参数，通过建模分析提出单株果树管理指标。三是以果实为研究对象，通过果实生长过程监测，研究果实生长发育与其周边微环境因子、营养供给等因素之间的关系，构建单株生长模拟模型，从而以果实的需求来确定树体管理指标[35-37]。

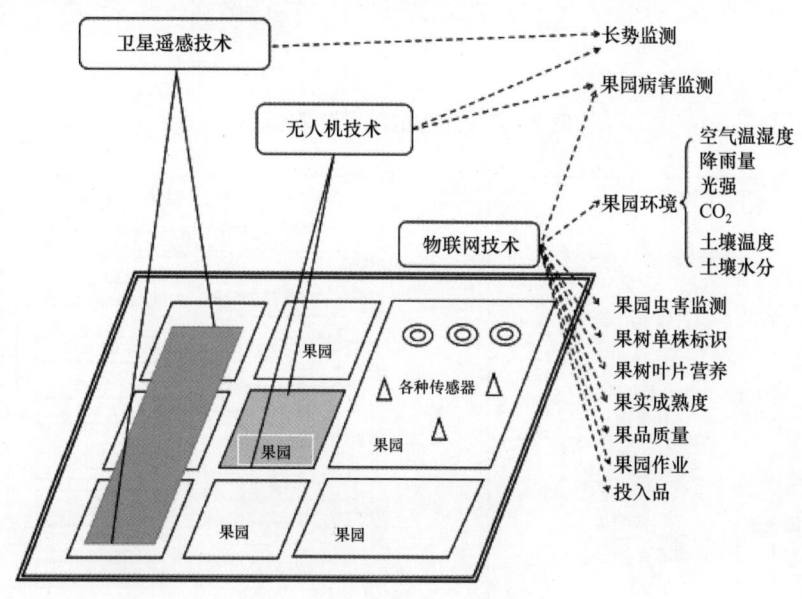

图 2　果园信息采集技术体系

基于模型的果园生产管理，一般是把管理对象果树当成一个系统，如图 3 所示，模型被看成对系统某一个方面运行规律的客观描述，从系统中获取模型所需要的系统运行状态数据，然后模型开始运算，最后根据模型运算的结果来对目标系统进行控制，使得目标系统按照特定的方向向前发展。在这个基于模型的控制过程中，控制的效果完全取决于模型是否对系统运行规律进行了准确描述，那么也就可以认为，使用精确的建模手段能够准确刻画系统运行规律。但是，果树系统是一个时刻处于动态变化中的复杂系统，基本不存在精确完备的整体解析模型。首先，基于解析模型的最优解与假设条件直接相关，往往具有较强的条件敏感性。对于复杂系统问题，若假设条件与实际情况存在着差别，则会导致假设与实际状况"失之毫厘，差之千里"。其次，解决复杂系统问题一般不存在单一的优化指标，而多层次多目标优化指标往往会造成多个甚至无数个解决方案。因此，针对果树复杂系统的特性，借鉴平行管理理论[38,39]，课题组提出了一种果树栽培管理模型框架，如图 4 所示，主要包括实际果树系统和虚拟果树系统，通过对二者之间的行为进行对比和分析，完成对各自未来状况的"借鉴"和"预估"，进而相应地调节各自的管理与控制方式，达到实施有效解决方案及学习与培训的目的。

虽然现有研究已对苹果树水肥施用模型、猕猴桃气候品质评价模型开展相关工作，但这类研究的不足是无法全面地刻画果树生长系统的整体运行规律，且优化指标较为单一。本研究提出的基于平行管理理论的果树栽培管理模型，通过实际果树系统和虚拟果树系统二者间对果树生长未来状况的相互借鉴和预估，对不同栽培方案的效果进行评估，使得模型能有更好的适应性和预测性能。

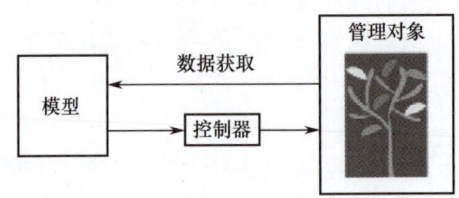

图 3　基于模型的果树管理方法

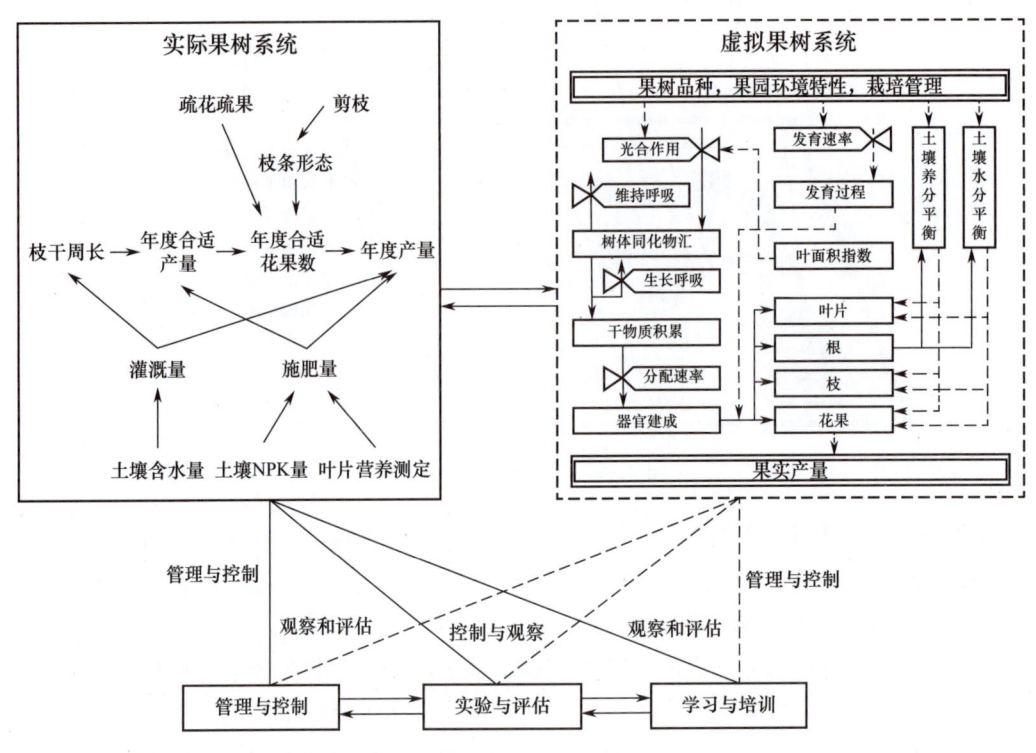

图 4　果树栽培管理模型框架

3.3　果园数字化管理平台

针对国内果园数字化管理的需求，以果品生产和管理为核心，提出了"果园码、地块码、作业码、投入品码、商品码"五码互联的果园生产管理综合编码体系，研制了果园数字化管理平台（见图 5），具有果园监控、果园生产过程管理、专家远程诊断与服务、果品库存和溯源管理等功能，实现了果品全产业链数字化管理。该平台采用云计算模式和云化系统架构，以生长管理模型为核心，数字化为基础，将果园环境、果树生长、果园生产、专家指导、政府监管等有机地联系在一起，通过数据挖掘和模型分析，服务于果园主、专家、政府等不同主体，实现果园的数字化和网络化管理。

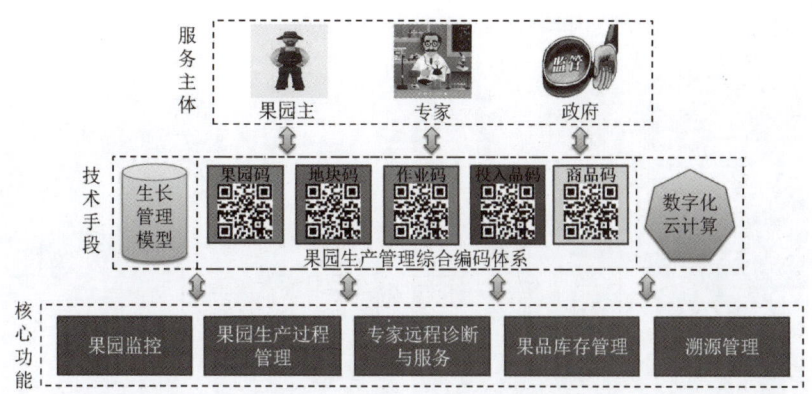

图 5　果园数字化管理平台系统结构

同类数字化管理平台多集中在针对单一水果品种或单一生产环节的数字化管理，仅限于解决果园全产业链中某一环节的数字化管理问题。本研究提出的果园数字化管理平台能够全面覆盖产前、产中、产后等果园生产全产业链和多果品类型的数字化管理工作，因此在平台综合性和适应性方面具有优势。

3.4　成果应用情况

围绕果园环境和果树生长信息获取、果树生长模型、果园数字化管理平台等研发的一系列数字果园成果已在辽宁、北京、山东、陕西、宁夏、新疆等地得到应用。截至 2017 年 11 月，共安装果园信息远程采集硬件设备 15 台（套），进行系统培训咨询服务共计 1.89 万次，累计推广应用面积 192.6 万亩，辐射带动果业合作社（或果协）842 个，果农 31.6 万人，取得了良好的社会效益和经济效益。果园数字化管理平台的应用情况如图 6 所示。在各地安装的果园数据采集设备如图 7 所示。

图 6　果园数字化管理平台的应用情况

图 7　在北京、新疆、陕西、山东等地安装的果园数据采集设备

4　数字果园发展趋势展望

伴随着现代信息技术的飞速发展,数字果园技术研究必将取得巨大进展,且呈现智能化、网络化、机械化、综合化的发展趋势,并将使果园在生产方式和观念上产生革命性的变化[40]。

数字果园技术的智能化将集中在专家知识的采集、存储和表达模型、果树生长模型，形成智能技术的核心和应用基础研究。通过集成开发平台、智能建模工具、智能信息采集工具和"傻瓜化"的人机接口生成工具等一系列技术创新，将突破果树栽培与管理专家知识的采集、存储和推理技术。果树形态结构模型与果园智能管理将融合园艺学、生态学、生理学、计算机图形学等多学科，以果树器官、个体或群体为研究对象，构建主要果树 4D 形态结构模型，实现对果树及其生长环境进行形态的交互设计、几何重建和生长发育过程的可视化表达。

数字果园技术的网络化将从根本上打破时空障碍，变革果品经营与流通模式，缩短果品从园地到餐桌的流通环节，促进产品价格、数量、质量等市场信息的快速传递，消除生产者和消费者之间的信息不对等，进入以消费者为中心的果品生产定制时代。水果产品供求信息通过网络传播，将从根本上促进产品信息、价格信息、市场信息的传递和产品交易，降低成本。网络化使得远程咨询、远程诊断和技术信息的快速传播和交流成为可能，信息的网络化交互让果农可以利用微博、微信等方便地找到所需要的生产和市场信息，果农可以随时与专家进行线上技术交流，也可以与果品买家进行线上果品销售。

数字果园技术的机械化将会让果园机械精准导航和控制技术、作业决策模型与作业方案实时生成技术得到大范围应用，智能化果园装备将实现果树栽植、树体管理、花果管理、肥水管理、病虫害防控等生产环节的机械化、智能化和机器人化。随着我国制造业水平的不断提升，小型低成本的果园智能机械将会得到进一步发展，并且逐步替代人工，完成果园苗木培育、果树施肥、树体修剪、果实套袋、病虫害防治、中耕除草、果品收获等园艺作业。

数字果园技术综合化发展中，技术的集成和综合将变得越来越重要。信息技术的应用不一定要完全取代或排斥常规的或传统的方法和技术，往往采取"相互结合、取长补短"的"集成化"策略会更有效、更实用、更受欢迎。例如，专家系统与模拟模型研究相结合，专家系统与实时信号采集处理系统甚至技术经济评估系统相结合，专家系统与精准农机具相结合，等等。因此，围绕果业发展的实际问题，集成和综合各种农业信息技术将是一个重要的发展趋势。

5　结束语

数字果园技术的研究与应用方兴未艾，给我国果业发展带来难得的机遇。未来数字果园技术的进步必将促进我国果业生产与管理的变革性发展，对果园资源利用率和劳动生产率的提高起到关键作用。我国果园生产将形成"人－资源－环境－生产关系"相互协调的良性循环模式，整个果业将走上高产、稳产、低耗、高效的可持续发展道路。

参 考 文 献

[1]　赵春江，杨信廷，李斌，等. 中国农业信息技术发展回顾及展望 [J]. 农学学报，2018, 8(1): 180-186.
[2]　周国民. 我国数字果园的研究与发展 [J]. 农业网络信息，2012(1): 10-12.
[3]　韩明玉，马锋旺，李丙智，等. 意大利法国苹果发展情况 [J]. 西北园艺 (果树)，2008(1): 49-50.

[4] Montet D, Ramesh R. Food traceability and authenticity: analytical techniques[M]. Boca Raron: CRC Press, 2017.

[5] 李立明, 杨婧. 计算机信息技术在食品质量安全与检测中的应用 [J]. 食品安全导刊, 2017(9): 86-87.

[6] 张泽华. 日本青森县苹果产业发展趋势给我们的启示 [J]. 烟台果树, 2010(1): 13-15.

[7] 袁景军, 梅立新, 高华, 等. 日本苹果考察报告 [J]. 西北园艺, 2008(6): 45-47.

[8] 吴火和. 日本果树高品质栽培新技术及管理 [J]. 福建林业, 2016(2): 25-26.

[9] 陈学森, 韩明玉, 苏桂林, 等. 当今世界苹果产业发展趋势及我国苹果产业优质高效发展意见 [J]. 果树学报, 2010, 27(4): 598-604.

[10] 陈学森, 王楠, 张宗营, 等. 我国果树产业新旧动能转换之我见Ⅰ: 果树产业新旧动能转换的卡脖子问题及其解决途径 [J]. 中国果树, 2019, 196(2): 7-10.

[11] 程存刚, 赵德英. 新形势下我国苹果产业的发展定位与趋势 [J]. 中国果树, 2019, 195(1): 7-13.

[12] 邓秀新. 中国水果产业供给侧改革与发展趋势 [J]. 现代农业装备, 2018(4): 13-16.

[13] 周国民. 数字果园研究现状与应用前景展望 [J]. 农业展望, 2015(5): 61-63.

[14] 夏之云, 郭波莉, 魏益民, 等. 水果产业链追溯关键指标筛选及模块构建 [J]. 核农学报, 2014, 28(5): 890-896.

[15] 毛莎莎, 曾明, 何绍兰, 等. 近红外光谱技术在水果成熟期预测中的应用 [J]. 亚热带植物科学, 2010, 39(1): 82-87.

[16] 刘燕德, 叶灵玉, 孙旭东, 等. 基于光谱指数的蜜橘成熟度评价模型研究 [J]. 中国光学, 2018, 11(1): 83-91.

[17] 苏红波, 郭新宇, 陆声链, 等. 苹果花序几何造型及可视化研究 [J]. 中国农学通报, 2009(2): 272-276.

[18] 吴升, 赵春江, 郭新宇, 等. 基于点云的果树冠层叶片重建方法 [J]. 农业工程学报, 2017, 33(z1): 212-218.

[19] 冯娟, 刘刚, 王圣伟, 等. 采摘机器人果实识别的多源图像配准 [J]. 农业机械学报, 2013(3): 197-203.

[20] 孙意凡, 孙建桐, 赵然, 等. 果实采摘机器人设计与导航系统性能分析 [J]. 农业机械学报, 2019(S1): 8-14.

[21] 张凯, 赵丽宁, 孙哲, 等. 葡萄套袋智能机器人系统设计与目标提取 [J]. 农业机械学报, 2013, 44(z1): 240-246.

[22] 王凌, 赵庚星, 朱西存, 等. 花期苹果树冠氮素营养状况的卫星遥感反演 [J]. 应用生态学报, 2013, 24(10): 2863-2870.

[23] 蔡华成, 王骞, 高敬东, 等. 中心干不同分枝数量对"Y-1"矮砧"富士"生理特性的影响研究 [J]. 农学学报, 2018(8): 57-61.

[24] 陈学森, 毛志泉, 姜远茂, 等. 三位一体的"中国式苹果宽行高干省力高效"栽培法 [J]. 中国果树, 2019(4): 1-3.

[25] 李娜, 李丙智, 王金锋, 等. 不同树形对苹果幼树树冠中下层光截获与产量及品质的影响 [J]. 北方园艺, 2014(19): 4-8.

[26] 石佩, 刘航空, 白红, 等. 主干形桃树冠层3D模型构建及光截获与果实品质的空间分布研究 [J]. 西北农业学报, 2016, 25(9): 1371-1378.

[27] 张广波, 李希灿, 程述汉. 3S 技术在苹果园信息化中应用研究的进展与展望 [J]. 测绘与空间地理信息, 2013, 36(8): 40-44.

[28] Stajnko D, Berk P, Lesnik M, et al. Programmable ultrasonic sensing system for targeted spraying in orchards[J]. Sensors, 2012, 12(12): 15500-15519.

[29] Tewari V, Chandel A, Nare B, et al. Sonar sensing predicated automatic spraying technology for orchards[J]. Current Science, 2018, 115(6): 1115-1123.

[30] 周国民, 樊景超, 吴定峰, 等. 基于 XML 的果园环境数据采集和数据表示 [J]. 天津农业科学, 2015, 21(12): 76-79.

[31] 郭秀明, 樊景超, 周国民, 等. 晴天苹果树冠层温湿度时空分布规律研究 [J]. 中国农学通报, 2016(35): 188-192.

[32] Guo X, Yang X, Chen M, et al. A model with leaf area index and apple size parameters for 2.4 GHz radio propagation in apple orchards[J]. Precision Agriculture 2015, 16(2): 180-200.

[33] 郭秀明, 周国民, 丘耘, 等. 一种适宜于农业监测和控制的 WSN 应用框架 [J]. 农机化研究, 2014(11): 199-203.

[34] 夏雪, 丘耘, 胡林, 等. 基于 3G 和 DDNS 的果园环境远程监控系统 [J]. 自动化与仪表, 2013, 28(8): 18-21.

[35] Zude-Sasse M, Fountas S, Gemtos T, et al. Applications of precision agriculture in horticultural crops[J]. European Journal of Horticultural Science, 2016, 81(2): 78-90.

[36] Lentz W. Model applications in horticulture: a review[J]. Scientia Horticulture, 1998(74): 151-174.

[37] Hester S M, Cacho O. Modelling apple orchard systems[J]. Agricultural Systems, 2003, 77(2): 137-154.

[38] 王飞跃. 平行控制: 数据驱动的计算控制方法 [J]. 自动化学报, 2013, 39(4): 293-302.

[39] 王飞跃, 魏庆来. 智能控制: 从学习控制到平行控制 [J]. 控制理论与应用, 2018(7): 939-948.

[40] 周国民, 丘耘, 樊景超, 等. 数字果园研究进展与发展方向 [J]. 中国农业信息, 2018, 30(1): 10-16.

作者简介

周国民, 研究员, 博士生导师, 中国农业科学院科技管理局副局长。长期从事农业信息技术研究工作, 在果园数字化管理技术与系统、农业科学数据共享技术与系统等方面开展了深入研究。先后主持和参加国家高技术研究发展计划("863"计划)、科技基础条件平台专项等多项科研项目的研究工作, 取得科技成果奖励 10 余项, 曾获农业农村部"十佳青年"和"中国农业信息化十大年度人物"荣誉称号, 入选"北京市科技新星"计划, 中国农业科学院杰出人才二级岗位。

夏雪, 中国农业科学院农业信息研究所助理研究员, 博士, 主要从事果园生产管理数字化技术、果树表型识别技术等方面的研究, 先后参与国家自然科学基金、国家高技术研究发展计划("863"计划)等项目的研究工作, 发表学术论文 10 余篇, 参编著作 1 部, 取得科技成果奖励 2 项。

蜂业生产智能管控技术研究

刘升平 诸叶平 鄂 越 张 杰 吕纯阳 郭秀明

(中国农业科学院农业信息研究所)

摘 要

本文面向现代农业建设主战场，以蜂业为研究对象，以蜂业全产业链信息化智能管控技术为切入点，开展蜂业生产智能管控关键技术研究，综合应用移动互联网技术、人工智能技术、物联网技术等农业信息技术，重点开展蜂场物联网环境信息采集与监测、智能蜂箱关键设备研制、蜂产品质量安全控制系统研发及蜂业大数据可视化分析技术研究，通过智能感知、互联互通和大数据分析，实现蜂业生产的智慧管理，并向用户提供标准化、自动化、智能化的蜂业信息服务模式。

关键词

智慧蜂业；智能蜂箱；蜂产品追溯；物联网；大数据

Abstract

Facing the main battlefield of modern agricultural construction, Wisdom bee industry platform carries out key technology research and product development of the bee industry production intelligent management and control in beekeeping industry. Based on the comprehensive application of agricultural information technology such as mobile internet technology, artificial intelligence technology and Internet of Things technology, this paper focuses on the information collection and monitoring of the Internet of Things in the bee yard, the key equipment of the intelligent beehive, the quality and safety control system of the bee products and the big data analysis technology of the whole industry chain. Through intelligent sensing, interconnection and big data analysis, this paper implements bee industry information intelligent management, and provides users with standardized, automated and intelligent bee industry information service mode.

Keywords

Smart Apiculture; Intelligent Beehive; Bee Product Traceability; Internet of Things; Big Data

中国是世界养蜂大国，蜂业源远流长、历史悠久，也是我国最为传统的、最有历史底蕴的特色产业以及最具代表性的农业产业之一，我国蜂群数量、蜂产品产量和出口量均居世界前列。目前中国蜂蜜年产量40多万吨，占世界蜂蜜总产量的四分之一以上，同时蜜蜂授粉为现代农业发展提供了12%以上的产值，是现代农业的重要组成部分[1]。但是在产业信息化应用和发展方面，我国蜂业现代化程度落后于农业其他产业，主要表现在以下几个方面：生产主体以个人及家庭为主，养蜂规模较小，生产分散，机械化程度较低，受自然和市场影响均较大，由此造成经营规模小、产品质量安全问题多。蜂业传统的分散生产方式在很大程度上制约了蜂业向专业化、标准化和现代化方向发展。由于零星分散的养殖户达不到规模化生产要求，许多标准化的技术难以大规模实施，养蜂者常年在外风餐露宿，缺乏安全性与稳定性，加之养蜂成本连年上涨，突发性事故高发、无任何政策保护，由此又会带来许多质量安全问题。因此，为了解决我国蜂业信息化和现代化发展存在的问题，本文开展蜂业生产智能管控关键技术与设备研发，并应用于现代蜂业发展，推进蜂场的智能化设备控制、数字化生产管理，有助于提升蜂业的规模化发展水平，实现蜂业生产的信息化、透明化，提高蜂农收入，有效提升经济效益和社会效益。

蜂业生产智能管控技术是指在蜂群养殖、蜂产品加工、蜂产品质量安全等蜂业领域应用物联网技术、移动互联网技术、人工智能技术和现代互联网技术，从而节约蜂业养殖资源、提高蜂产品质量和收益的一种现代化养蜂趋势[2]。随着智慧农业的不断发展以及在农业诸多领域的具体实践，为蜂业智能生产提供了充足理论基础和有效技术支撑。蜂业生产智能管控技术（见图1）从信息采集、智能管理和决策服务的全产业链流程出发，技术内容包含基于物联网的蜂场环境信息采集与监测、智能蜂箱关键设备研制、蜂产品质量安全控制系统研发及蜂产品全产业链大数据可视化分析平台构建等[3]。本研究以蜂业全产业链信息化智能管控关键技术为切入点，从整体上提升蜂蜜产品质量安全过程控制水平和安全监测能力，为蜂业现代化发展提供技术支持。

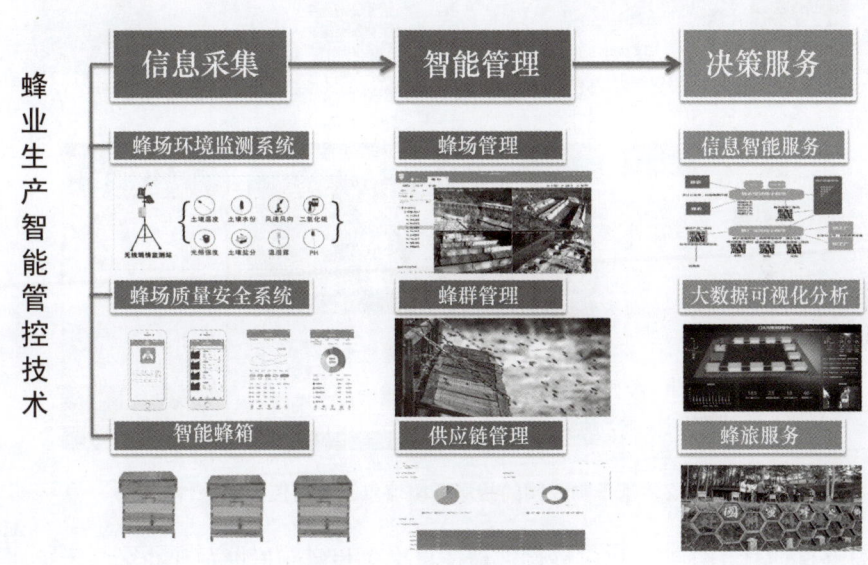

图 1　蜂业生产智能管控技术

1　基于物联网的蜂场环境信息采集与监测

我国虽然是一个蜂蜜养殖大国，但在蜂场智能化管理方面的研究相对落后，技术运用还不成熟，尤其是在蜂场管理的现代化和信息化方面还处于起步探索阶段[4]。近年来，随着信息技术的快速发展和社会经济结构的变化，整个农业产业无论是生产方式还是消费等级，无论是技术系统还是管理模式，都发生了巨大的变化。蜂业发展方式转变的趋势也十分明显，从生产管理模式来看，蜂业发展呈现设备智能化、管理数字化的转变趋势[5]。智能化蜂业生产在全世界受到广泛关注，一些西方发达国家陆续推进了蜂场生产的全流程和全过程的监督与管理，我国的蜂业作为一个出口外向型行业，积极适应上述变化是当前我国蜂业的发展趋势[6]。

蜂场环境信息采集与监测主要面向定地生产的蜂场，采用农业物联网技术、传感器技术，研制蜂场环境信息采集设备和蜂场安全监控设备，研发蜂产品产地大气、水质、光照、温湿度等环境自动采集与监测技术和系统，通过设备安装实施和应用，可实现标准蜂场生产环境信息的定时、定点自动采样与监测。同时，借助视频监控技术，研发支持 24 小时监控、历史回放及远程控制的 Web 版系统及移动端 App，实时监测蜂场安全及蜂箱状态。图 2 展示了本团队所研发的蜂场环境信息自动采集设备、蜂场安全监控设备和配套的软件系统，该设备和系统在北京市密云区进行了应用示范，取得了良好的示范效果。

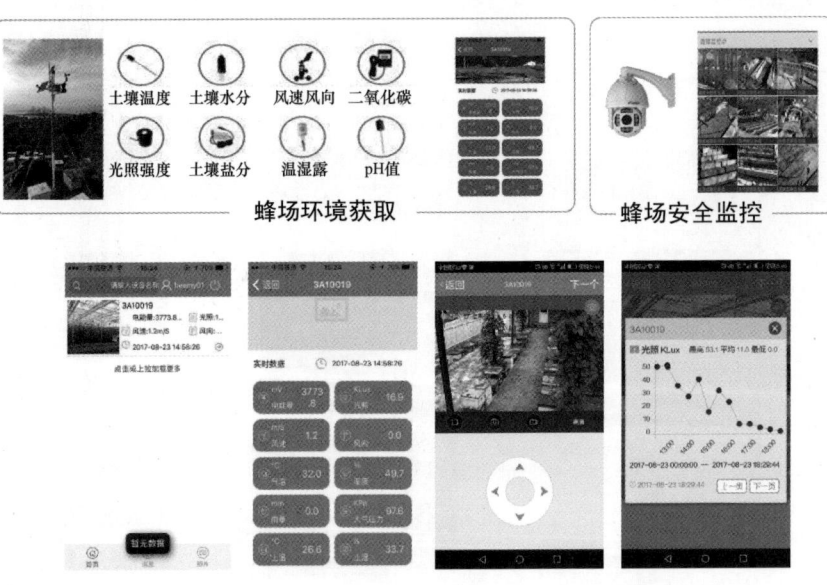

图 2　基于物联网的蜂场环境信息采集与监控软硬件

面对蜂场信息化管理趋势，蜂场环境信息采集与监测借助现代化的技术手段帮助蜂农科学养蜂，可以提升蜂农管理效率、减轻蜂农劳动强度；物联网设备的应用可以为蜂农提供气象预报，以便蜂农确定繁殖蜂时间，提早规划场地；监控设备的应用将最大幅度地降低蜂业养殖劳动强度。随着蜂场生产管理模式的转变，有利于蜂农投入更少的人力为蜜蜂营造更适宜的环境，实现蜂场管理从传统化粗放管理向信息化、自动化管理的转变和提升。

2 智能蜂箱关键设备研制

我国蜂业落后于农业其他产业,机械化程度较低,设施设备落后陈旧,蜂农对蜂场的管理依然比较粗犷,基本以手工操作为主,比如多采取手动开箱检测或者埋设测量线路的方式来测量蜂箱内的温度和湿度状况[7-9];并且通过不定期的、频繁的开箱观察的方式来判断蜂蜜产量变化和蜂群蜂王健康等情况。传统人工检测方式存在实施不方便、劳动强度大、效率低下及可操作性弱而且背离蜂群生产生活习性等问题,对蜜蜂活动稳定性影响较大,难以获得实时、准确的蜂场及蜂箱数据,并且传统蜂场分布容易受到交通的制约,一些偏远地区的蜜源难以得到充分利用。因此,推行智能化设备、数字化管理来消除与蜜蜂直接接触带来的安全风险,提升蜂业规模化发展水平[10],是我国的蜂产品出口企业必须攻克的技术难关。

智能蜂箱定义为能够运用现代先进的探测技术获取蜂群的相关数据,并对数据进行科学处理后再反作用于蜂群,以期完成人对蜂群的科学管理的蜂箱[11]。具体理解主要表现为在不打开蜂箱盖、不惊动蜜蜂、不能直接观察蜂群活动的前提下,运用现代科技能够非常精准、实时地了解蜂群状态并施加智能处置[12]。本团队研制的智能蜂箱将具有定时监测蜜蜂生活生产环境、及时反映蜂农最关心的蜂箱内参数、智能识别蜂群进出数量、自动化监听蜂箱声音等功能,并开发支持用户查看、统计分析、自动预警及远程控制的配套软件系统[13-15]。

图 3 是本团队研发的智能蜂箱的结构示意图,通过智能蜂箱对蜜蜂养殖过程中蜂群相关信息进行自动化、智能化采集,增加太阳能电池、声音信息采集模块、摄像头、称重仪器、红外探头、温度传感器、风扇、自动饲喂设备、蜂箱控制模块、系统主控模块和蜂农专家决策系统,实现自动饲喂、蜂群行为监测、采蜜统计分析、蜂箱降温和盗蜂分析等。智能蜂箱主要采集蜂箱内部的温度、湿度、声音信息、蜂箱监控照片和视频信息、蜂箱重量信息等内容。通过智能设备的采集加上蜂农专家决策系统实时将蜂农关系的情况通过曲线图、状态图、告警信息等全方位地通知到用户的手机 App 上,帮助养蜂人员实现对箱内环境和蜂群状况的实时监控、远程监控、智慧监控,从而提高养殖人员工作的效率,减少对蜜蜂造成的干扰,提高蜂产品的产量与质量。

图 4 为本团队针对智能蜂箱硬件产品采集信息研发的数据管理与展示系统。该系统基于采集的数据统一开展智能蜂箱数据管理,实现蜂箱和蜂群养殖模型的结合应用。本团队研发的蜂箱管理 App 可对蜂箱进行远程状态查看、实时生产预警,以提高蜂农的工作效率,实现蜂群养殖的现代化和信息化。利用智能蜂箱终端的实时信息监控与获取及与高拟合蜂群活动模型相结合,在移动终端实时查看蜂箱原始信息的基础上,还能够推送蜂群预警性信息或一般性提示信息。终端应用技术在极大程度上减少了养殖人员的重复性、劳累性检查工作,极大地解放了劳动力,可产生更多经济效益。

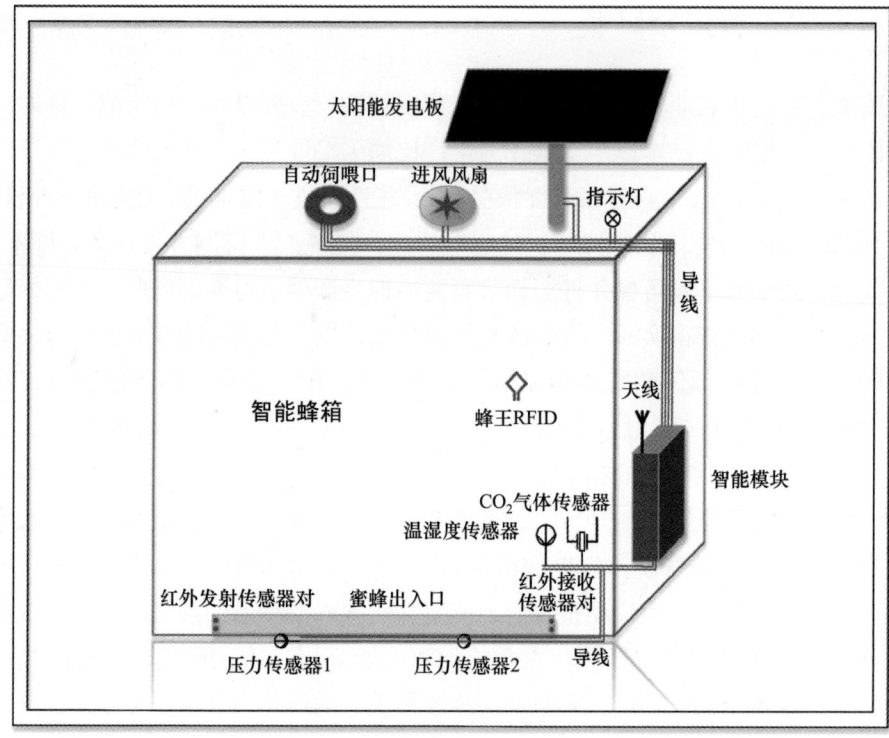

图3 智能蜂箱结构

智能蜂箱数据管理系统

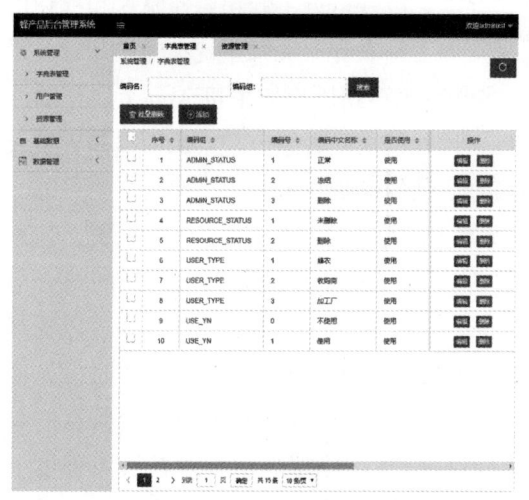 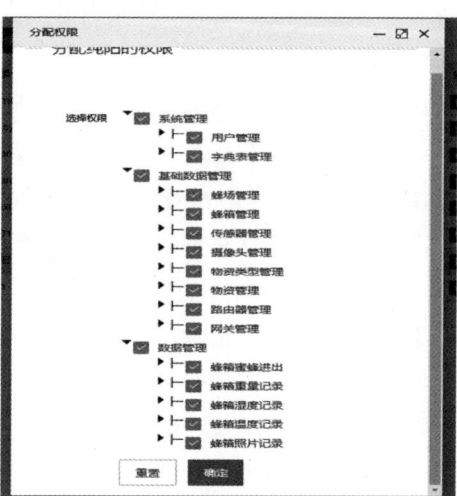

图4 智能蜂箱数据采集软件系统

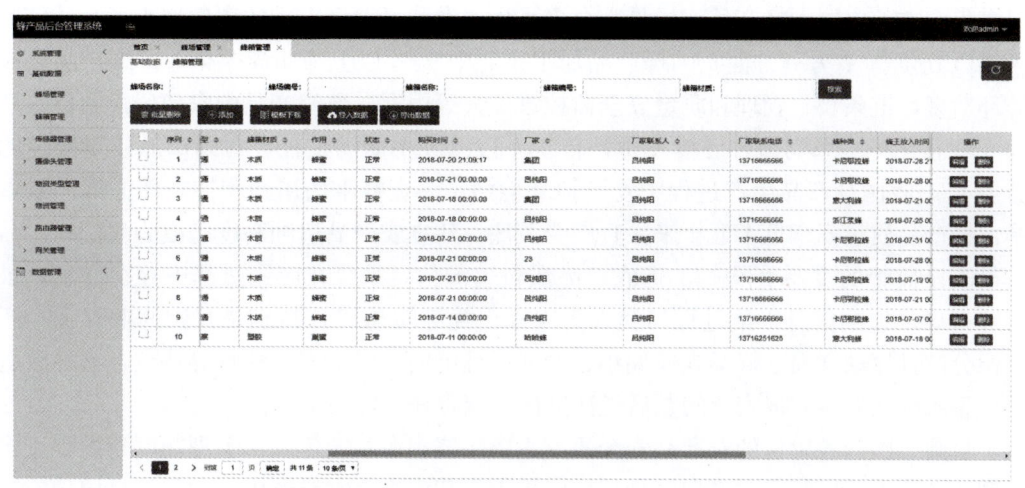

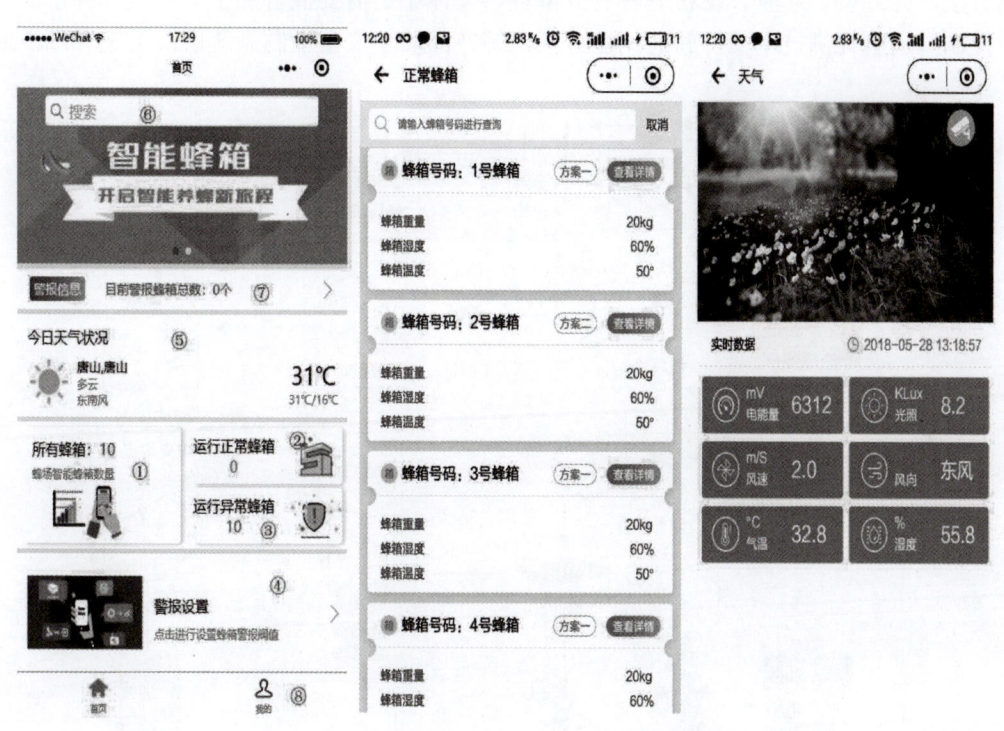

图 4 智能蜂箱数据采集软件系统（续）

3 蜂产品质量安全控制系统研发

当前我国蜂产品质量安全问题主要具备以下两项特征：①超过 60% 的蜂产品安全问题发生在生产与加工环节；② 75.50% 的蜂产品安全事件是由人为因素所导致的。原因在于一方面中国的蜂产品市场是由众多小生产者和经营者组成的离散型市场,诚信监管难以到位[16];另一方面我国蜂产品加工企业中90%以上为非规模企业,蜂产品供应链环节多、链条长、管理和质量安全监控难度大等因素导致蜂产品中农药残留超标、产地环境恶化等一系列事件屡屡发生,传统手段已经不能满足社会对蜂产品质量监控的需要[17]。我国蜂产品生产过程中受产地环境污染、蜜蜂生病用药和掺杂使假等因素影响,蜂产品质量安全近十五年来一直广受关注。建立农产品追溯制度已成为我国农产品质量安全监管的重要手段[18],但农产品质量追溯信息系统在应用过程中存在信息记录不够精确、追溯信息采集过程易受人为因素干扰等问题[19],特别是我国蜂业存在生产经营分散且流动性强、蜂场规模偏小、产地属性鲜明、消费需求独特等特点,常导致追溯信息系统在发生质量安全问题后无法准确判定责任[20]。

目前,国内各单位的农产品安全研究主要围绕溯源系统建设、管理制度建设等过程追溯关键技术开展研究,追溯信息获取以手工记载为主,常导致生产过程信息记录的缺失、错误和瞒报情况发生,难以满足溯源系统在农产品质量控制中的应用需求。本研究针对蜂业中存在的上述特点,提出了一种具有感知性、智能性、协同性的蜂产品质量控制方法,为蜂蜜、蜂胶、花粉等具有分散性、个体小、需要混合加工等特点的蜂产品质量控制与追溯提供技术支持和通用性方法。蜂产品质量安全控制系统解决方案如图5所

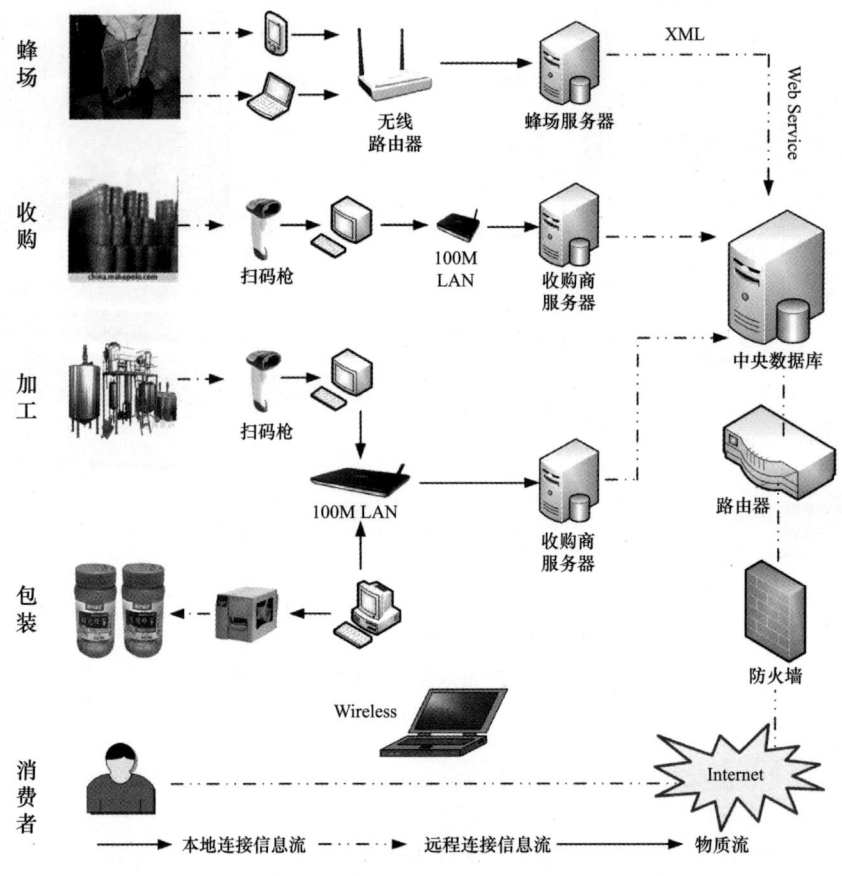

图5 蜂产品质量安全控制系统解决方案

示，设计了基于 Agent 的农产品质量控制系统框架，能根据不同蜂产品的生产加工特点，添加相应的控制环节和条件，适应不同目标和类型的蜂产品控制、跟踪和安全预警。同时，构建的蜂产品供应链全程追溯信息采集体系涵盖了蜂产品生产、收购、加工和销售四个环节，针对蜂产品质量追溯过程中质量安全关键控制点进行追溯信息的记录，包括蜂产品产地信息采集系统、蜂产品收购溯源信息管理系统、蜂产品加工企业溯源信息管理系统和蜂产品销售溯源信息管理系统，实现了蜂产品生产流通追溯信息采集，为蜂产品质量安全控制提供了追溯系统的基础支撑。

该系统以符合农业生产良好操作规范（GAP）和加工良好操作规范（GMP）为理念，分析蜂产品质量安全因素和蜂产品安全生产特点，设计建立了养蜂基地内部养殖档案、收购商收购管理档案、加工厂生产加工档案和销售商销售流通记录要求，提出了适合我国国情，包含移动终端、PC 终端、Web 终端等多种形式的蜂产品信息追踪与溯源解决方案并研发了蜂产品质量安全控制系统，借助 RFID 技术、二维码技术和互联网开发技术，实现覆盖蜂产品环境信息、蜂场养殖、病虫防治、蜂蜜采收、储运、组批、加工等环节的全流程质量安全追溯系统和移动端 App。构建了蜂产品供应链全程追溯信息采集体系，一物一码，防伪防篡改，彻底打通养蜂者、收购商、加工厂和消费者等环节。结合蜂产品供应链全程追溯信息采集体系，研究建立了基于 Web Service 的蜂产品质量追溯信息网络平台，实现了追溯采集信息的实时、自动和智能监督管理。图 6 为系统平台中蜂产品质量追溯 App 系统界面，为蜂农、加工商、收购商等用户提供便利的数据采集服务。

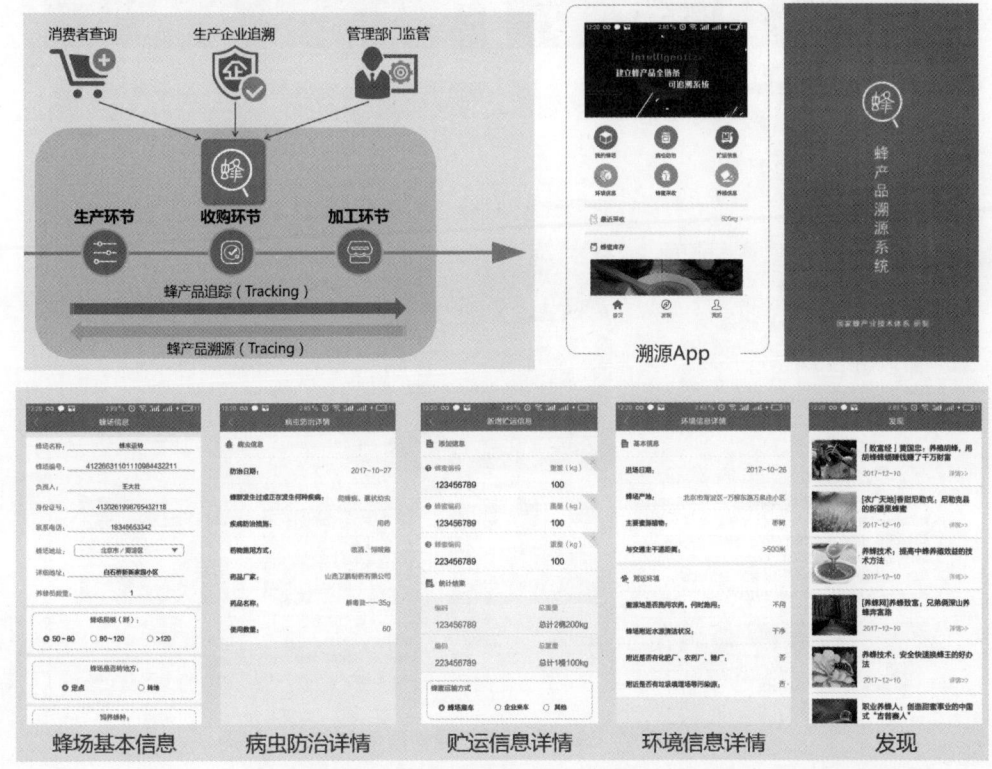

图 6 蜂产品质量追溯 App 系统界面

本团队研发的平台在北京市蚕业蜂业管理站管理的蜂场中进行应用推广，建成了六个蜂蜜可溯源监控技术示范基地，投入可追溯蜂群 2000 群，基本实现了蜂蜜生产全过程的可追溯性。图 7 是蜂产品质量追溯管理平台的系统截图，该平台包含追溯查询、蜂场视频查看、GIS 展示、新闻浏览、机构查询等功能，为北京市蜂产品质量安全管理、机构展示、追溯管理和新闻管理提供一站式服务，有效提高了行业透明度，增强了优质蜂产品品牌宣传，减少了假冒伪劣产品的流通。

图 7　蜂产品质量追溯管理平台

4 蜂产品全产业链可视化分析

随着移动互联网技术的发展，农业正式迈入大数据时代，2016年中央一号文件提出了"互联网+"现代农业的发展计划，大数据技术逐步开始应用于农业生产。为了推动我国产业链的改造升级，需要从农业生产过程入手，拓展物联网技术、大数据技术等在农业生产中的实验范围和规模，推进农产品全产业链的大数据建设。本研究基于采集的蜂场环境条件、视频监控情况、智能蜂箱蜂群活动、蜂产品全产业链各环节信息，分析蜂产品质量安全数据，构建蜂业数据可视化分析模型，搭建扩展性强、稳定性高的蜂产品质量控制数据可视化分析平台（见图8），面向蜂业生产过程中蜂场蜂农、收购商、加工厂、消费者等不同用户和产业链环节，提供生产管理、过程分析、智能调度、产品追溯等服务，实现政府的强化监督、质量控制和农民权益的保障。

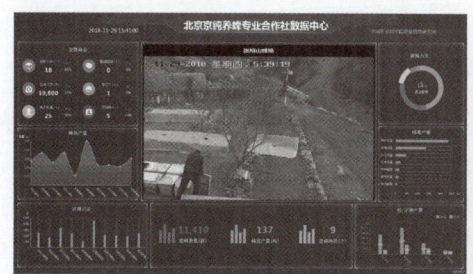
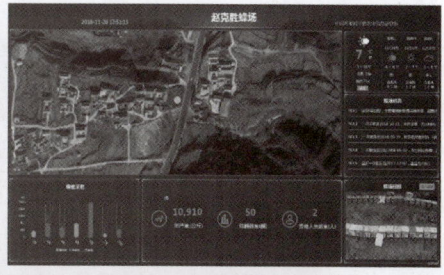
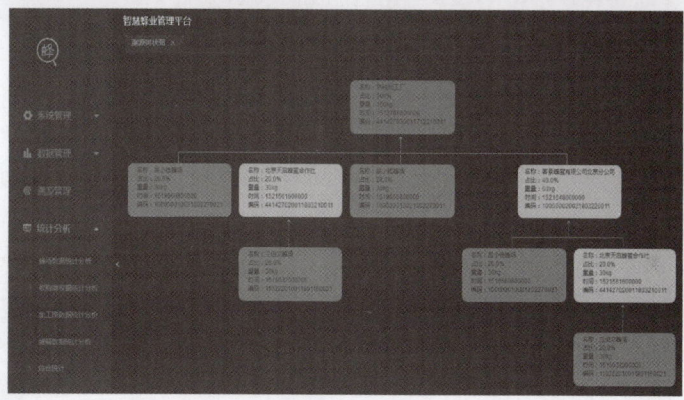
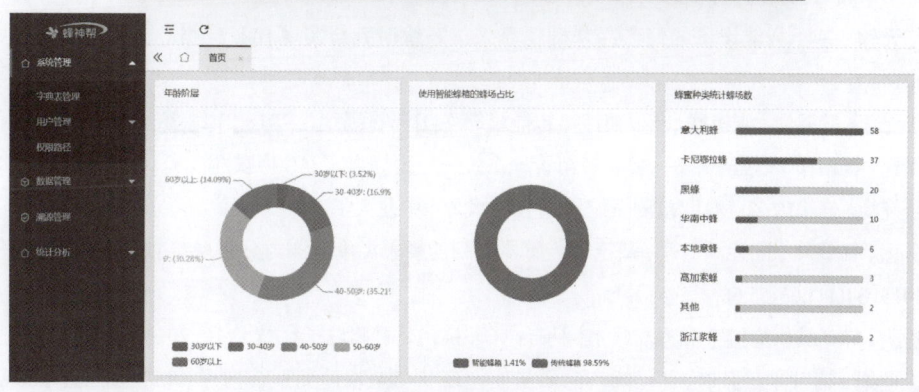

图8 蜂产品质量控制数据可视化分析平台

5 结论

本文开展蜂业生产智能管控关键技术的研究，开发覆盖蜂蜜生产全流程的数字化蜂场软件服务体系，开展智慧蜂业系统、智能蜂箱设备、蜂产品全产业链大数据可视化分析等关键技术和设备研发，在蜂场生产中通过数据有效管理进行分析，提供合理的辅助决策类信息，帮助相关从业人员用更高效的信息化、智能化手段开展蜂业的生产活动，将有利于整体性提升蜂业行业管控技术、促进生态农业的发展、提升蜂农的经济效益、提高蜂业的社会效益。同时，关键技术和平台的应用，将最大限度地降低蜂业养殖劳动强度，提升蜂产品原料质量，不仅可以节约成本，还可以增加蜂蜜产量，同时也有利于提高蜂蜜的单位产量、质量和产值，完成传统蜂业向信息化的转型，是推进我国蜂业整体利益平衡发展的必由之路，对促进我国从养蜂大国到养蜂强国的转变具有重要的意义。

参 考 文 献

[1] 李敬锁, 辛德树, 赵芝俊. 国外蜂业发展的经验及其对中国的启示 [J]. 中国蜂业, 2016, 67(4):62-63.

[2] 游兆彤, 虞轶俊, 孔亚广. 中国智慧蜂业发展现状及对策 [J]. 浙江农业学报, 2014(4):1111-1115.

[3] 刘明刚. 面向智慧蜂业的信息服务系统设计与实现 [D]. 杭州：杭州电子科技大学, 2016.

[4] 颜志立. 我国蜂业现状及入 WTO 后的对策 [J]. 中国养蜂, 2000, 51(3):24-25.

[5] 毛小报, 张社梅, 柯福艳. 中国蜂业发展趋势分析 [J]. 中国蜂业, 2012(16):44-46.

[6] 游兆彤, 吴丽楠. 浙江蜂业转型升级的对策与建议 [J]. 中国蜂业, 2014, 65(8):53-55.

[7] 王小柱. 蜂产品监管标准体系建设与可追溯应用 [J]. 中国蜂业, 2019, 70(2):53-54.

[8] Mahaman B D, Harizanis P, Filis I, et al. A diagnostic expert system for honeybee pests[J]. Computers & Electronics in Agriculture, 2002, 36(1):17-31.

[9] Mcclure J E, Tomasko M, Collison C H. BEE AWARE, an expert system for honey bee diseases, parasites, pests and predators[J]. Computers & Electronics in Agriculture, 1993, 9(2):111-122.

[10] 陈黎红, 谢双红, 张复兴, 等. 从澳大利亚蜂业看中国养蜂与国际的差距（二）——赴澳大利亚出席第八届亚洲养蜂大会纪要 [J]. 蜜蜂杂志, 2006, 26(7):29-31.

[11] 陈天钧. 基于智能设备的蜂产品基础信息采集系统研究与实现 [D]. 杭州：杭州电子科技大学, 2014.

[12] 江勇萍, 叶武光, 张串联, 等. 初探"智能蜂箱" [J]. 蜜蜂杂志, 2018(2):27-28.

[13] 程巍, 曾柏伟, 孙宪忠, 等. 智能蜂箱管理系统——蜜蜂之家 [J]. 物联网技术, 2014, 4(4): 11-12.

[14] 吕俊峰. 蜂箱内多点温度检测系统研究 [D]. 太原：中北大学, 2013.

[15] 李想, 江朝晖, 陆元洲, 等. 基于微传感器阵列的蜂巢温度监测与分析系统 [J]. 传感器与微系统, 2015, 34(11):63-65,68.

[16] 杨凯. 蜂产品供应链全流程质量追溯平台 [D]. 杭州：杭州电子科技大学, 2016.

[17] 李世娟, 诸叶平, 鄂越, 等. 蜂产品质量安全现状与全程追溯系统构建 [J]. 农业工程学报, 2008, 24(S2):293-297.

[18] 游兆彤,孔亚广,胡晓飞,陈天钧.基于智能技术的蜂产品质量可追溯系统研发[J].浙江大学学报(农业与生命科学版),2014,40(5):533-540.

[19] 杨耀臻.基于移动物联网的蜂产品质量安全追溯系统研究[D].杭州:杭州电子科技大学,2015.

作者简介

刘升平,男,博士,副研究员,长期从事农业信息技术领域科研工作,主要研究方向包括农产品质量安全控制技术、作物模拟模型技术和农业 GIS 应用等领域。现任中国农业科学院农业信息研究所智能农业技术研究室副主任,是农业信息研究所首届杰出青年,先后主持、参与和完成国家科技支撑计划、国家"863"计划、农业部重点项目、国家自然科学基金课题等类型的科研课题 10 余项。作为主要完成人形成了小麦/玉米种植管理系统、中国农业经济电子地图、蜂产品质量追溯系统等科研成果,获得院、省部级科研奖励 9 项,公开发表 EI、ISTP、中文核心论文 10 余篇,出版专著 1 部,获发明专利和软件著作权登记 20 余项。

基于机器视觉的动植物表型识别技术研究

柴秀娟 [1,2,*] 孙琦鑫 [1,2] 夏 雪 [1,2]

（1. 中国农业科学院农业信息研究所；2. 农业农村部农业大数据重点实验室）

摘 要

表型识别是动植物育种、品种选择、基因组学和表型组学研究的重要基础，是支撑现代化农业高质量发展的关键技术。机器视觉作为人工智能技术的关键分支，是表型识别领域的重要模式和手段。本文概括了农业动植物表型识别的概念和内涵，总结归纳了现阶段我国农业动植物表型视觉感知和识别技术与应用实例，探讨了农业动植物表型识别存在的问题和挑战，展望了基于视觉的表型识别技术未来发展方向及应用前景，以期为推动我国农业表型组学实现跨越式发展提供参考。

关键词

机器视觉；动植物表型；表型识别技术；农业表型组学

Abstract

Phenotype recognition is very important for plant and animal breeding, variety selection, genomics and phenomics. It is likewise a key technology to support the high-quality development of modern agriculture. Machine vision, as a key branch of artificial intelligence technology, is an important mode and means in the field of phenotype recognition. This paper summarizes the concepts and connotations, the technology and application examples of phenotypic visual perception and recognition of plant and animal at present in China, and discusses the problems and challenges of plant and animal phenotype recognition. Finally, this paper looks forward to the future development direction and application of vision-based phenotype recognition technology. The aim of this paper is to provide references for promoting the leap-forward development of agricultural phenotype recognition in China.

Keywords

Machine Vision; Phenotypes of Plant and Animal; Phenotype Recognition Technology; Agricultural Phenomics

1 引言

农业自古以来就是中国国民经济的基础，是人类的衣食之源，生存之本。我国一直在探索现代农业的发展道路，并在农业科技、经济和社会各个方面都取得了巨大成就。但现代中国农业仍然存在着诸多问题，如耕地资源不断减少、耕地质量退化、生产技术整体较为落后、环境问题日益严峻等，严重制约着农业的发展。中国现代农业亟须用数字技术提升生产效率，实现农业生产的突破。随着大数据和人工智能技术进入农业领

---
*为本文通讯作者。

域，科技的力量深刻影响着传统的生产方式，产业革命正在来临。例如，通过人工智能结合土壤、气候等数据进行农产品价值预测；通过模式分类技术对获取的图像进行病虫害识别；通过对农作物或果园长势进行信息获取和分析，实现精准化农业生产。

农业植物表型数据包含的信息量大，复杂程度高，传统研究方法效率低，主观性强，且一次只能专注于少数几个表型特征进行研究。畜牧养殖受传统养殖模式影响，生产过程中难以考虑牲畜个体间差异，难以对牲畜进行精细化的养殖管理。机器视觉因其自动化、客观、非接触、高精度、强环境适应性等优点，成为目前人工智能领域的一大研究热点，也为农业动植物领域表型识别与生产精细化的提质增效提供了强大推动力。如今，利用机器视觉开展农业动植物的表型研究已成为动植物育种、品种选择、基因组学和表型组学研究的重要基础方法。为此，本文重点围绕机器视觉在农业动物/植物表型识别中的技术与应用进行介绍，对国内外研究进行总结分析，并给出未来研究和发展的方向。

2　机器视觉助力植物表型识别

表型特指一个基因型与环境互作的全部或部分表现，即表型是一个基因型与环境互作产生的全部或部分可辨识特征和性状。表型组学是一门在基因组水平上系统研究某一生物或细胞在各种不同环境条件下所有表型的学科。这一概念最早由衰老研究中心主任 Steven A. Garan 于 1996 年在滑铁卢大学的一次应邀演讲上提出。植物表型组是受基因和环境因素决定或影响的，反映植物结构及组成、植物生长发育过程及结果的全部物理、生理、生化特征和性状[1]。

随着高通量测序技术和植物功能基因组学的快速发展，越来越多的植物和性状参数需要被快速和准确测量。传统的植物表型识别手段效率低下、准确率不高、客观性差，极大地制约了植物基础生物学研究包括遗传、基因功能研究等的发展。因此，国内外的众多研究人员对基于视觉的植物表型自动感知进行了大量的研究，并取得了一系列的研究进展。近年来，关于这一领域的进展综述有许多[2-7]。其中，Walter 等[5] 以对根系的表型研究为例，对基于图像分析的表型识别方法进行了综述，包括光谱分析、热成像分析等。

基于视觉的植物表型识别中，常用的图像获取方式有可见光成像、叶绿素荧光成像、热成像、近红外成像、高光谱成像、3D 成像、激光成像、核磁共振成像、断层扫描成像、遥感图像等。可见光成像是植物表型识别中最为广泛使用的一种成像方式，常用来分析地表上可见的生物量，其特点是简单直接，设备成本极低；但可见光成像受环境光照影响很大。叶绿素荧光成像则对环境光照变化不敏感，多用于研究植物对致病菌的抵抗力。热成像更是对低代价、高通量大田作物表型研究具有巨大潜力。在基于视觉的植物表型识别中使用的识别方法也多种多样，传统的有阈值分割[8]、特征分类[9]、边缘跟踪[10] 等方法，也有 Faster R-CNN[11]、YOLO[12] 等新的深度学习方法。Arvidsson 等[13] 通过基本的图像处理操作（包括二值化、孔洞填充、生长、收缩等）来帮助研究人员获取显著区域、凸体、紧致性等表型参数，以对不同基因型的拟南芥的生长行为进行比较。Lu 等[14]通过深度卷积神经网络对大田玉米的局部视觉特性进行建模，回归出局部的玉米穗数目，以解决玉米穗的计数问题。国际上也有很多机构和组织已经开展了植物表型组分析工作，如澳洲植物表型组学实验室等。

以我国三大粮食作物之一的玉米表型特征检测为例，传统玉米表型识别主要是通过手工测量和拍照后软件分析进行，但手工测量需要花费大量时间，测量结果准确性较低，工作烦琐，工作量大，这些缺点大大降低了基于表型特征的大规模遗传育种筛选的效率。因此，借用现代技术对其表型进行精准、高效的数据采集和数据分析显得尤为重要。

中国农业科学院作物科学研究所从三个视角定期、定点地对整个生长周期的900余株玉米植株进行拍摄记录，得到RGB图像、荧光图像和近红外图像等多模态表型数据共9万余幅。中国农业科学院农业信息研究所基于此对玉米的表型开展检测研究，主要包括：玉米植株的投影面积、颜色均值和方差的计算，玉米植株株高和节间距的检测与计算，玉米植株叶片数的识别和统计，玉米植株茎粗的检测和计算等。

（1）在玉米叶片识别和计数问题中，不仅要从图像中识别出玉米植株整体的轮廓和位置，还要在像素级别确定每一个叶片的边界和身份，这可以形式化为机器视觉中典型的多实例分割问题。使用深度卷积神经网络进行玉米数据集的迁移学习和精细调参，在只有100余幅多实例分割标注图像作为训练集的条件下可以取得良好的实例分割效果。玉米叶片识别如图1所示。

（a）RGB 输入图像　　（b）玉米叶片多实例标注　　（c）测试实例分割结果

图1　玉米叶片识别

（2）在表型组学中，玉米节间距即为叶鞘点间的距离，故可将测量节间距和玉米株高的问题转换为对叶鞘点和玉米植株底部点、顶部点的检测问题。针对玉米数据集图片分辨率高、目标物体小的特点，研究中提出一种从粗到细的先验知识引导的小目标检测方法[15]，如图2所示。在第一阶段中，将原始图像降采样到合适的大小，以减少图形处理器内存的负担，粗略地找出可能包含对象的区域。在下采样图像上，首先通过主干网络计算出不同尺寸物体上的不同特征图。然后，利用先验知识指导区域生成网络生成感兴趣区域。由于感兴趣区域较粗糙，在第二阶段，从高分辨率图像中计算出小感兴趣区域的特征进行精细分类,提高叶鞘点和玉米植株底部点、顶部点的检测精度。玉米植株株高和节间距的检测示例如图 3 所示。

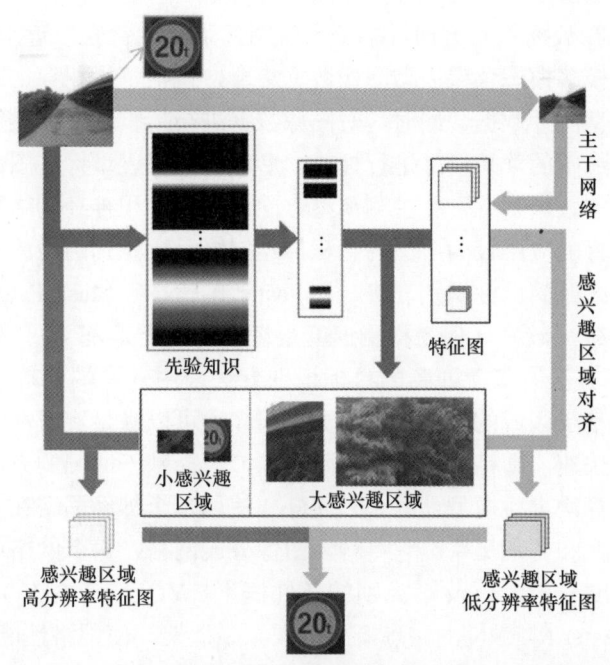

图 2 玉米植株检测流程

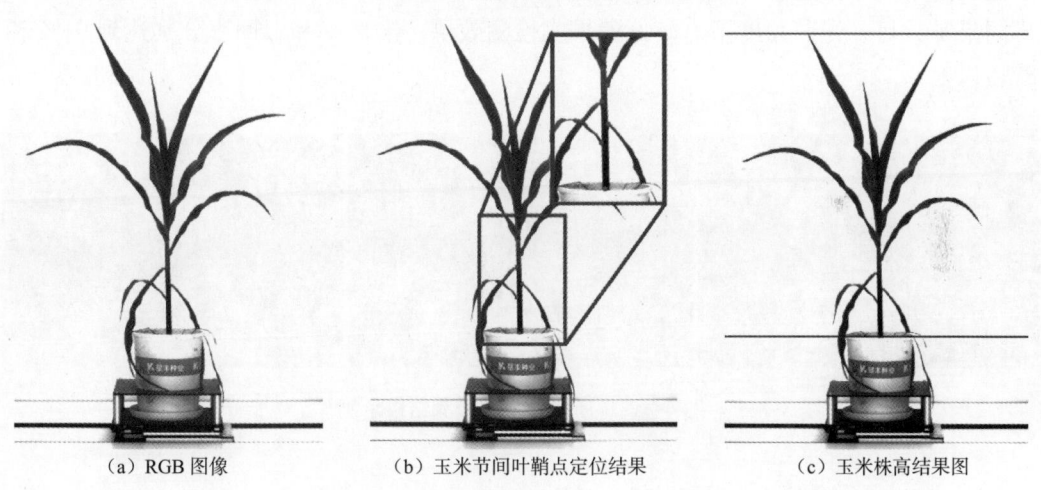

（a）RGB 图像　　　　　（b）玉米节间叶鞘点定位结果　　　　　（c）玉米株高结果图

图 3 玉米植株株高和节间距的检测示例

利用机器视觉技术对玉米植株表型信息进行获取和检测分析,可以高效、可靠地提取植株外观特征信息,挖掘有意义的植株属性特征,并辅助解决其遗传、育种等科学问题。

果树是我国重要的经济作物,在农业生产中占据重要地位。面对日益扩大的果树种植面积,加之农村劳动力的季节性紧缺及人力成本不断上升,使得现有以人工进行果实作业的传统果树生产方式难以满足水果生产产业的可持续发展需求。运用现代果树表型识别技术解决果树生产中的实际科学问题变得尤为重要。

围绕果树表型识别，中国农业科学院农业信息研究所在苹果树表型识别方面开展了相关研究工作。在数据积累方面，基于高清图像采集设备获取近 10 万幅苹果树表型图像，构建了大规模多模态苹果表型图像数据集合，包括苹果树芽、花、幼果、成熟果等器官的多模态表型图片数据。同时，对图像数据进行了整理及标注工作，利用自主开发的软件工具对图像中的苹果目标进行标注，形成了苹果表型标注图像数据集合，为后续研究提供了良好的数据基础。在检测模型方面，深度卷积神经网络可以自主对要识别的目标进行学习，目前应用较为广泛的卷积神经网络目标识别与检测的方法可以分为两类，第一类是基于区域的目标识别方法，如 Faster R-CNN、Mask R-CNN 等。此类方法在小目标的检测上效果较好，但是检测速度很慢。另一类是基于回归的目标识别方法，如 SDD、YOLO 等方法。基于回归的目标识别方法采用的是端到端的目标检测和识别模式，速度相对于基于区域的目标识别方法快很多，可以满足实时性的要求。因此，结合果园场景下苹果快速、高精度检测的实际需求，选择基于回归的方法中检测速度快的 YOLOv3 深度学习算法进行模型训练。YOLOv3 使用单个神经网络在一次推断中直接从完整图像预测边界框和类别概率。它将输入图像分成网格，每个网格单元预测边界框的 k 个边界框和置信度分数，以及 C 类别的条件概率。YOLOv3 在 YOLO 的基础上有很大的提升，它将 Faster R-CNN 的锚点概念引入原始框架，使网络性能得到进一步提升。该研究训练所得模型的检测结果示例如图 4 所示。从图中可以看出，该模型能够较好地检测到图中的苹果目标。通过对模型进行性能测试与分析，结果表明该研究的模型在不同果实数目、光照角度下有较好的果实检测效果，准确率和召回率分别达到 91% 和 87% 以上。

图 4　训练所得模型的检测结果示例

3　机器视觉助推动物表型识别

动物表型可以泛指任何可度量的生物学性状，包括动物个体行为、体型外貌、发育特征等。在畜牧养殖中的大型动物如牛、猪、羊等，因其经济价值高而广受畜牧研究关注。虽然畜牧产业市值巨大，但我国畜牧养殖成本却非常高，单位饲料成本、单位人力成本均明显高于其他发达国家。整体来看，我国畜牧养殖产业已进入变革期，由传统的散养模式向规模化、集约化的方向发展。当前，我国养殖业中大多是粗放式管理，不考虑畜牧个体之间进食偏好、食量、健康状况的差异,而这种传统的养殖方式并不适合现代养殖产业精细化的养殖标准。建设现代化的智慧牧场必须提供对牲畜的个体化管理和对其行为的智能感知,身份识别恰恰是智慧养殖的数据入口,有关牲畜个体的健康监测数据、营养数据、繁育数据,都需要与牲畜个体进行关联。

传统的牲畜身份识别主要包括耳标、植入芯片、印制图案等方式,其劣势明显。无论是带耳标、剪耳标,还是植入芯片,都是侵入式的,难以避免对牲畜身体的伤害,也违背了对牲畜进行福利喂养的原则。在牲畜身上印制图案,避免不了图案的污损,一定程度上影响识别效果。对比来看,基于视觉的牲畜表型识别具有低成本、非接触、非侵入、无耗材的优势,也因此吸引了大批学者和工业界人员的兴趣。

智慧养殖中基于机器视觉的研究主要在牲畜识别、行为检测、品质判定、疾病诊断等方面,其中由于牲畜多为群养的原因,要研究个体情况,最重要的就是牲畜的个体识别问题。对于牲畜识别问题,现有研究主要集中在目标检测和身份识别两个方面。牲畜目标检测的主要任务是将图像中的单只牲畜或群体检测出来,以便后续根据牲畜图像特征判断牲畜的行为和状态。牲畜个体身份识别则是对图像中的每只牲畜进行区分,识别身份,以便后续对牲畜个体进行持续观察与个性化管理。

目前,基于视觉的牲畜目标检测运用的方法主要有阈值分割、特征分类、轮廓关键点、统计模型、深度学习等。Lind 等[16]借助自动阈值分割和图像帧差法实现单个猪只的识别与跟踪。Yang 等[17]利用改进的全卷积网络实现了分娩舍中母猪的检测,该方法能够减少母猪检测过程中猪体颜色不均、非结构光照条件及仔猪的干扰。而基于视觉的牲畜个体身份识别的方法主要有颜色标记、模板匹配、特征变换、深度学习等。Ahrendt 等[18]提出了一种基于支持图的生猪跟踪算法,可在猪舍中对群养猪个体进行实时识别和锁定跟踪。这项研究为后续猪只行为实时分析打下了基础,但当猪只发生快速移动或多猪距离太近时,系统就会失效,失去对猪只的跟踪能力。Yang 等[19]基于 Faster R-CNN 模型研究了猪只个体身份识别方法,通过俯视摄像机拍摄带有标号的生猪背部图像,利用 Faster R-CNN 模型检测出每只猪的位置并同时识别出每只猪的身份,但该方法对于身份的识别依然是通过在猪体上涂写记号来实现的。

近年来,人脸识别作为图像识别领域的重要研究方向,已成功实现商用。人脸识别通常用于非侵入式的访问控制和监视,与智慧养殖的应用场景非常相似。因此,理论上可以将人脸识别领域的相关技术迁移至动物的身份识别。

中国农业科学院农业信息研究所围绕生猪自动检测与识别问题进行了研究。在数据收集方面,从大规模的专业化养猪场采集视频数据。数据涵盖不同种类、不同大小的多样数据。主要采集包括猪的脸部与猪的身体两种数据,并包括定位栏单养与圈养两种场景。其中,圈养数据用于猪脸与猪身体的检测工作,定位栏单养数据用于猪脸识别工作。

首先,对收集到的生猪原始视频数据进行预处理。从视频中间隔固定帧数提取生猪图像,并人工筛选剔除模糊、相似及没有目标的图像。其次,手工对圈养数据中生猪的脸部与身体位置进行框选标注,用于检测算法的训练。之后,选择先进的 FaceBoxes 检测算法对猪脸与猪身体数据进行学习,实现猪脸与猪身体的实时检测。此外,利用实时检测算法对定位栏数据进行猪脸的检测,将检测结果放入神经网络中,结合网络上开源的大量人脸数据，发现人脸与猪脸数据之间的潜在联系，迁移人脸识别的模型，实现猪脸的识别算法。

研究中使用的生猪检测算法可以精准地检测出图中的猪脸信息，检测结果如图5所示。对不同尺寸的图像进行平均精度与耗时的分析，平均耗时3.1ms，高分辨率的图像平均检测精度在90%以上。对于生猪身份的识别，通过迁移学习人脸识别的方法，在包含不同姿势、光照、遮挡等多种影响因素的复杂数据集上进行测试。通过与卷积神经网络直接训练、直接迁移微调的结果进行对比，结果表明，该研究所使用模型在复杂场景非限定条件下的猪脸检测与识别任务上表现优异，对80类近200幅生猪图像的识别率达到99.48%，性能明显优于已有方法。

图5　猪脸检测结果示例

4　机器视觉推动农业智能装备与机器人发展

农业机械与农业生产工具智能化体现了农业发展从传统到现代的转变过程。智能化农业机械装备综合运用机械电子、传感控制、通信技术、机器视觉等现代信息技术，可高效、安全、可靠地完成多种作业任务，因此可以将农业表型识别结果应用到实际生产中，如农产品自动采摘、农产品自动分级、病虫害监测预防等。日本是最早开展农业智能装置与机器人研究的国家之一，目前日本的机器人研发、设计、制造都处于世界先进水平，其研发的农业采摘机器人已经产品化。美国是世界智能装备与机器人研发制造的强国，在农业生产中研发制造了大量的自动化智能装置与机器人。目前，美国80%的大农场已普及"农业物联网+机器人"技术，农场主通过借助高度自动化的大型农业机器人，3个人可完成1万英亩的土地管理和作物收割。英国的智能农业装置与农业机器人发展非常迅速，针对不同的农业作物，都有相应的机器人用于生产。英国哈珀亚当斯大学完成了世界上首例靠机器种植与收割谷物的尝试，他们利用无人机监测作物长势，并利用研发的农业机械自主地种植、打理和收割谷物。德国研究机构利用全球定位系统（GPS）和灵巧多用途拖拉机综合技术，研制出了可在农场各种地块间快速穿行并准确实现杂草清除的除草机器。法国研制出了全功能型葡萄园生产机器人，它几乎能代替种植园工人的所有工作，包括修剪藤蔓、剪除嫩芽、监控土壤和藤蔓的健康状况。比利时开发了草莓采摘机器人，它利用3D视觉感测技术来辨别草莓成熟度，同时使用3D打印技术制造的"手掌"，在不损伤草莓的前提下快速收获田间草莓。

国内对智能农业装置与农业机器人的研究起步较晚，但经过近十几年的发展也取得了很大进步，由结合表型识别关键技术的智能装备带动的农业产业升级，正在逐渐改变农民的生活方式。同时，国家高度重视其发展，《机器人产业"十三五"发展规划》对服务机器人、下一代智能机器人[20]等领域的突破做出重点布局。国家农业智能装备工程技术研究中心集成激光主动测量和视觉伺服技术，实现了温室番茄机器人的自动对靶和采摘[21]。中国农业大学结合多传感器融合技术研制了蔬菜嫁接装置，实现了蔬菜幼苗嫁接定位、抓取、切削与结合[22,23]。南京软件研究院研发的水产养殖机器人由船体、饵料投放器和控制系统等组成，水产养殖机器人可以实现喷水、撒药、喂食等养殖功能。浙江大学应义斌等人[24,25]设计了基于机器视觉的水果表面特征识别算法，研发了水果质量检测分级装置，该装置可在单通道对水果品质进行分级。南京农业大学研发的棉花采摘智能设备，可以识别籽棉品级，并采摘成熟的棉花[26]。

例如，目前茭白品质分拣主要由人工完成，但由于农村适龄劳动力逐步减少，存在招工难、招工贵等现象，同时，人工分拣也存在精度低、效率慢等问题。为降低茭白分拣等工作的劳动成本，提高茭白的分级精度，亟须研发茭白品质自动分级算法，结合硬件装备，可实现茭白自动分级分拣及包装等工作。从而降低人工工作强度，减少生产成本，实现"机器换人"，提高茭白生产的经济效益。

中国农业科学院农业信息研究所在茭白生产基地采集优质茭白样本1640个，为每个样本拍摄双面图像，共获得优质茭白图像3280幅；采集老化、形状不规则、病虫害、尺寸小等劣质茭白1536个，为每个样本拍摄双面图像，共获得劣质茭白图像3072幅。以此构建了茭白品质分级图像数据集，如图6所示。

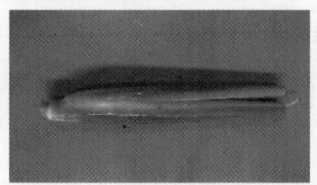
(a) 优质茭白

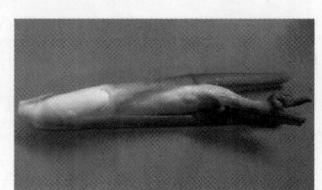
(b) 劣质茭白（形状不规则）

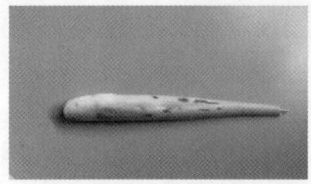
(c) 劣质茭白（病虫害）

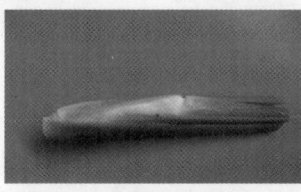
(d) 劣质茭白（老化）

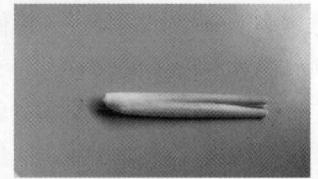
(e) 劣质茭白（尺寸小）

图6 茭白品质分级图像数据集样例

研究主要分为以下几步：①数据收集及预处理。采集茭白图像并记录每幅图像所属等级，如优质、劣质，作为图像的标签。将采集的图像集按比例分成训练集与测试集；

②基于深度卷积神经网络技术，根据采集的图像与品质级别标签之间的对应关系训练茭白品质分级模型参数；③训练后得到的茭白品质分级模型，可提取待检测图像的深度特征，从而确定茭白品质等级。

该研究基于深度学习技术，提取待分级目标的表型特征，实现茭白品质自动分级，自动区分优质茭白与劣质茭白。在所采集的茭白品质分级图像数据集上，分级精度可达到 99.6%。此外，中国农业科学院农业信息研究所将茭白品质自动分级算法与硬件装备集合，生产出的茭白品质分级装置如图 7 所示。该装置运用视觉分级技术实现棍状农产品分级，主要功能包括自动上料、传输、分级、包装等。该装置能有效减少人力、物力的投入，提升生产效率，并在一定程度上推动了农业智能装备的发展。

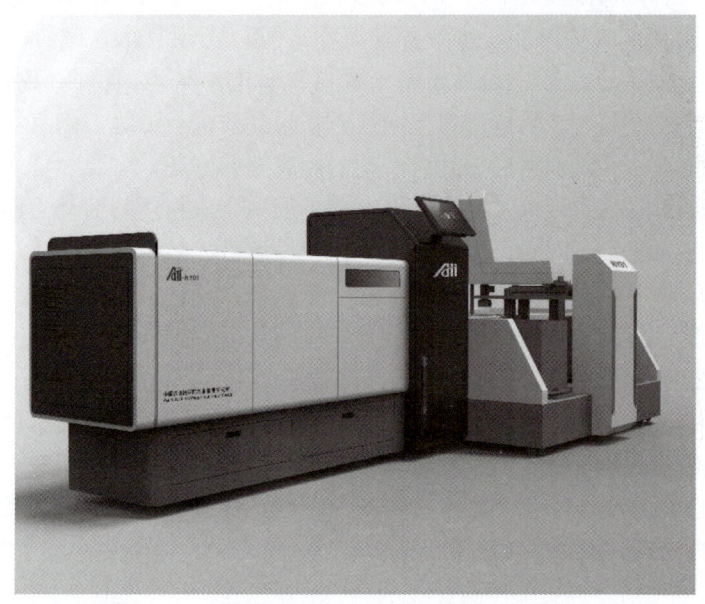

图 7　茭白品质分级装置

5　存在的问题与挑战

尽管表型研究已经历经了 20 多年的发展，但农业表型的视觉感知技术仍未成熟，总体来说尚停留在实验室条件及小规模简单应用的层面。机器视觉技术在农业表型识别领域的应用仍存在如下问题：

（1）数据缺乏。不管是针对植物表型研究或者动物表型研究，现阶段都缺乏统一、开放的大规模通用数据库。例如，由于牲畜的生长环境恶劣和复杂，牲畜群体／个体特征变化与活动均会导致数据采集的稳定性降低，也给通用数据库的构建增加了难度。为促进国内外对动植物表型识别的深入研究，亟须统一开放的研究和测试平台。

（2）可靠性差。我国农业生产环境复杂，各区域彼此相互联系、相互制约，但受到光照、温度、纬度、海拔等各种自然因素影响，又存在着明显的地域性、季节性差异。基于机器视觉处理图像或视频信息，处理结果易受到测量条件、环境等因素影响，使得机器视觉技术在农业表型识别上存在环境适应性和可靠性差、局限性大的特点。

（3）泛化性差。我国农业除生产环境复杂外，农业研究对象也复杂多样。目前的研究还处于针对不同的农业研究对象，根据其自身特点设计不同的表型识别算法、图像处理算法的阶段，缺乏泛化性。此外，目前的算法也多是针对单一或少量的数据模态设计的，通用性及扩展性有限。

（4）实时性差。由于机械控制系统和图像分析算法均存在一定的局限性，现在多数研究都是从静态、二维图像入手进行研究。通常植物表型原始图像分辨率高，导致一些复杂的机器视觉算法难以满足实时检测需求。而对动物表型的识别，更需要对视频进行逐帧分析，从而进行动物行为的监测，这对机器视觉算法的实时性提出了更高的要求。

（5）操作性差。由于基于机器视觉的农业设备集成化和智能化程度不高，且操作复杂，目前多数基于机器视觉的农业研究仍处于实验阶段，在大规模应用推广上仍存在许多需要解决的实际问题，并且农业表型研究属于多学科交叉领域，客观上增加了研究难度。

6　总结与展望

我国在利用机器视觉进行农业表型识别研究的诸多方面均比较活跃，主要集中在作物生长信息识别与检测、农产品自动采摘、农产品质量分级、病虫害监测、农业机械导航、畜牧识别与行为检测等方面。但由于农业生产环境复杂、农业研究对象多样化，基于机器视觉的农业表型识别的成熟仍需经历很长一段发展历程。从研究趋势上看，以下几个方面将成为未来研究方向的重点：

（1）数据是科学研究的重要基础，基于机器视觉的方法非常依赖训练数据集的大小与分布，而如今国内外尚未有成熟、公开的用于科研的大规模农业表型数据库，因此，构建覆盖更多农业对象类型、更多表型类型、更大差异性的大型公开数据集对于该领域进行有效应用和深入研究是十分必要的。

（2）深度学习是当前机器视觉的关键，如何提高现有深度学习算法在具体农业问题上的准确率和处理效率，增强算法的鲁棒性，提供对实时表型识别技术的支持，仍是未来基于机器视觉面向农业领域的表型识别技术的应用和发展方向。

（3）研究结构更加紧密、成本更加低廉、处理速度更快的集成系统是未来基于机器视觉开展农业应用的重要发展方向，也有利于进一步大规模普及结合机器视觉系统的农业机械设备或智能装备。

（4）融合多种技术的机器视觉系统是当前及未来的研究热点。例如，融合机器视觉系统和北斗导航系统，可以实现农田导航系统的高精度和低成本；融合三维成像技术、神经网络技术、智能控制技术等，可以使农田作业机器人更加智能化。

由于在许多农业生产关键环节，如育种、喷药、除草、采摘、后期加工等，应用基于机器视觉的表型识别可以替代人工，避免不良环境对人体造成的危害，减少人为因素的影响，提高生产效率。因此，基于机器视觉的表型识别，将是未来农业智能化、精准化发展的一项关键技术，将助力农业生产向着现代化、自动化、智能化方向前进。

参 考 文 献

[1] 潘映红. 论植物表型组和植物表型组学的概念与范畴[J]. 作物学报, 2015, 41(2):175-186.

[2] Yang W, Duan L, Chen G, et al. Plant phenomics and high-throughput phenotyping: accelerating rice functional genomics using multidisciplinary technologies[J]. Current Opinion in Plant Biology, 2013, 16(2):180-187.

[3] Granier C, Vile D. Phenotyping and beyond: modelling the relationships between traits[J]. Current Opinion in Plant Biology, 2014, 18:96-102.

[4] Li L, Zhang Q, Huang D. A Review of Imaging Techniques for Plant Phenotyping[J]. Sensors, 2014, 14(11):20078-20111.

[5] Walter A, Liebisch F, Hund A. Plant phenotyping: from bean weighing to image analysis[J]. Plant Methods, 2015, 11(1):14.

[6] 刘建刚，赵春江，杨贵军，等. 无人机遥感解析田间作物表型信息研究进展[J]. 农业工程学报, 2016,32(24):98-106.

[7] 高宇，高军萍，李寒，等. 植物表型监测技术研究进展及发展对策[J]. 江苏农业科学, 2017,45(11):5-10.

[8] Jidong L, De-An Z, Wei J, et al. Recognition of apple fruit in natural environment[J]. Optik-International Journal for Light and Electron Optics, 2016, 127(3): 1354-1362.

[9] Lu J, Lee W S, Gan H, et al. Immature citrus fruit detection based on local binary pattern feature and hierarchical contour analysis[J]. Biosystems engineering, 2018, 171: 78-90.

[10] Xu L, Lv J. Recognition method for apple fruit based on SUSAN and PCNN[J]. Multimedia Tools and Applications, 2018, 77(6): 7205-7219.

[11] 王丹丹，何东健. 基于R-FCN深度卷积神经网络的机器人疏果前苹果目标的识别[J]. 农业工程学报, 2019, 35(3):156-163.

[12] Tian Y, Yang G, Wang Z, et al. Apple detection during different growth stages in orchards using the improved YOLO-V3 model[J]. Computers and electronics in agriculture, 2019, 157: 417-426.

[13] Arvidsson S, Pérez‐Rodríguez P, Mueller‐Roeber B. A growth phenotyping pipeline for Arabidopsis thaliana integrating image analysis and rosette area modeling for robust quantification of genotype effects[J]. New Phytologist, 2011, 191(3): 895-907.

[14] Lu H, Cao Z, Xiao Y, et al. TasselNet: counting maize tassels in the wild via local counts regression network[J]. Plant methods, 2017, 13(1): 79.

[15] Yang Z, Chai X, Wang R, et al. Prior knowledge guided small object detection on high-resolution images[C]. Taipei: IEEE International Conference on Image Processing, 2019.

[16] Lind N M, Vinther M, Hemmingsen R P, et al. Validation of a digital video tracking system for recording pig locomotor behaviour[J]. Journal of neuroscience methods, 2005, 143(2): 123-132.

[17] Yang A, Huang H, Zheng C, et al. High-accuracy image segmentation for lactating sows using a fully convolutional network[J]. Biosystems engineering, 2018, 176: 36-47.

[18] Ahrendt P, Gregersen T, Karstoft H. Development of a real-time computer vision system for tracking loose-housed pigs[J]. Computers and Electronics in Agriculture, 2011, 76(2): 169-174.

[19] Yang Q, Xiao D, Lin S. Feeding behavior recognition for group-housed pigs with the Faster R-CNN[J]. Computers and electronics in agriculture, 2018, 155: 453-460.

[20] 工业和信息化部，国家发展改革委，财政部，等. 机器人产业发展规划（2016—2020年）[Z]. 2016-03-21.

[21] 王晓楠，伍萍辉，冯青春，王国华. 番茄采摘机器人系统设计与试验[J]. 农机化研究，2016,38(4):94-98.

[22] 张铁中，魏剑涛. 蔬菜嫁接机器人视觉系统的研究（Ⅰ）——用图像形态学方法检测瓠瓜苗生长点[J]. 中国农业大学学报，1999(4):45-47.

[23] 张铁中，魏剑涛. 蔬菜嫁接机器人视觉系统的研究（Ⅱ）——用解析几何方法检测南瓜苗生长点[J]. 中国农业大学学报，1999(4):48-50.

[24] Rong D, Rao X, Ying Y. Computer vision detection of surface defect on oranges by means of a sliding comparison window local segmentation algorithm[J]. Computers and Electronics in Agriculture, 2017, 137: 59-68.

[25] Rong D, Ying Y, Rao X. Embedded vision detection of defective orange by fast adaptive lightness correction algorithm[J]. Computers and Electronics in Agriculture, 2017, 138: 48-59.

[26] 朱镕杰，朱颖汇，王玲，等. 基于尺度不变特征转换算法的棉花双目视觉定位技术[J]. 农业工程学报，2016,32(6):182-188.

作者简介

柴秀娟，研究员，博士生导师，中国农业科学院农业信息研究所农业信息技术事业部主任，中国农业科学院"青年英才"计划入选者。长期从事计算机视觉、模式识别、人工智能相关研究工作，先后主持和参加国家自然科学基金（青年基金、面上基金、重点、重大项目）、教育部2011计划专项、农业科学院创新工程、基本科研业务费及企业横向课题等20余项。公开发表学术论文60余篇，Google scholar引用超过1500次。研究成果多次获得科研奖励，包括国家自然科学奖二等奖1项，中国仿真学会科学技术奖一等奖1项，两次获得国际学术竞赛第一名。

孙琦鑫，中国农业科学院农业信息研究所在读博士研究生，曾从事自然语言处理、词义历时计算等方面的研究工作，现主要从事计算机视觉、智能感知等方面的研究工作，参与语言资源高精尖创新中心重大项目、中国农业科学院协同创新等项目。

夏雪，中国农业科学院农业信息研究所助理研究员，博士，主要从事果园生产数字化、果树表型识别等方面的研究，先后参与国家自然科学基金、国家高技术研究发展计划（"863"计划）等项目的研究工作，发表学术论文10余篇，参编著作1部，取得科技成果奖励2项。

共享出行平台预测与派单的关键技术研究与应用

张　博　叶杰平　郄小虎　吴国斌　脱立恒　孟一平

（滴滴出行）

摘　要

　　滴滴共享出行平台利用海量大数据驱动的深度学习技术、基于机器学习的建模方法、大规模分布式计算、运筹优化等技术，实时地向用户提供准确的、高精度的出行服务。智能预测与派单技术作为平台核心技术，主要包括到达时间预估、智能派单和供需预测。该平台首次提出基于深度学习的预计到达时间预估技术，为司乘提供了实时、精确的时间预测；提出融合强化学习和组合优化的智能派单技术，优化全局总体交通运输效率；提出一种基于深度学习的时空预测模型，以提高车辆利用率，调节交通规划等。滴滴共享出行平台智能预测与派单的关键技术已达到世界领先水平。

关键词

　　到达时间预估；智能派单；供需预测

Abstract

　　DiDi shared platform provides users with accurate and high-precision travel services in real-time by using data-driven technology, machine learning method, large-scale distributed computing, operations optimization and other technique. The platform have made great breakthroughs in the key technologies of intelligent prediction and dispatch of travel platforms: Estimated Time of Arrival (ETA), Intelligent Dispatch of |User Orders and Supply and Demand Forecasting. We proposed a novel deep learning solution to predict the vehicle travel time based on floating-car data. We also present an order dispatch algorithm in large-scale on-demand ride-hailing platforms. While traditional order dispatch approaches usually focus on immediate customer satisfaction, the proposed algorithm is designed to provide a more efficient way to optimize resource utilization and user experience in a global and more farsighted view. We deploy the spatiotemporal multi-graph convolution network (ST-MGCN), a novel deep learning model for ride-hailing demand forecasting.

Keywords

　　Estimated Time of Arrival; Order Dispatch; Ride-hailing Demand Forecasting

1　引言

　　我国拥有全世界复杂、庞大、多元的出行市场。我国拥有 8 亿城镇人口，以约 70% 的成年劳动人口计，平均每天大概有 11 亿人次的出行需求，我国的城市人口密度和大城市数量也远远超过其他国家。城市拥堵、汽车利用率低等问题严重影响了出行的质量与效率，庞大的人口规模、差异化的社会经济条件及多样化的出行需求，让出行预测、规划和实时派单的难度呈几何级增加。人民的出行问题成为全球出行难点问题，如何高效地满足人们的出行需求成为世界级难题。滴滴出行自 2012 年成立以来，逐步构建了覆盖全球 5 个国家超过 1000 多座城市的共享出行网络。经过几年积累，滴滴共享出行平台拥有多项关键技术，其中智能预测与派单技术更是达到世界领先水平。

智能预测与派单技术是共享出行平台的核心技术。智能预测与派单技术主要包括到达时间预估、智能派单和供需预测。到达时间预估是共享出行平台一项必不可少的基础服务，无论是行程前的预估接驾时间、预估价格显示，还是派单、调度、拼车等系统决策，抑或是行程中的预计到达终点的时间计算等，均离不开高精度到达时间预估的辅助。智能派单是在平台中将乘客发出的订单分配给在线的司机的过程，其目标是从全局出发，保证更多乘客的乘车需求被满足。供需预测是各种服务行业各项服务的核心问题之一，对于网约车服务而言，精确的供需预测算法可以帮助平台提高车辆利用率、提高派单质量、指导司机调度、调节交通规划、规避拥堵路段等。滴滴利用海量大数据及自身积累的人工智能技术，在共享出行平台智能预测与派单的关键技术领域取得重大突破。

2　相关研究进展

到达时间预估技术已在地理信息系统（GIS）中得到广泛研究，并且已在行业中建立标准解决方案。现有的解决方案可以分为两类，第一类是基于路线的解决方案，其使用直观的物理模型表示旅行时间，即给定路线的总旅行时间被表示为通过每个路段的旅行时间和每个交叉路口的延迟时间的总和。旅行时间估计 $\hat{y}$ 可表示为

$$\hat{y} = \sum_i \hat{t}_i + \sum_i \hat{c}_j$$

式中，$\hat{t}_i$ 是为第 i 个路段估计的行程时间，$\hat{c}_j$ 是第 j 个红绿灯的预估等待时间。这类解决方案更为直观的表达如图 1 所示，它将整个路线的行程时间估计划分为若干子问题，包括估计每个路段的行程时间和每个交叉路口的延迟时间。其中，通过引入各种 GIS 相关数据来估计路段与路段的行驶时间，也有利用机器学习方法，如回归和张量分解算法来预测旅行时间，一部分研究者则关注于使用规则子路径来近似给定路线的行程时间。该类方法虽然直观、简洁，在线计算量小，但是有以下缺点：①虽然可用数据量和数据多样性显著增加，但是由于时间覆盖的稀疏性导致对整个道路的实时交通预估能力不足。②对动态变化的运输系统移动模式物理建模能力不足，如车辆在未来时间到达时，很难预测特定路段中的交通状况及特定交叉路口处的交通灯状态。因此，对于每个 t_i 和 c_j，可能无法保证高估计精度。③如公式所示，由于对旅行时间的分割，导致计算的累计误差。④以上工作忽略旅行时间预估的个性化差异，即不同的驾驶员，其旅行时间可能存在差异。

第二类是数据驱动的解决方案。最近，数据仓库的扩展使机器学习成为处理预测问题的有力工具。这类解决方案除了在基于路线的解决方案中使用机器学习来预测每个路段的交通速度和行驶时间之外，还进行了多次探索以基于其历史旅行直接预测未来时间段的整个路线的行驶时间。可将到达时间预估的问题表述为多变量时间序列预测问题，如提出使用其相邻行程的加权平均来估计查询路线的行进时间，其指的是具有相似起点

和目的地位置的行程。这种方法具有更好的可扩展性。然而，第二类解决方案具有以下缺点：①仍然存在不充分的数据覆盖问题。在所查询的路线甚至类似路线的所有历史时间段都难以获得旅行时间。因此，这种方法主要是在高速路上进行调查，路段很少，交通状况更稳定，数据覆盖更好。②旅行时间预测限于几条固定路线，难以概括为覆盖的路径，这限制了问题的可扩展性。③在这些方法中忽略了许多关键信息，如交通信息和个性化信息，这使得它们无法获得高预测精度。随着大规模历史数据和机器学习工具在旅行时间估计问题中的广泛使用，基于路径的方法和数据驱动方法的边界变得模糊。然而，数据覆盖不足、泛化能力弱和信息使用不足的根本缺点限制了现有方法的有效性。

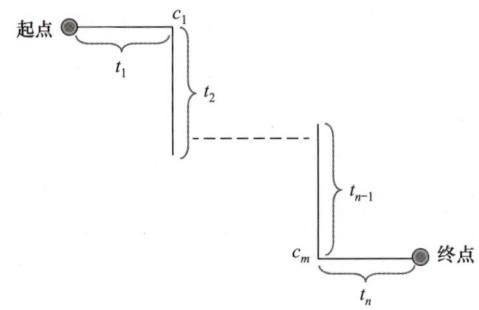

图 1 基于路线的解决方案

基于强化学习的智能派单技术：订单分配是在系统平台中将乘客发出的订单分配给在线的司机的过程。派单的目标是从全局出发，保证更多的乘客的乘车需求被满足。简单的派单考虑使用就近原则，即将订单分配给距离最近的司机，但订单分配过程涉及诸多因素，比如全天供需变化、司机和乘客的距离、发单时序、司机的接驾方向等。在司机和乘客充分密集的区域，就近分单即可达到最优，但大部分时间供需并不匹配，无法通过就近分单达到最优派单。

基于时空多图卷积神经网络的需求量预测模型：需求量预测是一个典型的时空预测问题，在时间上，该问题有明显的渐进性和周期性；在空间上，订单量的分布有明显的区域相似特征。传统深度学习的方法采用卷积神经网络和循环神经网络的方法进行时空建模，如深度时空网络使用堆叠的卷积神经网络进行空间特征抽取；深度多视图时空网络（DMVST）同时引入循环神经网络和卷积神经网络进行多视图学习。这种方式在时间建模上，循环神经网络对于时间序列的建模过于平滑；在空间建模上，卷积神经网络无法处理非欧式结构，无法引入城市多模态数据进行更精准的建模，这些问题导致预测的准确性和稳定性偏低。

3 到达时间预估技术

基于海量历史数据及用户需求，滴滴共享出行平台对用户未来出行进行预测，并进行高效派单，优化用户体验，提升平台效率。到达时间预估不仅需要考虑交通系统的空间特性，如途径红绿灯的个数、道路的限速、是否可以绕远走快速路；还需考虑交通系统的时间特性，如早晚高峰的规律性、拥堵和交通事故导致的偶发性拥堵等。同时，因为交通系统的运行需要人和车作为主体来参与，也少不了外部因素的影响，因此到达时间预估问题需引入对个性化特征和外部特征的建模，如司机驾驶习惯、雨天或雾天对行车速度的干扰等。到达时间预估是极具复杂性和挑战性的问题。

滴滴共享出行平台使用了一种系统的到达时间预估技术机器学习解决方案，克服了现有方法的缺点，为基于位置的数据建立了丰富、有效的特征系统，包括浮动车数据、道路网数据和用户行为信息等，构建了结合宽线性模型、深度神经网络和递归神经网络优势的新深度学习模型来对到达时间进行预估[1]。

3.1 特征工程

滴滴构建了一套系统的、地图领域的特征表达集合，包括空间信息、时间信息、交通信息、个性化信息、扩展信息等几个方面，能充分考虑连通起点和终点的全部路径、涉及路段、路口和红绿灯，以及所经过区域的兴趣点（Point of Interest，POI）、行程对应的时间属性、实时路况、司机的驾车行为及天气、交通管制情况等[2]。特征工程架构如图2所示。

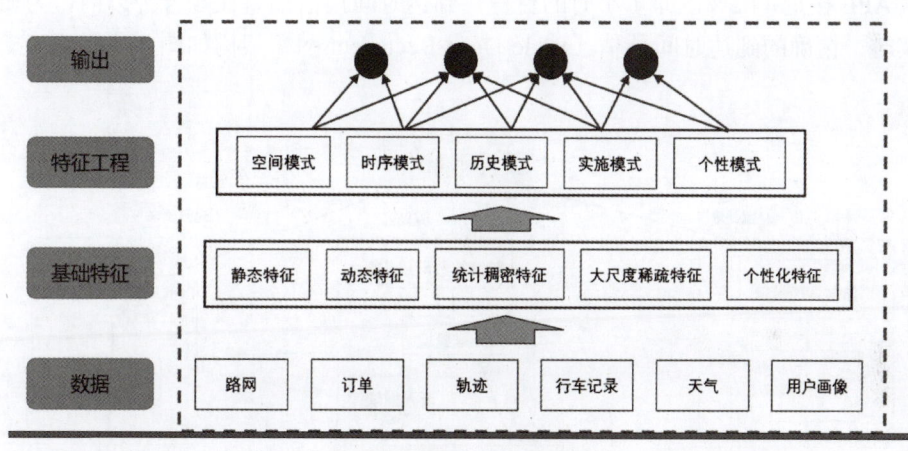

图2　特征工程架构

特征工程输出具有以下三个特征：

- 稠密特征（Dense Feature）：行程级别的实数特征，如起终点球面距离、起终点GPS坐标等。
- 稀疏特征（Sparse Feature）：行程级别的离散特征，如时间片编号、星期几、天气类型等。
- 序列特征（Sequential Feature）：道路级别特征，实数特征可直接输入模型，而序列特征先做嵌入处理再输入模型。注意，这里每个行程不再是一个单独的特征向量，而是行程中每条道路都有一个特征向量，如道路的长度、车道数、功能等级、实时通行速度等。

3.2 优化目标

考虑到用户对误差的敏感程度与相对值有关,选择平均绝对百分比误差(Mean Absolute Percentage Error,MAPE)为目标函数,对应于 MAPE 的优化问题为

$$\min_f \sum_{i=1}^{N} \frac{|y_i - f(x_i)|}{y_i}$$

式中,y_i 是真实到达时间(Actual Time of Arrival,ATA),而 $\hat{y}_i = f(x_i)$ 是到达时间预估,$f(x_i)$ 代表了回归模型。为了防止过拟合,增加正则项 $\Omega(f)$,则优化问题为

$$\min_f \sum_{i=1}^{N} \frac{|y_i - f(x_i)|}{y_i} + \Omega(f)$$

滴滴设计了深度学习模型结构对目标函数 $f(x_i)$ 进行回归。

3.3 深度学习模型结构(Wide-Deep-Recurrent Network,WDR)

深度学习模型利用多个基础模型对稠密特征和大规模稀疏特征进行融合,突破深度神经网络的广义非线性模型的到达时间预估技术,使模型不仅具有其祖先的优势,还有效地利用低维密集特征、高维稀疏特征及各路段序列的局部特征,同时使用具有自适应步长和动量的随机梯度下降法 Adam,有效提高了模型性能。到达时间预估准确率核心指标 MAPE 接近 11.5%,即 1 小时的行程,到达时间预估偏差在 8 分钟以内,为司乘提供了实时、精确的到达时间预估。Wide-Deep-Recurrent 网络架构如图 3 所示。

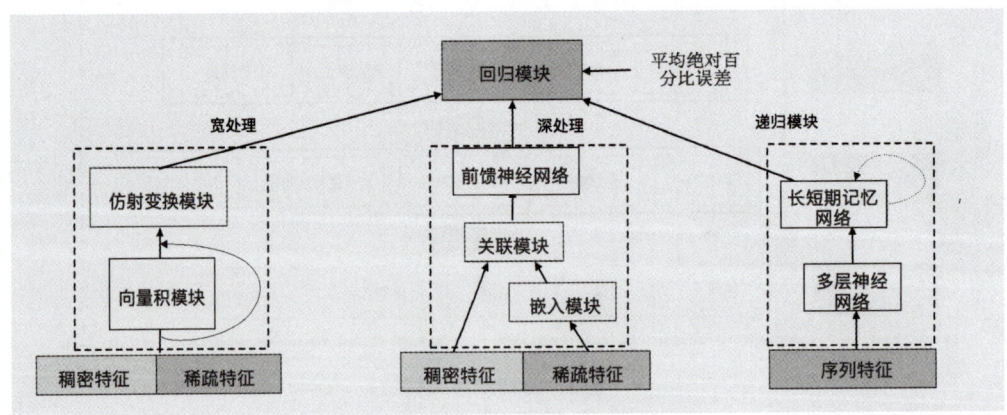

图 3 Wide-Deep-Recurrent 网络架构

3.4 实验结果

离线实验使用 4 张 NVIDIA Tesla P100 GUP 卡进行并行训练,数据集如表 1 所示,对比算法分别是基于路径的预估时间抵达方法 route-ETA,机器学习算法 GBDT、FM、WDR、WD-MLP、PTTE[9](见表 2 和表 3)。同时在文献 [8] 提出的选取 Pickup(司机去接乘客)和 Trip(司机送乘客前往目的地)数据子集上,进行了 WDR 算法和 TEMPrel 算法的比较(见表 2 和表 3 中 * 标项)。结果显示,无论是在 Pickup 还是 Trip 数据集上,其 WDR 模型的准确率有较大幅度的提升。

表 1　离线数据集

	时间	司机去接乘客（m）	司机送乘客前往目的地（m）
训练集	1.1—5.10（2017）	48	51
验证集	5.11—5.17（2017）	3	4
测试集	5.18—5.31（2017）	6	7
唯一路径	—	0.5	0.5
唯一司机	—	0.4	0.4

表 2　在 Pickup 数据集上的测试结果

	平均百分比误差（MAPE）	平均绝对误差（MAE）	均方误差（MSE）
基于路径的预估时间抵达方法 route-ETA	31.27%	88.0	16555.8
基于张量分析的交通时间预测 PTTE	29.35%	83.3	13153.5
梯度提升迭代决策树 GBDT	23.64%	68.3	11674.2
因子分解机 FM	21.41%	63.6	9664.2
宽深 - 多层感知机模型 WD-MLP	21.58%	64.1	9816.3
宽深循环学习模型 WDR	20.83%	59.9	9078.2
基于领居线路的时间预估算法 *TEMPrel	35.30%	79.7	15480.7
* 宽深循环学习模型 *WDR	21.68	55.6	7962.0

表 3　在 Trip 数据集上的测试结果

	平均百分比误差（MAPE）	平均绝对误差（MAE）	均方误差（MSE）
基于路径的预估时间抵达方法 route-ETA	15.01%	153.2	66789.8
基于张量分析的交通时间预测 PTTE	14.78%	150.1	66141.2
梯度提升迭代决策树 GBDT	14.01%	133.2	52006.6
因子分解机 FM	12.87%	122.5	47457.3
宽深 - 多层感知机模型 WD-MLP	13.43%	127.5	50012.3
宽深循环学习模型 WDR	11.66%	112.4	37482.7
基于领居线路的时间预估算法 *TEMPrel	23.53%	166.8	88767.1
* 宽深循环学习模型 *WDR	12.27	87.2	20929.3

4　基于强化学习的智能派单技术

高效派单是滴滴共享出行平台的核心，滴滴技术团队创新性地提出了一个融合强化学习和组合优化的框架[5,6]。

一个司机在高峰时段，从订单密集区域接单，在订单密集区域完成行程，如果可以在结束区域迅速接到下一单，司机的预期收益就会更大；如果该司机在订单密集区域接单,到订单稀疏区域完成行程,司机无法迅速接到下一单,就会增加时间和空驶成本,司机的预期收益就会下降。也就是说,平台为司机下发订单决策时,是否将某单派给某司机,将影响司机的下一步状态,即影响该司机接下来的一天的收入,这就构成了一个半马尔可夫过程。滴滴构建基于半马尔可夫过程的时空价值模型,该模型使得司机个人收入趋向最大化。某时刻,当前所有司机和所有乘客的订单匹配,又构成了匹配问题,如何在确保用户体验的基础上最大化所有司机的收益总和,滴滴采用融合强化学习和组合优化的智能派单技术,实现智能派单。

4.1 时空价值模型

时空价值,即司机出现在某个特定时间/空间时的价值,司机在不同时/空状态,其时空价值就会发生变化。司机作为一个智能体,其所处的时间和空间为其状态,司机的动作定义了司机的完成订单或空闲操作。对完成订单而言,司机会经过前往接乘客、等待乘客和送乘客到目的地等过程。完成订单的动作会自动使司机发生时空状态的转移,同时会带来奖励,即订单的金额。

4.2 匹配策略

平台派单的过程即针对每一次分单的轮次(2s),平台会取得每个待分配司机的状态 s,并将所有待分配订单设为司机可执行的动作之一。该问题的优化目标是在确保用户体验的基础上最大化所有司机的收益总和。司乘匹配问题可转化为二分图匹配问题,使用 KM(Kuhn-Munkres)算法进行求解。

在二分图建图的过程中,某司机和某订单的边权实际上表示了司机在状态 s 下,执行完成订单的动作 a 的预期收益,即强化学习中的动作价值函数(State-Action Value Function)$Q(s,a)$。二分图司乘匹配法如图 4 所示。

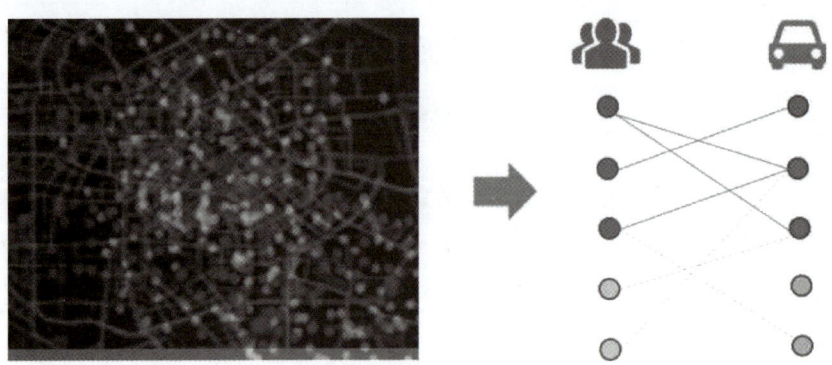

图 4　二分图司乘匹配法

4.3 算法流程

步骤 1　收集待分配的司机和订单列表。
步骤 2　计算每个司乘匹配对应的动作价值函数(State-Action Value Function),并以此为权重建立二分图。

步骤3 将上述匹配权值作为权重嵌入 KM 算法，充分考虑接驾距离、服务分等因素，求解最优匹配，进入最终派单环节。

4.4 实验结果

为了较为完备地验证算法效果，我们在三种环境中对其进行评估，分别是虚构示例（Toy Example）、模拟器和真实线上环境。Toy Example 设置是在一个固定边长的正方形区域 20 个时间步长时空内进行司乘匹配。在每个时间步骤中，司机只能垂直或者水平移动。模拟器根据历史某一天的订单进行匹配，评估司机的应答率和成交总额（Gross Merchandise Volume，GMV）。三种算法（距离派单、短视派单和 MDP 算法）的虚构示例结果对比如图 4 所示。模拟器结果对比如表 5 所示。

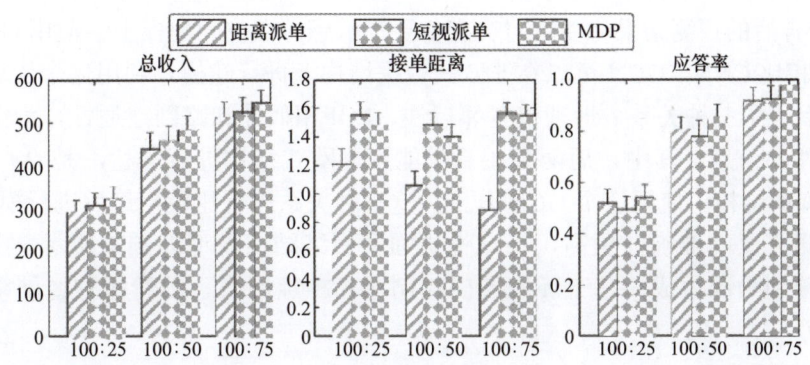

图 5　三种算法（距离派单、短视派单和 MDP 算法）的虚构示例结果对比

表 4　模拟器结果对比

城市	基于马尔可夫决策过程派单算法 V_0		基于马尔可夫决策过程派单算法含收敛策略 $V_{converge}$		收敛天数（天）
度量	成交总额变化	比率	成交总额变化	比率	
城市 C	+0.6%	+0.5%	+0.8%	+0.9%	4
城市 D	+0.9%	+1.0%	+1.4%	+1.5%	8
城市 E	-0.1%	+0.1%	+0.5%	+0.5%	13
城市 F	+0.8%	+0.7%	+1.2%	+1.1%	7

以上结果均显示，这种基于强化学习和组合优化的派单算法能在确保乘客出行体验的同时，明显提升司机的收入。目前该算法已成功部署在滴滴平台二十多个核心城市，承接广大用户的出行需求。

5　基于深度学习的时空预测技术

需求量预测是一个典型的时空预测问题[4]，在时间上，该问题有明显的渐进性和周期性；在空间上，订单量的分布有明显的区域相似特征。传统深度学习方法采用卷积神经网络（CNN）+循环神经网络（RNN）的方法进行时空建模，如深度时空网络使用堆叠的CNN进行空间特征抽取；深度多视图时空网络（DMVST）同时引入RNN和CNN进行多视图学习。在时间建模上，RNN对于时间序列的建模过于平滑；在空间建模上，CNN无法处理非欧式结构，无法引入城市多模态数据进行更精准的建模，这些问题导致预测的准确性和稳定性偏低[7]。

5.1 基于时空多图卷积神经网络的需求量预测模型

滴滴共享出行平台采用基于时空多图卷积神经网络的需求量预测模型。该模型从时间和空间两方面入手，改进现有的深度时空模型。在时间建模上，在 RNN 中加入了基于环境的门控机制，即基于环境的门控循环神经网络（CGRNN），这种门控机制会根据重要性对历史数据进行加权过滤，使得输入 RNN 的时间序列不再平滑，经过 RNN 聚合后的预测结果将变得对突变值更加敏感。在空间建模上，使用 GCN 替代了 CNN。相比 CNN，GCN 可以在非欧式数据结构上进行建模。利用这个优势，在空间建模中引入了三种关系：地理位置邻近性、POI 相似性和路网连通性，为空间建模提供了额外的信息。其中，后两种关系只能用非欧式结构进行表达，是原有的 CNN 所不能处理的结构。使用三个 GCN 分别为这三种关系进行建模，最后进行模型融合，使得本预测算法的准确性更高，稳定性更强。网络结构模型如图 6 所示，模型分为四部分，分别为图生成、基于环境的门控循环神经网络、图卷积神经网络和模型融合。

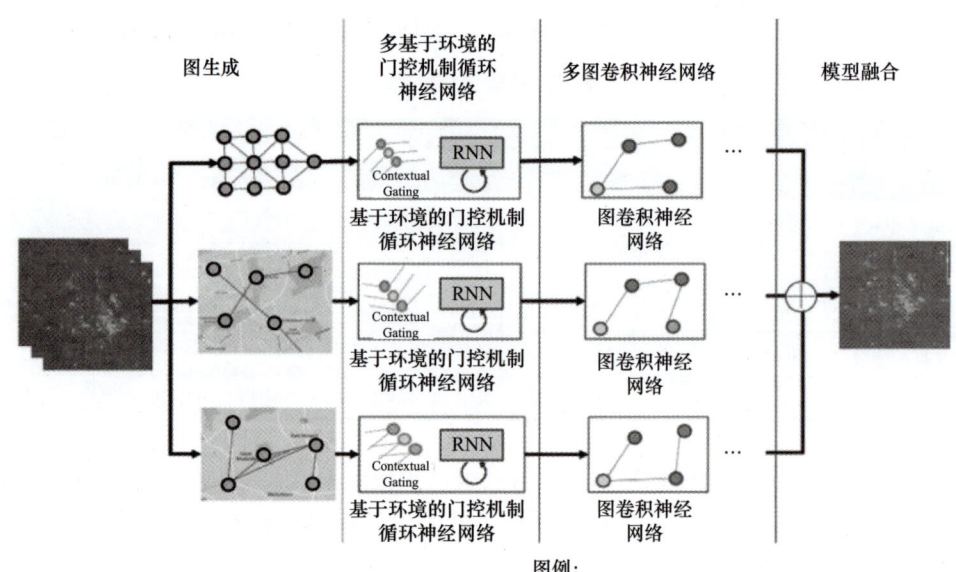

图例：
RNN：循环神经网络
Contextual Gating：基于环境的门控模块

图 6 网络结构模型

在图生成部分，通过引入的三种空间关系（地理位置邻近性、POI 相似性和路网连通性）建立成图，将所预测区域转化为图上的节点。对于每个图，在基于 CGRNN 的时间建模使用对应的空间关系进行时序建模，在基于 MGCN 的空间建模通过堆叠的 GCN 进行局部空间特征抽取。最后，通过模型融合将三个图所学到的时空特征进行融合，产生最终的预测值。

5.2 图生成模块

在图生成阶段，创新性地在时空预测问题中引入了多模态数据，用于辅助对时空数据的建模。具体来说，在订单量预测问题上，引入了三种关系，即从直觉上来说，区域间订单量分布可能与这些关系有关：

（1）地理位置邻近性。地理学第一定律：任何事物都是与其他事物相关的，只不过越近的事物关联越紧密。根据如上定律，为区域间的地理位置邻近性建立了一个稀疏的图。

（2）POI 相似性。区域间 POI 的相似性可能反映需求量的相似性。例如，早高峰时段，同是住宅区的两个区域可能均有较高的订单需求。因此，为 POI 相似性建立了一个图。

（3）路网连通性。由于滴滴订单需求是建立在交通路网系统上的，被路网所直接连通的地区可能有相似的需求量特征，在空间建模中融入城市高速运输干道的连通关系有助于空间特征的提取。因此，根据提取的城市主干道信息，如高速公路、高架桥等，建立了一个路网连通图。

5.3 时空建模

CGRNN 是模型开始对所输入的时空数据进行非线性变换的第一步，目的是对时间维度进行建模。为 RNN 设计了自注意力机制，同时引入了基于图的门控机制，使得时间特征的抽取能够同时考虑图信息和历史数据信息。另外，基于 MGCN 的空间建模，集成多个图卷积神经网络（GCN），在多种区域间关系上进行非欧式空间下的空间特征抽取。

对上述模型进行融合，可帮助平台预测任意时间段各个区域的订单需求和供给分布状况，在提升平台效率的同时，最大化利用交通资源缓解城市拥堵。其中，对 15 分钟后的需求预测准确率可以达到 85%。

5.4 实验结果

基于滴滴出行在北京和上海两个城市的历史订单数据进行实验。对比其他预测模型，如历史平均模型（HA 算法）、回归模型（LASSO 算法、Ridge 算法）、自动回归模型（VAR、STAR）、基于梯度提模型（GBM、ST-Res Net、DMVST-Net、DCRNN、ST-GCN、ST-MGCN），准确率得到了大幅提高，如图 7 所示。

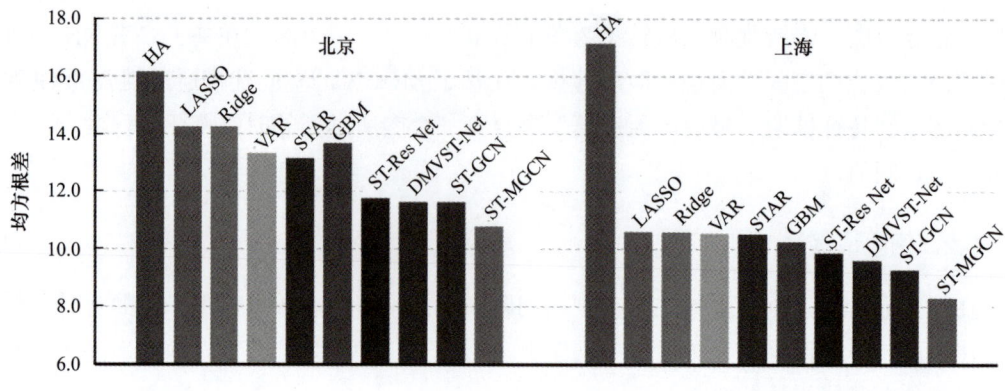

图 7 实验对比图

6 总结与展望

滴滴共享出行平台智能预测与派单的关键技术在提升滴滴共享出行平台运行效率方面，起到了巨大作用。到达时间预估技术突破了大规模请求下实时、精准的多策略路径规划关键技术，目前 1 小时的行程到达时间预估偏差在 5 分钟以内；基于强化学习和组合优化的智能派单技术能在确保乘客出行体验的同时，明显提升司机的收入；预测准确率技术目前对 15 分钟后的需求和目的地预测准确率已分别达到 85% 和 90%；滴滴自研的"共享出行平台智能预测与派单关键技术研究及应用"成果，已被专家鉴定为国际领先水平。

依托智能预测与派单的关键技术的滴滴共享出行平台为逾全球约 5.5 亿用户提供出租车、快车、专车等全面的出行服务。同时，滴滴与 Grab、Lyft、Ola、Uber、99、Taxify、Careem 全球七大领先的出行企业构建了一个全球移动出行服务网络，服务全球超过 80% 的人口。滴滴共享出行平台为走出国门的国人和来中国旅游的游客提供了便捷的服务，带动了移动互联网业务的繁荣，实现了共享出行产品的规模化应用，带来了巨大的经济效益和社会效益。2019 年 4 月智利总统塞巴斯蒂安·皮涅拉和滴滴 CEO 程维共商滴滴进入智利市场，为智利公众提供跨语言、本土化的共享出行服务。滴滴将持续积极响应"一带一路"倡议，将构建的共享出行平台解决方案和技术输出到海外，赋能全球交通出行。

参 考 文 献

[1] Zheng Wang, Kun Fu, Jieping Ye. Learning to Estimate the Travel Time [C]. Proceedings of the 24th ACM SIGKDD International Conference on Knowledge Discovery & Data Mining (KDD'18). ACM, New York, NY, USA, 2018: 858-866.

[2] Yaguang Li, Kun Fu, Zheng Wang, et al. Multi-task Representation Learning for Travel Time Estimation [C]. Proceedings of the 24th ACM SIGKDD International Conference on Knowledge Discovery & Data Mining (KDD'18). ACM, New York, NY, USA, 2018:1695-1704.

[3] Lingyu Zhang, Tao Hu, Yue Min, et al. A Taxi Order Dispatch Model Based on Combinatorial

Optimization [C]. Proceedings of the 23rd ACM SIGKDD International Conference on Knowledge Discovery and Data Mining(KDD'17). ACM, New York, NY, USA, 2017:2151-2159.

[4] Zhe Xu, Zhixin Li, Qingwen Guan, et al. Large-Scale Order Dispatch in On-Demand Ride-Hailing Platforms: A Learning and Planning Approach [C]. Proceedings of the 24th ACM SIGKDD International Conference on Knowledge Discovery & Data Mining (KDD'18). ACM, New York, NY, USA, 2018:905-913.

[5] Lingyu Zhang, Wei Ai, Chuan Yuan, et al. Taxi or Hitchhiking: Predicting Passenger's Preferred Service on Ride Sharing Platforms [C]. The 41st International ACM SIGIR Conference on Research & Development in Information Retrieval (SIGIR'18). ACM, New York, NY, USA, 2018:1041-1044.

[6] Z Wang, Z Qin, X Tang, et al, Deep Reinforcement Learning with Knowledge Transfer for Online Rides Order Dispatching [C]. 2018 IEEE International Conference on Data Mining (ICDM), Singapore, 2018:617-626.

[7] Geng X, Li Y, Wang L, et al. Spatiotemporal Multi-Graph Convolution Network for Ride-Hailing Demand Forecasting [C]. Proceedings of the AAAI Conference on Artificial Intelligence, 2019:3656-3663.

[8] Hongjian Wang, Yu-Hsuan Kuo, Daniel Kifer, et al. A simple baseline for travel time estimation using large-scale trip data [C]. Proceedings of the 24th ACM SIGSPATIAL International Conference on Advances in Geographic Information Systems,2019,10(2):1-22.

[9] Yilun Wang, Yu Zheng, Yexiang Xue. Travel Time Estimation of a Path Using Sparse Trajectories [C]. Proceedings of the 20th ACM SIGKDD International Conference on Knowledge Discovery and Data Mining (KDD'14),2014.

作者简介

张博，滴滴出行联合创始人，集团首席技术官。主要从事人机交互、人工智能等方向的研究，从零开始搭建滴滴的产品、技术及大数据体系，主导了滴滴从出租车出行服务到涵盖出租车、快车、专车、豪华车、公交、代驾、企业级、共享单车、共享电单车、共享汽车、外卖等多元化的出行和运输服务平台的产品演进，率领技术团队在智慧交通、机器学习、数据挖掘和大数据等领域，取得了多项业界领先的技术成果。曾主持国家发改委重大工程项目"基于滴滴大脑的城市智慧交通协同管理与共享出行示范项目"，参与了国家发改委"大数据分析与应用技术国家工程实验室"项目，以及北京市发改委"基于机器学习的智慧城市交通管理技术与服务北京市工程实验室"项目。

跨平台多学科组织形态下科研一体化综合管理信息服务平台建设

羌滨健[1]　张　睿[2]　陈玉刚[2]　张童童[2]

[1. 中国科学院北京综合研究中心；2. 中科迅联智慧供应链网络科技（北京）有限公司]

摘　要

跨平台、多学科、大协作是大科学时代科研工作的基本特征，结合该特征，将信息与科研有机结合，通过集成应用物联网、云计算、大数据、移动互联网等新一代信息技术，重构基于云中心的技术架构，打造以科学家为中心，以科研活动为主线，涵盖人力、财务、条件保障、日常办公等整体解决方案的科研一体化综合管理信息服务平台。通过该平台，实现科研项目管理协同化、科研活动数据化、科研经费合规化、仪器设备共享化、人才团队服务化、支撑活动电商化、科学传播网络化、科技智库体系化的集成信息服务目标。通过以人为中心的应用体验，实现研究单元横向闭环管理和纵向业务的互联互通；通过精细化的全成本管控，大幅提高业务的合规性，降低研究单元的管理风险；为完善管理体系、优化法人治理结构、促进跨学科和跨领域的大科学协同创新提供信息化支撑保障。

关键词

科研项目；科研一体化；管理信息化；数字化协同平台

Abstract

In the era of big science, the scientific research is basically characterized by cross-platform, multi-discipline, and large-scale collaboration. Based on the abovementioned characteristics and by organically combining information with scientific research and integrating new generation information technologies (e.g., Internet of Things, Cloud Computing, Big Data and Mobile Internet), this study aimed to reconstruct the cloud center-based technical architecture and build an integrated scientific research management information service platform with scientists as center, focusing on scientific research activities and covering the integrated solutions which involved human resources, finance, condition guarantee, and daily office. The platform was expected to have the following integrated information service functions: the management collaboration of scientific research projects, the digitalization of scientific research activities, the compliance of scientific research funds, the sharing of equipment and instruments, the servitization of talent teams, the e-commercialization of supporting activities, the cyberization of scientific communication, and systematization of scientific and technological think tanks. Besides, the platform was expected to achieve the following objectives: to realize the horizontal close-loop management and vertical business interconnection of research units by human-centered application experience; to greatly improve the compliance of business and reduce the management risk of research units by refined full-cost control; to provide information support for improving the management system, optimizing the corporate governance structure and promoting the multi-disciplinary and cross-field big science cooperation and innovation.

Keywords

Scientific Research Project; Scientific Research Integration; Management Informatization; Digital Collaboration Platform

1 平台建设背景

1.1 物质科学国家实验室建设规划

党的十八届五中全会明确提出要在重大创新领域组建一批国家实验室，2017 年，党中央又做出了在网络信息、能源、海洋、物质科学、空天、人口与健康等领域以及国防相关领域先行组建学科交叉融合、综合集成的国家实验室的重要决策部署。这是党中央为全面实施创新驱动发展战略，深化科技体制改革，提升国家创新能力，建设科技强国做出的又一重大战略部署。国家实验室的建设对于实现中华民族伟大复兴的中国梦具有重大的现实意义和深远的历史影响。

我国的物质科学研究经过几代人的努力，在大型科研基础设施及研究装置的建设与科研成果的产出和人才队伍建设等各方面取得了可喜的成就，但由于受到传统的以学科设置研究机构和大科学装置的分散布局及运行管理与组织模式等许多弊端的限制，不能为学科日益交叉、融合和实验手段不断发展、综合集成的物质科学前沿研究提供高效益、高效率的研究支撑。打破学科界线、破除物质科学研究组织模式的壁垒，创新我国物质科学研究的组织模式，建设以一流的大科学装置集群和物质科学"全链条"的研究队伍为主要特征的物质科学国家实验室，可以提升我国物质科学研究的创新能力，为国家物质科学研究领域及其他关键创新领域的快速发展提供坚实的支撑，是我国科技发展面临的一项重大而紧迫的任务，也是党和国家赋予我们这一代科研人员与管理者的光荣历史使命。为此，中国科学院与北京市人民政府决定在怀柔科学城共建怀柔物质科学实验室，为物质科学国家实验室的建设做好全面的准备，争取在 2020 年年底使怀柔物质科学实验室获得国家批准成为国家实验室。

物质科学国家实验室旨在成为国家关键领域科技创新的源头和支撑，是我国物质科学研究的人才高地与智库，是北京科创中心的标志性科研机构。

1.2 中国科研院所信息化建设现状

就当前我国科研院所信息化建设现状而言，多数科研院所已经明确认识到信息化建设对自身管理与发展的重要性，并将信息化建设列为重点工作，从信息化建设组织结构的构建、信息化建设工作制度的完善、信息化系统的研发到信息化系统管理维护进行了不断完善与优化。

通过科研院所与先进企业信息化建设对比分析，从科研院所信息化基础设施建设、网络安全、顶层设计及信息共享协同等多个角度进行定性、定量研究，科研院所信息化建设仍处于相对落后水平，与先进信息化企业水平存在差异，信息化建设的投入与信息化建设价值不成正比，对科研院所综合能力的强化与科研院所创新发展的贡献度不高，因此，在新时期发展过程中，科研院所应进一步加强信息化建设研究与实践力度，促进信息化水平的提升，实现信息化建设作用的充分发挥。

1.3 国家实验室运营管理信息化建设需求

国家实验室作为国家关键领域科技创新的源头，传统的管理信息系统分散式的技术架构，孤岛式的业务流程，各自为政的 IT 治理架构，已经不能满足新型国家实验室运营管理的信息化需求。特别是组织变革和跨地域科研单元的重组，跨学科、跨法人单位的项目协作与组织，需要新的业务架构来支撑。

针对国家实验室运营管理信息化建设，主要以信息技术支撑科学、协同、规范、高效的科研机构管理为目标，以理顺关系、强化协同、提高效能为着力点，转变职能，打破旧的思维定式和工作惯性，促进学科交叉融合，提供有力的组织指挥系统和中枢管理支撑。主要需求包含如下几个方面。

科研项目管理与服务：贯穿科研项目的规划、立项、预算、执行及验收等全生命周期的完整管理过程。以顶层管理的全新视角形成全局科研项目管理中心，关联与科研项目管理相关联的事前、事中、事后的全流程管理服务，并衔接科技服务网络的知识产权管理服务。

人力资源管理与服务：立足国家实验室建设需要，从业务角度实现人力资源的全职业生涯管理，优化绩效考核管理系统，提高信息资源服务能力。

综合财务管理与服务：以总账和应付为核心的财务决算应用，与人力资源、综合财务、科研项目、科研条件等业务应用集成；建立统一的预算管理及财务核算体系。

条件保障管理与服务：及时、全面、准确地反映科研活动中的资产需求及资产状态，及时提取各种资产管理相关数据进行科学管理配置。

协同办公管理与服务：实现科研人员、各类专项应用的网络化、移动化的简易快捷沟通与协同，实现事务性工作网上处理，并进行任务流程化管控。

跨平台、多学科组织形态下科研一体化综合管理信息服务平台基于国家实验室运营管理信息化建设需求，旨在探索新的管理信息化建设模式，借助新一代信息技术带来新服务，提升科研管理效率；依托智能化带来新效能，促进科研管理智慧化；适应新型组织模式的运行机制。最终实现科研智能化和科教融合，实现数字资源汇聚融合与智能分析，实现与科研信息化基础资源的深度融合和有序开放，推动国家实验室管理信息化的升级换代。

2 建设原则与目标

科研一体化综合管理信息服务平台建设全面遵循以人为本、核心应用牵引、泛在化、大数据化等策略和原则，推动跨平台多学科组织形态下科研管理信息化服务升级。

2.1 建设原则

以人为本—强化服务：平台强化新型科研单元信息化服务，研究所个性化、信息化服务，强化大科学的协同服务，强化管理决策服务，同时，构建与服务新型信息化相匹配的信息治理体系。

核心应用牵引—重点突破：平台以核心应用为牵引，即以两级法人治理体系下的科研项目、条件保障、财务管控、协同办公等智慧管理为核心的应用与服务为基础，保障业务开展的合规性。

泛在化—广泛连接协同：平台适应移动和互联网的时代，全面支持科研人员随时随地使用服务协同办公。同时，通过物联网将科学仪器、大装置等系统进行实时连接及数据共享，实现服务泛在化。

大数据化—数据融合：平台面向融合应用，建立国家实验室数据治理体系，通过数据架构的规划，实现数据采集、共享、分析及服务等大数据融合，建设数据资源共享机制，开发智慧化服务。

2.2 建设目标

科研一体化综合管理信息服务平台旨在融合云计算与人工智能等技术，结合国家实验室的整体业务及其建设规划，整合传统信息化管理系统，实现国家实验室运营管理过程中各项业务与互联网服务的互联互通，全面推动以科研项目为主线的一体化管理，支持科研项目的全过程管理与服务，满足国家实验室多学科、跨区域、跨组织的协同创新；充分保障科研项目全成本闭环动态管控，确保可研项目全生命周期数字化协同。

3 平台总体架构设计

科研一体化综合管理信息服务平台架构设计遵循企业架构的方法，按照一体化平台进行架构设计，统一平台建设，实现模块功能组件化，从战略高度审视信息化规划，避免业务与IT脱节，实现互联互通，整合各业务线的应用和组织，立足全局，保证信息资源聚焦于支持战略愿景。

3.1 应用架构

科研一体化综合管理信息服务平台涵盖的业务范围，包括了以项目管理为核心的人、财、物应用。平台前台业务全部采用服务化的模式进行开发，前台业务为碎片化（充分解耦）的移动应用，后台业务采用SOA架构，由PC通过互联网以浏览器接入使用。

应用服务按照业务的价值链和用户的操作使用两个维度，其中业务维度包括科研项目管理、人才资源管理、财务管理、科研条件管理（资产管理）和办公协同。从用户使用的角色维度，分为前台服务和后台支撑业务。前台服务的使用对象（用户角色）是科学家、科研人员、各业务部门的管理人员等。后台支撑业务是为一线科研服务的财务、资产和后勤等职能体系的人员服务，是为前台服务提供支撑的应用模块。

科研一体化综合管理信息服务平台以人为本，充分融合社交化协同服务，搭建深度一体化业务协同服务。其整体架构如图1所示，其功能模块架构如图2所示。

科研一体化综合管理信息服务平台结合社交化协同服务，借助角色导航、日程导航、待办及消息通知等应用，打破传统刻板、机械的业务模式，实现科研项目管理中项目规划、项目申报、项目立项、项目实施、项目验收等各流程环节的全场景线上化协作（见图3）。

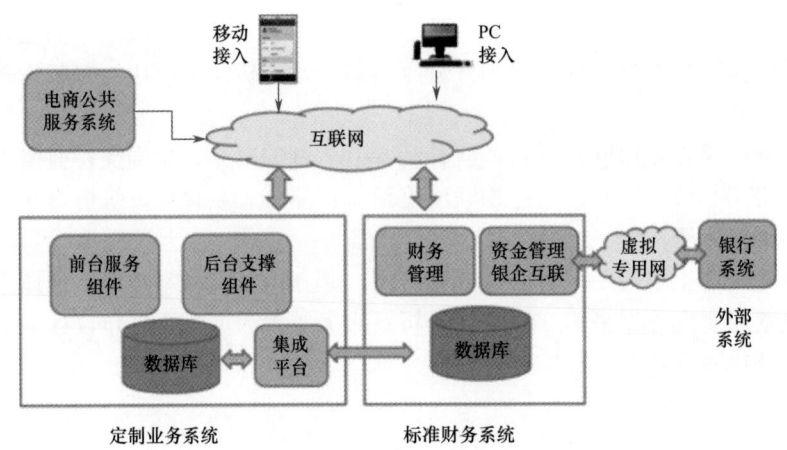

图 1　科研一体化综合管理信息服务平台整体架构

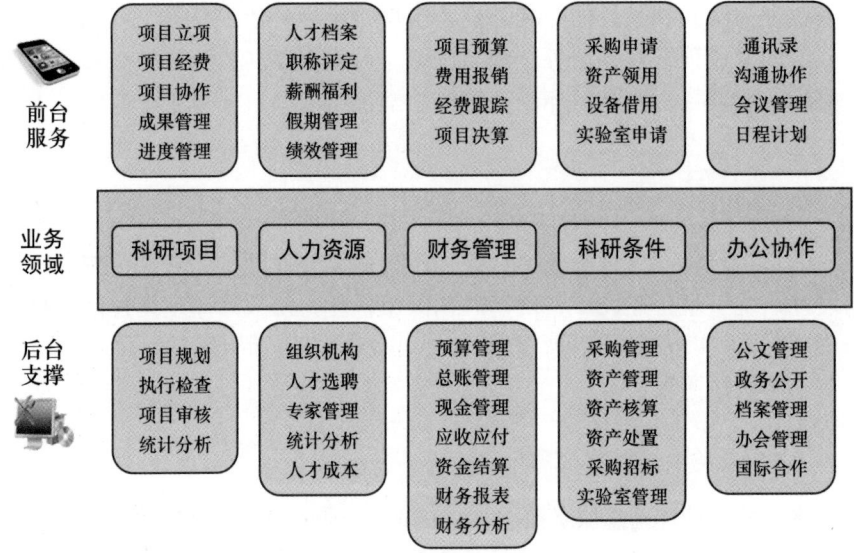

图 2　科研一体化综合管理信息服务平台功能模块架构

图 3　科研一体化综合管理信息服务平台以人为中心

3.2 技术架构

科研一体化综合管理信息服务平台的技术架构不同于传统的高耦合技术架构，而采用基于云计算的分布式技术，实现大规模并发的虚拟化集中管理模式。平台技术架构设计主要特性包含以下三个方面。

1. 多种方式访问平台

支持智能手机、平板电脑及PC等多种终端访问平台。移动终端（手机或PaD）通过电信运营商的3G/4G网络接入；各院所电脑终端或者手提电脑/移动终端通过无线网接入局域网，通过中国科技网接入；各院所或网络中心运维人员通过科技网或者互联网后台访问后台系统，进行系统运维。

2. 云计算架构

云计算中心统一部署平台的计算和存储基础设施、基础平台、数据和应用服务等，通过虚拟化的技术，实现各法人单位和独立核算单位的虚拟化应用服务。

3. 开放的技术路线

平台的技术架构和软件开发采用完全开放的技术路线，整体平台基于开源和国产自主可控原则，在基础设施和基础软件平台进行研发，不依赖特定的供应商，并按照开放标准和开放 API 架构，实现可灵活扩展。

科研一体化综合管理信息服务平台采用云计算部署架构，各院所用户通过互联网直接访问云计算中心的应用和数据服务，如图 4 所示。

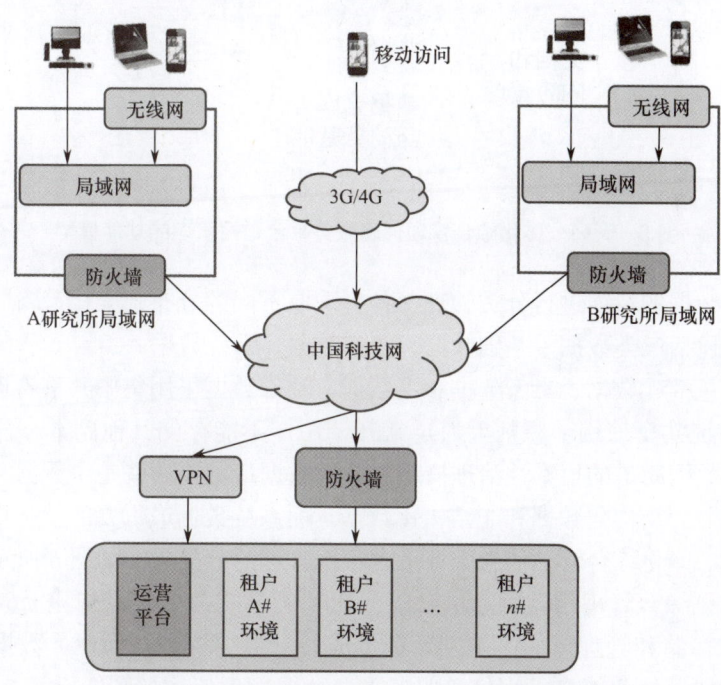

图 4　科研一体化综合管理信息服务平台网络架构

3.3 数据架构

平台的数据库分为业务数据库 SQL 服务器和社交文档数据库 NoSQL 服务器，分别采取不同的架构策略。

平台的数据管理是融合架构设计的核心，也是系统的性能和扩展性牵涉最多的因素。按照 DAMA（国际数据管理协会）所提出的数据管理功能模型，数据管理以数据治理为核心，包括数据架构、数据开发、数据操作、数据安全、参考数据与主数据、数据仓库与商务智能、文档和内容管理、元数据管理、数量质量九个领域，如图 5 所示。

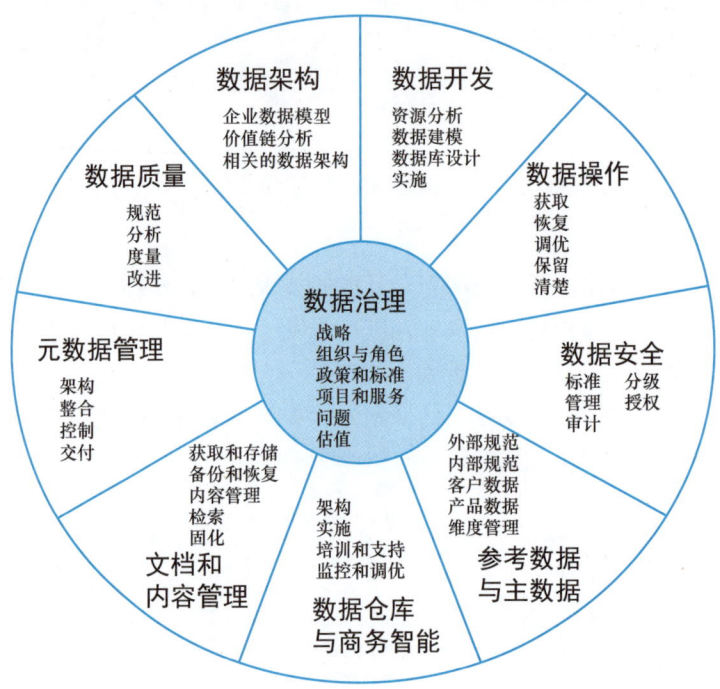

图 5　科研一体化综合管理信息服务平台数据管理的功能模型

平台根据数据的特征进行分类管理，各自采取不同的分布式架构策略。按照数据的类型，基本上包括三类数据：基础数据、业务数据、系统数据。

基础数据包括元数据、参考数据和主数据。基础数据采用集中共享管理，即国家实验室所有的系统共享使用；原则上通过 API 调用，不能存储其他副本，这是保障数据一致性、提高数据质量的根本性治理措施。基础数据最重要的就是主数据。

业务数据分为结构化数据和非结构化数据。而系统数据最重要的就是审计数据和账户数据。科研一体化综合管理信息服务平台数据管理的分类模型如图 6 所示。

科研一体化综合管理信息服务平台以云化基础设施为核心，构建面向未来的全面解决方案。在存储和管理方面，基础数据形成共享数据中心，而业务数据形成分布式数据中心。科研一体化综合管理信息服务平台数据管理架构如图 7 所示。

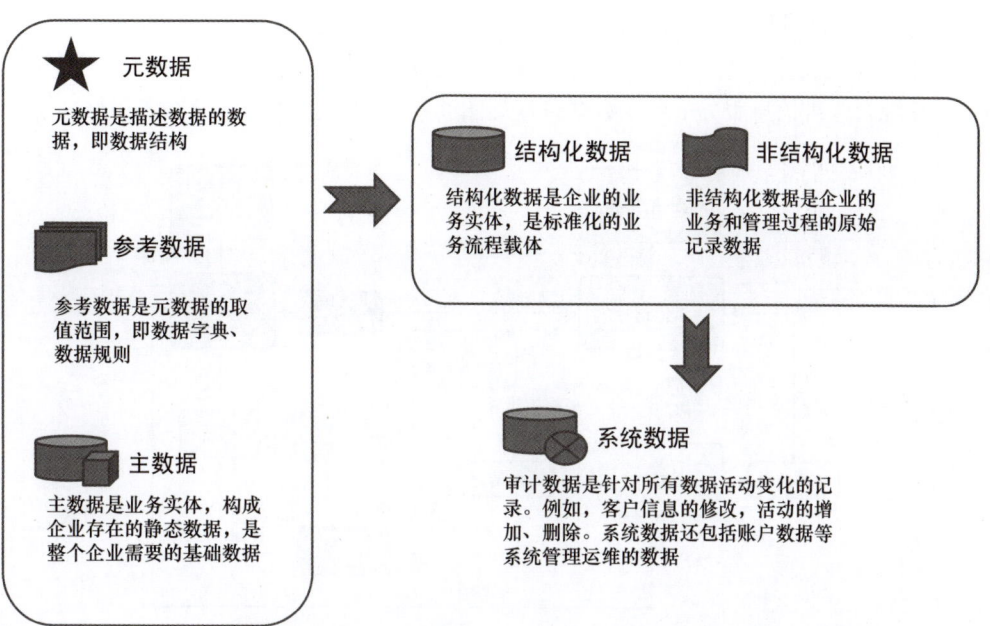

图6 科研一体化综合管理信息服务平台数据管理的分类模型

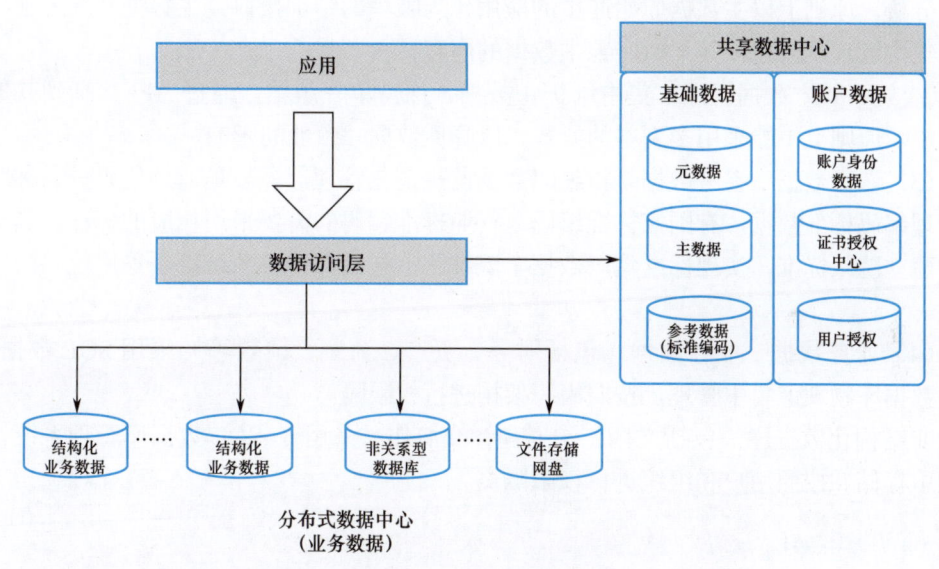

图7 科研一体化综合管理信息服务平台数据管理架构

共享数据中心重点管理的数据如下。

（1）账户数据：账户数据库采用全院统一管理模式，在单实例性能下是可以满足高速处理的要求的，为保障可靠性按照主从架构进行双机容错设计。账户数据集中管理是实现统一身份管理、统一认证、一次登录的前提。

（2）主数据：在整个平台范围内合并和维护唯一的、完整的和准确的主数据（组织、员工、科研项目、资产等，以及其对应关系数据），就需要集中、全面维护详细、可信任的（多变）主数据管理策略；在需要的时候共享主数据信息到所有的应用系统。科研一体化综合管理信息服务平台主数据管理如图8所示。主数据的管理方案和策略如下。

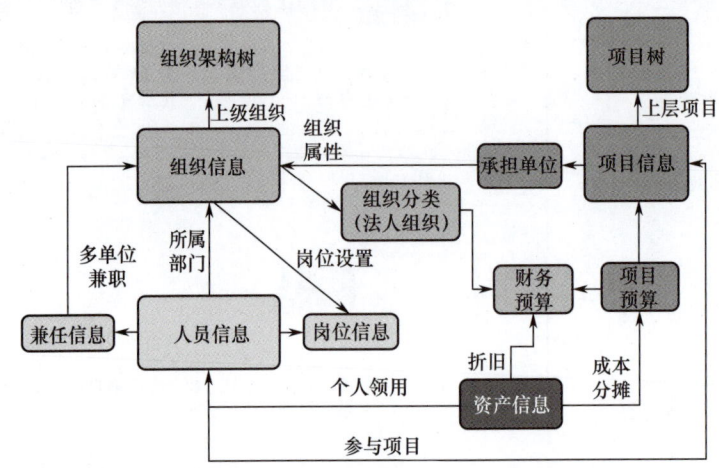

图 8　科研一体化综合管理信息服务平台主数据管理

① 主数据整合：归并不同系统的主数据，形成单一版本的主数据用于业务处理和决策分析。原则上以主数据原始产生的应用作为唯一的维护接口。主数据共享：在各系统间集中管理主数据，并不断完善主数据的内容。

② 集中式主数据管理：集中维护主数据，保持单一版本，通过 API 共享到其他应用系统，原则上不能采用多副本的方式，以降低数据一致性的影响。

（3）参考数据：参考数据是指编码数据的规范化管理，一般是通过代码—名称对应来管理编码标准数据，有国家标准编码、行业标准编码的需要采用相应的标准，其他的需要建立院级标准，实现标准编码数据全院统一，包括其他各系统都要采用统一的编码体系。

（4）业务数据：业务数据（包括财务、资产、薪酬、绩效等）采用 SQL 数据库。业务数据库物理上集中管理，按照组织架构进行权限隔离。

非结构化数据库（包括文档、沟通和社交协作）采用 NoSQL 数据库管理系统，采用集中存储并按照用户和组织进行权限隔离。

3.4　安全架构

科研一体化综合管理信息服务平台作为服务于科学家和各级科研管理人员的核心业务系统，信息安全是保障系统发挥价值的基础保障。完整的信息安全架构是信息安全管理的基本方法。科研一体化综合管理信息服务平台信息安全架构如图 9 所示。

平台作为私有云架构，保密性、完整性、可用性是云服务的关键属性。为保障用户数据安全和业务持续性，需要采用先进的互联网安全技术，并参照 ISO 27001 国际信息安全标准、国家信息系统安全等级保护标准、CSA 云计算关键领域安全指南，从合规、用户隐私及数据、业务应用、基础架构、灾备与业务连续性、组织与人员、管理规范流程等方面为用户打造一个"技术+管理、预防为主、纵深防御"的云服务安全保障体系。

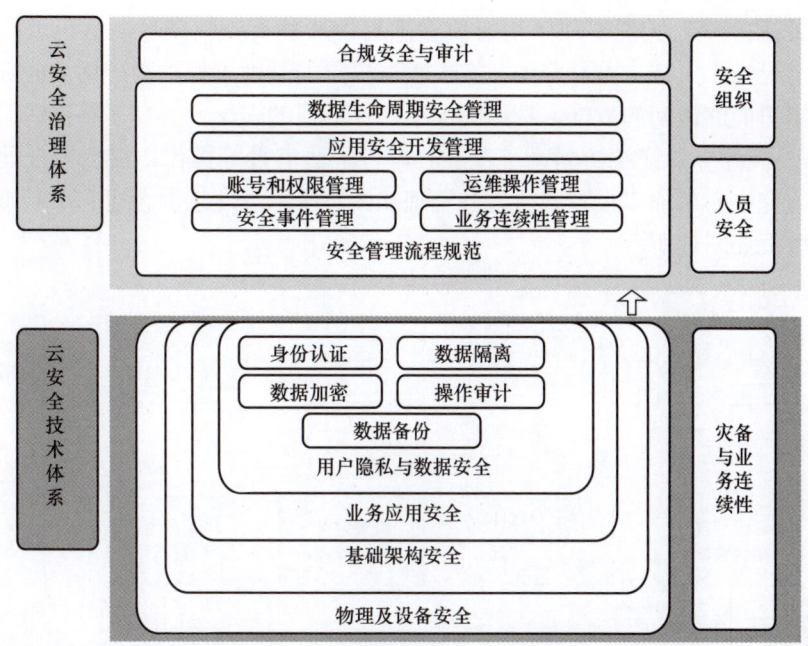

图9 科研一体化综合管理信息服务平台信息安全架构

平台基于安全的技术架构基础，建立完善的信息安全治理体系，健全内部控制和操作审计机制，确保平台用户隐私及相关数据安全。

4 应用示范与进一步工作重点

4.1 北京综合研究中心事前审批系统

北京综合研究中心作为北京市与中国科学院共建怀柔综合性国家科学中心暨怀柔科学城的支撑保障服务机构，主要协助国家重大科技基础设施及院市共建交叉研究平台的规划建设；物质科学、空间科学等六个科学中心在怀柔科学城的规划落实；京区研究所在怀柔科学城相关工作拓展的综合服务。

为支撑北京综合研究中心综合管理工作，本平台全面上线服务综合中心日常工作，辅助综合中心涉及设备、课题、合同、出差、用印及费用六类申请审批表的全流程管理。解决物质科学国家实验室跨组织、跨部门间的有效协作及各科研课题组在事项审批环节灵活、便捷的审批需求。并对接ARP系统，打通线上线下申请审批流程，做出预算控制。事前审批系统—业务流程如图10所示。

通过应用本平台，充分满足物质科学国家实验室跨组织、跨部门间的有效协作及各科研课题组在事项审批环节灵活、便捷的审批需求。实现各类人力资源管理及财务预算管理申请审批表的高度配置化,针对单据元素、字段、审批流程皆可定制化配置,从而覆盖各类业务场景;实现跨部门、跨职能、跨地域的工作流协同处理过程可跟踪、管理,提高审批处理效率;实现申请审批全流程无纸化,取代了以往的线下审批流程,提高了审批处理效率;实现事项申请的预算控制,从源头控制预算,避免因此产生的流程驳回等情况,大大减少重复劳动。实现数据权限的高度可控,管理用户能够使用的模块,限制用户能够访问的数据,从而确保系统及数据的安全;实现多终端访问,用户可通过PC、手机等多种终端访问系统,实时进行申请审批等操作,提高审批处理效率。北京综合研究中心事前审批系统—任务管理如图11所示。北京综合研究中心事前审批系统—审批填报如图12所示。

图 10　北京综合研究中心事前审批系统—业务流程

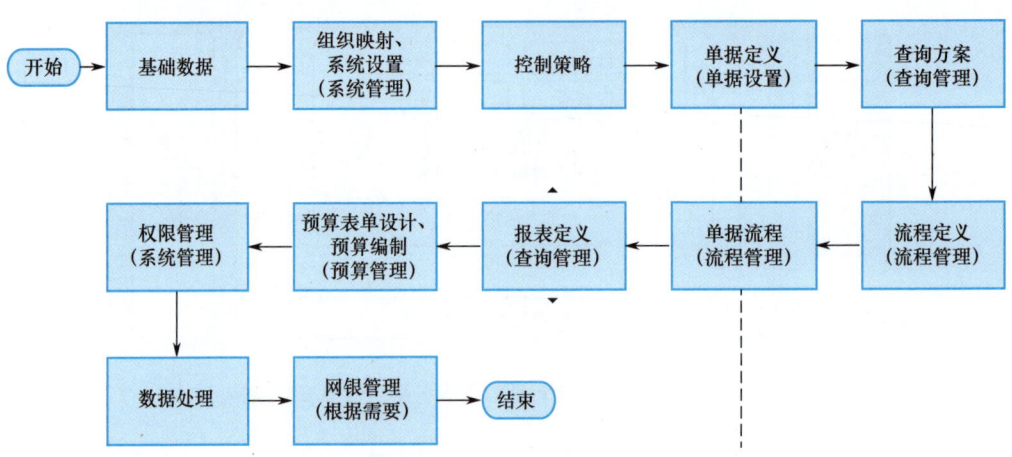

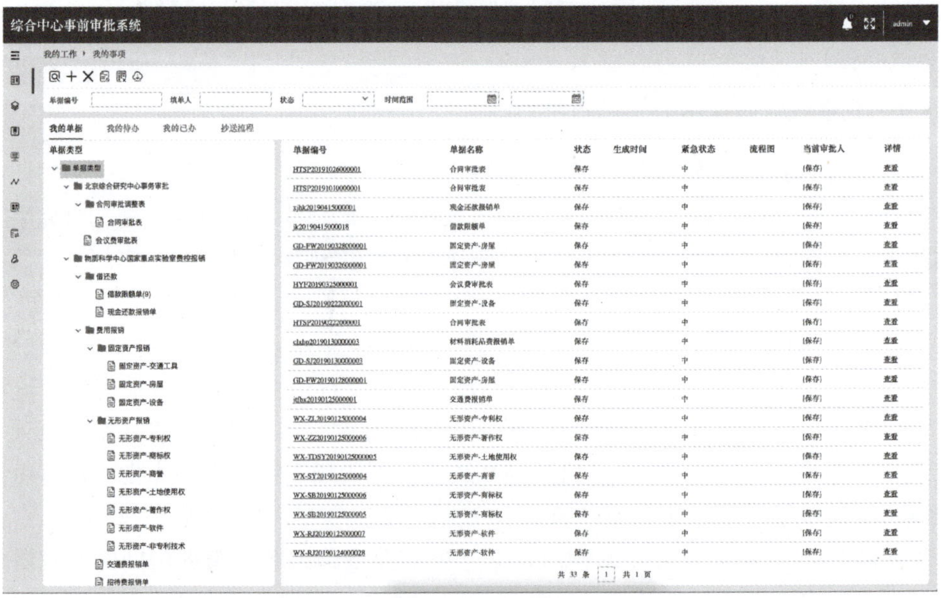

图 11　北京综合研究中心事前审批系统—任务管理

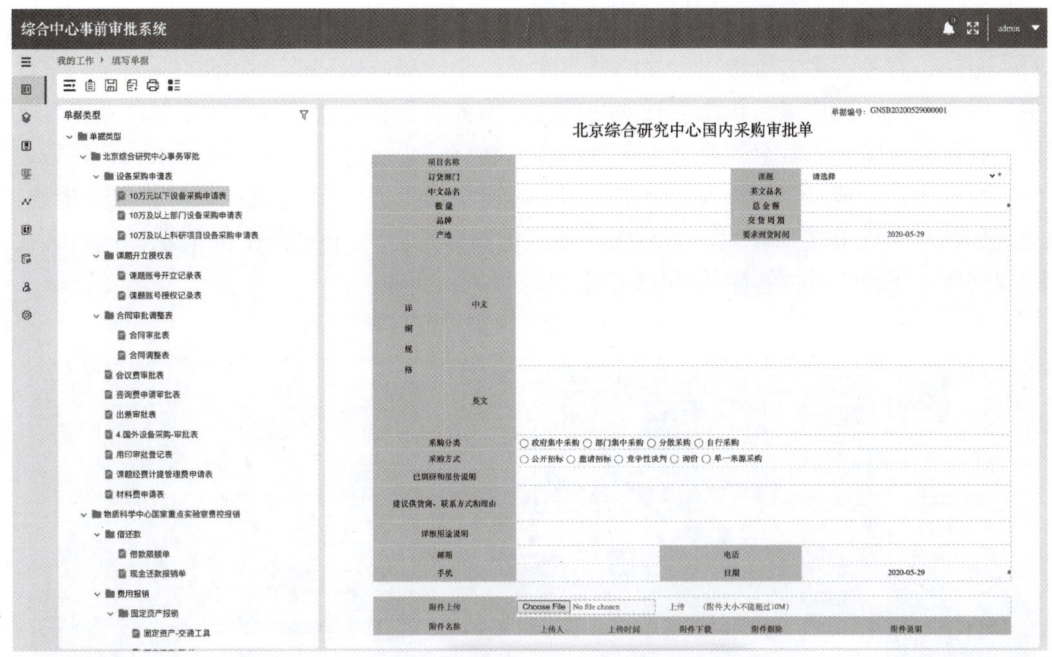

图 12 北京综合研究中心事前审批系统—审批填报

4.2 中国科学院大学在线平台

中国科学院大学（以下简称国科大）创新创业学院依托中国科学院科技、教育、人才优势，旨在整合社会优质资源，建立跨学科协同创新的教育孵化平台，培养具备创新精神和创业能力的优秀人才，促进科技成果转移孵化，形成开放式创新创业生态系统，服务创新型国家战略。

国科大创新创业学院通过应用本系统，构建面向全校师生的集人才培养、科技服务及技术对接等于一体的线上综合服务平台。国科大在线双创服务平台—整体架构如图 13 所示。

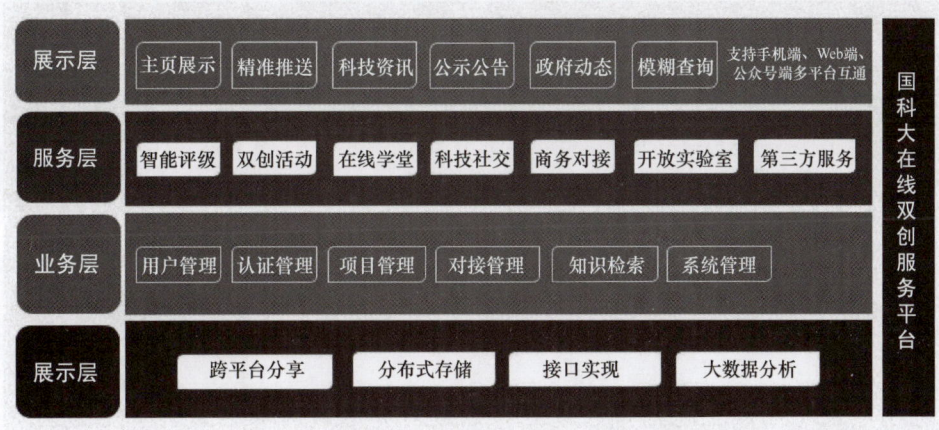

图 13 国科大在线双创服务平台—整体架构

平台通过构建一站式综合性产、学、研协同创新服务，链接产业、学术、科研、政府、金融、服务等多方资源，形成一条贯穿产、学、研、政、金、服的关系纽带。平台主要以科研活动及成果转化两大板块为核心，服务双创教育及双创活动建设，并有效支撑创新成果从需求、资金到配套服务等一体的转移转化服务，串联科研成果转化过程中的各个环节，形成从产研匹配到孵化转化再到市场推广的完整科研成果转化服务链条，实现创新成果无缝转移转化。国科大在线双创服务平台—首页如图14所示。国科大在线双创服务平台—科技智库如图15所示。

图14　国科大在线双创服务平台—首页

图15　国科大在线双创服务平台—科技智库

4.3 中国科学院重点实验室管理服务平台

重点实验室体系是中国科学院科技创新体系的重要组成部分，是中国科学院基础研究、应用基础研究和高技术前沿探索的核心力量。中国科学院重点实验室管理服务平台的开发，旨在实现中国科学院重点实验室管理服务工作的信息化，以便院领导、院机关各部门、院属各单位及各实验室主任更好地了解和掌握实验室的研究工作水平与运行组织管理，为中国科学院实施创新驱动发展战略提供支撑。重点实验室管理服务平台—年鉴统计如图 16 所示。

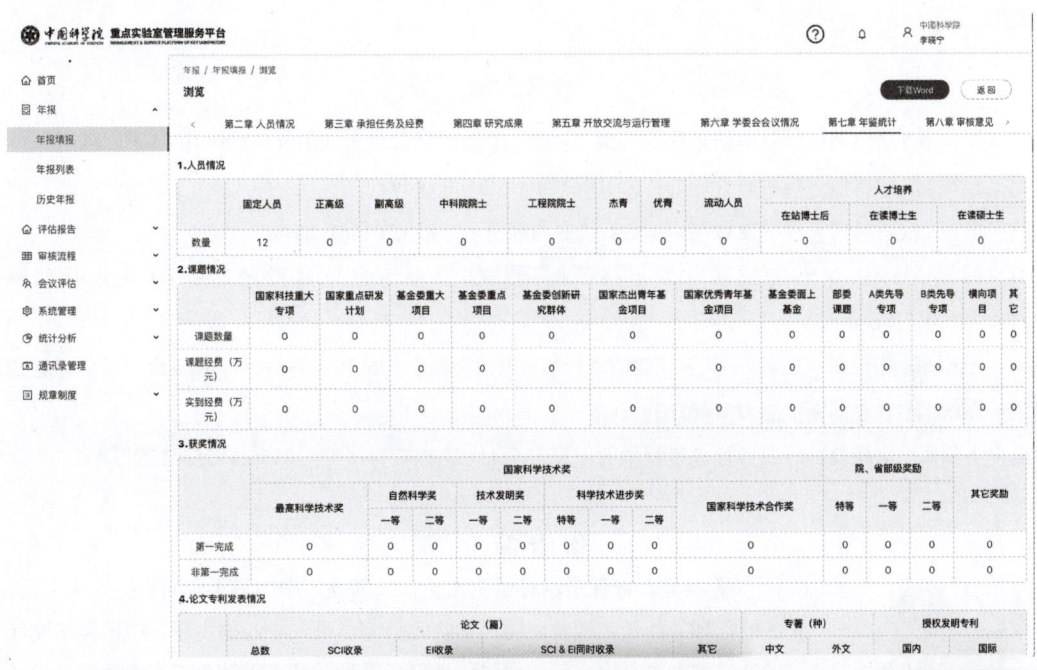

图 16 重点实验室管理服务平台—年鉴统计

管理服务平台从实验室管理工作的实际需求出发，围绕实验室人员及日常管理流程设计线上化信息填报及审批流程，形成科研信息大数据体系，实现实验室科研项目管理流程可视化、数据可分析。

4.4 下一步的工作重点

在全球发展信息化战略的背景下，科研院所应明确认知信息化建设的重要性，结合自身实际情况从整体层面入手，开展信息化建设工作，实现从理念、方法到内容与实践的提升，实现自身信息化水平的提高。

科研一体化综合管理信息服务平台以科研项目管理为主线的业务模式，通过科研项目牵引和驱动各项业务的展开，有效支撑了关键应用的深化；将科研院所的行政组织体系与项目管理体系进行结合，为科研创新体系的人、财、物提供灵活的架构，有效支撑了科研体制深化改革的战略实施；建立了以人为中心的应用体验，通过信息服务和应用服务，为科研与管理人员提供移动化的支持，大大提高了业务运行效率；通过云中心架构，不仅实现了研究单元的科研、人、财、物、仪器设备、耗材的预算、核算和决算的横向闭环管理，实现了一体化的集成信息环境，也实现了从院机关/分院到研究所的纵向业务的互联互通；通过精细化的全成本管控，实时电子化的流程管理，移动审批的业务管控，智能化的政策指引，大大提高了业务的合规性，降低了研究单元的管理风险，提高了业务合规性；通过云中心架构和自主可控的开放平台，有效降低了系统的建设与运维成本，提高了信息安全级别，减少了信息安全风险，为科研管理信息化提供了可扩展的平台。

参考文献

[1] 吴姝靓.新时期科研管理信息化的实践与创新[J].人力资源管理,2015(10):90-91.

[2] 段凤丽.浅析信息与科研管理[J].沈阳干部学刊,2012(1):49-50.

[3] 叶晨.浅析科研管理的发展与创新[J].法制与经济(上旬),2012(3):89-90.

[4] 钱鸥,马超.探索大数据背景下科研院所档案管理信息化建设的趋势[J].机电兵船档案,2017(5):80-82.

[5] 温希军,陈新文,王琼,李天斗,贺斯莱提,王田田.基于B/S模式的科研院所科研项目信息管理系统[J].农业网络信息,2014(5):59-61.

[6] 齐静军.论高校科研项目管理过程中的信息安全[J].课程教育研究,2015(25):254-255.

作者简介

羌滨健，曾任中国科学院大学校长助理，中国科学院研究生院秘书长、资产管理处处长。现任中国科学院北京综合研究中心副主任，中国科学院怀柔科学城专项办副主任，中国科学院怀柔科学城成果转化工作协调指导委员会办公室主任。

张睿，中科迅联智慧供应链网络科技（北京）有限公司副董事长，香港中文大学MBA。

陈玉刚，中科迅联智慧供应链网络科技（北京）有限公司总经理，香港中文大学 MBA，博士在读。

张童童，中科迅联智慧供应链网络科技（北京）有限公司解决方案专家，西安交通大学软件学院硕士研究生。

后　　记

为进一步推动我国科研信息化的发展，中国科学院（以下简称中科院）联合国家互联网信息办公室（以下简称国家网信办）、中华人民共和国教育部（以下简称教育部）、中华人民共和国科学技术部（以下简称科技部）、中国科学技术协会（以下简称科协）、中国社会科学院（以下简称社科院）、国家自然科学基金委员会（以下简称基金委）和中国农业科学院（以下简称农科院）共同编撰出版了《中国科研信息化蓝皮书 2020》（以下简称蓝皮书）。本书是我国公开发行的阐述科研信息化专题的图书，旨在全面展示近年来我国科研信息化的新态势、新进展和新成果。

蓝皮书的编写工作得到了中科院、国家网信办、教育部、科技部、科协、社科院、基金委和农科院有关领导的高度重视和大力支持。中科院白春礼院长亲自为蓝皮书作序。蓝皮书的具体编写工作也得到了各领域专家的积极支持和参与。来自中科院、中国工程院、社科院、农科院、中国计量科学研究院、北京大学、北京航空航天大学等科研院所和高校的专家学者参与了本书的编写工作。

此次蓝皮书编写工作的组织与协调由中科院网络安全和信息化工作领导小组负责，中科院计算机网络信息中心承担了具体组织工作。参加编写工作的各位专家学者兢兢业业、一丝不苟，加班加点完成了蓝皮书的编撰工作。在此，谨向所有参与、支持蓝皮书编撰工作，以及提出宝贵意见的各单位、领导、专家表示由衷的感谢！

在编写工作中，由于工作周期短、掌握资料不全等原因，可能无法反映中国科研信息化建设所有层面的工作与成效，特此致歉。同时，欢迎各界读者对蓝皮书提出宝贵意见和建议，不断提升其质量和影响力。我们希望通过持续发布"中国科研信息化蓝皮书"系列报告，不断推动我国科研信息化的发展，提升我国科技创新能力，为我国跻身创新型国家前列贡献一份微薄力量。

《中国科研信息化蓝皮书 2020》编写委员会
2020 年 4 月

反侵权盗版声明

电子工业出版社依法对本作品享有专有出版权。任何未经权利人书面许可，复制、销售或通过信息网络传播本作品的行为；歪曲、篡改、剽窃本作品的行为，均违反《中华人民共和国著作权法》，其行为人应承担相应的民事责任和行政责任，构成犯罪的，将被依法追究刑事责任。

为了维护市场秩序，保护权利人的合法权益，我社将依法查处和打击侵权盗版的单位和个人。欢迎社会各界人士积极举报侵权盗版行为，本社将奖励举报有功人员，并保证举报人的信息不被泄露。

举报电话：（010）88254396；（010）88258888
传　　真：（010）88254397
E-mail：　dbqq@phei.com.cn
通信地址：北京市万寿路173信箱
　　　　　电子工业出版社总编办公室
邮　　编：100036